Bauckholt

Grundlagen und Bauelemente der Elektrotechnik

Lernbücher der Technik

herausgegeben von Dipl.-Gewerbelehrer Manfred Mettke, Oberstudiendirektor a. D.

Bisher liegen vor:

Bauckholt, Grundlagen und Bauelemente der Elektrotechnik

Felderhoff/Freyer, Elektrische und elektronische Messtechnik

Felderhoff/Busch, Leistungselektronik

Fischer/Hofmann/Spindler, Werkstoffe in der Elektrotechnik

Freyer, Nachrichten-Übertragungstechnik

Freyer/Bauckholt, Mathematik für Elektrotechniker
Band 1: Grundstufe
Band 2: Aufbaustufe

Knies/Schierack, Elektrische Anlagentechnik

Seidel, Werkstofftechnik

HANSER

Heinz-Josef Bauckholt

Grundlagen und Bauelemente der Elektrotechnik

6., verbesserte Auflage

mit 617 Bildern sowie zahlreichen Tabellen,
Beispielen, Übungen und Testaufgaben

HANSER

Dipl.-Ing. Heinz-Josef Bauckholt
Studiendirektor a. D.
Lehrbeauftragter für Fachdidaktik der Elektrotechnik an der Ruhr-Universität Bochum

Bibliografische Information der Deutschen Nationalbibliothek
Die Deutsche Nationalbibliothek verzeichnet diese Publikation in der Deutschen Nationalbibliografie; detaillierte bibliografische Daten sind im Internet über http://dnb.d-nb.de abrufbar.

ISBN 978-3-446-41257–6

Internet: http://www.hanser.de

Lektorat: Dipl.-Ing. Erika Hotho
Herstellung: Dipl.-Ing. Franziska Kaufmann
Zeichnungen: Peter Palm, Berlin
Druck und Bindung: Druckhaus „Thomas Müntzer“ GmbH, Bad Langensalza
Printed in Germany

Vorwort des Herausgebers

Was können Sie mit diesem Buch lernen?

Wenn Sie mit diesem Buch lernen, erwerben Sie umfassende Kompetenzen in den Grundlagen und Bauelementen der Elektrotechnik. Sie bilden wesentliche Voraussetzungen bei der Entwicklung von Projekten und der Lösung von produktionstechnischen Aufgaben.

Der Umfang dessen, was wir Ihnen anbieten, orientiert sich an

- den Lehrplänen der Fachschulen für Technik in den Bundesländern,
- den Studienplänen der Fachhochschulen für Technik in den Bundesländern.

Sie werden mit den elektrischen Erscheinungen bei Gleich-, Einphasen- und Mehrphasenwechselstrom im elektrischen, nichtelektrischen und magnetischen Feld sowie mit Schaltvorgängen vertraut gemacht. Jeder Problemkreis ist dabei praxisgerecht aufbereitet.

Das heißt, Sie gehen stets folgenden Fragen nach:

- Welche Gesetzmäßigkeiten gelten?
- Welche Funktionsprinzipien werden wirksam?
- Welchen spezifisch elektrotechnischen Arbeitsmethoden muss nachgegangen werden?
- Welche schaltungstechnischen und/oder technologischen Problemlösungen sind denkbar?

Wer kann mit diesem Buch lernen?

Jeder, der

- sich weiterbilden möchte,
- die elementaren Grundlagen der Elektrotechnik kennt,
- die Grundlagen der elementaren Mathematik beherrscht,
- grundlegende Kenntnisse in der Differenzial- und Integralrechnung besitzt.

Das können sein:

- Studenten an Fachhochschulen,
- Studenten an Berufsakademien und Ingenieure,
- Studenten an Fachschulen für Technik und Techniker,
- Schüler an technischen Gymnasien,
- Schüler an Fachoberschulen,
- Zukünftige Technische Assistenten und Technische Assistenten,
- Schüler an beruflichen Gymnasien, Berufsoberschulen und Berufsfachschulen,
- Facharbeiter, Gesellen und Meister, während und nach der Ausbildung,
- Umschüler und Rehabilitanden,
- Teilnehmer an Fort- und Weiterbildungskursen,
- Autodidakten,

vor allem in den Fachrichtungen:

- Elektrische Energietechnik und Prozessautomatisierung,
- Prozessleittechnik,
- Informationstechnik,
- Elektronische Datenverarbeitungstechnik,
- Telekommunikationstechnik.

Wie können Sie mit diesem Buch lernen?

Ganz gleich, ob Sie mit diesem Buch in Schule, Betrieb, Lehrgang oder zu Hause im „stillen Kämmerlein“ lernen, es wird Ihnen letztlich Freude machen. Warum?

Ganz einfach, weil Ihnen hier ein Buch vorgelegt wird, das in seiner Gestaltung die Grundgesetze des menschlichen Lernens beachtet. Deshalb werden Sie am Anfang jedes Kapitels über Kompetenzbeschreibungen mit dem bekannt gemacht, was Sie am Ende gelernt haben sollten.

Ein Lernbuch also!

Danach beginnen Sie sich mit den Lerninhalten auseinander zu setzen, schrittweise dargestellt, ausführlich beschrieben in den linken Spalten der Buchseiten und umgesetzt in die technisch-fachsprachliche Darstellung in den rechten Spalten der Buchseiten. Die eindeutige Zuordnung der behandelten Lerninhalte in beiden Spalten macht das Lernen viel leichter, Umblättern ist nicht mehr nötig.
Zur Vertiefung stellt Ihnen der Autor Beispiele vor.

Ein unterrichtsbegleitendes Lehrbuch!

Jetzt können und sollten Sie sofort die Übungsaufgaben durcharbeiten, um das Gelernte zu festigen. Den wesentlichen Lösungsgang und das Ergebnis der Übungen hat der Autor am Ende des Buches für Sie aufgeschrieben.

Also auch ein Arbeitsbuch mit Lösungen!

Sie wollen sicher sein, dass Sie richtig gelernt haben. Deshalb bietet Ihnen der Autor am Ende jedes Unterkapitels „praxisorientierte Lernaufgaben“ zur Lernerfolgskontrolle an.
Ob Sie richtig geantwortet haben, können Sie aus deren Lösungen am Ende des Buches ersehen.

Und Lernerfolgskontrolle mit Lösungen!

Trotz intensiven Lernens durch Beispiele, Übungen und Lernerfolgskontrollen verliert sich ein Teil des Wissens und Könnens wieder, wenn Sie nicht bereit sind, regelmäßig und bei Bedarf zu wiederholen!
Das will Ihnen der Autor erleichtern.
Er hat die jeweils rechten Spalten der Buchseiten so geschrieben, dass hier die wichtigsten Lerninhalte als stichwortartiger Satz, als Formel oder als Skizze zusammengefasst sind. Sie brauchen deshalb beim Wiederholen und Nachschlagen meistens nur die rechten Spalten zu lesen.

Schließlich noch Repetitorium!

Das Inhaltsverzeichnis am Anfang des Buches führt Sie in die Sachstruktur der Lerninhalte ein.
Für die Suche bestimmter Begriffe steht das Sachwortverzeichnis am Ende des Buches zur Verfügung.

Selbstverständlich mit Inhaltsverzeichnis und Sachwortverzeichnis!

Möchten Sie Ihr Wissen noch erweitern und vertiefen, dann sollten Sie das Literaturangebot zu Rate ziehen.

Zusätzlich ein Literaturverzeichnis!

Sicherlich werden Sie durch die intensive Arbeit mit dem Buch auch Ihre „Bemerkungen zur Sache“ in diesem Buch unterbringen wollen. So wird es zum individuellen Arbeitsmittel, das Sie auch später gerne benutzen. Deshalb haben wir für Ihre Notizen auf den Seiten Platz gelassen.

Am Ende ist „Ihr“ Buch entstanden!

Möglich wurde dieses Lernbuch für Sie durch die Bereitschaft des Autors und die intensive Unterstützung des Verlages mit seinen Mitarbeitern. Ihnen sollten wir herzlich danken.

Beim Lernen wünsche ich Ihnen viel Freude und Erfolg!

Der Herausgeber *Manfred Mettke*

Vorwort zur 6. Auflage

Gesetzliche Vorgaben zur Ausbildung von Technikerinnen und Technikern wurden verändert, sodass nun mit dem Abschluss zum staatlich geprüften Techniker auch die Fachhochschulreife zuerkannt wird. Mit diesem Zusatz können nun staatlich geprüfte Techniker an Fachhochschulen studieren. Dies macht ein erweitertes elektrotechnisches Grundverständnis notwendig, in dem auch nichtlineare Variable elektrischer Größen mit einbezogen werden. So wird in der nun vorliegenden Neuauflage dieses Lernbuches auch die allgemeine Betrachtung von Gleichungen mit der Infinitesimalrechnung aufgenommen und an Beispielen in der Anwendung gezeigt.

Die in den vorherigen Auflagen gezeigte Herleitung der Gesetzmäßigkeiten mit linearen Variablen bleibt bestehen.

Ebenfalls neu aufgenommen wurden Kapitel über die Anwendung passiver Vierpole und Ortskurven von Impedanz-Schaltungen. Zur Berechnung linearer Netzwerke wird eine weitere Methode, das Überlagerungsgesetz, gezeigt. Weltweit haben sich die Staaten in der elektrischen Energieversorgung auf der Verbraucher-Ebene auf Netzspannungen 230 V und 400 V vertraglich festgelegt. In Beispielen und Übungen sind diese Spannungsebenen berücksichtigt worden. Die im öffentlichen Netz möglichen Netzarten werden in einem eigenen Kapitel vorgestellt.

In der Didaktik spricht man heute, bedingt durch die Handlungsorientierung im Lernbereich, nicht mehr von Lernzielen, sondern von Qualifikationen und Kompetenzen. Mit dieser Neuauflage sind allen Kapiteln Kompetenzbeschreibungen vorangestellt. Zur eigenen Kontrolle, ob die definierten Kompetenzen erreicht wurden, sind am Ende der Kapitel praxisorientierte Lernaufgaben angefügt. Diese Lernaufgaben sind themenübergreifend. Die Lösungen finden Sie ebenfalls im Lösungsteil. Einige dieser Lernaufgaben sind als Beispiele ausgeführt, da die Lösungswege recht komplex sind.

Heinz-Josef Bauckholt
Köln, August 2007

Inhalt

Grundlagen der Elektrotechnik

Bauelemente der Elektrotechnik – Grundschaltelemente

Grundlagen der Elektrotechnik

0 Einleitung

Dieses Buch soll den Leser in die Problemstellungen der Elektrotechnik einführen. Vorausgesetzt werden dabei nur solche Erkenntnisse, die man durch den täglichen Umgang mit der Elektrotechnik erhält. Bei der Darlegung physikalischer Grundlagen werden die zz. gültigen Modellvorstellungen verwendet und für die Erklärungen herangezogen. Dieses Buch versteht sich als Grundlagenbuch für alle weiteren elektrotechnischen Fachgebiete dieser Lernbuchreihe.

Elektrotechnische Vorgänge sind nur schwer ohne mathematische Methoden erklärbar. Der in diesem Buch verwendete Umfang mathematischer Methoden und Gesetze ist im Bild 0.–2 dargestellt.

In einigen Fällen wären für die Ableitungen von Gleichungen oder Formeln Kenntnisse der Differenzial- und Integralrechnung erforderlich. Um ohne diese auskommen zu können, wird der Lösungsablauf dann durch gleichwertige mathematische und grafische Methoden ersetzt, die zwar nicht immer ganz exakt sind, dafür aber den Lösungsweg überschaubarer machen. Der Einsatz der komplexen Rechnung zur Berechnung von Wechselstromkreisen bringt erhebliche Vorteile, da schon bei einfachen Schaltungen mit Wirk- und Blindwiderständen im Wechselstromkreis mathematische Ausdrücke auftreten, die sonst nur mit großem Aufwand zu lösen sind. Die komplexe Rechnung bringt hier wesentliche Vereinfachungen.

Der Techniker benützt in vielen Fällen Diagramme und Kennlinien zur Lösung elektrischer Probleme. In diesem Buch wird auf die Einführung in diese Arbeitsweise besonderen Wert gelegt. Die Definition elektrischer Grundgrößen erfolgt üblicherweise durch Definitionsgleichungen, die durch Bemessungsgleichungen ergänzt werden können. Die Kontrolle von Gleichungsumstellungen wird durch Einheitengleichungen vorgenommen. Dieses Schema wiederholt sich bei allen Betrachtungen elektrischer Größen.

In einigen Kapiteln werden Zusammenhänge und Formeln schrittweise ergänzt und erweitert, soweit es die jeweiligen Erkenntnisse zulassen. Es ist deshalb möglich, dass die end-

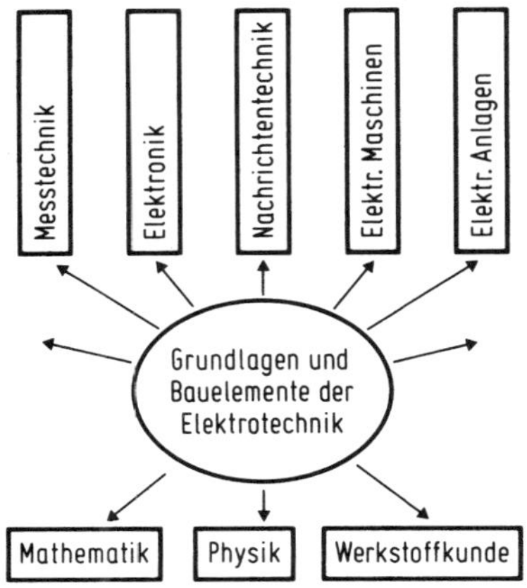

Bild 0. – 1
Grundlagen der Elektrotechnik im Beziehungsfeld der Anwendungsgebiete

gültige Gleichung erst nach mehreren Kapiteln vorliegt.
Die oben genannten Aussagen zur Herleitung von Gleichungen und Gesetzmäßigkeiten zur Elektrotechnik bezogen sich auf **lineare** Variable und konstante Parameter. Dies ist eine spezielle Betrachtungsweise. Sind Variable nicht linear, so ist der Einsatz ausgewählter Bereiche der **Infinitesimalrechnung** notwendig. Die mit dieser mathematischen Denkweise herbeigeleiteten Gleichungen sind somit allgemein gültige Aussagen elektrotechnischer Gesetze und Regeln.

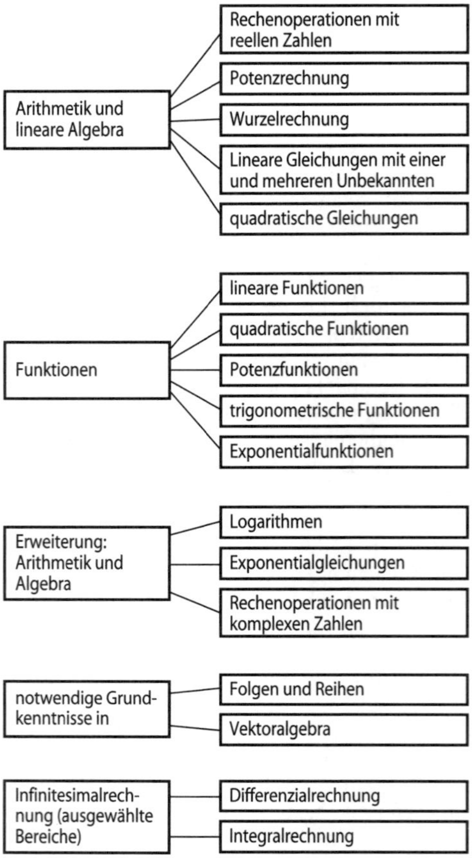

Bild 0. – 2
Strukturplan der als notwendig erachteten Mathematik

1 Elektrische Grundgrößen

1.0 Elektrizität und Elektrotechnik

Die Elektrotechnik ist ein wichtiger Bestandteil unserer Zivilisation. Wir benutzen die Begriffe Spannung, Strom, Widerstand usw. als Aussagen über Elektrotechnik, ohne diese Begriffe allerdings immer genau erklären zu können.
Die Elektrotechnik ist die technische Anwendung der Elektrizität. An dieser Stelle sei da-

rauf hingewiesen, dass im Buch „Werkstoffe der Elektrotechnik“ (Fischer) dieser Lernbuchreihe weitere Informationen zur Vertiefung der Kenntnisse über die Elektrizität zu finden sind. In diesem Buch werden nur solche physikalischen Zusammenhänge erklärt, die für das Verständnis der Elektrotechnik notwendig sind.
Anhand eines Stromkreises werden nun die elektrischen Grundgrößen hergeleitet.
Der Stromkreis besteht aus einer Spannungsquelle, einem Verbraucher, Verbindungsleitungen und einem Schalter. Wird der Schalter geschlossen, dann leuchtet die Glühlampe auf und wird warm. Wärme entsteht bekanntlich entweder bei einem Verbrennungsvorgang oder durch Reibung. Ein Verbrennungsvorgang ist hier jedoch nicht möglich, da dem Glaskolben der Glühlampe bei der Herstellung der Sauerstoff entzogen wurde. Es bleibt somit nur der Vorgang der Reibung. Diese entsteht durch die Berührung von Stoffen bei Bewegung. In der Glühlampe und damit im gesamten Kreis muss also ein Bewegungsablauf vorliegen. Im Kreis fließt oder strömt „etwas“. Es wird als elektrischer Strom bezeichnet.

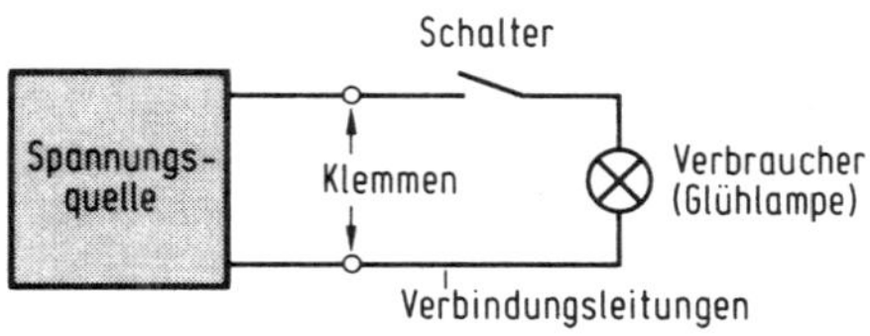

Bild 1.0 – 1 Elektrischer Stromkreis

1.1 Elektrischer Strom

Nach der Durcharbeitung dieses Kapitels haben Sie die **Kompetenz ...**
- aus den Wirkungen des elektrischen Stromes Anwendungen abzuleiten,
- den elektrischen Strom als bewegte elektrische Ladungsmenge zu beschreiben,
- zu erläutern, dass die Ursache der Elektrizität in den Elementarladungen des Atoms begründet ist.

1.1.1 Elektrische Ladung als Ursprung der Elektrizität

Beim elektrischen Stromfluss muss nach den bisherigen Erkenntnissen Materie im Verbraucher und in den Verbindungsleitungen fließen. Beide Komponenten des Stromkreises sind aus Metallen aufgebaut. Metalle sind feste Stoffe und haben eine kristalline Anordnung der Atome. Die fließenden oder strömenden Stoffteilchen müssen demnach sehr klein sein, um sich durch die Zwischenräume im Kristallgitter bewegen zu können.
Es kann sich somit nur um Atomteilchen handeln. Gleichzeitig muss die Spannungsquelle treibend auf diese Teilchen einwirken, um die

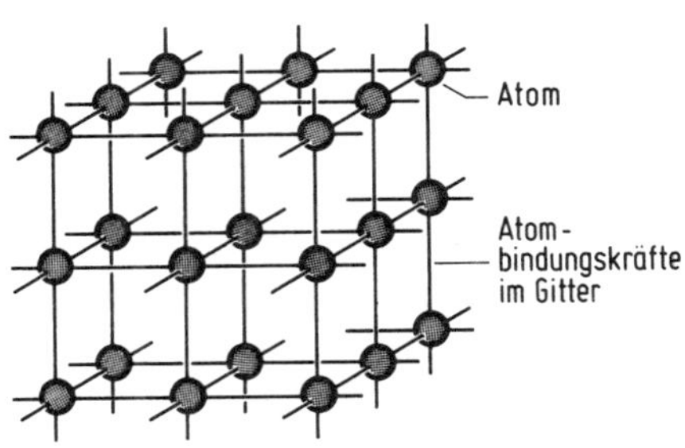

Bild 1.1.1 – 1 Kristallgitter der Atome

Strömung zu bewirken. Bei der Untersuchung der Verbindungsleitungen und Verbraucher auf kleine bewegliche Atomteilchen für den Strömungsvorgang stößt man auf freie Elektronen also die gesuchten Atomteilchen.
Um die Strömung der Elektronen weiter ergründen zu können, ist zunächst das Verhalten des Elektrons im Atomaufbau zu erläutern.

1.1.1.1 Das Elektron im Atomaufbau

Ausgehend vom Atommodell werden die Eigenschaften des Atoms, welche für die Elektrizität wichtig sind, herausgestellt. Beim einfachen Atommodell kreisen um einen Kern Teilchen auf verschiedenen konstanten Bahnen. Die kreisenden Atomteilchen werden als Elektronen bezeichnet.

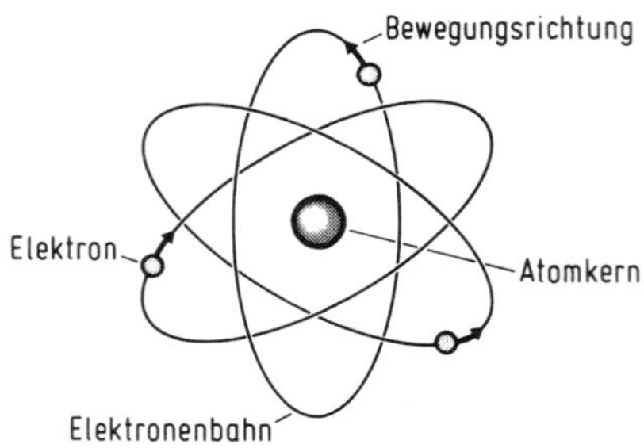

Bild 1.1.1.1 – 1 Atommodell

Bei der Betrachtung dieses Atommodells drängen sich folgende Fragen auf:

1. Was treibt die Elektronen auf den einzelnen Bahnen an?
2. Was hält die Elektronen auf dem bleibenden Abstand zum Kern?

Die Antwort ist: **Elektrische Kräfte**.
Massenanziehung und magnetische Kräfte scheiden aus, da keine Berechnung zum Ergebnis führt.
Die elektrischen Kräfte waren schon im Altertum den Griechen bekannt, nur war ihnen eine Deutung dieser Vorgänge noch nicht möglich. Sie beobachteten z. B. dass an Wolle geriebener Bernstein, Papierschnitzel und Wollflusen anzieht. Das Wort „Elektron“ stammt daher aus dem Griechischen.
Bei der Untersuchung elektrischer Kräfte stellt man Anziehung und Abstoßung fest. Diese Erkenntnis lässt nur den einen Schluss zu, dass es zwei Arten von Elektrizität geben muss.
Anziehung erfolgt zwischen ungleicher Elektrizität und Abstoßung zwischen gleicher Elektrizität. Die beiden Elektrizitätsarten werden als positive und negative Elektrizität bezeichnet. Was nun Elektrizität exakt ist, weiß man jedoch noch nicht.
Zurück zum Atommodell:
Die Elektronen sind Sitz der negativen Elektrizität und der Atomkern ist Sitz der positiven Elektrizität. Im Atomkern selbst sind es die Protonen, welche die Elektrizität beinhalten.

Das Elektron ist Sitz der negativen Elektrizität.
Das Proton ist Sitz der positiven Elektrizität.

1.1.1.2 Das Elektron als kleinste elektrische Ladung

Die negative Elektrizität des Elektrons bezeichnet man als negative Ladung. Ein Elektron ist nicht teilbar, somit hat das Elektron die kleinste elektrische Ladung. Diese ist ständig an das Elektron gebunden.

Das Elektron besitzt die kleinste elektrische Ladung.

Die elektrische Ladung ist eine physikalische Größe und hat das Formelzeichen Q.

Als Einheit ist definiert:

Elektrische Ladung Q

$$|Q| = \mathrm{A} \cdot \mathrm{s}\ \text{(Amperesekunde)} = \mathrm{C}\ \text{(Coulomb)} \qquad (1.1.1.2-1)$$

Die kleinste elektrische Ladung, die in der Natur vorkommt, ist die eines Elektrons. Sie wird als Elementarladung bezeichnet und hat den folgenden Betrag:

$$\begin{aligned} (Q_-)_{\min} &= e = \text{Elementarladung} \\ &= 1{,}602 \cdot 10^{-19}\ \mathrm{A} \cdot \mathrm{s} \\ (Q_-)_{\min} &= 1{,}602 \cdot 10^{-19}\ \mathrm{C} \end{aligned} \qquad (1.1.1.2-2)$$

Bereits der französische Physiker Coulomb (1736–1806) hatte diese elektrische Ladung gemessen, allerdings ohne zu wissen, dass sie sich im Elektron befindet.

Der Betrag der Ladung eines Protons ist gleich dem eines Elektrons:

$$(Q_+)_{\min} = 1{,}602 \cdot 10^{-19}\ \mathrm{C}$$

Jede elektrische Ladung ist ein ganzzahliges Vielfaches der Ladung eines Elektrons oder Protons:

$$Q = n \cdot e \quad \text{mit} \quad n \in \mathbb{N} \qquad (1.1.1.2-3)$$

Für den Atomaufbau bedeuten die bisherigen Erkenntnisse:

Die Zentripetalkräfte zwischen Atomkern und Elektronen sind elektrische Anziehungskräfte zwischen elektrischen Ladungen. Man spricht von Coulomb'schen Kräften. Für ihre Berechnung gilt:

$$F = k\,\frac{Q_1 \cdot Q_2}{r^2} \qquad (1.1.1.2-4)$$

Q_1 = Ladung des Elektrons
Q_2 = Ladung des Protons
r = Abstand: Kern–Elektron
k = Konstante (wird in den Abschnitten 4.3 und 4.6 beschrieben)

Die Bewegungen der Elektronen auf den Bahnen, ohne die das Atom nicht bestehen kann, lassen sich mit der nachfolgenden Modellanschauung erklären (es ist eine Modellanschauung, die nicht in allen Fällen gilt):

Gleichnamige Ladungen stoßen sich ab. Dies gilt auch für im Atomkern angeordnete Ladungen. Die Abstoßung erzeugt eine Drallbewegung der positiven Ladungen, die zu einer Art Umlauf führen. Die Elektronen als Gegenpartner der positiven Ladung werden von diesen Umlaufbewegungen auf ihrer Bahn mitgezogen.

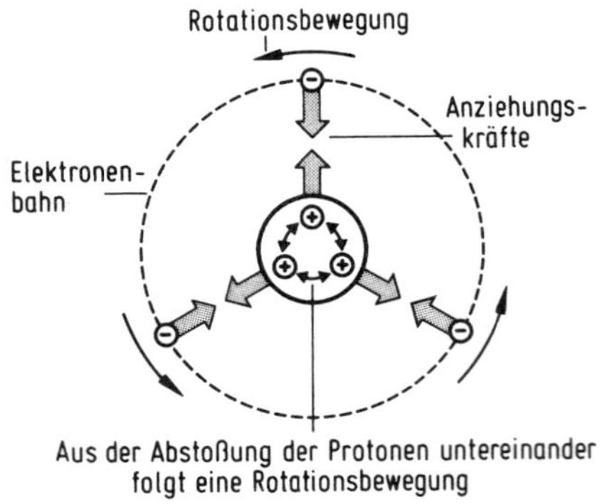

Bild 1.1.1.2 – 1
Schematische Darstellung zur Umlaufbewegung der Elektronen

1.1.1.3 Das Modell des elektrischen Feldes um eine elektrische Ladung

Da elektrische Kräfte über große Entfernungen und ohne Übertragungsmedium wirken können, wird dies schematisch, wie die nebenstehenden Bilder zeigen, dargestellt. Jede Ladung ist von einem elektrischen Feld umgeben. Dargestellt wird dieses durch Feldlinien. Die elektrische Ladung wird dabei kugelförmig angenommen. Bei positiven Ladungen treten die elektrischen Feldlinien senkrecht aus der Oberfläche der Ladungen aus. Bei negativen Ladungen treten sie senkrecht in die Oberfläche ein.

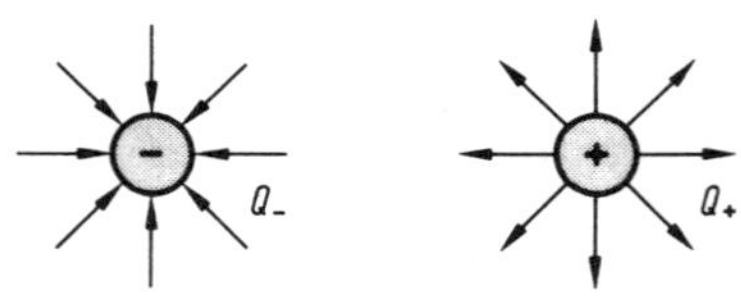

Bild 1.1.1.3 – 1 Elektrische Felder um Ladungen

Mit den Feldlinien um elektrische Ladungen lassen sich Anziehung und Abstoßung überschaubar darstellen und anschaulich erklären.

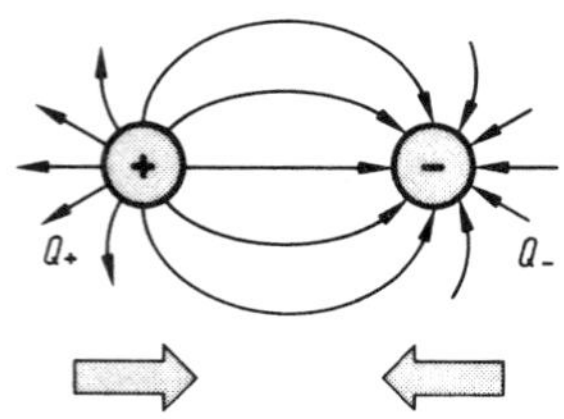

Bild 1.1.1.3 – 2 Anziehung ungleichnamiger Ladungen

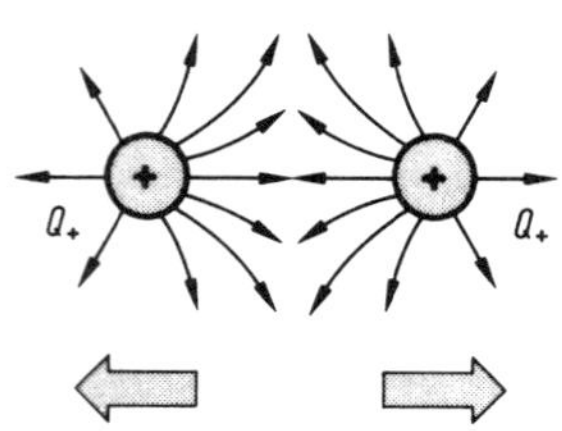

Bild 1.1.1.3 – 3 Abstoßung gleichnamiger Ladungen

Zusammenfassend ergeben die bisherigen Erkenntnisse folgende Aussage:

> Die elektrischen Ladungen mit ihren wechselwirkenden Erscheinungen stellen das Wesensmerkmal der Elektrizität dar. Auf diesem Fundament ist die gesamte Elektrotechnik aufgebaut.

Übung 1.1.1.3 – 1

Skizzieren Sie das elektrische Gesamtfeld der gegebenen Anordnung elektrischer Ladungen.

Lösung:

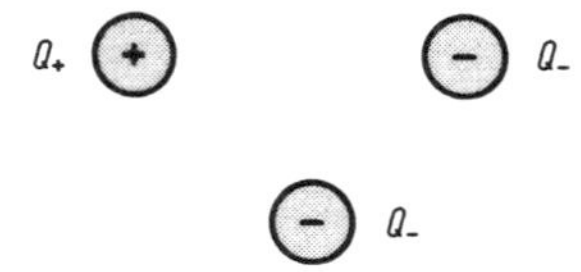

Übung 1.1.1.3 – 2

Skizzieren Sie das elektrische Gesamtfeld der gegebenen Anordnung elektrischer Ladungen.

Lösung:

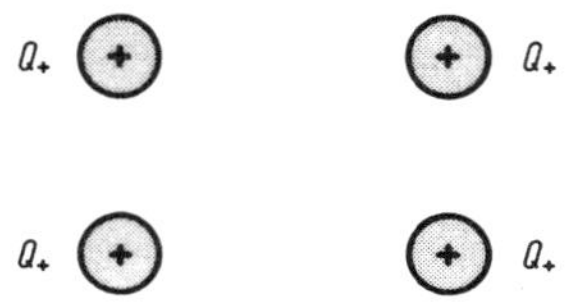

1.1.2 Stromfluss als gerichtete bewegte Ladung

1.1.2.1 Elektrischer Stromfluss

An dieser Stelle wird die Aussage, dass bei einem Stromfluss Elektronenbewegung auftritt, wieder aufgegriffen und daraus die Definition des elektrischen Stromes abgeleitet, wobei die Menge der Elektronen als Ladungsmenge bezeichnet wird:

> Elektrischer Strom =
> gerichtete bewegte Ladung =
> gerichtete Elektronenbewegung

Die elektrische Stromstärke (kurz: der Strom) ist eine physikalische Größe mit dem Formelzeichen *I*. Die Definitionsgleichung lautet:

Elektrische Stromstärke *I*

$$I = \frac{\text{Ladung}}{\text{Zeit}} = \frac{Q}{t} = \frac{n \cdot e}{t} \qquad (1.1.2.1-1)$$

Die Einheit ist nach dem französischen Physiker Ampère (1775–1836) benannt. Sie ergibt sich aus der Definitionsgleichung:

$$[I] = \frac{\text{A} \cdot \text{s}}{\text{s}} = \text{A (Ampere)} \qquad (1.1.2.1-2)$$

Für ein Ampere gilt:

$$1\,\text{A} = \frac{6{,}25 \cdot 10^{18} \cdot e}{\text{s}} = \frac{6{,}25 \cdot 10^{18} \cdot 1{,}6 \cdot 10^{-19}\ \text{A} \cdot \text{s}}{\text{s}}$$

Gebräuchliche Vielfache bzw. Teile der Einheit Ampere sind:

$1\ \text{kA} = 1 \cdot 10^{3}\ \text{A}$ $\quad 1\ \text{nA} = 1 \cdot 10^{-9}\ \text{A}$
$1\ \text{mA} = 1 \cdot 10^{-3}\ \text{A}$ $\quad 1\ \text{pA} = 1 \cdot 10^{-12}\ \text{A}$
$1\ \mu\text{A} = 1 \cdot 10^{-6}\ \text{A}$

Sind die Variablen Q und t in der Gleichung für den Strom nicht konstant, so gilt allgemein für den Strom I:

$$I = \frac{\mathrm{d}Q}{\mathrm{d}t} \qquad (1.1.2.1-3)$$

Die Aussagen in der Gleichung ergeben folgenden Funktionszusammenhang:

⟶

Die Änderung der Ladungsmenge hat eine Stromänderung als Folge.

⟶

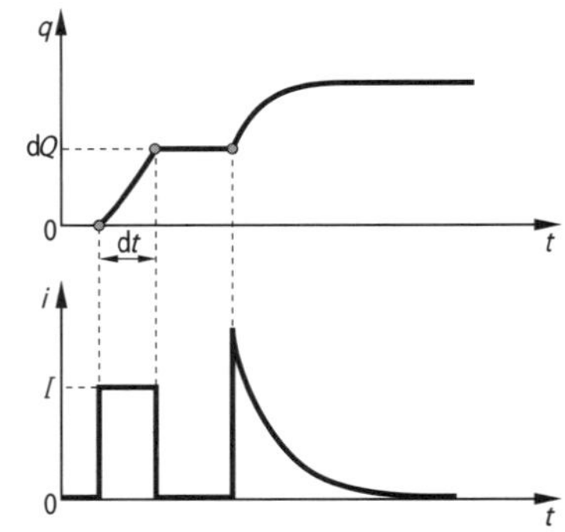

Bild 1.1.2.1 – 1 Die Stromfunktion in Abhängigkeit von der Änderung der Ladungsmenge

1.1.2.2 Elektronengeschwindigkeit und Stromgeschwindigkeit

Man kann davon ausgehen, dass in elektrischen Leitungen frei bewegliche Elektronen zur Verfügung stehen. Diese Aussage wird in Abschnitt 1.3.1.1 noch genauer behandelt. Die Berechnung der vorhandenen Menge frei beweglicher Elektronen in den Verbindungsleitungen und Verbrauchern eines Stromkreises ist wie folgt möglich:

$$Q = n' \cdot e \cdot V = n' \cdot e \cdot A \cdot l \qquad (1.1.2.2-1)$$

n' = die Anzahl der Elektronen bezogen auf das Werkstoffvolumen der Verbindungsleitungen und der Verbraucher
e = Elementarladung
V = Volumen der Verbindungsleitungen und Verbraucher
V = Fläche A · Länge l

Wird vorstehende Gleichung in die Definitionsgleichung des Stromes eingesetzt, dann ergibt sich:

$$I = \frac{Q}{t} = \frac{n' \cdot e \cdot A \cdot l}{t} = n' \cdot e \cdot A \cdot \frac{l}{t}$$

Der Term l/t beschreibt die Elektronengeschwindigkeit v, also die Geschwindigkeit der strömenden Ladungen.

$$\frac{l}{t} = v = \text{Elektronengeschwindigkeit}$$

Die Gleichung des Stromes kann nun in folgender Form geschrieben werden:

$$I = n' \cdot e \cdot A \cdot v$$

Durch Umstellung ergibt sich daraus eine Berechnungsformel für die Elektronengeschwindigkeit:

$$v = \frac{I}{n' \cdot e \cdot A} \qquad (1.1.2.2-2)$$

Beispiel 1.1.2.2. – 1

Eine Kupferleitung mit einem Querschnitt $A = 1{,}5\ \text{mm}^2$ und einer Elektronenanzahl $n' = 8{,}47 \cdot 10^{22}$ Elektronen/cm³ wird von einem Strom $I = 10$ A durchflossen. Gesucht ist die Elektronengeschwindigkeit.

Lösung:

$$v = \frac{I}{n' \cdot e \cdot A}$$

$$= \frac{10\ \text{A}}{8{,}47 \cdot 10^{22}\ \frac{\text{Elektronen}}{\text{cm}^3} \cdot 1{,}6 \cdot 10^{-19}\ \frac{\text{A} \cdot \text{s}}{\text{Elektronen}} \cdot 1{,}5\ \text{mm}^2}$$

$$= \frac{10\ \text{A}}{8{,}47 \cdot 10^{22}\ \frac{\text{Elektronen}}{10^3\ \text{mm}^3} \cdot 1{,}6 \cdot 10^{-19}\ \frac{\text{A} \cdot \text{s}}{\text{Elektronen}} \cdot 1{,}5\ \text{mm}^2}$$

$$v = 0{,}491\ \frac{\text{mm}}{\text{s}}$$

In den meisten Fällen liegt die Elektronengeschwindigkeit im Bereich:

Durchschnittliche Elektronengeschwindigkeit

$$v = 0{,}1 \ldots 10\,\frac{\text{mm}}{\text{s}}$$

Versuche zeigen jedoch, dass die Wirkungen des elektrischen Stromes mit Lichtgeschwindigkeit c auftreten. Der Strom ist also wesentlich schneller, als die Elektronengeschwindigkeit vermuten lässt. Die strömenden Elektronen stoßen sich nämlich wie bei einer Kettenreaktion an und geben so ihre Energie weiter. Die auftretenden Energiestöße erfolgen dabei mit Lichtgeschwindigkeit.

Stromgeschwindigkeit = Lichtgeschwindigkeit *c*

$$c \approx 300\,000\,\frac{\text{km}}{\text{s}} \approx 3 \cdot 10^8\,\frac{\text{m}}{\text{s}} \qquad (1.1.2.2-3)$$

Übung 1.1.2.2 – 1

Bei einem Kurzschluss fließt in einer Kupferleitung mit einem Durchmesser $d = 2$ mm ein Strom $I_k = 100$ A. Berechnen Sie die Elektronengeschwindigkeit.

Lösung:

1.1.2.3 Stromdichte

Da der physikalische Vorgang der Stromleitung recht komplex ist, bedient man sich der schematischen Darstellung durch Stromfäden. Diese durchsetzen den gesamten Querschnitt einer Leitung gleichmäßig und sind senkrecht zur Querschnittsfläche zu betrachten.

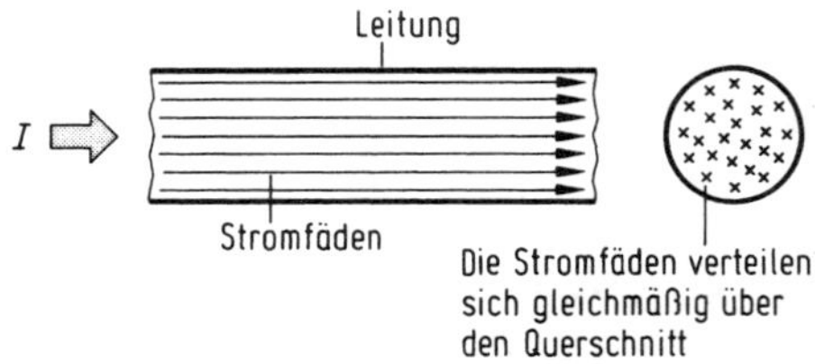

Bild 1.1.2.3 – 1
Schematische Darstellung der Stromfäden beim Stromdurchgang

Die angenommene gleichmäßige Verteilung des Stromes über die Querschnittsfläche der Leitung ermöglicht die Berechnung der Stromdichte. Sie hat das Formelzeichen J. Es gilt die Definitionsgleichung:

$$\textbf{Stromdichte} = \frac{\textbf{Strom}}{\textbf{Querschnittsfläche}}$$

$$J = \frac{I}{A} \qquad (1.1.2.3-1)$$

Als Einheit ergibt sich:

$$[J] = \frac{\text{A}}{\text{m}^2} \qquad (1.1.2.3-2)$$

Allgemein gilt die Aussage:

Der Strom I ist ein Skalar, die Stromdichte J ein Vektor.

Beispiel 1.1.2.3 – 1

Ein Strom $I = 12$ A fließt durch eine Leitung mit einem Querschnitt $A = 1{,}5$ mm^2. Die Stromdichte J ist zu berechnen.

Lösung:

$$J = \frac{I}{A}$$

$$= \frac{12\ \text{A}}{1{,}5\ \text{mm}^2}$$

$$= 8\,\frac{\text{A}}{\text{mm}^2}$$

$$= 8\,\frac{\text{A}}{(10^{-3}\ \text{m})^2}$$

$$\underline{\underline{J = 8 \cdot 10^6\,\frac{\text{A}}{\text{m}^2}}}$$

Übung 1.1.2.3 – 1

Der Draht einer Kupferspule (Drahtdurchmesser $d = 0{,}5$ mm) kann maximal eine Stromdichte $J = 10 \cdot 10^6$ A/m^2 führen. Berechnen Sie den maximalen Strom, der in der Spule fließen darf.

Lösung:

Übung 1.1.2.3 – 2

Lösung:

Die Stromfäden in einem Leitungsstück verteilen sich gemäß Bild. Berechnen Sie die in den Leitungsstücken vorhandene Stromdichte J_1 und J_2.

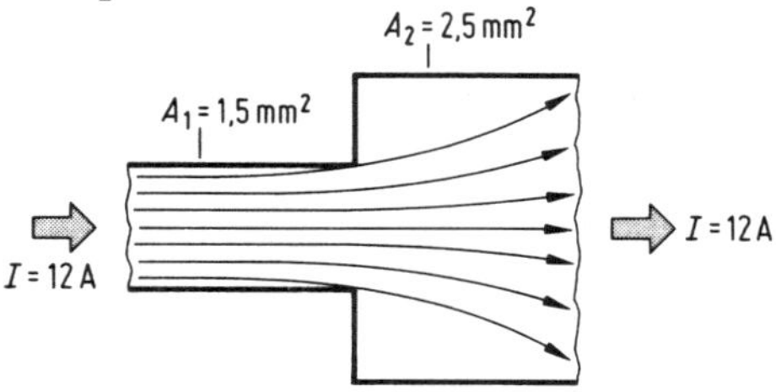

1.1.2.4 Wirkungen des elektrischen Stromes

Bei einer stromdurchflossenen Leitung sind folgende Wirkungen zu beobachten:

1. Um eine stromdurchflossene Leitung bildet sich ein magnetisches Feld. Die Ursache liegt bei den Elektronen. Um jedes Elektron bildet sich nämlich während der Bewegung zusätzlich zum stets vorhandenen elektrischen Feld ein magnetisches Feld. Beide Felder stehen senkrecht zueinander. Die magnetische Feldrichtung ist abhängig von der Bewegungsrichtung des Elektrons. Die magnetischen Felder der einzelnen Elektronen summieren sich zum Gesamtfeld um den stromdurchflossenen Leiter. Die Ursache der Bildung dieser magnetischen Felder ist noch nicht endgültig geklärt.
2. Wärmewirkung beim Stromdurchgang. Sie wurde bereits erwähnt und entsteht durch die Reibung der strömenden Elektronen am Atomgitter.
3. Fließt Strom durch leitfähige Flüssigkeiten, dann erfolgen chemische Reaktionen und es tritt z. B. eine Zersetzung ein. (Siehe Kapitel 3.7.4.1.)

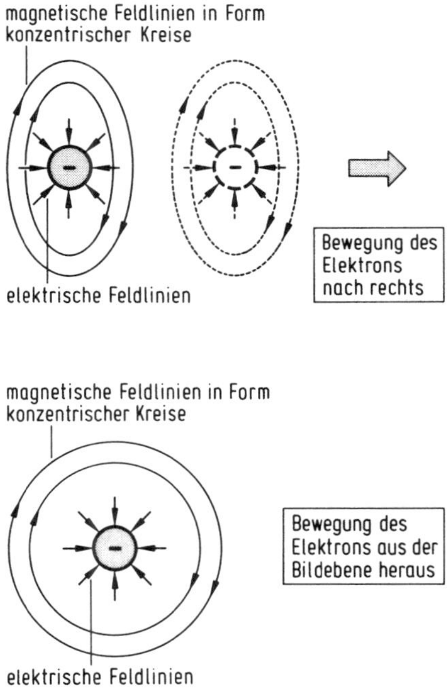

Bild 1.1.2.4 – 1
Magnetisches Feld um bewegte Elektronen

Trägt man den bei einer Ladungsverschiebung auftretenden Strom als Funktion der Zeit auf, dann entspricht die Fläche unter der Geraden der verschobenen Ladungsmenge Q.

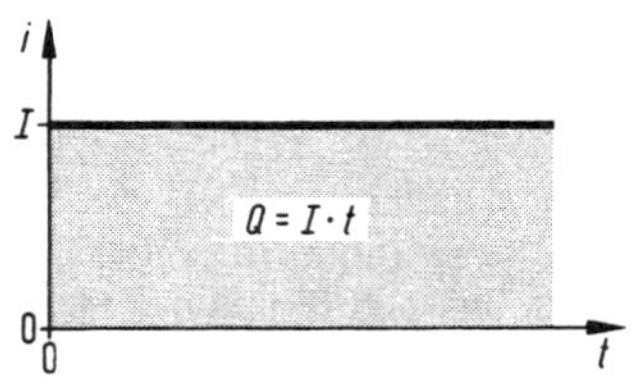

Bild 1.1.2.4 – 2
Fläche als Maß für die verschobene Ladungsmenge

1.1.3 Stromarten

Man unterscheidet bei elektrischen Strömen nach Flussrichtung und zeitlichem Verhalten. Die wichtigsten Arten werden nachfolgend vorgestellt.

Dauer-Gleichstrom:
Die Stromrichtung und die Höhe ändern sich während der Betrachtungszeit nicht.

Impuls-Gleichstrom:
Die Stromrichtung bleibt zwar gleich, doch ändert sich der Stromwert in bestimmten Zeitabständen sprunghaft zwischen Maximum und null.

Impuls-Wechselstrom:
Der Strom ändert sprunghaft seinen Wert und wechselt dabei seine Richtung.

Wechselstrom nach einer Sinusfunktion:
Der zeitliche Verlauf des Stromes erfolgt nach einer Sinusfunktion.

Mischstrom:
Es handelt sich um eine Überlagerung von Gleich- und Wechselstrom.

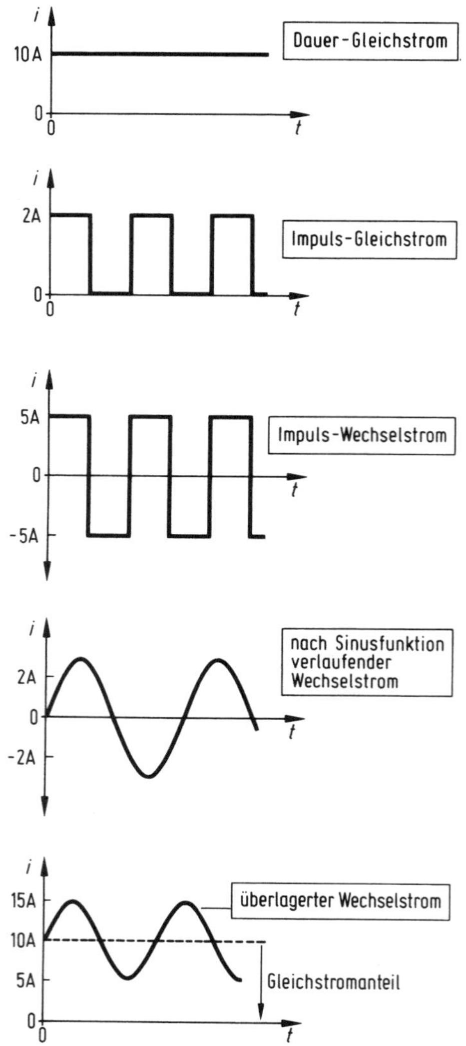

Bild 1.1.3 – 1 Darstellung der Stromarten nach dem zeitlichen Verhalten

1.2 Elektrische Spannung

Nach der Durcharbeitung dieses Kapitels haben Sie die **Kompetenz** ...
- die Aussage „ohne Spannung kein Strom" als **die** Grundaussage für die Praxis anzusehen,
- die elektrische Spannung als Energiezustand zu verstehen und sie zur Versorgung von Schaltungen zu nutzen,
- das die „Erzeugung" der elektrischen Spannung nach dem Energieprinzip nicht möglich, sondern eine Umformung aus einer anderen Energieform gegeben ist.

1.2.1 Energieniveau zwischen getrennten Ladungen

Bei dem bisher behandelten Stromkreis wurde nur der elektrische Strom erklärt. Da dieser ohne Ursache nicht fließen kann, stellt sich die Frage nach der physikalischen Größe, die den Antrieb bewirkt. Elektrischer Strom begründet sich bekanntlich auf Elektronenbewegung. Elektronen sind negativ geladene elektrische Teilchen, die auf positive Ladungen anziehend wirken. Dies lässt sich im Atommodell anschaulich darstellen.

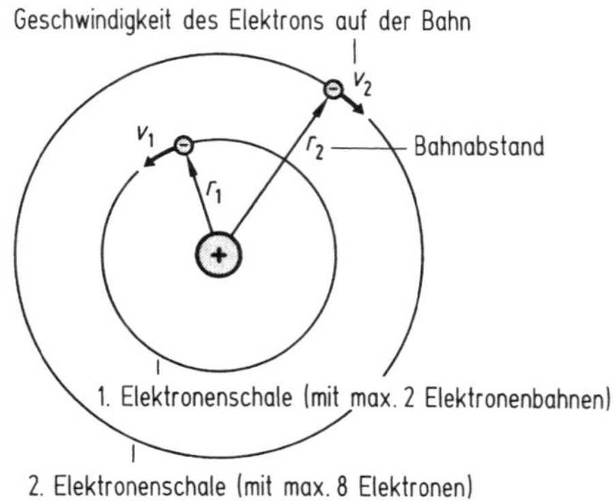

Bild 1.2.1 – 1 Atommodell

Ein rotierender Körper besitzt auf seiner Bahn eine bestimmte potenzielle Energie (= Lageenergie). Diese wandelt sich in kinetische Energie (= Bewegungsenergie) um, sobald der Körper nach Aufhebung der Zentripetalkraft (= Anziehungskraft) in eine geradlinige Bewegung übergeht. Je größer die potenzielle Energie ist, desto größer ist auch die kinetische Energie. Die potenzielle Energie ist abhängig vom Radius des Körpers auf der jeweiligen Bahn, daraus lässt sich folgern, dass die Elektronen auf der ersten Bahn ein niedrigeres Energieniveau besitzen als Elektronen auf den weiter vom Kern entfernt gelegenen Elektronenschalen. Das Bändermodell veranschaulicht diese Abhängigkeiten.

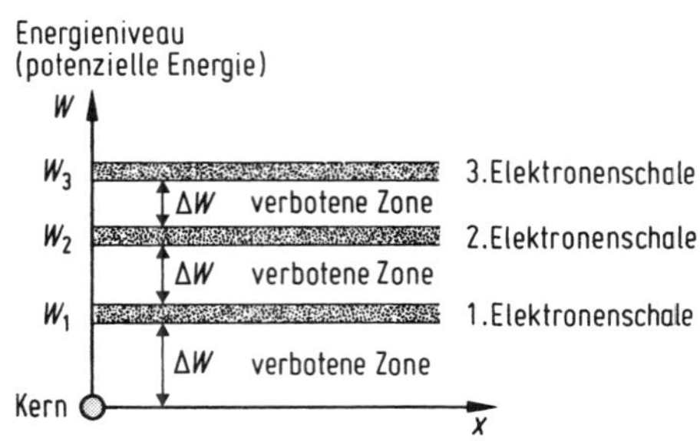

Bild 1.2.1 – 2 Bändermodell zur Betrachtung der Energiestufen im Atom

Im Bändermodell spricht man vom Energiepotenzial der ersten Elektronenschale, vom Energiepotenzial der zweiten Elektronenschale usw. Das Potenzial stellt somit den Energiezustand der Ladungen (= Elektronen) bezogen auf den Kern dar. Dies führt zu der Aussage:

> Zwischen räumlich getrennten Ladungen besteht ein Potenzialunterschied (auch Potenzialdifferenz genannt).

Mit dieser Aussage wird die elektrische Spannung definiert:

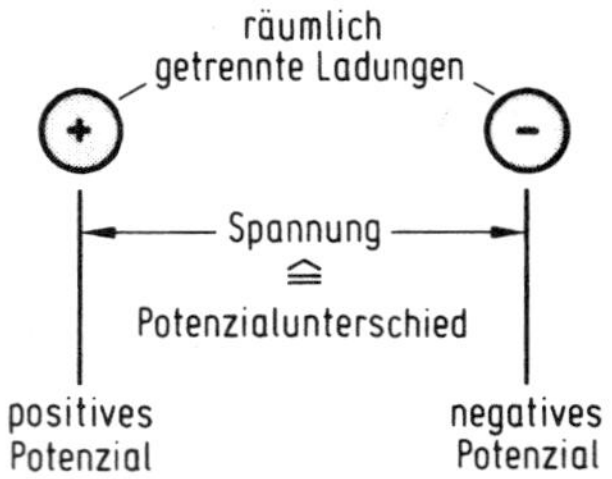

Bild 1.2.1 – 3 Elektrische Spannung als Energiepotenzial zwischen getrennten Ladungen

Zur Trennung von Ladungen ist Energie erforderlich. Diese wird durch Spannung repräsentiert.

Bild 1.2.1 – 4
Ladungstrennung ist nur mit Energie möglich

Die elektrische Spannung ist somit ein Energiezustand. Das Formelzeichen der Spannung ist *U*.
Die Definition lautet:

Elektrische Spannung

$$U = \frac{W}{Q} = \frac{\text{Energie}}{\text{Ladung}} \qquad (1.2.1-1)$$

Die Einheit ist nach dem italienischen Physiker Volta (1745–1827) benannt:

$$[U] = V \text{ (Volt)} \qquad (1.2.1-2)$$

Für ein Volt gilt:

$$1\,\text{V} = \frac{1\,\text{N}\cdot\text{m}}{1\,\text{A}\cdot\text{s}} = \frac{1\,\text{W}\cdot\text{s}}{1\,\text{A}\cdot\text{s}} = \frac{1\,\text{J}}{1\,\text{C}}$$

Ein Volt ist die Potenzialdifferenz, die durch 1 N · m bei Verschiebung von 1 C aufgebaut wird.
Für die Verschiebung eines Elektrons mittels 1 V bedeutet dies einen Energieumsatz von

$$W = 1\,\text{V}\cdot e$$
$$= 1{,}6\cdot 10^{-19}\,\text{J}.$$

Übliche Vielfache und Teile der Einheit Volt sind:

$1\,\text{MV} = 1\cdot 10^{6}\,\text{V}$ | $1\,\text{mV} = 1\cdot 10^{-3}\,\text{V}$
$1\,\text{kV} = 1\cdot 10^{3}\,\text{V}$ | $1\,\mu\text{V} = 1\cdot 10^{-6}\,\text{V}$

Die durch den Spannungspfeil gekennzeichnete positiv zählende Spannungsrichtung geht vom positiven Potenzial zum negativen Potenzial.

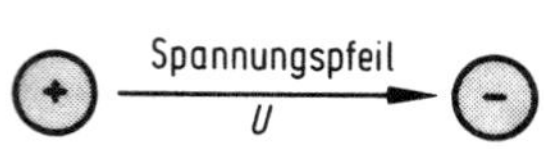

Bild 1.2.1 – 5 Festlegung der Spannungsrichtung

Da Spannung Energie durch Ladung ist, kann man Spannung auch nicht erzeugen, da sich Energie weder erzeugen noch vernichten lässt. Sie kann nur von einer Form in eine andere umgewandelt werden. Elektrische

Spannung wird deshalb nur durch Umwandlung aus anderen Energien gewonnen, weshalb der Begriff Spannungserzeugung irreführend ist. Der Ladungsunterschied zwischen den Klemmen einer Spannungsquelle ist als Elektronenüberschuss und Elektronenmangel zu verstehen.

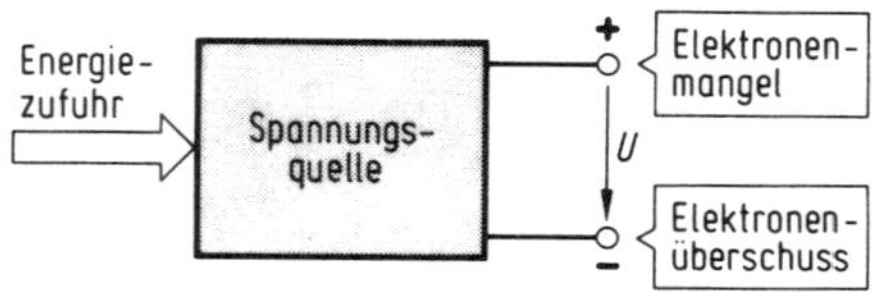

Bild 1.2.1 – 6 Spannungsquelle als Energieumwandler

Das Schaltzeichen einer realen Spannungsquelle ist ein Quadrat, in dem das Zeichen für die Spannungsart eingetragen wird.

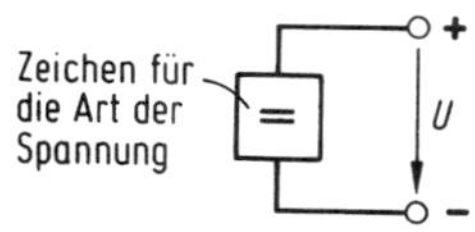

Bild 1.2.1 – 7 Schaltzeichen einer realen Spannungsquelle

Hinweis: Ideale Spannungsquellen siehe Abschnitt 3.3.

Am Anfang dieses Kapitels stand die Frage nach der Antriebsgröße für den Strom. Die Antwort lautet nun:

> Antriebsgröße des elektrischen Stromes *I* ist die elektrische Spannung *U*.

Ohne elektrische Spannung ist kein elektrischer Strom möglich. Das Zusammenwirken von Strom und Spannung im Stromkreis wird im Kapitel 2 behandelt.

1.2.2 Spannungsgewinnung durch Energieumwandlung

Es erfolgt lediglich eine Aufzählung der grundsätzlichen Möglichkeiten für die Spannungsgewinnung durch Energieumwandlung.

- Elektrische Spannung durch mechanische Energie.
  Durch Reibung oder Biegung bestimmter Werkstoffe (z. B. Kunststoffe, Quarze) werden Ladungen verschoben und somit elektrische Spannung aufgebaut.
- Elektrische Spannung durch thermische Energie.
  Führt man der Verbindungsstelle zweier unterschiedlicher Metalle Wärmeenergie zu, so werden Ladungen verschoben und eine elektrische Spannung wird zwischen den Metallen aufgebaut.
- Elektrische Spannung durch optische Energie.
  Bei bestimmten Werkstoffen führt einfallendes Licht zur Ladungstrennung und somit zur elektrischen Spannung.
- Elektrische Spannung durch chemische Energie.
  Bei verschiedenen chemischen Prozessen (z. B. in der Monozelle oder im Bleiakku)

wird chemische Energie in elektrische Spannung umgewandelt.

– Elektrische Spannung durch magnetische Energie.
  Werden elektrische Leiter in magnetischen Feldern bewegt oder werden bei ruhenden Leitern die magnetischen Felder bewegt, so erfolgt im Leiterwerkstoff eine Ladungsverschiebung der frei beweglichen Elektronen, wird also eine Spannung aufgebaut. Die Umwandlung mittels magnetischer Feldenergie liefert den größten Anteil der benötigten elektrischen Energie für die Elektrotechnik. Der typische Anwendungsfall ist der Generator.

1.2.3 Spannungsarten

Man unterscheidet bei elektrischen Spannungen, analog zu den Strömen, nach Spannungsrichtung und zeitlichem Verhalten. Die wichtigsten Arten werden nachfolgend vorgestellt.

Dauer-Gleichspannung:
Die Spannungsrichtung und der Spannungswert ändern sich während der Betrachtungszeit nicht.

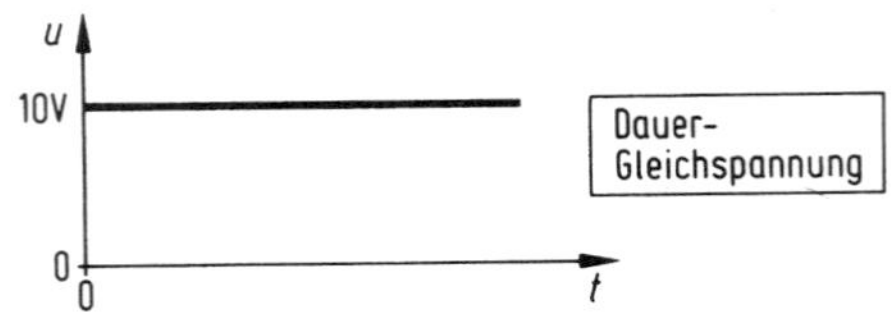

Impuls-Gleichspannung:
Die Spannungsrichtung bleibt zwar gleich, doch ändert sich der Spannungswert in bestimmten Zeitabständen sprunghaft zwischen Maximum und null.

Impuls-Wechselspannung:
Die Spannung ändert sprunghaft ihren Wert und wechselt dabei ihre Richtung.

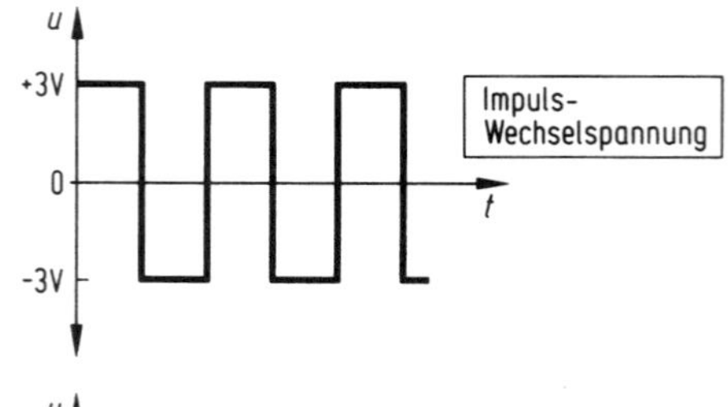

Wechselspannung nach einer Sinusfunktion:
Der zeitliche Verlauf der Spannung erfolgt nach einer Sinusfunktion.

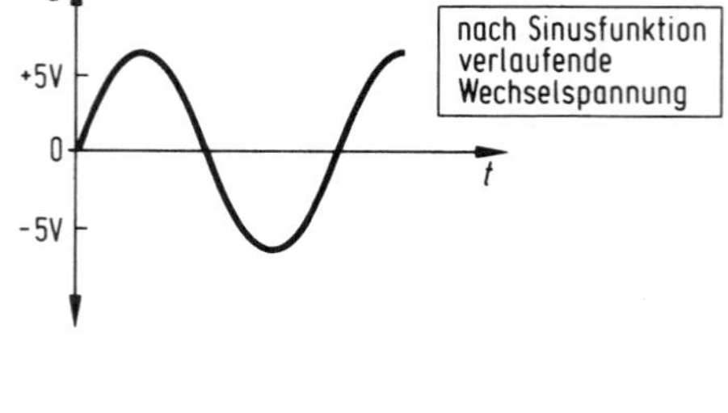

Mischspannung:
Es handelt sich um eine Überlagerung von Gleich- und Wechselspannung.

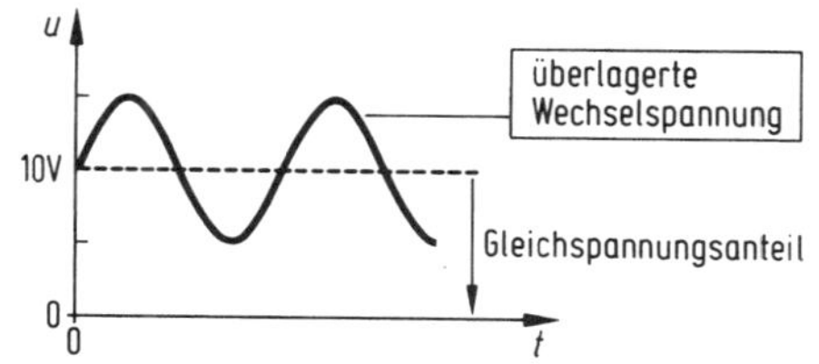

Bild 1.2.3 – 1 Darstellung der Spannungsarten nach ihrem zeitlichem Verhalten

1.3 Elektrischer Widerstand

Nach der Durcharbeitung dieses Kapitels haben Sie die **Kompetenz** ...
- zu unterscheiden zwischen der elektrischen Größe „Widerstand" und dem Bauelement **Widerstand**,
- Berechnungen für elektrische Widerstände vorzunehmen,
- eine Widerstandsänderung bei Temperaturänderung für messtechnische Zwecke auszunutzen.

1.3.1 Stromleitung in Metallen

Um das Zusammenwirken von Spannung und Strom vollständig darstellen zu können, ist die Kenntnis der Stromleitung in Metallen notwendig.

1.3.1.1 Aufbau und Gitterstruktur von Metallen

Sobald geschmolzene Metalle wieder erstarren, ordnen sich ihre Atome zu kristallinen Gitterstrukturen, meist Kristallgitter genannt. Die einfachste Art ist das auch als Kugelpackung bezeichnete kubisch-raumzentrierte Gitter. Dabei sind die Atome so angeordnet, dass jeweils ein Atom an den Ecken und im Zentrum eines Quaders vorhanden ist. Ordnen sich die Metallatome zum Kristallgitter, dann geben sie Elektronen von der letzten Elektronenbahn in den Zwischenräumen des Kristallgitters ab. Diese sog. Valenzelektronen bleiben dabei zwar an das Gitter gebunden, sind aber innerhalb desselben frei beweglich. Man spricht von „Elektronengas", das modellhaft gesehen das Kristallgitter durchströmt. Die Antriebsenergie für diesen Vorgang ist die Wärmeenergie, welche oberhalb des absoluten Nullpunktes stets vorhanden ist. Durch Abgabe von Valenzelektronen entstehen positiv geladene Atomreste, die als Ionen bezeichnet werden. Das „Elektronengas" neutralisiert die-

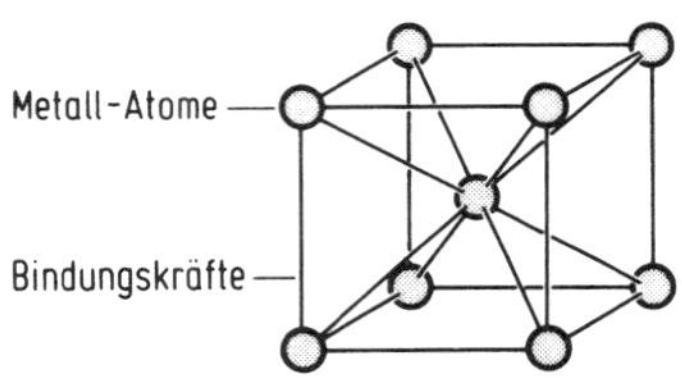

Bild 1.3.1.1 – 1
Modell des kubisch-raumzentrierten Kristallgitters

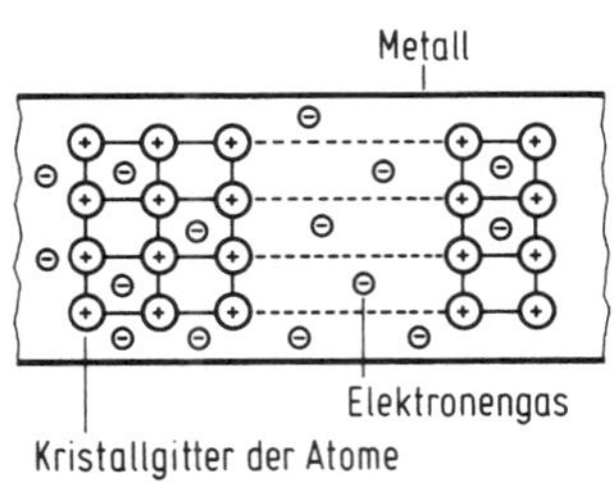

Bild 1.3.1.1 – 2
„Elektronengas" im Kristallgitter von Metallen

se positive Ladung jedoch, weshalb das Metall nach außen elektrisch neutral erscheint. Es gilt folgende Aussage:

Die gleiche Anzahl positiver Metallionen und freier Elektronen im Metall bedeutet elektrische Neutralität.

1.3.1.2 Das Bändermodell bei Metallen

Die Abgabe von Valenzelektronen in die Zwischenräume des Kristallgitters ist nur durch Energiestöße möglich. Sie werden durch Energieanteile bewirkt, die für den Schmelzvorgang des Metalls erforderlich sind. Das von frei beweglichen Elektronen erreichte Energieniveau wird als Leitungsband bezeichnet.

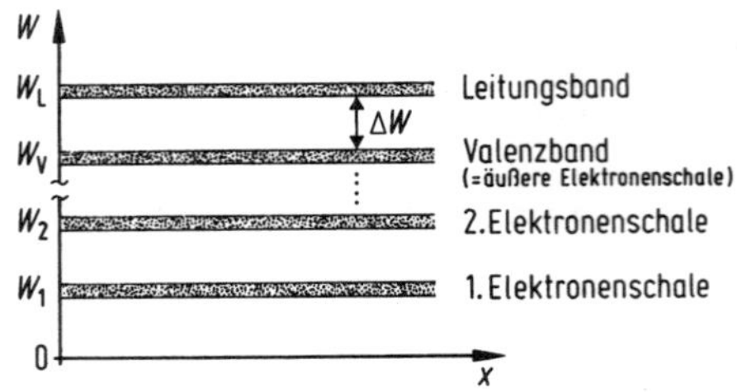

Bild 1.3.1.2 – 1 Bändermodell der Metalle

Es gilt für den Energiestoß zur Freisetzung der Valenzelektronen:

$$\Delta W = W_L - W_V \qquad (1.3.1.2-1)$$

Der Energiestoß ΔW bei Metallen ist sehr klein gegenüber Keramik und Kunststoffen. Die Anzahl der freien Elektronen ist für jeden Werkstoff verschieden. Es gilt:

Kupfer: $n'_{Cu} \approx 8{,}47 \cdot 10^{22} \dfrac{\text{Elektronen}}{\text{cm}^3}$

Silber: $n'_{Ag} \approx 5{,}87 \cdot 10^{22} \dfrac{\text{Elektronen}}{\text{cm}^3}$

Mit Gleichung 1.1.2.2 – 1 (sie wird hier zum besseren Verständnis wiederholt) kann nun bei Angabe der Elektronenkonzentration pro cm^3 für jedes beliebige Stück Leitung die frei bewegliche Ladungsmenge errechnet werden.

Frei bewegliche Ladungsmenge in einem Werkstoff:

$$Q = n' \cdot e \cdot A \cdot l$$

Beispiel 1.3.1.2 – 1

Es ist die Ladungsmenge der frei beweglichen Elektronen zu berechnen, die in einem Kupferdraht mit der Länge $l = 1$ m und dem Querschnitt $A = 1\ \text{mm}^2$ vorhanden ist.

Lösung:

$$Q = n' \cdot e \cdot A \cdot l$$

$$= 8{,}47 \cdot 10^{22} \frac{\text{Elektronen}}{\text{cm}^3} \times 1{,}6 \cdot 10^{-19} \frac{\text{C}}{\text{Elektron}} \cdot 0{,}01\ \text{cm}^2 \cdot 100\ \text{cm}$$

$$Q = \underline{\underline{1{,}355 \cdot 10^4\ \text{C}}}$$

Übung 1.3.1.2 – 1

Berechnen Sie die vorhandene elektrische Ladungsmenge einer Steigeleitung aus Kupfer mit einem Querschnitt $A = 16\ \text{mm}^2$ und einer Länge $l = 50$ m.

Lösung:

1.3.1.3 Vorgang der Stromleitung

Nach der Betrachtung des Aufbaus von Metallen kann nun der Vorgang der Stromleitung erklärt werden. Wird zwischen die Klemmen einer Spannungsquelle eine Leitung aus Metall angeschlossen, dann gelangen die frei beweglichen Elektronen in der Leitung unter den Einfluss der Spannung. Ein Ladungsausgleich ist nun möglich. Die Elektronen in der Leitung werden vom positiven Pol (positive Ladung) angezogen, in der Leitung entsteht dadurch eine gerichtete Bewegung der freien Elektronen. Sie strömen vom Minus-Pol zum Plus-Pol. Elektronenfluss ist jedoch als elektrischer Strom I definiert worden. Die angelegte Spannung bewirkt also einen Strom durch die Leitung.
Um Spannung U und Strom I bezogen auf die Zählrichtung vom selben Ausgangspunkt betrachten zu können, wird die Stromrichtung von Plus nach Minus festgelegt. Diese so definierte Stromrichtung, welche gegen die Elektronenflussrichtung verläuft, bezeichnet man als technische Stromrichtung.

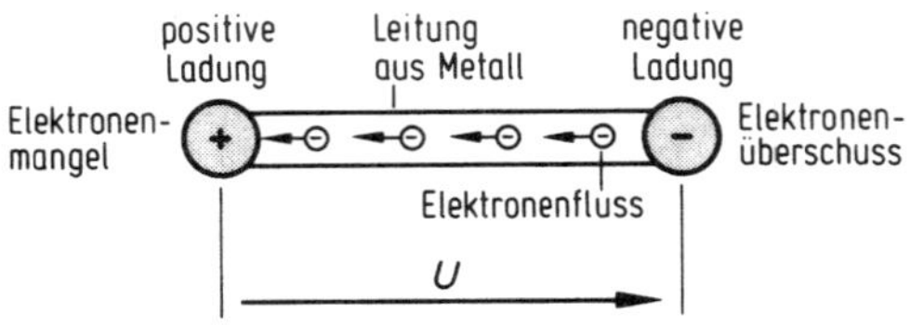

Bild 1.3.1.3 – 1 Gerichtete Bewegung der freien Elektronen im Leiter durch die angelegte Spannung

> Freie Elektronen im Leiter = Leitungselektronen

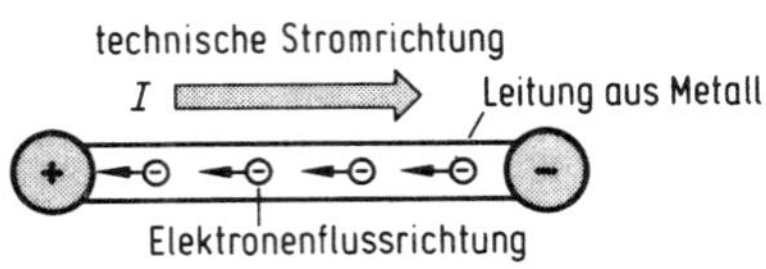

Bild 1.3.1.3 – 2
Definition der technischen Stromrichtung

1.3.2 Elektrischer Widerstand als Strombegrenzer

Die Elektronen stoßen bei ihrer gerichteten Bewegung an das Atomgitter und werden dadurch gebremst, die Geschwindigkeit der Elektronen reduziert sich also. Es fließen damit weniger Elektronen pro Sekunde durch den Leiterquerschnitt, was eine Verringerung des Stromes bedeutet. Die Leitung begrenzt den Ladungsaustausch und somit den Stromfluss. Diese strombegrenzende Wirkung der Leitung wird als elektrischer Widerstand definiert, der ebenfalls eine physikalische Größe darstellt, sein Formelzeichen ist R.

> Strombegrenzende Wirkung der Leitung = elektrischer Widerstand R.

Die Einheit ist nach dem deutschen Physiker Ohm (1789–1854) benannt:

$$[R] = \Omega \text{ (Ohm)} \qquad (1.3.2-1)$$

Als Vielfache und Teile der Einheit Ohm kommen zur Anwendung:

$1\ \text{m}\Omega = 1 \cdot 10^{-3}\ \Omega$
$1\ \text{k}\Omega = 1 \cdot 10^{3}\ \Omega$
$1\ \text{M}\Omega = 1 \cdot 10^{6}\ \Omega$
$1\ \text{G}\Omega = 1 \cdot 10^{9}\ \Omega$
$1\ \text{T}\Omega = 1 \cdot 10^{12}\ \Omega$

Das Schaltzeichen des Widerstandes ist wie Bild 1.3.2 – 1 festgelegt.

Bild 1.3.2 – 1 Schaltzeichen des Widerstandes

1.3.2.1 Spezifischer elektrischer Widerstand und elektrische Leitfähigkeit

Die einzelnen Werkstoffe weisen bedingt durch unterschiedliche Atomgrößen und Formen der Kristallgitter auch unterschiedliche elektrische Widerstandswerte auf. Für die Berechnung von Widerstandswerten sind diese werkstofftechnischen Kennwerte durch den spezifischen Widerstand ϱ festgelegt. Er ist bezogen auf eine Werkstofflänge $l = 1$ m und einen Querschnitt $A = 1\ \text{mm}^2$.

Spezifischer elektrischer Widerstand ϱ
($\varrho \rightarrow$ sprich: rho)

Der spezifische elektrische Widerstand ist der Widerstand eines Werkstoffes bezogen auf folgende Abmessungen:

$l = 1$ m und $A = 1\ \text{mm}^2$

Als Einheit des spezifischen elektrischen Widerstandes gilt:

$$[\varrho] = \frac{\Omega \cdot \text{mm}^2}{\text{m}} \qquad (1.3.2.1-1)$$

Der spezifische Widerstand ist stets bezogen auf eine Umgebungstemperatur $\vartheta = 20\ °\text{C}$ und eine definierte Materialreinheit. Die gebräuchlichen Werte für ϱ können der Tabelle 1.3.2.1 – 1 entnommen werden (gerundete Werte).

Tabelle 1.3.2.1 – 1
Werkstoffgrößen für den speziellen Widerstand

Leiterwerkstoff	ϱ $\Omega \cdot \text{mm}^2/\text{m}$
Silber	0,016
Kupfer	0,01786
Gold	0,023
Aluminium	0,02857
Magnesium	0,0455
Wolfram	0,0555
Zink	0,0625
Messing	0,07 ... 0,09
Nickel	0,08 ... 0,11
Eisen	0,10 ... 0,15
Zinn	0,11
Platin	0,11 ... 0,14
Blei	0,21
Quecksilber	0,96
Konstantan	0,5

Die Zahlenwerte für die spezifischen Widerstände der einzelnen Werkstoffe sind in den meisten Fällen sehr klein. Es wird deshalb häufig besser mit dem Kehrwert des spezifischen Widerstandes, der elektrischen Leitfähigkeit $\varkappa$, gerechnet:

Elektrische Leitfähigkeit $\varkappa$

($\varkappa \rightarrow$ sprich: kappa)

$$\varkappa = \frac{1}{\varrho} \qquad (1.3.2.1-2)$$

Die Einheit ist ebenfalls durch eine Kehrwertbildung definiert:

$$[\varkappa] = \frac{\mathrm{m}}{\Omega \cdot \mathrm{mm}^2} = \frac{\mathrm{S} \cdot \mathrm{m}}{\mathrm{mm}^2} \qquad (1.3.2.1-3)$$

$$\frac{1}{\Omega} = \mathrm{S}\ \text{(Siemens)}$$

Die gebräulichsten Werte für $\varkappa$ können der Tabelle 1.3.2.1 – 2 entnommen werden. Sie gelten ebenfalls für eine Umgebungstemperatur von $\vartheta = 20\,^\circ\mathrm{C}$ und eine definierte Materialeinheit (gerundete Werte).

Tabelle 1.3.2.1 – 2
Werkstoffgrößen für die elektrische Leitfähigkeit

Leiterwerkstoff	$\varkappa$ $\mathrm{S \cdot m/mm^2}$
Silber	62,5
Kupfer	56
Gold	43,5
Aluminium	34
Magnesium	22
Wolfram	18
Zink	16
Messing	14...11
Nickel	13...9
Eisen	10...7
Zinn	9,1
Platin	9...7
Blei	4,8
Quecksilber	1,04
Konstantan	2

Für Isolierwerkstoffe ist meist folgende abgewandelte Einheitenangabe gebräuchlich:

Einheitenangabe für ϱ und $\varkappa$ bei Isolierwerkstoffen

$$[\varrho] = \Omega \cdot \mathrm{cm} \quad \text{oder} \quad \Omega \cdot \mathrm{m}$$

$$[\varkappa] = \frac{\mathrm{S}}{\mathrm{cm}} \quad \text{oder} \quad \frac{\mathrm{S}}{\mathrm{m}}$$

Man gewinnt diese durch Einsetzen von gleichen Flächen- und Längeneinheiten in die Gleichung 1.3.2.1 – 1. Es gilt:

$$[\varrho] = \frac{\Omega \cdot \mathrm{mm}^2}{\mathrm{m}}$$

da

$$1\ \mathrm{mm}^2 = 10^{-6}\ \mathrm{m}^2$$

folglich

$$[\varrho] = \frac{\Omega \cdot 10^{-6}\ \mathrm{m}^2}{\mathrm{m}}$$

$$[\varrho] = 10^{-6}\ \Omega \cdot \mathrm{m}$$

somit:

$$1\,\frac{\Omega \cdot \mathrm{mm}^2}{\mathrm{m}} = 1 \cdot 10^{-6}\ \Omega \cdot \mathrm{m}$$

Entsprechend gilt:

$$1\,\frac{\mathrm{S} \cdot \mathrm{m}}{\mathrm{mm}^2} = 1 \cdot 10^{6}\,\frac{\mathrm{S}}{\mathrm{m}}$$

1.3.2.2 Bemessungsgleichung des Widerstandes

Mit dem spezifischen Widerstand bzw. mit der Leitfähigkeit ist es möglich, für jede beliebige Leitung den elektrischen Widerstand R zu berechnen. Die Bemessungsgleichung für Widerstände lautet:

$$R = \frac{\varrho \cdot l}{A} = \frac{l}{\varkappa \cdot A} \qquad (1.3.2.2-1)$$

Kontrolle der Bemessungsgleichung anhand der Einheitengleichung:

$$[R] = \frac{\Omega \cdot \mathrm{mm}^2 \cdot \mathrm{m}}{\mathrm{m} \cdot \mathrm{mm}^2} = \Omega$$

In der Elektrotechnik unterscheidet man verschiedene Widerstandsarten:
- Gewollte Widerstände (technische Widerstände)
- Ungewollte Widerstände (Leitungen, Kontakte usw.)

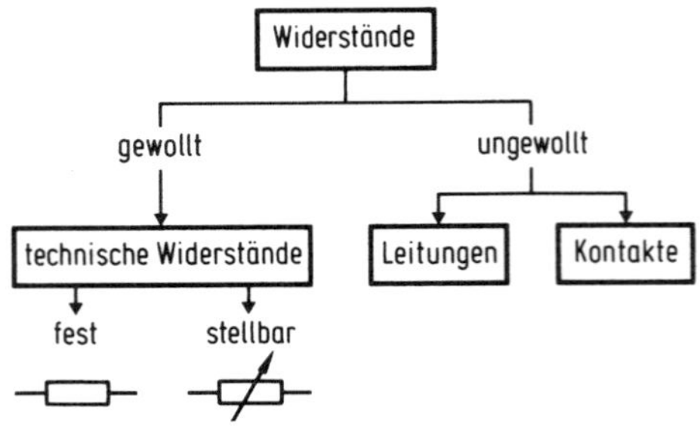

Bild 1.3.2.2 – 1 Widerstandsarten

Bei jeder technischen Stromleitung durch Leiter wird der Strom begrenzt, es liegt also immer ein Widerstand vor. Alle Verbindungsleitungen sollen theoretisch widerstandsfrei sein. Wegen der in der Praxis auftretenden, durch Reibung der Elektronen im Kristallgitter hervorgerufenen Verluste sind jedoch stets ungewollte Widerstände in den Verbindungsleitungen vorhanden. In der Elektrotechnik gibt es aber auch gewollte Widerstände, nämlich die technischen Widerstände. Sie werden eingeteilt in Festwiderstände und stellbare Widerstände, auch Potenziometer genannt. Technische Widerstände werden auch als Verbraucher im Stromkreis bezeichnet. Im Kapitel 8 werden sie noch ausführlich behandelt.

Technische Widerstände = Verbraucher im Stromkreis

Zur Berechnung eines Widerstandes ist die Draht- oder Leitungslänge erforderlich. Da bei der Festlegung dieser Längen immer wieder Schwierigkeiten auftreten, gelten für dieses Buch folgende Begriffsbestimmungen:

1. Drahtlänge = einfache Länge l

   also $R = \dfrac{l \cdot \varrho}{A}$
2. Leitungslänge = Entfernung zwischen Spannungsquelle (= Einspeisung) und Verbraucher

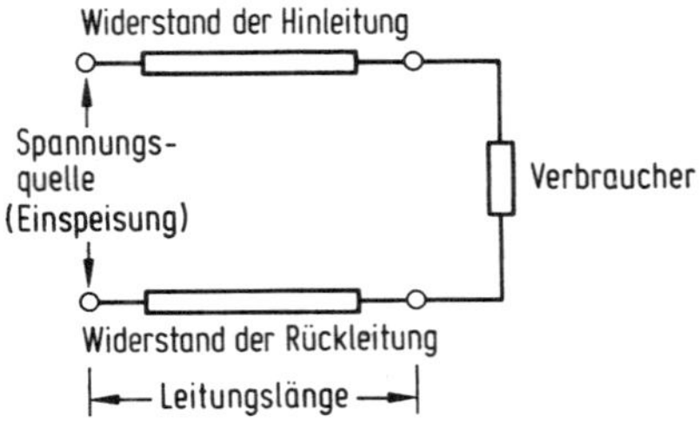

Bild 1.3.2.2 – 2 Definition der Leitungslänge

Bei der Leitungslänge muss Hinleitung und Rückleitung betrachtet werden, da beide zum Widerstand beitragen.

Folglich gilt: $R = \frac{2 \cdot l \cdot \varrho}{A}$

Beispiel 1.3.2.2 – 1

Es ist der Widerstand eines Kupferleiters mit der Länge $l = 100$ m und einem Querschnitt $A = 2$ mm^2 zu berechnen.

Lösung:

$$R = \frac{\varrho \cdot l}{A} = \frac{l}{\varkappa \cdot A}$$

Wert aus der Tabelle: $\varrho_{\mathrm{Cu}} = 0{,}01786 \frac{\Omega \cdot \mathrm{mm}^2}{\mathrm{m}}$

$$R = \frac{0{,}01786 \frac{\Omega \cdot \mathrm{mm}^2}{\mathrm{m}} \cdot 100\ \mathrm{m}}{2\ \mathrm{mm}^2}$$

$$R = \underline{\underline{0{,}893\ \Omega}}$$

Wert aus der Tabelle: $\varkappa = 56 \frac{\mathrm{m}}{\Omega \cdot \mathrm{mm}^2}$

$$R = \frac{100\ \mathrm{m}}{56 \frac{\mathrm{m}}{\Omega \cdot \mathrm{mm}^2} \cdot 2\ \mathrm{mm}^2}$$

$$R = \underline{\underline{0{,}893\ \Omega}}$$

Elektrischer Leitwert

Als Kehrwert des spezifischen Widerstandes wurde die elektrische Leitfähigkeit definiert. Analoges gilt auch für den Kehrwert des elektrischen Widerstandes, der als elektrischer Leitwert bezeichnet wird. Es gilt:

$$\boxed{G = \frac{1}{R}} \qquad (1.3.2.2-2)$$

Die Einheit ergibt sich aus der Kehrwertbildung der Einheit Ohm.

$$\boxed{[G] = \frac{1}{\Omega} = \mathrm{S\ (Siemens)}} \qquad (1.3.2.2-3)$$

Für viele Berechnungen ergibt die Verwendung des Leitwertes einfachere Gleichungen.

Beispiel 1.3.2.2 – 2

Es wird ein Widerstand $R = 20\ \Omega$ benötigt. Er soll aus einem Konstantandraht mit einem Durchmesser $d = 0{,}5$ mm gewickelt werden. Es ist die erforderliche Länge des Konstantandrahtes zu berechnen.

Lösung:

Berechnung des Drahtquerschnittes:

$$A = d^2 \cdot \frac{\pi}{4}$$

$$= 0{,}5^2\ \text{mm}^2 \cdot \frac{\pi}{4}$$

$$A = \underline{\underline{0{,}196\ \text{mm}^2}}$$

Wert aus der Tabelle:

$$\varrho_{\text{Ko}} = 0{,}5 \frac{\Omega \cdot \text{mm}^2}{\text{m}}$$

Berechnung der Drahtlänge:

$$R = \frac{\varrho \cdot l}{A}$$

$$l = \frac{R \cdot A}{\varrho}$$

$$= \frac{20\ \Omega \cdot 0{,}196\ \text{mm}^2}{0{,}5\ \dfrac{\Omega \cdot \text{mm}^2}{\text{m}}}$$

$$l = \underline{\underline{7{,}84\ \text{m}}}$$

Übung 1.3.2.2 – 1

Eine 300 m lange Verbindung aus Aluminium-Draht darf einen Widerstandswert von maximal 10 Ω haben. Berechnen Sie den benötigten Querschnitt der Leitung!

Lösung:

Übung 1.3.2.2 – 2

Für eine Überlandleitung sind die Daten der Hochspannungsseile zu ermitteln. Der geforderte Widerstand beträgt $R = 0{,}5\ \Omega$ bei einer Seillänge von 500 m. Berechnen Sie den benötigten Querschnitt eines Kupfer- und eines Aluminiumseiles. Wie verhalten sich die Querschnitte zueinander?

Lösung:

1.3.2.3 Temperaturabhängigkeit des Widerstandes

Erhöht sich die Temperatur eines Widerstandes, dann ist bei einigen Werkstoffen eine Widerstandszunahme, bei anderen eine Widerstandsabnahme zu beobachten. Die Zu- und Abnahmen sind entweder linear oder nichtlinear.

Bei den meisten gebräuchlichen Leiter- und Widerstandswerkstoffen ist bis zu einer bestimmten Temperatur eine lineare Widerstandszunahme zu beobachten.

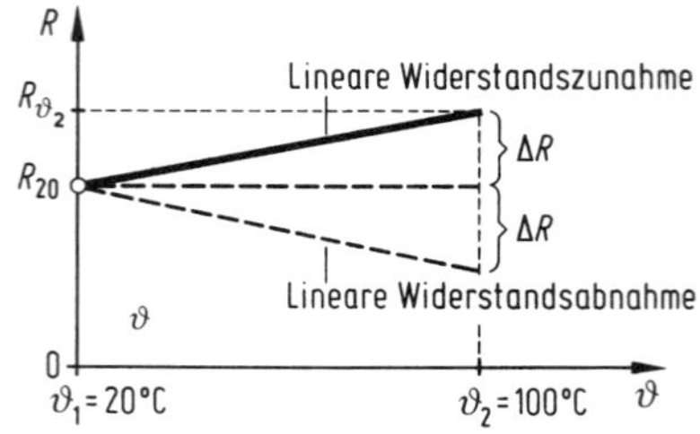

Bild 1.3.2.3 – 1
Widerstandsänderung bei Temperaturerhöhung

Die Widerstandszunahme kann mathematisch wie folgt geschrieben werden:

$$\boxed{R_{\vartheta_2} = R_{20} + \Delta R} \qquad (1.3.2.3-1)$$

R_{20} = Widerstandswert bei $\vartheta = 20\,°C$ (= Kaltwiderstand)
R_{ϑ_2} = Widerstandswert bei z. B. $\vartheta = 100\,°C$ (= Warmwiderstand)
$\Delta R = R_{\vartheta_2} - R_{20}$ = Widerstandszunahme

Grundsätzlich lässt sich die Widerstandsänderung wie folgt erklären:
Alle Atome im Kristallgitter schwingen mehr oder weniger stark an ihrem Standort bei Temperaturen oberhalb des absoluten Nullpunktes ($\vartheta = -273{,}16\,°C$). Die Schwingungen nehmen mit steigender Temperatur zu, wodurch das Kristallgitter ständig in Bewegung ist. Der Elektronenfluss wird dadurch stärker gebremst, was einer Widerstandserhöhung entspricht. Die Widerstandsänderung ΔR ist von der Temperaturänderung und dem Werkstoff abhängig. Für die einzelnen Werkstoffe wurde der Widerstands-Temperaturkoeffizient α eingeführt:

$$\Delta R = f(\Delta\vartheta, \text{ Werkstoff})$$

α = Widerstands-Temperaturkoeffizient eines Werkstoffes von $R = 1\,\Omega$ und bei $\Delta\vartheta = 1\,K$

Der Temperaturkoeffizient gibt die Widerstandszu- oder -abnahme eines Werkstoffes von 1 Ω Widerstandswert und einer Temperaturänderung um $\Delta\vartheta = 1\,K$ (Kelvin) an.

Die Einheit des Temperaturkoeffizienten lautet:

$$\boxed{[\alpha] = \frac{1}{K} \quad (K = \text{Kelvin})} \qquad (1.3.2.3-2)$$

Die gebräuchlichsten Temperaturkoeffizienten können der Tabelle 1.3.2.3 – 1 entnommen werden.

Die Widerstandserhöhung oder -abnahme des Ausgangswiderstandes R_{20} (= Widerstandswert bei 20 °C) für ein $\Delta\vartheta = 1\,K$ beträgt somit:

$$\Delta R = R_{20} \cdot \alpha \cdot 1\,K$$

Bei der Temperaturdifferenz von $\Delta\vartheta = \vartheta_2 - 20\,°C$ ergibt sich:

$$\Delta R = R_{20} \cdot \alpha \cdot (\vartheta_2 - 20\,°C)$$

Durch Einsetzen von ΔR in die Gleichung 1.3.2.3 – 1 folgt daraus die endgültige Gleichung zur Berechnung des Widerstandes bei einer Temperaturänderung $\Delta\vartheta$:

$$R_{\vartheta_2} = R_{20} + R_{20} \cdot \alpha(\vartheta_2 - 20\,°C)$$

$$\boxed{R_{\vartheta_2} = R_{20}(1 + \alpha(\vartheta_2 - 20\,°C))} \qquad (1.3.2.3-3)$$

Geltungsbereich bis $\vartheta_2 = 200\,°C$

Der Geltungsbereich der Gleichung 1.3.2.3 – 3 geht maximal bis $\vartheta_2 = 200\ °C$. Darüber ist die Widerstandsänderung nicht mehr linear. Es gilt dann folgende Gleichung:

$$R_{\vartheta_2} = R_{20}(1 + \alpha \cdot (\vartheta_2 - 20\ °C) + \beta \cdot (\vartheta_2 - 20\ °C)^2 \quad (1.3.2.3-4)$$

β ist ein zusätzlicher Temperaturkoeffizient.

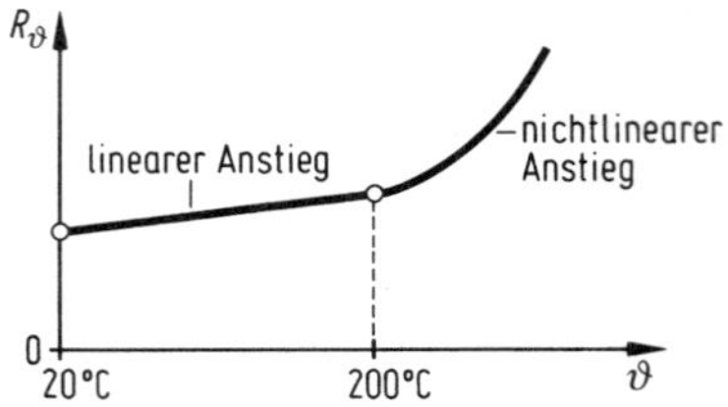

Bild 1.3.2.3 – 2 Widerstandsänderung in Abhängigkeit von der Temperatur

Die gebräuchlichsten Werte für die Temperaturkoeffizienten α und β sind der Tabelle 1.3.2.3 – 1 zu entnehmen.

Tabelle 1.3.2.3 – 1
Werkstoffgrößen für die Temperaturkoeffizienten

Leiterwerkstoff	α $10^{-3}\ K^{-1}$	β $10^{-6}\ K^{-2}$
Silber	3,8	0,7
Kupfer	3,93	0,6
Gold	3,77	0,5
Aluminium	4	1,3
Magnesium	3,9	1
Wolfram	4,1	1
Zink	3,7	2
Messing	1,5	–
Nickel	3,7...6	9
Eisen	4,5...6	6
Zinn	4,2	6
Platin	2...3	0,6
Blei	4,2	2
Quecksilber	0,92	1,2
Konstantan	0,01	

Beispiel 1.3.2.3 – 1

Ein Widerstand $R_{20} = 80\ \Omega$ ist aus Aluminiumdraht gewickelt. Der Widerstand wird auf $\vartheta_2 = 120\ °C$ erwärmt. Berechnen Sie den Widerstandswert bei $\vartheta_2 = 120\ °C$.

Lösung:

$$R_{\vartheta_2} = R_{20}(1 + \alpha \cdot (\vartheta_2 - 20\ °C))$$

gemäß Tabelle: $\alpha = 4 \cdot 10^{-3} \frac{1}{K}$

$$R_{120\ °C} = 80\ \Omega\left(1 + 4 \cdot 10^{-3} \frac{1}{K}(120\ °C - 20\ °C)\right)$$

$$= 80\ \Omega\left(1 + 4 \cdot 10^{-3} \frac{1}{K} \cdot 100\ K\right)$$

$$= 80\ \Omega(1 + 0{,}4)$$

$$R_{120\ °C} = \underline{\underline{112\ \Omega}}$$

Übung 1.3.2.3 – 1

Ein Widerstand $R_{20} = 100\ \Omega$ aus einem Nickeldraht erreicht nach der Temperaturerhöhung den Widerstandswert $R_{\vartheta_2} = 150\ \Omega$. Berechnen Sie die Endtemperatur ϑ_2 ausgehend von $\vartheta_1 = 20\ °C$, wenn $\alpha = 4{,}5 \cdot 10^{-3}\ \frac{1}{K}$ ist.

Lösung:

Übung 1.3.2.3 – 2

Der Widerstand einer Kupferspule mit einem Kaltwiderstand $R_{20} = 230\ \Omega$ darf sich nur um 8 % erhöhen. Welche maximale Temperatur darf die Spule erreichen?

Lösung:

1.3.3 Stromleitung in Festkörpern, Flüssigkeiten und Gasen

Es soll hier lediglich ein Überblick für die einzelnen Stromleitungsmechanismen gegeben werden. Man unterscheidet Stromleitung in

- Metallen (= Elektronenleiter)
- Isolatoren (= Nichtleiter)
- Flüssigkeiten (= Ionenleiter)
- Gasen (= Elektronen- und Ionenleiter)
- Halbleitern (= Störstellenleiter)
- Supraleitenden Stoffen

Isolatoren (= Nichtleiter) sind Werkstoffe, die nur ganz wenige freie Elektronen im Atomverband haben. Unter dem Einfluss einer angelegten Spannung werden immer an irgendeiner Stelle des Werkstoffes Elektronen freigesetzt. Es gibt deshalb keinen idealen Nichtleiter.

Einen idealen Nichtleiter gibt es nicht.

Die Stromleitung in Flüssigkeiten erfolgt bei gleichzeitiger Zersetzung der Flüssigkeit, sodass die Stromleitung nur von endlicher Dauer ist. Bei dieser Art der Stromleitung wird von Leitern zweiter Klasse gesprochen. Der Vorgang wird im Abschnitt 3.7.4.1 behandelt.

Stromleitende Flüssigkeiten = Leiter 2. Klasse

Die Stromleitung in Gasen erfolgt mittels Stoßionisation. Die Valenzelektronen der neutralen Gasatome werden durch den Anstoß mit bereits freien Elektronen vom Atom getrennt und dienen dann der Stromleitung.

Stromleitung in Gasen mittels Stoßionisation

Die Beschreibung der Stromleitung in Halbleitern setzt die Kenntnis der Festkörperphysik über n- und p-Leitung voraus. Siehe dazu das Buch „Werkstoffe der Elektrotechnik“ dieser Lernbuchreihe.

Stromleitung bei Halbleitern mittels n- und p-Leitung

Unter supraleitenden Stoffen versteht man Werkstoffe, die bei sehr niedrigen Temperaturen ihren Widerstandswert ganz verlieren.

Supraleitung bedeutet: $R \to 0\ \Omega$ wenn $\vartheta \to 0\ K$

2 Elektrischer Stromkreis

2.1 Aufbau des technischen Stromkreises

Nach der Durcharbeitung dieses Kapitels haben Sie die **Kompetenz** ...

– Stromkreise in äußere und innere Abschnitte einzuteilen und die Bedeutung für die Praxis aufzuzeigen.

Im Themenkreis 1 wurden die einzelnen elektrischen Grundgrößen erarbeitet und ihre Zusammenhänge dargestellt. In diesem Themenkreis erfolgt nun die Betrachtung des Zusammenwirkens der einzelnen Grundgrößen im Stromkreis. Dazu wird ein aus Spannungsquelle, Schalter, Leitungen und einem Widerstand als Verbraucher bestehender Stromkreis betrachtet.

Nach dem Schließen des Stromkreises mittels Schalter beginnt die Ladungsbewegung. Von der Spannung bewegt strömen Elektronen vom Minus-Pol (= Elektronenüberschuss) durch den Widerstand R zum Plus-Pol (= Elektronenmangel). In der Spannungsquelle erfolgt wieder eine Ladungstrennung, wobei die Elektronen zum Minus-Pol verschoben werden. Der Kreislauf ist somit geschlossen. Solange die Energieumwandlung in der Spannungsquelle anhält, wird der Elektronenfluss aufrechterhalten. Die Stromrichtung ist, wie bereits bekannt, von Plus nach Minus festgelegt.

Die Ursache des Stromflusses ist die Spannung.

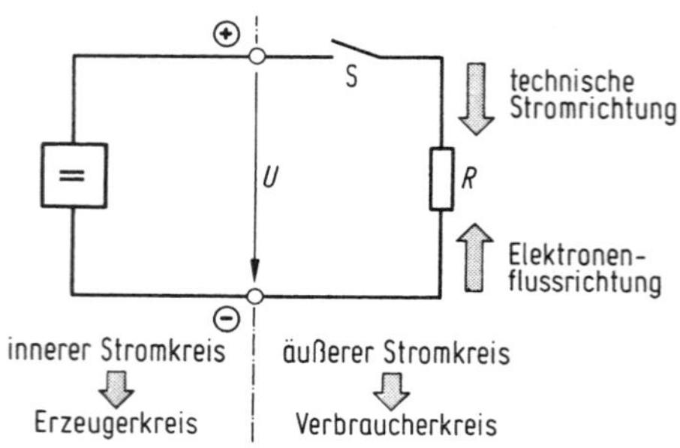

Bild 2.1 – 1
Zusammenwirken der Grundgrößen im Stromkreis

Ohne Spannung kein Strom.

Für den gesamten Stromkreis gilt die Aussage:

Der Strom ist an allen Stellen des Kreises gleich groß.

Der Stromkreis wird in einen äußeren und inneren Stromkreis aufgeteilt. Im äußeren Stromkreis sind alle Verbraucher zusammengefasst, während der innere Stromkreis durch die Spannungsquelle gebildet wird. Daraus erklären sich auch die Begriffe Verbraucher- und Erzeugerkreis.

Die Definition der Stromrichtung ist auf den äußeren Stromkreis bezogen. In der Spannungsquelle fließt der Strom von Minus nach Plus, die Elektronen natürlich entgegengesetzt.

2.2 Strömungsgesetze im elektrischen Stromkreis

Nach der Durcharbeitung dieses Kapitels haben Sie die **Kompetenz** ...
- Berechnungen an einfachen elektrischen Stromkreisen mit dem Ohm'schen Gesetz durchzuführen,
- zwischen linearen und nichtlinearen Widerständen zu unterscheiden und ihr Verhalten im Stromkreis zu erklären.

2.2.1 Ohm'sches Gesetz

Den Zusammenhang zwischen der elektrischen Spannung U, dem elektrischen Strom I und dem Widerstand R erkannte als Erster der deutsche Physiker Georg Simon Ohm (1789–1854), weshalb die mathematische Formulierung dieser Abhängigkeit als Ohm'sches Gesetz bezeichnet wird.

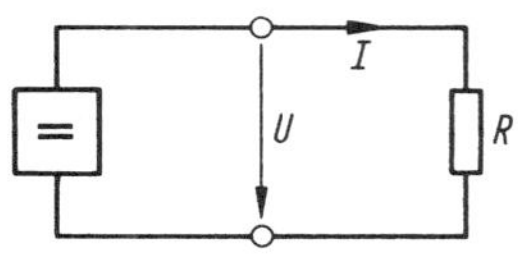

Bild 2.2.1 – 1 Geschlossener Stromkreis

Im geschlossenen Stromkreis sind bei konstantem Widerstand der Strom und die Spannung einander proportional.

$I \sim U$ (wenn $R =$ konstant)

folglich

$I = k \cdot U$

$k =$ Proportionalitätsfaktor

Bei konstanter Spannung U und Vergrößerung des Widerstandes R ist der Zusammenhang zwischen Strom und Spannung umgekehrt proportional.

$I \sim \frac{1}{R}$ (wenn $U =$ konstant)

Mit $k = \frac{1}{R}$ ergibt sich das **Ohm'sche Gesetz**

Zusammenfassend lässt sich daraus die Größengleichung des Ohm'schen Gesetzes ableiten:

$$I = \frac{U}{R} \qquad (2.2.1-1)$$

Die Einheitengleichung ergibt wie folgt:

$$[I] = \frac{\text{V}}{\Omega} = \text{A} \qquad (2.2.1-2)$$

Das Ohm'sche Gesetz lässt sich durch verschiedene Formulierungen darstellen:
1. Die am Widerstand R anliegende Spannung U treibt den Strom I durch diesen Widerstand.
2. Um den Strom I durch den Widerstand R zu treiben, muss die Spannung U angelegt werden.

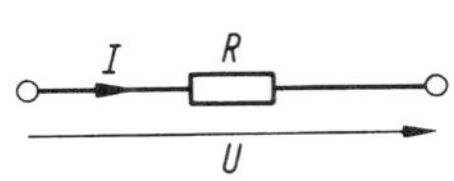

Bild 2.2.1 – 2 Spannung und Strom am Widerstand

3. Um bei der angelegten Spannung U den Strom I zu begrenzen, muss der Widerstand R vorhanden sein.

Die Umstellung des Ohm'schen Gesetzes nach R führt zur Definitionsgleichung des Widerstandes R.

Definitionsgleichung des Widerstandes

$$R = \frac{U}{I} \qquad (2.2.1-3)$$

Zur Erinnerung sei an dieser Stelle nochmals auf die bereits bekannte Bemessungsgleichung eines Widerstandes hingewiesen.

Bemessungsgleichung des Widerstandes

$$R = \frac{l}{\varkappa \cdot A} = \frac{\varrho \cdot l}{A}$$

Mit der Gleichung 1.3.2.2 – 2 wurde der Leitwert G definiert. Die Einführung des Leitwertes in das Ohm'sche Gesetz ergibt:

Leitwert: $G = \frac{1}{R}$

$$I = U \cdot G \qquad (2.2.1-4)$$

Beispiel 2.2.1 – 1

Bestimmen Sie bei gegebenem Strom $I = 3$ A und Widerstand $R = 50\ \Omega$ die Spannung U.

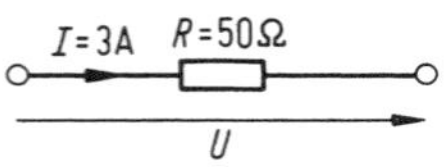

Lösung:

$U = I \cdot R$

$= 3\text{ A} \cdot 50\ \Omega$

$U = \underline{\underline{150\text{ V}}}$

Übung 2.2.1 – 1

Zeichnen Sie in einen einfachen Stromkreis die technische Stromrichtung und die Elektronenflussrichtung ein. Wie fließen Strom und Elektronen im inneren Stromkreis, also in der Spannungsquelle?

Lösung:

Übung 2.2.1 – 2

Ergänzen Sie in der Tabelle die fehlenden Werte für jede Spalte:

Lösung:

	1.	2.	3.	4.	5.	6.	7.
R	10 Ω			1,5 MΩ		1 GΩ	
U	20 V	1 µV	10^3 V		150 V		20 V
I		5 nA		0,5 A	10 A	1 mA	
G			3 S				10 S

Übung 2.2.1 – 3

Der Verbraucher in einem Stromkreis wird durch einen 400 m langen Kupferdraht mit einem Querschnitt von $A = 50\text{ mm}^2$ gebildet. Der Stromkreis wird mit $U = 2$ V gespeist. Berechnen Sie für eine Drahttemperatur von 20 °C und 50 °C den Strom I.

Lösung:

2.2.2 Widerstandsdiagramme

2.2.2.0 Einführung

In der Technik werden vielfältige Diagramme und Kennlinien verwendet. Das Ohm'sche Gesetz ist eine lineare Gleichung. Jede lineare Gleichung kann in eine lineare Funktion überführt werden. Deshalb kann auch das Ohm'sche Gesetz in eine Funktionsgleichung umgewandelt und als Graph dargestellt werden.

Für die allgemeine lineare Funktion gilt:

$$\boxed{y = f(x) = m \cdot x} \qquad (2.2.2.0-1)$$

x = unabhängige Variable

y = unabhängige Variable

$m = \dfrac{\Delta y}{\Delta x}$ = Steigungsfaktor

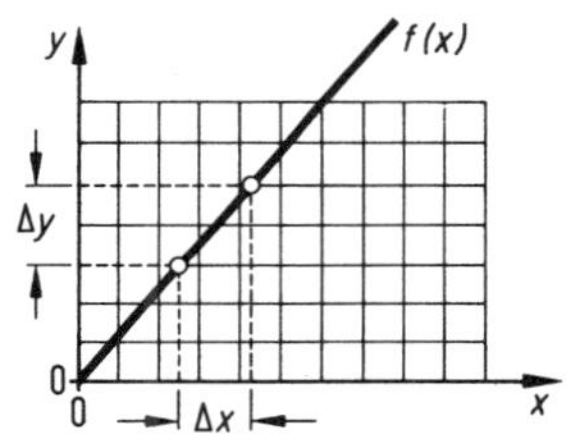

Bild 2.2.2.0 – 1 Lineare Funktion

Die in der Gleichung 2.2.1 – 1 angeführte Schreibweise des Ohm'schen Gesetzes entspricht der einer allgemeinen linearen Funktion.

$$\begin{array}{lcccc} I = f(U) & = & \dfrac{1}{R} & \cdot & U \\ \updownarrow & & \updownarrow & & \updownarrow \\ y = f(x) & = & m & \cdot & x \end{array}$$

Der Vergleich der Koeffizienten beider Gleichungen führt zur folgenden Gegenüberstellung:

$I \mathrel{\hat{=}} y$ = abhängige Variable

$\dfrac{1}{R} \mathrel{\hat{=}} m$ = Steigungsfaktor

$U \mathrel{\hat{=}} x$ = unabhängige Variable

Die Aussagen „$I \mathrel{\hat{=}}$ abhängige Variable" und „$U \mathrel{\hat{=}}$ unabhängige Variable" sind auch physikalisch richtig, da ohne Spannung kein Strom fließt.

2.2.2.1 Lineare Widerstände

Die Darstellung des Ohm'schen Gesetzes als lineare Funktion ergibt die Widerstandskennlinie. Es werden auch die Bezeichnungen Widerstandsdiagramm oder Widerstandsgerade verwendet.

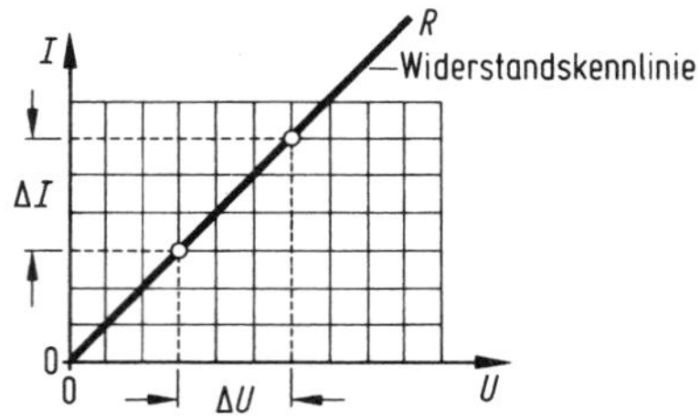

Bild 2.2.2.1 – 1 Widerstandskennlinie

Der Steigungsfaktor $m \mathrel{\hat{=}} \frac{1}{R}$ beschreibt die Steigung der Widerstandskennlinie, die somit ein Maß für die Größe des Widerstandswertes ist. Aus der Widerstandskennlinie nach Bild 2.2.2.1 – 1 wird für die Steigung das Verhältnis ΔU zu ΔI abgelesen. Für den Steigungsfaktor erhält man somit eine weitere Bestimmungsmöglichkeit. Es gilt:

Steigungsfaktor:

$$m \mathrel{\hat{=}} \frac{1}{R} = \frac{\Delta I}{\Delta U} \qquad (2.2.2.1-1)$$

Die Kehrwertbildung der gewonnenen Gleichung führt wieder zum Ohm'schen Gesetz und zeigt die Richtigkeit dieser Betrachtung.

$$R = \frac{\Delta U}{\Delta I} \Rightarrow R = \frac{U}{I}$$

Steigungsfaktor und Widerstandswert sind reziprok zueinander. Einem großen Steigungsfaktor steht ein kleiner Widerstandswert gegenüber und umgekehrt.

großer Steigungsfaktor ⇒ kleiner Widerstandswert

Als Beispiel sind im Bild 2.2.2.1 – 2 einige Widerstandskennlinien dargestellt.

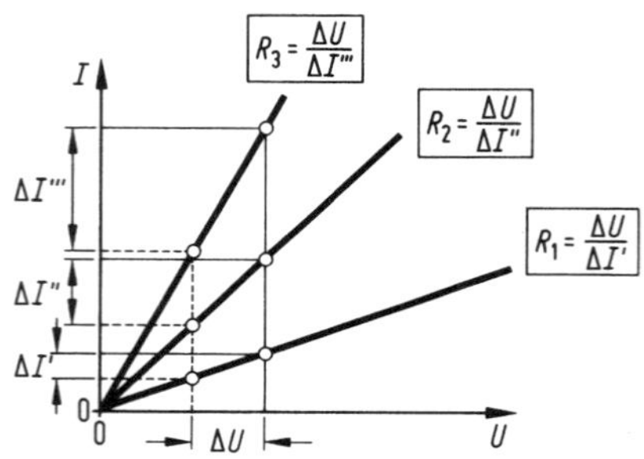

Bild 2.2.2.1 – 2 Widerstandskennlinien für verschiedene Widerstände

Aus den Spannungs- und Stromverhältnissen der gegebenen Widerstandskennlinien ergibt sich:

$$R_3 = \frac{\Delta U}{\Delta I'''} < R_2 = \frac{\Delta U}{\Delta I''} < R_1 = \frac{\Delta U}{\Delta I'}$$

Der Widerstand R_3 hat den kleinsten Wert, während R_1 den größten Wert aufweist.

Wird an einem Widerstand R eine bestimmte Spannung U angelegt, so fließt der mit Hilfe des Ohm'schen Gesetzes berechenbare Strom I. Im Widerstandsdiagramm wird dieser Punkt als Arbeitspunkt (AP) bezeichnet. Jeder Punkt der Kennlinie kann Arbeitspunkt sein.

Bei den bisher vorgestellten Widerstandsdiagrammen handelt es sich um konstante oder lineare Widerstände. Alle Punkte der Kennlinie können mit dem Ohm'schen Gesetz berechnet werden. Die Steigung eines linearen Widerstandes ist an allen Stellen der Kennlinie gleich groß.

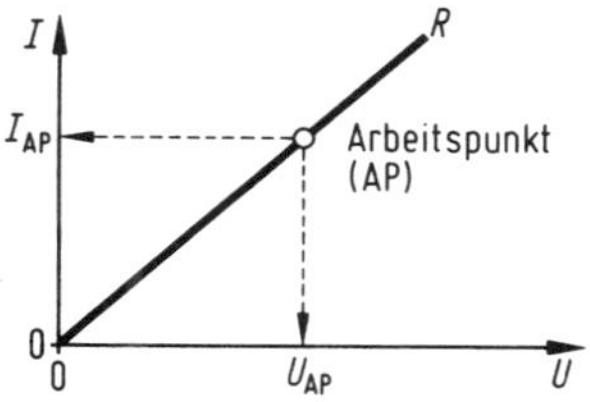

Bild 2.2.2.1 – 3
Widerstandskennlinie mit Arbeitspunkt

Beispiel 2.2.2.1 – 1

Gegeben sind die Widerstände $R_1 = 1\ \Omega$; $R_2 = 0{,}5\ \Omega$ und $R_3 = 10\ \Omega$. Konstruieren Sie in einem Koordinatensystem die drei Kennlinien der Widerstände.
Der zu verwendende Spannungsbereich beträgt 0...10 V, der Strombereich 0...10 A.

Lösung:

Zur Konstruktion einer linearen Ursprungsfunktion genügen 2 Punkte: Ein Punkt der Kennlinie und der Koordinatenursprung.

1. Widerstandsgerade für $R_1 = 1\ \Omega$

Zur Berechnung des Kennlinienpunktes wird die Spannung gewählt:

$U_{\text{gewählt}} = 10\ \text{V}$

Berechnung des Stromes zur gewählten Spannung:

$$I = \frac{U}{R} = \frac{10\ \text{V}}{1\ \Omega} = \underline{\underline{10\ \text{A}}}$$

Der berechnete Punkt der Widerstandsgeraden hat das Wertepaar:

P_1: (10 V/10 A)

Die Verbindung zwischen P_1 und dem Koordinatenursprung gibt die Widerstandskennlinie für R_1.

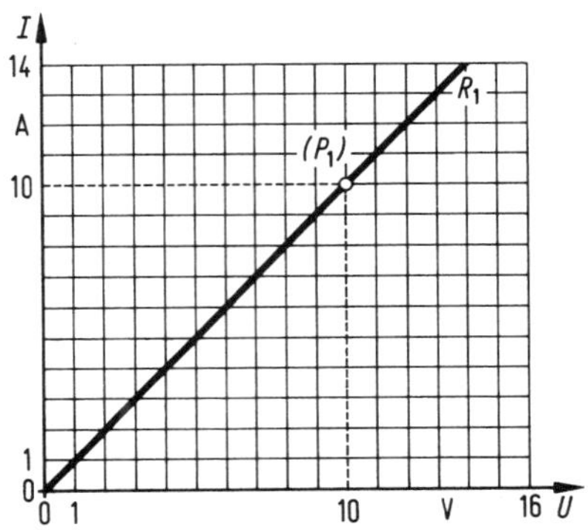

2. Widerstandsgerade für $R_2 = 0{,}5\ \Omega$

Für die Berechnung des Punktes auf der Kennlinie wird ebenfalls $U = 10$ V gewählt und damit wird der zugehörige Strom berechnet:

$$I = \frac{U}{R} = \frac{10\ \text{V}}{0{,}5\ \Omega} = \underline{\underline{20\ \text{A}}}$$

Der berechnete Strom ist größer als der vorgegebene Strombereich, somit ist eine kleinere Spannung zu wählen, z. B. $U = 5$ V:

$$I = \frac{U}{R} = \frac{5\ \text{V}}{0{,}5\ \Omega} = \underline{\underline{10\ \text{A}}}$$

Der berechnete Punkt der Widerstandsgeraden liegt somit bei:

P_2: (5 V/10 A)

Die Eintragung ins Kennlinienfeld ergibt die Widerstandskennlinie für R_2.

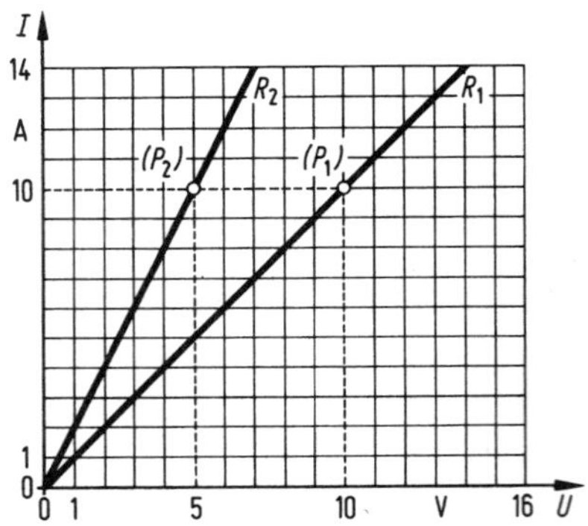

3. Widerstandsgerade für $R_3 = 10\ \Omega$

Die Berechnung erfolgt analog der Kennlinien von R_1 und R_2:

$$I = \frac{U}{R} = \frac{10\ \text{V}}{10\ \Omega} = \underline{\underline{1\ \text{A}}}$$

P_3: (10 V/1 A)

Eintragung der Kennlinie für R_3 ins Kennlinienfeld ergibt die gesuchte Lösung:

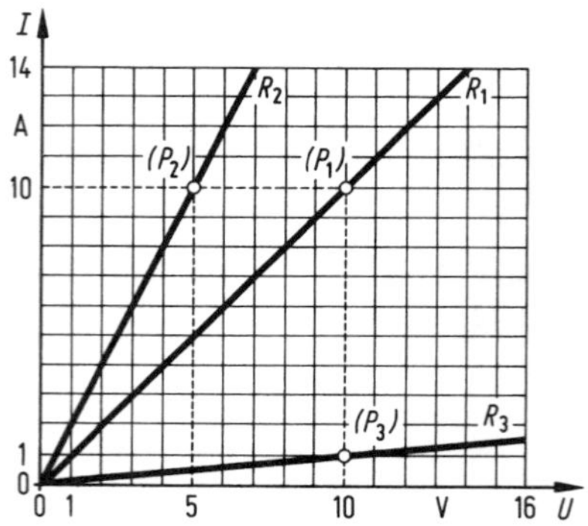

Übung 2.2.2.1 – 1

Konstruieren Sie für 3 gegebene Widerstände die Widerstandsgeraden. Benutzen Sie dazu einen Spannungsbereich von 0 ... 1 V. Der entsprechende Strombereich ist selbst zu wählen. $R_1 = 400\ \Omega$, $R_2 = 800\ \Omega$, $R_3 = 500\ \Omega$.

Lösung:

Übung 2.2.2.1 – 2

Gegeben sei der Arbeitspunkt eines Widerstandes: AP: (1,5 V/3 mA).
Berechnen Sie den sich daraus ergebenden Widerstandswert R. Konstruieren Sie aus diesen Angaben die Widerstandsgerade.

Lösung:

2.2.2.2 Nichtlineare Widerstände

Widerstände, die ihren Wert mit zunehmender Spannung ändern, werden als nichtlineare Widerstände bezeichnet.

Bild 2.2.2.2 – 1
Schaltzeichen eines nichtlinearen Widerstandes

Die Kennlinie eines nichtlinearen Widerstandes ist als Beispiel im Bild 2.2.2.2 – 2 dargestellt. In jedem möglichen Arbeitspunkt der Kennlinie ist dabei der Widerstandswert unterschiedlich, da die Steigung in allen Punkten verschieden ist.

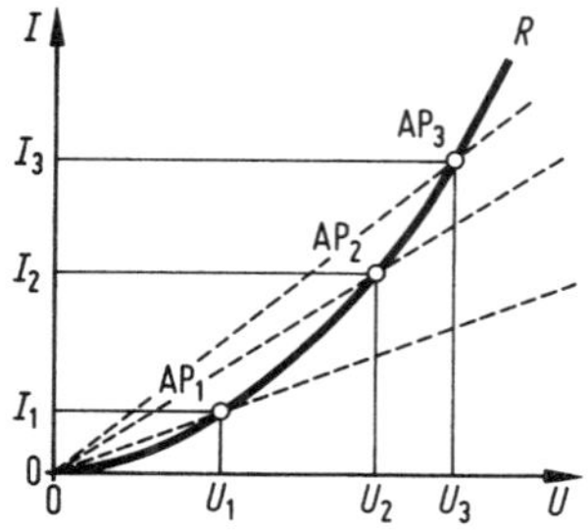

Bild 2.2.2.2 – 2 Arbeitspunkte auf einer nichtlinearen Widerstandskennlinie

Beispiel 2.2.2.2 – 1

Gegeben ist die Kennlinie eines nichtlinearen Widerstandes. Ermitteln Sie für die 3 gegebenen Arbeitspunkte die Widerstandswerte.

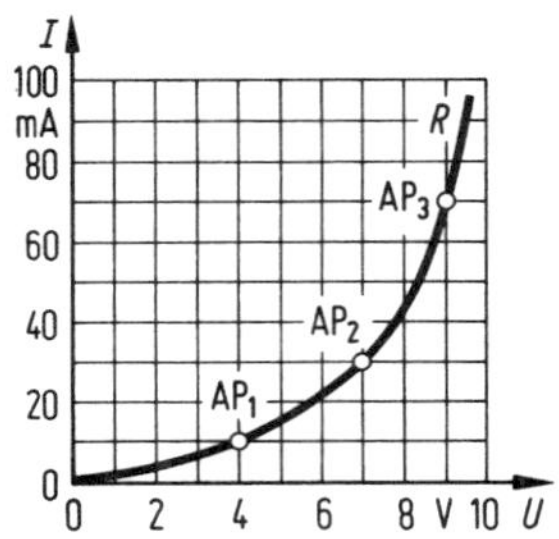

Lösung:
Aus der Kennlinie lassen sich die Wertepaare der Arbeitspunkte ablesen. Damit können die Widerstandswerte berechnet werden.

$$\mathrm{AP}_1: (4\,\mathrm{V}/10\,\mathrm{mA}) \Rightarrow R_1 = \frac{U}{I} = \frac{4\,\mathrm{V}}{0{,}01\,\mathrm{A}}$$

$$R_1 = \underline{\underline{400\,\Omega}}$$

$$\mathrm{AP}_2: (7\,\mathrm{V}/30\,\mathrm{mA}) \Rightarrow R_2 = \frac{7\,\mathrm{V}}{0{,}03\,\mathrm{A}}$$

$$R_2 = \underline{\underline{233{,}3\,\Omega}}$$

$$\mathrm{AP}_3: (9\,\mathrm{V}/70\,\mathrm{mA}) \Rightarrow R_3 = \frac{9\,\mathrm{V}}{0{,}07\,\mathrm{A}}$$

$$R_3 = \underline{\underline{128{,}5\,\Omega}}$$

Betrachtet man die Kennlinie eines nichtlinearen Widerstandes abschnittsweise, so lässt sich daraus ein mittlerer Widerstandswert berechnen. Die Kennlinie wird dazu zwischen den Arbeitspunkten AP_1 und AP_2 durch eine Gerade verbunden.

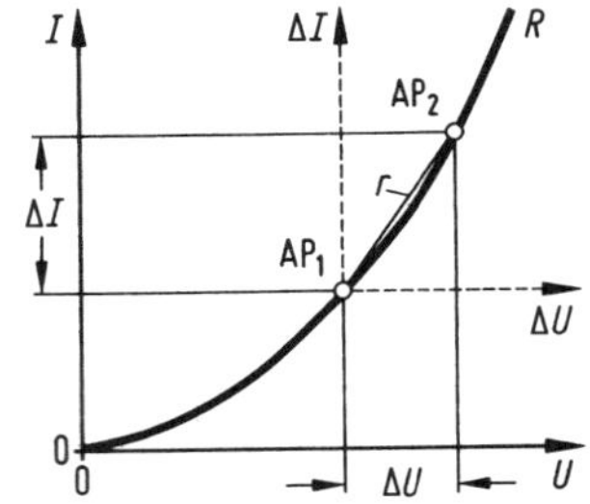

Bild 2.2.2.2 – 3 Abschnittsbetrachtung an der Kennlinie eines nichtlinearen Widerstandes

Die Abschnitte ΔU und ΔI ergeben den mittleren Widerstandswert für den vorgegebenen Bereich:

$$r = \frac{U_2 - U_1}{I_2 - I_1} = \frac{\Delta U}{\Delta I} \qquad (2.2.2.2-1)$$

Beispiel 2.2.2.2 – 2

Gegeben ist die Kennlinie eines nichtlinearen Widerstandes. Ermitteln Sie den mittleren Widerstandswert zwischen den Arbeitspunkten AP_1 und AP_2.

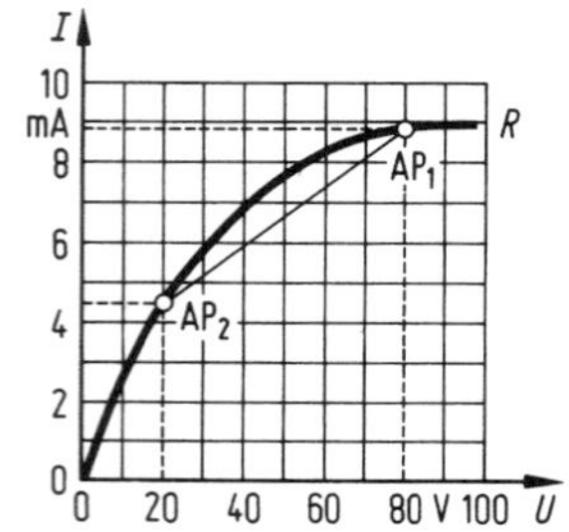

Lösung:

Aus der Kennlinie wird der Wert für ΔU und ΔI abgelesen:

$\Delta U = 80\ \text{V} - 20\ \text{V} = \underline{\underline{60\ \text{V}}}$

$\Delta I = 8{,}9\ \text{mA} - 4{,}4\ \text{mA} = \underline{\underline{4{,}5\ \text{mA}}}$

Mit diesen Werten wird der mittlere Widerstandswert berechnet.

$$r = \frac{\Delta U}{\Delta I} = \frac{60\ \text{V}}{0{,}0045\ \text{A}}$$

$r = \underline{\underline{13333{,}3\ \Omega}}$

Da ein nichtlinearer Widerstand keinen konstanten Widerstandswert aufweist, gilt das Ohm'sche Gesetz nur als Berechnungsgrundlage für jeden einzelnen Punkt der Kennlinie, aber nicht für den Gesamtverlauf. Die Kennlinie eines nichtlinearen Widerstandes muss deshalb durch Messung ermittelt werden.

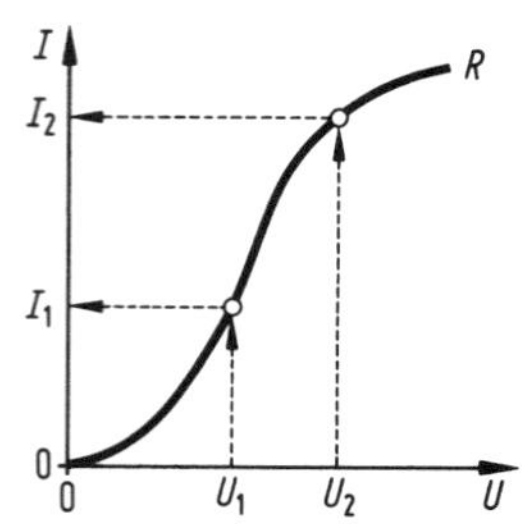

Bild 2.2.2.2 – 4
Kennlinie eines nichtlinearen Widerstandes

Beispiel 2.2.2.2 – 3

Konstruieren Sie aus den gemessenen Wertepaaren die Kennlinie eines nichtlinearen Widerstandes:

U (V)	5	10	15	20	30	50	70	90	110
I (mA)	152	264	321	359	400	410	411	411	437

Lesen Sie aus der konstruierten Kennlinie für eine Spannung von 40 V den zugehörigen Strom I ab.

Lösung:

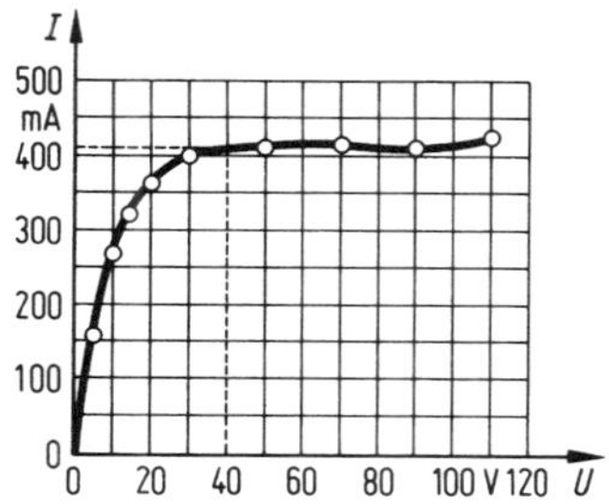

Ermittlung des Stromes für die Spannung $U = 40$ V aus der Kennlinie:

$U = 40\ \text{V} \rightarrow I = 405\ \text{mA}$

Beispiel 2.2.2.2 – 4

Ein nichtlinearer Widerstand wird von einer Mischspannung (d. h. Gleichspannung mit überlagerter Wechselspannung) gespeist. Der Arbeitsbereich auf der Widerstandskennlinie ist zu ermitteln.

Lösung:

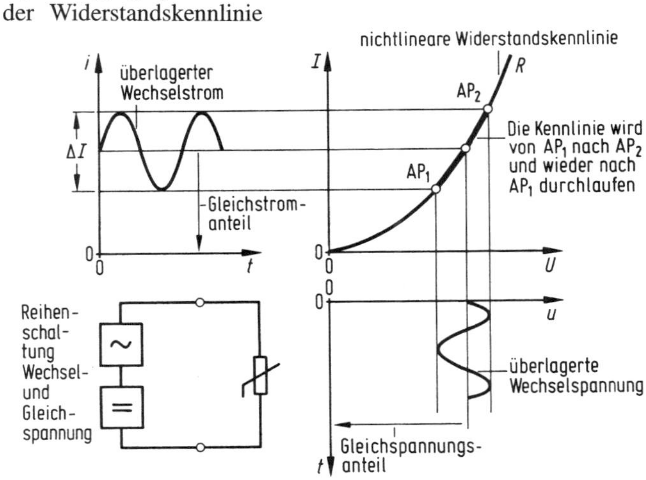

Der Arbeitsbereich der Widerstandsgeraden liegt zwischen den Punkten AP_1 und AP_2.

Übung 2.2.2.2 – 1

Berechnen Sie aus der Widerstandskennlinie nach Beispiel 2.2.2.2 – 3 den mittleren Widerstandswert zwischen den Arbeitspunkten: AP_1: (10 V/264 mA) und AP_2: (50 V/410 mA)

Lösung:

In der Elektrotechnik kennt man neben linearen und nichtlinearen Widerständen noch die Bezeichnungen gepolte und ungepolte Wider-

stände. Gepolte Widerstände sind stromrichtungsabhängig, z. B. Dioden, während ungepolte Widerstände die technischen Widerstände sind. Im Bereich der Grundschaltungen der Elektrotechnik wird ausschließlich mit ungepolten Widerständen gearbeitet.
Folgende Begriffe werden in der Praxis ebenfalls verwendet:

gepolter Widerstand
= stromrichtungsabhängiger Widerstand
ungepolter Widerstand
= technischer Widerstand

Statisches und dynamisches Widerstandsverhalten.

Unter statischem Widerstandsverhalten wird das lineare Verhalten eines Widerstandes verstanden. Dynamisches Widerstandsverhalten ist die Veränderung des Widerstandswertes durch physikalische Größen, wie z. B. Spannung, Temperatur, mechanische Kräfte, Frequenz usw.

$$R = \frac{U}{I} = \text{statischer Widerstand}$$

$$r = \frac{\Delta U}{\Delta I} = \text{dynamischer Widerstand}$$

2.3 Messung von Strom und Spannung

Nach der Durcharbeitung dieses Kapitels haben Sie die **Kompetenz** ...
– Spannung und Strom an und in Stromkreisen mit Messgeräten zu messen.

2.3.1 Strommessung

Soll in einem einfachen Stromkreis der Strom gemessen werden, dann muss ein Strommesser in den Stromkreis geschaltet werden. Da der Strom an allen Stellen des Stromkreises gleich groß ist, ist die Anschlussstelle beliebig.
Strommesser benutzen für ihre Funktion die magnetische Wirkung des elektrischen Stromes. Der zu messende Strom fließt dann durch eine Spule. Jede Spule weist aber einen Widerstand auf, der als Verbraucher zusätzlich in den Stromkreis geschaltet wird und Innenwiderstand R_i heißt. Um die Veränderung bzw. Beeinflussung im Stromkreis möglichst gering zu halten, ergibt sich als Forderung:

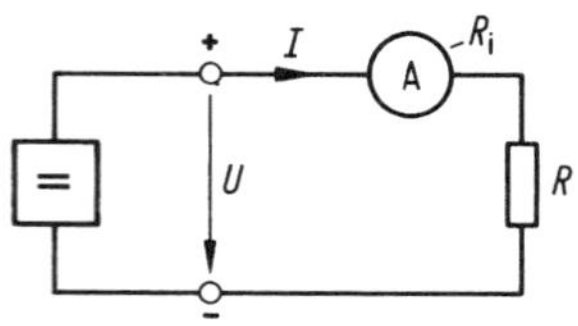

Bild 2.3.1 – 1 Strommesser im Stromkreis

Widerstand der Strommessspule = Innenwiderstand R_i

Für Strommesser:

$R_i \ll R$

In der Praxis gilt:

$R \approx 100\, R_i$

Dabei beträgt der Fehler ca. 1 %.

2.3.2 Spannungsmessung

In den meisten Fällen wird bei der Spannungsmessung ebenfalls die magnetische Wirkung des elektrischen Stromes ausgenutzt.

Man spricht deshalb von einer indirekten Spannungsmessung. Der Spannungsmesser belastet mit seinem Innenwiderstand R_i ebenfalls den ursprünglichen Stromkreis.

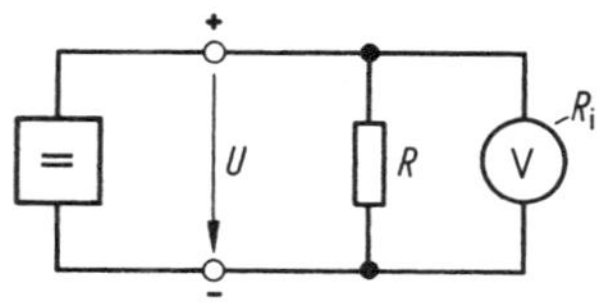

Bild 2.3.2 – 1 Spannungsmesser im Stromkreis

In Analogie zu den Forderungen für einen Strommesser gilt für einen Spannungsmesser:

Für Spannungsmesser:

$R_i \gg R$

In der Praxis gilt:

$R_i \approx 100\,R$

Auch hier beträgt der Fehler ca. 1 %.

2.4 Aktive und passive Zwei- und Vierpole

Nach der Durcharbeitung dieses Kapitels haben Sie die **Kompetenz** ...

- gegebene Schaltungen in Teilen oder im Ganzen zu Zwei- oder Vierpolen zusammenzufassen,
- anhand bekannter Innenschaltungen zu bestimmen, ob ein aktiver oder passiver Zweipol oder Vierpol gegeben ist.

2.4.0 Einführung

Dieses Kapitel dient zur Einführung in die Theorie der Polschaltung, stellt die notwendigen Begrifflichkeiten zusammen und gibt einen kurzen Überblick über die Anwendung der Polschaltungen. In dem Abschnitt 3.5.5 folgt die detaillierte Betrachtung einiger Polschaltungen.

In der Elektrotechnik ist es üblich, umfangreiche Schaltungen zum besseren Verständnis in so genannte Blockschaltungen zu gliedern. Reduziert man die äußeren Anschlüsse (Klemmen oder Pole) einer solchen Blockschaltung auf zwei (Pole), so wird diese Blockschaltung als **Zweipol** bezeichnet.

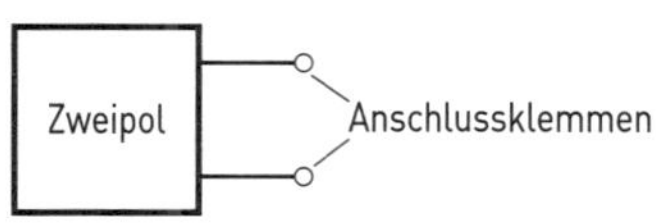

Bild 2.4.0 – 1 Blockschaltung eines Zweipols

Sind es vier Anschlüsse, so ist es ein **Vierpol**. Denkbar sind auch Mehrpol-Schaltungen, in der Anwendung beschränkt man sich in der Regel auf Zwei- und Vierpole.

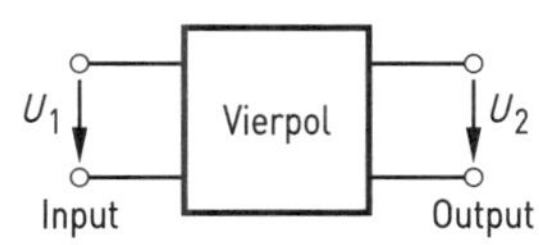

Bild 2.4.0 – 2 Blockschaltung eines Vierpols

Polschaltungen werden durch quadratische oder rechteckige Schaltsymbole gekennzeichnet, wobei die Anzahl der Anschlüsse auf die Art der Polschaltung hinweist. Eine Innen-

schaltung kann entweder angedeutet oder komplett gezeichnet werden.
Polschaltungen werden bedingt durch die Bauelemente der Innenschaltungen in **aktiv** und **passiv** gegliedert.

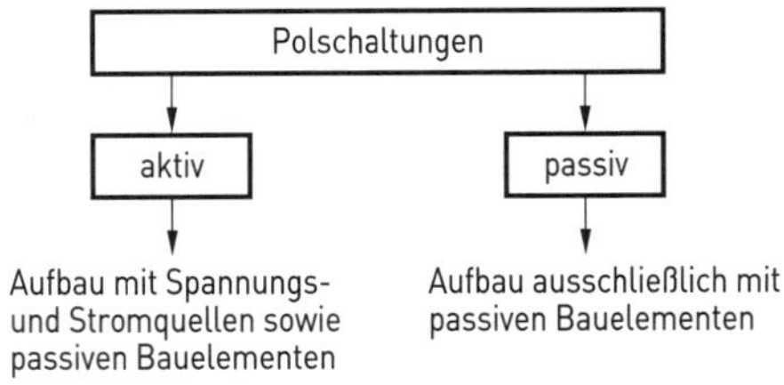

Bild 2.4.0 – 3 Struktur der Polschaltungen

2.4.1 Zweipole

2.4.1.0 Definitionen

Es ist nicht festgelegt, dass die beiden Anschlüsse der Zweipole an die Symbol-Kästen nach rechts erfolgen müssen. Die Anschlüsse können mit Ziffern gekennzeichnet werden, wie das Bild 2.4.1.0 – 1 zeigt.

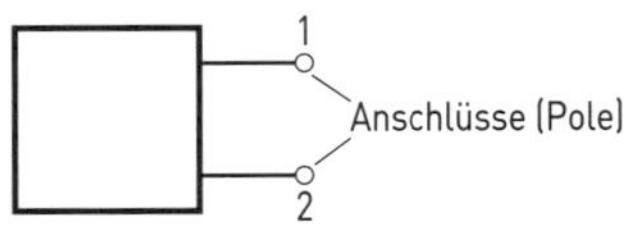

Bild 2.4.1.0 – 1 Kennzeichnung eines Zweipols

2.4.1.1 Spannungsquelle als aktiver Zweipol

Eine Spannungsquelle kann als aktiver Zweipol betrachtet werden. Die äußeren Anschlüsse (Klemmen) kann man z. B. mit 1 und 2 bezeichnen. Beim Kennbuchstaben U der Spannung zwischen den Klemmen erscheinen sie als Indizes: U_{12}.
Die Klemmenspannung U_{12} ist durch den definierten Spannungspfeil zwischen den Klemmen des Zweipols in der Polarität festgelegt.

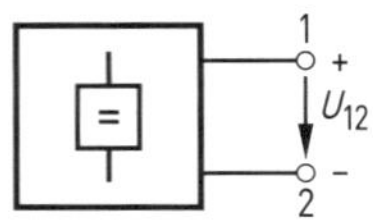

Bild 2.4.1.1 – 1 Spannungsquelle als aktiver Zweipol

Für die Polarität zwischen den Klemmen gilt:

U_{12} = Spannung von 1 nach 2
(gelesen: $U_{\text{eins, zwei}}$)

Es entspricht:

1 ≙ Plus-Klemme
2 ≙ Minus-Klemme

Bei der Betrachtung der Spannung von Anschluss 2 nach 1, also gegen den Spannungspfeil, muss die Spannungsangabe durch ein Minuszeichen gekennzeichnet werden.
Weitere Aussagen zu Spannungs- und Stromquellen als aktive Zweipole siehe Abschnitt 3.3.

$$-U_{21} = U_{12} \qquad (2.4.1.1-1)$$

2.4.1.2 Widerstand und andere „Verbraucher“ als passiver Zweipol

Jeder Widerstand stellt mit seinen beiden Anschlüssen als Verbraucher einen Zweipol dar. Auch komplizierte Schaltungen lassen sich meist so weit zusammenfassen, dass sich nur noch ein Block mit zwei Anschlussklemmen ergibt. Diese als passive Zweipole bezeichne-

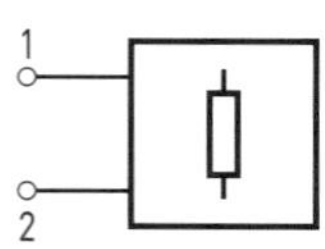

Bild 2.4.1.2 – 1 Verbraucher als passiver Zweipol

ten Schaltungen bilden in der Zusammenschaltung mit aktiven Zweipolen die bereits behandelte Form des elektrischen Stromkreises.

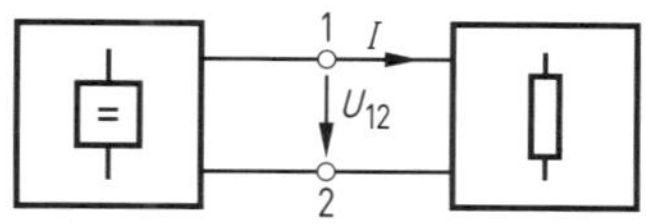

Bild 2.4.1.2 – 2 Elektrischer Stromkreis bestehend aus aktivem und passivem Zweipol

2.4.2 Vierpole

2.4.2.0 Definitionen

Vierpole haben, wie Bild 2.4.2.0 – 1 zeigt, vier Anschlüsse (Pole). Bei Vierpolen wird unterschieden zwischen **Input** (Eingang) und **Output** (Ausgang).
Die Kennzeichnung der Anschlüsse kann ebenfalls sinnvollerweise durch Ziffern erfolgen, wobei in der Indexschreibweise die Ziffer 1 an erster Stelle stehend den Input kennzeichnet und die Ziffer 2 den Output kennzeichnet. Im Bild 2.4.2.0 – 1 sind die beiden Spannungen U_1 und U_2 somit eindeutig definiert.

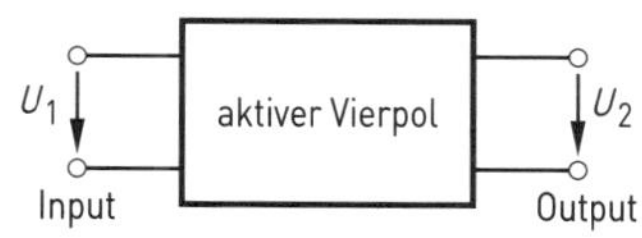

Bild 2.4.2.0 – 1 Kennzeichnung eines aktiven Vierpols

Der Einsatz von Vierpolschaltungen in der Elektrotechnik setzt die Kenntnis der Input- und Outputdaten voraus. Wichtige Grunddaten sind:

Inputdaten: U_1, I_1, P_1, R_1
Outputdaten: U_2, I_2, P_2, R_2

2.4.2.1 Ausgewählte aktive Vierpole

Transformatoren

Der Transformator ist im strengen Sinne kein aktiver Vierpol, da keine eigenständige Spannungsquelle vorhanden ist. Betrachtet man die angelegte (Netz-)Spannung als Spannungsquelle, so liegt ein aktiver Vierpol vor.
Die am Input, Primärseite des Transformators, angelegte Spannung kann „rauf“ bzw. „runter“ transformiert werden. Am Output, Sekundärseite des Transformators, steht diese Spannung nun zur Verfügung.
Für die Planung von Schaltungen und Anlagen reichen in der Regel die Vierpoldaten am In- und Output des Transformators.

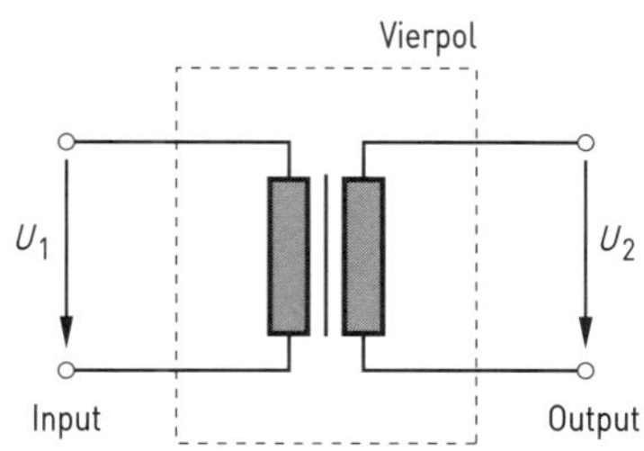

Bild 2.4.2.1 – 1 Transformator als aktiver Vierpol

Verstärkerschaltungen

Die Eingangsspannung bzw. die Signalspannung, die am Input eines Verstärkers angelegt wird, soll verstärkt werden, was ja der Zweck der Verstärkerschaltung ist. Am Output steht somit eine größere Spannung bzw. eine größere Leistung zur Verfügung. Auch bei Verstärkerschaltungen hat das „Innenleben" für die Anwendung und den Einsatz nur geringe Bedeutung, wohl aber Input- und Outputdaten, wie z. B. Verstärkungdaten, max. Ausgangsleistung, Eingangs- und Ausgangsimpedanzen usw.

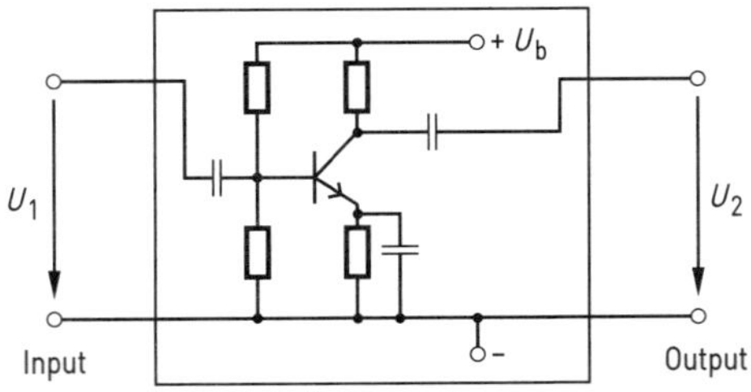

Bild 2.4.2.1 – 2 Verstärker als aktiver Vierpol

Für einen Verstärker gilt allgemein:

$$U_2 > U_1 \quad (2.4.2.1-1)$$

Zur Spannungsversorgung des Verstärkers werden zwei weitere Anschlüsse benötigt, die aber bei der Pol-Betrachtung nicht berücksichtigt werden. Diese sind für den Betrieb des Verstärkers selbstverständlich.

2.4.2.2 Ausgewählte passive Vierpole

Passive Vierpolschaltungen beinhalten nur passive Bauelemente, also Verbraucher. Die nachfolgend vorgestellten Beispiel-Schaltungen sind ausschließlich Widerstands-Schaltungen.

Spannungsteiler

Der im Bild dargestellte Spannungsteiler ist eine Reihenschaltung aus R_1 und R_2. Die am Input anliegende Spannung U_1 wird, wie noch im Kapitel 3.1.3 gezeigt wird, geteilt.

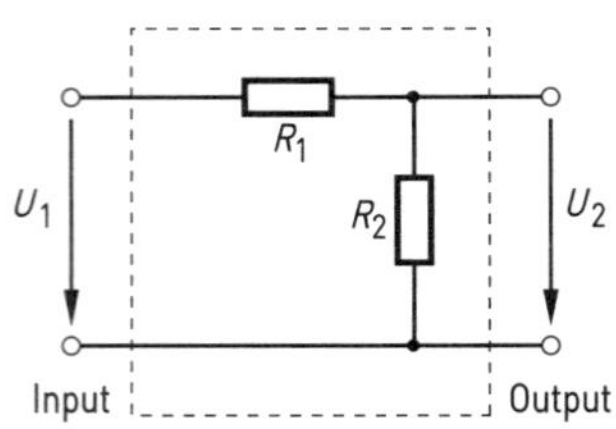

Bild 2.4.2.2 – 1 Spannungsteiler als Vierpol

U_2 ist somit ein **Teil** von U_1 und es gilt die Aussage:

$$U_2 < U_1 \quad (2.4.2.2-1)$$

Elektrische Leitungen

Eine elektrische Leitung dient z. B. als Verbindung zwischen der Erzeugung der elektrischen Energie, der Spannungsquelle, und den Verbrauchern. Die Leitungen bestehen aus Leitungsdrähten (z. B. Kupfer), die im nebenstehenden Schaltplan als Widerstände R_{Ltghin} und

$R_{\text{Ltg rück}}$ gekennzeichnet sind. Zwischen den Leitungsdrähten befindet sich die Isolation aus isolierendem Werkstoff oder bei Freileitungen aus Luft. Isolierender Werkstoff sollte sehr hohe Widerstandswerte haben, im Schaltplan erfolgt die Kennzeichnung des Isolationswiderstandes durch $R_{\text{Ltg iso}}$. Die komplette Schaltung kann ebenfalls, wie das Bild zeigt, als Vierpol gezeichnet werden.

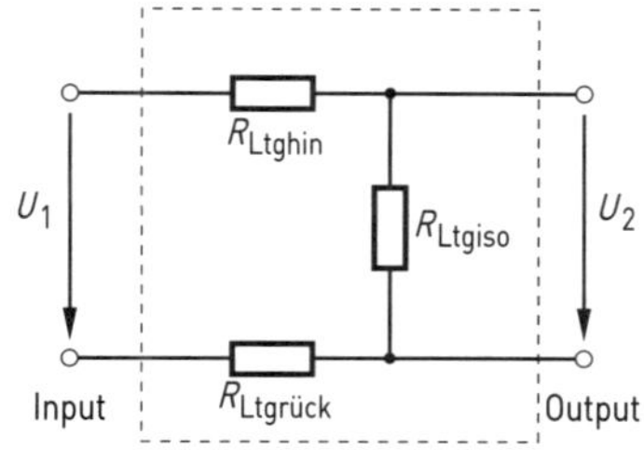

Bild 2.4.2.2 – 2 Elektrische Leitung als Vierpol

Weitere Informationen über passive Vierpolschaltungen siehe Kapitel 3.5.5.

3 Grundschaltungen für Gleichstrom

3.1 Reihenschaltung von Widerständen

Nach der Durcharbeitung dieses Kapitels haben Sie die **Kompetenz** ...
- aus gegebenen Schaltplänen Reihenschaltungen von Widerständen zu bestimmen,
- Berechnungen an Reihenschaltungen von Widerständen vorzunehmen, um Werte von Teilspannungen und Teilwiderständen sowie Werte von Gesamtspannung und Gesamtwiderstand zu ermitteln,
- Spannungsteiler in Anwenderschaltungen zu planen und die Werte zu berechnen.

3.1.1 Gesamtstrom, Gesamtspannung, Gesamtwiderstand

Werden Widerstände, wie Bild 3.1.1 – 1 zeigt, hintereinander geschaltet, so ist dies eine **Reihenschaltung**.

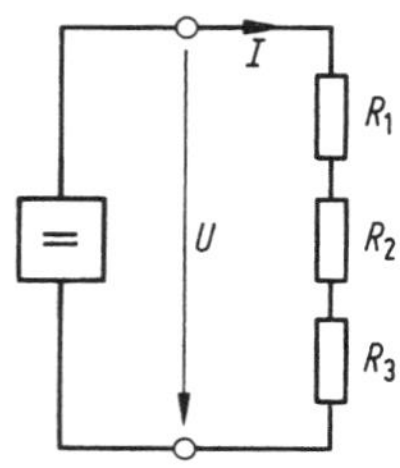

Bild 3.1.1 – 1
Stromkreis mit Reihenschaltung von Widerständen

Der Strom I gilt als Bezugsgröße, er ist an allen Stellen der Schaltung gleich groß.

$I = \text{konstant}$

Der Strom ist an allen Stellen des Reihenkreises gleich groß.

Für jeden einzelnen Widerstand in der Reihenschaltung gilt bekanntlich das Ohm'sche Gesetz $U = I \cdot R$. Dies ergibt die zugehörige Teilspannung U_R.

$$U_{R_1} = I \cdot R_1$$
$$U_{R_2} = I \cdot R_2$$
$$U_{R_3} = I \cdot R_3$$

Die Teilspannungen können nun in die Schaltung eingezeichnet werden:

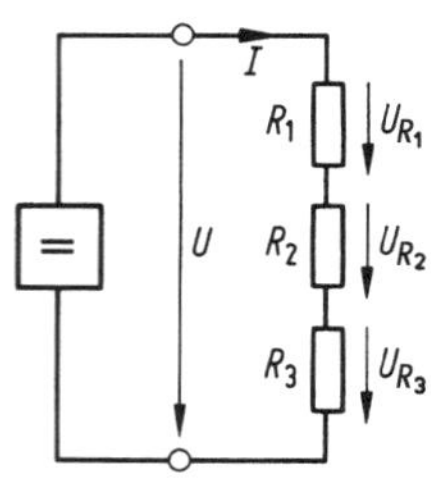

Bild 3.1.1 – 2
Spannungsaufteilung einer Reihenschaltung

Es ist leicht zu erkennen, dass die Teilspannungen U_{R_1}, U_{R_2} und U_{R_3} in der Summe den Wert der Gesamtspannung U ergeben.

$$\boxed{U = U_{R_1} + U_{R_2} + U_{R_3}} \qquad (3.1.1-1)$$

Ersetzt man in der Gleichung für die Gesamtspannung die Teilspannungen U_R durch die durch das Ohm'sche Gesetz gewonnenen Terme, so ergibt dies:

$$U = I \cdot R_1 + I \cdot R_2 + I \cdot R_3$$

Auf der rechten Gleichungsseite kann nun I ausgeklammert werden:

$$U = I \cdot (R_1 + R_2 + R_3)$$

Die Division beider Gleichungsseiten durch I ergibt:

$$\frac{U}{I} = (R_1 + R_2 + R_3)$$

Die Summe $R_1 + R_2 + R_3$ ergibt den Gesamtwiderstand R_{ges}:

$$\boxed{R_{\text{ges}} = R_1 + R_2 + R_3} \qquad (3.1.1-2)$$

Gesamtspannung U und Gesamtwiderstand R_{ges} bestimmen den Strom, der durch die Schaltung fließt, nach dem Ohm'schen Gesetz:

$$\boxed{I = \frac{U}{R_{\text{ges}}}} \qquad (3.1.1-3)$$

Allgemein gilt für n in Reihe geschaltete Widerstände:

$$\boxed{R_{\text{ges}} = \sum_{i=1}^{n} R_i} \qquad (3.1.1-4)$$

Zusammenfassend gilt für die Gesamtspannung einer Reihenschaltung die Aussage:

Die Gesamtspannung ist gleich der Summe der Teilspannungen.

$$\boxed{U = \sum U_R = \sum I \cdot R} \qquad (3.1.1-5)$$

Gustav Robert Kirchhoff (1824–1887) formulierte als Erster diesen Zusammenhang der Spannungen im Reihenkreis. Er wird deshalb als zweiter Kirchhoff'scher Satz bezeichnet. (Der erste Kirchhoff'sche Satz siehe Kapitel 3.2.1.) Dieser besagt in der allgemeinen Form, dass die Summe aller Spannungen (Speisespannungen U und Teilspannungen $I \cdot R$) in einem Reihenkreis null ergibt.

Zweiter Kirchhoff'scher Satz

$$\boxed{U - \sum I \cdot R = 0} \qquad (3.1.1-6)$$

$$\downarrow$$

$$\boxed{\sum U = 0} \qquad (3.1.1-7)$$

Beispiel 3.1.1 – 1

Gegeben ist die Reihenschaltung von drei Widerständen mit $R_1 = 25\ \Omega$, $R_2 = 40\ \Omega$ und $R_3 = 35\ \Omega$. Die Schaltung ist an $U = 100$ V angeschlossen.
Zu berechnen ist: I, U_{R_1}, U_{R_2}, U_{R_3}.

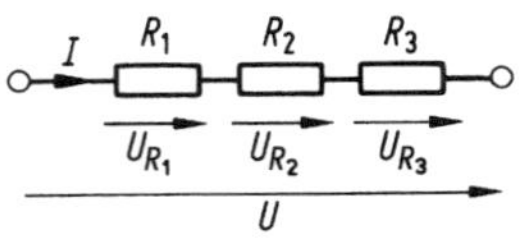

Lösung:

$$R_{ges} = R_1 + R_2 + R_3 = 25\ \Omega + 40\ \Omega + 35\ \Omega$$

$$R_{ges} = \underline{\underline{100\ \Omega}}$$

$$I = \frac{U}{R_{ges}} = \frac{100\ \text{V}}{100\ \Omega} = \underline{\underline{1\ \text{A}}}$$

$$U_{R_1} = I \cdot R_1 = 1\ \text{A} \cdot 25\ \Omega = \underline{\underline{25\ \text{V}}}$$

$$U_{R_2} = I \cdot R_2 = 1\ \text{A} \cdot 40\ \Omega = \underline{\underline{40\ \text{V}}}$$

$$U_{R_3} = I \cdot R_3 = 1\ \text{A} \cdot 35\ \Omega = \underline{\underline{35\ \text{V}}}$$

Summenbildung der Teilspannungen zur Kontrolle:

$$U_{ges} = U_{R_1} + U_{R_2} + U_{R_3} = 25\ \text{V} + 40\ \text{V} + 35\ \text{V}$$

$$U_{ges} = \underline{\underline{100\ \text{V}}}$$

Kontrolle in der Schreibweise des 2. Kirchhoff'schen Satzes:

$$U - \sum I \cdot R = 0$$

$$100\ \text{V} - 25\ \text{V} - 40\ \text{V} - 35\ \text{V} = 0$$

Beispiel 3.1.1 – 2

Eine Lampe wird über einen Vorwiderstand an $U = 120$ V angeschlossen. Die Lampe hat folgende Daten im Nennbetrieb: $U_{La} = 45$ V, $I = 0{,}5$ A. Durch die Lampe soll der Nennstrom I fließen. Gesucht wird der Wert des Vorwiderstandes R.

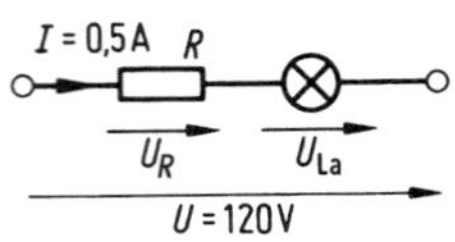

Lösung:

Am Vorwiderstand bleibt die Teilspannung U_R.

$$U_R = U - U_{La} = 120\ \text{V} - 45\ \text{V} = \underline{\underline{75\ \text{V}}}$$

Da der Strom durch den Widerstand auch $I = 0{,}5$ A beträgt, wird daraus mit Hilfe der Teilspannung U_R der Widerstandswert R berechnet.

$$R = \frac{U_R}{I} = \frac{75\ \text{V}}{0{,}5\ \text{A}} = \underline{\underline{150\ \Omega}}$$

Übung 3.1.1 – 1

Gegeben sei die Schaltung gemäß Bild mit den Daten:
$I = 1$ mA, $U_{R_1} = 10$ V, $R_2 = 20$ kΩ,
$R_3 = 4{,}5$ kΩ, $U_{R_4} = 15$ V.
Berechnen Sie: U, U_{R_2}, U_{R_3}, R_1, R_4.

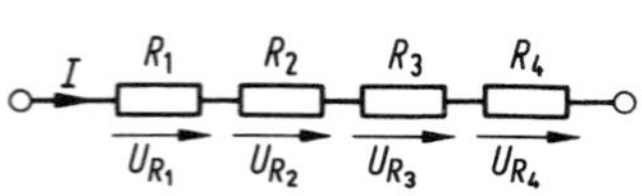

Lösung:

Übung 3.1.1 – 2

Lösung:

Der Stromkreis gemäß Bild besteht aus dem Leitungswiderstand R_{LH} der Hinleitung, dem Leitungswiderstand L_{LR} der Rückleitung und dem Verbraucherwiderstand R. Als Leitung dient ein Kupferdraht mit Durchmesser $d = 1{,}5$ mm und einer Länge von jeweils $l = 200$ m. Der Verbraucherwiderstand hat den Wert $R = 50\ \Omega$. Berechnen Sie: $R_L = R_{LH} + R_{LR}$, I, U_2 und die Teilspannung ΔU auf der gesamten Leitung in % von U_1. Die Speisespannung U_1 beträgt 100 V.

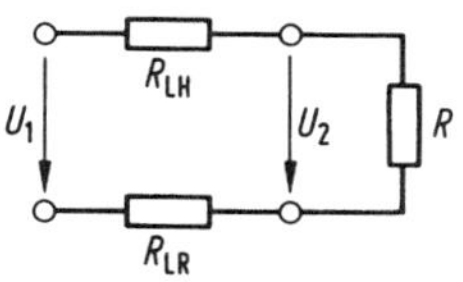

Übung 3.1.1 – 3

Lösung:

Der Messbereich eines Spannungsmessers von $U_m = 10$ V mit einem Innenwiderstand $R_i = 10\ \text{k}\Omega$ soll auf $U = 100$ V durch einen Vorwiderstand erweitert werden. Berechnen Sie den Wert des Vorwiderstandes zur Messbereichserweiterung.

3.1.2 Verhältnisbildung zwischen Teilspannung und Teilwiderständen – Spannungsteilung

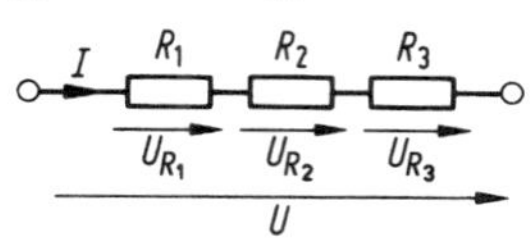

Bild 3.1.2 – 1 Teilspannungen bei der Reihenschaltung von Widerständen

In der Schaltung nach Bild 3.1.2 – 1 werden die Spannungen und die zugehörigen Widerstände gegenübergestellt. Der Strom I durch den jeweiligen Widerstand berechnet sich wie folgt:

$$I = \frac{U_{R_1}}{R_1} = \frac{U_{R_2}}{R_2} = \frac{U_{R_3}}{R_3} = \frac{U}{R_{ges}} \quad (3.1.2-1)$$

Wie zu erkennen ist, verhalten sich die Spannungen wie die zugehörigen Widerstandswerte. Um in einem Reihenkreis Berechnungen durchführen zu können, wird die Kettengleichung 3.1.2 – 1 in eingliedrige Verhältnisgleichungen aufgespalten und umgeformt:

$$\frac{U_{R_1}}{R_1} = \frac{U_{R_2}}{R_2} \Rightarrow \frac{U_{R_1}}{U_{R_2}} = \frac{R_1}{R_2}$$

$$\frac{U_{R_1}}{R_1} = \frac{U_{R_3}}{R_3} \Rightarrow \frac{U_{R_1}}{U_{R_3}} = \frac{R_1}{R_3}$$

$$\frac{U_{R_1}}{R_1} = \frac{U}{R_{ges}} \Rightarrow \frac{U}{U_{R_1}} = \frac{R_{ges}}{R_1} = \frac{R_1 + R_2 + R_3}{R_1}$$

In diesen Verhältnisgleichungen steckt folgende Aussage:

> Bei in Reihe geschalteten Widerständen verhalten sich die Teilspannungen wie die zugehörigen Widerstandswerte.

Beispiel 3.1.2 – 1

Von der Schaltung gemäß Bild sind folgende Daten bekannt:

$U = 10$ V, $R_1 = 80\ \Omega$, $R_2 = 120\ \Omega$.

Berechnen Sie: U_{R_1}, U_{R_2}.

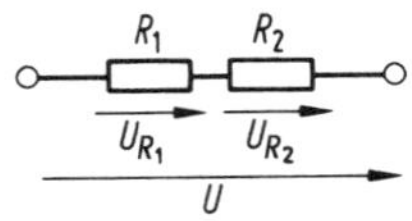

Lösung:

Aufstellung einer Verhältnisgleichung:

$$\frac{U}{U_{R_1}} = \frac{R_1 + R_2}{R_1}$$

Umstellung der Gleichung nach U_{R_1}:

$$U_{R_1} = U\frac{R_1}{R_1 + R_2} = 10\,\text{V}\frac{80\,\Omega}{80\,\Omega + 120\,\Omega} = \underline{\underline{4\,\text{V}}}$$

Aufstellung einer weiteren Verhältnisgleichung:

$$\frac{U}{U_{R_2}} = \frac{R_1 + R_2}{R_2}$$

Umstellung der Gleichung nach U_{R_2}:

$$U_{R_2} = U\frac{R_2}{R_1 + R_2} = 10\,\text{V}\frac{120\,\Omega}{80\,\Omega + 120\,\Omega} = \underline{\underline{6\,\text{V}}}$$

Kontrolle der Berechnung durch die Summenbildung der Teilspannungen:

$$U = U_{R_1} + U_{R_2} = 4\ \text{V} + 6\ \text{V} = \underline{\underline{10\ \text{V}}}$$

3.1.3 Der feste bzw. fest eingestellte unbelastete Spannungsteiler

Reihenschaltungen finden in der Praxis häufig Anwendung als Spannungsteiler. Diese kommen zum Einsatz, wenn eine vorhandene Spannung zu groß ist und deshalb aufgeteilt werden muss.
Erste Darstellungsart eines Spannungsteilers:

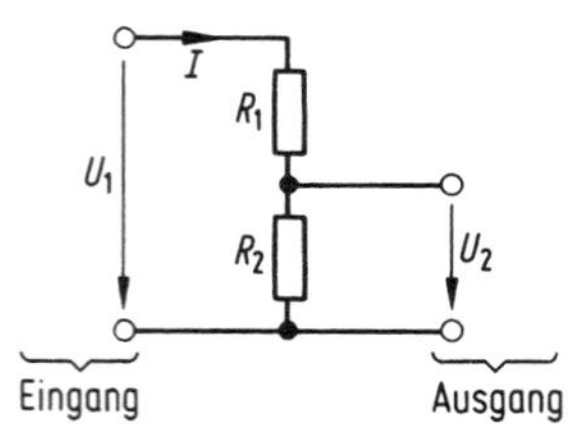

Bild 3.1.3 – 1 Spannungsteiler in der Darstellung als Reihenschaltung

Zweite Darstellungsart eines Spannungsteilers, die auch als Vierpoldarstellung bezeichnet wird.

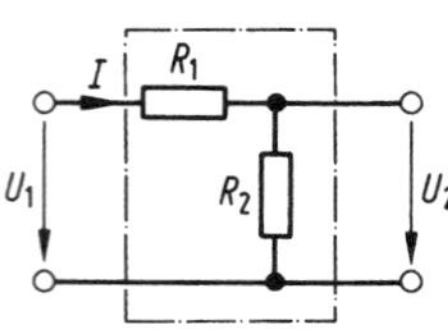

Bild 3.1.3 – 2
Spannungsteiler in der Darstellung als Vierpol

Die Spannungen und Widerstände des Spannungsteilers können in einer Verhältnisgleichung dargestellt werden.

$$\frac{U_2}{U_1} = \frac{R_2}{R_1 + R_2}$$

Für die Ausgangsspannung U_2 des Spannungsteilers ergibt sich daraus:

$$\boxed{U_2 = U_1 \frac{R_2}{R_1 + R_2}} \qquad (3.1.3-1)$$

Beispiel 3.1.3 – 1

Gegeben sei der Spannungsteiler gemäß Bild mit den eingetragenen Werten. Berechnen Sie R_1.

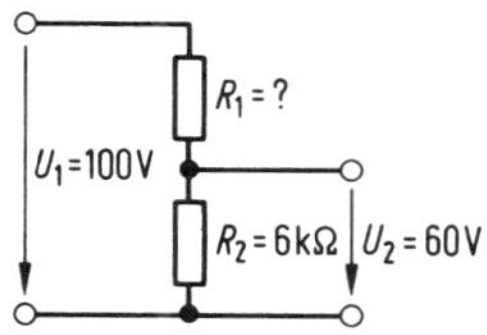

Lösung:

Aufstellung der Verhältnisgleichung:

$$\frac{U_1}{U_2} = \frac{R_1 + R_2}{R_2}$$

Umstellung der Gleichung nach R_1:

$$R_1 + R_2 = \frac{U_1}{U_2} \cdot R_2$$

$$R_1 = \frac{U_1}{U_2} \cdot R_2 - R_2$$

$$= R_2 \left(\frac{U_1}{U_2} - 1 \right)$$

$$= 6 \cdot 10^3 \, \Omega \left(\frac{100 \text{ V}}{60 \text{ V}} - 1 \right)$$

$$R_1 = \underline{\underline{4000 \, \Omega}}$$

3.1.4 Der stellbare unbelastete Spannungsteiler (Potenziometerschaltung)

In vielen Anwendungsfällen ist eine variable Ausgangsspannung beim Spannungsteiler erwünscht. Ein variabler Spannungsteiler ist durch ein Potenziometer realisierbar. An die Stelle der Festwiderstände wird also ein durch mechanische Einstellung verstellbarer Widerstand R (Potenziometer) in den Stromkreis geschaltet.

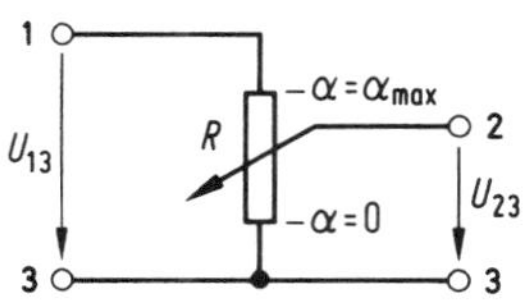

Bild 3.1.4 – 1 Spannungsteiler mittels Potenziometer

Die Spannung zwischen den Klemmen 2 und 3 ist dabei vom Drehwinkel α des Potenziometers abhängig.

$$U_{23} = f(\alpha) \quad \text{mit} \quad (0 \leq \alpha \leq \alpha_{\max})$$

Um die Spannung U_{23} für jede Stellung des Abgriffes ausrechnen zu können, ist es sinnvoll, sich einer Ersatzschaltung zu bedienen. Der Potenziometerwiderstand R wird dabei je nach Stellung des Abgriffes in R_1 und R_2 aufgeteilt.
Der Ersatzschaltplan zeigt die bekannte Schaltung des statischen Spannungsteilers. Somit können alle bereits gewonnenen Berechnungsunterlagen verwendet werden, was nachfolgendes Beispiel zeigt.

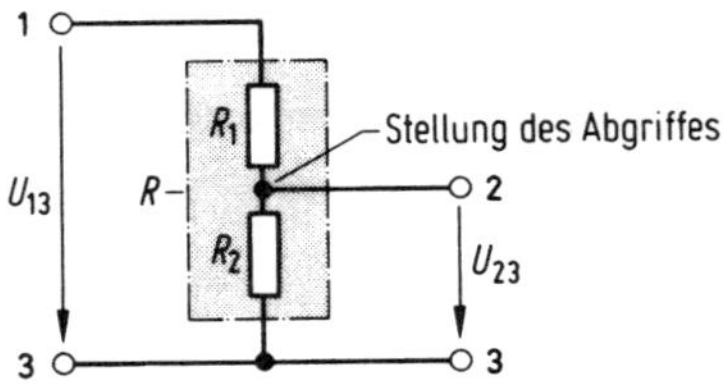

Bild 3.1.4 – 2
Ersatzschaltplan der Potenziometerschaltung

Beispiel 3.1.4 – 1

Gegeben ist eine Potenziometerschaltung gemäß Bild 3.1.4 – 1 mit $U_{13} = 10\ \text{V}$ und $R = 100\ \Omega$. Gesucht ist die Spannung U_{23} für folgende Stellungen des Potenziometerschleifers:

1. $U_{23}|_{\text{bei 10\% des max. Drehwinkels}}$
2. $U_{23}|_{\text{bei 50\% des max. Drehwinkels}}$
3. $U_{23}|_{\text{bei 80\% des max. Drehwinkels}}$

Lösung:

1. 10% von α_{max}:

Aufteilung von R in $R_1 = 90\ \Omega$ und $R_2 = 10\ \Omega$

$$U_{23}|_{10\%\ \text{von}\ \alpha_{max}} = U_{13}\frac{R_2}{R_1 + R_2} = 10\ \text{V}\ \frac{10\ \Omega}{90\ \Omega + 10\ \Omega} = \underline{\underline{1\ \text{V}}}$$

2. 50% von α_{max}:

Aufteilung von R in $R_1 = 50\ \Omega$ und $R_2 = 50\ \Omega$

$$U_{23}|_{50\%\ \text{von}\ \alpha_{max}} = 10\ \text{V}\ \frac{50\ \Omega}{50\ \Omega + 50\ \Omega} = \underline{\underline{5\ \text{V}}}$$

3. 80% von α_{max}:

Aufteilung von R in $R_1 = 20\ \Omega$ und $R_2 = 80\ \Omega$

$$U_{23}|_{80\%\ \text{von}\ \alpha_{max}} = 10\ \text{V}\ \frac{80\ \Omega}{80\ \Omega + 20\ \Omega} = \underline{\underline{8\ \text{V}}}$$

Die Eintragung der im vorstehenden Beispiel berechneten Werte in ein Koordinatensystem ergibt unter Einbeziehung noch weiterer Zwischenwerte als Kennlinie einer Gerade. Die Spannung am Ausgang des variablen Spannungsteilers ändert sich somit linear mit dem Drehwinkel α.

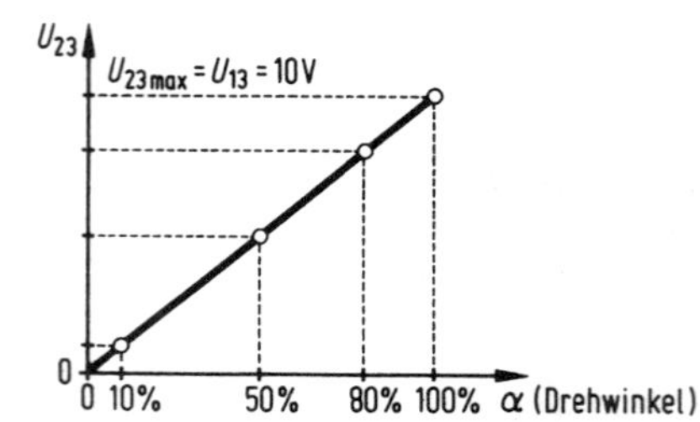

Bild 3.1.4 – 3 Linearer Verlauf der Ausgangsspannung einer Potenziometerschaltung

Übung 3.1.4 – 1

Der Variationsbereich einer Spannungsquelle soll durch eine Potenziometerschaltung begrenzt werden. Entwickeln und berechnen Sie dazu die Schaltung, wenn folgende Daten vorliegen:
Ausgangsspannung der Spannungsquelle:
$U_{13} = 15$ V,
Widerstandswert des Potenziometers:
$R = 500\ \Omega$,
Maximale Spannung am Potenziometer:
$U_{23} = 10$ V.

Lösung:

3.1.5 Vergleich von Spannungspotenzialen

Vergleicht man auf einen gemeinsamen Punkt bezogene Spannungen miteinander, dann spricht man von Potenzialen. Die Potenziale werden mit φ bezeichnet und für jeden Schaltungspunkt gekennzeichnet.

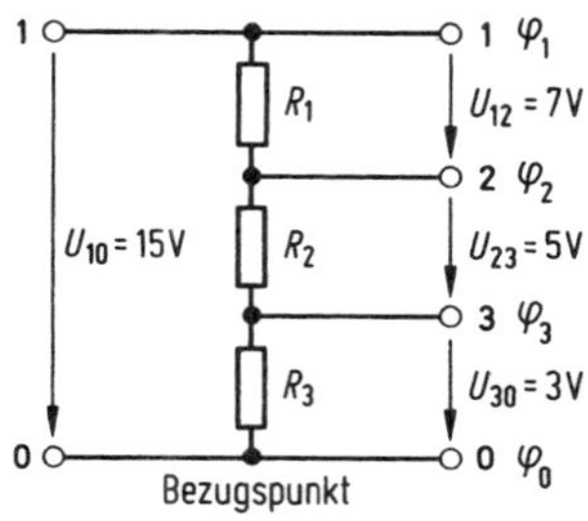

Bild 3.1.5 – 1
Potenzialbetrachtung an einem Spannungsteiler

Die Betrachtung der Potenziale von Bild 3.1.5 – 1 führt zu den folgenden Aussagen

- Das Potenzial φ_1 ist größer als φ_2, somit ergibt sich für die Potenzialdifferenz $\varphi_1 - \varphi_2 = U_{12} = 7$ V
  oder
- Das Potenzial des Punktes 3 ist um 3 V positiver als Punkt 0, aber um 5 V negativer als Punkt 2.
- Das Potenzial des Punktes 1 ist um 12 V positiver als Punkt 3.
- Das Potenzial des Punktes 0 ist um 15 V negativer als Punkt 1.

Der Potenzialbegriff spielt in der Praxis eine wichtige Rolle.
Aus der Installationstechnik ist der Begriff des Potenzialausgleiches bekannt. Hierbei wird durch eine gemeinsame Erdung ein Potenzialunterschied zwischen Metallteilen vermieden.
In der Elektronik spricht man von Potenzialverschiebungen an Bauelementen, z. B. die Basis eines Transistors wird positiver als der Emitter. Potenzialverschiebungen dienen somit zur Steuerung elektronischer Bauelemente.

Beispiel 3.1.5 – 1

Für den gemäß Bild dargestellten Spannungsteiler sind folgende Spannungen vorgegeben:

$U_{14} = 4$ V, $U_{45} = 2$ V, $U_{37} = 8$ V, $U_{50} = 4$ V, $U_{30} = 12$ V, $U_{06} = 3$ V, $U_{62} = 5$ V.

Aus diesen Angaben sind folgende Potenziale zu bestimmen:

U_{10}, U_{40}, U_{57}, U_{20}, U_{63}.

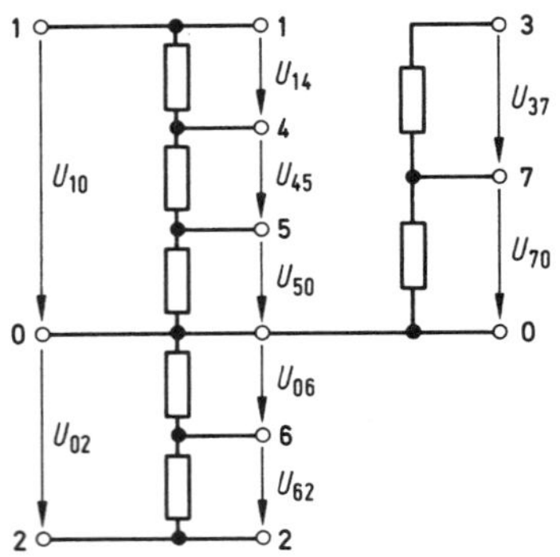

Lösung:

$U_{10} = U_{14} + U_{45} + U_{50}$

$= 4\text{ V} + 2\text{ V} + 4\text{ V}$

$U_{10} = \underline{\underline{10\text{ V}}}$

Da der Spannungspfeil von U_{10} mit der Lesrichtung der Indexzahlen übereinstimmt, ist das Potenzial positiv.

$U_{40} = U_{45} + U_{50}$

$= 2\text{ V} + 4\text{ V}$

$U_{40} = \underline{\underline{6\text{ V}}}$

$U_{57} = U_{50} - U_{70}$

$= U_{50} - (U_{30} - U_{37})$

$= 4\text{ V} - (12\text{ V} - 8\text{ V})$

$= 4\text{ V} - 4\text{ V}$

$U_{57} = \underline{\underline{0\text{ V}}}$

Zwischen den Klemmen 5 und 7 besteht also kein Potenzial.

$U_{20} = -U_{02}$

$= -(U_{06} + U_{62})$

$= -(3\text{ V} + 5\text{ V})$

$U_{20} = -\underline{\underline{8\text{ V}}}$

Die Pfeilrichtung von U_{20} stimmt nicht mit der Lesrichtung der Indexzahlen überein, somit ist das Potenzial negativ.

$U_{63} = -U_{36}$

$= -(U_{37} + U_{70} + U_{06})$

$= -(8\text{ V} + 4\text{ V} + 3\text{ V})$

$U_{63} = -\underline{\underline{15\text{ V}}}$

Übung 3.1.5 – 1

Gegeben sei die Reihenschaltung von Widerständen gemäß Schaltplan mit folgenden Werten:

$I = 0{,}5$ A, $R_1 = 150\ \Omega$, $R_2 = 180\ \Omega$, $R_3 = 200\ \Omega$, $R_4 = 100\ \Omega$.

Gesucht sind folgende Potenziale:

U_{21}, U_{41}, U_{25}, U_{13}, U_{43}, U_{15}.

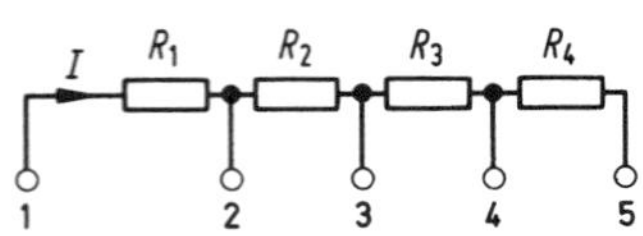

Lösung:

3.1.6 Grafische Lösung einer Reihenschaltung

Ein Techniker muss täglich mit Diagrammen und Kennlinien arbeiten. Dabei sind Werte aus Kennlinien zu ermitteln oder in Diagramme einzutragen. Um den Umgang mit Kennlinien zu üben, sollen hier als Beispiel die Werte einer Reihenschaltung grafisch ermittelt werden. Da sich Widerstände durch Kennlinien beschreiben lassen, muss auch eine grafische Ermitlung des Stromes und der Teilspannungen einer Reihenschaltung anhand von Kennlinien möglich sein. Dies soll an einer Reihenschaltung der Widerstände R_1 und R_2 betrachtet werden, die an die Spannung U angeschlossen sind.

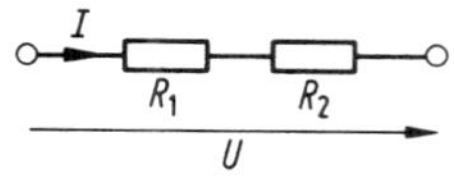

Bild 3.1.6 – 1 Reihenschaltung zweier Widerstände

Die Widerstände sind durch ihre Kennlinien gegeben:

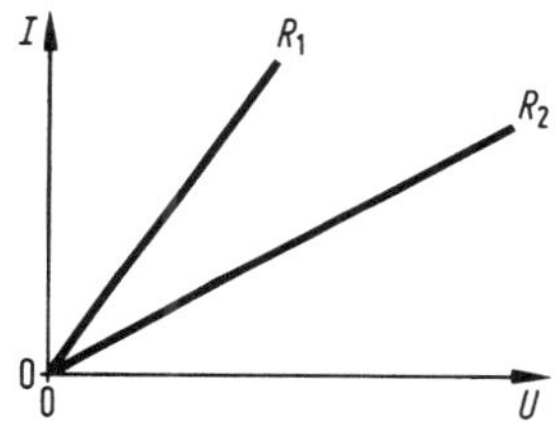

Bild 3.1.6 – 2 Widerstandskennlinien

Ausgangspunkt für die grafische Lösung ist die wichtige Aussage über den Reihenkreis:
Der Strom ist an allen Stellen des Stromkreises gleich groß.
Man wählt deshalb einen beliebigen Stromwert I' und trägt ihn in das U, I-Kennlinienfeld mit den Widerstandsgeraden ein.
Der Strom I' bewirkt an den Widerständen R_1 und R_2 die Teilspannungen U'_{R_1} undU'_{R_2}.

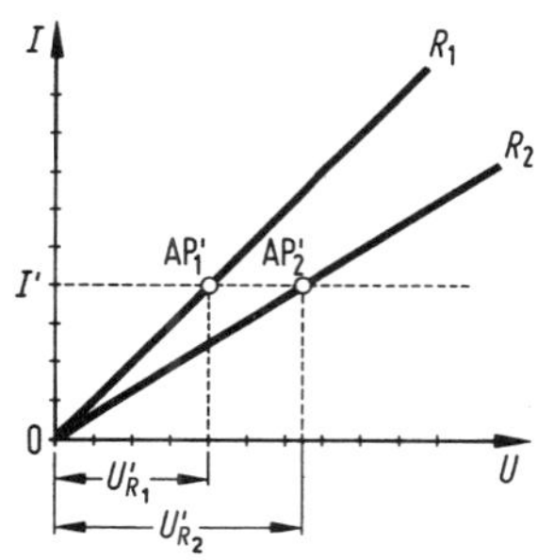

Bild 3.1.6 – 3 Die Eintragung des gewählten Stromes I' ergibt die zugehörigen Teilspannungen

Im Reihenkreis addieren sich bekanntlich die Teilspannungen zur Gesamtspannung U'. Der Strom I' und die Spannung U' ergeben den Arbeitspunkt AP$'$. Dieser AP$'$ ist ein Punkt auf der Widerstandsgeraden des Gesamtwiderstandes R_{ges}. Die Verbindung des Koordinatennullpunktes mit dem Punkt AP′ ergibt die Kennlinie für R_{ges}. Die Addition der Widerstände R_1 und R_2 ergibt einen Widerstandswert, der größer ist als R_1 bzw. R_2, deshalb muss die Steigung der Kennlinie von R_{ges} kleiner sein, die Kennlinie selbst also flacher verlaufen.

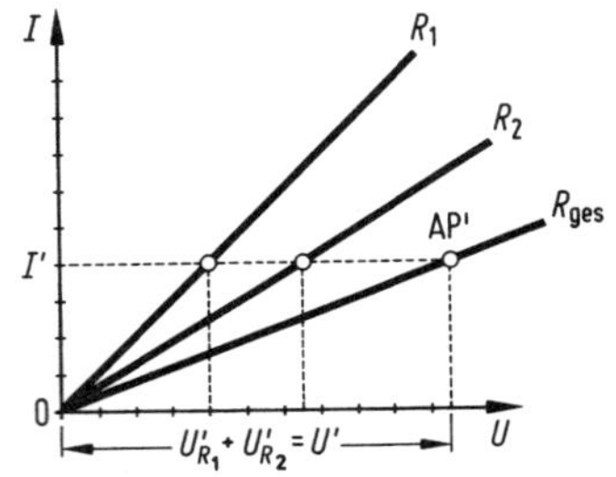

Bild 3.1.6 – 4 Addition der Teilspannungen zur Gesamtspannung U'

Im nächsten Schritt kann in das Kennlinienfeld die tatsächliche vorhandene Spannung U eingetragen werden. Es ergibt sich daraus der Arbeitspunkt AP und der tatsächlich fließende Strom I. In den Arbeitspunkten AP_1 und AP_2 lassen sich die Teilspannungen U_{R_1} und U_{R_2} ablesen.

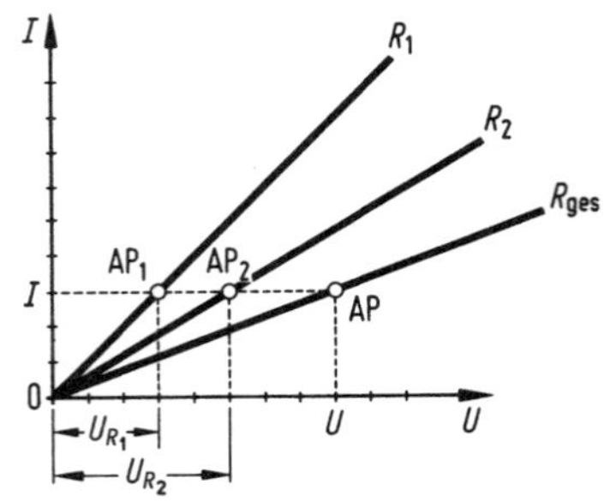

Bild 3.1.6 – 5 Eintragung der gegebenen Spannung U in das Kennlinienfeld

Die Genauigkeit einer grafischen Lösung ist stark von der Ablesegenauigkeit der vorgegebenen Kennlinien abhängig, sodass die ermittelten Daten mit mehr oder weniger großen Fehlern behaftet sein können. Eine zahlenmäßige Berechnung ist stets genauer und somit im Bedarfsfall der grafischen Lösung vorzuziehen. Die zahlenmäßige Berechnung der Reihenschaltung eines linearen und eines nichtlinearen Widerstandes ist im Regelfall allerdings nicht problemlos möglich. Hier ist man auf die grafische Lösung angewiesen. Im folgenden Beispiel wird das Lösungsverfahren gezeigt.

Beispiel 3.1.6 – 1

Der Gesamtwiderstand der im Bild gegebenen Reihenschaltung soll grafisch ermittelt werden.

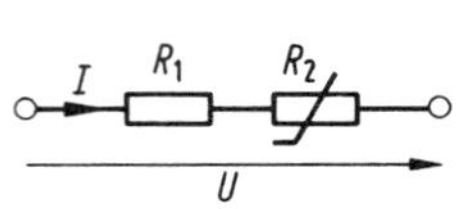

Lösung:
Für die Lösung muss die Kennlinie des nichtlinearen Widerstandes R_2 gegeben sein. Außerdem ist die Widerstandsgerade von R_1 erforderlich.

Zur Konstruktion der Kennlinie des Gesamtwiderstandes sind nun mehrere Punkte notwendig. Es werden deshalb mehrere Ströme I angenommen. Die jeweiligen Teilspannungen werden addiert. So erhält man die Punkte der gesuchten Kennlinie.

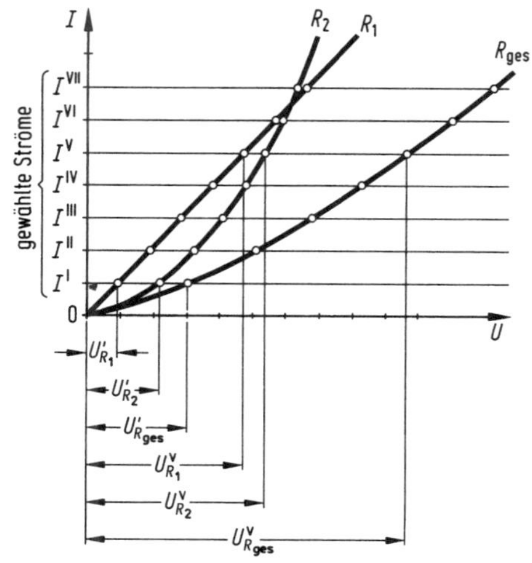

Übung 3.1.6 – 1

Eine Reihenschaltung von zwei Widerständen $R_1 = 10\ \Omega$ und $R_2 = 20\ \Omega$ wird von $U = 15$ V gespeist.
Ermitteln Sie grafisch: I, U_{R_1}, U_{R_2}.
Zeichnen Sie dazu zuerst das U, I-Kennlinienfeld mit den Widerstandsgeraden für R_1 und R_2.

Lösung:

3.2 Parallelschaltung von Widerständen

Nach der Durcharbeitung dieses Kapitels haben Sie die **Kompetenz** ...
- in gegebenen Schaltplänen Parallelschaltungen von Widerständen zu kennzeichnen,
- mit Parallelschaltungen Stromaufteilungen vorzunehmen,
- die Aussage: „Stromwerte in Parallelschaltungen verhalten sich umgekehrt wie die Werte der zugehörigen Widerstände" für Berechnungen in Schaltungen zu nutzen.

3.2.1 Gesamtspannung, Gesamtstrom, Gesamtwiderstand

Werden Widerstände, wie das Bild 3.2.1 – 1 zeigt, nebeneinander geschaltet, so ist dies eine **Parallelschaltung**.

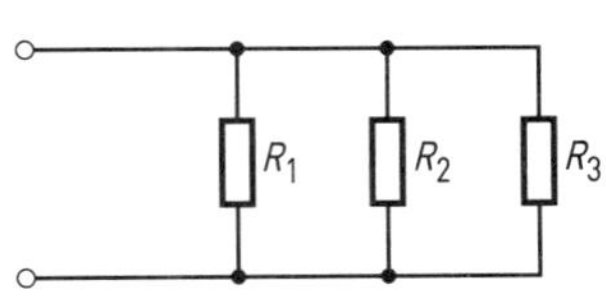

Bild 3.2.1 – 1 Parallelschaltung von Widerständen

Der durch die Spannung U in die Schaltung fließende Strom I verzweigt sich am Knotenpunkt A in die Teilströme I_1, I_2, I_3, die durch die Teilwiderstände fließen. Im Knotenpunkt B fließen die Ströme zusammen und bilden wieder den Gesamtstrom I.

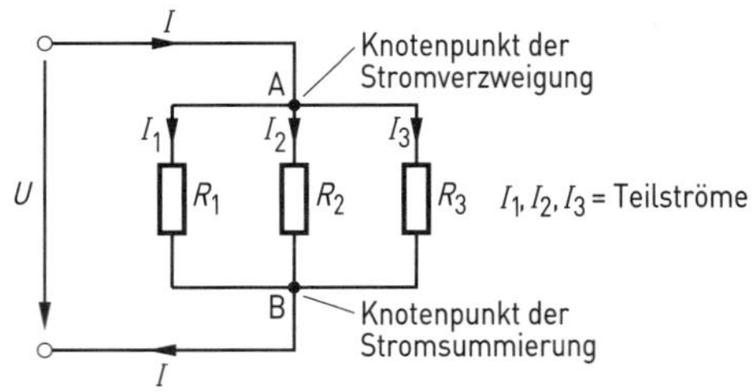

Bild 3.2.1 – 2 Stromaufteilung in einer Parallelschaltung

Die Spannung U gilt als Bezugsgröße, da alle Widerstände (Verbraucher) an derselben Spannung liegen.

$$U = \text{konstant}$$

> Alle parallel geschalteten Widerstände liegen an derselben Spannung.

Für jeden einzelnen Strom in der Parallelschaltung gilt nach dem Ohm'schen Gesetz:

$$I_1 = \frac{U}{R_1}; \quad I_2 = \frac{U}{R_2}; \quad I_3 = \frac{U}{R_3}$$

Es ist leicht zu erkennen, dass die Teilströme I_1, I_2 und I_3 in der Summe den Wert des Gesamtstromes ergeben:

$$I = I_1 + I_2 + I_3 \tag{3.2.1 – 1}$$

Für die gezeigte Stromaufteilung einer Parallelschaltung kann allgemein die Aussage gemacht werden:

> Die Summe der zum Knoten fließenden Ströme ist gleich der Summe der vom Knoten wegfließenden Ströme.

Gustav Robert Kirchhoff formulierte diese Aussage als Erster. Deshalb bezeichnet man sie als den ersten Kirchhoff'schen Satz oder Knotensatz.

Erster Kirchhoff'scher Satz

$$\sum I_{\text{zu}} = \sum I_{\text{ab}} \tag{3.2.1 – 2}$$

Werden die Ströme bezogen auf den betrachteten Knoten vorzeichenrichtig eingesetzt, dann ist auch folgende verallgemeinerte Form möglich:

$$\sum I = 0 \tag{3.2.1 – 3}$$

Werden in der Gleichung (3.2.1 – 1) die Teilströme I_n $(n \in \mathbb{N})$ durch die durch das Ohm'sche Gesetz gewonnenen Gleichungen ersetzt, ergibt dies:

$$I = \frac{U}{R_1} + \frac{U}{R_2} + \frac{U}{R_3}$$

Auf der rechten Gleichungsseite kann nun U ausgeklammert werden:

$$I = U \cdot \left(\frac{1}{R_1} + \frac{1}{R_2} + \frac{1}{R_3}\right)$$

Die Division beider Gleichungsseiten durch U ergibt:

$$\frac{I}{U} = \left(\frac{1}{R_1} + \frac{1}{R_2} + \frac{1}{R_3}\right)$$

Die Kehrwertbildung der gesamten Gleichung führt zu:

$$\boxed{\frac{U}{I} = \frac{1}{\frac{1}{R_1} + \frac{1}{R_2} + \frac{1}{R_3}}} \qquad (3.2.1-4)$$

Der Strom I in eine Schaltung ist bekanntlich die Folge der angelegten Spannung U. Der Ohm'sche Term $\frac{U}{I}$ ist somit die Aussage über den Gesamtwiderstand der Schaltung. In der Regel wird dieser bei Parallelschaltung als **Ersatzwiderstand** R_E bezeichnet.

$$\boxed{\frac{U}{I} = R_E} \qquad (3.2.1-5)$$

$$\boxed{R_E = \frac{1}{\frac{1}{R_1} + \frac{1}{R_2} + \frac{1}{R_3}}} \qquad (3.2.1-6)$$

Allgemein gilt für beliebig viele parallel geschaltete Widerstände:

$$\boxed{R_E = \frac{1}{\frac{1}{R_1} + \frac{1}{R_2} + \dots}} \qquad (3.2.1-7)$$

Für **zwei** parallel geschaltete Widerstände kann die folgende Gleichung hergeleitet werden. Ausgehend von der allgemeinen Gleichung 3.2.1 – 7 kann geschrieben werden:

$$R_E = \frac{1}{\frac{1}{R_1} + \frac{1}{R_2}}$$

Bildung des Hauptnenners:

$$R_E = \frac{1}{\frac{R_2 + R_1}{R_1 \cdot R_2}}$$

Wendet man die Regel für Hauptnenner der linearen Algebra an, so kann der Zähler mit dem Hauptnenner multipliziert werden.
Dieser Rechenschritt ergibt folgende Gleichung zur Berechnung des Ersatzwiderstandes einer Parallelschaltung zweier Widerstände:

$$\boxed{R_E = \frac{R_1 \cdot R_2}{R_1 + R_2}} \qquad (3.2.1-8)$$

Beispiel 3.2.1 – 1

In den Zuleitungen eines Knotenpunktes werden die im Bild angegebenen Ströme I_1 bis I_5 gemessen. Der Strom I_6 soll berechnet werden.

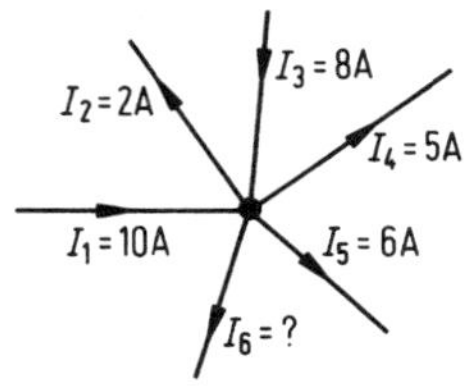

Lösung:

Gemäß 1. Kirchhoff'schem Satz gilt:

$$\sum I = 0$$

Zum Knoten fließende Ströme werden positiv gezählt, vom Knoten wegfließende Ströme negativ. Daraus ergibt sich:

$$I_1 + I_3 - I_2 - I_4 - I_5 - I_6 = 0$$

$$I_6 = I_1 + I_3 - I_2 - I_4 - I_5$$
$$= 10\,\text{A} + 8\,\text{A} - 2\,\text{A} - 5\,\text{A} - 6\,\text{A}$$

$$I_6 = \underline{\underline{5\,\text{A}}}$$

Das gleiche Ergebnis ergibt sich natürlich auch, wenn jeweils die Summen der zufließenden und abfließenden Ströme gemäß Gleichung 3.2.1 – 2 für die Berechnung verwendet werden.

3.2.2 Verhältnisbildung zwischen Teilströmen und Widerständen – Stromteilung

Wie bereits dargelegt, liegen alle parallelen Widerstände an derselben Spannung.

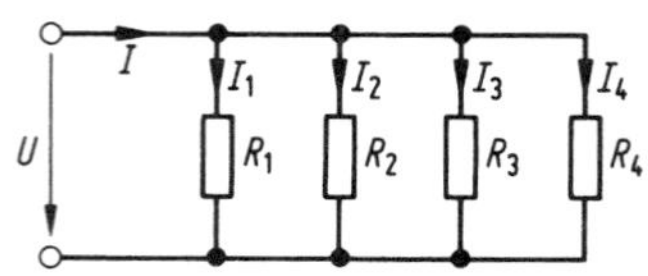

Bild 3.2.2 – 1
Stromkreis mit parallel geschalteten Widerständen

Die einzelnen Ströme lassen sich nach dem Ohm'schen Gesetz berechnen.

$$I_1 = \frac{U}{R_1}; \quad I_2 = \frac{U}{R_2}; \quad I_3 = \frac{U}{R_3}; \quad I_4 = \frac{U}{R_4}$$

Stellt man die Gleichung für zwei beliebige Ströme nach der Spannung U um, so ergibt sich:

$$U = I_1 \cdot R_1 \quad \text{und} \quad U = I_3 \cdot R_3$$

Beide Aussagen können gleichgesetzt werden. Die Umstellung in eine eingliedrige Verhältnisgleichung ergibt:

$$I_1 \cdot R_1 = I_3 \cdot R_3$$

$$\boxed{\frac{I_1}{I_3} = \frac{R_3}{R_1}} \qquad (3.2.2-1)$$

In dieser Verhältnisgleichung steckt folgende Aussage:

Bei parallel geschalteten Widerständen verhalten sich die Ströme umgekehrt proportional wie die zugehörigen Widerstandswerte.

Beispiel 3.2.2 – 1

Drei Widerstände sind parallel geschaltet und liegen an der Spannung $U = 10$ V. $R_1 = 10$ kΩ, $R_2 = 20$ kΩ, $R_3 = 50$ kΩ. Zu berechnen sind die Ströme I_1, I_2, I_3.

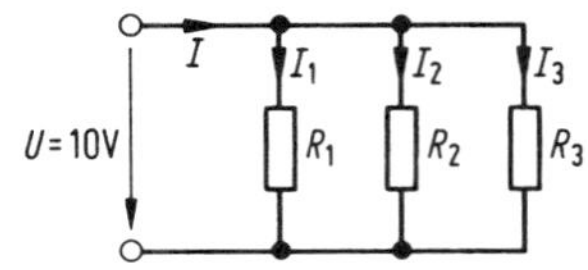

Lösung:

Berechnung des Stromes I_1 mittels des Ohm'schen Gesetzes.

$$I_1 = \frac{U}{R_1} = \frac{10\ \text{V}}{10 \cdot 10^3\ \Omega} = \underline{\underline{1\ \text{mA}}}$$

Berechnung von I_2 und I_3 mittels Verhältnisbildung.

$$\frac{I_1}{I_2} = \frac{R_2}{R_1} \Rightarrow I_2 = I_1 \frac{R_1}{R_2}$$

$$= 1\ \text{mA} \frac{10 \cdot 10^3\ \Omega}{20 \cdot 10^3\ \Omega}$$

$$I_2 = \underline{\underline{0{,}5\ \text{mA}}}$$

$$\frac{I_1}{I_3} = \frac{R_3}{R_1} \Rightarrow I_3 = I_1 \frac{R_1}{R_3}$$

$$= 1\ \text{mA} \frac{10 \cdot 10^3\ \Omega}{50 \cdot 10^3\ \Omega}$$

$$I_3 = \underline{\underline{0{,}2\ \text{mA}}}$$

Übung 3.2.2 – 1

Gegeben sei die Schaltung gemäß Bild. Berechnen Sie: U, I, I_2, R_3.

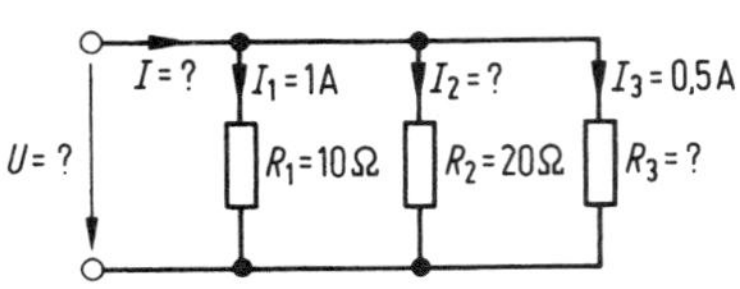

Lösung:

Übung 3.2.2 – 2

Der Messbereich eines Strommessers von $I_m = 1$ A (Innenwiderstand $R_i = 0{,}1\ \Omega$) soll durch einen Parallelwiderstand (= Shunt) auf $I = 10$ A erweitert werden. Berechnen Sie den Shunt zur Messbereichserweiterung.

Lösung:

3.2.3 Ersatzwiderstand = Gesamtwiderstand parallel geschalteter Widerstände

An dieser Stelle nochmals einige Aussagen über die Zusammenfassung parallel geschalteter Widerstände.
Zeichnerisch lässt sich aus einer Parallelschaltung die Ersatzschaltung mit dem Ersatzwiderstand R_E herleiten. Die Versorgungsspannung U und der Gesamtstrom I ändern sich dabei nicht.

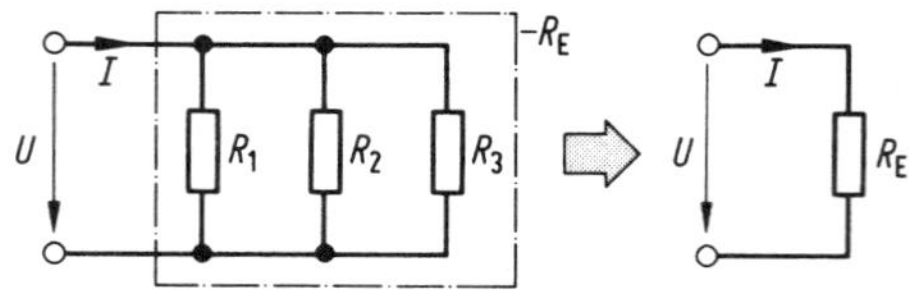

Bild 3.2.3 – 1
Bildung der Ersatzschaltung mittels Ersatzwiderstand

Für den Ersatzwiderstand kann anhand der Gleichung 3.2.1 – 7 und der Aufteilung in Teilwiderstände gemäß Bild 3.2.1 – 2 folgende Aussage formuliert werden:

> Der Wert des Ersatzwiderstandes R_E einer Parallelschaltung ist immer kleiner als der des kleinsten Teilwiderstandes.

Folgende Fälle sind für parallel geschaltete Widerstände besonders interessant.

1. Sind alle Widerstände gleich groß, dann gilt:

$$R_E = \frac{R}{n} \qquad (3.2.3-1)$$

n = Anzahl der parallel geschalteten Widerstände

2. Sind nur zwei Widerstände parallel geschaltet, dann ergibt die Umformung der Grundgleichung:

$$R_E = \frac{1}{\frac{1}{R_1}+\frac{1}{R_2}} = \frac{1}{\frac{R_2+R_1}{R_1 \cdot R_2}}$$

$$R_E = \frac{R_1 \cdot R_2}{R_1 + R_2} \qquad (3.2.3-2)$$

Beispiel 3.2.3 – 1

Eine Parallelschaltung besteht aus 4 Widerständen

$R_1 = 10\,\Omega$, $R_2 = 12\,\Omega, R_3 = 60\,\Omega$ und $R_4 = 30\,\Omega$.

Zu berechnen ist der Ersatzwiderstand R_E.

Lösung:

$$R_E = \frac{1}{\frac{1}{R_1}+\frac{1}{R_2}+\frac{1}{R_3}+\frac{1}{R_4}}$$

$$= \frac{1}{\frac{1}{10\,\Omega}+\frac{1}{12\,\Omega}+\frac{1}{60\,\Omega}+\frac{1}{30\,\Omega}}$$

$$R_E = \underline{\underline{4{,}285\,\Omega}}$$

Der Vergleich des Ergebnisses mit den Einzelwerten der Widerstände erfüllt die Aussage, dass der Ersatzwiderstand kleiner als der kleinste Teilwiderstand ist.

Beispiel 3.2.3 – 2

Gegeben sei die Parallelschaltung zweier Widerstände $R_1 = 1\ \text{k}\Omega$ und $R_2 = 3\ \text{k}\Omega$. Die Parallelschaltung liegt an $U = 15$ V.
Berechnen Sie: R_E, I_1, I_2, I.

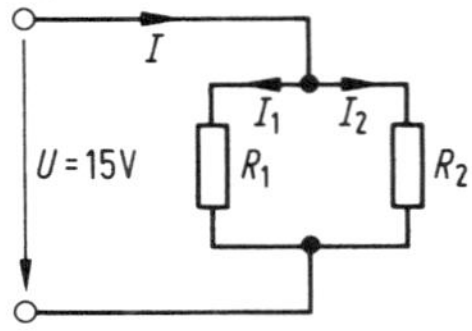

Lösung:

Berechnung des Ersatzwiderstandes:

$$R_E = \frac{R_1 \cdot R_2}{R_1 + R_2} = \frac{1000\ \Omega \cdot 3000\ \Omega}{1000\ \Omega + 3000\ \Omega}$$

$$R_E = \underline{\underline{750\ \Omega}}$$

Gesamtstromberechnung:

$$I = \frac{U}{R_E} = \frac{15\ \text{V}}{750\ \Omega} = \underline{\underline{0{,}02\ \text{A}}}$$

Teilstromberechnung:

$$I_1 = \frac{U}{R_1} = \frac{15\ \text{V}}{1000\ \Omega} = \underline{\underline{0{,}015\ \text{A}}}$$

$$I_2 = \frac{U}{R_2} = \frac{15\ \text{V}}{3000\ \Omega} = \underline{\underline{0{,}005\ \text{A}}}$$

Summenbildung der Teilströme zur Kontrolle des Gesamtstromes I:

$$I = I_1 + I_2$$

$$I = 0{,}015\ \text{A} + 0{,}005\ \text{A} = \underline{\underline{0{,}02\ \text{A}}}$$

Übung 3.2.3 – 1

Lösung:

Der Strom $I = 1$ A einer Glühlampe fließt durch einen Vorwiderstand $R_1 = 100\ \Omega$. Die Helligkeit der Glühlampe soll erhöht werden, dazu muss der Strom um 30 % erhöht werden. Zu berechnen ist der für den Vorwiderstand R_1 erforderliche Parallelwiderstand R_x.

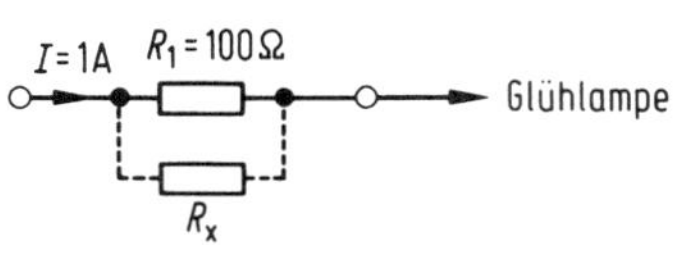

Übung 3.2.3 – 2

Lösung:

Gegeben sei die Schaltung gemäß Bild. Berechnen Sie die gesuchten Werte.

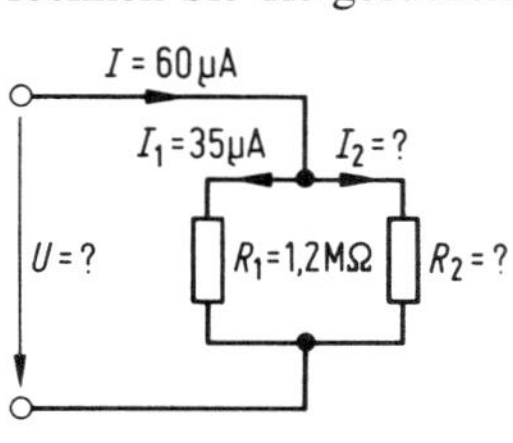

3.2.4 Ersatzleitwert

Zur Berechnung des Ersatzwiderstandes ist in der Gleichung 3.2.1 – 7 mit den Kehrwerten der einzelnen Teilwiderstände zu rechnen. Mit der Gleichung 1.3.2.2 – 2 wurde der Kehrwert des Widerstandes als Leitwert G definiert. Übernimmt man diese Leitwertbetrachtung für die Berechnung des Ersatzwiderstandes, dann ergibt sich folgende vereinfachte Gleichung:

$$R_E = \frac{1}{\frac{1}{R_1} + \frac{1}{R_2} + \frac{1}{R_3} + \ldots}$$

$$R_E = \frac{1}{G_1 + G_2 + G_3 + \ldots}$$

Durch Kehrwertbildung erhält man den Ersatzleitwert G_E. Er besteht aus der Addition der Einzelleitwerte.

Ersatzleitwert

$$G_E = \frac{1}{R_E} = G_1 + G_2 + G_3 + \ldots \qquad (3.2.4-1)$$

Beispiel 3.2.4 – 1

Drei Verbraucher sind parallel geschaltet und an $U = 30$ V angeschlossen.

$R_1 = 30\ \Omega, \quad R_2 = 45\ \Omega, \quad R_3 = 80\ \Omega.$

Gesucht ist der Gesamtstrom I.

Lösung:

Ausgangspunkt ist die Gleichung für den Ersatzleitwert.

$$G_E = G_1 + G_2 + G_3$$

Berechnung der Leitwerte aus den Widerstandswerten:

$$G_1 = \frac{1}{R_1} = \frac{1}{30\ \Omega} = \underline{\underline{0{,}0333\ \text{S}}}$$

$$G_2 = \frac{1}{R_2} = \frac{1}{45\ \Omega} = \underline{\underline{0{,}0222\ \text{S}}}$$

$$G_3 = \frac{1}{R_3} = \frac{1}{80\ \Omega} = \underline{\underline{0{,}0125\ \text{S}}}$$

Berechnung des Ersatzleitwertes:

$$G_E = G_1 + G_2 + G_3$$
$$= 0{,}0333\ \text{S} + 0{,}0222\ \text{S} + 0{,}0125\ \text{S}$$
$$G_E = \underline{\underline{0{,}068\ \text{S}}}$$

Berechnung des Gesamtstromes:

$$I = \frac{U}{R_E} = U \cdot G_E = 30\ \text{V} \cdot 0{,}068\ \text{S} = \underline{\underline{2{,}04\ \text{A}}}$$

3.2.5 Grafische Lösung einer Parallelschaltung

Im Abschnitt 3.1.6 wurde die grafische Lösung einer Reihenschaltung vorgestellt. Analog zu dieser Betrachtung können auch die Daten einer Parallelschaltung grafisch ermittelt werden. Ausgangspunkt für die Lösung ist die Spannung, die bekanntlich für alle parallel geschalteten Widerstände gleich ist.

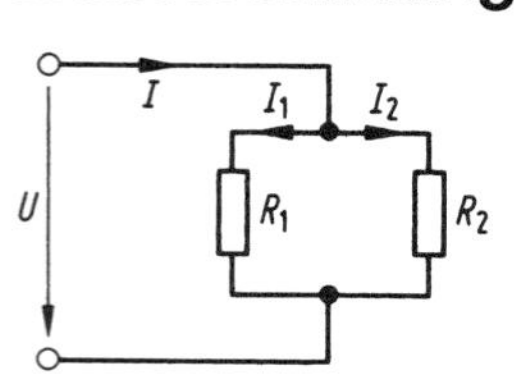

Bild 3.2.5 – 1 Parallelschaltung zweier Widerstände

Der Lösungsablauf soll kurz vorgestellt werden. Gegeben sind die Widerstandskennlinien der parallel geschalteten Widerstände.

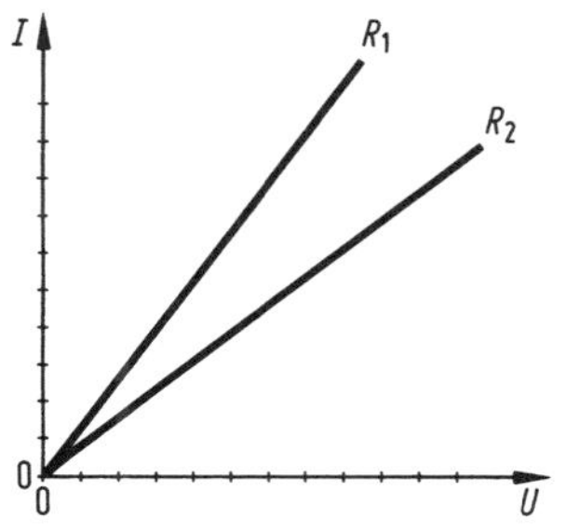

Bild 3.2.5 – 2
Widerstandskennlinien der Widerstände R_1 und R_2

Die Spannung U wird in das gegebene U,I-Kennlinienfeld eingetragen. Die Schnittpunkte mit den Widerstandsgeraden ergeben die Arbeitspunkte AP_1 und AP_2 und die zugehörigen Ströme I_1 und I_2.

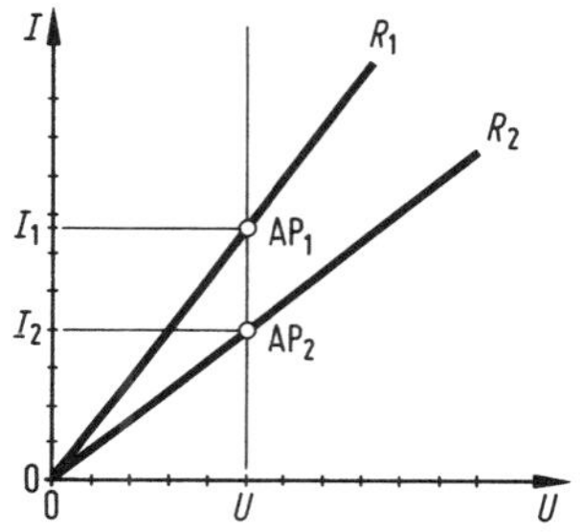

Bild 3.2.5 – 3 Durch die Eintragung der gegebenen Spannungen ins Kennlinienfeld ergeben sich die Ströme I_1 und I_2

Da sich die Ströme einer Parallelschaltung zum Gesamtstrom I addieren, werden bei der grafischen Lösung die Abschnitte I_1 und I_2 ebenfalls summiert.

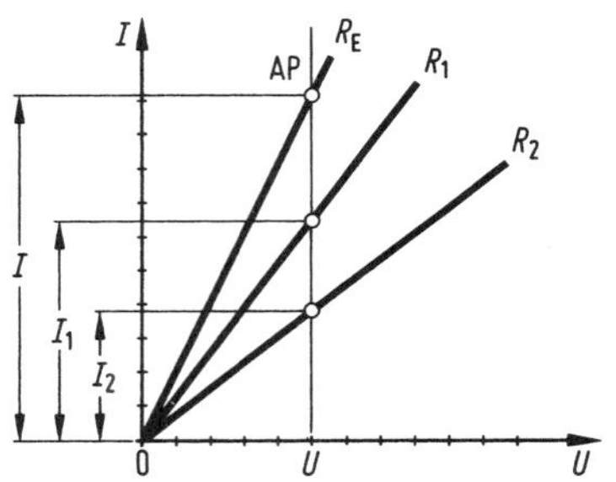

Bild 3.2.5 – 4 Addition der Teilströme I_1 und I_2 zum Gesamtstrom I

Der sich ergebende Wert ist der gesuchte Gesamtstrom I. Mit der Spannung U bildet er den Arbeitspunkt AP. Die Verbindung mit dem Koordinatennullpunkt ergibt die Widerstandsgerade für R_E. Die Steigung der neuen Widerstandsgeraden ist größer als die von R_1 und R_2. Dies bedeutet, dass der Widerstandswert von R_E kleiner sein muss als der von R_1 bzw. R_2. Die Aussage ist richtig, da bereits in Abschnitt 3.2.3 festgestellt wurde, dass der Ersatzwiderstand immer kleiner als der kleinste Einzelwiderstand ist.

3.3 Ersatzspannungsquelle und Ersatzstromquelle

Nach der Durcharbeitung dieses Kapitels haben Sie die **Kompetenz** ...
- jede technische Spannungsquelle als Ersatzspannungs- oder Ersatzstromquelle zu betrachten,
- die Daten von Ersatzspannungsquellen zum optimalen Einsatz von technischen Spannungsquellen zu nutzen,
- Aussagen zum Kurzschlussstrom von Ersatzspannungsquellen für die Auslegung von Sicherungen und Schaltern zu nutzen.

3.3.1 Ersatzspannungsquelle

3.3.1.0 Einführung

In der Elektrotechnik bedient man sich aller physikalisch realisierbaren Spannungsquellen. Ihre Unterschiede liegen in der Art der Energieumwandlung. Um bei der Anwendung die teilweise recht komplizierten Vorgänge innerhalb der Spannungsquelle nicht mitbetrachten zu müssen, wird mit Ersatzdarstellungen gearbeitet. Die Energieumwandlung in Spannung findet dabei in einer „Black Box“ statt, an der sich die Klemmen für den Anschluss der Verbraucher befinden. (Siehe auch 2.4.1.1.)

3.3.1.1 Schaltung

Wird die Klemmenspannung U_{12} einer unbekannten Spannungsquelle im Leerlauf und bei Belastung gemessen, dann ist die Spannung bei Belastung gegenüber dem Leerlauffall kleiner.

Dieser Spannungsrückgang erklärt sich aus einer Spannungsteilung, da die im Innern der Spannungsquelle erzeugte Spannung (sie wird mit U_0 bezeichnet) von der zugeführten Energie abhängt. Diese Energiezufuhr wird aber nicht verändert. Da einerseits Spannung Energie pro Ladung bedeutet und andererseits keine Energie verloren gehen kann, muss also eine Aufteilung der Energie erfolgen. Aus Gleichung 3.1.1 – 1 ist ersichtlich, dass eine Spannungsaufteilung nur in Verbindung mit Widerständen erfolgen kann. Im Innern der Spannungsquelle muss somit ein Widerstand wirksam sein, an dem ein Teil der erzeugten Spannung abfällt. Dieser Widerstand wird als Innenwiderstand R_i bezeichnet.

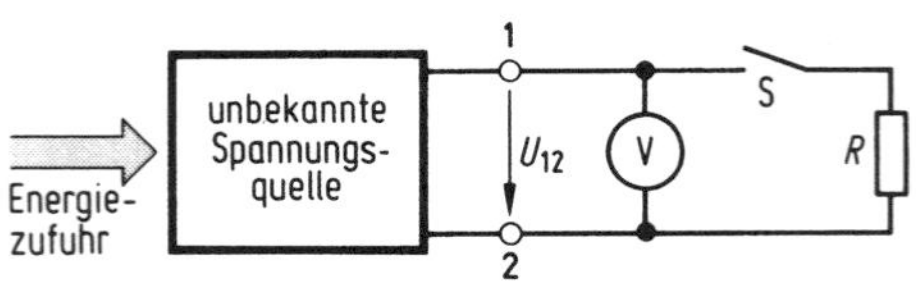

Bild 3.3.1.1 – 1 Black-Box-Betrachtung einer technischen Spannungsquelle

Schaltzeichen der idealen Spannungsquelle:

Bild 3.3.1.1 – 2 Schaltzeichen der idealen Spannungsquelle

Aus diesen Erkenntnissen lässt sich der im Bild dargestellte Schaltplan einer Ersatzspannungsquelle ableiten.

Reale Ersatzspannungsquelle

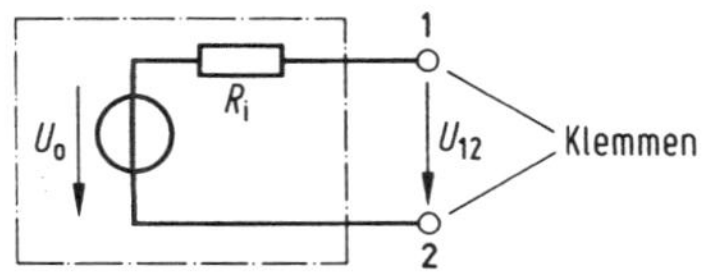

Bild 3.3.1.1 – 3 Ersatzschaltplan einer Spannungsquelle

3.3.1.2 Kennlinie und Kenngrößen

Die im Bild 3.3.1.1 – 3 eingezeichneten elektrischen Größen sind die Kenngrößen der Ersatzspannungsquelle.

U_0 = erzeugte Spannung R_i = Innenwiderstand

Für die weiteren Betrachtungen sei U_0 konstant und der R_i sei linear. In der Praxis ist dies nicht immer der Fall und muss daher dann entsprechend berücksichtigt werden.

Es folgt nun die Betrachtung der Ersatzspannungsquelle für verschiedene Betriebsfälle.

1. Fall: Leerlauf

Unbelastete Ersatzspannungsquelle (= Leerlauf), d. h. $I = 0$.
Da kein Strom fließt, wird an den Klemmen die Spannung U_0 gemessen. Es gilt: $U_{12} = U_0$.

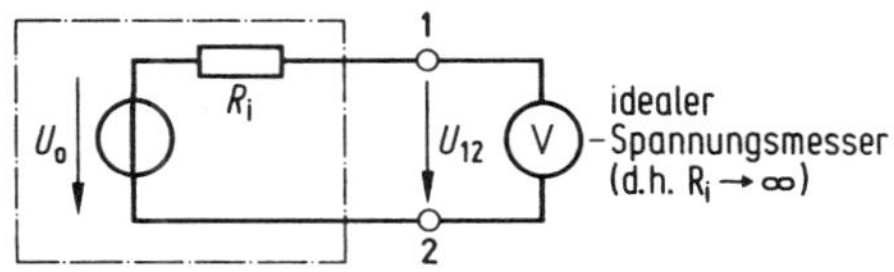

Bild 3.3.1.2 – 1
Ersatzspannungsquelle im Leerlaufbetrieb

2. Fall: Belastung (Betriebsfall)

Mit Widerstand R_L belastete Ersatzspannungsquelle. An den Klemmen wird wegen der Teilspannung an R_i eine Spannung gemessen, die kleiner als U_0 ist.
Es gilt: $U_{12} < U_0$.

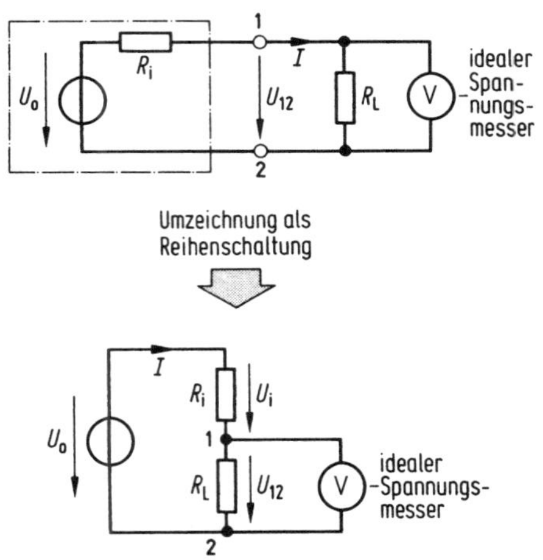

Bild 3.3.1.2 – 2 Ersatzspannungsquelle bei Belastung mit dem Widerstand R_L

Die Schaltung ist als einfache Reihenschaltung darstellbar. Die innere Teilspannung wird als U_i bezeichnet. Diese innere Teilspannung und die Klemmenspannung ergeben zusammen wieder die erzeugte Spannung U_0.

$$U_0 = U_i + U_{12} \quad \text{mit} \quad U_i = I \cdot R_i$$

$$\boxed{U_0 = I \cdot R_i + U_{12}} \qquad (3.3.1.2-1)$$

$$U_0 = I \cdot R_i + U_{12} \quad \text{mit} \quad U_{12} = I \cdot R_L$$

$$U_0 = I \cdot R_i + I \cdot R_L = I(R_i + R_L)$$

Der Strom I ist wie folgt berechenbar:

$$\boxed{I = \frac{U_0}{R_i + R_L}} \qquad (3.3.1.2-2)$$

3. Fall: Kurzschluss

Kurzgeschlossene Ersatzspannungsquelle (= Kurzschluss). Die Klemmen 1 und 2 sind dabei überbrückt und die Klemmenspannung ist damit gleich null. Der Innenwiderstand wirkt als Strombegrenzung, sodass nun der Kurzschlussstrom I_k fließt.
Es gilt: $U_{12} = 0$.

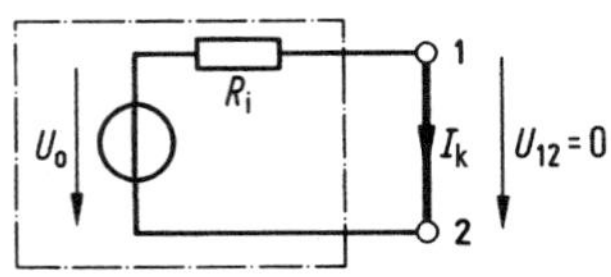

Bild 3.3.1.2 – 3
Ersatzspannungsquelle im Kurzschlussbetrieb

Berechnet wird der Kurzschlussstrom mit dem Ohm'schen Gesetz.

$$\boxed{I_k = \frac{U_0}{R_i}} \qquad (3.3.1.2-3)$$

Mit dem Kurzschlussstrom I_k sind nun alle typischen Kenngrößen von Ersatzspannungsquellen bekannt.

Kenngrößen der Ersatzspannungsquelle

$$\boxed{U_0;\ R_i;\ I_k}$$

Die Kenngrößen können durch Kennlinien im U,I-Kennlinienfeld grafisch dargestellt werden. Die Konstruktion der Kennlinie erfolgt ausgehend von Gleichung 3.3.1.2 – 1. In dieser sind die Größen I und U_{12} unbekannt. Es liegt eine lineare Gleichung mit zwei Unbekannten vor. Wie bereits bekannt, ist dies die Gleichung einer Geraden.

$$U_0 = I \cdot R_i + U_{12}$$

↑ 1. Unbekannte (I) ↖ 2. Unbekannte (U_{12})

Gleichung einer Geraden:

$$y = mx + b$$

Zur Konstruktion einer Geraden sind 2 Punkte notwendig:

1. Punkt: *Leerlaufbetrieb*
   In die Gleichung wird $I = 0$ eingesetzt.

$$U_0 = 0 \cdot R_i + U_{12}$$

$$U_0 = \underline{\underline{U_{12}}}$$

2. Punkt: *Kurzschlussbetrieb*
In die Gleichung wird $U_{12} = 0$ eingesetzt und man erhält den Kurzschlussstrom I_k.

$$U_0 = I \cdot R_i + 0$$

$$U_0 = I \cdot R_i$$

wegen Kurzschluss gilt $I = I_k$

$$I_k = \frac{U_0}{R_i}$$

Die beiden errechneten Punkte werden in das U,I-Kennlinienfeld eingezeichnet. Die Verbindung zwischen ihnen ist die Kennlinie der Ersatzspannungsquelle. Die Steigung der Geraden ist vom Innenwiderstand R_i abhängig. Je kleiner R_i ist, desto steiler verläuft die Kennlinie, umso größer wird I_k.

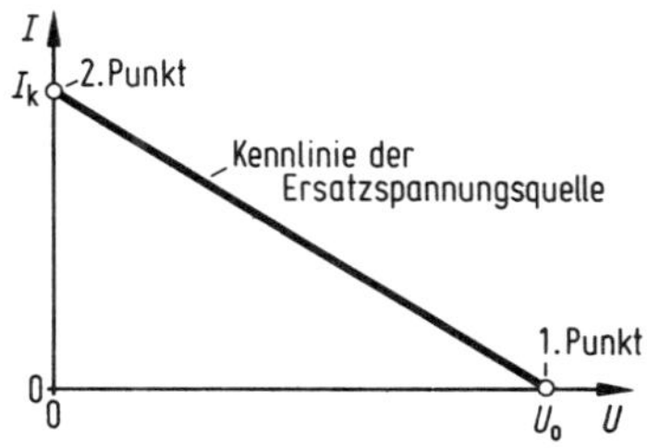

Bild 3.3.1.2 – 4 Kennlinie der Ersatzspannungsquelle

Anwendung der Kennlinie:
Bei Belastung der Spannungsquelle mit einem Lastwiderstand R_L kann aus der Kennlinie direkt der Strom durch den Lastwiderstand und die Klemmenspannung U_{12} abgelesen werden. Dazu wird in die Kennlinie die Widerstandsgerade für R_L oder R_L' eingezeichnet. Der Schnittpunkt ist der Arbeitspunkt AP oder AP′. Die Ablesung von I und U_{12} erfolgt direkt von diesen Punkten aus.

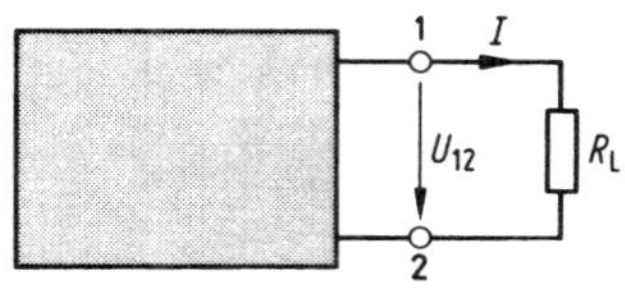

Bild 3.3.1.2 – 5 Belastete Spannungsquelle

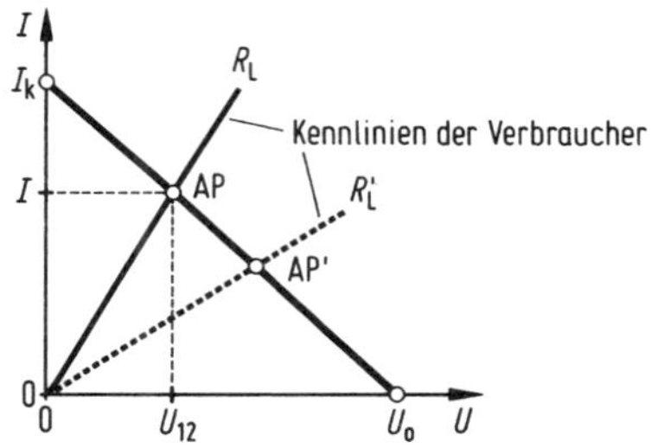

Bild 3.3.1.2 – 6 Ermittlung des Arbeitspunktes einer Ersatzspannungsquelle

Bedeutung der Kenngrößen einer Ersatzspannungsquelle in der Praxis:

1. Zur Absicherung von Anlagen und Geräten ist es erforderlich, den Kurzschlussstrom zu kennen.

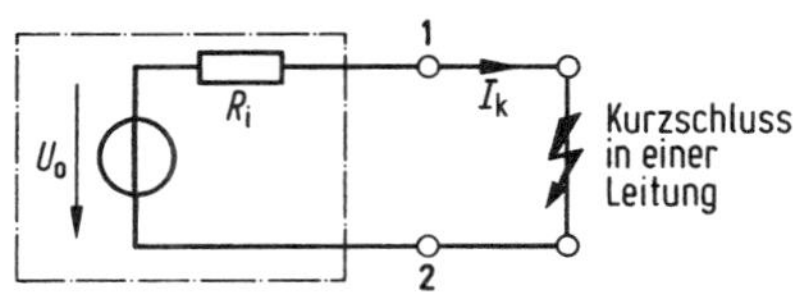

Bild 3.3.1.2 – 7 Ersatzspannungsquelle mit der Betrachtung des maximalen Stromes im Kreis

2. Der Teilspannung an R_i ist in vielen Anwendungsfällen nach oben eine Grenze gesetzt. Dies hat einen maximalen Wert des Innenwiderstandes R_i zur Folge.

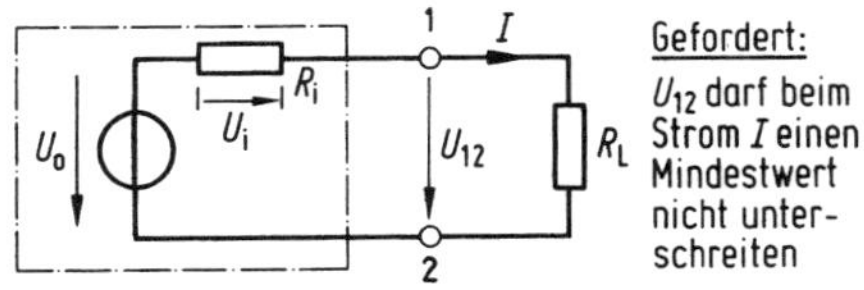

Bild 3.3.1.2 – 8 Ersatzspannungsquelle und die Betrachtung des maximalen Innenwiderstandes

Aufnahme der Kennlinie einer Ersatzspannungsquelle.
Sollen von einer unbekannten Spannungsquelle die Kenngrößen gemessen werden, so kann der Kurzschlussstrom in den meisten Fällen nicht unmittelbar gemessen werden, ohne Schäden zu verursachen. In diesen Fällen ist es sinnvoll, einige Punkte der Kennlinie zu ermitteln und diese dann bis zum Schnittpunkt mit der I-Achse zu verlängern. Der Schnittpunkt ist der gesuchte Kurzschlussstrom I_k. Die abgelesenen Werte U_0 und I_k ergeben dann den Innenwiderstand R_i.

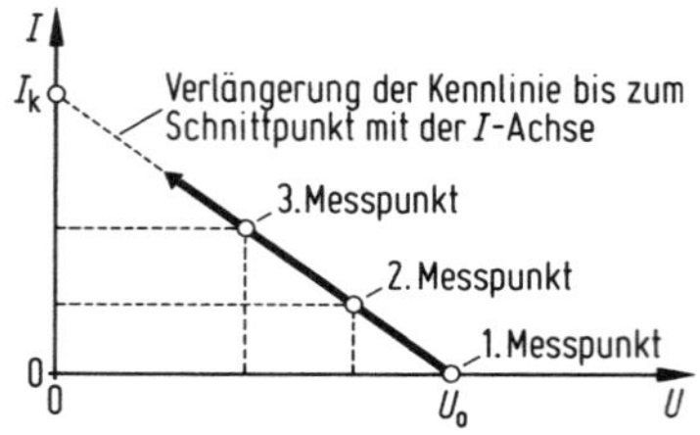

Bild 3.3.1.2 – 9
Kennlinienaufnahme einer Ersatzspannungsquelle

Beispiel 3.3.1.2 – 1

Eine Spannungsquelle hat die Kenngrößen: $U_0 = 10\ \text{V}$, $R_i = 1\ \Omega$. Sie wird mit einem Lastwiderstand $R_L = 5\ \Omega$ belastet.
Es ist die Kennlinie der Spannungsquelle zu zeichnen und daraus die Klemmenspannung und der entnommene Strom zu ermitteln.

Lösung:

Konstruktion der Kennlinie:

1. Punkt: $U_0 = U_{12} = \underline{\underline{10\ \text{V}}}$

2. Punkt: $I_k = \dfrac{U_0}{R_i} = \dfrac{10\ \text{V}}{1\ \Omega} = \underline{\underline{10\ \text{A}}}$

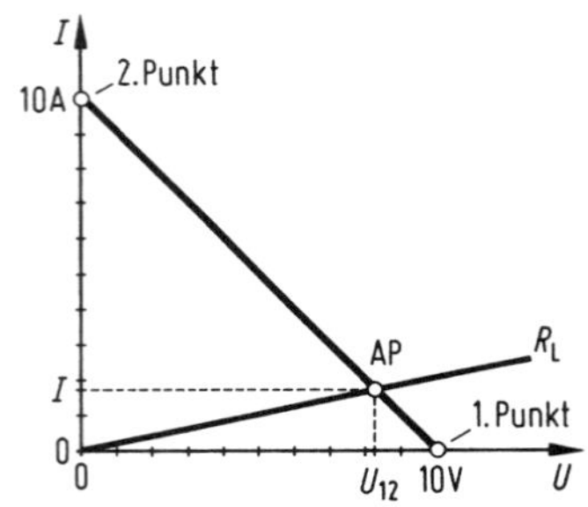

In das Diagramm wird die Widerstandsgerade für $R_L = 5\ \Omega$ eingetragen. Diese Gerade schneidet die Kennlinie der Spannungsquelle im Arbeitspunkt AP. Damit sind die gesuchten Werte ablesbar:

$I = \underline{\underline{1{,}7\ \text{A}}}$; $U_{12} = \underline{\underline{8{,}3\ \text{V}}}$

Übung 3.3.1.2 – 1

Von einer Spannungsquelle sind bekannt:

$U_{12} = 11\ \text{V}$, $U_0 = 12\ \text{V}$, $I = 100\ \text{A}$.

Gesucht ist: R_i, U_i.

Lösung:

Übung 3.3.1.2 – 2

Von einer Spannungsquelle sind folgende Daten ermittelt worden:

$U_i = 2{,}5$ V, $U_{12} = 12$ V, $R_L = 125\ \Omega$.

Gesucht ist: U_0, I_k, R_i.

Lösung:

Übung 3.3.1.2 – 3

Eine Spannungsquelle arbeitet im Arbeitspunkt AP: (10 V; 3 A). Der Innenwiderstand hat den Wert $R_i = 5\ \Omega$.
Gesucht ist: R_L, U_0, U_{12}, I, I_k.

Lösung:

3.3.2 Ersatzstromquelle

3.3.2.0 Einführung

Die Betrachtung einer beliebigen Spannungsquelle als Ersatzspannungsquelle führt bei komplizierten Schaltungen zu zweckmäßigen Vereinfachungen. In einigen Fällen, z. B. bei der Parallelschaltung von Spannungsquellen, kommt man mit der Umwandlung in Ersatzspannungsquellen allerdings nicht weiter. Hier hilft das Modell der Ersatzstromquelle. Bei ihr geht man von der Idee aus, dass im Gegensatz zur Leerlaufspannung U_0 bei der Ersatzspannungsquelle der Kurzschlussstrom I_k konstant ist. Für den Anwender ist die Ersatzstromquelle in ihrem Verhalten vollständig identisch mit der Ersatzspannungsquelle.

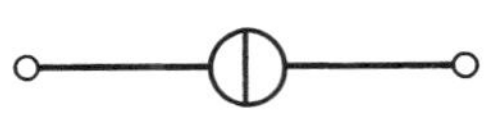

Bild 3.3.2.0 – 1 Schaltzeichen der idealen Stromquelle

3.3.2.1 Schaltung

Die Schaltung einer Ersatzstromquelle zeigt Bild 3.3.2.1 – 1. Stromquelle und Innenwiderstand sind parallel angeordnet. Wie im Folgenden gezeigt wird, sind die elektrischen Aussagen an den Klemmen der Ersatzstromquelle identisch mit denen der Ersatzspannungsquelle, gezeigt wird dies anhand einzelner Betriebszustände.

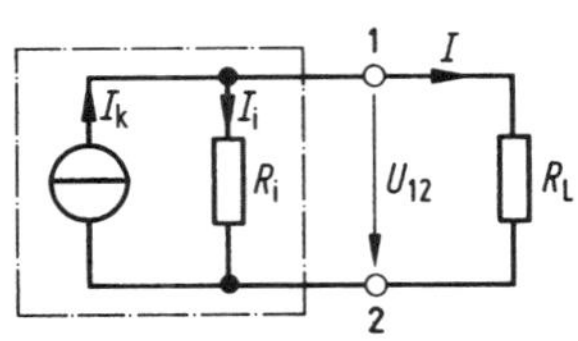

Bild 3.3.2.1 – 1
Ersatzstromquelle mit Belastung durch R_L

3.3.2.2 Kennlinie und Kenngrößen

Die Ersatzstromquelle wird analog der Ersatzspannungsquelle für drei Betriebszustände betrachtet.

1. Leerlaufbetrieb ($R_L \to \infty$)

Ohne Lastwiderstand an den Klemmen 1 und 2 fließt der gesamte Strom über R_i. Es gilt somit:

$$I_i = I_k$$

Aus I_k und R_i ergibt sich die Leerlaufspannung U_0:

$$U_0 = I_k \cdot R_i$$

Diese erste Betrachtung zeigt schon die Übereinstimmung der Kenngrößen bezogen auf die Ersatzspannungsquelle.

Kenngrößen der Ersatzstromquelle

I_k; U_0; R_i

2. Belastung mit R_L:
Bei einer Belastung mit R_L teilt sich der Strom I_k in I_i und I auf. Durch die Parallelschaltung von R_i und R_L ist der Ersatzwiderstand kleiner als der kleinste Einzelwiderstand, deshalb ist die Klemmenspannung U_{12} kleiner als die Leerlaufspannung U_0.

$$I_k = I_i + I$$

Bei Belastung mit R_L

$$U_{12} < U_0$$

3. Kurzschlussbetrieb ($R_L = 0$):
Im Falle eines Kurzschlusses fließt der gesamte Strom über die Klemmen.

Die Kennlinie einer Ersatzstromquelle ist somit identisch mit der Kennlinie einer Ersatzspannungsquelle.

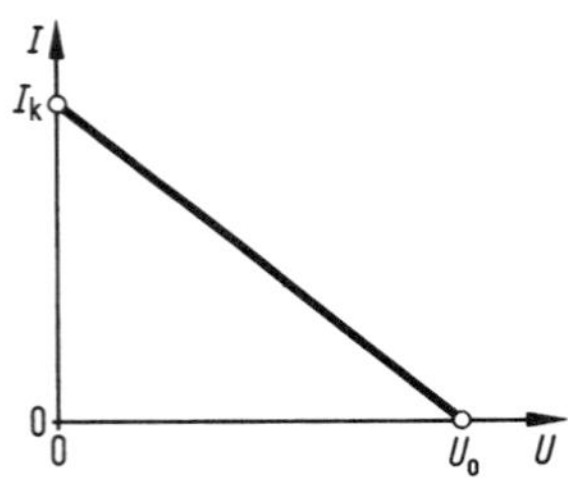

Bild 3.3.2.2 – 1 Kennlinie der Ersatzstrom- und Ersatzspannungsquelle

Vorstehende Erkenntnisse zeigen, dass es zwischen der Kennlinie einer Ersatzstromquelle und der einer Ersatzspannungsquelle keine Unterschiede gibt. Jede technische Spannungsquelle kann durch eine Ersatzspannungs- oder Ersatzstromquelle ersetzt werden.

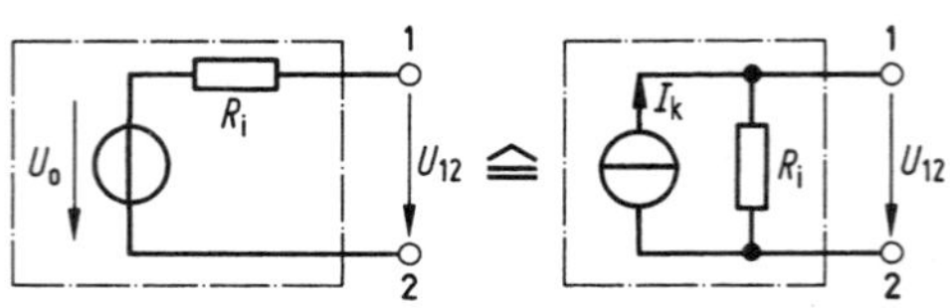

Bild 3.3.2.2 – 2 Äquivalenz zwischen Ersatzspannungs- und Ersatzstromquelle

Die Umwandlung von Ersatzquellen findet ihre Anwendung bei Netzwerkschaltungen (siehe Abschn. 3.5.3) und wird dort gesondert behandelt.

3.4 Gemischte Schaltungen von Widerständen

Nach der Durcharbeitung dieses Kapitels haben Sie die **Kompetenz** ...
- gemischte Schaltungen schrittweise auf die Grundschaltungen von Reihen- und Parallelschaltung bis zum einfachen Stromkreis zurückzuführen, um so die Schaltungswerte von Spannungen und Strömen zu berechnen,
- Spannungsteiler im belasteten Betriebsfall rechnerisch zu untersuchen und zu optimieren,
- die Brückenschaltung als Messschaltung einzusetzen.

3.4.1 Reihen- und Parallelschaltungen von Widerständen in einer Schaltung

Reine Reihen- oder Parallelschaltungen von Verbrauchern sind in der Elektrotechnik nicht sehr häufig. Meistens liegen gemischte Schaltungen vor, die beide Arten beinhalten. Die Berechnung dieser Schaltungen erfolgt durch schrittweise Zusammenfassung der in Reihe und parallel geschalteten Widerstände, bis sich ein einzelner Ersatzwiderstand ergibt. Die Berechnung gemischter Schaltungen wird anhand nachfolgender Beispiele gezeigt.

Beispiel 3.4.1 – 1

Gegeben sei die gemischte Schaltung gemäß Bild. In der Schaltung sind bekannt: U_{12} und alle Widerstandswerte.
Gesucht ist: I_1, I_2, I_3, I, U_{34}.

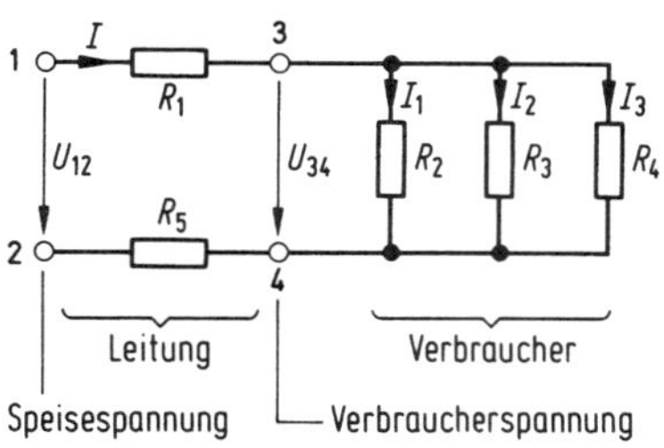

Lösung:

Drei Verbraucher liegen parallel und können zu einem Ersatzwiderstand R_E zusammengefasst werden.

$$R_E = \frac{1}{\frac{1}{R_2} + \frac{1}{R_3} + \frac{1}{R_4}}$$

Nach Berechnung von R_E ergibt sich folgender Ersatzschaltplan

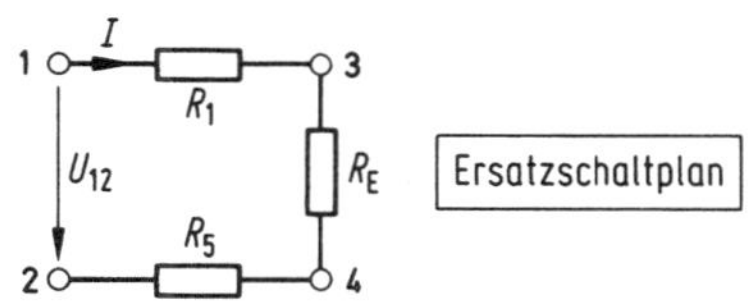

Für die weitere Berechnung liegt nur noch eine Reihenschaltung der Widerstände R_1, R_E und R_5 vor, daraus kann nun der Gesamtwiderstand R_{12} berechnet werden:

R_{12} = Gesamtwiderstand zwischen den Klemmen 1 und 2

$$R_{12} = R_1 + R_E + R_5$$

Im nächsten Schritt wird der Strom I berechnet:

$$I = \frac{U_{12}}{R_{12}}$$

Zur Berechnung der Ströme I_1, I_2 und I_3 ist die Spannung U_{34} erforderlich. Sie ist die Teilspannung an R_E:

$$U_{34} = I \cdot R_E$$

Berechnung der einzelnen Ströme:

$$I_1 = \frac{U_{34}}{R_2}; \quad I_2 = \frac{U_{34}}{R_3}; \quad I_3 = \frac{U_{34}}{R_4}$$

Kontrolle des Gesamtstromes:

$$I = I_1 + I_2 + I_3$$

Beispiel 3.4.1 – 2

Berechnung der Ströme I, I_1, I_2 der gegebenen Schaltung mit den Widerständen $R_1 = 10\ \Omega$, $R_2 = 20\ \Omega$, $R_3 = 30\ \Omega$ und der Spannung $U_{13} = 15$ V.

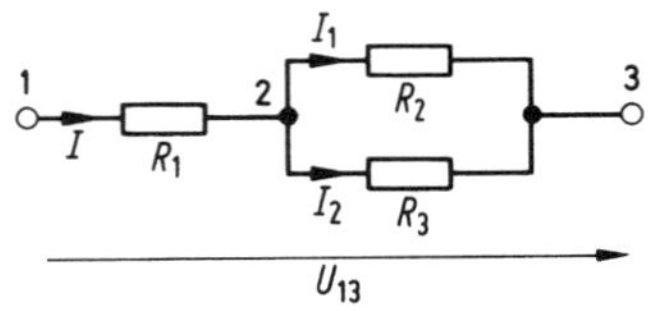

Lösung:

Berechnung des Ersatzwiderstandes R_{23} der Parallelschaltung:

$$R_E = R_{23} = \frac{R_2 \cdot R_3}{R_2 + R_3}$$

$$R_{23} = \frac{20\ \Omega \cdot 30\ \Omega}{20\ \Omega + 30\ \Omega} = \frac{600\ \Omega^2}{50\ \Omega} = \underline{\underline{12\ \Omega}}$$

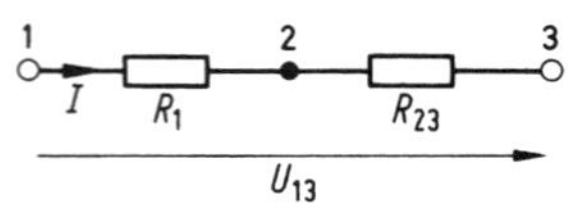

Die Reihenschaltung aus dem Ersatzwiderstand R_{23} mit R_1 bildet den Gesamtwiderstand R_{13}.

$$R_{13} = R_1 + R_{23} = 10\ \Omega + 12\ \Omega = \underline{\underline{22\ \Omega}}$$

Berechnung des Gesamtstromes:

$$I = \frac{U_{13}}{R_{13}} = \frac{15\ \text{V}}{22\ \Omega} = \underline{\underline{0{,}6818\ \text{A}}}$$

Zur Berechnung der Teilströme ist die Spannung an den parallel geschalteten Widerständen R_2 und R_3 notwendig.

$$U_{23} = I \cdot R_{23} = 0{,}6818\ \text{A} \cdot 12\ \Omega = \underline{\underline{8{,}1816\ \text{V}}}$$

Berechnung der Teilströme:

$$I_1 = \frac{U_{23}}{R_2} = \frac{8{,}1816\ \text{V}}{20\ \Omega} = \underline{\underline{0{,}409\ \text{A}}}$$

$$I_2 = \frac{U_{23}}{R_3} = \frac{8{,}1816\ \text{V}}{30\ \Omega} = \underline{\underline{0{,}2727\ \text{A}}}$$

Kontrolle der Rechnung durch den Gesamtstrom I:

$$I = I_1 + I_2 = 0{,}409\ \text{A} + 0{,}2727\ \text{A}$$

$$I = \underline{\underline{0{,}6817\ \text{A}}}$$

Beispiel 3.4.1 – 3

Für die Schaltung gemäß Bild sind alle Widerstandswerte und die Spannung U_{15} gegeben. Berechnen Sie die Teilspannung U_{34}.

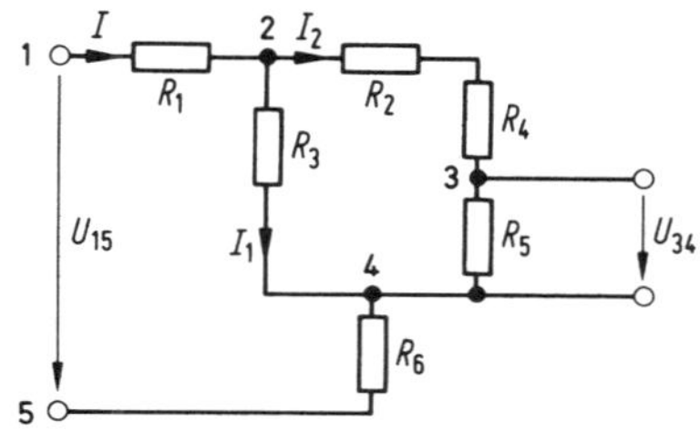

Zusammenfassung der Reihenschaltung aus R_2, R_4 und R_5:

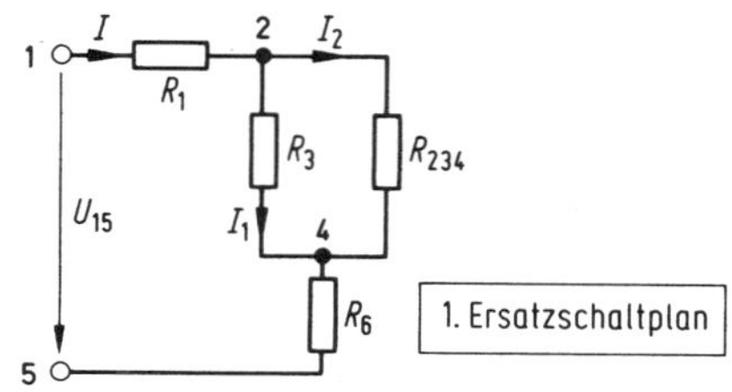

Bildung des Ersatzwiderstandes zwischen den Punkten 2 und 4:

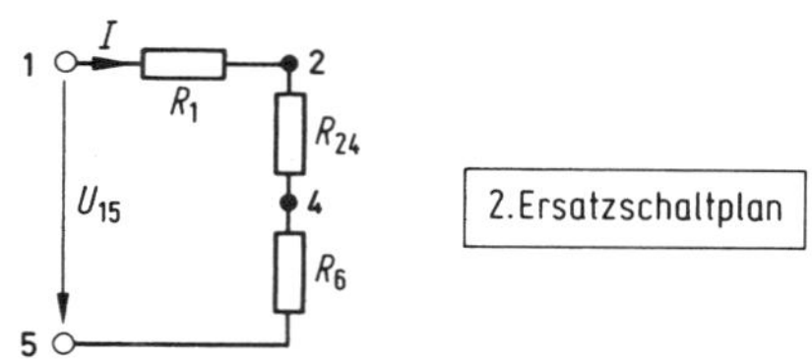

Zusammenfassung von R_1, R_{24} und R_6 zum Gesamtwiderstand R_{15}:

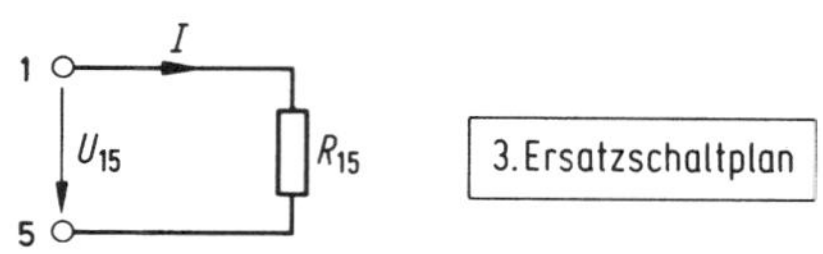

Damit ist I berechenbar.

Die Teilspannung U_{24} ergibt sich durch die Spannungsteilung von R_1, R_{24} und R_6.

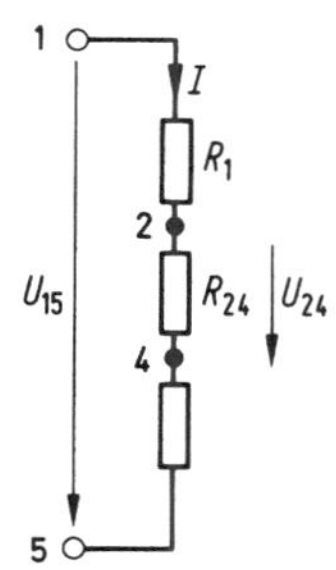

Aus der Spannung U_{24} und dem Widerstand R_{234} wird der Strom I_2 bestimmt. Damit ist dann die Ermittlung der Teilspannung U_{34} möglich.

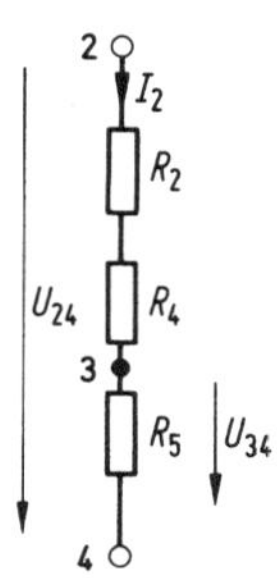

Übung 3.4.1 – 1

Lösung:

Für die gegebene Schaltung gemäß Bild gelten folgende Daten:

$R_1 = 1\ \text{k}\Omega$, $R_2 = 1{,}5\ \text{k}\Omega$, $R_3 = 500\ \Omega$, $R_4 = 0{,}7\ \text{k}\Omega$, $R_5 = 1{,}2\ \text{k}\Omega$, $U_{14} = 20\ \text{V}$.

Berechnen Sie die Ströme I_1, I_2, I_3 und I_4.

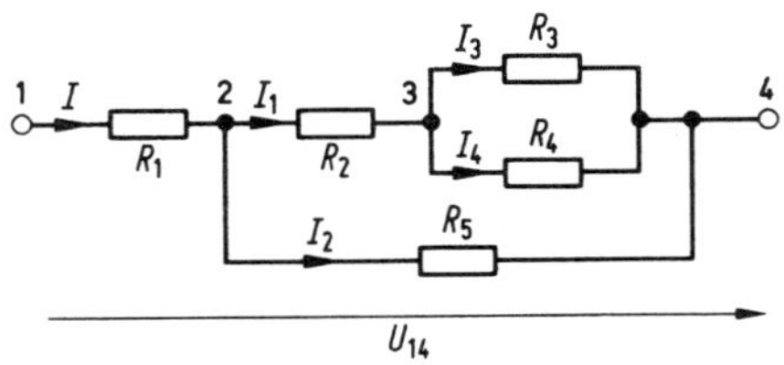

Übung 3.4.1 – 2

Lösung:

Gegeben ist die Schaltung eines so genannten Kettenleiters mit den Daten: $R_1 = R_2 = R_3 = 100\,\Omega$, $R_4 = R_5 = R_6 = 200\,\Omega$, $R_L = 100\,\Omega$, $U_{12} = 10$ V.

Berechnen Sie die Spannung U_{32} und den Strom I_2 am Ausgang des Kettenleiters.

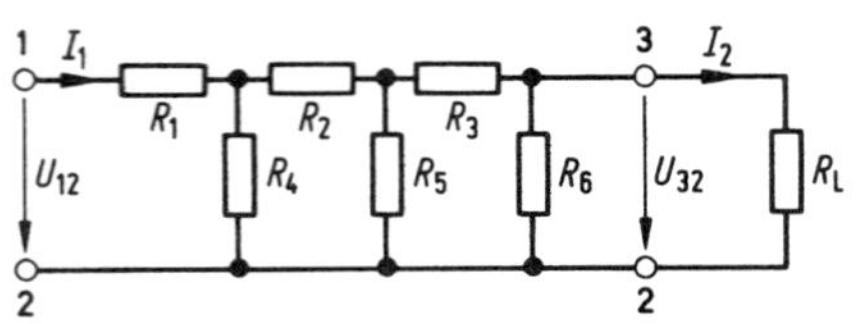

Übung 3.4.1 – 3

Lösung:

Ein Stromkreis besteht aus einer Spannungsquelle, der Leitung und den Verbrauchern. Es sind folgende Daten bekannt:

Spannungsquelle: $U_0 = 200$ V, $I_k = 10$ A.

Leitung: 1000 m Cu-Leitung mit $d = 1{,}5$ mm.

Verbraucher: $R_1 = 15\ \Omega$, $R_2 = 30\ \Omega$.

Berechnen Sie die Klemmenspannung U_{12} und die Spannung am Verbraucher U_{32}.

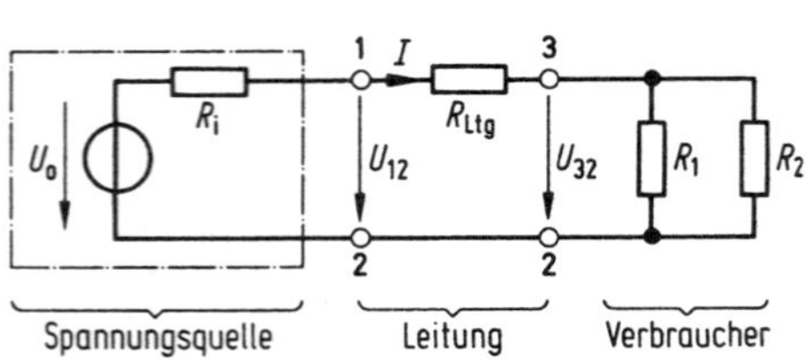

3.4.2 Belasteter Spannungsteiler

3.4.2.0 Einführung

Im Themensektor 3.1.3 wurde der unbelastete Spannungsteiler vorgestellt. Bild 3.4.2.0 – 1 zeigt die Grundschaltung nochmals zur Erinnerung. Die Ausgangsklemmen 2 und 3 werden nun mit einem Widerstand belastet.

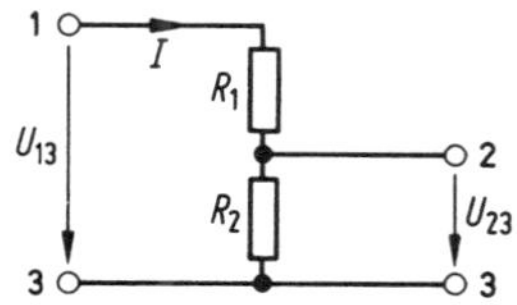

Bild 3.4.2.0 – 1 Unbelasteter Spannungsteiler

3.4.2.1 Fester belasteter Spannungsteiler

Der feste Spannungsteiler ist eine Spannungsteilerschaltung aus Festwiderständen mit dem Lastwiderstand R_3. Die Ausgangsspannung U_{23} ist durch die bereits vom unbelasteten Spannungsteiler her bekannte Verhältnisbildung berechenbar.

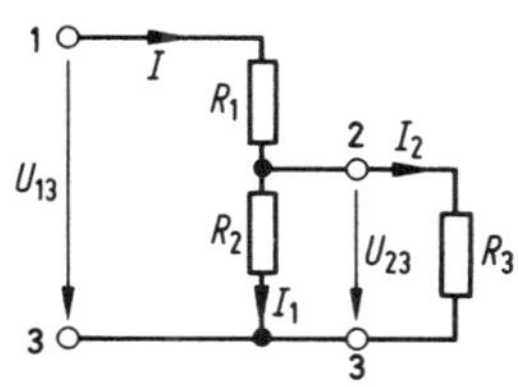

Bild 3.4.2.1 – 1 Belasteter Spannungsteiler

Aufstellung einer Verhältnisgleichung:

$$\frac{U_{23}}{U_{13}} = \frac{R_{23}}{R_1 + R_{23}}$$

Berechnung des Ersatzwiderstandes R_{23}:

$$R_{23} = \frac{R_2 \cdot R_3}{R_2 + R_3}$$

Berechnung der Teilspannung U_{23}:

$$U_{23} = U_{13} \frac{\dfrac{R_2 \cdot R_3}{R_2 + R_3}}{R_1 + \dfrac{R_2 \cdot R_3}{R_2 + R_3}}$$

$$= U_{13} \frac{1}{\dfrac{R_1}{\dfrac{R_2 \cdot R_3}{R_2 + R_3}} + 1}$$

$$U_{23} = U_{13} \frac{1}{\dfrac{R_1 (R_2 + R_3)}{R_2 \cdot R_3} + 1} \qquad (3.4.2.1 – 1)$$

Beispiel 3.4.2.1 – 1

An einem Spannungsteiler ist der Spannungsrückgang an den Klemmen 2 und 3 vom unbelasteten zum belasteten Fall zu berechnen. Daten der Schaltung:

$U_{13} = 10$ V, $R_1 = 10\ \Omega$, $R_2 = 30\ \Omega$, $R_3 = 40\ \Omega$.

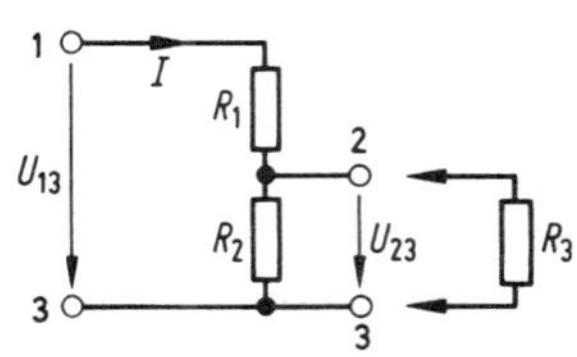

1. Fall: Ohne Belastungswiderstand (= Leerlaufbetrieb)

Lösung:

$$U_{23} = U_{13} \frac{R_2}{R_1 + R_2}$$

$$U_{23} = 10\ \text{V} \frac{30\ \Omega}{40\ \Omega} = \underline{\underline{7{,}5\ \text{V}}}$$

2. Fall: Mit Belastungswiderstand R_3 (= Lastbetrieb)
Mit der Gleichung 3.4.2.1 – 1 wird die Spannung U'_{23} berechnet.

$$U'_{23} = 10\ \text{V} \frac{1}{\dfrac{10\ \Omega(30\ \Omega + 40\ \Omega)}{30\ \Omega \cdot 40\ \Omega} + 1} = \underline{\underline{6{,}315\ \text{V}}}$$

Daraus folgt:

$$\Delta U = U_{23} - U'_{23} = 7{,}5\ \text{V} - 6{,}315\ \text{V}$$

$$\Delta U = \underline{\underline{1{,}185\ \text{V}}}$$

Die Spannung am Ausgang des Spannungsteilers geht also um 1,185 V bei Belastung mit R_3 zurück.

Damit der Unterschied der Ausgangsspannung eines Spannungsteilers zwischen Leerlaufbetrieb und Lastbetrieb nicht zu groß ist, wird meistens folgende Vereinbarung getroffen:

> Der auch als Querstrom bezeichnete Strom I_1 soll 10-mal größer sein als der Laststrom I_2. Ein größerer Faktor wäre zwar noch günstiger, es steigen damit aber die Verluste im Spannungsteiler.

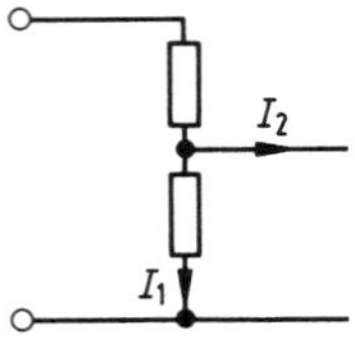

Vereinbarung:

$$\boxed{I_1 = 10 \cdot I_2} \quad (3.4.2.1 - 2)$$

Bild 3.4.2.1 – 2 Gegenüberstellung des Querstromes I_1 und des Laststromes I_2

Übung 3.4.2.1 – 1

Am Ausgang eines Spannungsteilers wird eine Spannung von $U_2 = 10$ V benötigt. Der Lastwiderstand hat den Wert $R_3 = 10\ \Omega$. Am Eingang des Spannungsteilers steht eine Spannung von $U_1 = 18$ V zur Verfügung. Bemessen Sie den Spannungsteiler und beachten Sie die Vereinbarung über den Zusammenhang zwischen Querstrom und Laststrom.

Lösung:

Übung 3.4.2.1 – 2

Die Spannung am Ausgang eines Spannungsteilers soll bei Belastung nur um 2% zurückgehen. Die weiteren Daten des Spannungsteilers sind:

$U_1 = 20\ \text{V},\ U_{2\text{Leerlauf}} = 15\ \text{V},\ R_\text{L} = 100\ \Omega.$

Berechnen Sie für diese Bedingung den Spannungsteiler.

Lösung:

3.4.2.2 Stellbarer belasteter Spannungsteiler (Potenziometerschaltung)

Die Schaltung nach Bild 3.4.2.2 – 1 zeigt eine belastete Potenziometerschaltung. Es handelt sich dabei um ein Drehpotenziometer.

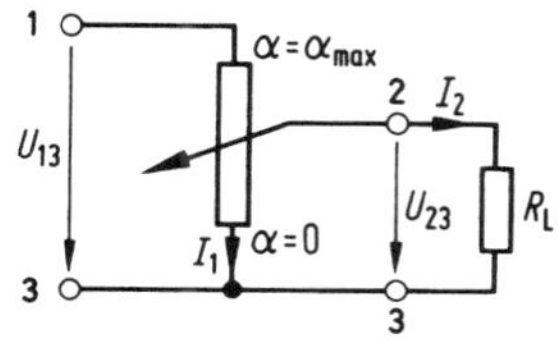

Bild 3.4.2.2 – 1 Belastete Potenziometerschaltung

Anhand eines Beispieles wird der Spannungsverlauf von U_{23} in Abhängigkeit vom Drehwinkel α des Potenziometers bei verschiedenen Lastwiderständen berechnet.

$$U_{23} = f(\alpha) \quad \text{mit} \quad (0 \leq \alpha \leq \alpha_\text{max})$$

Die Daten für die Berechnung lauten:

$U_{13} = 10\ \text{V}, \quad R = 1\ \text{k}\Omega$ (Potenziometer)

1. Belastungsfall: $R_{\text{L}_1} = 10\ \text{k}\Omega$
2. Belastungsfall: $R_{\text{L}_2} = 1\ \text{k}\Omega$
3. Belastungsfall: $R_{\text{L}_3} = 0{,}5\ \text{k}\Omega$

Im Themensektor 3.1.4 wurde die unbelastete Potenziometerschaltung für jede Einstellung auf die Schaltung eines Spannungsteilers mit Festwiderstand zurückgeführt. Diese Erkenntnis wird nun auf die belastete Potenziometerschaltung übertragen.

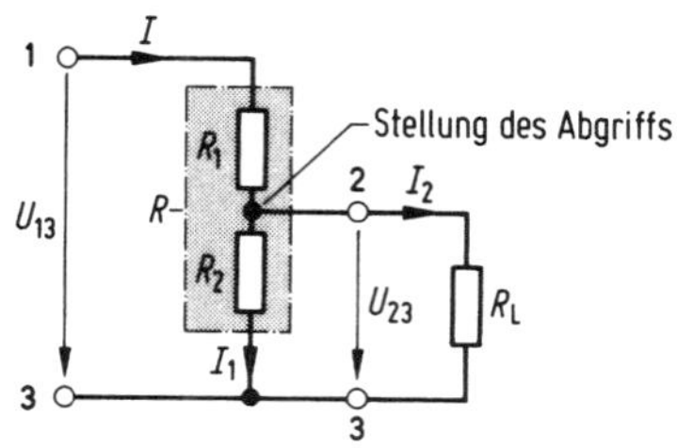

Bild 3.4.2.2 – 2 Ersatzschaltung einer belasteten Potenziometerschaltung für jede beliebige Stellung des Abgriffs

Es soll nun die Berechnung von U_{23} bei Einstellung von 20%, 50% und 80% des maximalen Drehwinkel am Potenziometer erfolgen.

1. Belastungsfall: $R_{\text{L}_1} = 10\ \text{k}\Omega$

Stellung des Abgriffes bei 20% von α_max:

$R_1 = 800\ \Omega; \quad R_2 = 200\ \Omega$

$$R_{23} = \frac{R_2 \cdot R_{L_1}}{R_2 + R_{L_1}} = \frac{200\,\Omega \cdot 10\,000\,\Omega}{200\,\Omega + 10\,000\,\Omega} = \underline{\underline{196\,\Omega}}$$

$$U_{23} = U_{13}\frac{R_{23}}{R_1 + R_{23}} = 10\,\text{V}\frac{196\,\Omega}{996\,\Omega} = \underline{\underline{1{,}96\,\text{V}}}$$

Stellung des Abgriffes bei 50% von α_{max}:

$R_1 = 500\,\Omega$; $R_2 = 500\,\Omega$

$$R_{23} = \frac{R_2 \cdot R_{L_1}}{R_2 + R_{L_1}} = \frac{500\,\Omega \cdot 10\,000\,\Omega}{500\,\Omega + 10\,000\,\Omega} = \underline{\underline{476\,\Omega}}$$

$$U_{23} = U_{13}\frac{R_{23}}{R_1 + R_{23}} = 10\,\text{V}\frac{476\,\Omega}{976\,\Omega} = \underline{\underline{4{,}87\,\text{V}}}$$

Stellung des Abgriffes bei 80% von α_{max}:

$R_1 = 200\,\Omega$; $R_2 = 800\,\Omega$

$$R_{23} = \frac{R_2 \cdot R_{L_1}}{R_2 + R_{L_1}} = \frac{800\,\Omega \cdot 10\,000\,\Omega}{800\,\Omega + 10\,000\,\Omega} = \underline{\underline{740\,\Omega}}$$

$$U_{23} = U_{13}\frac{R_{23}}{R_1 + R_{23}} = 10\,\text{V}\frac{740\,\Omega}{940\,\Omega} = \underline{\underline{7{,}87\,\text{V}}}$$

Zusammenstellung der Ergebnisse für den Belastungsfall 2

(Die Berechnung erfolgt analog zu Belastungsfall 1)

Stellung des Abgriffes bei 20% von α_{max}: $U_{23} = 1{,}72$ V
Stellung des Abgriffes bei 50% von α_{max}: $U_{23} = 4{,}0$ V
Stellung des Abgriffes bei 80% von α_{max}: $U_{23} = 6{,}8$ V

Zusammenstellung der Ergebnisse für den Belastungsfall 3

(Die Berechnung erfolgt analog zum Belastungsfall 1)

Stellung des Abgriffes bei 20% von α_{max}: $U_{23} = 1{,}5$ V
Stellung des Abgriffes bei 50% von α_{max}: $U_{23} = 3{,}33$ V
Stellung des Abgriffes bei 80% von α_{max}: $U_{23} = 6$ V

Die Eintragung der errechneten Werte ins Diagramm ergibt nichtlineare Verläufe, die wegen ihrer Form als Durchhangskurven bezeichnet werden.

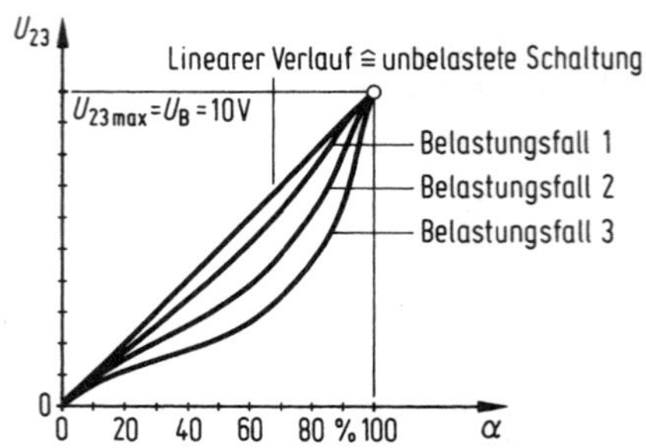

Bild 3.4.2.2 – 3 Durchhangkurven einer belasteten Potenziometerschaltung

Es sei an dieser Stelle darauf hingewiesen, dass die Durchhangskurve nicht mit dem nichtlinearen Verhalten eines Potenziometers verwechselt werden darf (siehe Abschnitt 8.1.2).

3.4.3 Brückenschaltung

3.4.3.0 Einführung

Die Brückenschaltung nimmt innerhalb der Gruppe der gemischten Schaltungen eine Sonderstellung ein, da sie nicht unmittelbar auf eine Reihen- oder Parallelschaltung zurückgeführt werden kann. Der Widerstand R_5 wird als Brückenwiderstand (Brückenzweig) bezeichnet. Die Stromrichtung durch R_5 ist willkürlich angenommen.
Die tatsächliche Stromrichtung zeigt sich am Ergebnis der Berechnung von I_5. Lautet dieses z. B. $I_5 = 5$ mA, dann stimmt die angenommene Stromrichtung. Lautet das Ergebnis dagegen $I_5 = -5$ mA, dann fließt der Strom tatsächlich in der umgekehrten Richtung.

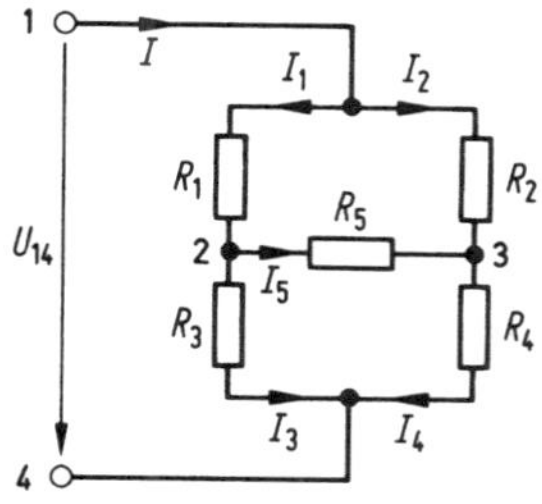

Bild 3.4.3.0 – 1
Erste Darstellungsart einer Brückenschaltung

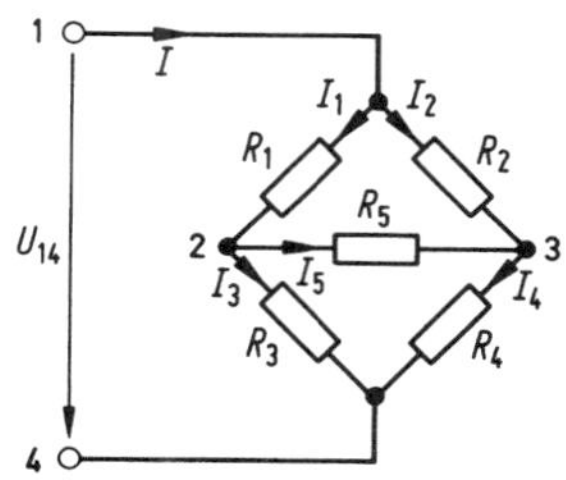

Bild 3.4.3.0 – 2
Zweite Darstellungsart einer Brückenschaltung

3.4.3.1 Die abgeglichene Brückenschaltung

Einen Sonderfall stellt der abgeglichene Zustand einer Brückenschaltung dar. Er liegt vor, wenn $I_5 = 0$ ist. Der Brückenwiderstand R_5 hat dann keine Bedeutung mehr und kann für die weitere Berechnung unberücksichtigt bleiben.

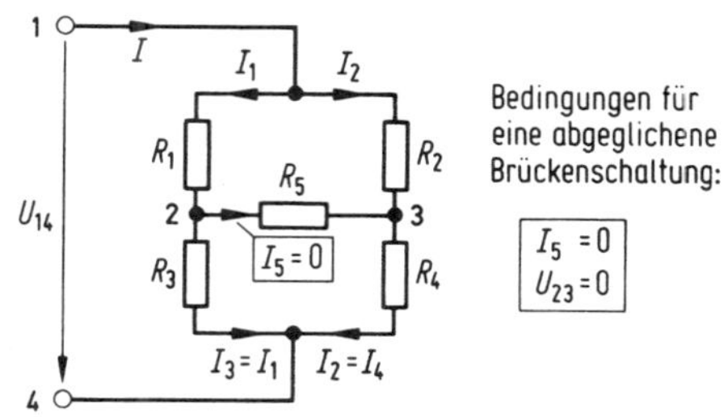

Bild 3.4.3.1 – 1
Abgeglichene Brückenschaltung bei $I_5 = 0$

Im Fall des abgeglichenen Zustands ergeben sich für die Ströme folgende Beziehungen:

$$I_1 = I_3 \quad \text{und} \quad I_2 = I_4$$

Der Ersatzschaltplan der abgeglichenen Brückenschaltung zeigt Bild 3.4.3.1 – 2.

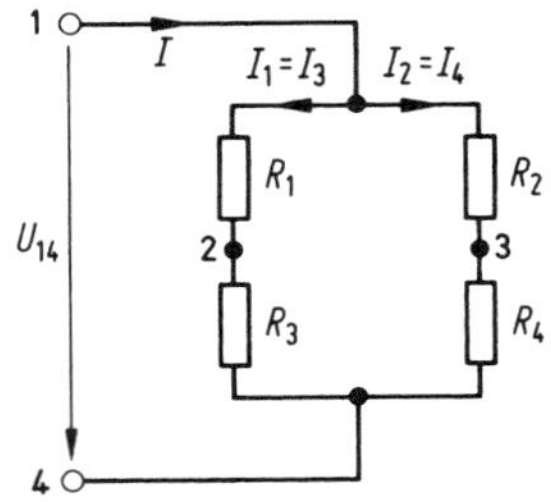

Bild 3.4.3.1 – 2
Ersatzschaltplan der abgeglichenen Brückenschaltung

Die Schaltung besteht nun aus zwei parallel geschalteten Reihenschaltungen. Für die Teilspannungen gelten folgende Zusammenhänge:

$$\left.\begin{aligned} U_{12} &= U_{13} \\ U_{24} &= U_{34} \end{aligned}\right\} \quad \text{da} \quad U_{23} = 0$$

Die Teilspannungen werden anhand des Ohm'schen Gesetzes berechnet.

$$U_{12} = I_1 \cdot R_1 \qquad U_{13} = I_2 \cdot R_2$$

$$U_{12} = U_{13}$$

$$I_1 \cdot R_1 = I_2 \cdot R_2$$

Umstellung nach I_1:

$$I_1 = I_2 \frac{R_2}{R_1}$$

$$U_{24} = I_1 \cdot R_3 \qquad U_{34} = I_2 \cdot R_4$$

$$U_{24} = U_{34}$$

$$I_1 \cdot R_3 = I_2 \cdot R_4$$

Ebenfalls Umstellung nach I_1:

$$I_1 = I_2 \frac{R_4}{R_3}$$

Die Gleichungen für I_1 werden gleichgesetzt:

$$I_2 \frac{R_2}{R_1} = I_2 \frac{R_4}{R_3}$$

Kürzen von I_2 ergibt das Endergebnis:

$$\boxed{\frac{R_2}{R_1} = \frac{R_4}{R_3}} \qquad (3.4.3.1-1)$$

Die Gleichung 3.4.3.1 – 1 beinhaltet nur noch Widerstandsverhältnisse. Mit einer abgeglichenen Brücke kann somit bei drei bekannten Widerständen ein unbekannter Widerstand ermittelt werden. Diese Möglichkeit findet in der Messtechnik in vielen Bereichen Anwendung. Bei der in Bild 3.4.3.1 – 3 dargestellten Form wird an die Stelle des Brückenwiderstandes R_5 ein empfindlicher Strommesser (Galvanometer) eingebaut. Der Widerstand R_4 sei der unbekannte Widerstand R_x. Mit dem Potenzio-

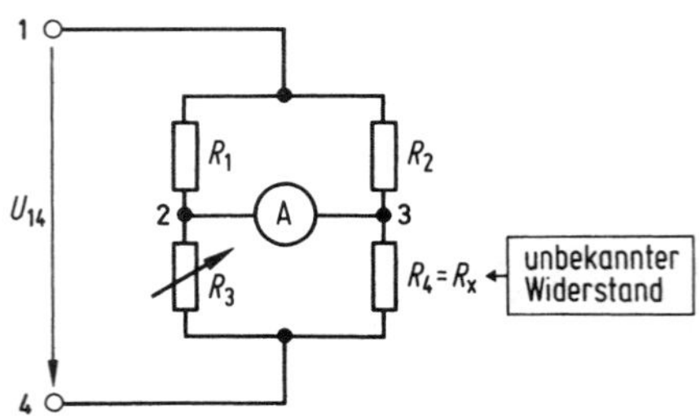

Bild 3.4.3.1 – 3 Brückenschaltung als Messschaltung

meter R_3 wird die Brücke abgeglichen, d. h., R_3 wird so lange verändert, bis das Galvanometer null anzeigt. Für diesen Fall gilt dann folgende Beziehung:

für Widerstände

$$R_x = R_3 \frac{R_2}{R_1} \qquad (3.4.3.1-2)$$

3.4.3.2 Die unabgeglichene Brückenschaltung

Ist der Strom I_5 nicht gleich null, dann spricht man von einer unabgeglichenen Brückenschaltung. Die Methoden zur Berechnung einer solchen Brückenschaltung werden in den nun folgenden Kapiteln erarbeitet.

Bedingungen der unabgeglichenen Brückenschaltung

$I_5 \neq 0$
$U_{23} > 0$

3.5 Netzwerke und ihre Berechnungsmethoden

Nach der Durcharbeitung dieses Kapitels haben Sie die **Kompetenz** ...
- die Vorzüge der in diesem Buch dargelegten Netzwerk-Berechnungsmethoden herauszustellen,
- von den vier vorgestellten Berechnungsmethoden die zur Lösung eines Praxisproblems geeignete Methode auszuwählen,
- Widerstandsschaltungen als Vierpole zu definieren,
- die nicht direkt messbaren Widerstandswerte, da nicht zugängig, eines passiven Vierpols anhand aufgestellter Vierpolgleichungen zu berechnen.

3.5.0 Einführung

Schaltungen mit Spannungsquellen an einer oder an mehreren Stellen werden als aktive Netzwerkschaltungen oder einfach als **Netzwerke** bezeichnet. Sie entsprechen unseren elektrischen Versorgungsnetzen, die auch an einer oder an mehreren Stellen gespeist werden. Um die einzelnen Ströme und Teilspannungen zu berechnen, kann man sich mehrerer Methoden bedienen, die nachfolgend vorgestellt werden.

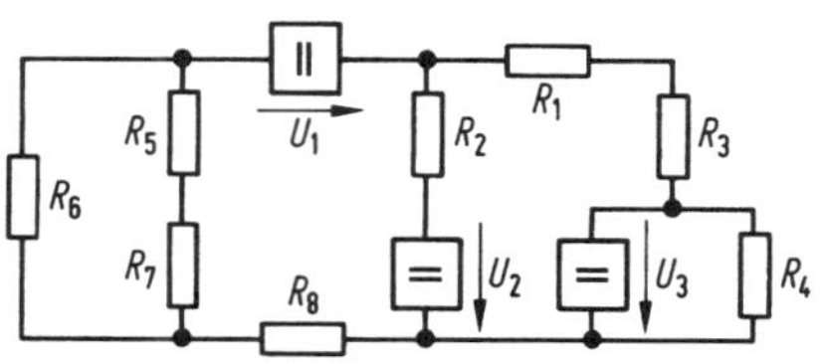

Bild 3.5.0 – 1 Schaltplan eines Netzwerkes

3.5.1 Stern-Dreieck-Umwandlung

Die Umwandlung von Stern- in Dreieckschaltungen und umgekehrt geht von der Behauptung aus, dass sich jede Sternschaltung in eine gleichwertige Dreieckschaltung und jede Dreieckschaltung in eine gleichwertige Sternschaltung umwandeln lässt.

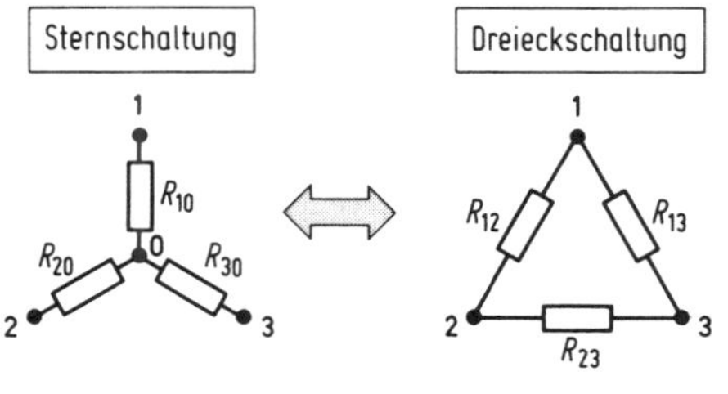

Bild 3.5.1 – 1
Gegenüberstellung von Stern- und Dreieckschaltung

Unter der Voraussetzung, dass diese Behauptung wahr ist, kann eine Brückenschaltung gemäß Bild 3.5.1 – 2 umgezeichnet werden. Die Dreieckschaltung zwischen den Klemmen 1, 2 und 3 wird also gegen eine gleichwertige Sternschaltung ausgetauscht. Wie nun leicht zu erkennen ist, entfällt der Brückenzweig und die Schaltung ist auf Reihen- und Parallelschaltung zurückgeführt.

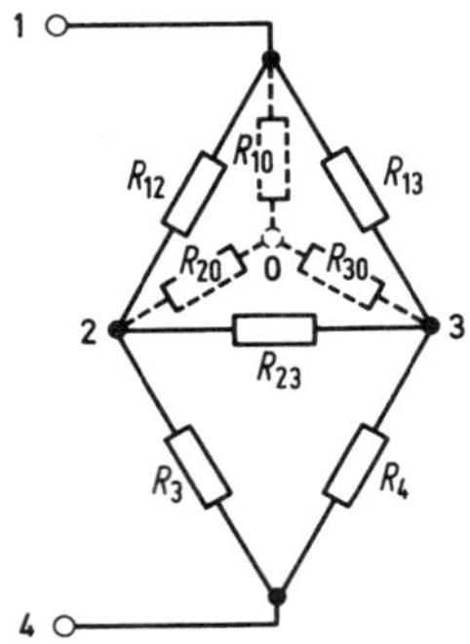

Bild 3.5.1 – 2 Umwandlung einer Dreieckschaltung in eine Sternschaltung innerhalb einer Brückenschaltung

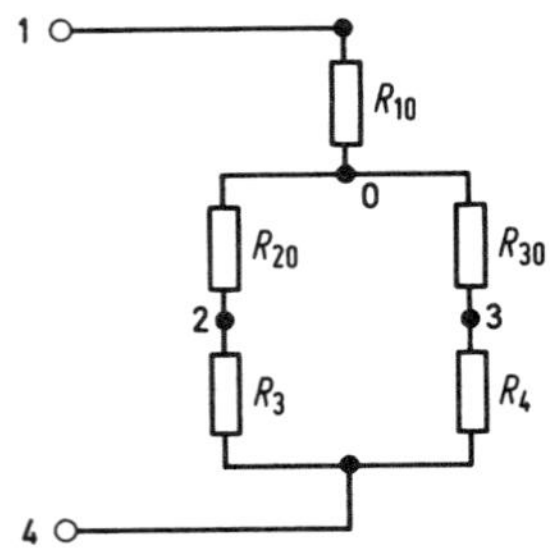

Bild 3.5.1 – 3 Ersatzschaltplan nach der Umwandlung der Brückenschaltung

Nun zum Beweis der aufgestellten Behauptung über die Gleichwertigkeit von Stern- und Dreieckschaltung.
Gegeben sei eine Sternschaltung mit den Widerständen R_{10}, R_{20}, R_{30}, und gesucht ist die gleichwertige Dreieckschaltung mit den Widerständen R_{12}, R_{23} und R_{13}. Es wird angenommen, dass die Ströme I_1, I_2 und I_3 in die Schaltung hineinfließen. φ_1, φ_2, φ_3 sind Potenziale der Knotenpunkte. Die Spannung z. B. zwischen den Punkten 1 und 0 ergibt sich somit als Differenz der zugehörigen Potenziale.

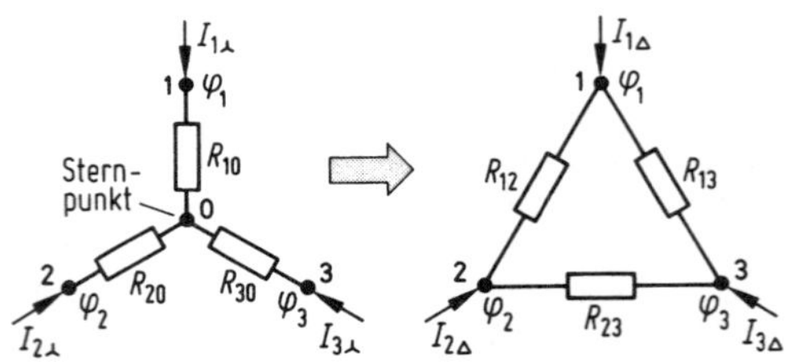

Bild 3.5.1 – 4
Potenzialbetrachtung an Stern- und Dreieckschaltung

Sind die Schaltungen gleichwertig, dann gilt für die vergleichbaren Ströme:

$$I_{1\curlywedge} = I_{1\triangle}; \quad I_{2\curlywedge} = I_{2\triangle}; \quad I_{3\curlywedge} = I_{3\triangle}$$

Berechnung der Ströme in der Sternschaltung (= Bestimmungsgleichung):

$$I_{1\curlywedge} = \frac{U_{10}}{R_{10}} = \frac{\varphi_1 - \varphi_0}{R_{10}}$$

$$I_{2\curlywedge} = \frac{U_{20}}{R_{20}} = \frac{\varphi_2 - \varphi_0}{R_{20}}$$

$$I_{3\curlywedge} = \frac{U_{30}}{R_{30}} = \frac{\varphi_3 - \varphi_0}{R_{30}}$$

Da alle Ströme in den Sternpunkt fließen, addieren sie sich. Die Summe aller zu- und abfließenden Ströme in einen Knotenpunkt ist jedoch nach dem Knotenpunktsatz von Kirchhoff gleich null. So muss auch die Stromsumme in den Sternpunkt gleich null sein.

$$\sum I_{\perp} = I_{1\perp} + I_{2\perp} + I_{3\perp} = 0$$

Die einzelnen Ströme werden durch ihre Bestimmungsgleichung ersetzt.

$$\sum I_{\perp} = \frac{\varphi_1 - \varphi_0}{R_{10}} + \frac{\varphi_2 - \varphi_0}{R_{20}} + \frac{\varphi_3 - \varphi_0}{R_{30}} = 0$$

Die weitere Ausrechnung ergibt:

$$\sum I_{\perp} = \frac{\varphi_1}{R_{10}} - \frac{\varphi_0}{R_{10}} + \frac{\varphi_2}{R_{20}} - \frac{\varphi_0}{R_{20}} + \frac{\varphi_3}{R_{30}} - \frac{\varphi_0}{R_{30}} = 0$$

$$= \frac{\varphi_1}{R_{10}} + \frac{\varphi_2}{R_{20}} + \frac{\varphi_3}{R_{30}} - \frac{\varphi_0}{R_{10}} - \frac{\varphi_0}{R_{20}} - \frac{\varphi_0}{R_{30}} = 0$$

$$\sum I_{\perp} = \frac{\varphi_1}{R_{10}} + \frac{\varphi_2}{R_{20}} + \frac{\varphi_3}{R_{30}} - \varphi_0\left(\frac{1}{R_{10}} + \frac{1}{R_{20}} + \frac{1}{R_{30}}\right) = 0$$

Der Klammerausdruck wird als Sternleitwert $\frac{1}{R_0}$ definiert:

Sternleitwert

$$\boxed{\frac{1}{R_0} = \frac{1}{R_{10}} + \frac{1}{R_{20}} + \frac{1}{R_{30}}} \qquad (3.5.1-1)$$

Somit vereinfacht sich die Gleichung:

$$\sum I_{\perp} = \frac{\varphi_1}{R_{10}} + \frac{\varphi_2}{R_{20}} + \frac{\varphi_3}{R_{30}} - \frac{\varphi_0}{R_0} = 0$$

Die Gleichung wird nach φ_0 umgestellt, da diese Größe nicht bekannt ist.

$$\varphi_0 = R_0\left(\frac{\varphi_1}{R_{10}} + \frac{\varphi_2}{R_{20}} + \frac{\varphi_3}{R_{30}}\right)$$

φ_0 wird nun selbst in die Bestimmungsgleichungen der einzelnen Ströme eingesetzt. Zuerst für den Strom $I_{1\perp}$:

$$I_{1\perp} = \frac{\varphi_1 - \varphi_0}{R_{10}}$$

$$I_{1\perp} = \frac{\varphi_1}{R_{10}} - \frac{R_0}{R_{10}}\left(\frac{\varphi_1}{R_{10}} + \frac{\varphi_2}{R_{20}} + \frac{\varphi_3}{R_{30}}\right)$$

$$= \frac{\varphi_1}{R_{10}} - \frac{R_0 \cdot \varphi_1}{R_{10} \cdot R_{10}} - \frac{R_0 \cdot \varphi_2}{R_{10} \cdot R_{20}} - \frac{\varphi_3 \cdot R_0}{R_{30} \cdot R_{10}}$$

Sortieren der Gleichung ergibt:

$$I_{1\perp} = \varphi_1\left(\frac{1}{R_{10}} - \frac{R_0}{R_{10}^2}\right) - \varphi_2\frac{R_0}{R_{10} \cdot R_{20}} - \varphi_3\frac{R_0}{R_{10} \cdot R_{30}}$$

Die Berechnung für die Ströme $I_{2\curlywedge}$ und $I_{3\curlywedge}$ erfolgt analog.
Im nächsten Schritt erfolgt die Berechnung der Ströme in der Dreieckschaltung.

$$I_{1\triangle} = \frac{\varphi_1 - \varphi_2}{R_{12}} + \frac{\varphi_1 - \varphi_3}{R_{13}} = \left(\frac{\varphi_1}{R_{12}} - \frac{\varphi_2}{R_{12}}\right) + \left(\frac{\varphi_1}{R_{13}} - \frac{\varphi_3}{R_{13}}\right)$$

$$I_{1\triangle} = \varphi_1\left(\frac{1}{R_{12}} + \frac{1}{R_{13}}\right) - \varphi_2\frac{1}{R_{12}} - \varphi_3\frac{1}{R_{13}}$$

Nach demselben Verfahren können die Ströme $I_{2\triangle}$ und $I_{3\triangle}$ berechnet werden.
Wegen der Behauptung, dass die Ströme im Stern gleich den Strömen im Dreieck sind, muss gelten:

$$I_{1\curlywedge} = I_{1\triangle}$$

$$\varphi_1\left(\frac{1}{R_{10}} - \frac{R_0}{R_{10}^2}\right) - \varphi_2\frac{R_0}{R_{10}\cdot R_{20}} - \varphi_3\frac{R_0}{R_{10}\cdot R_{30}} = \varphi_1\left(\frac{1}{R_{12}} + \frac{1}{R_{13}}\right) - \varphi_2\frac{1}{R_{12}} - \varphi_3\frac{1}{R_{13}}$$

Die Koeffizienten von φ_1, φ_2 und φ_3 können einander gleichgesetzt werden. Daraus gewinnt man die Bestimmungsgleichungen für die gesuchten Dreieckswiderstände.

Koeffizientenvergleich von φ_1:

$$\frac{1}{R_{12}} + \frac{1}{R_{13}} = \frac{1}{R_{10}} - \frac{R_0}{R_{10}^2}$$

Koeffizientenvergleich von φ_2:

$$\frac{1}{R_{12}} = \frac{R_0}{R_{10}\cdot R_{20}} \Rightarrow \boxed{R_{12} = \frac{R_{10}\cdot R_{20}}{R_0}} \qquad (3.5.1-2)$$

Koeffizientenvergleich von φ_3:

$$\frac{1}{R_{13}} = \frac{R_0}{R_{10}\cdot R_{30}} \Rightarrow \boxed{R_{13} = \frac{R_{10}\cdot R_{30}}{R_0}} \qquad (3.5.1-3)$$

Die Richtigkeit der gewonnenen Gleichungen kann durch Einsetzen in die Gleichung für den Koeffizientenvergleich von φ_1 überprüft werden.

$$\begin{aligned}
\frac{1}{R_{12}}+\frac{1}{R_{13}} &= \underbrace{\frac{R_0}{R_{10}\cdot R_{20}}}_{\uparrow\,(3.5.1-2)}+\underbrace{\frac{R_0}{R_{10}\cdot R_{30}}}_{\uparrow\,(3.5.1-3)}\\
&= \frac{R_0}{R_{10}}\left(\frac{1}{R_{20}}+\frac{1}{R_{30}}\right)\\
&= \frac{R_0}{R_{10}}\left(\underbrace{\frac{1}{R_{10}}+\frac{1}{R_{20}}+\frac{1}{R_{30}}}_{\frac{1}{R_0}}-\frac{1}{R_{10}}\right)\\
&= \frac{R_0}{R_{10}}\left(\frac{1}{R_0}-\frac{1}{R_{10}}\right)\\
\frac{1}{R_{12}}+\frac{1}{R_{13}} &= \frac{R_0}{R_{10}\cdot R_0}-\frac{R_0}{R_{10}^2}
\end{aligned}$$

Das Ergebnis zeigt die Gleichung in der bereits bekannten Form.

$$\frac{1}{R_{12}}+\frac{1}{R_{13}}=\frac{1}{R_{10}}-\frac{R_0}{R_{10}^2}$$

Mit Hilfe der Ströme $I_{2\triangle}$ und $I_{2\perp}$ kann in analoger Weise durch Koeffizientenvergleich der Dreieckwiderstand R_{23} ermittelt werden.

$$\boxed{R_{23}=\frac{R_{20}\cdot R_{30}}{R_0}} \qquad (3.5.1-4)$$

Zusammenstellung der Gleichungen zur Umrechnung der Widerstände einer Sternschaltung in eine gleichwertige Dreieckschaltung.

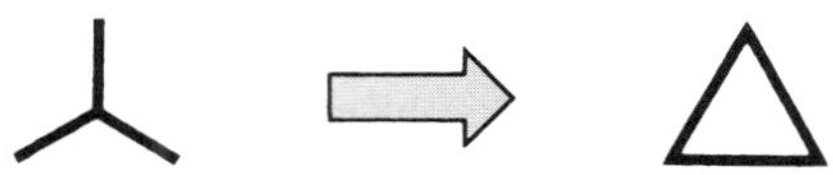

$$\boxed{R_{12}=\frac{R_{10}\cdot R_{20}}{R_0}}$$

$$\boxed{R_{13}=\frac{R_{10}\cdot R_{30}}{R_0}}$$

$$\boxed{R_{23}=\frac{R_{20}\cdot R_{30}}{R_0}}$$

mit $\frac{1}{R_0}=\frac{1}{R_{10}}+\frac{1}{R_{20}}+\frac{1}{R_{30}}$

Schaut man sich das Ergebnis der Umwandlungsgleichungen genau an, lässt sich ein System erkennen. Der Widerstand R_{12} wird aus den beiden Nachbarwiderständen R_{10} und R_{20} sowie dem Sternleitwert gebildet.

Der Widerstand R_{13} wird ebenfalls aus seinen Nachbarwiderständen R_{10} und R_{30} und dem Sternleitwert abgeleitet. Für den Widerstand R_{23} wiederholt sich die Aussage.

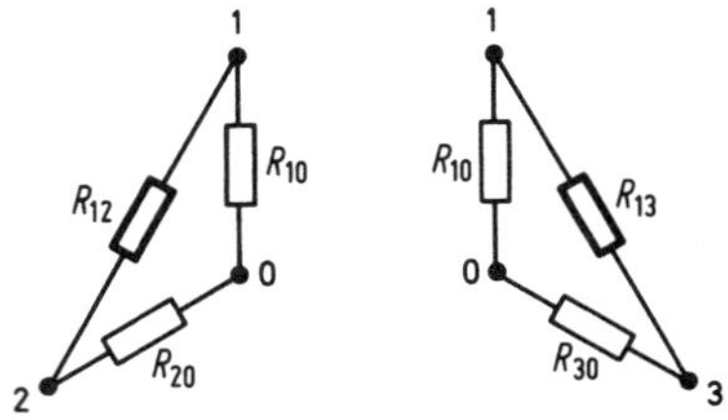

Bild 3.5.1 – 5 Schema der Widerstandsumformung

Im zweiten Teil der Berechnung sind die Gleichungen der Sternwiderstände einer Dreieck-Stern-Umwandlung gesucht. Man beginnt mit den Dreieckströmen $I_{1\triangle}$; $I_{2\triangle}$ und $I_{3\triangle}$, die mit den entsprechenden Sternströmen gleichgesetzt werden. Danach erfolgt die übliche Berechnung. Die Ergebnisse sind nachfolgend zusammengestellt:

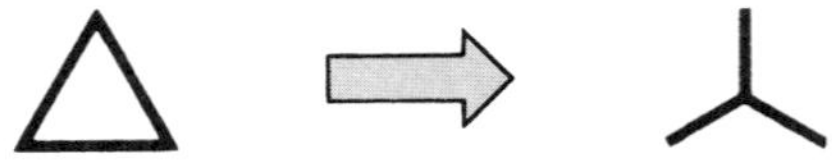

$$R_{10} = \frac{R_{12} \cdot R_{13}}{R_{123}} \tag{3.5.1 – 5}$$

$$R_{20} = \frac{R_{12} \cdot R_{23}}{R_{123}} \tag{3.5.1 – 6}$$

$$R_{30} = \frac{R_{13} \cdot R_{23}}{R_{123}} \tag{3.5.1 – 7}$$

Für die vorstehende Gleichung gilt als Definition:

Dreiecksumlaufwiderstand

$$R_{123} = R_{12} + R_{13} + R_{23} \tag{3.5.1 – 8}$$

Bei näherer Betrachtung der Gleichungen kann ein ähnliches System der Widerstandsbestimmung erkannt werden wie bei den Dreieckwiderständen. Der Widerstand R_{10} wird aus den beiden Nachbarwiderständen R_{12} und R_{13} und dem Umlaufwiderstand R_{123} gebildet. Diese Erkenntnisse gelten analog auch für die Widerstände R_{20} und R_{30}.

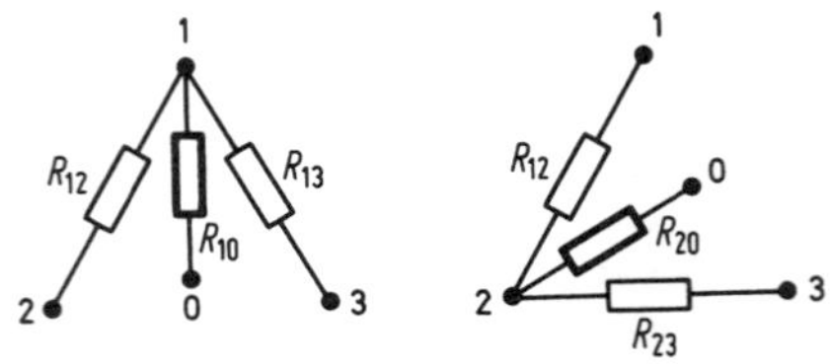

Bild 3.5.1 – 6 Schema der Widerstandsumformung

Beispiel 3.5.1 – 1

Berechnung einer unabgeglichenen Brückenschaltung anhand der Dreieck-Stern-Umwandlung. Die gegebene Brückenschaltung hat die Daten:

$U_{14} = 10$ V, $R_1 = 100\ \Omega$, $R_2 = 200\ \Omega$,
$R_3 = 300\ \Omega$, $R_4 = 400\ \Omega$, $R_5 = 500\ \Omega$.

Gesucht sind die Ströme: I_1, I_2, I_3, I_4, I_5.

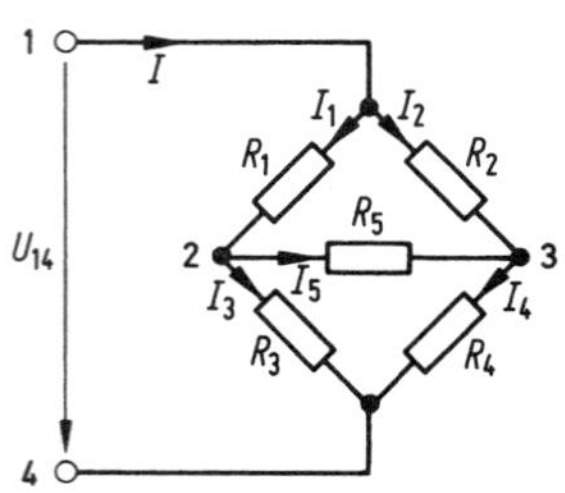

Lösung:

Umwandlung des Dreiecks 1, 2, 3 in einen gleichwertigen Stern. (Die Widerstandsbezeichnungen beziehen sich auf die Punkte in der Schaltung.)

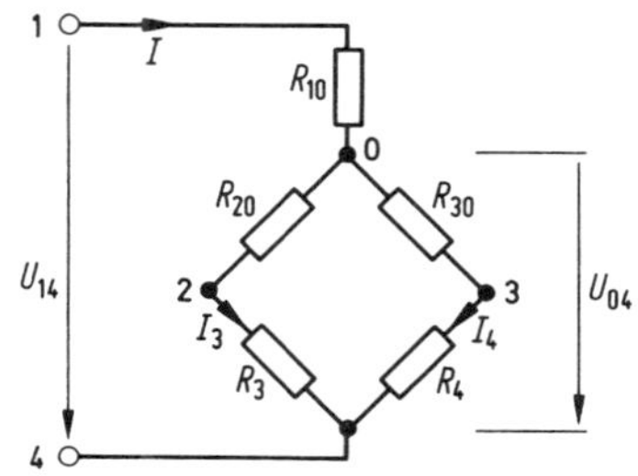

Berechnung der Sternwiderstände:

$$R_{123} = R_1 + R_2 + R_5$$
$$= 100\,\Omega + 200\,\Omega + 500\,\Omega = \underline{\underline{800\,\Omega}}$$

$$R_{10} = \frac{R_1 \cdot R_2}{R_{123}} = \frac{100\,\Omega \cdot 200\,\Omega}{800\,\Omega} = \underline{\underline{25\,\Omega}}$$

$$R_{20} = \frac{R_1 \cdot R_5}{R_{123}} = \frac{100\,\Omega \cdot 500\,\Omega}{800\,\Omega} = \underline{\underline{62{,}5\,\Omega}}$$

$$R_{30} = \frac{R_2 \cdot R_5}{R_{123}} = \frac{200\,\Omega \cdot 500\,\Omega}{800\,\Omega} = \underline{\underline{125\,\Omega}}$$

Zusammenfassung der Reihenschaltung von R_{20} und R_3:

$$R_{024} = R_{20} + R_3 = 62{,}5\,\Omega + 300\,\Omega = \underline{\underline{362{,}5\,\Omega}}$$

Zusammenfassung der Reihenschaltung von R_{30} und R_4:

$$R_{034} = R_{30} + R_4 = 125\,\Omega + 400\,\Omega = \underline{\underline{525\,\Omega}}$$

Berechnung des Ersatzwiderstandes R_{04}:

$$R_{04} = \frac{R_{024} \cdot R_{034}}{R_{024} + R_{034}}$$

$$R_{04} = \frac{362{,}5\,\Omega \cdot 525\,\Omega}{362{,}5\,\Omega + 525\,\Omega} = \underline{\underline{214{,}43\,\Omega}}$$

Für den Gesamtwiderstand R_{14} ergibt sich somit:

$$R_{14} = R_{10} + R_{04}$$
$$= 25\,\Omega + 214{,}43\,\Omega$$
$$R_{14} = \underline{\underline{239{,}43\,\Omega}}$$

Nun kann die Berechnung des Gesamtstromes I erfolgen:

$$I = \frac{U_{14}}{R_{14}} = \frac{10\,\mathrm{V}}{239{,}43\,\Omega} = \underline{\underline{0{,}0417\,\mathrm{A}}}$$

Um die Ströme I_3 und I_4 berechnen zu können, muss zuerst die Teilspannung U_{04} an der Parallelschaltung ermittelt werden.

$$U_{04} = I \cdot R_{04} = 0{,}0417\,\mathrm{A} \cdot 214{,}43\,\Omega$$
$$U_{04} = \underline{\underline{8{,}941\,\mathrm{V}}}$$

Mit den bisher gewonnenen Ergebnissen lassen sich bereits zwei Ströme der Brückenschaltung berechnen.

$$I_3 = \frac{U_{04}}{R_{024}} = \frac{8{,}941\,\mathrm{V}}{362{,}5\,\Omega} = \underline{\underline{0{,}0246\,\mathrm{A}}}$$

$$I_4 = \frac{U_{04}}{R_{034}} = \frac{8{,}941\ \text{V}}{525\ \Omega} = \underline{\underline{0{,}017\ \text{A}}}$$

Für die weiteren Berechnungen wird die gegebene Schaltung der Brücke wieder verwendet.
Die Teilspannungen U_{24} und U_{34} werden mittels der bereits ermittelten Ströme I_3 und I_4 berechnet.

$$U_{24} = I_3 \cdot R_3 = 0{,}0246\ \text{A} \cdot 300\ \Omega$$

$$U_{24} = \underline{\underline{7{,}398\ \text{V}}}$$

$$U_{34} = I_4 \cdot R_4 = 0{,}017\ \text{A} \cdot 400\ \Omega$$

$$U_{34} = \underline{\underline{6{,}812\ \text{V}}}$$

Aus den Teilspannungen U_{24} und U_{34} wird durch Differenzbildung die Spannung U_{23} gewonnen.

$$U_{23} = U_{24} - U_{34} = 7{,}398\ \text{V} - 6{,}812\ \text{V}$$

$$U_{23} = \underline{\underline{0{,}586\ \text{V}}}$$

Berechnung des Brückenstromes I_5:

$$I_5 = \frac{U_{23}}{R_5} = \frac{0{,}586\ \text{V}}{500\ \Omega} = \underline{\underline{1{,}17\ \text{mA}}}$$

Der berechnete Strom ist positiv.
Die angenommene Stromrichtung stimmt also mit der tatsächlichen Stromrichtung überein.
In weiteren Schritten werden die Ströme I_1, I_2 und I berechnet:

$$I_1 = \frac{U_{12}}{R_1} = \frac{U_{14} - U_{24}}{R_1} = \frac{10\ \text{V} - 7{,}398\ \text{V}}{100\ \Omega}$$

$$I_1 = \underline{\underline{0{,}026\ \text{A}}}$$

$$I_2 = \frac{U_{13}}{R_2} = \frac{U_{14} - U_{34}}{R_2} = \frac{10\ \text{V} - 6{,}812\ \text{V}}{200\ \Omega}$$

$$I_2 = \underline{\underline{0{,}015\ \text{A}}}$$

$$I = I_1 + I_2 = 0{,}026\ \text{A} + 0{,}015\ \text{A} = \underline{\underline{0{,}0414\ \text{A}}}$$

Übung 3.5.1 – 1

In der gegebenen Schaltung sind die folgenden elektrischen Größen gesucht:

I, I_1.

Die bekannten Daten der Schaltung sind:

$U = 20\,\text{V}$, $R_1 = 1\,\text{k}\Omega$, $R_2 = 1{,}5\,\text{k}\Omega$, $R_3 = 2\,\text{k}\Omega$, $R_4 = 3\,\text{k}\Omega$, $R_5 = 2\,\text{k}\Omega$, $R_6 = 2{,}5\,\text{k}\Omega$.

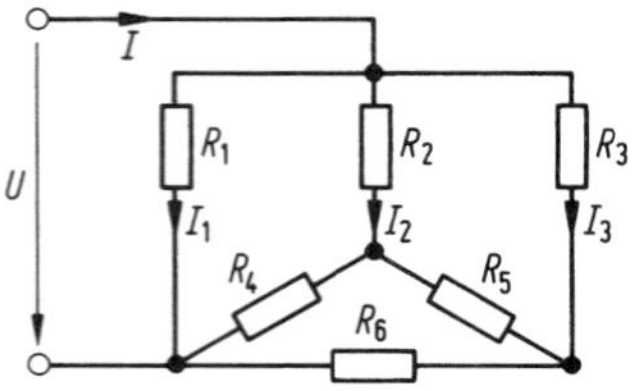

Lösung:

Übung 3.5.1 – 2

Zwei Spannungsquellen sind gemäß Bild in einer Schaltung zusammengeschlossen. Berechnen Sie die Ströme I_1, I_2, I_3.

Hinweis: Die Berechnung erfolge über die Stern-Dreieck-Umwandlung.

Von der Schaltung sind folgende Werte bekannt:

$U_1 = 10$ V, $U_2 = 8$ V, $R_1 = 1{,}3$ kΩ, $R_2 = 3{,}3$ kΩ, $R_3 = 0{,}5$ kΩ.

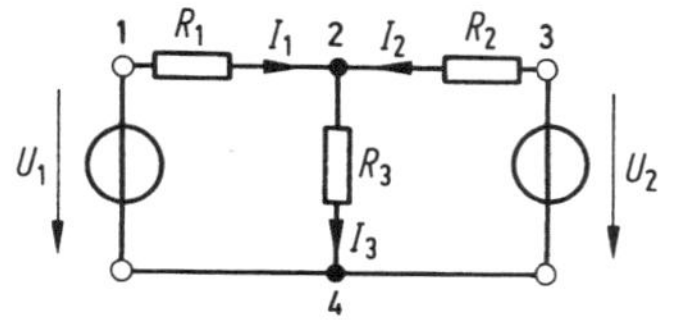

Lösung:

3.5.2 Maschen- und Knotenpunktgleichungen

Die Berechnung von Netzwerkschaltungen mittels Maschen- und Knotengleichungen ist auf die beiden Kirchhoff'schen Sätze aufgebaut.

Erster Kirchhoff'scher Satz (Knotenpunktsatz)

$$\sum I_{zu} - \sum I_{ab} = 0$$

Zweiter Kirchhoff'scher Satz (Maschengleichung)

$$\sum U - \sum I \cdot R = 0$$

U = Spannungen von Spannungsquellen
$I \cdot R$ = Teilspannungen an Verbrauchern

In der Schaltung nach Bild 3.5.2 – 1 ist die Maschenumlaufrichtung willkürlich gewählt worden. Sie wird zu Beginn jeder Berechnung festgelegt und muss dann für die weiteren Berechnungen beibehalten werden.

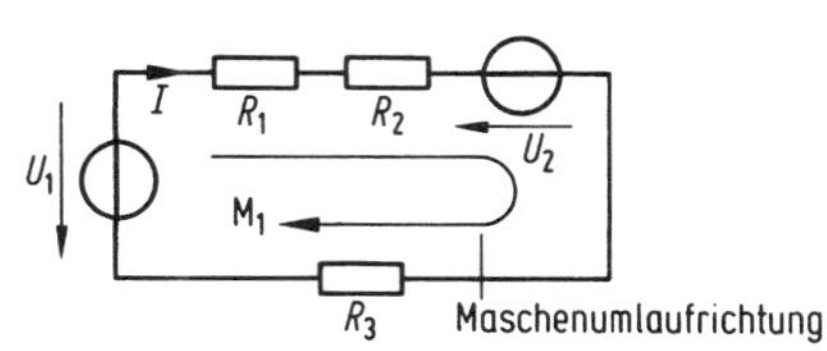

Bild 3.5.2 – 1
Stromkreis mit eingezeichneter Maschenumlaufrichtung

Bei der Aufstellung der Maschengleichung für die gegebene Schaltung ist der Beginn des Umlaufes beliebig wählbar.

$$+I \cdot R_1 + I \cdot R_2 - U_2 + I \cdot R_3 - U_1 = 0$$

dabei bedeutet:

„+" Strom- und Spannungsrichtung stimmt mit Umlaufrichtung überein

„–" Strom- und Spannungsrichtung verläuft gegen die Umlaufrichtung

Die Aufstellung von Knoten- und Maschengleichungen soll nun an Beispielen gezeigt werden.

Beispiel 3.5.2 – 1

Von der gegebenen Schaltung sind alle Widerstandswerte und alle Spannungen bekannt. Berechnen Sie alle Ströme.

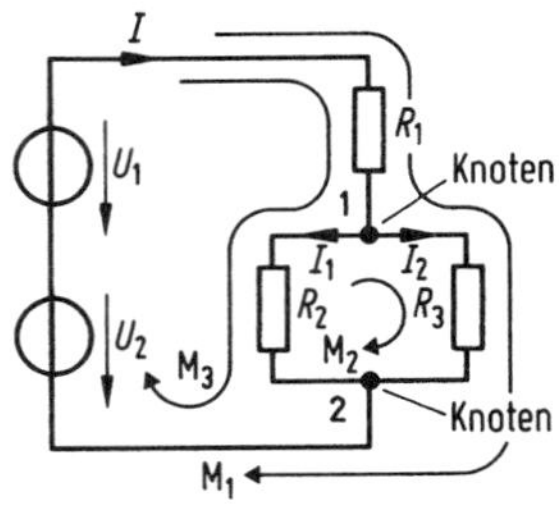

Lösung:

In die Schaltung werden die Maschenumläufe und die Knotenpunkte eingezeichnet. Nach dieser Festlegung werden die Knoten- und Maschengleichungen aufgestellt. Es sind lineare Gleichungen mit mehreren Unbekannten.

Knotenpunktgleichungen:

(1): $I = I_1 + I_2$

Maschengleichungen:

M1: $I \cdot R_1 + I_2 \cdot R_3 - U_2 - U_1 = 0$
M2: $I_2 \cdot R_3 - I_1 \cdot R_2 = 0$
M3: $I \cdot R_1 + I_1 \cdot R_2 - U_2 - U_1 = 0$

Die Unbekannten in diesem Beispiel sind die Ströme. Die aufgestellten Gleichungen werden zu einem Gleichungssystem umgeformt. Die Anzahl der Unbekannten bestimmt die Anzahl der Gleichungen des Gleichungssystems. In diesem Beispiel sind 3 Ströme gesucht, deshalb sind 3 Bestimmungsgleichungen notwendig. Wichtig ist, dass die Gleichungen nur gegebene Größen enthalten.

Die Lösung dieses Gleichungssystems ist nach folgenden Methoden möglich:

1. Additionsmethode
2. Einsetzungsmethode
3. Gleichsetzungsmethode

Gleichungssystem:

	Unbekannte I	I_1	I_2		Konstante
M1	$I \cdot R_1 +$	0	$+ I_2 \cdot R_3$	$=$	$U_2 + U_1$
M2	0	$- I_1 \cdot R_2$	$+ I_2 \cdot R_3$	$=$	0
(1)	I	$- I_1$	$- I_2$	$=$	0

Beispiel 3.5.2 – 2

Die Schaltung gemäß Bild hat die Daten:

$I_a = 6{,}5\,\text{A}$, $I_b = 4{,}8\,\text{A}$, $R_1 = 2\,\Omega$, $R_2 = 5\,\Omega$, $R_3 = 0{,}4\,\Omega$, $U_1 = 16\,\text{V}$, $U_2 = 10\,\text{V}$.

Gesucht sind die Werte:

I_1, I_2, I_3, I_c.

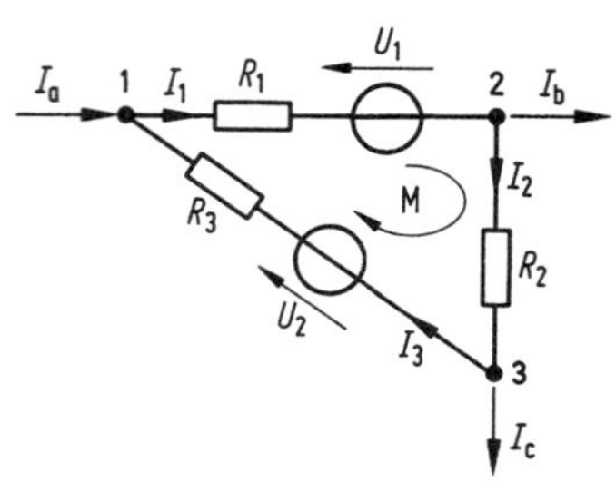

Lösung:

Aufstellung der Knotengleichungen:

(1) $I_a + I_3 = I_1$
(2) $I_1 = I_2 + I_b$
(3) $I_2 = I_3 + I_c$

Aufstellung der Maschengleichung:

M: $I_1 \cdot R_1 - U_1 + I_2 \cdot R_2 + U_2 + I_3 \cdot R_3 = 0$

Bildung des Gleichungssystems:

	I_1		I_2		I_3		I_c	
M	$I_1 \cdot R_1$	+	$I_2 \cdot R_2$	+	$I_3 \cdot R_3$	+	0	$= U_1 - U_2$
(1)	I_1	+	0	−	I_3	+	0	$= I_a$
(2)	I_1	−	I_2	+	0	+	0	$= I_b$
(3)	0	+	I_2	−	I_3	−	I_c	$= 0$

Die Lösung des Gleichungssystems erfolgt mittels Einsetzungsmethode und Gleichsetzungsmethode. Der Ausgangspunkt dazu ist die Maschengleichung.

$$I_1 \cdot R_1 = U_1 - U_2 - I_2 \cdot R_2 - I_3 \cdot R_3$$

Einsatz der Knotengleichungen (1) und (2):

$$I_1 \cdot R_1 = U_1 - U_2 - (I_1 - I_b)R_2 - (I_1 - I_a)R_3$$

$$I_1 \cdot R_1 = U_1 - U_2 - I_1 \cdot R_2 + I_b \cdot R_2 - I_1 \cdot R_3 + I_a \cdot R_3$$

$$I_1(R_1 + R_2 + R_3) = U_1 - U_2 + I_b \cdot R_2 + I_a \cdot R_3$$

Umstellung nach I_1:

$$I_1 = \frac{U_1 - U_2 + I_b \cdot R_2 + I_a \cdot R_3}{R_1 + R_2 + R_3} = \frac{16\,\text{V} - 10\,\text{V} + 4{,}8\,\text{A} \cdot 5\,\Omega + 6{,}5\,\text{A} \cdot 0{,}4\,\Omega}{2\,\Omega + 5\,\Omega + 0{,}4\,\Omega}$$

$$I_1 = \underline{\underline{4{,}4\,\text{A}}}$$

Berechnung I_2, I_3 und I_c:

$$I_2 = I_1 - I_b = 4{,}4\,\text{A} - 4{,}8\,\text{A} = \underline{\underline{-0{,}4\,\text{A}}}$$

$$I_3 = I_1 - I_a = 4{,}4\,\text{A} - 6{,}5\,\text{A} = \underline{\underline{-2{,}1\,\text{A}}}$$

$$I_c = I_2 - I_3 = -0{,}4\,\text{A} - (-2{,}1\,\text{A}) = \underline{\underline{1{,}7\,\text{A}}}$$

Übung 3.5.2 – 1

Zwei Spannungsquellen speisen einen Verbraucher, gemäß vorgegebener Schaltung. Die elektrische Versorgung eines Kraftfahrzeuges arbeitet nach diesem Prinzip. Die Batterie ist die eine Spannungsquelle und der Generator (= Lichtmaschine) die andere. Berechnen Sie formelmäßig die Ströme I_1, I_2, I_3, wenn alle Spannungen und Widerstände gegeben sind.

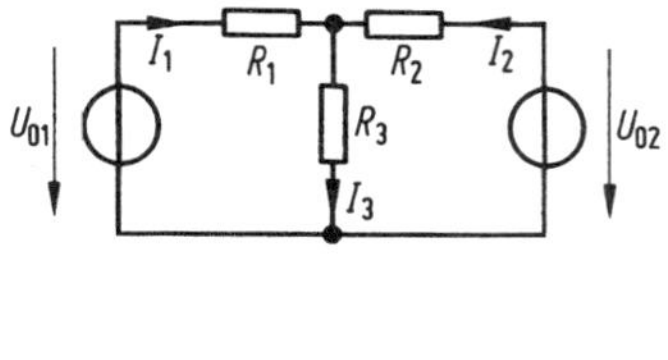

Lösung:

3.5.3 Ersatzspannungs- und Ersatzstromquellen – Umwandlung

Im Themensektor 3.3 wurden die Ersatzspannungsquelle und die Ersatzstromquelle als äquivalente Schaltung einer Spannungsquelle vorgestellt. Durch Umwandlung dieser Ersatzquellen wird im Folgenden Beispiel die Berechnung von Netzwerkschaltungen gezeigt.

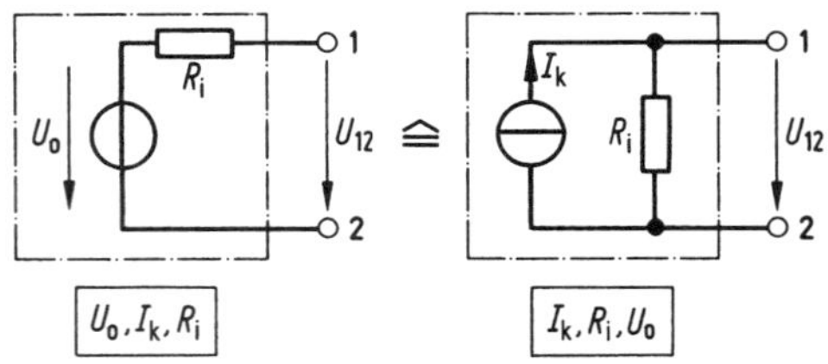

Bild 3.5.3 – 1 Äquivalenzbetrachtung von Ersatzspannungs- und Ersatzstromquelle

Beispiel 3.5.3 – 1

In der gegebenen Schaltung sind alle Spannungen und Widerstände bekannt. Gesucht sind die Ströme I, I_1, I_2.

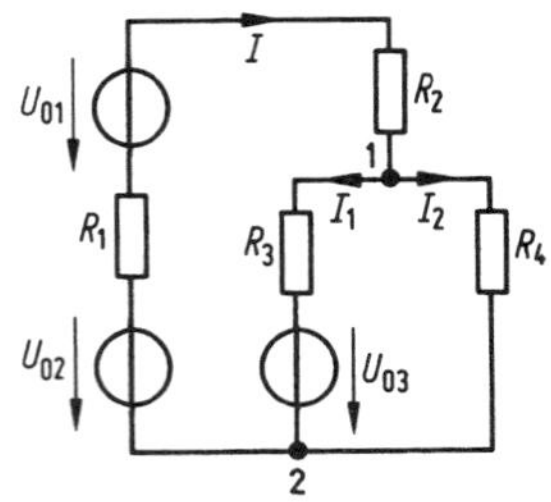

Lösung:

Die Lösung des Problems beginnt mit einer Umzeichnung der vorgegebenen Schaltung in eine überschaubare Form.

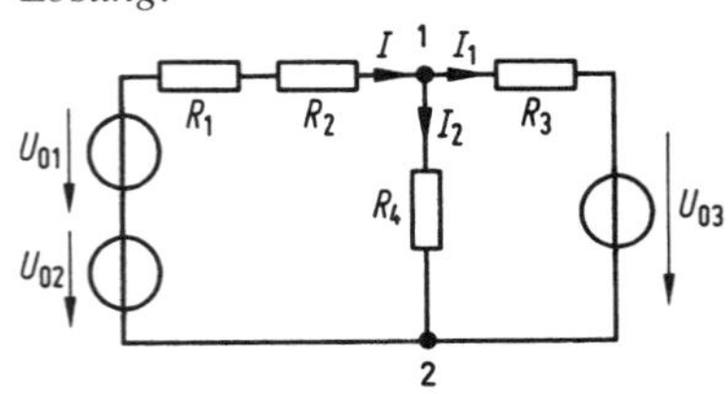

Zusammenfassung:

$$R_1 + R_2 = R_{1,2}$$

$$U_{01} + U_{02} = U_{01,2}$$

Die Umzeichnung zeigt eine Reihenschaltung der Widerstände R_1 und R_2 sowie der Spannungsquellen U_{01} und U_{02}. Mit der Zusammenfassung dieser Widerstände und Spannungen kann die Schaltung weiter vereinfacht werden.

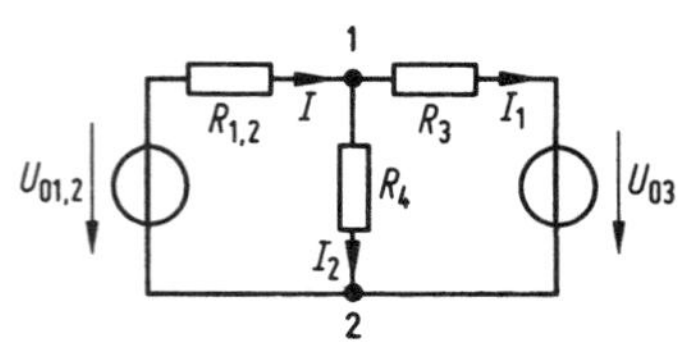

Die beiden Spannungsquellen liegen parallel. Zur weiteren Berechnung werden sie in Ersatzstromquellen umgewandelt.

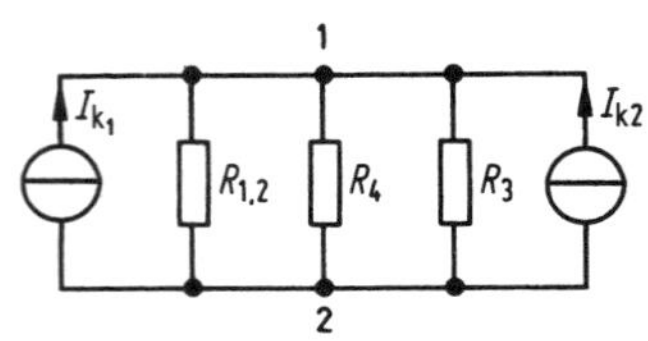

mit $I_{k1} = \frac{U_{01,2}}{R_{1,2}}$; $I_{k2} = \frac{U_{03}}{R_3}$

Im nächsten Schritt erfolgt die Zusammenfassung der beiden parallelen Stromquellen zu einer Ersatzstromquelle.

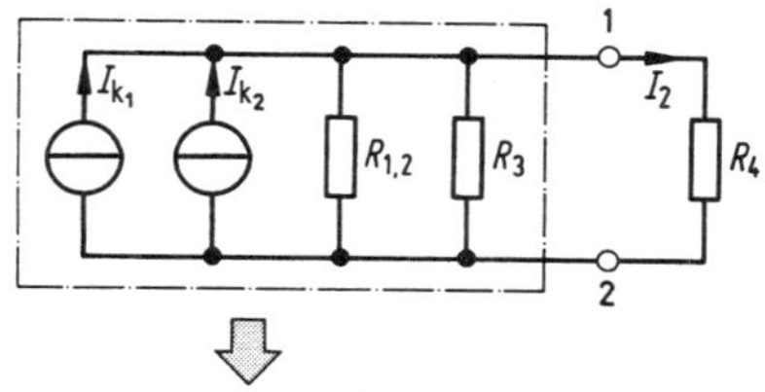

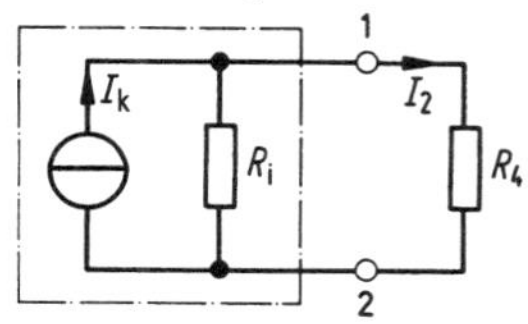

mit:

$$I_k = I_{k_1} + I_{k_2} = \frac{U_{01,2}}{R_{1,2}} + \frac{U_{03}}{R_3}$$

$$R_i = \frac{R_{1,2} \cdot R_3}{R_{1,2} + R_3}$$

Die Ersatzstromquelle wird im nächsten Schritt wieder in eine Ersatzspannungsquelle umgewandelt.

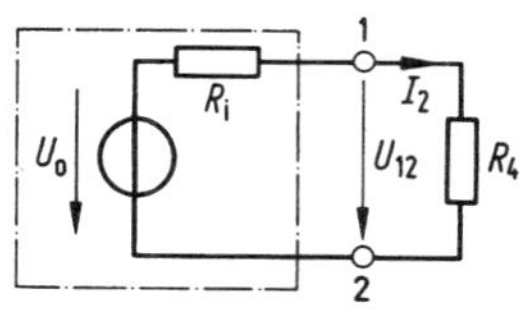

$$U_0 = I_k \cdot R_i$$

Berechnung des Stromes I_2:

$$I_2 = \frac{U_0}{R_i + R_4} \tag{3.5.3 – 1}$$

Zur Berechnung des Stromes I_1 ist die Spannungsdifferenz $U_{12} - U_{03}$ notwendig:

$$I_1 = \frac{U_{12} - U_{03}}{R_3} \quad \text{mit} \quad U_{12} = I_2 \cdot R_4$$

Berechnung des Stromes I:

$$I = \frac{(U_{01} + U_{02}) - U_{12}}{R_1 + R_2}$$

Übung 3.5.3 – 1

Die gegebene Schaltung hat folgende Daten:

$U_1 = 10\,\text{V}$, $U_2 = 20\,\text{V}$, $U_{02} = 30\,\text{V}$, $R_A = 10\,\Omega$, $R_B = 20\,\Omega$, $R_2 = 30\,\Omega$, $R_3 = 40\,\Omega$

Berechnen Sie: I_3, U_{32}, U_{12}.

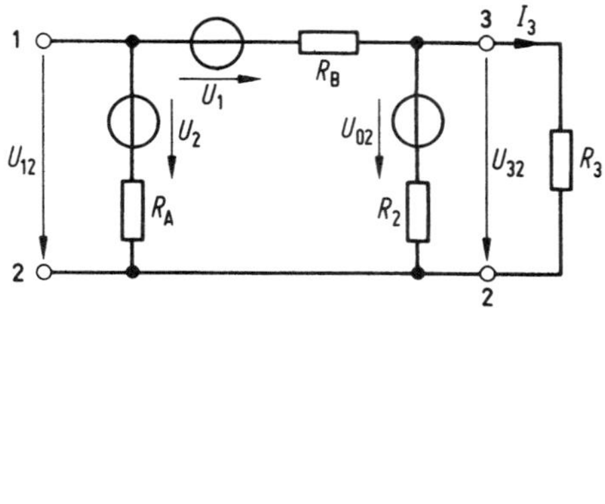

Lösung:

Übung 3.5.3 – 2

Gegeben ist die Netzwerkschaltung gemäß Bild. Berechnen Sie die Ströme I_1, I_2, I_3.

Hinweis: Die Lösung erfolge über die Umwandlung von Ersatzspannungsquellen und Ersatzstromquellen.

Von der Schaltung sind folgende Werte bekannt:

$U_1 = 8\,V$, $U_2 = 12\,V$, $U_3 = 10\,V$, $R_1 = 100\,\Omega$, $R_2 = 120\,\Omega$, $R_3 = 220\,\Omega$.

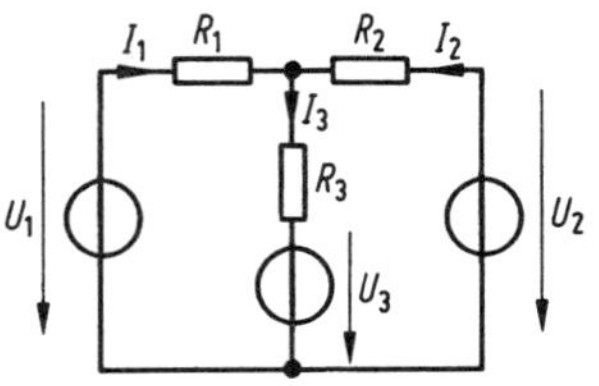

Lösung:

Beispiel 3.5.3 – 2
Berechnung eines Kettenleiters

Hinweis: Dieses Beispiel umfasst Lerninhalte mehrerer bereits erarbeiteter Kapitel.

Vorbetrachtung:
Jede Verbindungsleitung in einem elektrischen Stromkreis kann in einem Ersatzschaltplan gemäß Bild zusammengefasst werden.

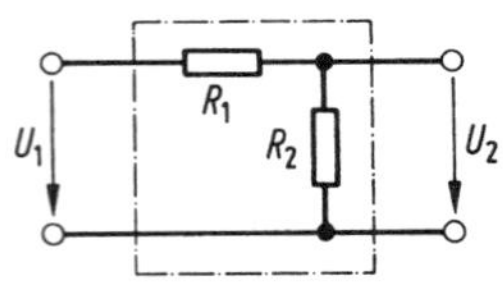

R_1 = Widerstand der Hin- und Rückleitung einer Verbindungsleitung

R_2 = Isolationswiderstand zwischen den Leitungsdrähten.

Die Reihenschaltung mehrerer Leitungsstücke bezeichnet man als Kettenleiter.
Gegeben ist der Kettenleiter gemäß Bild. Zu berechnen sind die Spannung U_2 und der Strom I_2. Die Widerstände der Schaltung haben die Werte:

$R_1 = R_2 = R_3 = 1\,k\Omega$
$R_4 = R_5 = R_6 = 10\,k\Omega$
$R_L = 5\,k\Omega$.

Die Eingangsspannung ist $U_1 = 10\,V$.

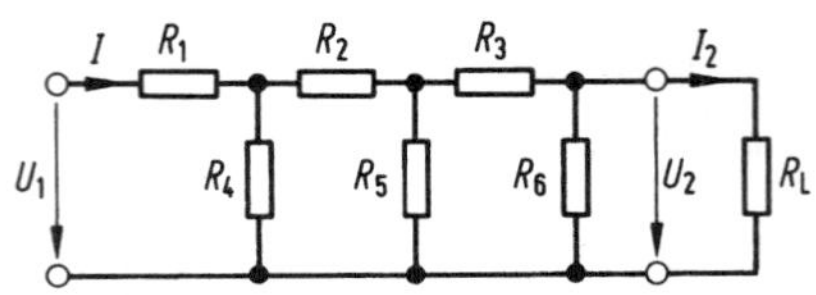

Lösung:

Umzeichnung der gegebenen Schaltung in die übliche Darstellung von Reihen- und Parallelschaltung, ebenfalls werden die einzelnen Knotenpunkte (1 . . . 5) gekennzeichnet.

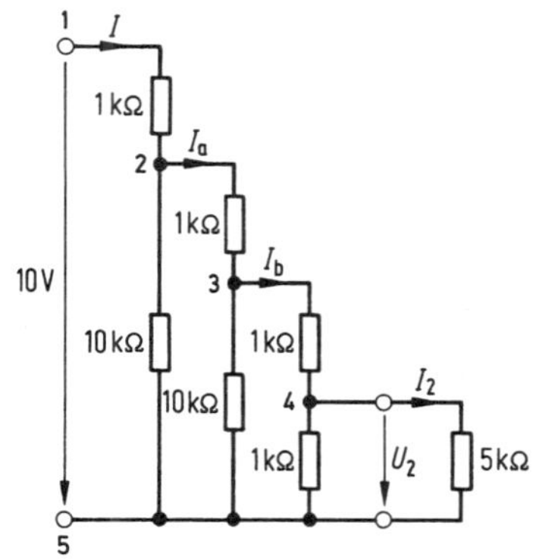

Zusammenfassung von Teilwiderständen. Berechnung des Ersatzwiderstandes R_{45}:

$$R_{45} = \frac{R_6 \cdot R_L}{R_6 + R_L} = \frac{10\ \text{k}\Omega \cdot 5\ \text{k}\Omega}{10\ \text{k}\Omega + 5\ \text{k}\Omega}$$

$$R_{45} = \underline{\underline{3{,}\bar{3}\ \text{k}\Omega}}$$

Reihenschaltung R_3 und R_{45}:

$$R_{345} = R_3 + R_{45} = 1\ \text{k}\Omega + 3{,}\bar{3}\ \text{k}\Omega$$

$$R_{345} = \underline{\underline{4{,}\bar{3}\ \text{k}\Omega}}$$

Parallelschaltung R_5 und R_{345}:

$$R_{35} = \frac{R_5 \cdot R_{345}}{R_5 + R_{345}} = \frac{10\ \text{k}\Omega \cdot 4{,}\bar{3}\ \text{k}\Omega}{10\ \text{k}\Omega + 4{,}\bar{3}\ \text{k}\Omega}$$

$$R_{35} = \underline{\underline{3{,}023\ \text{k}\Omega}}$$

Reihenschaltung R_2 und R_{35}:

$$R_{235} = R_2 + R_{35} = 1\ \text{k}\Omega + 3{,}023\ \text{k}\Omega$$

$$R_{235} = \underline{\underline{4{,}023\ \text{k}\Omega}}$$

Parallelschaltung R_4 und R_{235}:

$$R_{25} = \frac{R_4 \cdot R_{235}}{R_4 + R_{235}} = \frac{10\ \text{k}\Omega \cdot 4{,}023\ \text{k}\Omega}{10\ \text{k}\Omega + 4{,}023\ \text{k}\Omega}$$

$$R_{25} = \underline{\underline{2{,}868\ \text{k}\Omega}}$$

Die Reihenschaltung R_1 und R_{25} ergibt den Ersatzwiderstand R_{15} der gesamten Schaltung:

$$R_{15} = R_1 + R_{25} = 1\ \text{k}\Omega + 2{,}868\ \text{k}\Omega$$

$$R_{15} = \underline{\underline{3{,}868\ \text{k}\Omega}}$$

Berechnung des Gesamtstromes I:

$$I = \frac{U_1}{R_{15}} = \frac{10\ \text{V}}{3{,}868\ \text{k}\Omega}$$

$$I = \underline{\underline{2{,}584\ \text{mA}}}$$

Das Ziel der Berechnung ist die Spannung U_2 und der Strom I_2. Dies sind die niedrigsten Teilwerte der gesamten Schaltung. Um diese Werte berechnen zu können, müssen erst die anderen Teilwerte der Spannungen und Ströme ermittelt werden.

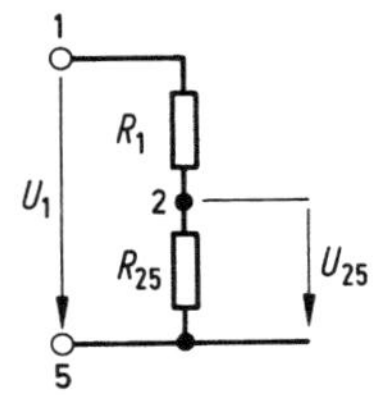

Berechnung der Teilspannung U_{25}:

$$U_{25} = I \cdot R_{25} = 2{,}584\ \text{mA} \cdot 2{,}868\ \text{k}\Omega$$

$$U_{25} = \underline{\underline{7{,}41\ \text{V}}}$$

Berechnung des Teilstromes I_a:

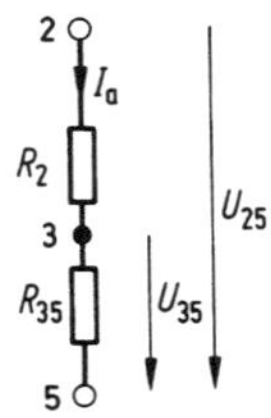

$$I_a = \frac{U_{25}}{R_{235}} = \frac{7{,}41\ \text{V}}{4{,}023\ \text{k}\Omega}$$

$$I_a = \underline{\underline{1{,}841\ \text{mA}}}$$

Berechnung der Teilspannung U_{35}:

$$U_{35} = I_a \cdot R_{35} = 1{,}841\ \text{mA} \cdot 3{,}023\ \text{k}\Omega$$

$$U_{35} = \underline{\underline{5{,}565\ \text{V}}}$$

Berechnung des Teilstromes I_b:

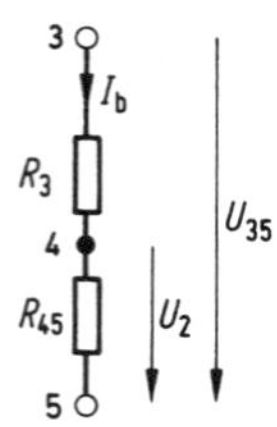

$$I_b = \frac{U_{35}}{R_{345}} = \frac{5{,}565\ \text{V}}{4{,}\bar{3}\ \text{k}\Omega}$$

$$I_b = \underline{\underline{1{,}284\ \text{mA}}}$$

Berechnung der Teilspannung U_2:

$$U_2 = I_b \cdot R_{45} = 1{,}284\ \text{mA} \cdot 3{,}\bar{3}\ \text{k}\Omega$$

$$U_2 = \underline{\underline{4{,}281\ \text{V}}}$$

Berechnung des Teilstromes I_2:

$$I_2 = \frac{U_2}{R_L} = \frac{4{,}281\ \text{V}}{5000\ \Omega} = \underline{\underline{0{,}856\ \text{mA}}}$$

3.5.4 Überlagerungssatz

Gegeben ist die Netzwerkschaltung gemäß Schaltplan. Die Schaltung ist aus Spannungsquellen und Widerständen aufgebaut. Die Widerstände selbst können Innenwiderstände der Spannungsquellen bzw. „Verbraucher“ sein. Die Polarität und der Wert der Spannungen sind bekannt, ebenso alle Widerstandswerte. Gesucht sind die Werte der Ströme I_1, I_2, I_3. Die eingezeichneten Stromrichtungen sind angenommen und müssen gegebenenfalls, wenn das endgültige Ergebnis vorliegt, korrigiert werden.

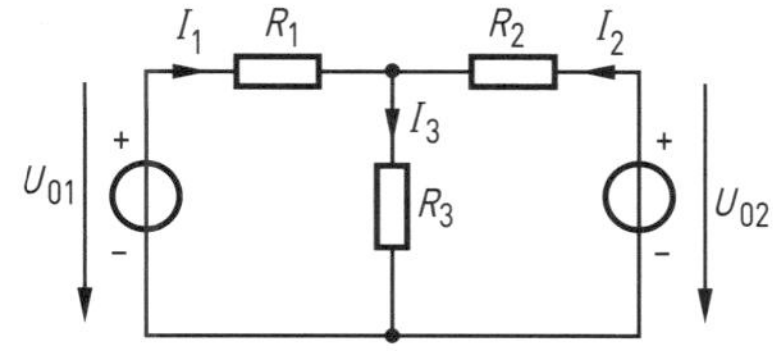

Bild 3.5.4 – 1 Beispiel einer Netzwerkschaltung

Zur Berechnung der unbekannten Stromwerte kann eine weitere Methode eingesetzt werden, der **Überlagerungssatz**.
Das Prinzip dieser Berechnungsmethode beruht auf „Kurzschließen“ aller Spannungsquellen in der Schaltung bis auf **eine**. Die Netzwerkschaltung wird nun von dieser Spannungsquelle gespeist. Alle Ströme in den einzelnen Strompfaden sind nun wert- und richtungsmäßig berechenbar.
Nacheinander werden alle Spannungsquellen kurzgeschlossen. Mit der freigegebenen Spannungsquelle werden in den einzelnen Strompfaden die jeweiligen Stromwerte ermittelt. Dazu ist eine exakte Kennzeichnung der einzelnen Strompfade notwendig. Die Ziffern 1 bis 3 kennzeichnen Potenzialpunkte, von denen die Strompfade ausgehen.

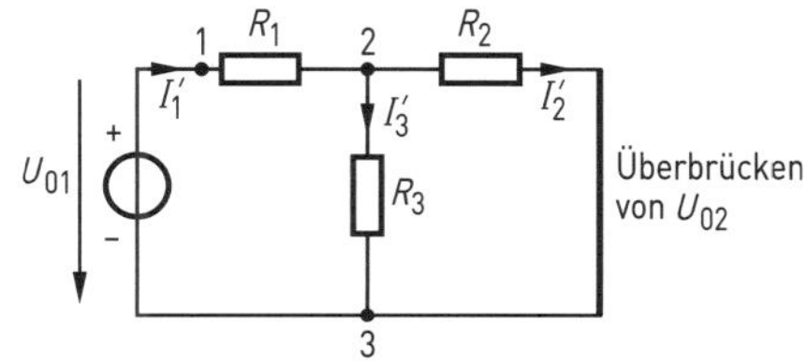

Bild 3.5.4 – 2 Schaltplan des Beispieles mit kurzgeschlossener Spannungsquelle U_{02}

Die Erläuterung des **Überlagerungssatzes** erfolgt zunächst allgemein an einem Beispiel. In einem weiteren Beispiel wird dann mit Werten gerechnet.

Im **ersten** Schritt werden die Ströme I_1, I_2, I_3 berechnet.

Zum besseren Überblick über die verbleibende Schaltung wird der Schaltplan von Bild 3.5.4 – 2 umgezeichnet.
Da es durch die einzelnen Berechnungsschritte mehrere Ströme I_1, I_2 usw. geben wird, gilt für den ersten Berechnungsschritt eine „Einstrich“-Kennzeichnung.

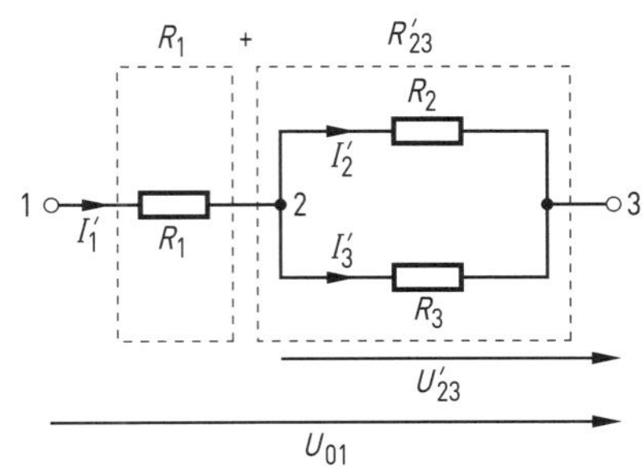

Bild 3.5.4 – 3 Geänderte Darstellung der Schaltung

Zusammenfassung aller Widerstände zu R_{13}:

$$R_{13} = R_1 + R'_{23}$$

Bestimmung des Ersatzwiderstandes R'_{23} der Parallelschaltung von R_2 und R_3:

$$R'_{23} = \frac{R_2 \cdot R_3}{R_2 + R_3}$$

$$R_{13} = R_1 + \frac{R_2 \cdot R_3}{R_2 + R_3}$$

Nun wird der Strom I'_1 ermittelt:

$$I'_1 = \frac{U_{01}}{R_{13}}$$

Zur Berechnung der Stromwerte I'_2 und I'_3 wird zuerst die Teilspannung U'_{23} ermittelt, wobei diese Spannung eine Teilspannung von U_{01} ist (Spannungsteilung).

$$U'_{23} = U_{01} \frac{R'_{23}}{R_{13}}$$

$$U'_{23} = U_{01} \frac{\frac{R_2 \cdot R_3}{R_2 + R_3}}{R_{13}}$$

Berechnung der Ströme I'_2 und I'_3 mit Ohm'schem Gesetz:

$$I'_2 = \frac{U'_{23}}{R_2}; \quad I'_3 = \frac{U'_{23}}{R_3}$$

Setzt man in die hergeleiteten Gleichungen für die Berechnung der Ströme I'_1, I'_2, I'_3 alle Zwischenergebnisse ein, so ergeben sich folgende Gleichungen:

Strom I'_1:

$$I'_1 = \frac{U_{01}}{R_{13}}$$

$$I'_1 = \frac{U_{01}}{R_1 + \frac{R_2 \cdot R_3}{R_2 + R_3}}$$

$$\boxed{I'_1 = \frac{U_{01}(R_2 + R_3)}{R_1(R_2 + R_3) + R_2 \cdot R_3}} \qquad (3.5.4-1)$$

Strom I'_2:

$$I'_2 = \frac{U'_{23}}{R_2} = \frac{U_{01} \frac{R_2 \cdot R_3}{R_2 + R_3}}{R_2 \left(R_1 + \frac{R_2 \cdot R_3}{R_2 + R_3} \right)}$$

$$I'_2 = \frac{U_{01} \frac{R_2 \cdot R_3}{R_2 + R_3}}{R_1 \cdot R_2 + \frac{R_2^2 \cdot R_3}{R_2 + R_3}}$$

$$\boxed{I'_2 = \frac{U_{01} \cdot R_3}{R_1(R_2 + R_3) + R_2 \cdot R_3}} \qquad (3.5.4-2)$$

Strom I_3':

$$I_3' = \frac{U_{23}'}{R_3} = \frac{U_{01}\dfrac{R_2 \cdot R_3}{R_2 + R_3}}{R_3\left(R_1 + \dfrac{R_2 \cdot R_3}{R_2 + R_3}\right)}$$

$$\boxed{I_3' = \frac{U_{01} \cdot R_2}{R_1(R_2 + R_3) + R_2 \cdot R_3}} \qquad (3.5.4-3)$$

Im **zweiten** Schritt wird die Spannungsquelle U_{02} freigegeben und U_{01} kurzgeschlossen. Die eingezeichneten Stromrichtungen beziehen sich auf die gegebene Polarität von U_{02}.

Für den zweiten Schritt werden die Ströme und Spannungen mit **Doppelstrich** gekennzeichnet.

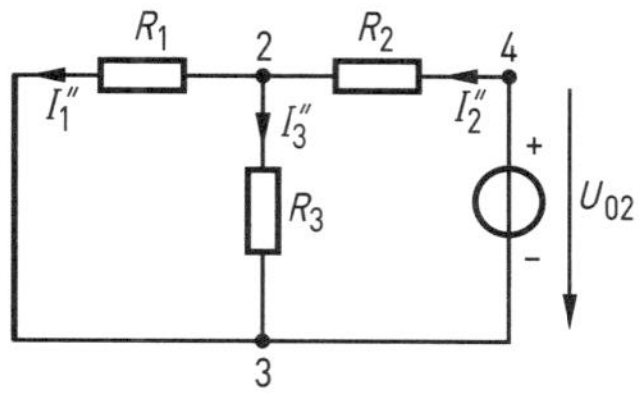

Bild 3.5.4 – 4 Schaltung mit kurzgeschlossener Spannungsquelle U_{01}

Zum besseren Verständnis erfolgt auch im zweiten Berechnungsschritt eine Umzeichnung des Schaltplanes.

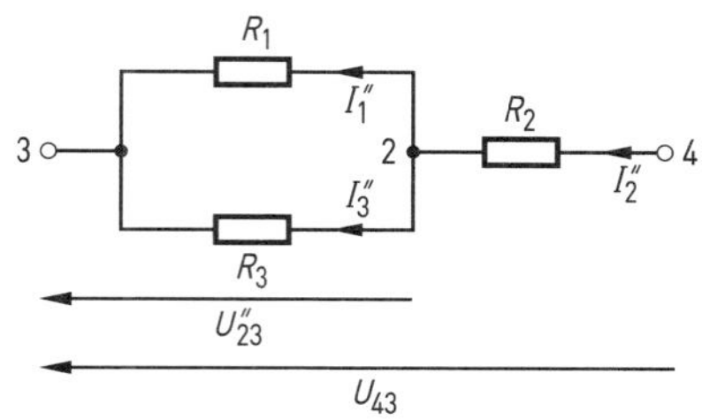

Bild 3.5.4 – 5 Umgezeichneter Schaltplan für den zweiten Schritt

Voraussetzung zur Berechnung des Stromwertes von I_2'' ist die Zusammenfassung aller Widerstände zum Widerstand R_{43}, wobei die Widerstände R_1 und R_3 als Parallelschaltung den Ersatzwiderstand R_{23}'' ergeben.

$$R_{43} = R_2 + R_{23}''$$

$$R_{43} = R_2 + \frac{R_1 \cdot R_3}{R_1 + R_3}$$

Berechnung des Stromwertes von I_2'':

$$I_2'' = \frac{U_{02}}{R_{43}} = \frac{U_{02}}{R_2 + \dfrac{R_1 \cdot R_3}{R_1 + R_3}}$$

$$\boxed{I_2'' = \frac{U_{02}(R_1 + R_3)}{R_2(R_1 + R_3) + R_1 \cdot R_3}} \qquad (3.5.4-4)$$

Zur Ermittlung von I_1'' und I_3'' ist zuerst die Teilspannung U_{23}'' zu berechnen, wobei U_{23}'' eine Teilspannung von U_{02} ist.

$$U_{23}'' = U_{02}\frac{R_{23}''}{R_{43}}$$

$$U''_{23} = U_{02} \frac{\dfrac{R_1 \cdot R_3}{R_1 + R_3}}{R_2 + \dfrac{R_1 \cdot R_3}{R_1 + R_3}}$$

Berechnung der Ströme I''_1 und I''_3:

Werden in die hergeleiteten Gleichungen der Ströme I''_1, I''_3 alle Zwischenergebnisse eingesetzt, so ergeben sich folgende Gleichungen:

Für I''_1:

$$I''_1 = \frac{U''_{23}}{R_1} = \frac{U_{02} \dfrac{R_1 \cdot R_3}{R_1 + R_3}}{R_1 \left(R_2 + \dfrac{R_1 \cdot R_3}{R_1 + R_3} \right)}$$

$$\boxed{I''_1 = \frac{U_{02} \cdot R_3}{R_2(R_1 + R_3) + R_1 \cdot R_3}} \qquad (3.5.4-5)$$

Für I''_3:

$$I''_3 = \frac{U''_{23}}{R_3} = \frac{U_{02} \dfrac{R_1 \cdot R_3}{R_1 + R_3}}{R_3 \left(R_2 + \dfrac{R_1 \cdot R_3}{R_1 + R_3} \right)}$$

$$\boxed{I''_3 = \frac{U_{02} \cdot R_1}{R_2(R_1 + R_3) + R_1 \cdot R_3}} \qquad (3.5.4-6)$$

Im **dritten** Schritt zur Ermittlung der tatsächlichen Stromwerte und Richtungen werden die bereits berechneten Ströme in den einzelnen Strompfade **überlagert**, d. h., sie werden unter Berücksichtigung der Stromrichtungen „addiert".
Zusammenstellung der bereits ermittelten Ströme in den einzelnen Strompfade:

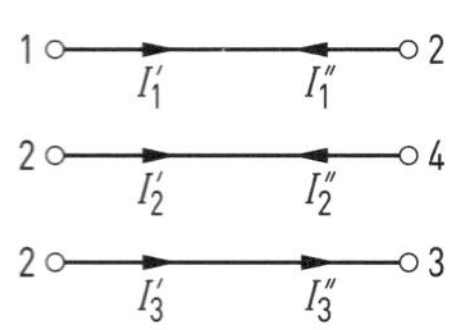

Bild 3.5.4 – 6 Strompfade und Ströme

Überlagerung der Ströme I'_1 und I''_1 zum gesuchten Strom I_1.
Für die richtige Überlagerung ist die Polarität der Spannungsquelle U_{01} maßgebend, die im gegebenen Schaltplan am Punkt 1 positiv ist.

$$I_1 = I'_1 - I''_1$$

$$I_1 = U_{01} \frac{R_2 + R_3}{R_1(R_2 + R_3) + R_2 \cdot R_3} - U_{02} \frac{R_3}{R_2(R_1 + R_3) + R_1 \cdot R_3}$$

$$I_1 = \frac{U_{01}(R_2 + R_3) - U_{02} \cdot R_3}{R_3(R_1 + R_2) + R_1 \cdot R_2} \qquad (3.5.4-7)$$

Überlagerung der Ströme I_2' und I_2'' zum gesuchten Strom I_2.
Die richtige Überlagerung ist in diesem Fall von der Polarität der Spannungsquelle U_{02} abhängig, die am Punkt 2 positiv ist.

$$I_2 = -I_2' + I_2'' = I_2'' - I_2'$$

$$I_2 = U_{02} \frac{R_1 + R_3}{R_2(R_1 + R_3) + R_1 \cdot R_3} - U_{01} \frac{R_3}{R_1(R_2 + R_3) + R_2 \cdot R_3}$$

$$I_2 = \frac{U_{02}(R_1 + R_3) - U_{01} \cdot R_3}{R_3(R_1 + R_2) + R_1 \cdot R_3} \qquad (3.5.4-8)$$

Überlagerung der Ströme I_3' und I_3'' zum gesuchten Strom I_3:

$$I_3 = I_3' + I_3''$$

$$I_3 = \frac{U_{01} \cdot R_2}{R_1(R_2 + R_3) + R_2 \cdot R_3} + \frac{U_{02} \cdot R_1}{R_2(R_1 + R_3) + R_1 \cdot R_3}$$

$$I_3 = \frac{U_{01} \cdot R_2 + U_{02} \cdot R_1}{R_3(R_1 + R_2) + R_1 \cdot R_3} \qquad (3.5.4-9)$$

Sollte in der Praxis eine Schaltung vorliegen, die genau dem Schaltplan dieses Beispieles entspricht, so können die gewonnenen Gleichungen für I_1, I_2, I_3 durch Einsetzen der Werte direkt zur Berechnung der Stromwerte genutzt werden.

Beispiel 3.5.4 – 1

Gegeben ist das Netzwerk gemäß Schaltplan. Die gegebenen Daten sind im Plan durch Angabe der Werte eingetragen. Unbekannt sind die Stromwerte der Ströme I_1, I_2, I_3. Die eingetragenen Stromrichtungen sind angenommen. Das Ergebnis der Berechnung wird zeigen, ob die Annahme richtig war. Ein negativer Stromwert besagt, die Stromrichtung muss korrigiert werden. Die im Schaltplan eingetragenen Ziffern (1...5) sind Potenzialpunkte.

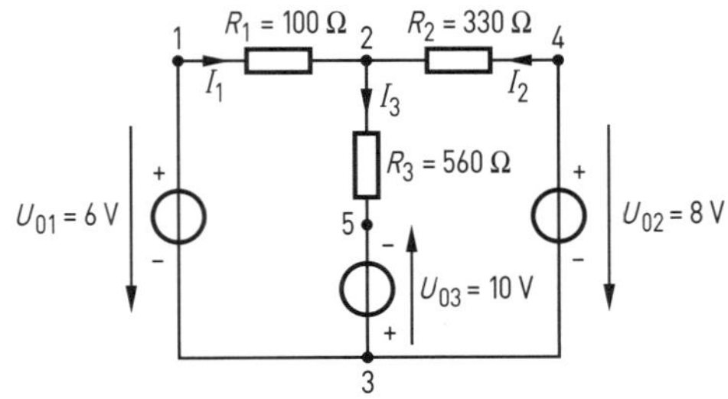

1. Schritt:

Kurzschließen der Spannungsquelle U_{02} und U_{03}, dies ergibt den folgenden Schaltplan:

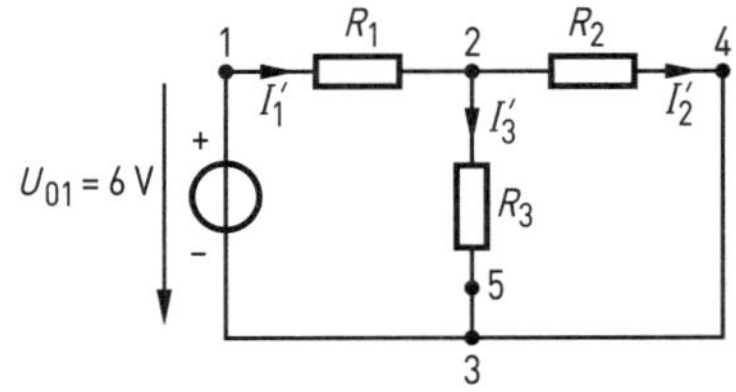

Zusammenfassung der Widerstände R_1, R_2, R_3 zum Ersatzwiderstand R_{13}:

$$R_{13} = R_1 + R'_{23}$$

$$= 100\ \Omega + \frac{330\ \Omega \cdot 560\ \Omega}{330\ \Omega + 560\ \Omega}$$

$$R_{13} = \underline{\underline{307{,}64\ \Omega}}$$

Berechnung des Stromes I_1':

$$I_1' = \frac{U_{01}}{R_{13}} = \frac{6\ \text{V}}{307{,}64\ \Omega} = \underline{\underline{19{,}5\ \text{mA}}}$$

Berechnung der Teilspannung U'_{23} als Teilspannung von U_{01}:

$$U'_{23} = U_{01}\frac{R'_{23}}{R_{13}}$$

$$U'_{23} = 6\ \text{V}\frac{207{,}64\ \Omega}{307{,}64\ \Omega} = \underline{\underline{4{,}05\ \text{V}}}$$

Berechnung der Stromwerte von I_2' und I_3':

$$I_2' = \frac{U'_{23}}{R_2} = \frac{4{,}05\ \text{V}}{330\ \Omega} = \underline{\underline{12{,}27\ \text{mA}}}$$

$$I_3' = \frac{U'_{23}}{R_3} = \frac{4{,}05\ \text{V}}{560\ \Omega} = \underline{\underline{7{,}23\ \text{mA}}}$$

2. Schritt:

Kurzschließen der Spannungsquelle U_{01} und U_{03}, dies ergibt den folgenden Schaltplan:

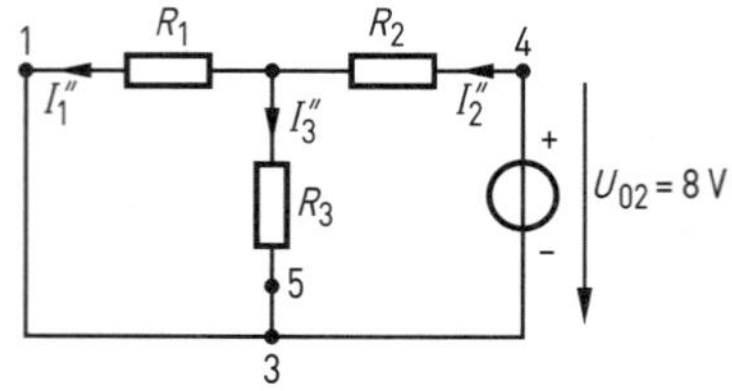

Zusammenfassung der Widerstände R_1, R_2, R_3 zum Ersatzwiderstand R_{43}:

$$R_{43} = R_2 + \frac{R_1 \cdot R_3}{R_1 + R_3}$$

$$R_{43} = 330\ \Omega + \frac{100\ \Omega \cdot 560\ \Omega}{100\ \Omega + 560\ \Omega}$$

$$R_{43} = \underline{\underline{414{,}84\ \Omega}}$$

Berechnung des Stromwertes von I_2'':

$$I_2'' = \frac{U_{02}}{R_{43}} = \frac{8\ \text{V}}{414{,}84\ \Omega} = \underline{\underline{19{,}28\ \text{mA}}}$$

Berechnung der Teilspannung U''_{23}:

$$U''_{23} = U_{02}\frac{R''_{23}}{R_{43}}$$

$$U''_{23} = 8\ \text{V} \cdot \frac{84{,}84\ \Omega}{414{,}84\ \Omega} = \underline{\underline{1{,}63\ \text{V}}}$$

Berechnung der Stromwerte von I_1'' und I_3'':

$$I_1'' = \frac{U_{23}''}{R_1} = \frac{1{,}63\ \text{V}}{100\ \Omega} = \underline{\underline{16{,}3\ \text{mA}}}$$

$$I_3'' = \frac{U_{23}''}{R_3} = \frac{1{,}63\ \text{V}}{560\ \Omega} = \underline{\underline{2{,}91\ \text{mA}}}$$

3. Schritt:

Kurzschließen der Spannungsquelle U_{01} und U_{02}, dies ergibt den folgenden Schaltplan:

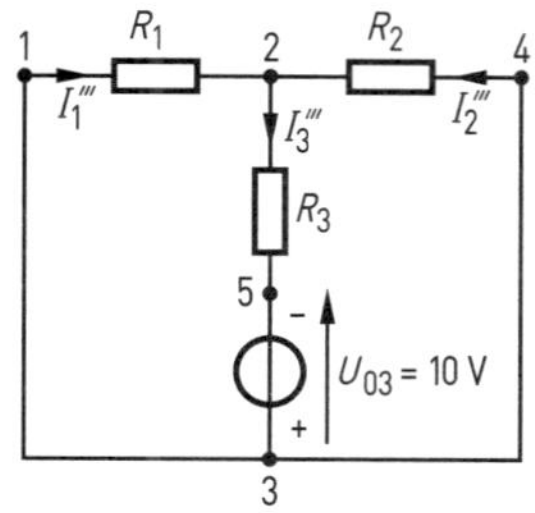

Zusammenfassung der Widerstände R_1, R_2, R_3 zum Ersatzwiderstand R_{53}:

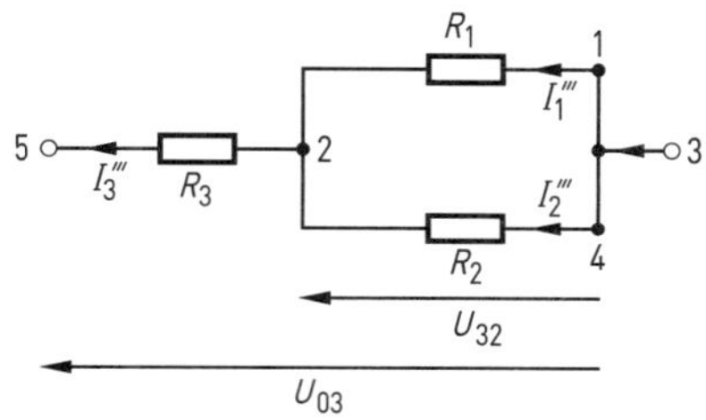

$$R_{53} = R_3 + \frac{R_1 \cdot R_2}{R_1 + R_2}$$

$$R_{53} = 560\ \Omega + \frac{100\ \Omega \cdot 330\ \Omega}{100\ \Omega + 330\ \Omega}$$

$$R_{53} = \underline{\underline{636{,}74\ \Omega}}$$

Berechnung des Stromwertes von I_3''':

$$I_3''' = \frac{U_{03}}{R_{53}} = \frac{10\ \text{V}}{636{,}74\ \Omega} = \underline{\underline{15{,}70\ \text{mA}}}$$

Berechnung der Teilspannung U_{32}, eine Teilspannung von U_{03}:

$$U_{32} = U_{03} \frac{R \dfrac{R_1 \cdot R_2}{R_1 + R_2}}{R_{53}}$$

$$U_{32} = 10\ \text{V} \frac{76{,}74\ \Omega}{636{,}74\ \Omega}$$

$$U_{32} = \underline{\underline{1{,}2\ \text{V}}}$$

Berechnung der Stromwerte von I_1''' und I_2''':

$$I_1''' = \frac{U_{32}}{R_1} = \frac{1{,}2\ \text{V}}{100\ \Omega} = \underline{\underline{12\ \text{mA}}}$$

$$I_2''' = \frac{U_{32}}{R_2} = \frac{1{,}2\ \text{V}}{330\ \Omega} = \underline{\underline{3{,}63\ \text{mA}}}$$

4. Schritt:

Überlagerung der einzelnen Ströme zur Ermittlung der tatsächlichen Stromwerte von I_1, I_2, I_3.
Zusammenstellung der zu überlagernden Ströme in den einzelnen Strompfaden:

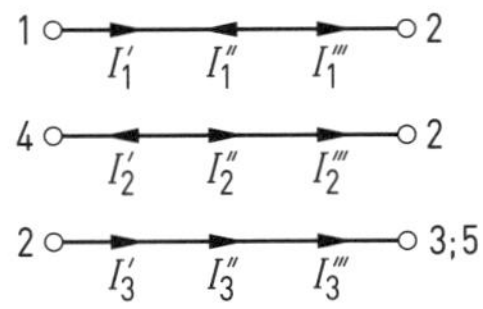

Bei der Überlagerung wird von der festgelegten Stromrichtung im gegebenen Schaltplan des Beispieles ausgegangen.

Überlagerung zum Strom I_1:

$$I_1 = I_1' - I_1'' + I_1'''$$
$$I_1 = 19{,}5\ \text{mA} - 16{,}3\ \text{mA} + 12\ \text{mA}$$
$$I_1 = \underline{\underline{15{,}2\ \text{mA}}}$$

Überlagerung zum Strom I_2:

$$I_2 = -I_2' + I_2'' + I_2'''$$
$$I_2 = -12{,}27\ \text{mA} + 19{,}28\ \text{mA} + 3{,}63\ \text{mA}$$
$$I_2 = \underline{\underline{10{,}64\ \text{mA}}}$$

Überlagerung zum Strom I_3:

$$I_3 = I_3' + I_3'' + I_3'''$$
$$I_3 = 7{,}23\ \text{mA} + 2{,}91\ \text{mA} + 15{,}7\ \text{mA}$$
$$I_3 = \underline{\underline{25{,}84\ \text{mA}}}$$

Kontrollrechnung:

$$I_3 = I_1 + I_2$$
$$I_3 = 15{,}2\ \text{mA} + 10{,}64\ \text{mA}$$
$$I_3 = \underline{\underline{25{,}84\ \text{mA}}}$$

Da alle Stromwerte positiv sind, sind alle angenommenen Stromrichtungen richtig gewählt.

3.5.5 Passive Vierpole aus Widerstandsnetzwerken

Nach der Durcharbeitung dieses Kapitels haben Sie die **Kompetenz** ...

- für den Einsatz der Vierpol-Methode und gegebener Innenschaltung die notwendigen Vierpolgleichungen aufzustellen,
- die zum Einsatz der Vierpol-Methode notwendigen Messungen am Input und Output vorzunehmen,
- anhand der gemessenen Daten und unter Einsatz der Gleichungen die unbekannten Widerstandswerte der Innenschaltung zu ermitteln.

3.5.5.0 Einführung

Innerhalb der elektrotechnischen Fachtheorie wurde eine Berechnungsmethode entwickelt, die er ermöglicht, für eine nicht zugängliche Vierpolschaltung unter Zuhilfenahme eines Systems von Messungen am Input und Output die Werte der inneren Bauelemente zu bestimmen. Voraussetzung ist, dass der Schaltplan der Innenschaltung des Vierpols bekannt ist. Die Methode kann grundsätzlich für aktive und passive Vierpolschaltungen genutzt werden. Wie allerdings in der Kapitelüberschrift ausgesagt, wird die Methode im Folgenden für passive Vierpole vorgestellt.

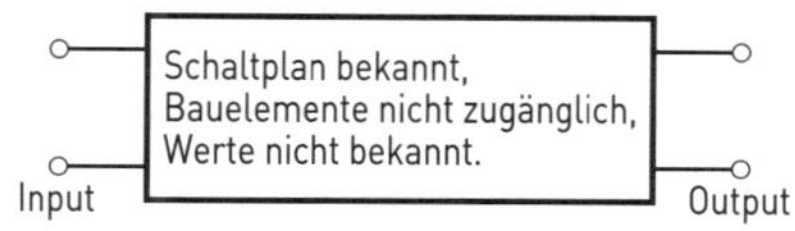

Bild 3.5.5.0 – 1 Vierpol

3.5.5.1 Aufstellung von Vierpolgleichungen

Die Vierpol-Berechnungsmethode beruht einerseits auf der Messung von Daten am In- und Output, andererseits auf der Aufstellung von so genannten **Vierpolgleichungen**.
Diese Gleichungen beziehen sich exakt auf die gegebene Innenschaltung des Vierpols. Da hier passive Vierpolschaltungen mit Widerstands-Innenschaltungen behandelt werden, sind es **lineare** Gleichungen mit Abhängigkeitsbeschreibungen der Input- und Outputgrößen.
Die Zuordnungsmöglichkeiten sind vielfältig.
Bezogen auf die Spannungs- und Stromwerte am Eingang sind folgende Zuordnungen möglich:

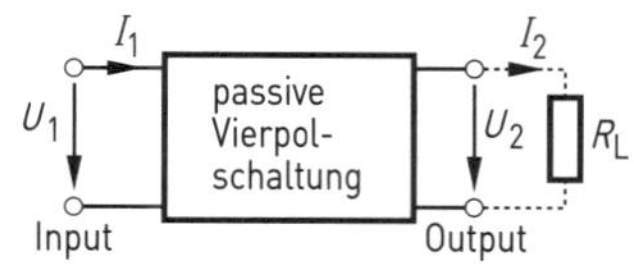

R_L = Lastwiderstand (falls vorhanden)

Bild 3.5.5.1 – 1 Definitionen am passiven Vierpol

$$\boxed{\begin{aligned} U_1 &= f(U_2; I_2) \\ I_1 &= f(U_2; I_2) \end{aligned}} \qquad (3.5.5.1-1)$$

Die Indexziffer 1 besagt, es sind Inputgrößen.
Die Indexziffer 2 besagt, es sind Outputgrößen.

Die vorgestellte erste Gleichungszuordnung für ein Vierpol-Gleichungssystem sagt aus, dass die Eingangsspannung U_1 und der Eingangsstrom I_1 von der Ausgangsspannung U_2 und vom Ausgangsstrom I_2 abhängig sind.
Nebenstehend sind weitere mögliche Zuordnungen für ein Vierpolgleichungssystem aufgelistet.

$$\boxed{\begin{aligned} U_2 &= f(U_1; I_1) \\ I_2 &= f(U_1; I_1) \end{aligned}} \qquad (3.5.5.1-2)$$

$$\boxed{\begin{aligned} I_1 &= f(U_1; U_2) \\ I_2 &= f(U_1; U_2) \end{aligned}} \qquad (3.5.5.1-3)$$

$$\boxed{\begin{aligned} U_1 &= f(I_1; I_2) \\ U_2 &= f(I_1; I_2) \end{aligned}} \qquad (3.5.5.1-4)$$

usw.

Beispiel 3.5.5.1 – 1

Gleichungsaufstellung für die T-Widerstandsschaltung (bekannt auch unter der Bezeichnung Sternschaltung). Den Schaltplan des passiven Vierpols zeigt das Bild 3.5.5.1 – 2. Unbekannt sind die Werte der drei Widerstände, ebenso sind sie nicht zugänglich und somit auch nicht ausmessbar.

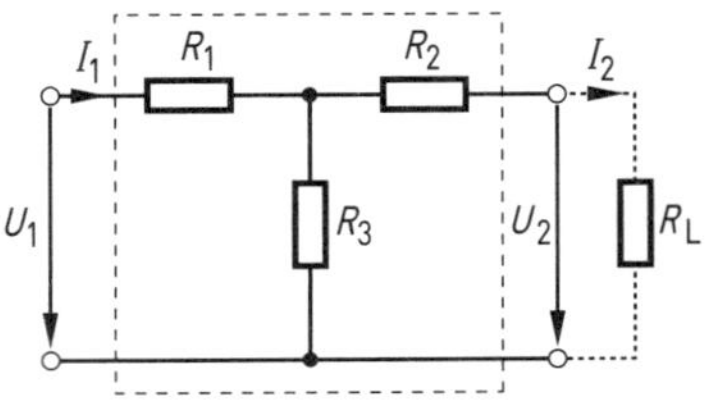

Bild 3.5.5.1 – 2 T-Widerstandsschaltung als Innenschaltung eines passiven Vierpols

Das aufzustellende Vierpol-Gleichungssystem soll folgende Zuordnung haben:

$$U_1 = U_2 \ldots \pm I_2 \ldots \quad \text{1. Vierpolgleichung}$$
$$I_1 = U_2 \ldots \pm I_2 \ldots \quad \text{2. Vierpolgleichung}$$
$$(3.5.5.1-5)$$

Die Reihenfolge der Gleichungsdefinition muss in der weiteren Betrachtung beibehalten werden.
Der Weg zur Gleichungsaufstellung verläuft in diesem Fall nach der Methode der Knoten- und Maschengleichungen (erster und zweiter Kirchhoff'scher Satz).
In den bekannten Schaltplan werden die Knotenpunkte und Maschenumläufe eingetragen:

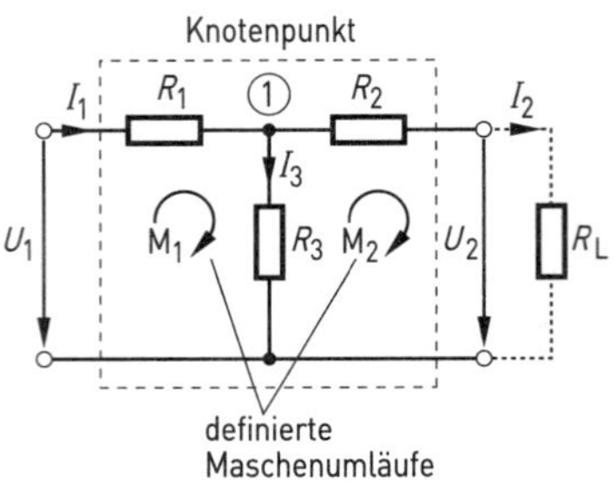

Bild 3.5.5.1 – 3 Festlegung der Knotenpunkte und der Maschenumläufe in der T-Schaltung

Gleichungsaufstellung zum Knotenpunkt ①:

$$I_1 = I_2 + I_3$$

Gleichungsaufstellung zu den Maschenumläufen:

$$M_1\colon \quad U_1 = I_1 \cdot R_1 + I_3 \cdot R_3$$
$$M_2\colon \quad 0 = I_2 \cdot R_2 + U_2 - I_3 \cdot R_3$$

Die drei aufgestellten Gleichungen beinhalten alle bekannten und unbekannten Größen. Mit den Regeln der linearen Algebra werden diese Gleichungen nun so umgeformt, dass sie in die gewünschte Aussageform 3.5.5.1 – 5 passen.

$$U_1 = U_2 \ldots \pm I_2 \ldots$$
$$I_1 = U_2 \ldots \pm I_2 \ldots \qquad (3.5.5.1-6)$$

Auflösung der Gleichung M_2 zum unbekannten Strom I_3:

$$I_3 \cdot R_3 = I_2 \cdot R_2 + U_2$$

$$I_3 = \frac{I_2 \cdot R_2}{R_3} + \frac{U_2}{R_3} \qquad (3.5.5.1-7)$$

Die nach I_3 umgestellte Gleichung ersetzt nun in der Maschengleichung M_1 die Größe I_3.

$$U_1 = I_1 \cdot R_1 + \textcircled{I_3} \cdot R_3$$

↑ ersetzen durch die neue Gleichung

$$U_1 = I_1 \cdot R_1 + \frac{I_2 \cdot R_2}{\cancel{R_3}} \cdot \cancel{R_3} + \frac{U_2}{\cancel{R_3}} \cdot \cancel{R_3}$$

$$U_1 = \textcircled{I_1} \cdot R_1 + I_2 \cdot R_2 + U_2$$

I_1 wird durch die Knotengleichung ersetzt:

↑ ersetzen durch die Knotengleichung ①

$$U_1 = (I_2 + I_3) \cdot R_1 + I_2 \cdot R_2 + U_2$$

$$U_1 = I_2 \cdot R_1 + I_3 \cdot R_1 + I_2 \cdot R_2 + U_2$$

$$U_1 = I_2(R_1 + R_2) + \textcircled{I_3} \cdot R_1 + U_2$$

Einsetzung der Gleichung für I_3 ein weiteres Mal in die nun umgestellte Gleichung:

↑ ersetzen durch die Gleichung 3.5.5.1 – 7

$$U_1 = I_2(R_1 + R_2) + I_2 \frac{R_2}{R_3} R_1 + U_2 \frac{R_1}{R_3} + U_2$$

Weitere Umstellungen und Zusammenfassungen ergeben die 1. Vierpolgleichung der T-Widerstandsschaltung:

$$\boxed{U_1 = U_2\left(1 + \frac{R_1}{R_3}\right) + I_2\left(R_1 + R_2 + \frac{R_1 \cdot R_2}{R_3}\right)}$$

1. Vierpolgleichung (3.5.5.1 – 8)

Zur Aufstellung der 2. Vierpolgleichung ersetzt die Gleichung 3.5.5.1 – 7 in der Knotengleichung die Größe I_3. Weiteres Umstellen und Zusammenfassen führen zur 2. Vierpolgleichung:

$$I_1 = I_2 + \textcircled{I_3}$$

↑ ersetzen durch die Gleichung 3.5.1 – 7

$$I_1 = I_2 + \frac{R_2 \cdot I_2}{R_3} + \frac{U_2}{R_3}$$

$$I_1 = \frac{U_2}{R_3} + I_2\left(1 + \frac{R_2}{R_3}\right)$$

$$\boxed{I_1 = U_2\left(\frac{1}{R_3}\right) + I_2\left(1 + \frac{R_2}{R_3}\right)}$$

2. Vierpolgleichung (3.5.5.1 – 9)

Die beiden Vierpolgleichungen für die T-Widerstandsinnenschaltung werden in einer Matrix-Anordnung, wie nebenstehend gezeigt, zusammengestellt:

$$\boxed{\begin{aligned} U_1 &= U_2\left(1 + \frac{R_1}{R_3}\right) + I_2\left(R_1 + R_2 + \frac{R_1 \cdot R_2}{R_3}\right) \\ I_1 &= U_2\left(\frac{1}{R_3}\right) + I_2\left(1 + \frac{R_2}{R_3}\right) \end{aligned}}$$

(3.5.5.1 – 10)

3.5.5.2 Definition und Kennzeichnung der Vierpolparameter

Die Schreibweise der Vierpolgleichungen in der Matrix-Anordnung, wobei die Reihenfolge der Gleichungen immer eingehalten werden muss, ermöglicht die Definition von **Vierpolparametern**. Diese Parameter sind, bezogen auf die einzelnen Innenschaltungen, immer unterschiedlich. Für jede vorliegende Vierpolschaltung müssen die Gleichungen hergeleitet werden.

$$\begin{aligned} U_1 &= U_2 \cdot (\quad) + I_2 \cdot (\quad) \\ I_1 &= U_2 \cdot (\quad) + I_2 \cdot (\quad) \end{aligned} \qquad (3.5.5.2-1)$$

Vierpolparameter

Durch die Matrix-Anordnung können die Vierpolparameter wie folgt gekennzeichnet werden:

Der Kennbuchstabe A für die Parameter ist in diesem Beispiel willkürlich gewählt. Es gibt spezielle Vierpol-Schaltungen, bei denen der Kennbuchstabe festgelegt ist, z. B. erfolgt die Kennzeichnung der Vierpolparameter von Transistoren im Niederfrequenzeinsatz mit dem Buchstaben h (= Hybrid).

1. Zeile $\rightarrow U_1 = U_2 \cdot A'_{11} + I_2 \cdot A'_{12}$

2. Zeile $\rightarrow I_1 = U_2 \cdot A_{21} + I_2 \cdot A_{22}$

↑ 1. Spalte ↑ 2. Spalte

Neben der Kennzeichnung durch Buchstaben werden die Parameter mit Indizes versehen. Sie geben den Ort im Gleichungssystem an durch Angabe der Zeile und der Spalte.

A_{11} Sprechweise: $\mathrm{A_{eins,eins}}$ (1. Zeile; 1. Spalte)

A_{12} Sprechweise: $\mathrm{A_{eins,zwei}}$ (1. Zeile; 2. Spalte)

Werden die Definitionen für Vierpolparameter auf die Beispielschaltung des T-Vierpols übertragen, so ergibt dies folgende Vierpolparameter:

$$A_{11} = \left(1 + \frac{R_1}{R_3}\right)$$

$$A_{12} = \left(R_1 + R_2 + \frac{R_1 \cdot R_2}{R_3}\right)$$

$$A_{21} = \left(\frac{1}{R_3}\right)$$

$$A_{22} = \left(1 + \frac{R_2}{R_3}\right)$$

Die definierten Vierpolparameter können nach der entwickelten Vierpoltheorie durch äußere Messung und Beschaltung als „Wert“ ermittelt werden. Liegt dieser Wert nun vor, so wird mit der jeweiligen Bestimmungsgleichung der unbekannte Widerstandswert aus der Innenschaltung berechnet. Beschaltung und Messung am In- und Output erfolgt für jeden Vierpolparameter einzeln. Ausgehend von der ersten Vierpolgleichung wird zuerst der **Leerlauffall** betrachtet. Dies besagt, der Ausgang des Vierpols wird nicht belastet und I_2 ist gleich null.

1. Vierpolgleichung

$U_1 = U_2 \cdot A_{11} + I_2 \cdot A_{12}$

Leerlauffall:

$I_2 = 0$

Überträgt man diese Leerlaufaussage auf die erste Vierpolgleichung, so führt dies nach einer Gleichungsumstellung zu der Aussage:

$$U_2 = U_1 \cdot A_{11} + 0$$

$$A_{11} = \frac{U_2}{U_1}$$

Es handelt sich um das **Spannungsverhältnis** der Ausgangs- zur Eingangsspannung mit der Definition als **Leerlauf-Spannungsverhältnis**:

A_{11} = Leerlauf-Spannungsverhältnis

$$A_{11} = \left.\frac{U_2}{U_1}\right|_{I_2=0} \qquad (3.5.5.2-2)$$

Lesart: Spannungsverhältnis U_2 zu U_1 unter der Bedingung $I_2 = 0$

Am Input des Vierpols wird aus einer Spannungsquelle die Spannung U_1 (Spannungsgröße und Spannungsart richten sich nach der Art der Bauelemente der Innenschaltung) angelegt.
Am Output wird die dort anstehende Spannung U_2 gemessen.

Bild 3.5.5.2 – 1 Beschalteter Vierpol

Zur Definition des Vierpolparameters A_{12} muss in der ersten Vierpolgleichung $U_2 = 0$ sein. Das bedeutet, der Output wird kurzgeschlossen.

Kurzschlussfall: $U_2 = 0$
1. Vierpolgleichung mit $U_2 = 0$

Die Übertragung der Aussage $U_2 = 0$ auf die erste Vierpolgleichung ergibt:

$$U_1 = 0 + I_2 \cdot A_{12}$$

$$A_{12} = \frac{U_1}{I_2}$$

Definiert wird diese Aussage als **Kurzschluss-Kennwiderstand**:

A_{12} = Kurzschluss-Kennwiderstand

$$A_{12} = \left.\frac{U_1}{I_2}\right|_{U_2=0} \qquad (3.5.5.2-3)$$

Lesart: Kennwiderstand $\frac{U_1}{I_2}$ unter der Bedingung $U_2 = 0$

Für den messtechnischen Schritt wird an den Input wieder die Spannung U_1 angelegt. Der Ausgang wird kurzgeschlossen und der in der Kurzschlussbrücke fließende Strom wird gemessen.

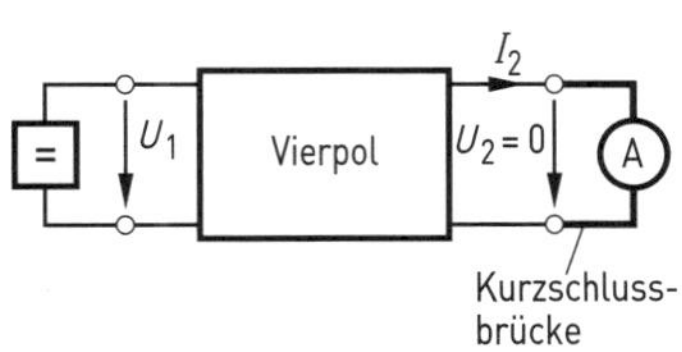

Bild 3.5.5.2 – 2 Beschalteter Vierpol

Die Definition der Vierpolparameter A_{21} erfolgt aus der zweiten Vierpolgleichung.

2. Vierpolgleichung:

$$I_1 = U_2 \cdot A_{21} + I_2 \cdot A_{22}$$

Wie aus der Gleichungsbetrachtung zu erkennen ist, muss wieder mit dem Leerlauffall begonnen werden, also $I_2 = 0$.

$$I_2 = 0$$

Daraus folgt:

$$I_1 = U_2 \cdot A_{21}$$

Definiert wird der abgeleitete Vierpolparameter A_{21} als **Leerlauf-Kennleitwert**.

$$A_{21} = \frac{I_1}{U_2}$$

A_{21} = Leerlauf-Kennleitwert

$$A_{21} = \left.\frac{I_1}{U_2}\right|_{I_2=0} \qquad (3.5.5.2-4)$$

Für die messtechnische Erfassung wird am Ausgang des Vierpols von einer Spannungsquelle eine Spannung U_2 angeschlossen. Über Spannungsgröße und Spannungsart gelten die bereits gemachten Aussagen. Am Eingang des Vierpols wird, wie im Bild 3.5.5.2 – 3 gezeigt, ein Amperemeter angeschlossen und der Wert des Stromes I_1 gemessen.

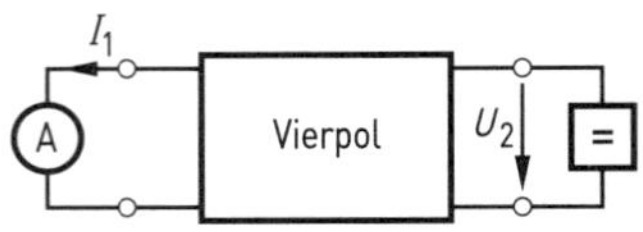

Bild 3.5.5.2 – 3 Beschalteter Vierpol

Die Definition des Vierpolparameters A_{22} erfolgt ebenfalls aus der zweiten Vierpolgleichung. Es führt wieder der Kurzschlussfall zu einer Aussage:

Kurzschlussfall: $U_2 = 0$

$$I_1 = 0 + I_2 \cdot A_{22}$$

Die Umstellung der Gleichung ergibt die Aussage für A_{22}.
Definiert wird der Vierpolparameter als **Kurzschluss-Stromverhältnis**.

$$A_{22} = \frac{I_1}{I_2}$$

A_{22} = Kurzschluss-Stromverhältnis

$$A_{22} = \left.\frac{I_1}{I_2}\right|_{U_2=0} \qquad (3.5.5.2-5)$$

Zum weiteren messtechnischen Ablauf wird wieder eine definierte Spannung U_1 angeschlossen und der Eingangsstrom I_1 gemessen. Der Ausgang wird kurzgeschlossen und der Strom I_2 in der Kurzschlussbrücke wird gemessen.

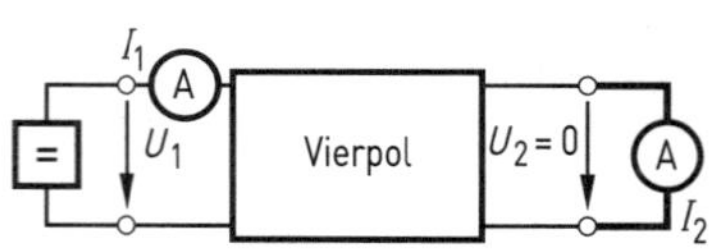

Bild 3.5.5.2 – 4 Beschalteter Vierpol

3.5.5.3 Ermittlung der Bauelementdaten einer Vierpol-Innenschaltung aus den Daten der Vierpolparameter

Bezogen auf das Beispiel der T-Widerstandsinnenschaltung ergaben sich in einem Laborversuch folgende Werte der einzelnen Vierpolparameter:

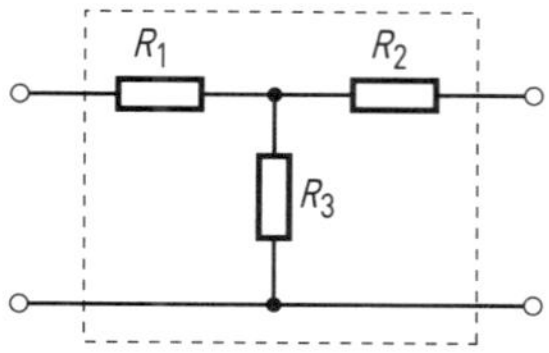

Bild 3.5.5.3 – 1 T-Widerstandsschaltung

$$A_{11} = 12$$

$$A_{12} = 100\ \Omega$$

$$A_{21} = 1{,}19\ \text{S(Siemens)}$$

$$A_{22} = 10$$

Die bereits im Abschnitt 3.5.5.1 hergeleiteten Vierpolparameter für die T-Schaltung lauten:

$$A_{11} = 1 + \frac{R_1}{R_2} = 12$$

$$A_{12} = R_1 + R_2 + \frac{R_1 \cdot R_2}{R_3} = 100\ \Omega$$

$$A_{21} = \frac{1}{R_3} = 1{,}19\ \text{S}$$

$$A_{22} = 1 + \frac{R_2}{R_3} = 10$$

Betrachtet man die einzelnen Bestimmungsgleichungen, um durch Umstellung die Widerstandswerte zu bestimmen, so lässt sich der Wert für R_3 direkt aus der Aussage von A_{21} ableiten:

$$R_3 = \frac{1}{A_{21}} = \frac{1}{1{,}19\ \text{S}} = \underline{\underline{0{,}84\ \Omega}}$$

Mit dem Wert von R_3 und der Gleichung für A_{11} ergibt sich für R_1:

$$A_{11} = 1 + \frac{R_1}{R_3}$$

$$\frac{R_1}{R_3} = A_{11} - 1$$

$$R_1 = R_3(A_{11} - 1)$$

$$R_1 = 0{,}84\ \Omega \cdot (12 - 1)$$

$$R_1 = \underline{\underline{9{,}24\ \Omega}}$$

Ebenso lässt sich mit dem Wert R_3 und der Gleichung für A_{22} der Wert von R_2 berechnen:

$$A_{22} = 1 + \frac{R_2}{R_3}$$

$$\frac{R_2}{R_3} = A_{22} - 1$$

$$R_2 = R_3(A_{22} - 1)$$
$$R_2 = 0{,}84\ \Omega \cdot (10 - 1)$$
$$R_2 = \underline{\underline{7{,}56\ \Omega}}$$

Nun sind alle Widerstandswerte bekannt, und zwar nicht durch eine direkte Messung, sondern durch die Methode der Vierpolparameter. Im Schaltplan Bild 3.5.5.3 – 2 sind die nun bekannten Werte eingetragen.

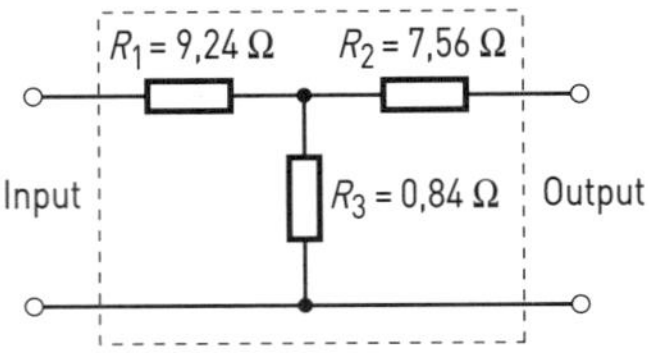

Bild 3.5.5.3 – 2 T-Widerstandsschaltung mit den berechneten Widerstandswerten

Beispiel 3.5.5.3 – 1

Um an einem nicht zugänglichen passiven Vierpol Berechnungen durchführen zu können, sind die Vierpolgleichungen aufzustellen in der Form:

$$I_1 = f(U_1; U_2) \quad \Big| \quad U_1; U_2 \text{ bekannt}$$
$$I_2 = f(U_1; U_2) \quad \Big| \quad I_1; I_2 \text{ gesucht}$$

Der passive Vierpol hat die Innenschaltung gemäß Bild:

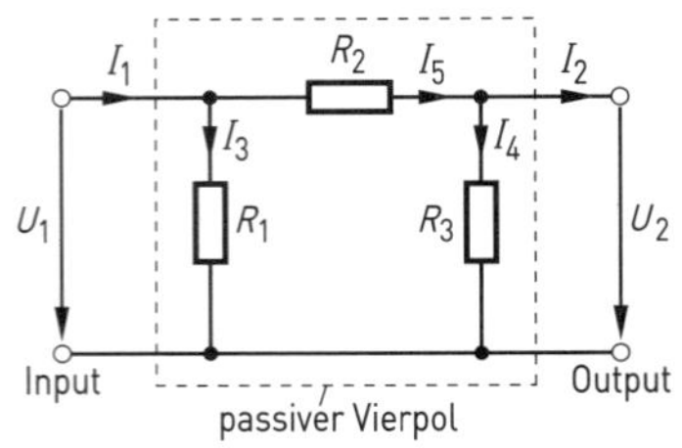

Hinweis: Die Bezeichnung und die Richtung der Ströme in der Innenschaltung sind frei gewählt.

Lösung:

Festlegung von Knoten und Maschenumläufen im Schaltplan:

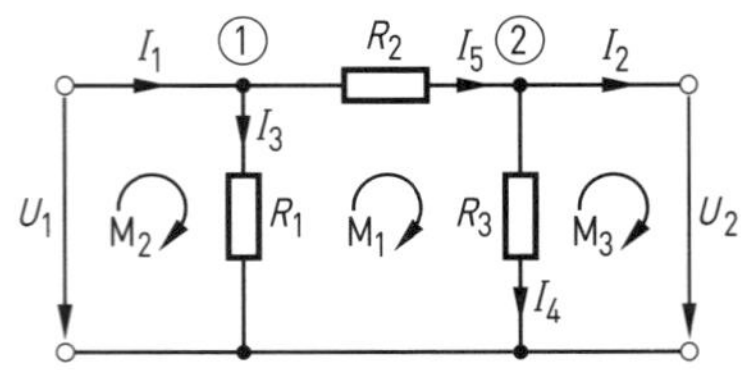

Aufstellung der Knoten- und Maschengleichungen:

Knoten:

①: $I_1 = I_3 + I_5$

②: $I_5 = I_4 + I_2$

Maschen:

M_1: $I_5 \cdot R_2 + I_4 \cdot R_3 - I_3 \cdot R_1 = 0$

M_2: $I_3 \cdot R_1 - U_1 = 0$

$U_1 = I_3 \cdot R_1$

M_3: $U_2 - I_4 \cdot R_3 = 0$

$U_2 = I_4 \cdot R_3$

Ausgangspunkt zur Herleitung der ersten Vierpolgleichung ist die Kontengleichung ①:

$$I_1 = I_3 + I_5$$

In der Maschengleichung M_1 werden die Ströme I_3 und I_4 durch die Maschengleichungen M_2 und M_3 ersetzt:

$$I_5 \cdot R_2 = I_3 \cdot R_1 - I_4 \cdot R_3$$
$$= \frac{U_1}{R_1} \cdot R_1 - \frac{U_2}{R_3} \cdot R_3$$
$$I_5 \cdot R_2 = U_1 - U_2$$
$$I_5 = \frac{U_1}{R_2} - \frac{U_2}{R_2}$$

In der Knotengleichung ① werden nun die Ströme I_3 und I_5 ersetzt:

$$I_1 = \frac{U_1}{R_1} + \frac{U_1}{R_2} - \frac{U_2}{R_2}$$

Eine weitere Umstellung führt zur ersten Vierpolgleichung:

$$I_1 = U_1\left(\frac{R_1 + R_2}{R_1 \cdot R_2}\right) - U_2\left(\frac{1}{R_2}\right)$$

Ausgangspunkt zur Herleitung der zweiten Vierpolgleichung ist wiederum die Knotengleichung ①, die nach I_3 umgestellt wird.

$$I_3 = I_1 - I_5$$

Einsetzen dieser umgestellten Gleichung in M_2:

$$U_1 = (I_1 - I_5) \cdot R_1$$
$$U_1 = I_1 \cdot R_1 - I_5 \cdot R_1$$

Knotengleichung ② umstellen nach I_4, diese Gleichung wird mit A gekennzeichnet.

$$\text{A:} \quad I_4 = I_5 - I_2$$

Einsetzen der Gleichung A in M_3:

$$U_2 = (I_5 - I_2) \cdot R_3$$
$$U_2 = I_5 \cdot R_3 - I_2 \cdot R_3$$

Einsetzen der Gleichung ② in M_1:

$$(I_4 + I_2) \cdot R_2 + I_4 \cdot R_3 - I_3 \cdot R_1 = 0$$
$$I_4 \cdot R_2 + I_2 \cdot R_2 + I_4 \cdot R_3 - I_3 \cdot R_1 = 0$$
$$\textcircled{I_4}\,(R_2 + R_3) + I_2 \cdot R_2 - \underbrace{I_3 \cdot R_1}_{= U_1} = 0$$

↑ Einsetzen von M_3

$$\frac{U_2}{R_3}(R_2 + R_3) + I_2 \cdot R_2 - U_1 = 0$$

Die Umstellung nach I_2 führt zur zweiten Vierpolgleichung:

$$I_2 \cdot R_2 = U_1 - \frac{U_2}{R_3}(R_2 + R_3)$$
$$I_2 = U_1\left(\frac{1}{R_2}\right) - U_2\left(\frac{R_2 + R_3}{R_2 \cdot R_3}\right)$$

Zusammenfassung der gesuchten Vierpolgleichungen:

$I_1 = f(U_1; U_2)$

$I_2 = f(U_1; U_2)$

$$I_1 = U_1\left(\frac{R_1 + R_2}{R_1 \cdot R_2}\right) - U_2\left(\frac{1}{R_2}\right)$$
$$I_2 = U_1\left(\frac{1}{R_2}\right) - U_2\left(\frac{R_2 + R_3}{R_2 \cdot R_3}\right)$$

3.6 Elektrische Arbeit und Leistung

Nach der Durcharbeitung dieses Kapitels haben Sie die **Kompetenz** ...
- die elektrische Leistung nach Nutz- und Verlustleistung zu unterscheiden und diese Aufteilung auch in Stromkreisen vorzunehmen,
- zu beschreiben, dass elektrische Energie nur durch Umwandlung aus anderen Energieformen gewonnen werden kann,
- die elektrische Leistung im U,I-Kennlinienfeld als Fläche darzustellen.

3.6.1 Elektrische Arbeit

In diesem Kapitel wird die Gesetzmäßigkeit der elektrischen Arbeit dargelegt. Zuvor sind einige Bemerkungen zum Gebrauch der Begriffe Arbeit und Energie erforderlich. Als Formelzeichen ist der Buchstabe W (= work) festgelegt. In der Praxis tritt aber auch das E auf. Die physikalischen Größen Arbeit und Energie sind gleichwertig. Als Erläuterung ist folgende Aussage möglich:

> Energie ist die Voraussetzung, um Arbeit verrichten zu können. Die Energie der Bewegung E_{kin} ist somit eine Arbeit, ebenso wie die Energie der Ruhe (= Energie der Lage) E_{pot}.

Die elektrische Spannung ist als Energie pro Ladung definiert worden. Sollen elektrische Ladungen getrennt werden, so ist dies nur durch Energiezufuhr möglich. Formelmäßig ist dieser Zusammenhang aus Gleichung 3.6.1 – 1 zu ersehen.

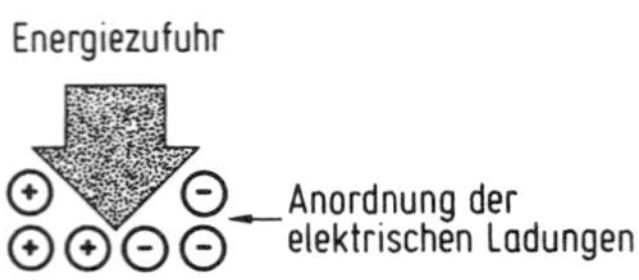

Bild 3.6.1 – 1
Trennung elektrischer Ladungen durch Energiezufuhr

Für die strömende Ladungsmenge gilt die Definitionsgleichung:

$$Q = I \cdot t$$

Wird diese Definitionsgleichung in die Gleichung der Energie eingesetzt, so ergibt sich daraus:

Umgesetzte Energie der elektrischen Strömung

$$W = U \cdot Q = U \cdot I \cdot t \qquad (3.6.1-1)$$

Die Einheitengleichung wird aus den Basiseinheiten abgeleitet.

$$[W] = \mathrm{V \cdot A \cdot s = W \cdot s = J\,(Joule) = N \cdot m} \qquad (3.6.1-2)$$

Als Vielfache der Einheit sind gebräuchlich:

$$1\ \mathrm{kWh} = 3{,}6 \cdot 10^6\ \mathrm{W \cdot s}$$

$$1\ \mathrm{Wh} = 3600\ \mathrm{W \cdot s}$$

Die Gleichung der Energie ist eine lineare Gleichung, die als Funktion dargestellt werden kann. Um die Ladung Q zu trennen, ist die Energie W notwendig. Zwischen den getrennten Ladungen baut sich dann die Spannung U auf. Beim Ladungsausgleich, also beim Stromfluss, ist die elektrische Ladung in Bewegung.

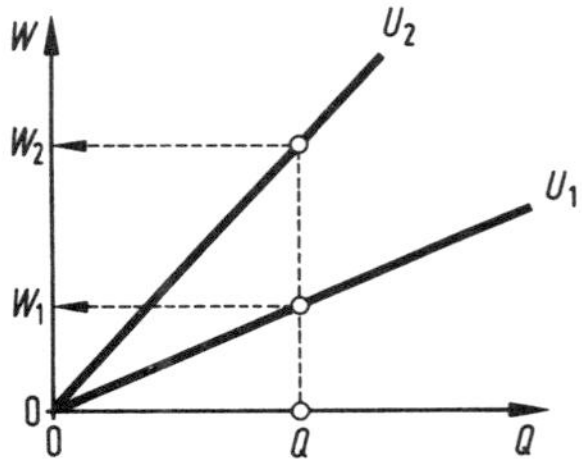

Bild 3.6.1 – 2
Energie als Funktion der zu trennenden Ladung

Ändern sich Spannung und Strom während der Betriebszeit t, so gilt für die elektrische Arbeit die allgemein gültige Aussage:

$$W = \int_0^t u \cdot i \cdot \mathrm{d}t \qquad (3.6.1-3)$$

u, i = Momentan- oder Augenblickswerte von Spannung und Strom.

Spannung und Strom sind z. B. Wechselgrößen.

Beispiel 3.6.1 – 1

In einem Stromkreis fließt 30 min lang ein Strom $I = 3$ A. Der Kreis wird von einer Spannung von $U = 15$ V gespeist. Berechnen Sie die umgesetzte Energie in W · s und in kWh.

Lösung:

$W = U \cdot I \cdot t$

$= 15\,\text{V} \cdot 3\,\text{A} \cdot 30\,\text{min}$ mit $1\,\text{min} = 60\,\text{s}$

$= 15\,\text{V} \cdot 3\,\text{A} \cdot 1800\,\text{s}$

Energieumsatz in W · s:

$W = 81\,000\,\text{W} \cdot \text{s}$

Energieumsatz in kWh:

$$W = 81\,000 \frac{1}{3{,}6 \cdot 10^6}\,\text{kWh}$$

$$W = \underline{\underline{0{,}0225\,\text{kWh}}}$$

Übung 3.6.1 – 1

In einem Bleiakku mit $U = 12$ V fließt in 10 h eine Ladungsmenge von $Q = 1 \cdot 10^{-3}$ C. Wie hoch ist die gespeicherte Energie des Bleiakkus?

Lösung:

Übung 3.6.1 – 2

Ein Blitz beinhaltet z. B. eine Energie von $W = 8 \cdot 10^7$ W · s. Die Blitzdauer beträgt $t = 1$ ms und es fließt ein Strom von $I = 80$ kA. Berechnen Sie die Spannung, die den Blitz auslöst.

Lösung:

3.6.2 Elektrische Leistung

Die Leistung, als Formelzeichen gilt der Buchstabe P (= power), ist als Arbeit pro Zeiteinheit definiert.

Elektrische Leistung

$$P = \frac{W}{t} = \frac{U \cdot I \cdot t}{t} = U \cdot I \qquad (3.6.2-1)$$

Als Einheit ergibt sich:

$$[P] = \mathrm{V} \cdot \mathrm{A} = \mathrm{W}\ (\mathrm{Watt}) \qquad (3.6.2-2)$$

Es ist möglich die erbrachte bzw. umgesetzte Leistung im U,I-Kennlinienfeld darzustellen. Die Eintragung des Produktes $U \cdot I$ ergibt eine Fläche, die der Leistung P entspricht.

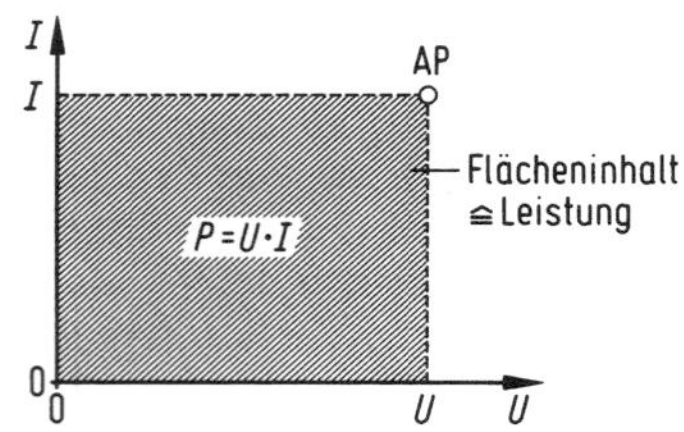

Bild 3.6.2 – 1
Darstellung der Leistung im U,I-Kennlinienfeld

Sind Spannung und Strom bei der Umsetzung einer Leistung P nicht konstant, so gilt die allgemein gültige Aussage:

$$P = \frac{1}{T} \int_0^T u \cdot i \cdot \mathrm{d}t \qquad (3.6.2-3)$$

u, i = Momentan- oder Augenblickswerte von Spannung und Strom.

Sind Spannung und Strom Wechselgrößen, so ist T die Periodendauer.

Beispiel 3.6.2 – 1

Berechnen Sie die im Widerstand $R = 10\ \Omega$ umgesetzte Leistung, wenn der Widerstand mit $U = 10$ V gespeist wird.

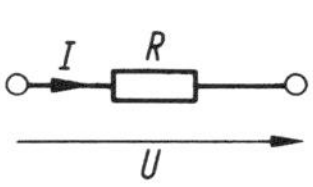

Lösung:

$$I = \frac{U}{R} = \frac{10\ \mathrm{V}}{10\ \Omega} = \underline{\underline{1\ \mathrm{A}}}$$

$$P = U \cdot I$$

$$P = 10\ \mathrm{V} \cdot 1\ \mathrm{A} = \underline{\underline{10\ \mathrm{W}}}$$

Beispiel 3.6.2 – 2

Berechnen Sie die in der Reihenschaltung umgesetzte Gesamtleistung, wenn von der Schaltung folgende Daten bekannt sind:

$R_1 = 10\ \Omega$, $R_2 = 30\ \Omega$, $R_3 = 80\ \Omega$,
$U = 230$ V.

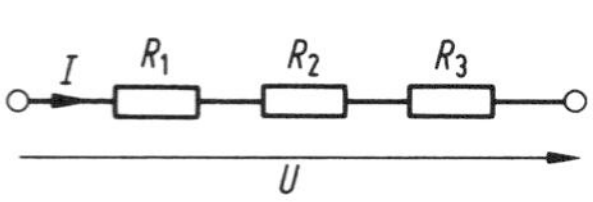

Lösung:

$$I = \frac{U}{R_{\mathrm{ges}}}$$

$$I = \frac{U}{R_1 + R_2 + R_3}$$

$$= \frac{230\ \mathrm{V}}{10\ \Omega + 30\ \Omega + 80\ \Omega}$$

$$I = \underline{\underline{1{,}916\ \mathrm{A}}}$$

$P_{ges} = U \cdot I$

$P_{ges} = 230\ \text{V} \cdot 1{,}916\ \text{A}$

$P_{ges} = \underline{\underline{440{,}68\ \text{W}}}$

Übung 3.6.2 – 1

Berechnen Sie die Gesamtleistung in einer Parallelschaltung, wenn folgende Daten bekannt sind:

$U = 100\ \text{V},\ R_1 = 1{,}5\ \text{k}\Omega,\ R_2 = 3{,}0\ \text{k}\Omega.$

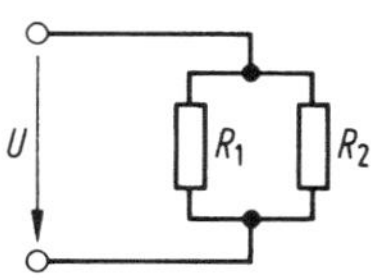

Lösung:

Für die Berechnung von Leistungen im Stromkreis ist es sehr nützlich, das Ohm'sche Gesetz in die Leistungsgleichung mit einzubeziehen.

$P = U \cdot I \quad \text{mit} \quad U = I \cdot R$

$$\boxed{P = I^2 \cdot R} \qquad (3.6.2-4)$$

$P = U \cdot I \quad \text{mit} \quad I = \frac{U}{R}$

$$\boxed{P = \frac{U^2}{R}} \qquad (3.6.2-5)$$

Anhand einiger Beispiele soll die Anwendung der einzelnen Formeln zur Berechnung der Leistung im Stromkreis dargestellt werden.

Beispiel 3.6.2 – 3

Die Leistung eines Heizofens von $P = 1000\ \text{W}$ soll durch einen Vorwiderstand auf $P' = 500\ \text{W}$ reduziert werden. Die Nennspannung der Heizung beträgt $U = 230\ \text{V}$. Gesucht ist der Wert des Vorwiderstandes R_V.

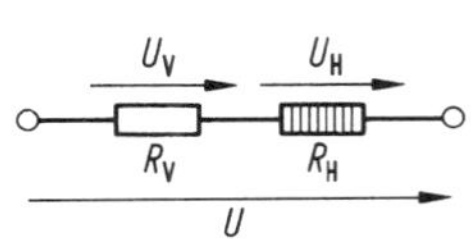

Lösung:

Zur Vereinfachung der Rechnung wird der Widerstand des Heizofens R_H auch bei der hohen Temperatur als konstant angenommen. Somit wird zuerst der Widerstand der Heizung R_H berechnet.

$$P = \frac{U^2}{R_H} \Rightarrow R_H = \frac{U^2}{P} = \frac{(230\ \text{V})^2}{1000\ \text{W}}$$

$R_H = \underline{\underline{52{,}9\ \Omega}}$

Aus der geforderten Leistung P' in der Heizung ist der benötigte Strom I im Reihenkreis und die an der Heizung abfallende Spannung U_H zu berechnen.

$$P' = I^2 \cdot R_H \Rightarrow I^2 = \frac{P'}{R_H}$$

$$I = \sqrt{\frac{P'}{R_H}} = \sqrt{\frac{500\ \text{W}}{52{,}9\ \Omega}}$$

$$I = \underline{\underline{3{,}074\ \text{A}}}$$

$$U_H = I \cdot R_H$$

$$U_H = 3{,}074\ \text{A} \cdot 52{,}9\ \Omega$$

$$U_H = \underline{\underline{162{,}61\ \text{V}}}$$

Die Gesamtspannung beträgt $U = 230$ V, die Teilspannung an der Heizung nur $U_H = 162{,}61$ V. Somit verbleibt für den Vorwiderstand eine Spannung von:

$$U_V = U - U_H$$

$$U_V = 230\ \text{V} - 162{,}61\ \text{V}$$

$$U_V = \underline{\underline{67{,}39\ \text{V}}}$$

Aus Gesamtstrom und Teilspannung folgt die Berechnung des Vorwiderstandes:

$$R_V = \frac{U_V}{I} = \frac{67{,}39\ \text{V}}{3{,}074\ \text{A}} = 21{,}922\ \Omega$$

$$R_V = \underline{\underline{21{,}922\ \Omega}}$$

Die Summe der Einzelleistungen ergibt die Gesamtleistung der Schaltung:

$$P_{ges} = P_V + P_H$$

$$P_{ges} = U_V \cdot I + U_H \cdot I$$

$$P_{ges} = 67{,}39\ \text{V} \cdot 3{,}074\ \text{A} + 162{,}61\ \text{V} \cdot 3{,}074\ \text{A}$$

$$P_{ges} = \underline{\underline{707{,}02\ \text{W}}}$$

Übung 3.6.2 – 2

Ein Stromkreis gemäß Bild wird von $U = 20$ V gespeist. Die Verbraucher haben die Werte:

$R_1 = 115\ \Omega$, $R_2 = 300\ \Omega$, $R_3 = 180\ \Omega$, $R_4 = 215\ \Omega$.

Berechnen Sie die in der Schaltung umgesetzte Leistung.

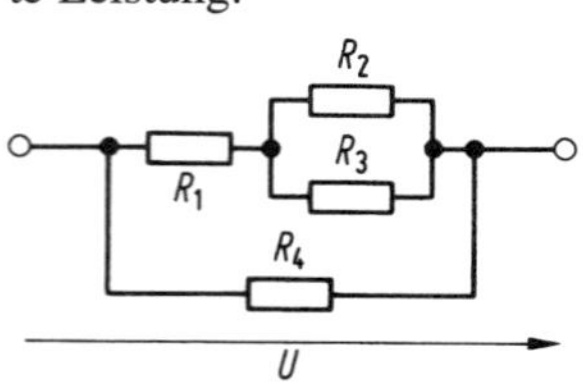

Lösung:

Übung 3.6.2 – 3

Für eine Wohnung werden elektrische Geräte mit folgenden Leistungsangaben gekauft:

$P_1 = 30$ W, $P_2 = 80$ W, $P_3 = 1300$ W,
$P_4 = 2200$ W, $P_5 = 200$ W.

Die Betriebsspannung ist $U = 230$ V.

Berechnen Sie die Ströme für die einzelnen Verbraucher, den Gesamtstrom und die Gesamtanschlussleistung.

Lösung:

Die Leistungen im elektrischen Stromkreis wurden bisher betrachtet, ohne eine Aufteilung in Nutz- und Verlustleistung vorzunehmen. Diese Aufteilung soll im folgenden Abschnitt behandelt werden.

3.6.2.1 Leistungshyperbel

Die Leistung wird, wie bereits bekannt, im U,I-Kennlinienfeld als Fläche dargestellt. Das Produkt $U \cdot I$ kann in unendlich viele Variationen aufgespalten werden, welche alle dieselbe Leistung ergeben. In folgendem Beispiel wird dieser Tatbestand verdeutlicht.

Beispiel 3.6.2.1 – 1

Die in einem Widerstand umgesetzte Leistung beträgt $P = 10$ W. Die Spannung am Widerstand betrage: $U_1 = 10$ V, $U_2 = 5$ V, $U_3 = 15$ V. Berechnen Sie den jeweils notwendigen Strom für die Leistung $P = 10$ W und stellen Sie die Verhältnisse im U,I-Kennlinienfeld dar.

Lösung:

Vorbetrachtung:
Wird die Gleichung für die Leistung $P = U \cdot I$ nach I umgestellt, so erhält man:

$$I = \frac{P}{U}$$

Ändert man U wie oben angegeben in Schritten, so gilt:

$$I = P \cdot \frac{1}{U}$$

Der umgestellte Term ist eine Funktionsvorschrift und hat das Bild einer Hyperbel.
Durch die Berechnung einiger Punkte im U,I-Kennlinienfeld folgt nun die Bestätigung dazu.

Mit den berechneten Strömen kann man im U,I-Kennlinienfeld die Leistungsflächen einzeichnen. Sie gelten alle für die Leistung von 10 W. Theoretisch lassen sich unendlich viele Leistungsflächen zeichnen. Werden alle markierten Eckpunkte dieser Leistungsflächen miteinander verbunden, dann ergibt sich eine Hyperbel, die so genannte Verlustleistungshyperbel, häufig auch nur Leistungshyperbel genannt.

$$P = U \cdot I = 10\ \text{W}$$

$$I_1 = \frac{P}{U_1} = \frac{10\ \text{W}}{10\ \text{V}} = \underline{\underline{1\ \text{A}}}$$

$$I_2 = \frac{P}{U_2} = \frac{10\ \text{W}}{5\ \text{V}} = \underline{\underline{2\ \text{A}}}$$

$$I_3 = \frac{P}{U_3} = \frac{10\ \text{W}}{15\ \text{V}} = \underline{\underline{0{,}66\ \text{A}}}$$

Für jede Leistung kann in einem U,I-Kennlinienfeld eine Leistungshyperbel konstruiert werden. Je größer die Leistung ist, je weiter ist die Leistungshyperbel vom Koordinatennullpunkt entfernt.

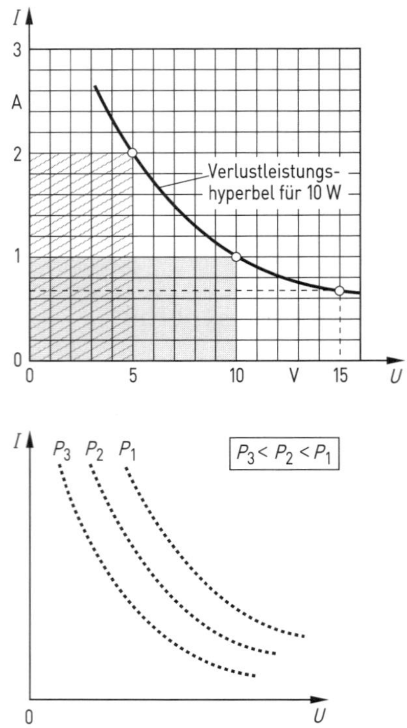

Bild 3.6.2.1 – 1
Leistungshyperbel im U,I-Kennlinienfeld

Die Bedeutung der Leistungshyperbel in der Praxis soll nun an einem Beispiel erläutert werden.

Beispiel 3.6.2.1 – 2

In einem Widerstand $R = 10\ \Omega$ kann maximal eine Leistung (hier als Verlustleistung bezeichnet) $P_V = 8$ W umgesetzt werden. In einem U,I-Kennlinienfeld mit Widerstandskennlinie ist die Leistungshyperbel einzuzeichnen.

Berechnung der Wertepaare für die Leistungshyperbel. Dazu werden Spannungswerte angenommen:

Lösung:

$P_V = 8\ \text{W} = U \cdot I$

mit $U_1 = 6\ \text{V} \Rightarrow I_1 = \frac{8\ \text{W}}{6\ \text{V}} = \underline{\underline{1{,}33\ \text{A}}}$

mit $U_2 = 8\ \text{V} \Rightarrow I_2 = \frac{8\ \text{W}}{8\ \text{V}} = \underline{\underline{1\ \text{A}}}$

mit $U_3 = 10\ \text{V} \Rightarrow I_3 = \frac{8\ \text{W}}{10\ \text{V}} = \underline{\underline{0{,}8\ \text{A}}}$

mit $U_4 = 12\ \text{V} \Rightarrow I_4 = \frac{8\ \text{W}}{12\ \text{V}} = \underline{\underline{0{,}66\ \text{A}}}$

Die Leistungshyperbel schneidet die Widerstandsgerade in einem Punkt. Hieraus sind die Maximalwerte von Strom und Spannung für diesen Widerstand abzulesen. Der Arbeitspunkt des Widerstandes darf somit nur zwischen dem Koordinatennullpunkt und dem Schnittpunkt mit der Leistungshyperbel liegen.
Rechts von der Leistungshyperbel wird der Widerstand überlastet. Dieser Teil des Kennlinienfeldes wird als verbotener Bereich bezeichnet.
Bei einem linearen Widerstand lassen sich die Maximalwerte für Spannung und Strom auch mittels der Leistungsgleichungen berechnen, wie das folgende Beispiel zeigt.

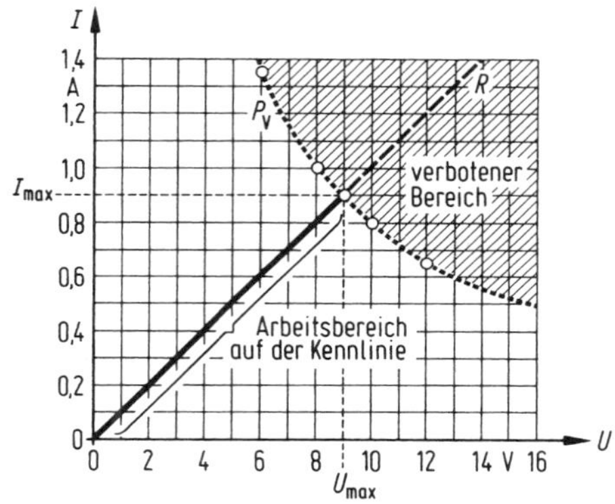

Bild 3.6.2.1 – 2
Widerstandskennlinie mit Leistungshyperbel

Beispiel 3.6.2.1 – 3

Für den Widerstand aus Beispiel 3.6.2.1 – 2 soll die maximal anzulegende Spannung und der maximal fließende Strom berechnet werden.

Lösung:

$P_V = U \cdot I = \frac{U^2}{R} = I^2 \cdot R$

$P_V = 8\ \text{W}; \quad R = 10\ \Omega$

$U_{max}^2 = P_V \cdot R$

$U_{max} = \sqrt{P_V \cdot R} = \sqrt{8\ \text{W} \cdot 10\ \Omega} = \underline{\underline{8{,}9\ \text{V}}}$

$I_{max}^2 = \frac{P_V}{R}$

$I_{max} = \sqrt{\frac{P_V}{R}} = \sqrt{\frac{8\ \text{W}}{10\ \Omega}} = \underline{\underline{0{,}89\ \text{A}}}$

Der Vergleich der Ergebnisse aus der grafischen und der numerischen Lösung zeigt Übereinstimmung. In der Praxis werden die Maximalwerte für Spannung und Strom eines linearen Widerstandes meistens errechnet. Bei einem nichtlinearen Widerstand ist die grafische Lösung zweckmäßiger. An einer Übung soll dieser Umstand dargestellt werden.

Übung 3.6.2.1 – 1

Gegeben ist die Kennlinie eines nichtlinearen Widerstandes. Zeichnen Sie die Leistungshyperbel für $P_V = 1{,}8$ W. Lesen Sie U_{max} und I_{max} ab.

Lösung:

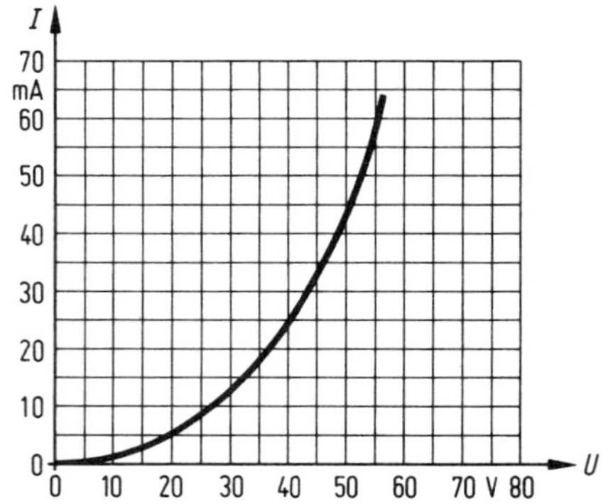

Übung 3.6.2.1 – 2

An einem linearen Widerstand von $R = 1$ kΩ kann maximal die Spannung $U = 25$ V angelegt werden. Berechnen Sie aus diesen Angaben die maximale Verlustleistung und den maximalen Strom durch den Widerstand.

Lösung:

3.6.2.2 Nutzleistung und Verlustleistung

In einem Stromkreis wird die Leistung als Nutz- oder Nennleistung bezeichnet, die für eine vorgesehene Wirkung benötigt wird. Als Verlustleistung gilt dagegen die Leistung, welche nutzlos in Wärme umgesetzt wird. In der Praxis unterscheidet man zwischen der umgesetzten Verlustleistung P_V und der maximal möglichen Verlustleistung P_{tot} (Index „tot" bedeutet total). Letztere wird vom Hersteller des Bauelementes oder der Baugruppe angegeben. Sie ist die maximal zulässige Verlustleistung, die dauernd umgesetzt werden kann, ohne dass das Bauelement oder die Baugruppe überlastet (d. h. zu warm) wird und somit zerstört werden kann. Die P_{tot} ist durch die maximal mögliche Temperatur, die in einem Bauelement oder einer Baugruppe dauernd vorhanden sein kann, begrenzt. Die im Innern vorhandene Wärme ist durch den Wärmefluss an die Umgebung gegeben, dem ein Wärmewiderstand R_{th} entgegensteht. Er ist mit dem elektrischen Widerstand vergleichbar, der dem Stromfluss entgegenwirkt. Der Wärmewiderstand ist als Eigenschaft der Werkstoffe definiert, den Wärmefluss gut oder schlecht zu leiten. Bei einer guten Wärmeleitfähigkeit wird z. B. die im Innern entstandene Wärme gut an die Umgebung abgegeben. Ist die Wärmeleit-

Nutzleistung = Leistung für die vorgesehene Wirkung
Verlustleistung = nutzlos in Wärme umgesetzte Leistung

Verlustleistung

tatsächlich umgesetzte Verlustleistung P_V	maximal zulässige Verlustleistung P_{tot}

$$P_V \leq P_{tot}$$

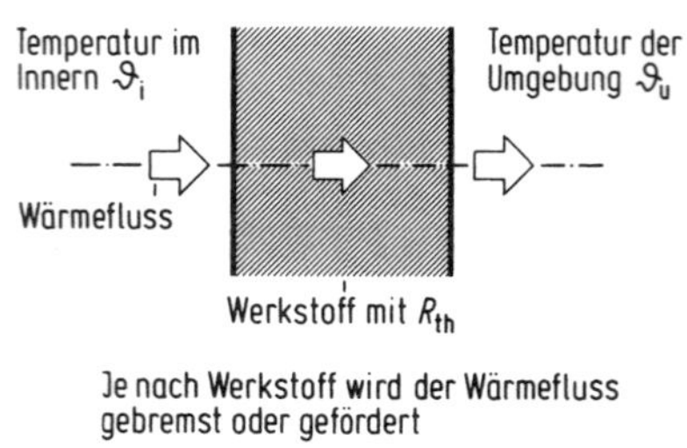

Bild 3.6.2.2 – 1 Behinderung des Wärmeflusses durch den Wärmewiderstand

fähigkeit gering, so kann ein Wärmestau entstehen und die Temperatur im Innern steigt unzulässig hoch an. Es ist zu beachten, dass der Wärmefluss immer von der hohen Temperatur zur niedrigen Temperatur erfolgt.
Die umgesetzte Leistung ist die Ursache für die entstandene Wärme. Formelmäßig gilt der Zusammenhang:

Ist die Temperatur im Innern größer, so gilt:

$\vartheta_i > \vartheta_u$

und der Wärmefluss erfolgt von ϑ_i nach ϑ_u.

$$P_V = \frac{\vartheta_i - \vartheta_u}{R_{th}} \qquad (3.6.2.2-1)$$

Aus vorstehender Gleichung wird die Einheit des Wärmewiderstandes R_{th} abgeleitet. Die Werte für R_{th} werden von den Herstellern der Bauelemente angegeben oder können aus Kennlinien ermittelt werden. Die maximal mögliche Leistung, die in einem Bauelement umgesetzt werden kann, berechnet sich mit der Gleichung:

$$[R_{th}] = \frac{\text{K}}{\text{W}} = \frac{\text{Kelvin}}{\text{Watt}} \qquad (3.6.2.2-2)$$

$$P_{tot} = \frac{\vartheta_{i\,max} - \vartheta_u}{R_{th}} \qquad (3.6.2.2-3)$$

In den meisten Fällen bezieht sich P_{tot} auf $\vartheta_u = 20\,°\text{C}$.

Beispiel 3.6.2.2 – 1

Die Umhüllung einer elektrischen Baugruppe hat dem Wärmewiderstand $R_{th} = 5$ K/W, die zugeführte Leistung beträgt $P_V = 10$ W. Die Umgebungstemperatur hat den Wert $\vartheta_u = 30\,°\text{C}$. Berechnen Sie die Temperatur ϑ_i im Inneren der Baugruppe.

Lösung:

$$P_V = \frac{\vartheta_i - \vartheta_u}{R_{th}}$$

$$P_V = \frac{\vartheta_i}{R_{th}} - \frac{\vartheta_u}{R_{th}}$$

$$\frac{\vartheta_i}{R_{th}} = P_V + \frac{\vartheta_u}{R_{th}}$$

$$\vartheta_i = \left(P_V + \frac{\vartheta_u}{R_{th}}\right) \cdot R_{th}$$

$$= \left(10\,\text{W} + \frac{30\,°\text{C}}{5\,\frac{\text{K}}{\text{W}}}\right) \cdot 5\,\frac{\text{K}}{\text{W}}$$

$$\vartheta_i = 80\,°\text{C}$$

Übung 3.6.2.2 – 1

Die maximale Temperatur eines Widerstandes darf $\vartheta_{i\,max} = 100\,°\text{C}$ sein. Die Umgebungstemperatur beträgt $\vartheta_u = 25\,°\text{C}$. Der Wärmewiderstand der Umhüllung hat den Wert $R_{th} = 10$ K/W. Welche maximale Leistung P_{tot} darf im Widerstand umgesetzt werden?

Lösung:

Anhand des folgenden Beispieles sollen nun die bisher erarbeiteten Erkenntnisse im Zusammenhang dargestellt werden.

Beispiel 3.6.2.2 – 2

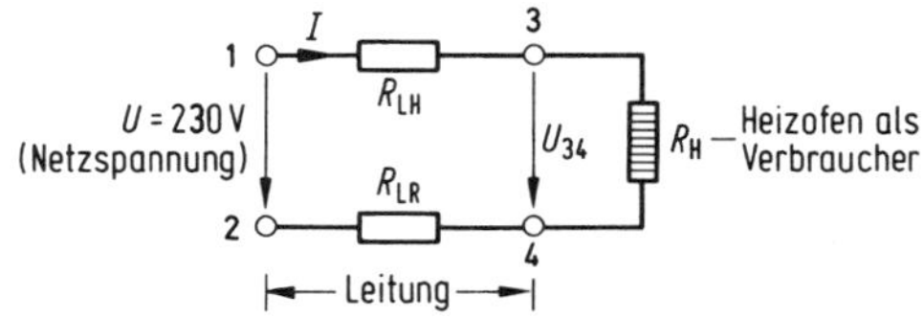

Ein Heizofen wird über eine Kupferleitung mit der Länge $l = 200$ m und einem Querschnitt $A = 1{,}5$ mm^2 ans Netz mit $U = 230$ V angeschlossen. Der Heizofen hat die Daten: $U_N = 230$ V, $P_N = 2200$ W. Berechnen Sie die tatsächliche Nennleistung des Heizofens und die Verlustleistung in den Leitungen. Berechnen Sie weiter die Gesamtleistung, die dem Netz entnommen wird. Stellen Sie Nutz- und Verlustleistung zur Gesamtleistung ins Verhältnis.

Lösung:

Berechnung der Leitungswiderstände:

$$R_{LH} = R_{LR} = \frac{l}{\varkappa \cdot A} = \frac{200\ \text{m}}{56 \frac{\text{m}}{\Omega \cdot \text{mm}^2} \cdot 1{,}5\ \text{mm}^2} = \underline{\underline{2{,}38\ \Omega}}$$

Gesamtleitungswiderstand:

$$R_{Ltg} = R_{LH} + R_{LR} = 2 \cdot 2{,}38\ \Omega = \underline{\underline{4{,}76\ \Omega}}$$

Berechnung des Heizofenwiderstandes:

$$P_N = \frac{U_N^2}{R_H} \Rightarrow R_H = \frac{U_N^2}{P_N} = \frac{(230\ \text{V})^2}{2200\ \text{W}} = \underline{\underline{24{,}045\ \Omega}}$$

Berechnung des Stromes:

$$I = \frac{U}{R_{ges}} = \frac{230\ \text{V}}{R_{Ltg} + R_H} = \frac{230\ \text{V}}{28{,}805\ \Omega} = \underline{\underline{7{,}984\ \text{A}}}$$

Die tatsächliche Spannung am Verbraucher ist:

$$U_{34} = R_H \cdot I = 24{,}045\ \Omega \cdot 7{,}984\ \text{A} = \underline{\underline{191{,}975\ \text{V}}}$$

(Die Teilspannung auf der Leitung ist somit höher, als von den EVUs zulässig.)

Die tatsächliche Leistung P'_N im Verbraucher:

$$P'_N = I \cdot U_{34} = 7{,}984\ \text{A} \cdot 191{,}975\ \text{V}$$

$$P'_N = \underline{\underline{1532{,}728\ \text{W}}}$$

Die Leistungsverluste in den Leitungen:

$$P_V = I^2 \cdot R_{Ltg} = (7{,}984\ \text{A})^2 \cdot 4{,}76\ \Omega$$

$$P_V = \underline{\underline{303{,}422\ \text{W}}}$$

Die gesamte dem Netz entnommene Leistung:

$$P_{ges} = P'_N + P_V = 1532{,}728\ \text{W} + 303{,}422\ \text{W}$$

$$P_{ges} = \underline{\underline{1836{,}15\ \text{W}}}$$

Die Nutzleistung des Heizofens beträgt: $\approx 83\,\%$ der Gesamtleistung

Die Verlustleistung auf der Leitung beträgt: $\approx 17\,\%$ der Gesamtleistung

Wie das Beispiel zeigt, geht auf der Leitung ein großer Prozentsatz der zur Verfügung gestellten Leistung verloren. In der Praxis ist somit ein anderer Leitungsquerschnitt zu wählen.

Übung 3.6.2.2 – 2

An einem Verbraucher, dessen Widerstand konstant bleibt, wird die Spannung verdoppelt. In welchem Maße erhöht sich die Leistung?

Lösung:

Übung 3.6.2.2 – 3

Drei Glühlampen sind gemäß vorgegebenem Schaltplan miteinander verbunden. Berechnen Sie die tatsächlich in den Lampen umgesetzten Leistungen. Die Daten der Glühlampen sind:

La_1: 80 W/150 V
La_2: 120 W/150 V
La_3: 200 W/150 V

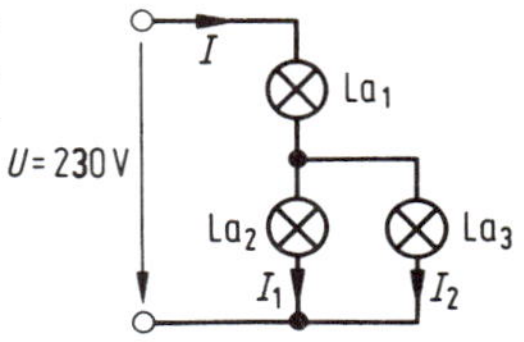

Lösung:

Übung 3.6.2.2 – 4

Ein Monteur benötigt für Arbeiten in einem Gartenhaus einen Heizstrahler mit $P = 2$ kW/230 V. Zum Anschluss benutzt er zwei Kabeltrommeln mit je 50 m Kabel (Cu-Kabel mit 1,5 mm^2) und schaltet sie in Reihe. Berechnen Sie die tatsächliche Heizleistung des Strahlers, wenn mit 230 V eingespeist wird.

Lösung:

3.6.2.3 Wirkungsgrad

Das Verhältnis von Nutzenergie zur Gesamtenergie ist ein Maß für die Qualität des Energieumsatzes. Es ist als Wirkungsgrad η definiert. Die Gesamtenergie muss von der Spannungsquelle (oder vom Netz) zur Verfügung gestellt werden. Ein Teil dieser Energie wird im Stromkreis nutzlos verbraucht, also nur ein Teil der hineingesteckten Energie in Nutzenergie umgewandelt. Somit hat jedes System (jeder Verbraucher) einen Wirkungsgrad. Er ist ein Zahlenwert, der zwischen 0 und 1 liegt. Im Falle $\eta = 1$ wäre die Verlustenergie gleich 0, also ein Idealfall, der nach den physikalischen Gesetzen nicht möglich ist.

Wirkungsgrad

$$\eta = \frac{W_{\text{Nutz}}}{W_{\text{gesamt}}} = \frac{W_{\text{Nutz}}}{W_{\text{Nutz}} + W_{\text{Verlust}}} \quad (3.6.2.3-1)$$

$$0 < \eta < 1$$

Wegen der bekannten Zusammenhänge zwischen Energie und Leistung gilt die Definition für den Wirkungsgrad auch entsprechend für die Leistung:

$$W = P \cdot t \Rightarrow P = \frac{W}{t}$$

$$\eta = \frac{P_{\text{N}}}{P_{\text{ges}}} = \frac{P_{\text{N}}}{P_{\text{N}} + P_{\text{V}}} \quad (3.6.2.3-2)$$

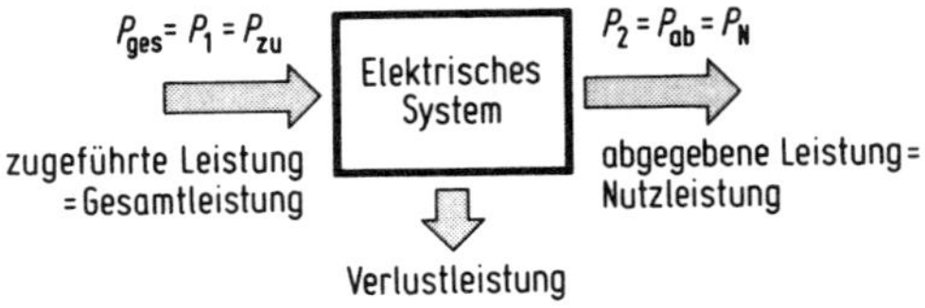

Bild 3.6.2.3 – 1
Leistungsbilanz in einem elektrischen System

Die Leistungsbilanz in einem elektrischen System setzt sich aus Gesamtverlust- und Nutzleistung zusammen.

$P_{ges} = P_N + P_V$ oder

$$\boxed{P_1 = P_2 + P_V} \qquad (3.6.2.3-3)$$

$$\eta = \frac{P_2}{P_1} = \frac{P_N}{P_{ges}}$$

Beispiel 3.6.2.3 – 1

Auf dem Leistungsschild eines Motors sind folgende Daten angegeben:

$P_2 = 1\ \text{kW}, \quad U_N = 230\ \text{V}, \quad \eta = 0{,}8$

Berechnen Sie die zugeführte Leistung P_1, die Verlustleistung P_V und den Strom in den Zuleitungen.

Lösung:

$$P_1 = \frac{P_2}{\eta} = \frac{1000\ \text{W}}{0{,}8} = \underline{\underline{1250\ \text{W}}}$$

$$I = \frac{P_1}{U_N} = \frac{1250\ \text{W}}{230\ \text{V}} = \underline{\underline{5{,}434\ \text{A}}}$$

$$P_V = P_1 - P_2 = 1250\ \text{W} - 1000\ \text{W} = \underline{\underline{250\ \text{W}}}$$

Übung 3.6.2.3 – 1

An einem Heizwiderstand $R = 10\ \Omega$ ändert sich die Netzspannung $U = 230\ \text{V} \pm 10\,\%$. In welchem Bereich ändert sich die umgesetzte Leistung?

Lösung:

Übung 3.6.2.3 – 2

Durch Messung wird der Strom eines Motors bei einer Netzspannung von 230 V zu $I = 10$ A ermittelt. An der Welle wird durch Bremsversuche $P_2 = 1500$ W gemessen. Berechnen Sie: P_1, P_V und η.

Lösung:

3.6.2.4 Leistungsanpassung

Verbraucher, die an eine Spannungsquelle angeschlossen sind, entziehen dieser Leistung. Es tritt dabei die Frage nach der maximalen Leistung auf, die einer Spannungsquelle entnommen werden kann. Zur Untersuchung dieses Problemkreises wird eine Ersatzspannungsquelle mit einem veränderlichen Wider-

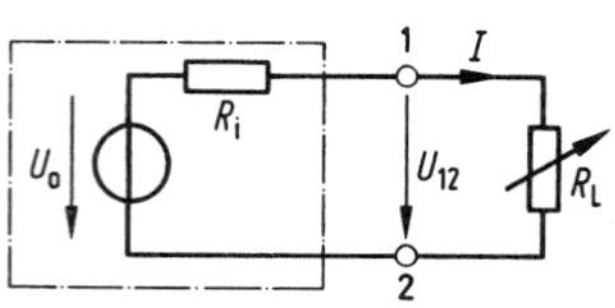

Bild 3.6.2.4 – 1
Ersatzspannungsquelle mit veränderlichem Widerstand

stand R_L belastet. Abhängig von der Einstellung des Widerstandes kann man drei Fälle unterscheiden.

1. Fall: Kurzschlussbetrieb

Im Kurzschlussfall ist die entnommene Leistung gleich null, da die Klemmenspannung null ist.

$$R_L = 0; \quad U_{12} = 0 \Rightarrow P_{12} = U_{12} \cdot I_k = 0 \cdot I_k$$

$$\underline{\underline{P_{12} = 0}}$$

2. Fall: Leerlaufbetrieb

Im Leerlaufbetrieb ist die entnommene Leistung ebenfalls gleich null, da der Strom null ist.

$$R_L \to \infty; \quad I = 0 \Rightarrow P_{12} = U_0 \cdot I = U_0 \cdot 0$$

$$\underline{\underline{P_{12} = 0}}$$

3. Fall: Belastungsbetrieb

Im Belastungsbetrieb ist der Widerstand auf einen Wert zwischen null und unendlich eingestellt. Es gilt dann $U_{12} > 0$ und $I > 0$. Die Leistung P_{12} hat somit einen bestimmbaren Wert.

$$0 < R_L < \infty; \quad \Rightarrow P_{12} = U_{12} \cdot I$$

Werden die bisherigen Erkenntnisse in ein Diagramm übertragen, so kann folgender Funktionsverlauf vermutet werden:
Die entnommene Leistung muss ein Maximum ($= P_{12\,\text{max}}$) erreichen, da Anfang und Ende der Funktion bei Null liegen. Es stellt sich nun die Frage: Bei welchem Wert von R_L liegt das Maximum der Leistung?

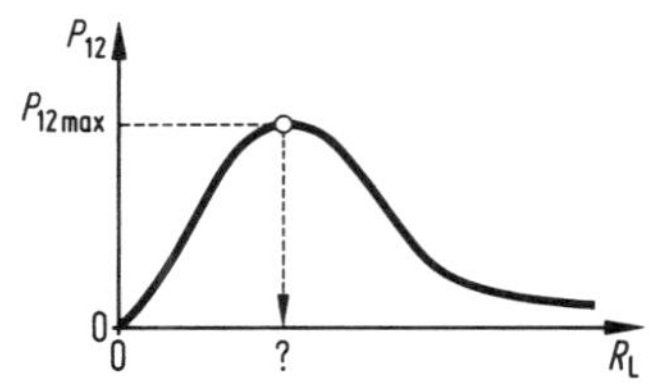

Bild 3.6.2.4 – 2 Einer Spannungsquelle entnommene Leistung als Funktion des Lastwiderstandes

Um diese Frage beantworten zu können, ist zunächst die Gleichung für die entnommene Leistung so umzustellen, dass in ihr die bekannten Größen (U_0, R_i, R_l) der Spannungsquelle auftreten:

$$P_{12} = U_{12} \cdot I$$

$$U_{12} = U_0 - U_{R_i}$$

$$U_{12} = U_0 - I \cdot R_i$$

$$P_{12} = (U_0 - I \cdot R_i) \cdot I \quad \text{mit} \quad I = \frac{U_0}{R_i + R_L}$$

$$P_{12} = \left(U_0 - \frac{U_0}{R_i + R_L} \cdot R_i\right) \frac{U_0}{R_i + R_L}$$

$$\boxed{P_{12} = \frac{U_0^2}{R_i + R_L} - \frac{U_0^2 \cdot R_i}{(R_i + R_L)^2}} \qquad (3.6.2.4-1)$$

Mit Hilfe der für P_{12} abgeleiteten Gleichung wird nun anhand eines Beispieles die Funktion $P_{12} = f(R_L)$ dargestellt, um den Punkt der maximal entnommenen Leistung genau zu ermitteln. (Siehe dazu Lernaufgabe 4.)

Beispiel 3.6.2.4 – 1

Die Daten der Ersatzspannungsquelle sind:

$U_0 = 10\ \text{V},\ R_i = 5\ \Omega,\ I_k = 2\ \text{A}.$

Der Variationsbereich des Lastwiderstandes R_L beträgt 0...15 Ω. Zeichnen Sie die Funktion $P_{12} = f(R_L)$.

Lösung:

Ausgehend von der Gleichung:

$$P_{12} = \frac{U_0^2}{R_i + R_L} - \frac{U_0^2 \cdot R_i}{(R_i + R_L)^2} = \frac{U_0^2 \cdot R_L}{(R_i + R_L)^2}$$

wird eine Wertetabelle für die Funktion erstellt.

$\frac{R_L}{\Omega}$	0	1	2	4	5	8	10	12	15
$\frac{P_{12}}{\text{W}}$	0	2,77	4,07	4,93	5	4,95	4,73	4,44	3,75

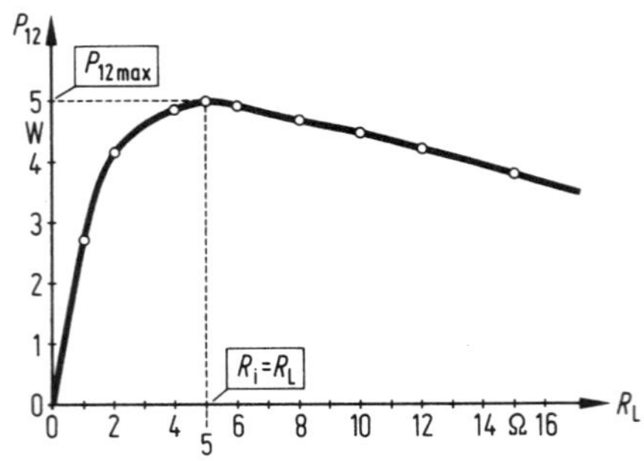

Die in das Diagramm übertragenen Werte zeigen den tatsächlichen Verlauf der entnommenen Leistung in Abhängigkeit vom Lastwiderstand R_L. Das Maximum liegt bei $R_L = 5\ \Omega$. Dieser Wert ist identisch mit dem Wert des Innenwiderstandes $R_i = 5\ \Omega$. Somit kann folgende Aussage formuliert werden:

> Einer Spannungsquelle wird maximale Leistung entnommen, wenn der Lastwiderstand R_L den gleichen Wert wie der Innenwiderstand R_i aufweist. Dieser Fall heißt Leistungsanpassung.

Leistungsanpassung ⇒ $R_i = R_L$

(3.6.2.4 – 2)

Übung 3.6.2.4 – 1

Die Kenndaten einer Spannungsquelle sind durch Messungen gegeben:
$U_{12} = 15\ \text{V}$ im Leerlauf und $U_{12} = 7{,}5\ \text{V}$ mit einem Lastwiderstand von $R_L = 10\ \Omega$. Es sollen die Daten U_0, I_k, R_i, $P_{12\,max}$ berechnet werden.

Lösung:

Übung 3.6.2.4 – 2

Von einer belasteten Spannungsquelle sind folgende Daten bekannt:

$U_{R_i} = 2{,}5\ \text{V}, \quad R_i = 0{,}5\ \Omega, \quad P_{12\,\text{max}} = 5\ \text{W}.$

Berechnen Sie: I_k, R_L, U_{12}, U_0.

Lösung:

Beispiel 3.6.2.4 – 2

Der Lastwiderstand R_L an einer Spannungsteilerschaltung gemäß Bild ist so zu wählen, dass Leistungsanpassung erreicht wird. Berechnen Sie außerdem die im Lastwiderstand umgesetzte Leistung und die Gesamtleistung der Schaltung.

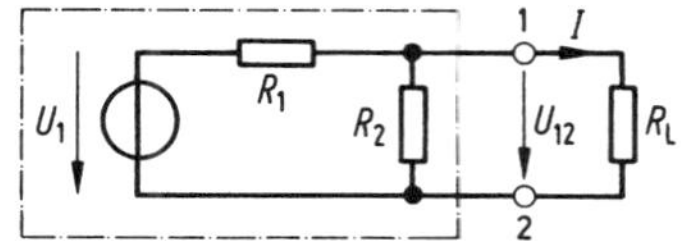

$U_1 = 10\ \text{V}$
$R_1 = 1\ \text{k}\Omega; \quad R_2 = 3\ \text{k}\Omega$

Lösung:

Zuerst wird die Spannungsteilerschaltung in eine Ersatzspannungsquellen-Schaltung umgezeichnet.

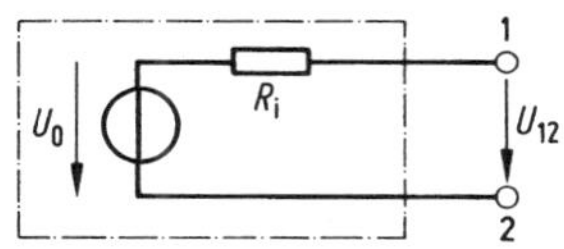

Berechnung der Spannung U_0:

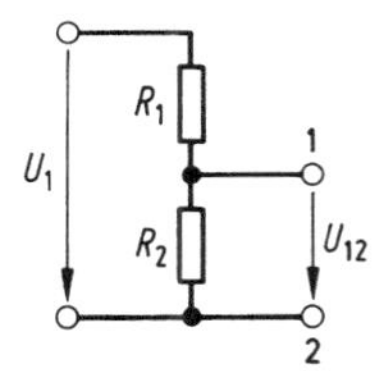

$$U_0 = U_{12\,\text{Leerl.}} = U_1 \frac{R_2}{R_1 + R_2} = 10\ \text{V} \frac{3\ \text{k}\Omega}{1\ \text{k}\Omega + 3\ \text{k}\Omega}$$

$$U_0 = \underline{\underline{7{,}5\ \text{V}}}$$

U_0 ist auch die Leerlaufspannung an den Klemmen 1, 2.

Berechnung des Innenwiderstandes R_i, dazu ist $U_1 = 0$ zu betrachten.

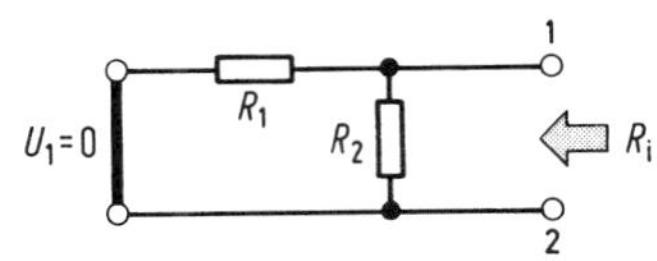

$$R_i = \frac{R_1 \cdot R_2}{R_1 + R_2} = \frac{1\ \text{k}\Omega \cdot 3\ \text{k}\Omega}{1\ \text{k}\Omega + 3\ \text{k}\Omega}$$

$$R_i = \underline{\underline{0{,}75\ \text{k}\Omega}}$$

Zusammenstellung der Ergebnisse:

$U_0 = 7{,}5\ \text{V}$
$R_i = 750\ \Omega$

Für eine Leistungsanpassung gilt immer:

$R_i = R_L$

Das ergibt für den Lastwiderstand:

$R_L = 750\ \Omega$

Die im Lastwiderstand umgesetzte Leistung ist:

$$P_{R_L} = U_{12} \cdot I$$

$$P_{R_L} = \frac{U_{12}^2}{R_L}$$

Berechnung der Spannung U_{12} bei angeschlossenem R_L:

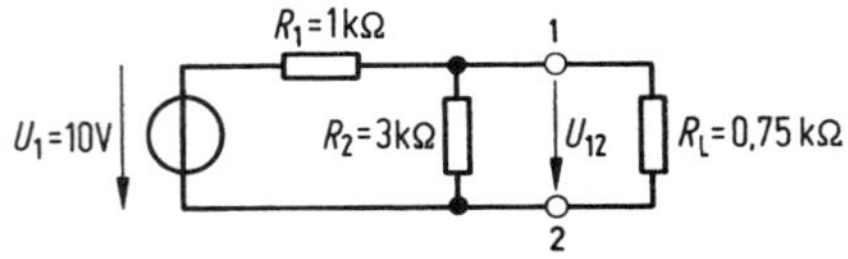

$$U_{12} = U_1 \frac{\dfrac{R_2 \cdot R_L}{R_2 + R_L}}{R_1 + \dfrac{R_2 \cdot R_L}{R_2 + R_L}} = 10\ \text{V} \frac{\dfrac{3\ \text{k}\Omega \cdot 0{,}75\ \text{k}\Omega}{3\ \text{k}\Omega + 0{,}75\ \text{k}\Omega}}{1\ \text{k}\Omega + \dfrac{3\ \text{k}\Omega \cdot 0{,}75\ \text{k}\Omega}{3\ \text{k}\Omega + 0{,}75\ \text{k}\Omega}}$$

$$U_{12} = \underline{\underline{3{,}75\ \text{V}}}$$

Daraus ergibt sich für die Leistung in R_L:

$$P_{R_L} = \frac{U_{12}^2}{R_L} = \frac{(3{,}75\ \text{V})^2}{750\ \Omega}$$

$$P_{R_L} = \underline{\underline{18{,}75\ \text{mW}}}$$

Die Gesamtleistung der Schaltung ist somit:

$$P_{ges} = U_1 \cdot I$$

$$= \frac{U_1^2}{R_{ges}}$$

$$= \frac{(10\ \text{V})^2}{1600\ \Omega}$$

$$P_{ges} = \underline{\underline{62{,}5\ \text{mW}}}$$

$$\text{mit} \quad R_{ges} = R_1 + \frac{R_2 \cdot R_L}{R_2 + R_L}$$

$$= 1\ \text{k}\Omega + \frac{3\ \text{k}\Omega \cdot 0{,}75\ \text{k}\Omega}{3\ \text{k}\Omega + 0{,}75\ \text{k}\Omega}$$

$$R_{ges} = \underline{\underline{1{,}6\ \text{k}\Omega}}$$

3.7 Umwandlung elektrischer Energie in andere Energien und umgekehrt

Nach der Durcharbeitung dieses Kapitels haben Sie die **Kompetenz** ...

- die notwendige elektrische Energie zu berechnen, die zur Erwärmung von Werkstoffen und Flüssigkeiten benötigt wird,
- die Wirkungsweise elektrochemischer Spannungsquellen zu beschreiben und dabei zu unterscheiden zwischen Primär- und Sekundärelementen.

3.7.0 Einführung

Die elektrische Energie beruht auf dem Potenzialunterschied zwischen getrennten Ladungen. Um elektrische Ladungen zu trennen, ist bekanntlich Energie notwendig. Die aufgebaute Spannung stellt potenzielle Energie dar, die wieder in jede andere Energieform umgewandelt werden kann. Die Einheiten der Energie Wattsekunde (W · s), Joule (J) und Newtonmeter (N · m) deuten bereits die Möglichkeiten an.
Jede Umrechnung von einer Energieform in eine andere setzt Kenntnisse der verschiedenen physikalischen Einheiten der Energie bzw. Arbeit, Leistung und Kraft voraus. In Tabelle 3.7.0 – 1 sind die wichtigsten Einheiten und ihre Umrechnungen zusammengestellt.

Einheiten der Energie (= Arbeit) ***W*****:**

$$[W] = 1\ \mathrm{W \cdot s} = 1\ \mathrm{J} = 1\ \mathrm{N \cdot m} \quad (3.7.0-1)$$

Tabelle 3.7.0 – 1 Umrechnungstabelle von Arbeits-(Energie), Kraft- und Leistungseinheiten

Arbeit Energie (W)	J	W · s	N · m	$\frac{\mathrm{kg \cdot m^2}}{\mathrm{s^2}}$	kcal	kWh
J (Joule) →	1	1	1	1	$0{,}239 \cdot 10^{-3}$	$0{,}277 \cdot 10^{-6}$
W · s →	1	1	1	1	$0{,}239 \cdot 10^{-3}$	$0{,}277 \cdot 10^{-6}$
N · m →	1	1	1	1	$0{,}239 \cdot 10^{-3}$	$0{,}277 \cdot 10^{-6}$
$\frac{\mathrm{kg \cdot m^2}}{\mathrm{s^2}}$ →	1	1	1	1	$0{,}239 \cdot 10^{-3}$	$0{,}277 \cdot 10^{-6}$
kcal →	4186,8	4186,8	4186,8	4186,8	1	$1{,}163 \cdot 10^{-3}$
kWh →	$3{,}6 \cdot 10^6$	$3{,}6 \cdot 10^6$	$3{,}6 \cdot 10^6$	$3{,}6 \cdot 10^6$	860	1

Kraft (F)	$\frac{\mathrm{J}}{\mathrm{m}}$	$\frac{\mathrm{W \cdot s}}{\mathrm{m}}$	N	$\frac{\mathrm{kg \cdot m}}{\mathrm{s^2}}$
$\frac{\mathrm{J}}{\mathrm{m}}$ →	1	1	1	1
$\frac{\mathrm{W \cdot s}}{\mathrm{m}}$ →	1	1	1	1
N →	1	1	1	1
$\frac{\mathrm{kg \cdot m}}{\mathrm{s^2}}$ →	1	1	1	1

Leistung (P)	W	$\frac{\mathrm{kg \cdot m^2}}{\mathrm{s^3}}$	kW	PS	$\frac{\mathrm{N \cdot m}}{\mathrm{s}}$
W →	1	1	$1 \cdot 10^{-3}$	$1{,}359 \cdot 10^{-3}$	1
$\frac{\mathrm{kg \cdot m^2}}{\mathrm{s^3}}$ →	1	1	$1 \cdot 10^{-3}$	$1{,}359 \cdot 10^{-3}$	1
kW →	$1 \cdot 10^3$	$1 \cdot 10^3$	1	1,359	$1 \cdot 10^{-3}$
PS →	736	736	0,736	1	736
$\frac{\mathrm{N \cdot m}}{\mathrm{s}}$ →	1	1	$1 \cdot 10^{-3}$	$1{,}359 \cdot 10^{-3}$	1

3.7.1 Elektrische Energie in mechanische Energie

Die Umformung der elektrischen in mechanische Energie erfolgt z. B. in Motoren. Den Motoren wird elektrische Energie W_e zugeführt, die den Aufbau magnetischer Felder auslöst. Diese bewirken Anziehung und Abstoßung, woraus eine Drehbewegung mit dem Drehmoment W_m (also mechanische Energie) entsteht.
Je größer das entnommene Drehmoment ist, desto größer muss auch die zugeführte elektrische Energie $U \cdot I \cdot t$ sein. Wird der Motor an Netzspannung angeschlossen, so ist diese ein konstanter Wert und die Energie vom Strom I und der Zeit t abhängig. Die Erhöhung des entnommenen Drehmomentes hat somit eine Erhöhung des Stromes zur Folge.

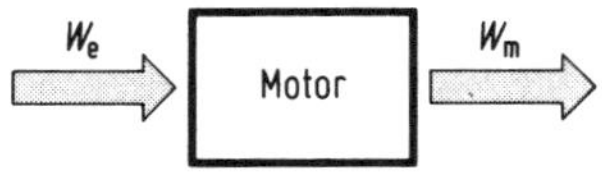

Bild 3.7.1 – 1 Motor als Energieumwandler

$$W_m = W_e$$

$$W_e = U \cdot I \cdot t$$

$$W_m = f(I, t)$$

Beispiel 3.7.1 – 1

Für den Antrieb eines Baukrans wird ein Elektromotor benötigt. Die Daten des Baukrans lauten:

Hubhöhe: $s_H = 10\ \text{m}$
Hubzeit: $t_H = 1\ \text{min}$
Lastgewicht: $m = 1000\ \text{kg}$

Berechnen Sie die Anschlussleistung P eines 230-V-Motors.

Lösung:

F = Gewichtskraft berechnet sich aus:

$$F = m \cdot g$$

$$g = \text{Fallbeschleunigung} = 9{,}81\ \frac{\text{m}}{\text{s}^2}$$

$$F = 1000\ \text{kg} \cdot 9{,}81\ \frac{\text{m}}{\text{s}^2}$$

$$F = \underline{\underline{9810\ \text{N}}}$$

$$W_m = F \cdot s_H \qquad W_e = P \cdot t_H$$

$$F \cdot s_H = P \cdot t_H$$

$$P = \frac{F \cdot s_H}{t_H} = \frac{9810\ \text{N} \cdot 10\ \text{m}}{60\ \text{s}}$$

$$P = \underline{\underline{1{,}635\ \text{kW}}}$$

Übung 3.7.1 – 1

Für den Antrieb einer Drehmaschine wird ein Elektromotor benötigt. An der Antriebswelle muss ein Drehmoment $W_m = 5000\ \text{N} \cdot \text{m}$ vorhanden sein. Bei einem Wirkungsgrad von $\eta = 0{,}85$ ist bei einer Netzspannung $U = 230\ \text{V}$ der aufgenommene Strom gesucht. Die Betriebszeit ist $t = 1\ \text{min} = 60\ \text{s}$.

Lösung:

3.7.2 Elektrische Energie in thermische Energie

Ein Gefäß mit Wasser ist durch eine Kochplatte von 10 °C auf 80 °C zu erwärmen. Hierzu ist eine bestimmte Wärmeenergie, Wärmemenge Q genannt, erforderlich. Sie berechnet sich durch die aus der Physik gegebene Gleichung:

$$\boxed{Q = m \cdot c(\vartheta_2 - \vartheta_1)} \qquad (3.7.2-1)$$

mit

m = Masse
c = spezifische Wärmekapazität
ϑ_2 = Endtemperatur
ϑ_1 = Anfangstemperatur

Die spezifische Wärmekapazität ist eine Werkstoffkonstante und gibt an, wie hoch die zugeführte Wärmemenge in Joule sein muss, um die Temperatur des Werkstoffes von der Masse 1 kg um 1 Kelvin zu erhöhen.

Die Einheit der spezifischen Wärmekapazität ist:

$$\boxed{[c] = \frac{\mathrm{J}}{\mathrm{kg} \cdot \mathrm{K}}} \qquad (3.7.2-2)$$

Die Werte für die spezifische Wärmekapazität einiger Werkstoffe können aus der Tabelle 3.7.2 – 1 ersehen werden.

Tabelle 3.7.2 – 1 Wärmekapazitätswerte

Werkstoff	c in $\frac{\mathrm{J}}{\mathrm{kg} \cdot \mathrm{K}}$
Stahl	450
Aluminium	896
Blei	130
Steinzeug	773
Wasser	4187

Beispiel 3.7.2 – 1

Der Leistungsanschlusswert eines Heißwasserboilers für 5 l ist zu berechnen. Das einlaufende kalte Wasser hat die Temperatur $\vartheta_1 = 10\,°\mathrm{C}$. Das erhitzte Wasser hat nach $t = 5$ min die Temperatur von $\vartheta_2 = 45\,°\mathrm{C}$ erreicht.

Lösung:

$$Q = c \cdot m(\vartheta_2 - \vartheta_1)$$

$$= 4187 \frac{\mathrm{J}}{\mathrm{kg} \cdot \mathrm{K}} \cdot 5\,\mathrm{kg}\,(45\,°\mathrm{C} - 10\,°\mathrm{C})$$

$$Q = \underline{\underline{732\,725\,\mathrm{J}}}$$

$$Q = W_\mathrm{e} = P \cdot t$$

$$P = \frac{732\,725\,\mathrm{J}}{5\,\mathrm{min}}$$

$$= \frac{732\,725\,\mathrm{J}}{5\,\mathrm{min} \cdot 60 \frac{\mathrm{s}}{\mathrm{min}}}$$

$$= 2442\,\mathrm{W} \approx \underline{\underline{2{,}5\,\mathrm{kW}}}$$

Übung 3.7.2 – 1

Vergleichen Sie die Stromkosten eines Durchlauferhitzers mit $P = 32$ kW und eines Radios mit $P = 40$ W. Die Einschaltzeit des Durchlauferhitzers ist $t = 70$ s (entspricht der Zeit zum Füllen einer Spülschüssel). Die Einschaltzeit des Radios beträgt $t = 8$ h. Die spezifischen Stromkosten sind $k = 0{,}13$ € /kWh.

Lösung:

Übung 3.7.2 – 2

Ein Heißwasserboiler mit 100 l Inhalt nimmt bei einer Netzspannung $U = 230$ V einen Strom $I = 11$ A auf. Welche Wärmemenge Q entwickelt der Boiler während einer Betriebsstunde? In welcher Zeit wird das Wasser mit einer Anfangstemperatur von $\vartheta_1' = 10$ °C auf die Endtemperatur $\vartheta_2 = 85$ °C bei einem Wirkungsgrad $\eta = 0{,}75$ erwärmt?

Lösung:

3.7.3 Elektrische Energie in optische Energie

Fließt durch eine Glühlampe Strom, dann leuchtet sie auf. Der Strom im Wolframwendel der Glühlampe erreicht eine hohe Stromdichte und führt durch die damit verbundene starke Erwärmung zum Glühvorgang. Die Glühlampe wird dabei zur Lichtquelle mit der Lichtstärke I_v. Diese Lichtstärke sendet den Lichtstrom Φ aus, der in Lumen gemessen wird.

Lichttechnische Grundgrößen:

Lichtstärke I_v

$[I_v] = \text{cd (Candela)}$

Lichtstrom Φ

$[\Phi] = \text{lm (Lumen)}$

Elektrische Lichtquellen werden nach ihrem Energieumsatz beurteilt, dabei wird der gewonnene Lichtstrom zur elektrischen Leistung in Beziehung gesetzt.

Lichtausbeute

$$\eta_v = \frac{\Phi}{P} = \frac{\text{Lichtstrom}}{\text{elektr. Leistung}} \qquad (3.7.3-1)$$

Die Einheit der Lichtausbeute ist:

$$[\eta_v] = \frac{\text{lm}}{\text{W}} \qquad (3.7.3-2)$$

Die Beleuchtung eines Arbeitsplatzes richtet sich nach der Tätigkeit, die dort verrichtet werden soll. Die Beleuchtung erfordert einen bestimmten Lichtstrom von der Lichtquelle, der dafür eine bestimmte elektrische Leistung zugeführt werden muss.

Beispiel 3.7.3 – 1

Für die Beleuchtung eines Arbeitsplatzes ist ein Lichtstrom $\Phi = 1 \cdot 10^4$ lm erforderlich. Die verwendete Lampe hat laut Herstellerangaben eine Lichtausbeute von $\eta_v = 80$ lm/W. Wie hoch muss die Gesamtanschlussleistung der Lampen sein, um den Arbeitsplatz wie gefordert zu beleuchten?

Lösung:

Die Lichtausbeute einer Lampe beträgt:

$$\eta_v = \frac{\Phi_{La}}{P} = 80\,\frac{\text{lm}}{\text{W}}$$

Der erforderliche Lichtstrom ist:

erforderlicher Lichtstrom

$$\Phi_{erf} = 1 \cdot 10^4\ \text{lm} = 10\,000\ \text{lm}$$

Die benötigte Gesamtanschlussleistung ergibt sich zu

$$P = \frac{\Phi_{erf}}{\eta_v} = \frac{10\,000\ \text{lm}}{80\,\frac{\text{lm}}{\text{W}}} = \underline{\underline{125\ \text{W}}}$$

Übung 3.7.3 – 1

Die Beleuchtung eines Raumes erfolgt mit einer Leuchtstofflampe von 65 W/230 V. Die Lampe gibt einen Lichtstrom $\Phi = 4250$ lm ab. Berechnen Sie die Lichtausbeute der Lampe.

Lösung:

3.7.4 Elektrische Energie in chemische Energie

3.7.4.0 Einführung

Die Umwandlung elektrischer in chemische Energie setzt die Kenntnis des Stromflusses in Flüssigkeiten voraus. Im Kapitel 1.3.3 wurde bereits darauf hingewiesen. In den folgenden Themensektoren wird dies nun genauer erarbeitet.

3.7.4.1 Elektrolyse und Leitungsmechanismus in Flüssigkeiten

Die Stromleitung in Metallen ist abhängig von der Leitfähigkeit der verwendeten Werkstoffe. Analog dazu drängt sich die Frage nach der Leitfähigkeit von Flüssigkeiten auf. Dies kann anhand eines einfachen Versuchsaufbaus untersucht werden. Ein Gefäß aus elektrisch nicht leitendem Material wird mit der zu untersuchenden Flüssigkeit gefüllt. Zwei Metallstäbe werden zur Kontaktabgabe in die Flüssigkeit gestellt. Diese Stäbe werden als Elektroden bezeichnet. Nun wird diese Anord-

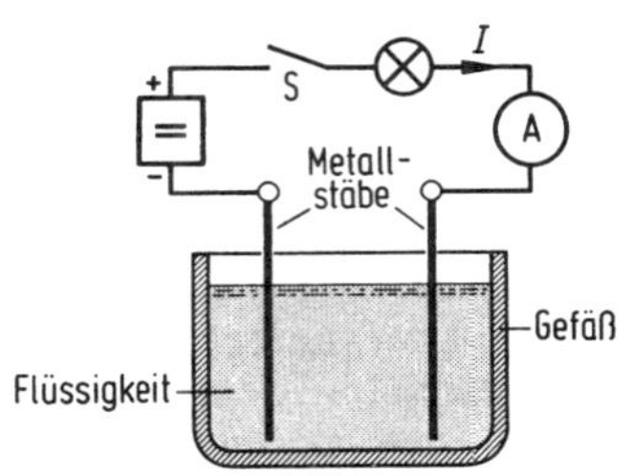

Bild 3.7.4.1 – 1 Versuchsaufbau zur Analyse der Leitfähigkeit von Flüssigkeiten

nung in einen Stromkreis geschaltet und der fließende Strom beobachtet.
Flüssigkeiten, die Säuren, Basen oder Salze beinhalten, leiten den elektrischen Strom besonders gut. Sie werden als elektrolytische Flüssigkeiten oder Elektrolyten bezeichnet. Beobachtet man die Versuchsanordnung im eingeschalteten Zustand über einen längeren Zeitraum, so lässt der Stromfluss nach und der Elektrolyt ändert seine chemische Zusammensetzung.

In einem Beispiel soll die Stromleitung in elektrolytischen Flüssigkeiten dargestellt werden. Als Elektrolyt wird eine Lösung aus Kochsalz und Wasser (H_2O) verwendet. Kochsalz setzt sich aus Natriumchlorid-Molekülen (NaCl) zusammen, zwischen denen Ionenbindung besteht. Wird an die beiden Elektroden eine Spannung angelegt, so baut sich in der Kochsalzlösung ein elektrisches Feld zwischen den Elektroden auf. Dieses Feld bewirkt von einem Mindestwert an die Auftrennung der Ionenbindung in die Bausteine Natrium (Na) und Chlor (Cl). Das Auseinanderbrechen des Moleküls führt zur Bildung von Ionen. Die Natrium-Ionen sind dabei positiv geladen, da sie Valenzelektronen an die Chlor-Ionen verloren haben. Unter dem Einfluss des elektrischen Feldes treiben die Ionen in der Flüssigkeit zu den Elektroden, die Kationen zur negativen Elektrode (= Kathode), die Anionen zur positiven Elektrode (= Anode). An den Elektroden angekommen, neutralisieren die Ionen ihre Ladung. Das Natrium-Ion nimmt aus der Kathode ein Elektron auf und wird dadurch neutral. Das Chlor-Ion gibt an die Anode ein Elektron ab und wird ebenfalls neutral. Für die neutralen Atome gibt es nun drei Möglichkeiten für den weiteren Verbleib:
1. Sie bleiben an der Elektrode haften. Dieser Vorgang findet in der Galvanotechnik Anwendung.
2. Sie sinken auf den Grund der Flüssigkeit und verbleiben dort als Schlamm.
3. Sie steigen aus der Flüssigkeit als Gas auf.

Die Elektronenabgabe bzw. -aufnahme führt zu Ladungsverschiebungen im Stromkreis und somit zum Stromfluss. Die Elektronen fließen dabei nicht im Kreislauf des Stromkreises, sondern sie entstammen dem Elektrolyten und werden auf der anderen Seite dem Elektrolyten zugehört. Mit Hilfe der elektrischen Energie wird der Elektrolyt aufgespalten. Dieser

Strom leitende Flüssigkeiten = elektrolytische Flüssigkeiten = Elektrolyt

Bei einem zeitlich längeren Stromdurchgang durch einen Elektrolyten verringert sich die Leitfähigkeit und es ändert sich die chemische Zusammensetzung.

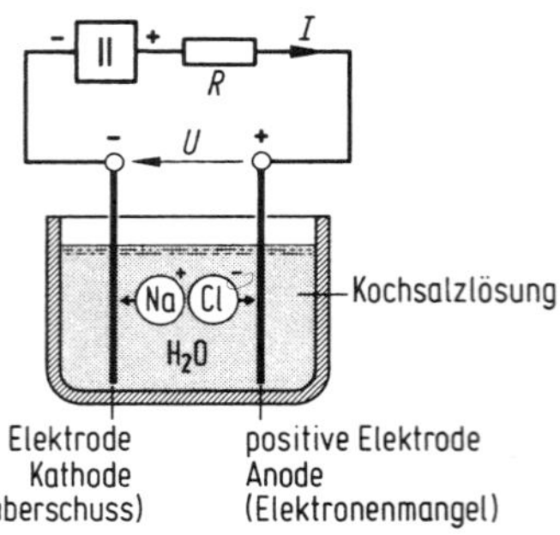

Bild 3.7.4.1 – 2 Versuchsaufbau einer Elektrolyse

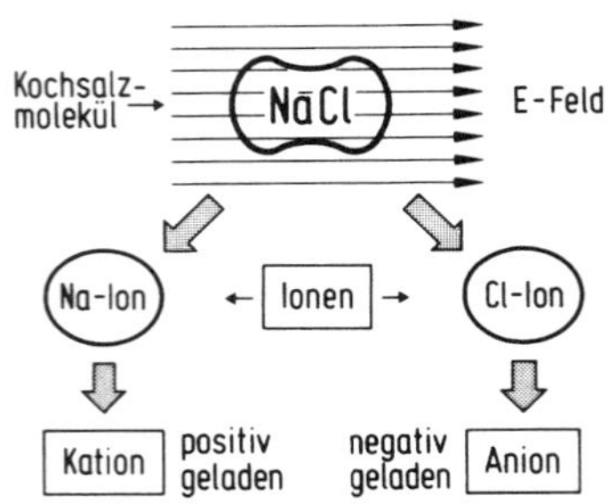

Bild 3.7.4.1 – 3
Aufspaltung eines Moleküls durch ein elektrisches Feld

Vorgang ist zeitlich begrenzt. Sind alle Moleküle aufgespalten, dann ist der Strom null und die Lösung ist elektrisch neutral.
Die Umwandlung elektrischer in chemische Energie findet z. B. in der chemischen Industrie oder in der Galvanotechnik Anwendung. Mit diesem Verfahren können Werkstücke mit verschiedenen metallischen Schichten überzogen werden. Die Galvanisierung findet stets an der Kathode statt. Michael Faraday (1791–1867) hat diese Vorgänge der Stoffabscheidung in dem nach ihm benannten *1. Faraday'schen Gesetz* beschrieben.

Umgesetzte Stoffmenge

$$m = \frac{M}{z \cdot F} \cdot I \cdot t \qquad (3.7.4.1-1)$$

m = Masse des abgeschiedenen Stoffes
M = molare Masse des Ions in kg/mol
z = Wertigkeit des Ions
I = Stromstärke

F = Faraday-Konstante = $96{,}5 \cdot 10^3$ C/mol

Dabei ist 1 mol die Einheit der Stoffmenge:

1 mol $\hat{=}$ $6{,}022 \cdot 10^{23}$ Teilchen

Die molare Masse M entspricht der relativen Atom- bzw. Molekülmasse, wenn sie in der Einheit g/mol eingesetzt wird.

Der aus F, M und z gebildete Ausdruck ist das elektrochemische Äquivalent $\ddot{A}$. Es stellt eine auf die Elektrolyse bezogene Stoffkonstante dar und kann mit Hilfe nachfolgender Tabelle berechnet werden:

Elektrochemisches Äquivalent

$$\ddot{A} = \frac{M}{z \cdot F} \qquad (3.7.4.1-2)$$

Tabelle 3.7.4.1 – 1 Werte zur Berechnung des elektrochemischen Äquivalentes

	Ion	*M* (g/mol)	*z*
Wasserstoff	H^+	1,008	1
Natrium	Na^+	22,99	1
Aluminium	Al^{+++}	26,98	3
Chrom	Cr^{+++}	52,00	3
Eisen	Fe^{++}	55,85	2
Eisen	Fe^{+++}	55,85	3
Nickel	Ni^{++}	58,69	2
Nickel	Ni^{+++}	58,69	3
Kupfer	Cu^+	63,55	1
Kupfer	Cu^{++}	63,55	2
Silber	Ag^+	107,9	1
Zink	Zn^{++}	65,39	2
Cadmium	Cd^{++}	112,41	2
Gold	Au^{+++}	196,97	3
Quecksilber	Hg^+	200,59	1
Quecksilber	Hg^{++}	200,59	2
Blei	Pb^{++}	207,2	2
Hydroxyl	OH^-	17,01	1
Sauerstoff	O^{--}	15,999	2
Chlor	Cl^-	35,45	1
Nitrat	NO_3^-	62,00	1
Sulfat	SO_4^{--}	96,06	2
Bleisuperoxid	PbO_2^{--}	239,2	2

Für die umgesetzte Masse ist daher folgende Vereinfachung möglich:

$$m = \ddot{A} \cdot I \cdot t$$

$$I \cdot t = Q$$

$$\boxed{m = \ddot{A} \cdot Q} \qquad (3.7.4.1-3)$$

Beispiel 3.7.4.1 – 1

Welcher Strom ist notwendig, um aus verdünnter Schwefelsäure (H_2SO_4) 0,1 kg Wasserstoff in $t = 8$ h zu entwickeln?

Lösung:

$$m = \frac{M}{z \cdot F} \cdot I \cdot t$$

$$I = \frac{m \cdot z \cdot F}{M \cdot t}$$

$$= \frac{0{,}1\ \text{kg} \cdot 1 \cdot 96{,}5 \cdot 10^3\ \frac{\text{A} \cdot \text{s}}{\text{mol}}}{1{,}008 \cdot 10^{-3}\ \frac{\text{kg}}{\text{mol}} \cdot 8\ \text{h} \cdot \frac{60\ \text{min}}{\text{h}} \cdot \frac{60\ \text{s}}{\text{min}}}$$

$$I = \underline{\underline{332\ \text{A}}}$$

Beispiel 3.7.4.1 – 2

An einer Kathode soll aus einer Kupfersulfatlösung ($CuSO_4$) 1 kg zweiwertiges Kupfer abgeschieden werden. Es fließt dazu ein Strom von $I = 100$ A. Welche Zeit ist dazu erforderlich? Berechnen Sie die umgesetzte Energie, wenn für die Galvanisierung eine Spannung von 2 V zur Verfügung steht.
Aus der Tabelle 3.7.4.1 – 1 werden die Werte für M und z ermittelt.

Lösung:

$$\left.\begin{array}{l} M = 63{,}55\ \text{g/mol} \\ z = 2 \end{array}\right\}\ \text{Cu}$$

Berechnung der Galvanisierzeit:

$$m = \frac{M}{z \cdot F} \cdot I \cdot t$$

$$t = \frac{m \cdot z \cdot F}{\mu \cdot t}$$

$$t = \frac{1\ \text{kg} \cdot 2 \cdot 96{,}5 \cdot 10^3\ \frac{\text{A} \cdot \text{s}}{\text{mol}}}{63{,}55 \cdot 10^{-3}\ \frac{\text{kg}}{\text{mol}} \cdot 100\ \text{A} \cdot 3600\ \frac{\text{s}}{\text{h}}}$$

$$t = \underline{\underline{8{,}44\ \text{h}}}$$

Berechnung der umgesetzten Energie:

$$W = U \cdot I \cdot t$$

$$= 2\ \text{V} \cdot 100\ \text{A} \cdot 8{,}44\ \text{h}$$

$$W = \underline{\underline{1{,}688\ \text{kWh}}}$$

Übung 3.7.4.1 – 1

Gesucht ist die erforderliche Stromstärke, um in $t = 1$ s aus einer Silbernitratlösung 1,118 mg Silber auszuscheiden.

Lösung:

3.7.4.2 Elektrochemische Spannungsquellen

Elektrische Energie kann, wie bereits dargelegt, direkt in chemische Energie umgewandelt werden. Es stellt sich nun die Frage, ob dieser Vorgang umkehrbar ist, also die Umwandlung chemischer Energie in elektrische Energie möglich ist. Der Physiker Volta (1745–1827) hat dies in vielen Experimenten herausgefunden. Die Realisierung wird heute als Volta'sche Elemente, galvanische Elemente oder Batterien bezeichnet.

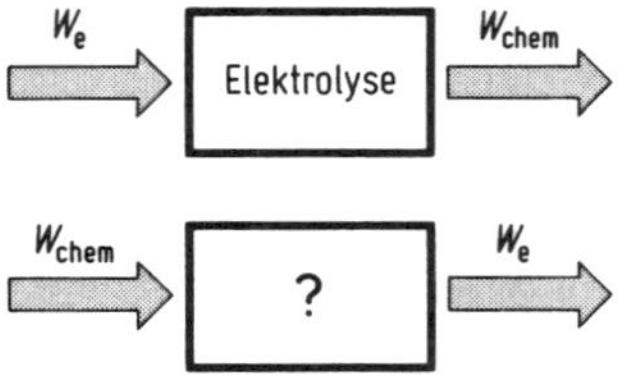

Bild 3.7.4.2 – 1 Umkehrarbeit zwischen chemischer Energie und elektrischer Energie

3.7.4.2.1 Galvanische Elemente (Primärelemente)

Bei den bisher bekannten elektrolytischen Vorgängen waren die beiden Elektroden aus demselben Werkstoff. Verwendet man für die Elektroden unterschiedliche Metalle, so zeigt sich, dass zwischen ihnen eine Spannung entsteht. Beim Anschluss eines Verbrauchers fließt dann ein Strom. Die Beobachtung des Stromkreises über einen längeren Zeitraum ergibt, dass der Strom zeitlich begrenzt ist und die Elektroden ihr Aussehen stark verändern. An der einen Elektrode erkennt man aus dem Elektrolyt stammende metallische Ablagerungen, die andere Elektrode zersetzt sich. Der Vorgang der Ladungstrennung und der damit verbundene Aufbau der elektrischen Spannung mittels chemischer Energie wird im Folgenden genauer betrachtet.
Die Ursache der Ladungstrennung ist durch zwei chemische Größen bestimmt, den osmotischen Druck und den Lösungsdruck.

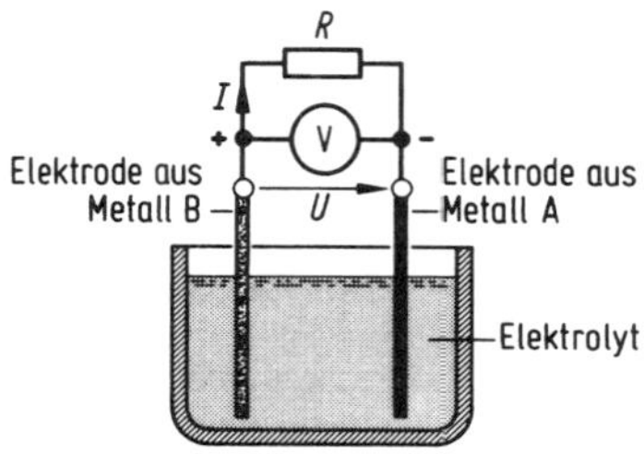

Bild 3.7.4.2 – 2 Aufbau von galvanischen Elementen

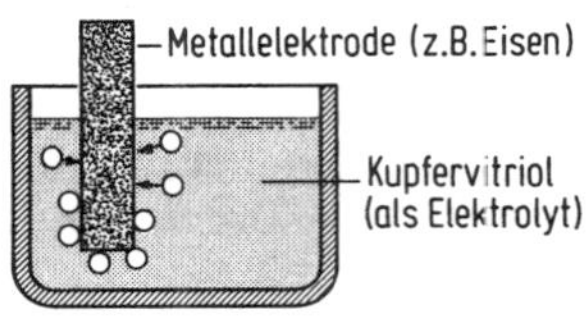

Bild 3.7.4.2 – 3 Osmotischer Vorgang: Metallatome aus der Lösung haften an der Metallelektrode

Erklärung für den osmotischen Druck:

Taucht man eine Metallelektrode in einen Elektrolyten, z. B. Kupfervitriol, so lagern sich Cu-Atome an der Elektrode ab und überziehen sie mit einem dünnen Kupferfilm. Dieser Vorgang läuft ohne äußere Energiezufuhr ab. Die chemische Antriebsgröße bezeichnet man als osmotischen Druck. Wie die atomistische Betrachtung des chemischen Vorganges zeigt, lassen die Cu-Atome in der Lösung ihre Valenzelektronen zurück, wenn sie auf der Metallelektrode auftreffen. Die Lösung wird dadurch negativ und die Metallelektrode positiv. Der Ladungsunterschied entspricht einer elektrischen Spannung.

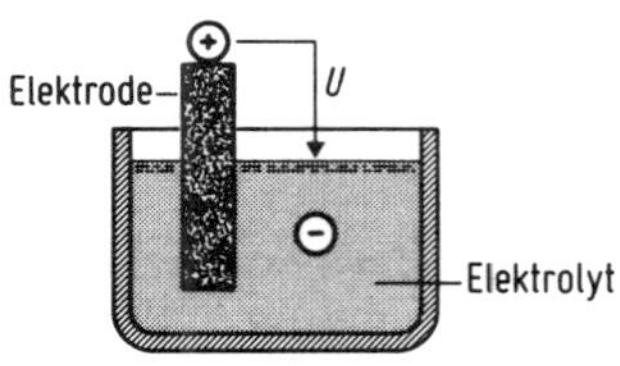

Bild 3.7.4.2 – 4 Aufbau einer Spannung zwischen Elektrode und Elektrolyt durch die Osmose

Erklärung für den Lösungsdruck:

Bei einer anderen Kombination von Elektrolyt und Metallelektrode kann man eine Zersetzung der Elektrode beobachten. Man sagt, das Metall geht „in Lösung". Die chemische Antriebsgröße wird als Lösungsdruck bezeichnet. Die „in die Lösung" gehenden Metallatome hinterlassen in der Elektrode ihre Valenzelektronen, wodurch dort ein Elektronenüberschuss hervorgerufen wird. Die Elektrode wird negativ und der Elektrolyt positiv. So entsteht auch in dieser Anordnung durch chemische Energie eine elektrische Spannung.

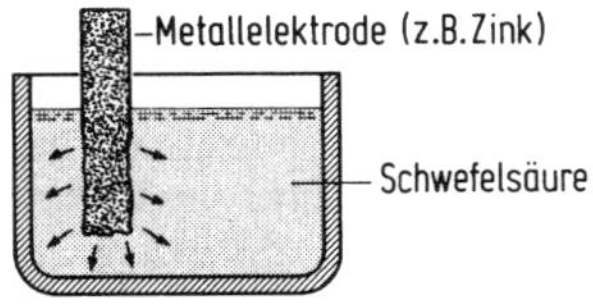

Bild 3.7.4.2 – 5 Lösungsdruck: Metallatome der Elektrode gehen in Lösung

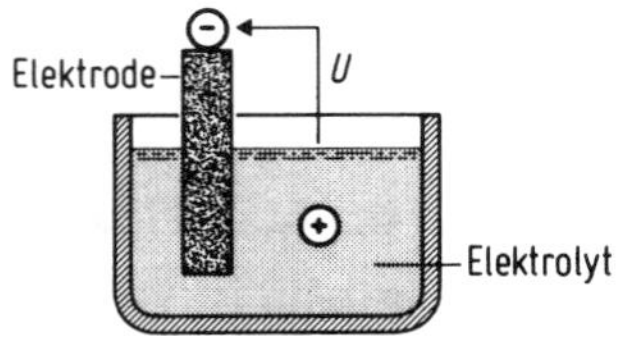

Bild 3.7.4.2 – 6 Aufbau einer Spannung zwischen Elektrolyt und Elektrode durch den Lösungsdruck

Die Kombination verschiedener Metalle mit unterschiedlichen Elektrolyten ergibt verschiedene Spannungen mit unterschiedlicher Polarität. Die Realisierung verschiedener Kombinationen ergibt galvanische Elemente. Die Größe der elektrischen Spannung ergibt sich aus den Werten der elektrochemischen Spannungsreihe. Der Strom ist durch den Innenwiderstand begrenzt. Die umgesetzte elektrische Energie ist abhängig von der Menge der chemischen Energie und somit von der Masse der chemischen Substanzen. Die galvanischen Elemente sind chemische Spannungsquellen und werden als Primärelemente, Monozellen oder Batterien bezeichnet. Das bekannteste Primärelement ist das Kohle-Zink-Element, das eine Spannung von etwa 1,5 V liefert.

Tabelle 3.7.4.2 – 1 Elektrochemische Spannungsreihe

Werkstoff	Spannung	Werkstoff	Spannung
Lithium	−3,04 V	Nickel	−0,26 V
Kalium	−2,93 V	Zinn	−0,14 V
Barium	−2,91 V	Blei	−0,13 V
Calcium	−2,87 V	Wasserstoff	0,00 V
Strontium	−2,89 V	Kupfer	+0,34 V
Magnesium	−2,37 V	Silber	+0,80 V
Aluminium	−1,66 V	Quecksilber	+0,85 V
Mangan	−1,19 V	Platin	+1,12 V
Zink	−0,76 V	Gold	+1,50 V
Eisen	−0,45 V		
Cobalt	−0,28 V		

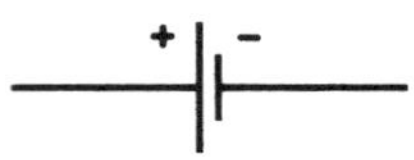

Bild 3.7.4.2 – 7
Schaltzeichen einer chemischen Spannungsquelle

Der Elektrolyt wird aus Ammoniumchlorid NH_4Cl (Salmiak) gebildet, das im Verhältnis 1:10 mit destilliertem Wasser verdünnt wird.

Im Bild 3.7.4.2 – 8 ist der prinzipielle Funktionsablauf beim Kohle-Zink-Element dargestellt.

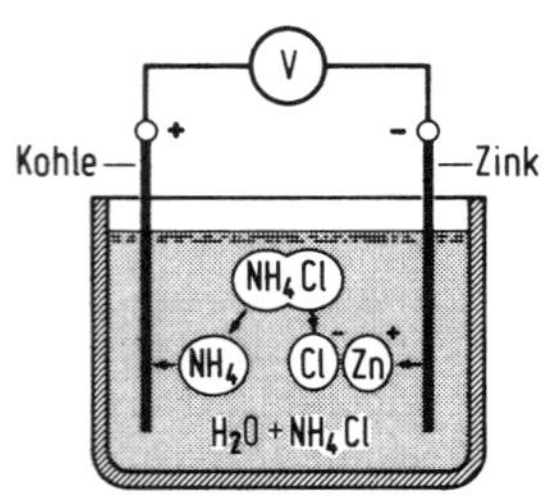

Bild 3.7.4.2 – 8 Prinzipieller Funktionsablauf eines Kohle-Zink-Elementes

In der Praxis bildet ein Zinkbecher das Gefäß und der Kohlestift, der in der Mitte des Gefäßes angeordnet wird, die zweite Elektrode. Zink geht „in Lösung“ und hinterlässt die Valenzelektronen im Zinkbecher, der somit negativ wird. Der Wasserstoff des Elektrolyten nimmt aus der Kohle Elektronen auf, wodurch diese positiv wird. Der Wasserstoff überzieht bei diesem Vorgang den Kohlestift mit einer Gasschicht und unterbindet somit eine weitere chemische Reaktion. In einem Säckchen um den Kohlestift angeordneter Braunstein bindet diesen Wasserstoff und verhindert damit die Isolation des Kohlestiftes. Der chemische Vorgang kann somit weitergehen, führt aber zur Zersetzung des Zinkgefäßes, was ein Auslaufen der Monozelle zur Folge haben kann. Der Vorgang im Primärelement kann nur in einer Richtung erfolgen. Aussagen über die Lebensdauer können Bild 3.7.4.2 – 10 entnommen werden.

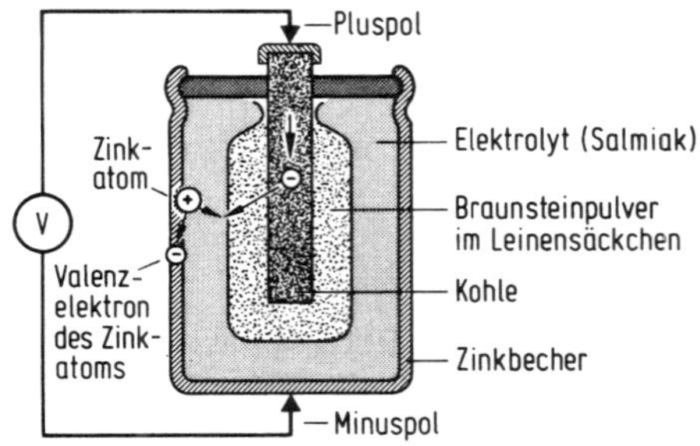

Bild 3.7.4.2 – 9 Aufbau eines Kohle-Zink-Elementes

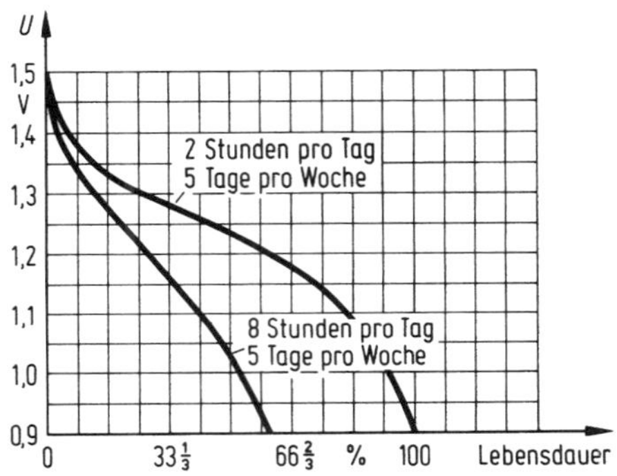

Bild 3.7.4.2 – 10 Abhängigkeit der Lebensdauer eines Kohle-Zink-Elementes von der täglichen Gebrauchsdauer

Beispiel 3.7.4.2.1 – 1

Eine Primärelementzelle sei aus Lithium und Silber aufgebaut. Der Innenwiderstand beträgt $R_i = 0{,}5\ \Omega$. Es sind die Leerlaufspannung und der Kurzschlussstrom zu berechnen. Aus der Tabelle 3.7.4.2 – 1 werden die Werte der elektrochemischen Spannungsreihe abgelesen.

Lösung:

$$U_0 = U_{\text{Silber}} - U_{\text{Lithium}}$$
$$= +0{,}80\ \text{V} - (-3{,}04\ \text{V})$$

Silber Lithium

$$U_0 = \underline{\underline{3{,}84\ \text{V}}}$$

$$I_k = \frac{U_0}{R_i} = \frac{3{,}84\ \text{V}}{0{,}5\ \Omega} = \underline{\underline{7{,}68\ \text{A}}}$$

Beispiel 3.7.4.2.1 – 2

Es sind Primärelementzellen mit den Daten $U_0 = 1{,}5$ V und $R_i = 0{,}1\ \Omega$ gegeben. Zur Spannungsversorgung einer Schaltung werden 3 Zellen in Reihe und dazu jeweils 3 parallel geschaltet. Berechnen Sie die Gesamtspannung und den Gesamtwiderstand.

Die Ersatzschaltung einer Primärzelle besteht aus der Spannungsquelle U_0 und dem Innenwiderstand R_i.

Lösung:

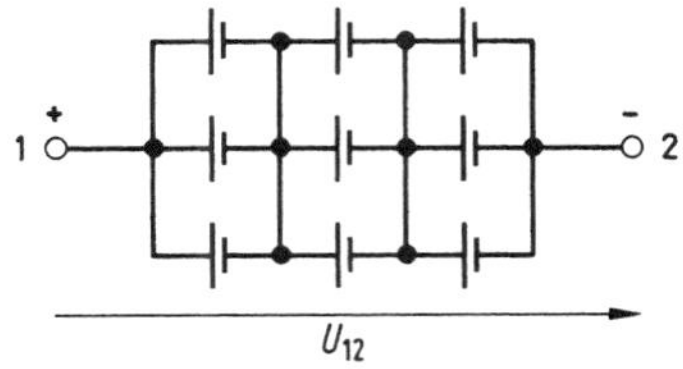

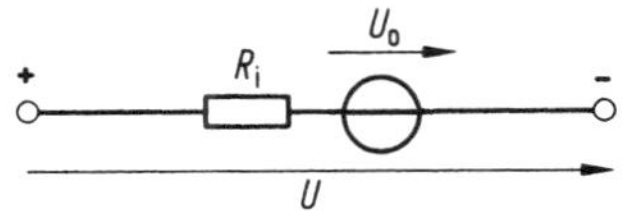

Die Ersatzschaltung einer Einzelzelle wird in die Gesamtschaltung übertragen:

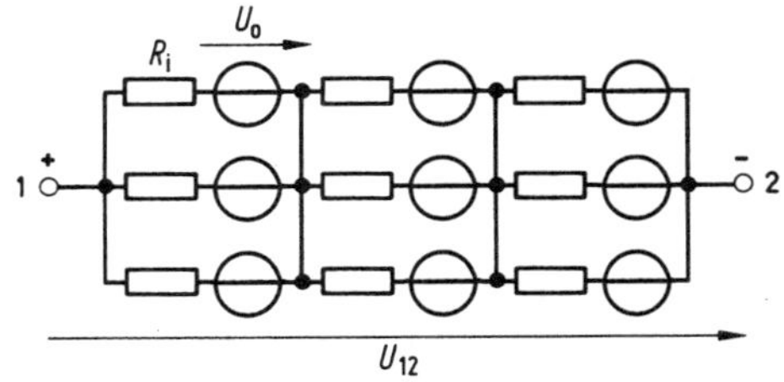

Die Innenwiderstände liegen jeweils parallel und können durch einen Ersatzwiderstand $\frac{R_i}{3}$ ersetzt werden. Die Spannungen der parallel geschalteten Spannungsquellen sind gleich und können daher durch eine Spannungsquelle ersetzt werden.

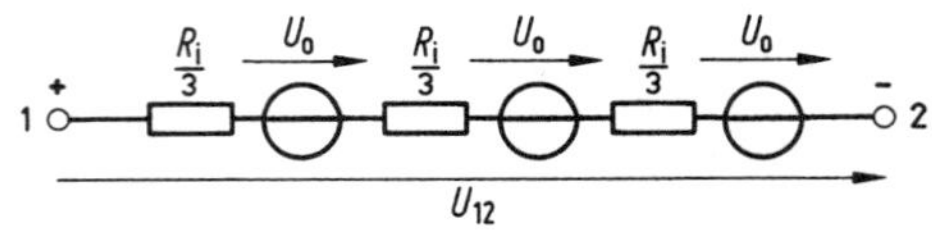

Die Ersatzinnenwiderstände liegen in Reihe und können zusammengefasst werden. Die Einzelspannungen addieren sich zu $3 \cdot U_0$.

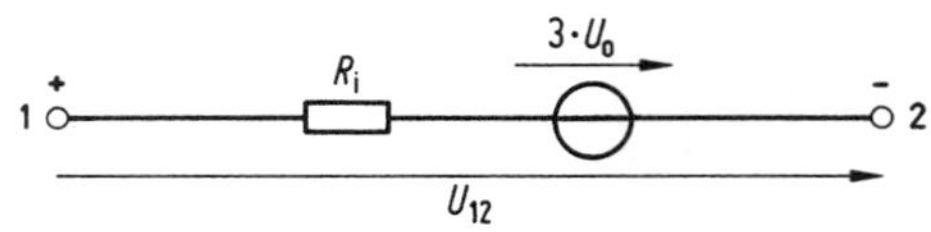

Übung 3.7.4.2.1 – 1

Der Innenwiderstand und der Kurzschlussstrom einer Batterie sind durch Messung zu ermitteln. Zeichnen Sie anhand von drei Messwerten die Kennlinie der Ersatzspannungsquelle und ermitteln Sie daraus R_i und I_k. Die Messwerte sind:

$U_0 = 9\,\text{V}$, $U_{12} = 8\,\text{V}$ bei $I = 1\,\text{mA}$, $U_{12} = 7\,\text{V}$ bei $I = 2\,\text{mA}$.

Lösung:

Übung 3.7.4.2.1 – 2

Zur Spannungsversorgung einer elektronischen Schaltung wird eine Spannung von $U = 12\,\text{V}$ mit einem Kurzschlussstrom von mindestens $I_k = 2\,\text{A}$ benötigt. Kombinieren Sie das angegebene Primärelement so, dass die Bedingung erfüllt wird. Daten des Primärelementes:

$U_0 = 1{,}5\,\text{V}$, $R_i = 0{,}3\,\Omega$.

Lösung:

In der Praxis werden neben Zink-Kohle-Elementen auch noch weitere Primärelemente eingesetzt. Typische Beispiele sind:

1. Zink-Chlorid-Zelle
   $U_0 = 1{,}4 \cdots 1{,}6\,\text{V}$
2. Zink-Sauerstoff-Zelle
   $U_0 = 1{,}45 \cdots 1{,}47\,\text{V}$
3. Alkalische Braunstein-Zelle
   $U_0 = 0{,}7 \cdots 1{,}4\,\text{V}$
4. Magnesium-Chlorid-Zelle
   $U_0 = 1{,}4 \cdots 1{,}6\,\text{V}$

5. Quecksilber-Oxid-Zelle
   $U_0 = 1{,}18 \cdots 1{,}35\ \text{V}$
6. Silberoxid-Zink-Zelle
   $U_0 = 1{,}4 \cdots 1{,}85\ \text{V}$
7. Lithium-Zellen
   $U_0 = 3 \cdots 3{,}5\ \text{V}$

3.7.4.2.2 Akkumulatoren (Sekundärelemente)

Akkumulatoren sind Sekundärelemente, welche die elektrische Energie in chemische Energie umwandeln und speichern können. Je nach Bedarf kann daraus wieder elektrische Energie gewonnen werden. Der Aufbau der Sekundärelemente ist denen der Primärelemente ähnlich. Anhand des Bleiakkumulators (= Bleiakku), der in der Praxis noch am häufigsten eingesetzt wird, soll der Ablauf der Energieumwandlung gezeigt werden.

Ausgangspunkt der Betrachtung ist der ungeladene Bleiakku. Beide Elektroden bestehen aus Bleisulfat ($PbSO_4$). Der Elektrolyt ist wässrige Schwefelsäure ($H_2SO_4 + H_2O$). Schließt man nun eine ausreichende Spannung an die Elektroden an, dann fließt ein Strom und verändert den Elektrolyten und den Werkstoff der Elektroden. Dieser Ablauf ist im Bild 3.7.4.2 – 12 dargestellt. Der Bleiakku wird geladen.

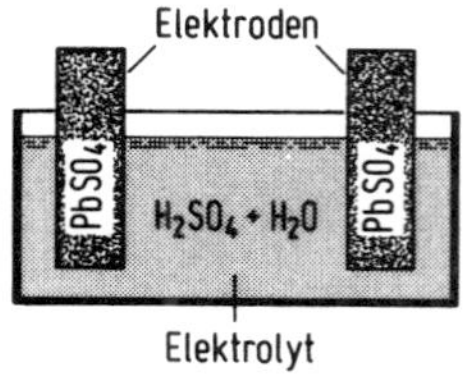

Bild 3.7.4.2 – 11 Ungeladener Bleiakkumulator

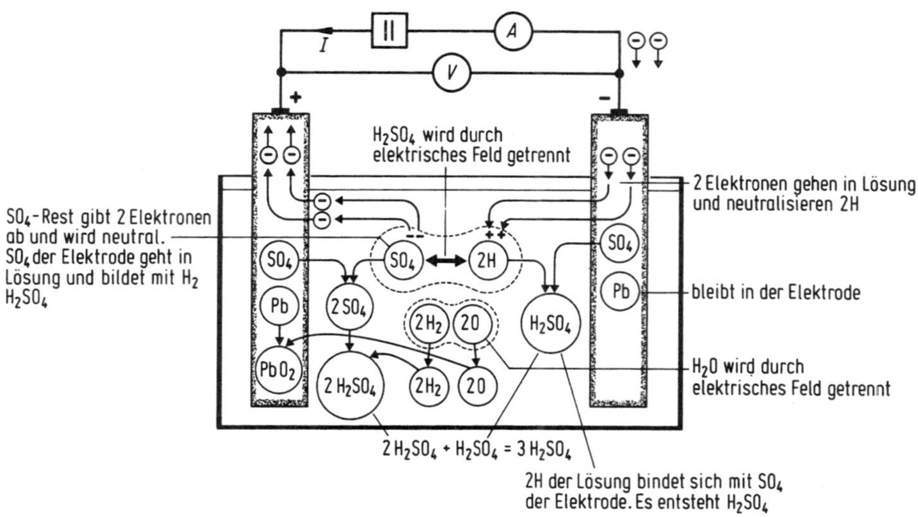

Bild 3.7.4.2 – 12 Chemischer Reaktionsablauf beim Ladevorgang

Am Ende des Ladevorganges ist die positive Elektrode zu Bleidioxid (PbO_2) und die negative Elektrode in reines Blei (Pb) umgewandelt worden. Die Konzentration des Elektrolyten hat sich erhöht. Der Bleiakku ist damit zu einem Primärelement geworden. Die Klemmenspannung ergibt sich aus der elektrochemischen Spannungsreihe und beträgt $U_0 = 2$ V. Man bezeichnet sie als Zellenspannung.
Schließt man an die Klemmen eines geladenen Bleiakkus einen Verbraucher an, so ergibt sich gegenüber dem Ladungsvorgang ein Stromfluss in umgekehrter Richtung. Die beiden verschiedenen Elektroden werden während des Entladevorganges chemisch wieder in gleiche Werkstoffe umgewandelt. Ist dieser Zustand erreicht, so ist der Akku wieder entladen und steht für eine erneute Aufladung zur Verfügung.

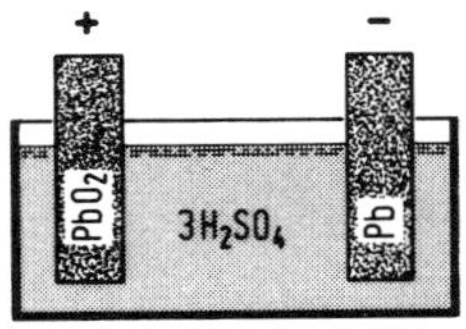

Bild 3.7.4.2 – 13 Geladener Bleiakkumulator

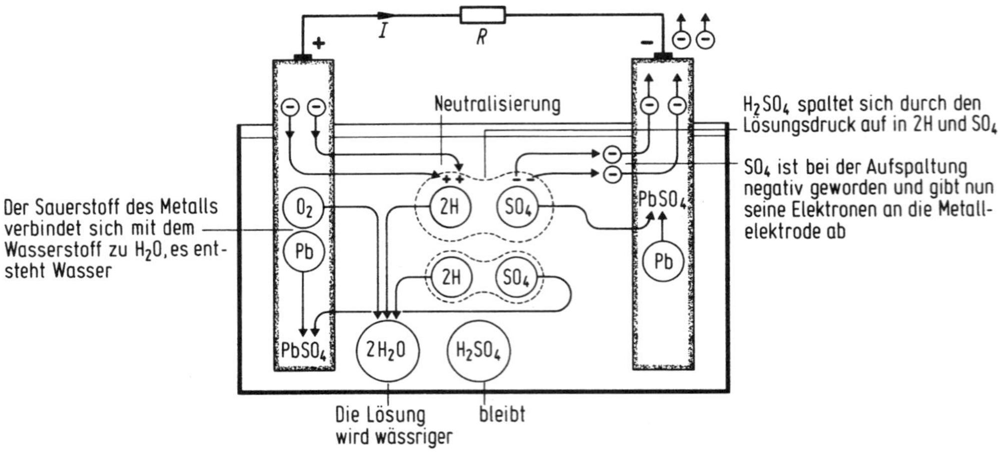

Bild 3.7.4.2 – 14 Chemischer Reaktionsablauf beim Entladevorgang

Aus den Reaktionen beim Lade- und Entladevorgang geht eindeutig hervor, dass weder Wasser noch Säure verbraucht werden. In der Praxis muss aber der Flüssigkeitsspiegel regelmäßig kontrolliert und durch Nachfüllen von destilliertem Wasser ggf. wieder angehoben werden. Es stellt sich die Frage, warum dies nötig ist. Könnte man die Zufuhr elektrischer Energie auf die zur Ladung notwendige Menge beschränken, so wäre dies nicht erforderlich. Die überschüssige elektrische Energie beginnt nämlich das Wasser in Wasserstoff und Sauerstoff aufzuspalten. Dieses Gemisch steigt als hochexplosives Knallgas auf. Man spricht

in der Praxis davon, dass die Batterie gast. Durch die Aufspaltung des Wassers sinkt der Flüssigkeitsspiegel, weshalb die Nachfüllung erforderlich wird. In gasdichten Akkus wird aus dem Gasgemisch wieder Wasser zurückgewonnen.
Zur besseren Umwandlung der Elektrode bestehen diese aus einem festen Bleiplattengerüst, in das ein Bleischlamm gepresst ist. Diese poröse Masse kann nun besonders gut mit dem Elektrolyten chemisch reagieren. Während der Lebensdauer eines Bleiakkus bröckelt, besonders bei großer elektrischer Belastung, Blei aus den Platten und sinkt als Bleischlamm zu Boden. Die Lebensdauer des Akkus endet, sobald der Bleischlamm die Elektroden kurzschließt.
Ein geladener Akkumulator hat die Ladungsmenge Q gespeichert. Sie wird auch als Kapazität bezeichnet und ist proportional der Plattenoberfläche der Elektroden.

Ladungsmenge Q

Als Einheit gilt:

$$[Q] = \text{Ah} \qquad (3.7.4.2-1)$$

Bleiakkus haben, wie bereits gesagt, eine Spannung von $U_0 = 2$ V pro Zelle. In der Praxis werden einzelne Zellen für Gesamtspannungen von 4 V, 6 V, 12 V, 24 V und 60 V in Reihe geschaltet.
Für eine lange Lebensdauer eines Bleiakkus sind die elektrischen Werte beim Laden und Entladen von großer Bedeutung. Die Ladespannung darf dabei $U = 2{,}7$ V pro Zelle nicht überschreiten. Für den Ladestrom gilt: Je geringer, umso besser. Als Faustregel für eine Normalladung gilt:

Die maximale Ladespannung einer Bleiakkuzelle darf $U = 2{,}7$ V nicht überschreiten.

$$I_{\text{lade}} \approx \frac{\text{Kapazitätswert des Akkus}}{10} \qquad (3.7.4.2-2)$$

Bei Schnellladungen liegen die Ströme wesentlich höher, weshalb diese Verfahren nicht zu häufig angewandt werden sollten.

Beispiel 3.7.4.2.2 – 1

Ein Akku hat die Kapazität $Q = 84$ Ah und die Klemmenspannung $U = 12$ V. Geben Sie die maximale Gesamtladespannung, den Ladestrom und die Ladezeit für eine Normalladung an.

Lösung:

Anzahl der benötigten Zellen:

$$n = \frac{\text{Gesamtspannung}}{\text{Spannung pro Zelle}} = \frac{12}{2\text{ V}} = \underline{\underline{6}}$$

Die maximale Gesamtladespannung berechnet sich aus:

$$U_{\text{lade max}} = n \cdot 2{,}7\ \text{V} = 6 \cdot 2{,}7\ \text{V} = \underline{\underline{16{,}2\ \text{V}}}$$

Der Ladestrom berechnet sich aus:

$$I_{\text{lade}} \approx \frac{Q}{10} = \frac{84\ \text{Ah}}{10} \approx \underline{\underline{8{,}4\ \text{A}}}$$

Die benötigte Ladezeit wird ermittelt zu:

$$Q = I_{\text{lade}} \cdot t$$

$$t = \frac{Q}{I_{\text{lade}}} = \frac{84\ \text{Ah}}{8{,}4\ \text{A}} = \underline{\underline{10\ \text{h}}}$$

Die Güte eines Akkumulators kann am Amperestundenwirkungsgrad η_Q abgelesen werden. Durch ihn wird die zugeführte Ladungsmenge zur entnommenen Ladungsmenge beschrieben.

$$\eta_Q = \frac{Q_{\text{gespeich.}}}{Q_{\text{lade}}} \qquad (3.7.4.2-3)$$

$$\eta_Q \approx 0{,}8 \cdots 0{,}9$$

Die Spannung eines entladenen Bleiakkus darf nicht unter $U = 1{,}8$ V absinken, da sonst eine Zerstörung des elektrochemischen Kreislaufes eintritt. Im Bild 3.7.4.2 – 15 sind alle wichtigen Aussagen zusammengefasst.

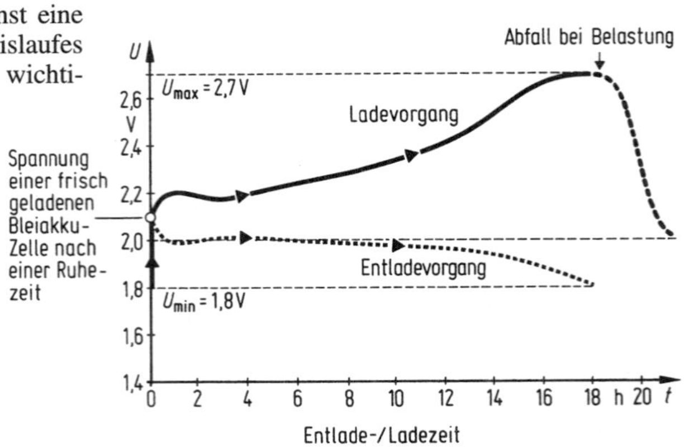

Bild 3.7.4.2 – 15 Spannungsänderung während des Lade- und Entladevorganges

Der Ladezustand einer Bleiakkuzelle kann exakt durch die Dichte des Elektrolyten angegeben werden. Bild 3.7.4.2 – 16 zeigt die Dichte ϱ in Abhängigkeit von der Lade- bzw. Entladezeit. Die Säuredichte eines geladenen Bleiakkus hat den Wert $\varrho = 1{,}28\ \frac{\text{kg}}{\text{dm}^3}$, der Wert für einen entladenen Akkumulator beträgt $\varrho = 1{,}12\ \frac{\text{kg}}{\text{dm}^3}$. Diese Angaben gelten für eine mittlere Säuretemperatur von $\vartheta = 30\ °\text{C}$.

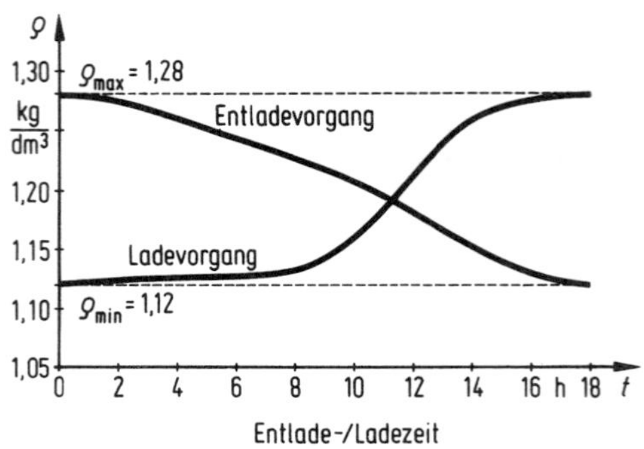

Bild 3.7.4.2 – 16 Säuredichteänderung während des Lade- und Entladevorganges

Zusammenfassung der technischen Daten von Bleiakkumulatoren:

Spannung:

geladen: $U_0 = 2$ V pro Zelle
entladen: $U_{\text{min}} = 1{,}8$ V pro Zelle
laden: $U_{\text{max}} = 2{,}7$ V pro Zelle

Kapazität: $Q = 4 \text{ Ah} \cdots 400 \text{ Ah}$

Amperestundenwirkungsgrad:

$$\eta_Q = \frac{Q_{\text{entl.}}}{Q_{\text{lade}}} \approx 0{,}8 \ldots 0{,}9$$

Säuredichte:

geladen: $\varrho = 1{,}28 \, \dfrac{\text{kg}}{\text{dm}^3}$

entladen: $\varrho = 1{,}12 \, \dfrac{\text{kg}}{\text{dm}^3}$

Innenwiderstand:

geladen: $R_\text{i} = 0{,}01 \cdots 0{,}03 \, \Omega/\text{Ah}$

Beispiel 3.7.4.2.2 – 2

Entwerfen Sie die Schaltung zur Ladung eines Akkumulators von $U = 6$ V. Zeichnen Sie den Schaltungsentwurf in Ersatzschaltbilder um.

Lösung:

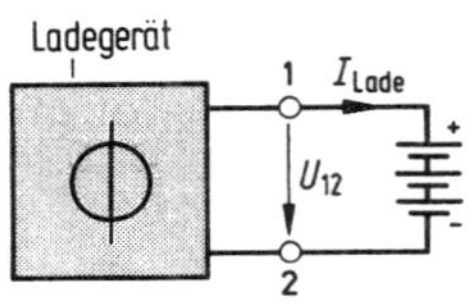

1. Ersatzschaltplan:

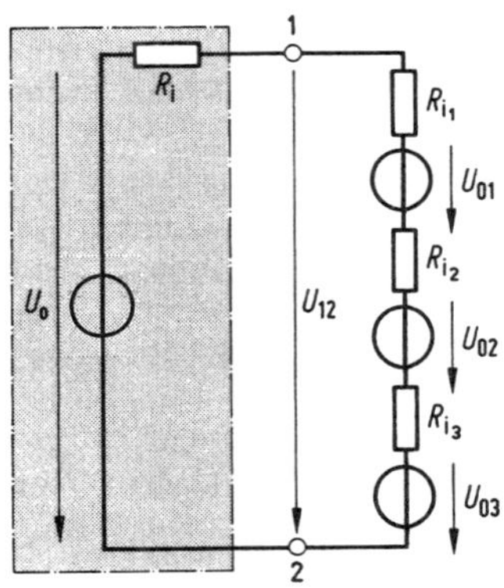

2. Ersatzschaltplan:

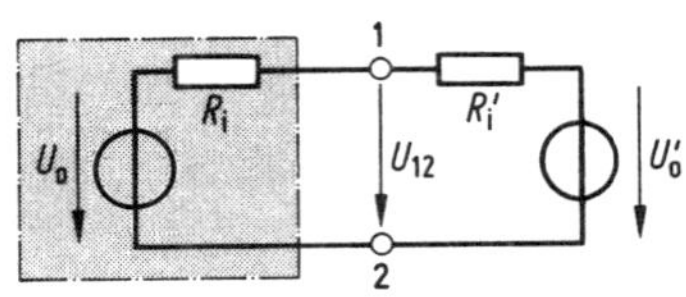

Die Ströme und Spannungen in diesem Stromkreis können nun anhand der Maschenregel berechnet werden.

Übung 3.7.4.2.2 – 1

An einem Bleiakku mit 6 Zellen wird eine Spannung von $U = 10{,}8$ V gemessen, welchen Schluss kann man aus dieser Angabe ziehen?

Lösung:

In der Elektrotechnik finden neben den Bleiakkumulatoren noch folgende Akkumulatoren Anwendung:

1. Nickel/Cadmium-Akkumulator
   $U_0 = 1{,}2$ V pro Zelle
   $\eta_Q \approx 0{,}7$
2. Nickel/Eisen-Akkumulator
   $U_0 = 1{,}3$ V pro Zelle
   $\eta_Q \approx 0{,}7$

Beispiel 3.7.4.2.2 – 3

An ein 110-V-Gleichspannungsnetz werden drei Verbraucher gemäß Bild angeschlossen. Die Verbraucher haben die Daten:

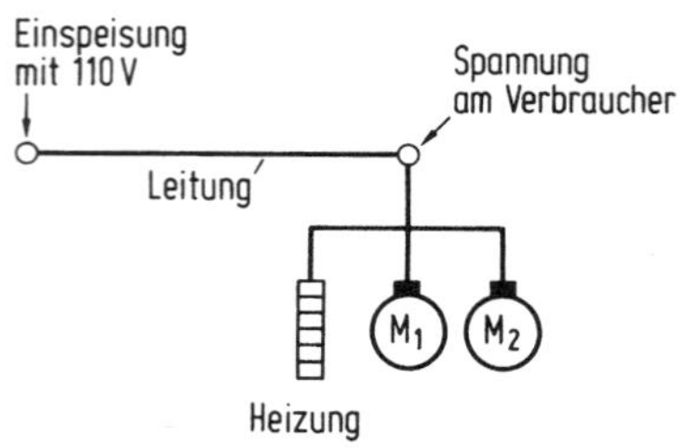

M₁: $P_2 = 1$ kW, $\eta = 0{,}85$
M₂: $P_2 = 2$ kW, $\eta = 0{,}8$

Heizung: $P = 2$ kW
Daten der Leitung:
Leitungslänge $l = 50$ m
Leiterwerkstoff: Cu
Max. Teilspannung an der Leitung 1,5 % von 110 V. Die Teilspannung wird auch als Spannungsabfall bezeichnet.
Berechnen Sie:

1. Den benötigten Leiterquerschnitt und Durchmesser.
2. Die in den Verbrauchern umgesetzte Gesamtenergie bei einem Achtstunden-Betrieb.
3. Die Energiekosten des Verbrauchs bei einem Strompreis von $K' = 0{,}13$ € /kWh.

Lösung zu 1.

Berechnung der einzelnen aufgenommenen Leistungen:

$$\text{M}_1\text{:}\ P_1 = \frac{P_2}{\eta} = \frac{1000\ \text{W}}{0{,}85}$$

$$P_1 = \underline{\underline{1176{,}47\ \text{W}}}$$

$$M_2\colon\ P_1 = \frac{P_2}{\eta} = \frac{2000\ \text{W}}{0{,}8}$$

$$P_1 = \underline{\underline{2500\ \text{W}}}$$

Berechnung der gesamten von den Verbrauchern aufgenommenen Leistung:

$$P_{\text{ges}} = P_{1\,\text{M}_1} + P_{1\,\text{M}_2} + P_{\text{Hei}} = 1176{,}47\ \text{W} + 2500\ \text{W} + 2000\ \text{W}$$

$$P_{\text{ges}} = \underline{\underline{5676{,}47\ \text{W}}}$$

Maximale Teilspannung auf der Leitung:

$$U_{\text{Ltg}} = 110\ \text{V} \cdot 0{,}015 = \underline{\underline{1{,}65\ \text{V}}}$$

Berechnung der Spannung an den Verbrauchern:

$$U_{\text{V}} = U - U_{\text{Ltg}} = 110\ \text{V} - 1{,}65\ \text{V}$$

$$U_{\text{V}} = \underline{\underline{108{,}35\ \text{V}}}$$

Berechnung des Gesamtstromes:

$$I = \frac{P_{\text{ges}}}{U_{\text{V}}} = \frac{5676{,}47\ \text{W}}{108{,}35\ \text{V}} = \underline{\underline{52{,}39\ \text{A}}}$$

Aus dem Strom durch die Zuleitung und der Teilspannung an der Leitung ergibt sich der maximale Leitungswiderstand:

$$R_{\text{Ltg}} = \frac{U_{\text{Ltg}}}{I} = \frac{1{,}65\ \text{V}}{52{,}39\ \text{A}} = \underline{\underline{0{,}0314\ \Omega}}$$

Berechnung des benötigten Leiterquerschnittes:

$$R_{\text{Ltg}} = \frac{2 \cdot l}{\varkappa \cdot A_{\text{Cu}}}$$

$$A_{\text{Cu}} = \frac{2 \cdot l}{\varkappa \cdot R_{\text{Ltg}}} = \frac{2 \cdot 50\ \text{m}}{56\ \dfrac{\text{m}}{\Omega \cdot \text{mm}^2} \cdot 0{,}0314\ \Omega}$$

$$A_{\text{Cu}} = \underline{\underline{56{,}86\ \text{mm}^2}}$$

Berechnung des benötigten Leiterdurchmessers:

$$A_{\text{Cu}} = \frac{d_{\text{Cu}}^2 \cdot \pi}{4}$$

$$d_{\text{Cu}} = \sqrt{\frac{A_{\text{Cu}} \cdot 4}{\pi}}$$

$$d_{\text{Cu}} = \sqrt{\frac{56{,}86\ \text{mm}^2 \cdot 4}{\pi}} = \underline{\underline{8{,}5\ \text{mm}}}$$

Das Ergebnis zeigt, bei realistisch scheinenden Vorgaben, einen für die Praxis viel zu großen Leiterdurchmesser. Was bedeutet, die Vorgaben müssen verändert werden.

Lösung zu 2.

Berechnung der in acht Stunden umgesetzten Gesamtenergie:

$$W = P_{ges} \cdot t$$
$$= 5676{,}47\ \text{W} \cdot 8\ \text{h}$$
$$W = \underline{\underline{45{,}411\ \text{kWh}}}$$

Lösung zu 3.

Die Berechnung der Verbraucherkosten ergibt:

$$K = W \cdot K'$$
$$= 45{,}411\ \text{kWh} \cdot 0{,}13\ €/\text{kWh}$$
$$K = \underline{\underline{5{,}90\ €}}$$

Praxisorientierte Lernaufgaben:

Lernaufgabe 1

Der Ausgang eines Spannungsteilers aus Widerständen wird mit einem Widerstand R_L belastet. Belastet man im eingeschalteten Zustand (wie im Bild gezeigt) den Spannungsteiler, so verringert sich wie bekannt die Ausgangsspannung U_2 um einen bestimmten Betrag. Für den gegebenen Spannungsteiler soll dieser Rückgang maximal 5% von U_2 im Leerlauf betragen.
Zu ermitteln ist der **niedrigste** Wert des Lastwiderstandes.

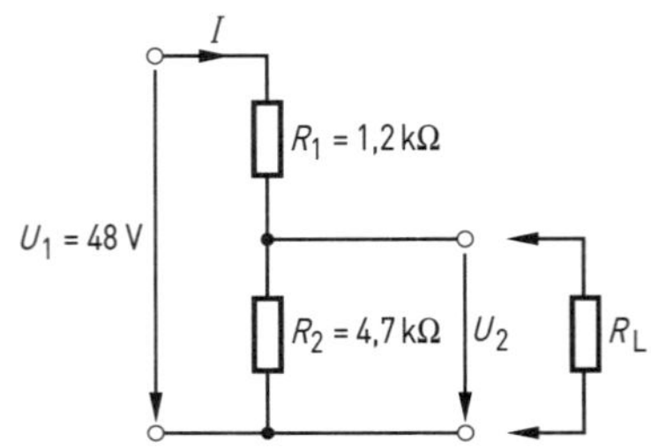

Lernaufgabe 2

In dieser Lernaufgabe soll eine Gegenüberstellung der Leistungsverluste bei der Dimmerung einer Glühlampe mit Vorwiderstand bzw. elektronischen Dimmerschaltung erfolgen.
Schaltplan zur Aufgabenstellung:

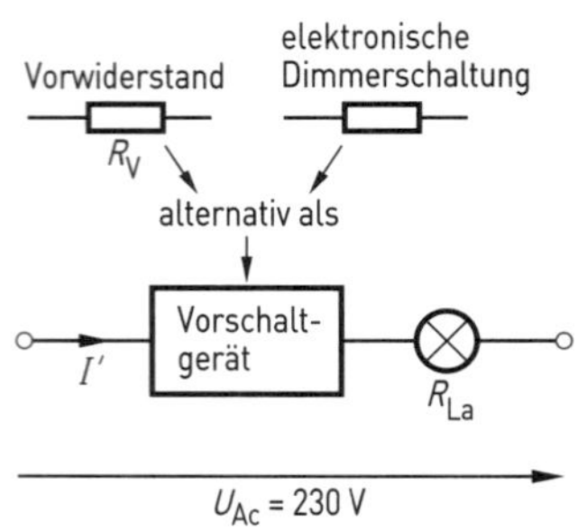

I' = reduzierter Lampenstrom

Gegebene Daten zur Aufgabenstellung:

$U_{La} = 230\ \text{V}$
$P_{La} = 100\ \text{W}$

Der Lampenwiderstand wird als konstant angenommen mit $R_{La} = 529\ \Omega$

Die gegebene Glühlampe soll auf 50 W gedimmt werden. Dazu wird im ersten Schritt ein Vorwiderstand R_V verwendet. Zu berechnen ist der benötigte Widerstandswert und die Verlustleistung, die in ihm umgesetzt wird.

Lernaufgabe 3

Die Isolation zwischen Bauelementen und Leiterbahnen auf Leiterplatten wird durch Isolationswiderstände bestimmt. Überträgt man diese nur in der Vorstellung vorhandenen „Widerstände" in einen Schaltplan, so bezeichnet man dies als Ersatzschaltplan. Für diese Lernaufgabe ist durch Überlegung an einer praktisch vorliegenden Schaltung nebenstehendes Widerstandsnetzwerk aus Isolationswiderständen entstanden.

Ersatzschaltplan von Isolationswiderständen

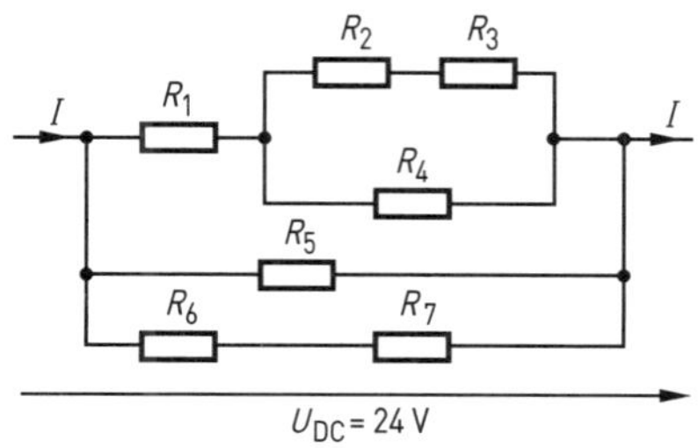

Die Widerstandswerte sind zum Teil durch Messung, zum anderen durch Werkstoffkonstanten und Abmessungen abgeschätzt worden.

Die ermittelten Widerstandswerte sind:

$R_1 = 110\ \text{k}\Omega$; $R_2 = 80\ \text{k}\Omega$; $R_3 = 40\ \text{k}\Omega$; $R_4 = 130\ \text{k}\Omega$; $R_5 = 220\ \text{k}\Omega$; $R_6 = 180\ \text{k}\Omega$; $R_7 = 70\ \text{k}\Omega$.

Die nun vorliegende „Schaltung" wird mit 24 V Gleichspannung gespeist. Zu ermitteln ist der Fehlstrom I, der in diese Ersatzschaltung fließt. Dieser addiert sich zu dem für die eigentliche Schaltung notwendigen Strom. Der von der gesamten Schaltung aufgenommene Strom ist somit um den Fehlerstrom größer.

Lernaufgabe 4 als Beispiel

(Einsatz der Infenitesimalrechnung)

Wird eine Spannungsquelle wie das Bild zeigt belastet, so wird ihr Leistung entnommen. Es stellt sich nun die Frage: Ist diese Leistung in der Größe unbegrenzt oder hat sie ein Maximum? Im Abschnitt 3.6.2.4 wurde die Frage bereits mit den Methoden der linearen Algebra beantwortet. An dieser Stelle kommt nun die Differenzialrechnung zum Einsatz. Im ersten Schritt wird nochmals die Gleichung zur Berechnung der entnommenen Leistung hergeleitet:

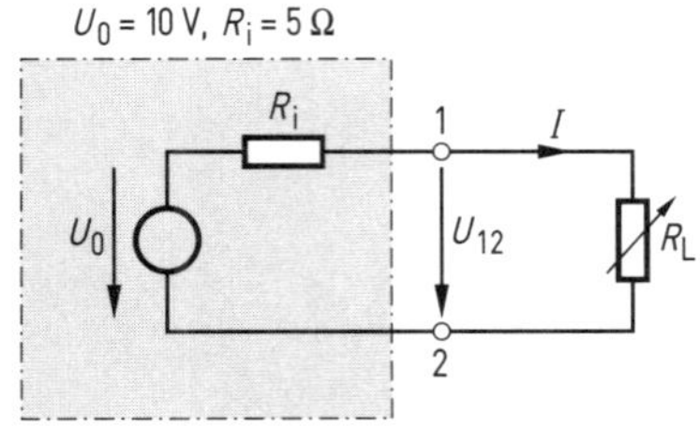

Spannungsquelle mit einstellbarem Lastwiderstand.

$$P = I^2 \cdot R_\mathrm{L} \quad \text{mit} \quad I = \frac{U_0}{R_\mathrm{i} + R_\mathrm{L}}$$

$$P = \left(\frac{U_0}{R_\mathrm{i} + R_\mathrm{L}}\right)^2 \cdot R_\mathrm{L}$$

$$P = \frac{U_0^2 \cdot R_\mathrm{L}}{(R_\mathrm{i} + R_\mathrm{L})^2}$$

In der Gleichung sind zwei Größen unbekannt, P und R_L als einstellbarer Lastwiderstand, somit gilt:

$$P = f(R_\mathrm{L})$$

Es liegt eine lineare Funktionsgleichung vor, und zwar eine ganzrationale Funktion 1. Grades. Dieser Funktionstyp kann in seinem Verlauf Minima und Maxima haben. Wir suchen laut Fragestellung ein solches Maximum. Die Methode der Kurvendiskussion ermöglicht durch Bildung der ersten Ableitung und deren Nullsetzung die Ermittlung eines solchen Maximums.
Bildung der ersten Ableitung:

$$P' = f'(R_\mathrm{L}) = \frac{\mathrm{d}P}{\mathrm{d}R_\mathrm{L}}$$

$$P' = \left(\frac{U_0^2 \cdot R_\mathrm{L}}{(R_\mathrm{i} + R_\mathrm{L})^2}\right)'$$

$$P' = \left(\frac{U_0^2 \cdot R_\mathrm{L}}{R_\mathrm{i}^2 + 2 \cdot R_\mathrm{i} \cdot R_\mathrm{L} + R_\mathrm{L}^2}\right)'$$

Da die Gleichung ein Quotient ist, muss zur Bildung der Ableitung die Quotientenregel angewendet werden.
Es gilt in allgemeiner Schreibweise:

$$y = f(x) = \frac{u}{v}$$

$$y' = f'(x) = \frac{u' \cdot v - v' \cdot u}{v^2}$$

Bezogen auf das Beispiel folgt:

$$u = U_0^2 \cdot R_\mathrm{L}$$

$$u' = U_0^2$$

$$v = R_\mathrm{i}^2 + 2 \cdot R_\mathrm{i} \cdot R_\mathrm{L} + R_\mathrm{L}^2 = (R_\mathrm{i} + R_\mathrm{L})^2$$

$$v' = 2(R_\mathrm{i} + R_\mathrm{L})$$

$$v^2 = (R_\mathrm{i} + R_\mathrm{L})^4$$

Die Ableitungsfunktion ist:

$$P' = f'(R_\mathrm{L})$$

$$P' = \frac{U_0^2 (R_\mathrm{i} + R_\mathrm{L})^2 - 2(R_\mathrm{i} + R_\mathrm{L}) \cdot U_0^2 \cdot R_\mathrm{L}}{(R_\mathrm{i} + R_\mathrm{L})^4}$$

Setzt man die Ableitungsfunktion gleich null, dies geschieht, indem nur der Zähler null gesetzt wird, so kann die Gleichung nach R_L aufgelöst werden:

$$0 = U_0^2(R_i + R_L)^2 - 2(R_i + R_L) \cdot U_0^2 \cdot R_L$$

$$U_0^2(R_i + R_L)^2 = 2(R_i + R_L) \cdot U_0^2 \cdot R_L$$

$$R_i + R_L = 2 \cdot R_L$$

$$\underline{\underline{R_L = R_i}}$$

Das Maximum der entnommenen Leistung besteht bei Gleichheit von R_i und R_L. Wie bereits bekannt, wird dies als **Leistungsanpassung** bezeichnet.

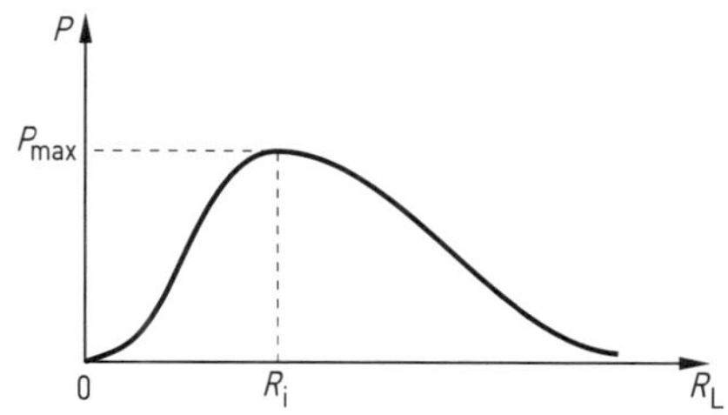

Ganzrationale Funktion $P = f(R_L)$ mit einem Maximum bei $R_L = R_i$.

4 Das elektrische Feld und der Kondensator

4.0 Einführung

Das elektrische Feld wurde bereits in Beziehung zu den Eigenschaften der elektrischen Ladung vorgestellt. In den nun folgenden Kapiteln werden die Erkenntnisse über das elektrische Feld vertieft und erweitert.

4.1 Erscheinungsform des elektrischen Feldes

Nach der Durcharbeitung dieses Kapitels haben Sie die **Kompetenz** ...
- das elektrische Feld als Ursache der elektrischen Strömung zu beschreiben,
- die Wirkungen in einem statischen elektrischen Feld zu erklären und die Bedeutung für die Anwendung der Elektrotechnik aufzuzeigen,
- den Aufbau elektrischer Felder zwischen gleichen und ungleichen elektrischen Ladungen aufzuzeigen.

4.1.1 Elektrische Felder zwischen elektrischen Ladungen – elektrostatische Felder

Im Kapitel 1.1 wurde das elektrische Feld als eine Eigenschaft elektrischer Ladungen definiert und dargelegt. Die wichtigsten Aussagen werden nun nochmals zusammengefasst.

Das elektrische Feld ist unsichtbar und an kein Medium gebunden. Seine Darstellung erfolgt schematisch durch Feldlinien. Die Feldrichtung wird dabei durch die Pfeilrichtung angegeben. Die Feldlinien steigen senkrecht aus den Ladungen heraus und/oder treten senkrecht in sie ein. Bei dieser Modellvorstellung wird für die Ladung eine Kugelform angenommen, sodass sich das Feld nach allen Seiten (räumlich) ausbreitet. Verlaufen die Feldlinien parallel, so spricht man von einem homogenen Feld, ist dies nicht der Fall, dann liegt ein inhomogenes Feld vor.

Werden elektrische Ladungen so angeordnet, dass sich ihre Felder beeinflussen, dann kommt es zu Wechselwirkungen zwischen diesen. Gleichnamige Ladungen stoßen sich deshalb ab, während bei ungleichnamigen La-

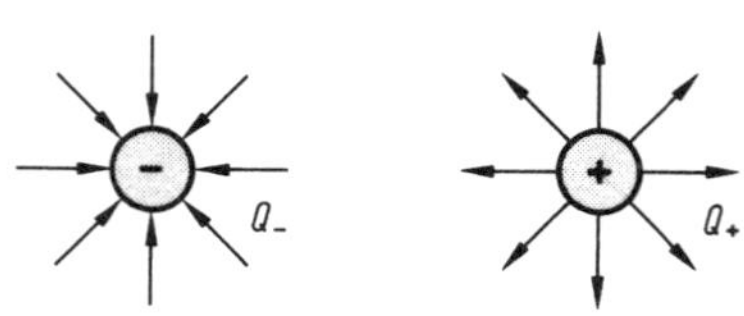

Bild 4.1.1 – 1 Elektrisches Feld um Ladungen

dungen Anziehung auftritt. Die elektrischen Felder um oder zwischen ruhenden Ladungen werden auch als statische Felder bezeichnet, die darauf bezogene Anwendung in der Technik heißt Elektrostatik. Elektrostatische Erscheinungen treten in der Praxis sehr häufig als „Schmutzeffekte" auf (z. B. Staub haftet an Kunststoffen oder Kunststofffolien „kleben" aufeinander). Elektrostatische Felder dienen aber auch wirkungsvoll zur Entstaubung von Abgasen in so genannten elektrostatischen Filtern.

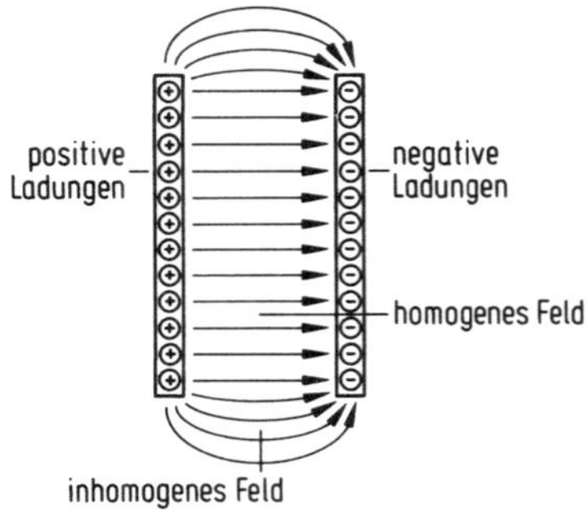

Bild 4.1.1 – 2
Statisches Feld zwischen elektrischen Ladungen

4.1.2 Elektrische Felder in und zwischen stromführenden Leitern

4.1.2.0 Einführung

Das elektrische Feld wurde bisher vorwiegend zwischen Einzelladungen betrachtet. Dies ist allerdings sehr theoretisch zu sehen, da in der Praxis einzelne Ladungen selten vorkommen. In den folgenden Abschnitten werden daher elektrische Felder beschrieben, die sich in und durch Stromkreise ergeben.

4.1.2.1 Felder in stromführenden Leitern

Für die Klemmen einer Spannungsquelle gelten bekanntlich die physikalischen Aussagen von Elektronenmangel für die positive Klemme und Elektronenüberschuss für die negative Klemme. Schließt man zwischen diese Klemmen einen Widerstand an, so baut sich durch die vorhandene Spannung im Widerstand ein elektrisches Feld auf. Für die weitere Betrachtung wird es als Hauptfeld bezeichnet. Die Felder der im elektrischen Leiter (= Widerstand) frei beweglichen Elektronen reagieren nun mit dem Hauptfeld und erhalten dadurch eine gerichtete Bewegung. Diese Bewegung der Elektronen wurde aber bereits als elektrischer Strom definiert. Somit ist für den Stromfluss nicht direkt die Spannung als Ursache zu betrachten, sondern das elektrische Feld. Die Ursache für das Feld ist jedoch die Spannung. Somit gilt folgende logische Kette: Die Spannung als Ursache des elektrischen Feldes und dieses Feld als Ursache der elektrischen Strömung.

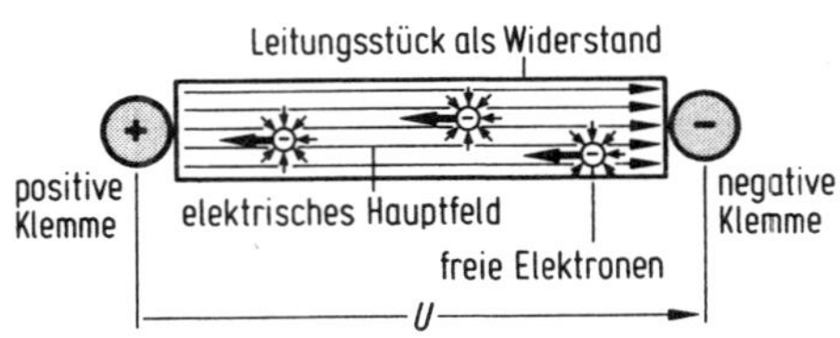

Bild 4.1.2.1 – 1
Elektrisches Feld im Innern eines Leiters

Neue Erkenntnis:

Das elektrische Hauptfeld ist die Ursache der elektrischen Strömung, also des Stromes. Die Ursache des elektrischen Hauptfeldes ist durch den Zustand getrennter Ladungen, also durch die Spannung gegeben.

4.1.2.2 Felder zwischen Strom führenden Leitern

Im geschlossenen Stromkreis haben die Elektronen eine gerichtete Bewegung. Diese führen dabei ihr elektrisches Feld ständig mit sich, man kann deshalb von einem wandernden Feld sprechen. Liegen die Leitungen eines Stromkreises parallel, dann entsteht durch die bewegten Elektronen zwischen den Leitungen ein elektrisches Feld, welches eine gegenseitige Abstoßung der Leitungen hervorruft.

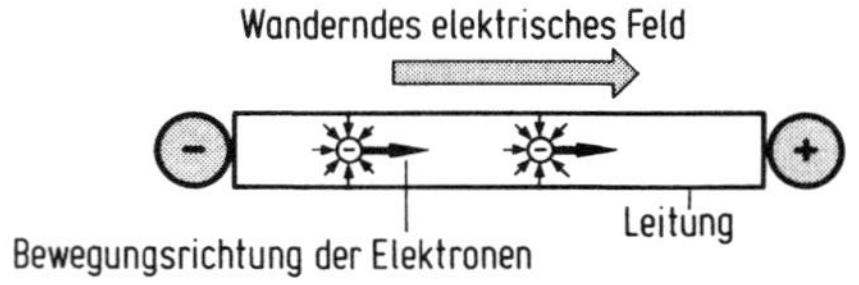

Bild 4.1.2.2 – 1 Elektronen führen ihr elektrisches Feld immer mit sich

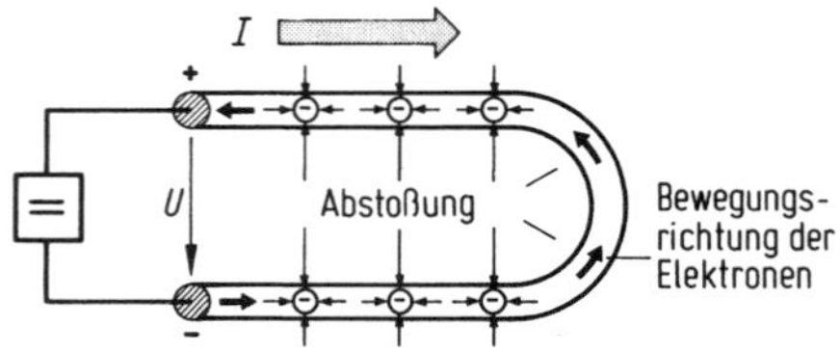

Bild 4.1.2.2 – 2 Elektrisches Feld zwischen zwei parallel liegenden Leitungen eines geschlossenen Stromkreises

Übung 4.1.2.2 – 1

Zwei Leiterbahnen einer Leiterplatte liegen an einer Spannung *U*. Zeichnen Sie den Aufbau des elektrischen Feldes in die gegebene Zeichnung ein.

Lösung:

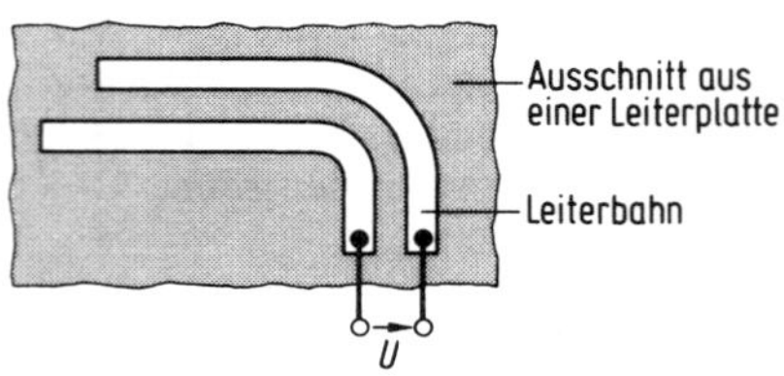

Übung 4.1.2.2 – 2

Zeichnen Sie in die gegebene Frontplatte einer Spannungsquelle das elektrische Feld zwischen den Klemmen ein.

Lösung:

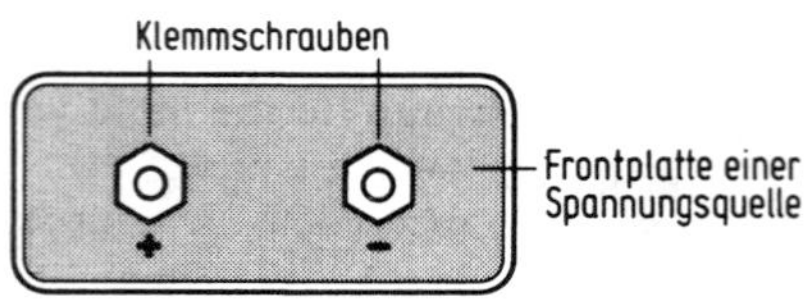

4.2 Die elektrische Feldstärke als Kenngröße des elektrischen Feldes

Nach der Durcharbeitung dieses Kapitels haben Sie die **Kompetenz** ...
- Berechnungen am und im elektrischen Feld durchzuführen,
- Bauteile, die in hohen elektrischen Feldstärken eingesetzt werden, ohne spitze Kanten auszuwählen und dies zu begründen.

Um elektrische Felder mathematisch beschreiben zu können, wurde die physikalische Größe der elektrischen Feldstärke eingeführt. Sie hat das Formelzeichen E. Das elektrische Feld, im Weiteren kurz E-Feld genannt, nach Bild 4.2 – 1 ist homogen. Die Feldstärke ist somit im Leiter an allen Stellen gleich groß. Für jeden Abschnitt Δl der Leitung ist der gleiche Spannungsanteil ΔU notwendig, um die elektrische Strömung hervorzurufen.

Die Kenngröße des elektrischen Feldes ist die elektrische Feldstärke E.

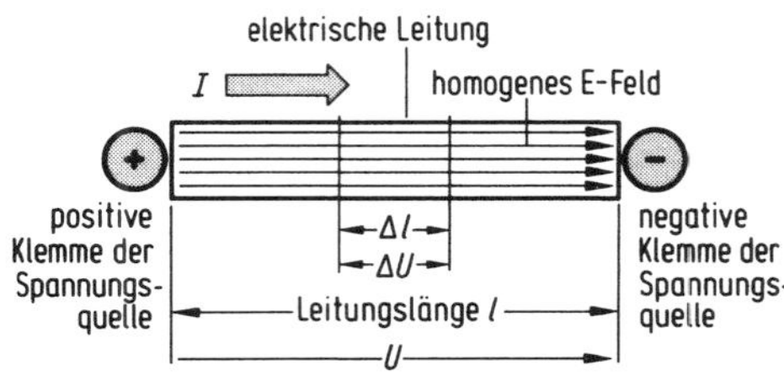

Bild 4.2 – 1 Aufteilung der Spannung längs eines Leiters anteilig zu den Längenabschnitten Δl

Die Bemessungsgleichung der elektrischen Feldstärke schreibt sich somit:

$$E = \frac{\Delta U}{\Delta l} \quad \text{oder} \quad E = \frac{U}{l} \tag{4.2 – 1}$$

Die Länge l muss dabei immer parallel zu den Feldlinien betrachtet werden. Die Feldstärke E ist durch ihre Größe und Richtung bestimmt und somit ein Vektor. Da in diesem Buch auf die Vektorrechnung verzichtet wird, können nur homogene Felder berechnet werden. In den meisten Fällen der Praxis reicht diese Einschränkung aus.

Die Feldstärke E ist ein Vektor.
(Schreibweise als Vektor: $\vec{E}$)

Die Einheit der elektrischen Feldstärke wird aus der Bemessungsgleichung abgeleitet:

$$[E] = \frac{\text{V}}{\text{m}} \tag{4.2 – 2}$$

Stellt man die Gleichung 4.2 – 1 nach U um, so erhält man die Grundaussage zur elektrischen Spannung:

$$U = E \cdot l$$

In dieser Gleichung wird davon ausgegangen, dass das elektrische Feld homogen ist und die Strecke l parallel zu den Feldlinien verläuft. Allgemein betrachtet, muss die Gleichung auch für nicht konstante Größen gelten, es gilt dann:

$$U_{12} = \int_1^2 \vec{E} \cdot \mathrm{d}\vec{s} \tag{4.2 – 3}$$

In Worten bedeutet die Gleichung:
Die Spannung U_{12} zwischen den Punkten 1 und 2 in einem elektrischen Feld berechnet sich mittels Integral über dem skalaren Produkt aus der Feldstärke und dem Weg von Punkt 1 nach 2.

(s ist ein beliebiger Weg im elektrischen Feld)

Mit der Feldstärke E, der Stromdichte J und der Bemessungsgleichung des Widerstandes R kann das Ohm'sche Gesetz auf seine Richtigkeit hin überprüft werden:

$$R = \frac{l}{\varkappa \cdot A} \qquad J = \frac{I}{A} \qquad E = \frac{U}{l}$$

$$I = J \cdot A \qquad U = E \cdot l$$

$$U = I \cdot R$$

$$E \cdot l = J \cdot A \frac{l}{\varkappa \cdot A}$$

$$E = \frac{J}{\varkappa}$$

Die Kontrolle der Einheit der Feldstärke zeigt die Richtigkeit dieser Ableitung und bestätigt somit das Ohm'sche Gesetz.

$$[E] = \frac{\dfrac{\mathrm{A}}{\mathrm{mm}^2}}{\dfrac{\mathrm{m}}{\Omega \cdot \mathrm{mm}^2}} = \frac{\mathrm{A \cdot V}}{\mathrm{m \cdot A}} = \frac{\mathrm{V}}{\mathrm{m}}$$

Die Feldlinien zeigen den Verlauf des Feldes. Ihre Dichte ist dabei ein Maß für die Feldstärke. Feldlinien treten, wie bereits gesagt, immer senkrecht aus bzw. ein. An Ecken und Kanten ist die Feldliniendichte und damit die Feldstärke besonders hoch. In der Hochspannungstechnik, wo hohe Feldstärken vorhanden sind, werden deshalb alle Bauteile abgerundet.

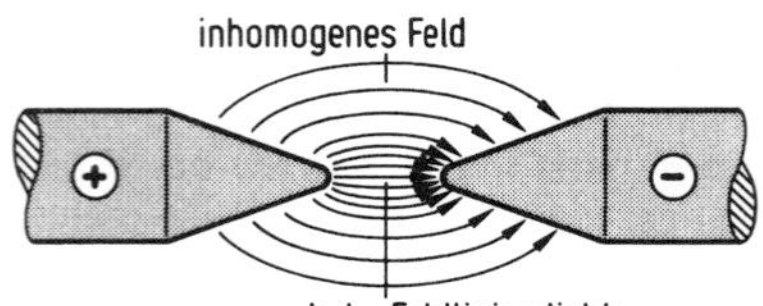

Bild 4.2 – 2 Feldlinien an Spitzen

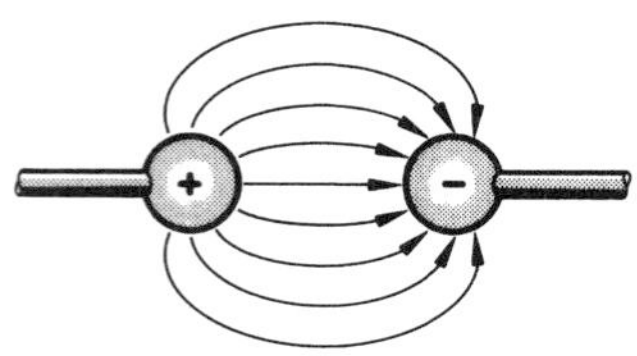

Bild 4.2 – 3
Feldlinienverlauf bei kugelförmigen Kontakten

Beispiel 4.2 – 1

Berechnen Sie die elektrische Feldstärke in einem Leiter mit der Länge $l = 50$ m, der an 10 V angeschlossen ist.

Lösung:

$$E = \frac{U}{l} = \frac{10\ \mathrm{V}}{50\ \mathrm{m}}$$

$$E = 0{,}2\ \frac{\mathrm{V}}{\mathrm{m}}$$

Übung 4.2 – 1

Berechnen Sie die Feldstärke zwischen einem Hochspannungsleiter von 380 kV und der Erde, wenn die Leitung 25 m über dem Erdboden hängt.

Lösung:

Übung 4.2 – 2

In einer Schaltanlage werden neue Stromschienen verlegt, die 10 kV gegen Erde führen. Welchen Abstand zur Erde müssen die Schienen haben, um einer Feldstärke von $E = 20\ \frac{\text{kV}}{\text{m}}$ ohne Überschlag widerstehen zu können?

Lösung:

4.3 Kräfte im elektrischen Feld und das Coulomb'sche Gesetz

Nach der Durcharbeitung dieses Kapitels haben Sie die **Kompetenz** ...
- die Kraft, die auf elektrische Ladungen im elektrischen Feld wirkt, zu berechnen,
- die Bedeutung der elektrischen Feldkonstante zu erläutern und für Berechnungen einzusetzen.

Die zur Ladungstrennung notwendige Energie ist wie bereits bekannt:

$$W = U \cdot Q$$

Wirkt eine Kraft längs eines Weges auf eine Ladung, so gilt:

$$W = F \cdot l$$

mit F = Kraft auf die Ladung
l = Weglänge

Die Gleichungen für die Arbeit können gleichgesetzt werden, dies ergibt:

$$U \cdot Q = F \cdot l$$

Die elektrische Feldstärke in einem elektrischen Kraftfeld ist:

$$E = \frac{U}{l}$$

Wird die Definition der elektrischen Feldstärke in die Arbeitsgleichung eingesetzt und nach der Kraft F umgestellt, führt dies zur Gleichung:

$$E \cdot l \cdot Q = F \cdot l$$

$$F = \frac{E \cdot \chi \cdot Q}{\chi}$$

$$\boxed{F = E \cdot Q} \qquad (4.3-1)$$

Die Kontrolle der richtigen Aufstellung der Definitionsgleichung wird durch die Einheiten vorgenommen:

$$[F] = \frac{\mathrm{V}}{\mathrm{m}} \cdot \mathrm{A} \cdot \mathrm{s} = \frac{\mathrm{W} \cdot \mathrm{s}}{\mathrm{m}} = \frac{\mathrm{N} \cdot \mathrm{m}}{\mathrm{m}}$$

$$\boxed{[F] = \mathrm{N}} \qquad (4.3-2)$$

Die Kräfte in einem E-Feld hat der Physiker Coulomb untersucht (siehe Kapitel 1.1) und das nach ihm benannte Gesetz formuliert. Es wird dabei die Kraft zwischen zwei Ladungen Q_1 und Q_2 betrachtet, die sich im Abstand r in Luft oder Vakuum gegenüberstehen. Als Coulomb'sches Gesetz gilt somit die Beziehung:

Coulomb'sches Gesetz

$$\boxed{F = \frac{Q_1 \cdot Q_2}{\varepsilon_0 \cdot 4 \cdot \pi \cdot r^2}} \qquad (4.3-3)$$

ε_0 ist die elektrische Feldkonstante (eine Naturkonstante) (siehe auch Kapitel 4.6).

$4 \cdot \pi \cdot r^2$ = Kugeloberfläche (da sich elektrische Felder räumlich ausdehnen)

ε_0 = elektrische Feldkonstante bei Luft bzw. Vakuum

Wert von ε_0

ε_0 ist eine Naturkonstante, ihr Wert beträgt:

$$\boxed{\varepsilon_0 = 8{,}85 \cdot 10^{-12} \frac{\mathrm{A} \cdot \mathrm{s}}{\mathrm{V} \cdot \mathrm{m}}} \qquad (4.3-4)$$

Auch die Richtigkeit des Coulomb'schen Gesetzes kann anhand der Einheiten kontrolliert werden:

$$[F] = \frac{(\mathrm{A} \cdot \mathrm{s}) \cdot (\mathrm{A} \cdot \mathrm{s})}{\frac{\mathrm{A} \cdot \mathrm{s}}{\mathrm{V} \cdot \mathrm{m}} \cdot \mathrm{m}^2} = \frac{\mathrm{V} \cdot \mathrm{A} \cdot \mathrm{s}}{\mathrm{m}}$$

$$= \frac{\mathrm{W} \cdot \mathrm{s}}{\mathrm{m}} = \frac{\mathrm{N} \cdot \mathrm{m}}{\mathrm{m}} = \mathrm{N}$$

Ist das Ergebnis einer Kraftberechnung negativ, dann handelt es sich um Anziehung, im anderen Fall liegt Abstoßung vor.

F_{negativ} (z.B. $F = -10$ N) ⇒ Anziehung

F_{positiv} (z.B. $F = 2$ N) ⇒ Abstoßung

Beispiel 4.3 – 1

Berechnen Sie die Kraft zwischen zwei Elektronen, die einen Abstand $r = 1\ \mu\mathrm{m}$ haben.

Lösung:

$$F = \frac{Q_1 \cdot Q_2}{\varepsilon_0 \cdot 4 \cdot \pi \cdot r^2}$$

$$= \frac{(-0{,}16 \cdot 10^{-18}\ \mathrm{A} \cdot \mathrm{s})(-0{,}16 \cdot 10^{-18}\ \mathrm{A} \cdot \mathrm{s})}{8{,}85 \cdot 10^{-12} \frac{\mathrm{A} \cdot \mathrm{s}}{\mathrm{V} \cdot \mathrm{m}} \cdot 4 \cdot \pi (1 \cdot 10^{-6}\ \mathrm{m})^2}$$

$$= \frac{(0{,}16 \cdot 10^{-18})^2 (\mathrm{A} \cdot \mathrm{s})^2}{8{,}85 \cdot 10^{-12} \frac{\mathrm{A} \cdot \mathrm{s}}{\mathrm{V} \cdot \mathrm{m}} \cdot 4 \cdot \pi \cdot 1 \cdot 10^{-12}\ \mathrm{m}^2}$$

$$F = \underline{\underline{2{,}3 \cdot 10^{-16}\ \mathrm{N}}}$$

Das Ergebnis ist positiv; es ist somit erwartungsgemäß Abstoßung gegeben.

Übung 4.3 – 1

Wie groß ist die Kraft, mit der das Elektron des Wasserstoffatoms vom Kern angezogen wird? Der Abstand zwischen Elektron und Kern beträgt $r = 0{,}529 \cdot 10^{-8}$ cm.

Lösung:

Übung 4.3 – 2

Auf zwei getrennte Ladungen (positiv und negativ) von jeweils $Q = 1 \cdot 10^{-3}$ C wirkt ein äußeres E-Feld mit der Feldstärke $E = 100\ \frac{\text{kV}}{\text{m}}$. Welche Kraft ist damit verbunden?

Lösung:

4.4 Spannungspotenziale in elektrischen Feldern

Nach der Durcharbeitung dieses Kapitels haben Sie die **Kompetenz** ...
- Spannungspotenziale zwischen zwei unterschiedlichen Punkten in einem elektrischen Feld zu berechnen.

4.4.1 Spannung im elektrischen Feld

Die Feldstärke wurde als Spannung durch Feldlinienlänge definiert. Für die Teillänge einer Feldlinie muss somit ein Teil der Gesamtspannung gelten. Zur Erläuterung dieses Zusammenhanges sollen zwei parallele Metallplatten mit dem Abstand l an eine Spannung U angeschlossen werden. Zwischen den Platten sei Luft als Isolator. Durch die Spannung und den gleichmäßigen Abstand baut sich ein homogenes Feld auf. Innerhalb des Feldes denke man sich z. B. 5 Potenzialpunkte, die räumlich angeordnet seien. Mit Metallsonden werden die Spannungen zwischen diesen Punkten gemessen. Dabei ergibt sich:

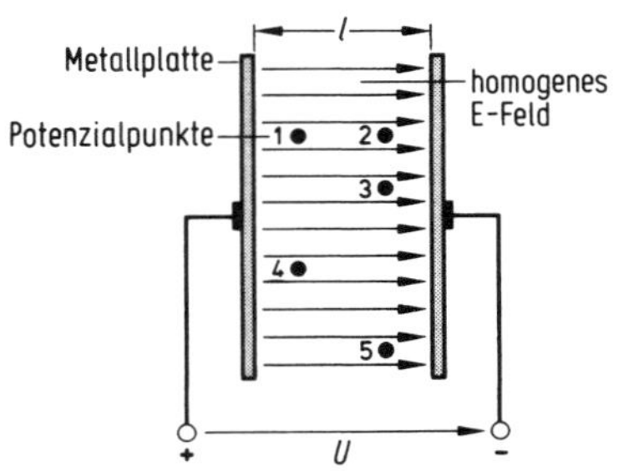

Bild 4.4.1 – 1 Potenzialbetrachtungen in einem E-Feld

$$U_{12} = U_{13} = U_{15} = U_{45} = U_{42} = U_{43}$$

$$U_{14} = 0; \quad U_{23} = 0; \quad U_{35} = 0$$

Die Höhe der Spannungen hängt nur von der direkten Feldlinienlänge zwischen zwei Punkten (z. B. l_{12}) ab und nicht von der Weglänge. Verbindet man alle Punkte gleichen Potenzials (z. B. 1 und 4 bzw. 2, 3 und 5) miteinander, so erhält man die sog. Äquipotenziallinien. Feldlinien und Äquipotenziallinien stehen senkrecht zueinander.

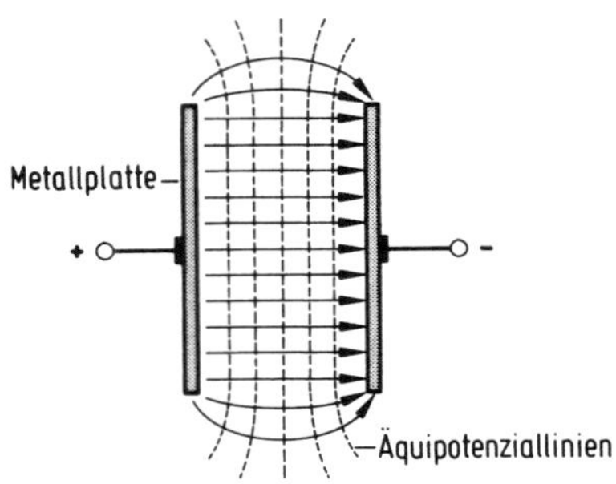

Bild 4.4.1 – 2
Äquipotenziallinien, Linien gleichen Potenzials

Beispiel 4.4.1 – 1

Gegeben sei ein E-Feld mit den angegebenen Potenzialpunkten gemäß Bild. Berechnen Sie folgende Spannungswerte:

U_{13}, U_{45}, U_{36}, U_{72}, U_{51}.

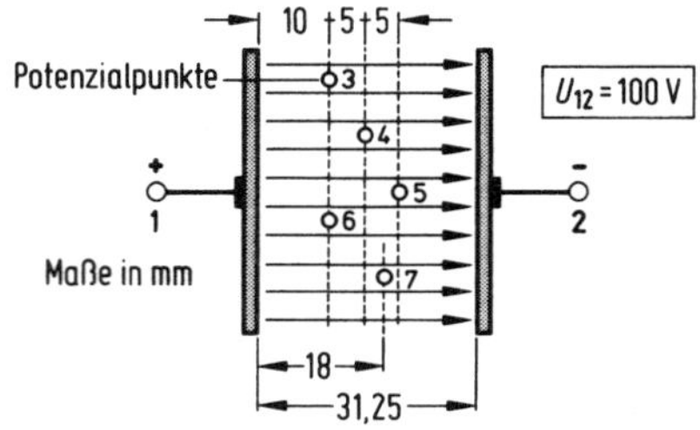

Lösung:
Ausgangspunkt der Berechnung ist die Feldstärke. Sie ist im homogenen Feld an allen Stellen gleich groß. Es ergibt sich:

$$E = \frac{U_{12}}{l_{12}} = \frac{100\ \text{V}}{31{,}25\ \text{mm}} = \underline{\underline{3{,}2\ \frac{\text{V}}{\text{mm}}}}$$

Berechnung der einzelnen Spannungen:

$$U_{13} = E \cdot l_{13} = 3{,}2\ \frac{\text{V}}{\text{mm}} \cdot 10\ \text{mm} = \underline{\underline{32\ \text{V}}}$$

$$U_{45} = E \cdot l_{45} = 3{,}2\ \frac{\text{V}}{\text{mm}} \cdot 5\ \text{mm} = \underline{\underline{16\ \text{V}}}$$

$$U_{36} = E \cdot l_{36} = 3{,}2 \cdot \frac{\text{V}}{\text{mm}} \cdot 0 = \underline{\underline{0\ \text{V}}}$$

$$U_{72} = E \cdot l_{72} = 3{,}2\ \frac{\text{V}}{\text{mm}} \cdot 13{,}25\ \text{mm} = \underline{\underline{42{,}4\ \text{V}}}$$

Die Spannungsangabe von U_{51} muss negativ sein, da die gesuchte Spannung der Feldlinienrichtung entgegengesetzt ist.

$$U_{51} = E \cdot l_{15} = \left(-3{,}2\ \frac{\text{V}}{\text{mm}}\right) \cdot 20\ \text{mm}$$

$$U_{51} = \underline{\underline{-64\ \text{V}}}$$

Übung 4.4.1 – 1

Die Kontakte eines Hochspannungsschalters sind gemäß Bild angeordnet. Zeichnen Sie die Äquipotenziallinien ein.

Lösung:

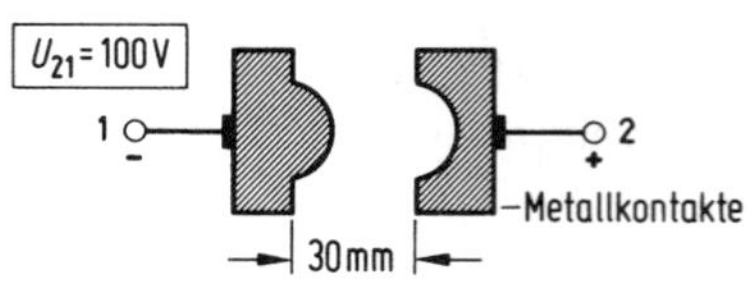

4.4.2 Spannung zwischen getrennten Ladungen

Die Spannung wurde als Energiepotenzial zwischen getrennten Ladungen definiert. Somit stellt sich die Frage nach der Höhe der Spannung zwischen getrennten Ladungen. Für zwei gleiche Ladungen Q, die bis auf einen Abstand l verschoben wurden, ergibt sich für die Spannung:

Das Gleichsetzen der Bemessungs- und der Definitionsgleichung für die Feldstärke ergibt:

$$E = \frac{U}{l} \qquad E = \frac{F}{Q}$$

$$\frac{U}{l} \triangleq \frac{F}{Q}$$

Somit gilt für die Spannung:

$$U = \frac{F \cdot l}{Q}$$

(Q = verschobene Ladung)

$$F = \frac{Q \cdot Q}{\varepsilon_0 \cdot 4 \cdot \pi \cdot l^2}$$

$$U = \frac{\dfrac{Q \cdot Q}{\varepsilon_0 \cdot 4 \cdot \pi \cdot l^2} \cdot l}{Q}$$

$$\boxed{U = \frac{Q}{\varepsilon_0 \cdot 4 \cdot \pi \cdot l}} \qquad (4.4.2-1)$$

Kontrolle der Gleichungsumstellung durch Einsatz der Einheiten:

$$[U] = \frac{\mathrm{A \cdot s}}{\dfrac{\mathrm{A \cdot s}}{\mathrm{V \cdot m}} \cdot \mathrm{m}} = \frac{1}{\dfrac{1}{\mathrm{V}}} = \mathrm{V}$$

Beispiel 4.4.2 – 1

Zwei elektrische Ladungen $Q = 0{,}5 \cdot 10^{-9}$ C werden auf eine Distanz $l = 1$ cm zueinander gebracht. Berechnen Sie die aufgebaute Spannung.

Lösung:

$$U = \frac{Q}{\varepsilon_0 \cdot 4 \cdot \pi \cdot l}$$

$$= \frac{0{,}5 \cdot 10^{-9}\ \mathrm{A \cdot s}}{8{,}85 \cdot 10^{-12}\ \dfrac{\mathrm{A \cdot s}}{\mathrm{V \cdot m}} \cdot 4 \cdot \pi \cdot 0{,}01\ \mathrm{m}}$$

$$U = \underline{\underline{4{,}495 \cdot 10^2\ \mathrm{V} = 449{,}5\ \mathrm{V}}}$$

Übung 4.4.2 – 1

Ein Elektron und ein Proton werden auf einer Entfernung von 1 µm zueinander angeordnet. Berechnen Sie die Spannung, die dabei aufgebaut wird.

Lösung:

4.5 Ladungsspeicherung und Kondensator

Nach der Durcharbeitung dieses Kapitels haben Sie die **Kompetenz** ...

– den Vorgang der Ladungsspeicherung bei Kondensatoren zu beschreiben,
– den Kondensator zur Speicherung elektrischer Energie in Schaltungen einzusetzen.

Zur Betrachtung der Äquipotenziallinien wurden zwei Metallplatten in einem Abstand l parallel angeordnet und an eine Spannung gelegt. Schließt man nun ein ideales Voltmeter ($R_i \to \infty$) parallel zu den Platten an und schaltet die Versorgungsspannung ab, so zeigt das Voltmeter weiterhin den vorher angelegten Spannungswert an. Wie ist dieses Phänomen zu erklären? Man geht von der im Bild gezeigten Anordnung aus. Wird der Schalter S geschlossen, dann werden Ladungen verschoben. Aus der Metallplatte am Pluspol werden fast alle freien Elektronen durch die Spannungsquelle zur anderen Metallplatte hin verschoben. Es entsteht somit ein Ladungsunterschied zwischen den Metallplatten. Für den abgeschlossenen Vorgang gilt:

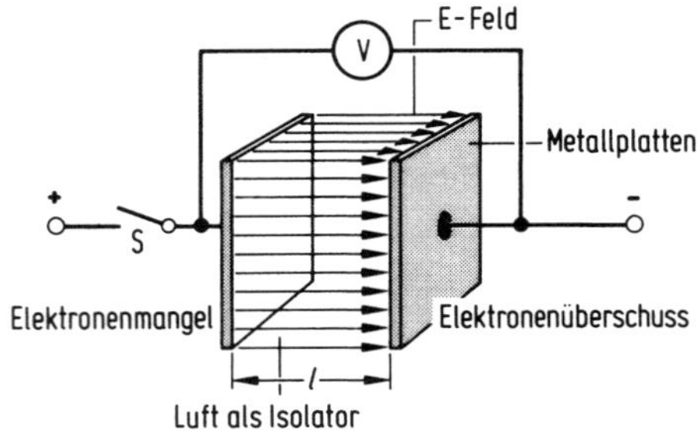

Bild 4.5 – 1
Metallplattenanordnung zur Ladungsspeicherung

Der Betrag der Ladung in der positiven Metallplatte (Plusplatte) ist gleich dem Betrag der Ladung in der negativen Metallplatte (Minusplatte).

$$|Q_+| = |Q_-|$$

Die sich gegenüberstehenden Ladungen bauen ein E-Feld auf und ziehen sich an. Die Elektronen können die Minusplatte nicht ohne weitere Energiezufuhr verlassen. Schaltet man nun die Spannungsquelle ab, dann bleibt der Zustand erhalten, da kein Ladungsausgleich möglich ist. Die Ladungen werden also gespeichert. Die Anordnung bezeichnet man als Kondensator (= Ladungsspeicher).

Ladungsspeicher = Kondensator

Die Ladungsumschichtung durch die angelegte Spannung bezeichnet man beim Kondensator als Ladevorgang. Während dieses Vorganges fließt Strom in den Zuleitungen und in der Spannungsquelle, während er am Ende des Ladevorganges wieder null ist. Der Strom ändert also dauernd seinen Wert. Man spricht vom Augenblickswert der Stromstärke und bezeichnet ihn mit i. (Das exakte Stromverhalten beim Ladevorgang wird im Kapitel 4.8 erläutert.)

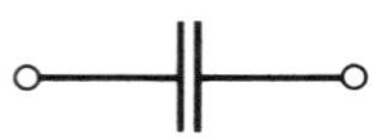

Bild 4.5 – 2 Schaltzeichen des Kondensators

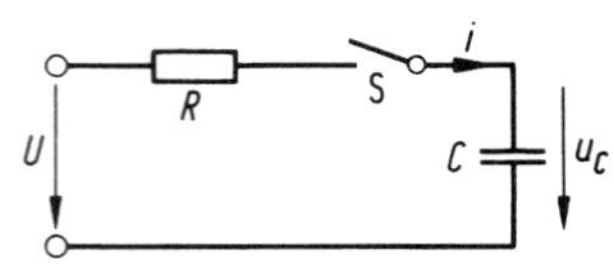

Bild 4.5 – 3 Laden eines Kondensators

Die durch einen Strom verschobene Ladungsmenge berechnet sich wie bekannt:

$$Q = I \cdot t$$

Für die beim Ladevorgang augenblicklich verschobene Ladungsmenge gilt:

$$q = i \cdot \Delta t$$

q = Augenblickswert der Ladung
i = Augenblickswert des Stromes
Δt = Zeitabschnitt

Der Ladestrom wird gemäß Bild 4.5 – 3 nur durch den Widerstand R begrenzt und somit gilt für das Maximum:

$$I_{\max} = \frac{U}{R}$$

Das Maximum gilt nur für den Einschaltaugenblick, da die Spannung $u_C = 0$ ist. Während des weiteren Ladevorganges wird die verschobene (in den Platten gespeicherte) Ladungsmenge größer und der Ladestrom sinkt. Da u_C größer wird, gilt am Ende des Ladevorganges:

$$i = 0$$

$$u_C = U = U_C$$

$$q \to Q$$

Die gesamte verschobene Ladungsmenge Q ist somit proportional der Spannung am Kondensator:

$$Q \approx U_C$$

Daraus kann die Aussage abgeleitet werden:

> Je größer die verschobene Ladungsmenge sein soll, umso größer muss die Spannung am Kondensator sein.

Der Quotient aus Ladungsmenge Q und Kondensatorspannung U_C wird als Kapazität C des Kondensators bezeichnet. Für die Kapazität ergibt sich somit die Definitionsgleichung:

$$C = \frac{Q}{U_C} \qquad (4.5-1)$$

Die Einheit der Kapazität ist festgelegt zu:

$$[C] = \frac{\mathrm{A} \cdot \mathrm{s}}{\mathrm{V}} = \mathrm{F}\ (\mathrm{Farad}) \qquad (4.5-2)$$

Teile der Einheit Farad:

$1\ \mathrm{mF} = 10^{-3}\ \mathrm{F}$
$1\ \mu\mathrm{F} = 10^{-6}\ \mathrm{F}$
$1\ \mathrm{nF} = 10^{-9}\ \mathrm{F}$
$1\ \mathrm{pF} = 10^{-12}\ \mathrm{F}$

Die Gleichung für die Kapazität des Kondensators kann als lineare Funktion dargestellt werden.

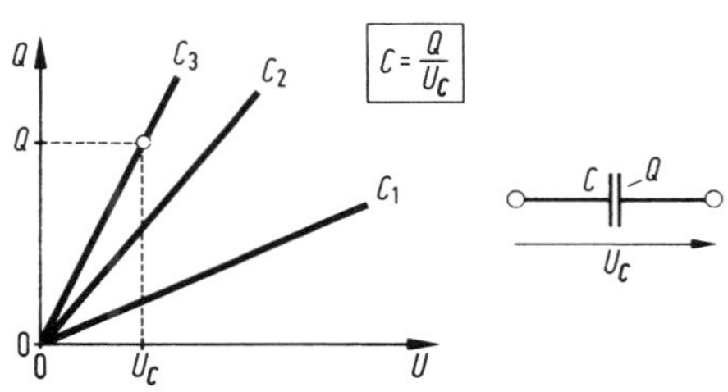

Bild 4.5 – 4 Ladungsmenge Q als Funktion der Ladespannung U bei verschiedenen Kapazitätswerten

Aus der Definitionsgleichung für die Kapazität kann geschlossen werden: Was für die Gesamtladung und Gesamtspannung gilt, hat analog auch für Teilladungen und Teilspannungen Gültigkeit.

$$C = \frac{Q}{U_C} = \frac{\Delta Q}{\Delta U_C}$$

ΔQ = verschobene Teilladung
ΔU_C = Spannungsänderung am Kondensator

Für die während des Ladevorganges verschobene Teilladung gilt als Strom:

$$i = \frac{\Delta Q}{\Delta t} \tag{4.5 – 3}$$

Durch Umstellung der Definitionsgleichung nach ΔQ kann nun eine weitere Gleichung zur Berechnung des Ladestromes hergeleitet werden. Der Ladestrom hat dabei für jeden Zeitabschnitt Δt einen anderen Wert, da sich auch die Spannung am Kondensator ändert.

$\Delta Q = C \cdot \Delta U_C$

eingesetzt in $i = \frac{\Delta Q}{\Delta t}$

ergibt:

$$i = C \frac{\Delta U_C}{\Delta t} \tag{4.5 – 4}$$

In den Gleichungen 4.5 – 3 und 4.5 – 4 sind die Variablen ΔU_C, ΔQ und Δt linear veränderlich; ist dies z. B. nicht der Fall, so gelten die folgenden allgemeinen Aussagen für den Strom beim Laden eines Kondensators:

$$i = \frac{\mathrm{d}Q}{\mathrm{d}t} \tag{4.5 – 5}$$

$$i = C \cdot \frac{\mathrm{d}U_C}{\mathrm{d}t} \tag{4.5 – 6}$$

Beispiel 4.5 – 1

Beim Ladevorgang eines Kondensators wurde eine Ladungsmenge von $\Delta Q = 1 \cdot 10^{-3}$ C in einem Zeitabschnitt von $\Delta t = 1$ ms verschoben. Berechnen Sie den Strom, der im Mittel während dieser Zeit floss.

Lösung:

$$i = \frac{\Delta Q}{\Delta t}$$

$$= \frac{1 \cdot 10^{-3}\ \mathrm{A \cdot s}}{1 \cdot 10^{-3}\ \mathrm{s}}$$

$$i = \underline{\underline{1\ \mathrm{A}}}$$

Übung 4.5 – 1

Der Spannungsanstieg an einem Kondensator mit der Kapazität $C = 10\ \mu\mathrm{F}$ beträgt $\frac{\Delta U}{\Delta t} = 5\ \frac{\mathrm{V}}{\mathrm{ms}}$. Berechnen Sie den Strom während dieses Ladungsabschnittes.

Lösung:

4.6 Isolierstoffe im elektrischen Feld

Nach der Durcharbeitung dieses Kapitels haben Sie die **Kompetenz** ...
- die elektrische Ladungsverschiebung innerhalb von Isolierstoffen, die sich in einem elektrischen Feld befinden, zu beschreiben,
- Kapazitätswerte von Kondensatoren anhand bekannter Daten von Abmessungen und elektrischer Feldkonstanten zu berechnen.

4.6.1 Ladungsverschiebungen in Isolierstoffen oder die elektrische Influenz

Bei der bisherigen Betrachtung eines Kondensators wurde als Isolator zwischen den Platten Luft angenommen. Ersetzt man nun die Luft ganz oder teilweise durch einen festen Isolator, dann treten zusätzliche elektrische Erscheinungen auf. Der Isolierstoff ist außerhalb des elektrischen Feldes elektrisch neutral. Im E-Feld hat er die im Bild 4.6.1 – 1 dargestellte Polarität. Diese Ladungsverschiebung im Isolator bezeichnet man als Influenz. Wird das E-Feld abgeschaltet oder entfernt man den Isolator aus dem Feld, dann verschwindet die Polarisierung wieder.

Die Ladungsverschiebung im Isolator ergibt ein eigenes E-Feld, das sich zusätzlich zum vorhandenen Feld aufbaut. Es findet somit eine Überlagerung von elektrischen Feldern statt. Das ursprüngliche Feld zwischen den Platten wird verstärkt.

Wie kommt es nun zu der Ladungsverschiebung im Isolator?

Die Ursache liegt im Atomaufbau. Die Atome, aus denen der Isolator aufgebaut ist, sind ohne äußeres E-Feld elektrisch neutral. Im E-Feld aber verschieben sich die Elektronenbahnen gegenüber dem Kern. Es entsteht ein Dipol (= Zweipol), der wiederum ein eigenes E-Feld hat und somit das vorhandene Feld unterstützt bzw. verstärkt. Je ausgeprägter die Dipolbildung ist, desto größer ist auch die Feldverstärkung. Man bezeichnet den Isolierstoff im E-Feld als Dielektrikum. Die Ausprägung der Dipole ist eine Eigenschaft des Isolierstoffes und somit eine Werkstoffgröße. Im nun folgenden Abschnitt wird diese Eigenschaft der Isolierstoffe formelmäßig betrachtet.

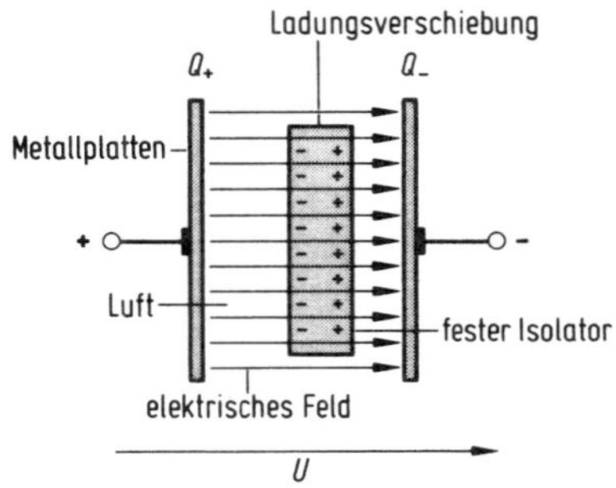

Bild 4.6.1 – 1 Ladungsverschiebung in einem festen Isolator durch ein äußeres E-Feld

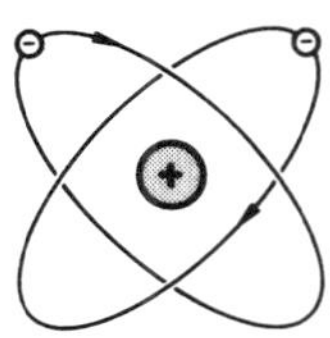

Bild 4.6.1 – 2
Atom eines Isolierstoffes ohne äußeres E-Feld

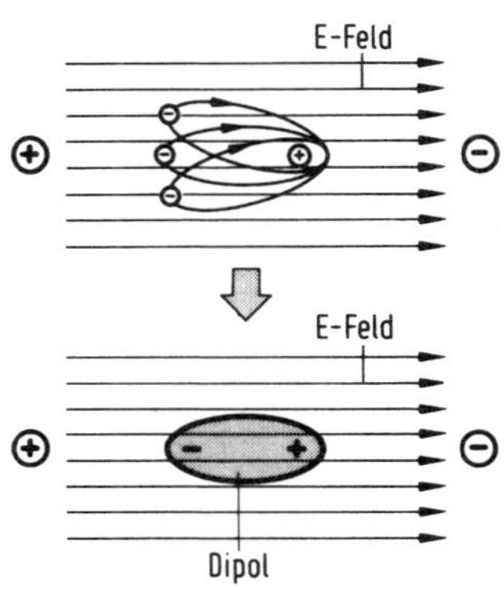

Bild 4.6.1 – 3 Polarisiertes Isolierstoffatom (Dipol) durch ein äußeres E-Feld

4.6.2 Feldkonstante des elektrischen Feldes

Zur formelmäßigen Betrachtung der Ladungsverschiebung in einem Isolierstoff wird als physikalische Größe die elektrische Flussdichte D eingeführt. Sie ist ebenso wie die Feldstärke ein Vektor. Die elektrische Flussdichte ist definiert als Verschiebungsdichte elektrischer Ladung durch Fläche des Isolierstoffes. Die Fläche wird dabei senkrecht zu den Feldlinien betrachtet. Die Definitionsgleichung der elektrischen Flussdichte ist somit:

Elektrische Flussdichte (im Isolator):

$$D = \frac{Q}{A} \qquad (4.6.2-1)$$

Q = im Isolierstoff verschobene Ladung
A = Oberfläche des Isolierstoffes senkrecht zu den Feldlinien des äußeren Feldes.

Die Einheit der elektrischen Flussdichte ergibt sich aus den Grundeinheiten von Q und A.

$$[D] = \frac{[Q]}{[A]} = \frac{\mathrm{C}}{\mathrm{m}^2} \qquad (4.6.2-2)$$

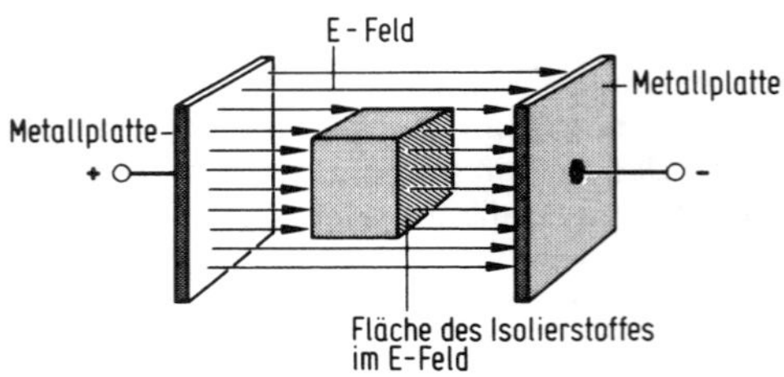

Bild 4.6.2 – 1
Flächenbetrachtung des Isolierstoffes im E-Feld

Durch Einsetzen bereits bekannter Beziehungen ergibt sich:

$$D = \frac{Q}{A}$$

$$Q = C \cdot U$$

$$D = \frac{C \cdot U}{A}$$

$$U = E \cdot l$$

$$D = \frac{C \cdot E \cdot l}{A} \Rightarrow \boxed{D = \frac{C \cdot l}{A} \cdot E} \qquad (4.6.2-3)$$

Die elektrische Flussdichte D ist also proportional E:

$$D \sim E$$

Als Proportionalitätsfaktor gilt dabei:

$$\frac{C \cdot l}{A}$$

Er wird als **Permittivität** ε des Isolators definiert:

Permittivität des Isolierstoffes:

$$\varepsilon = \frac{C \cdot l}{A} \qquad (4.6.2-4)$$

Die Einheit der Permittivität ergibt sich zu:

$$[\varepsilon] = \frac{\mathrm{A \cdot s \cdot m}}{\mathrm{V \cdot m^2}} = \frac{\mathrm{A \cdot s}}{\mathrm{V \cdot m}} \qquad (4.6.2-5)$$

Die Einheit von ε ist mit der Einheit von ε_0 identisch.

Um in der Praxis Permittivitäten tabellarisch erfassen zu können, wird die Konstante ε in die Feldkonstante des E-Feldes ε_0 und die Permittivitätszahl ε_r aufgespalten. ε_0 ist eine Naturkonstante und gilt für das E-Feld in Luft oder Vakuum. (ε_0 wurde bereits im Kapitel 4.3 eingeführt und definiert.)
Es gilt:

$$\varepsilon = \varepsilon_0 \cdot \varepsilon_r \qquad (4.6.2-6)$$

$$\varepsilon_0 = 8{,}854 \cdot 10^{-12} \, \frac{\mathrm{A \cdot s}}{\mathrm{V \cdot m}}$$

ε_0 = Feldkonstante des E-Feldes in Luft oder Vakuum

Die Permittivitätszahl ε_r gibt an, um wie viel das elektrische Feld durch den Isolierstoff gegenüber Luft bzw. Vakuum verstärkt wird. Sie ist ein dimensionsloser Faktor.

ε_r = Permittivitätszahl

Tabelle 4.6.2 – 1 Permittivitätszahl verschiedener Werkstoffe

Werkstoff	Permittivitätszahl	Werkstoff	Permittivitätszahl
Acrylglas (PMMA)	3,1 ... 3,6	Naturglimmer	4 ... 8
Anilinharz	3 ... 4	Phenolharz (PF)	4 ... 6
Buna (synthetischer Kautschuk)	2,4 ... 2,7	Polyethylen (PE)	2,2 ... 2,4
Clophen	4,5 ... 7	Polyesterharz (UP)	3 ... 5
Epoxidharz (EP)	2,8 ... 5	Polystyrol (PS), Styroflex	2,3 ... 3
Hartglas	4 ... 8	Polytetrafluorethylen (PTFE)	2
Hartgummi	2,5 ... 5	Polyvinylchlorid (PVC), hart	2 ... 3,2
Hartpapier	4 ... 8	Porzellan	4,5 ... 6,5
Kautschuk	2,4	Rutil 311	40 ... 60
Luft	1	Silikonkautschuk	2,5
Mikanit	4 ... 6	Steatit 221	6
Mineralöl	2 ... 2,6	Wasser	80
Mykalex	7 ... 8		

Hinweis: Die Permittivitätszahlen können sich mit der Betriebsfrequenz und Betriebstemperatur verändern.

Im Kapitel 4.3 wurde das Coulomb'sche Gesetz zweier Ladungen in Luft oder Vakuum bereits hergeleitet. Die elektrischen Kräfte treten auch in Isolierstoffen auf und somit erweitert sich das Coulomb'sche Gesetz durch den Zusatz von ε_r.

Coulomb'sches Gesetz in der allgemeinen Form

$$F = \frac{Q_1 \cdot Q_2}{\varepsilon_0 \cdot \varepsilon_r \cdot 4 \cdot \pi \cdot r^2} \qquad (4.6.2-7)$$

Beispiel 4.6.2 – 1

Ein Isolator aus Hartpapier mit der Permittivitätszahl $\varepsilon_r = 5$ füllt den Zwischenraum eines Plattenkondensators ganz aus. Der Kondensator hat eine Plattenfläche von $A = 1000\ \text{cm}^2$. Am Ende der Aufladung ist eine Ladung von $Q = 1\ \text{C}$ verschoben worden. Berechnen Sie die Verschiebungsdichte.

Lösung:

$$D = \frac{Q}{A}$$

$$= \frac{1\ \text{A} \cdot \text{s}}{0{,}1\ \text{m}^2}$$

$$D = 10\ \frac{\text{A} \cdot \text{s}}{\text{m}^2}$$

Übung 4.6.2 – 1

Berechnen Sie die Kraft, die auf den Isolator eines Kondensators wirkt, wenn folgende Daten gegeben sind:

$Q_1 = Q_2 = 1 \cdot 10^{-6}\ \text{C}, \quad \varepsilon_r = 5, \quad r = 1\ \text{mm}.$

Lösung:

Übung 4.6.2 – 2

In einem 3 mm dicken Isolierstoff tritt durch die getrennte Ladungsmenge von

$Q = 2 \cdot 10^{-7}\ \text{C}$

eine Kraft von $F = 10\ \text{N}$ auf. Berechnen Sie die Permittivitätszahl des verwendeten Isolierstoffes.

Lösung:

4.6.3 Bemessungsgleichung der Kapazität

Die Ableitung der Gleichung der Verschiebungsdichte ergab den Proportionalitätsfaktor ε. Stellt man diese Gleichung nach der Kapazität C um, so wird daraus die Bemessungsgleichung der Kapazität eines Plattenkondensators mit der Plattenfläche A und dem Plattenabstand l. Die Plattenfläche ist dabei als die sich deckende Oberfläche zweier parallel gegenüberstehender Metallplatten zu verstehen. Es kommt somit nur auf die Fläche und nicht auf die Dicke der Metallplatten an.

$$\varepsilon = \frac{C \cdot l}{A}$$

Kapazität eines Plattenkondensators:

$$C = \varepsilon \cdot \frac{A}{l} \quad \text{mit} \quad \varepsilon = \varepsilon_r \cdot \varepsilon_0$$

$$C = \varepsilon_0 \cdot \varepsilon_r \cdot \frac{A}{l} \qquad (4.6.3-1)$$

A = Plattenfläche
l = Plattenabstand

Zur Kontrolle der Gleichungsumstellung werden die Einheiten eingesetzt. Das Ergebnis zeigt die bereits bekannte Einheit der Kapazität.

$$[C] = \frac{\mathrm{A \cdot s}}{\mathrm{V \cdot m}} \cdot \frac{\mathrm{m}^2}{\mathrm{m}} = \frac{\mathrm{A \cdot s}}{\mathrm{V}} = \mathrm{F}$$

Beispiel 4.6.3 – 1

Zu berechnen ist die Kapazität eines Plattenkondensators. Als Isolation dient Luft. Die Kondensatorplatten haben eine Fläche von $A = 1\ \mathrm{m}^2$ und einen Abstand von $l = 1$ mm zueinander.

Lösung:

$$C = \varepsilon_0 \cdot \varepsilon_r \frac{A}{l}$$

$$\varepsilon_r = 1, \quad \text{da Luft als Isolator}$$

$$C = 8{,}85 \cdot 10^{-12}\ \frac{\mathrm{A \cdot s}}{\mathrm{V \cdot m}} \cdot \frac{1\ \mathrm{m}^2}{1\ \mathrm{mm}}$$

$$= 8{,}85 \cdot 10^{-12}\ \frac{\mathrm{A \cdot s}}{\mathrm{V \cdot m}} \cdot \frac{1\ \mathrm{m}^2}{10^{-3}\ \mathrm{m}}$$

$$= 8{,}85 \cdot 10^{-9}\ \frac{\mathrm{A \cdot s}}{\mathrm{V}}$$

$$C = \underline{\underline{8{,}85\ \mathrm{nF}}}$$

Beispiel 4.6.3 – 2

Ein Plattenkondensator soll die Kapazität von $C = 1$ F haben. Der Isolator ist Luft und die Platten haben einen Abstand von $l = 1$ cm. Berechnen Sie die benötigte Fläche.

Lösung:

$$C = \varepsilon_0 \cdot \varepsilon_r \cdot \frac{A}{l}$$

$$A = \frac{C \cdot l}{\varepsilon_0 \cdot \varepsilon_r}$$

$$= \frac{1\ \frac{\mathrm{A \cdot s}}{\mathrm{V}} \cdot 0{,}01\ \mathrm{m}}{8{,}85 \cdot 10^{-12}\ \frac{\mathrm{A \cdot s}}{\mathrm{V \cdot m}} \cdot 1}$$

$$= 1{,}12 \cdot 10^9\ \mathrm{m}^2$$

$$= 1{,}12 \cdot 10^9 \cdot (10^{-3}\ \mathrm{km})^2$$

$$A = \underline{\underline{1{,}12 \cdot 10^3\ (\mathrm{km})^2}}$$

Es handelt sich bei diesem Ergebnis um eine Fläche von etwa 33,5 km mal 33,5 km. Diese große Fläche macht deutlich, dass der Bau von Kondensatoren mit der Kapazität von $C = 1$ F Schwierigkeiten bereitet.

Übung 4.6.3 – 1

Berechnen Sie die Kapazität, die vorhanden ist, wenn die Erdoberfläche (Erdradius $r = 6350$ km) Kondensatorfläche wäre und die Platten einen Abstand von $l = 1$ m hätten.

Lösung:

Übung 4.6.3 – 2

Auf einer Leiterplatte liegen sich zwei Leitungsstücke gegenüber. Der Isolator ist Epoxidharz mit der Permittivitätszahl $\varepsilon_r = 4$ und einer Dicke von $l = 1$ mm. Die Leitungsstücke auf der Ober- und Unterseite der Leiterplatte haben die Abmaße: Länge 30 mm und Breite 5 mm. Berechnen Sie die vorhandene Kapazität.

Lösung:

4.7 Schaltungen von Kondensatoren

Nach der Durcharbeitung dieses Kapitels haben Sie die **Kompetenz** ...
– aus Reihen-, Parallel- und Netzwerkschaltungen von Kondensatoren die Schaltungswerte für Kapazitäten und Spannungen zu berechnen.

4.7.1 Reihenschaltung von Kondensatoren

Werden Kondensatoren in Reihe geschaltet, so stellt sich die Frage nach der Größe der Gesamtkapazität. An einem Beispiel von drei in Reihe geschalteten Kondensatoren soll die Ableitung für die Gleichung der Gesamtkapazität erfolgen. Die Reihenschaltung wird an die Spannung U_{12} angeschlossen.

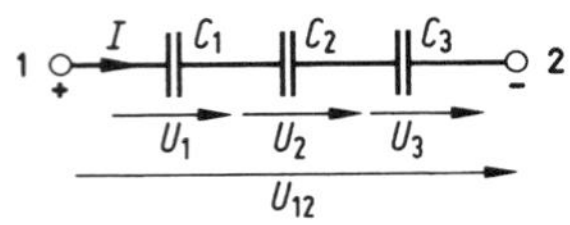

Bild 4.7.1 – 1 Reihenschaltung von Kondensatoren

Für jeden Kondensator gilt die Beziehung:

$$U = \frac{Q}{C}$$

Da überall derselbe Ladestrom I fließt, gilt für alle Kondensatoren die gleiche verschobene Ladungsmenge Q. Somit gilt:

$$U_1 = \frac{Q}{C_1}; \quad U_2 = \frac{Q}{C_2}; \quad U_3 = \frac{Q}{C_3}$$

U_1, U_2, U_3 sind Teilspannungen der Gesamtspannung U_{12}, d. h.:

$$U_{12} = U_1 + U_2 + U_3$$

Setzt man in vorstehender Gleichung die Aussagen für die Teilspannungen ein, dann ergibt sich:

$$U_{12} = \frac{Q}{C_1} + \frac{Q}{C_2} + \frac{Q}{C_3}$$

Für die Gesamtkapazität C_{12} gilt analog:

$$U_{12} = \frac{Q}{C_{12}}$$

Die Gleichsetzung der beiden Gleichungen für U_{12} führt zur gesuchten Gleichung der Gesamtkapazität C_{12}:

$$\frac{Q}{C_{12}} = \frac{Q}{C_1} + \frac{Q}{C_2} + \frac{Q}{C_3}$$

Division durch Q:

$$\frac{1}{C_{12}} = \frac{1}{C_1} + \frac{1}{C_2} + \frac{1}{C_3}$$

Bildung des Kehrwertes:

= Gesamtkapazität C_{12}

$$C_{12} = \frac{1}{\frac{1}{C_1} + \frac{1}{C_2} + \frac{1}{C_3}}$$

Die gewonnene Gleichung zur Berechnung der Gesamtkapazität für in Reihe geschaltete Kondensatoren gleicht der Formel für die Ersatzwiderstandsberechnung bei parallel geschalteten Widerständen.

Allgemein gilt:

$$C_{ges} = \frac{1}{\frac{1}{C_1} + \frac{1}{C_2} + \frac{1}{C_3} + \ldots} \qquad (4.7.1-1)$$

Für den Sonderfall, dass nur zwei Kondensatoren in Reihe geschaltet sind, ergibt sich:

$$C_{ges} = \frac{C_1 \cdot C_2}{C_1 + C_2} \qquad (4.7.1-2)$$

Beispiel 4.7.1 – 1

4 Kondensatoren mit den Kapazitätswerten $C_1 = 1\ \mu F$, $C_2 = 0{,}5 \cdot 10^{-6}\ F$, $C_3 = 4000\ nF$, $C_4 = 2\ \mu F$ sind in Reihe geschaltet. Berechnen Sie die Gesamtkapazität C_{ges}.

Lösung:

Die einzelnen Kapazitätsangaben werden zuerst auf gleiche Teile der Einheit F umgerechnet.

$C_1 = 1\ \mu F$
$C_2 = 0{,}5 \cdot 10^{-6}\ F = 0{,}5\ \mu F$
$C_3 = 4000\ nF = 4\ \mu F$
$C_4 = 2\ \mu F$

Berechnung der Gesamtkapazität:

$$C_{ges} = \frac{1}{\frac{1}{C_1} + \frac{1}{C_2} + \frac{1}{C_3} + \frac{1}{C_4}}$$

$$= \frac{1}{\frac{1}{1\ \mu F} + \frac{1}{0{,}5\ \mu F} + \frac{1}{4\ \mu F} + \frac{1}{2\ \mu F}}$$

$$= \frac{1}{\left(\frac{1}{1} + \frac{1}{0{,}5} + \frac{1}{4} + \frac{1}{2}\right)\frac{1}{\mu F}}$$

$$= \frac{1}{\frac{1}{1} + \frac{1}{0{,}5} + \frac{1}{4} + \frac{1}{2}}\ \mu F$$

$$= \frac{1}{1 + 2 + 0{,}25 + 0{,}5}\ \mu F$$

$$C_{ges} = \underline{\underline{0{,}266\ \mu F}}$$

Für das Ergebnis gilt analog der Betrachtung bei Widerständen: Die Gesamtkapazität muss im Wert kleiner sein als die kleinste Einzelkapazität.

Übung 4.7.1 – 1

Für eine Schaltung wird ein Kondensator mit einer Kapazität $C = 15\,\mathrm{nF}$ benötigt. Vorhanden sind aber nur 3 Kondensatoren mit den Werten $C_1 = 100\,\mathrm{nF}$, $C_2 = 50\,\mathrm{nF}$ und $C_3 = 20\,\mathrm{nF}$. Wie genau erreicht man durch eine Reihenschaltung den gesuchten Kapazitätswert?

Lösung:

Übung 4.7.1 – 2

Ein Kondensator mit der Kapazität $C_1 = 150\,\mu\mathrm{F}$ soll durch eine Reihenschaltung mit einem Kondensator C_2 auf den Gesamtwert $C_{ges} = 100\,\mu\mathrm{F}$ gebracht werden. Berechnen Sie den Wert des Zusatzkondensators C_2.

Lösung:

4.7.2 Parallelschaltung von Kondensatoren

Die Berechnung der Gesamtkapazität bzw. Ersatzkapazität einer Parallelschaltung von Kondensatoren basiert auf der Tatsache, dass alle Kondensatoren an derselben Spannung liegen.
Am Beispiel drei parallel geschalteter Kondensatoren wird die Herleitung der Gleichung für C_E vorgestellt.

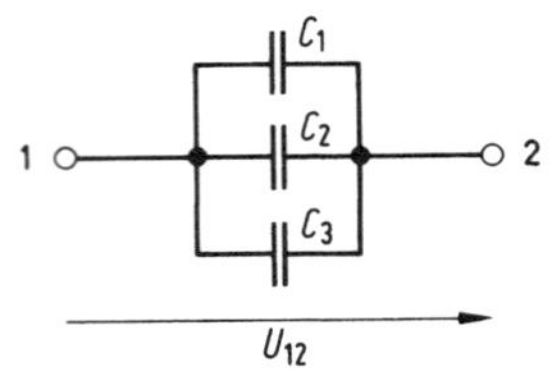

Bild 4.7.2 – 1 Parallelschaltung von Kondensatoren

In jedem Kondensator wird eine bestimmte Ladungsmenge verschoben. Es gilt:

$$Q_1 = C_1 \cdot U_{12}$$
$$Q_2 = C_2 \cdot U_{12}$$
$$Q_3 = C_3 \cdot U_{12}$$

Die Ladungen der einzelnen Kondensatoren addieren sich zur Gesamtladung, da sich auch die Teilladeströme zum Gesamtladestrom addieren. Für jede Ladungsmenge setzt man nun die Bestimmungsgleichung ein. U_{12} wird ausgeklammert. Die Gleichung kann nun auf beiden Seiten durch U_{12} geteilt werden.
Der auftretende Quotient ist die Gesamtkapazität C_{12}.

$$Q_{12} = Q_1 + Q_2 + Q_3$$
$$= C_1 \cdot U_{12} + C_2 \cdot U_{12} + C_3 \cdot U_{12}$$
$$Q_{12} = U_{12}(C_1 + C_2 + C_3)$$
$$\frac{Q_{12}}{U_{12}} = C_1 + C_2 + C_3 = \underline{\underline{C_{12}}}$$

Parallel geschaltete Kondensatoren addieren ihre Kapazitätswerte zur Gesamtkapazität C_E (= Ersatzkapazität) und verhalten sich somit wie in Reihe geschaltete Widerstände.

Allgemein gilt:

$$\boxed{C_E = C_1 + C_2 + C_3 + \ldots} \qquad (4.7.2-1)$$

Beispiel 4.7.2 – 1

4 Kondensatoren mit den Kapazitätswerten $C_1 = 18$ pF, $C_2 = 0{,}08$ nF, $C_3 = 25 \cdot 10^{-12}$ F, $C_4 = 0{,}03 \cdot 10^{-9}$ F sind parallel geschaltet. Berechnen Sie die Gesamtkapazität.

Lösung:

Die einzelnen Kapazitätsangaben werden zuerst auf gleiche Teile der Einheit *F* umgerechnet:

$$C_1 = 18\ \text{pF}$$
$$C_2 = 0{,}08\ \text{nF} = 80\ \text{pF}$$
$$C_3 = 25 \cdot 10^{-12}\ \text{F} = 25\ \text{pF}$$
$$C_4 = 0{,}03 \cdot 10^{-9}\ \text{F} = 30\ \text{pF}$$

Berechnung der Gesamtkapazität:

$$C_E = C_1 + C_2 + C_3 + C_4$$
$$= 18\ \text{pF} + 80\ \text{pF} + 25\ \text{pF} + 30\ \text{pF}$$
$$C_E = \underline{\underline{153\ \text{pF}}}$$

Übung 4.7.2 – 1

Zwei Kondensatoren mit den Werten $C_1 = 1\ \mu$F und $C_2 = 1$ nF sind parallel geschaltet. Berechnen Sie die Gesamtkapazität. Stellen Sie das Ergebnis den gegebenen Werten gegenüber. Welche Aussage kann abgeleitet werden?

Lösung:

4.7.3 Reihen- und Parallelschaltungen von Kondensatoren in einer Schaltung

Die Berechnung der Gesamtkapazität einer gemischten Schaltung von in Reihe und parallel geschalteten Kondensatoren wird anhand eines Beispieles gezeigt. Die Berechnung erfolgt ähnlich wie bei den Widerstandsschaltungen.

Beispiel 4.7.3 – 1

Gegeben ist die Schaltung gemäß Bild. Die Daten der einzelnen Kondensatoren sind:

$C_1 = 1\ \mu$F, $C_2 = 2\ \mu$F, $C_3 = 3\ \mu$F, $C_4 = 4\ \mu$F, $C_5 = 5\ \mu$F. Berechnen Sie die Gesamtkapazität C_{14}.

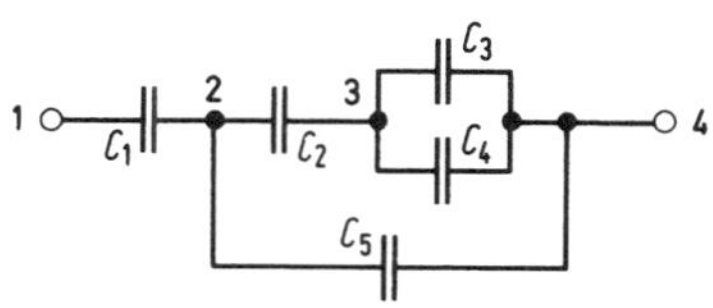

Lösung:

Im ersten Schritt wird die Gesamtkapazität der Parallelschaltung von C_3 und C_4 berechnet.

$$C_{34} = C_3 + C_4$$
$$C_{34} = 3\ \mu\text{F} + 4\ \mu\text{F} = \underline{\underline{7\ \mu\text{F}}}$$

Berechnung der Reihenschaltung von C_2 und C_{34}:

$$C_{234} = \frac{C_2 \cdot C_{34}}{C_2 + C_{34}} = \frac{2\ \mu\text{F} \cdot 7\ \mu\text{F}}{2\ \mu\text{F} + 7\ \mu\text{F}}$$
$$C_{234} = \underline{\underline{1{,}55\ \mu\text{F}}}$$

Berechnung der Parallelschaltung von C_{234} und C_5:

$$C_{24} = C_{234} + C_5 = 1{,}55\ \mu\text{F} + 5\ \mu\text{F}$$
$$C_{24} = \underline{\underline{6{,}55\ \mu\text{F}}}$$

Im letzten Schritt kann nun die endgültige Gesamtkapazität C_{14} berechnet werden.

$$C_{14} = \frac{C_1 \cdot C_{24}}{C_1 + C_{24}} = \frac{1\ \mu\text{F} \cdot 6{,}55\ \mu\text{F}}{1\ \mu\text{F} + 6{,}55\ \mu\text{F}}$$
$$C_{14} = \underline{\underline{0{,}867\ \mu\text{F}}}$$

Beispiel 4.7.3 – 2

In der Schaltung gemäß Bild sind folgende Kapazitätswerte bekannt: $C_1 = 100$ nF, $C_2 = 50$ nF, $C_{13} = 52{,}38$ nF. Berechnen Sie den Kapazitätswert von C_3.

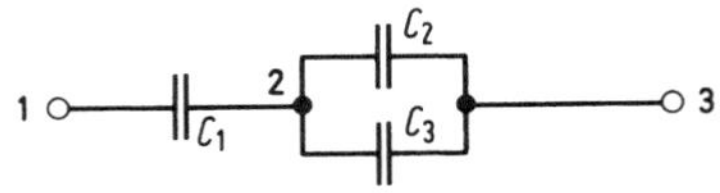

Lösung:

Im ersten Schritt wird die Gleichung zur Berechnung der Gesamtkapazität C_{13} aufgestellt.

Lösung:

$$C_{13} = \frac{C_1 \cdot C_{23}}{C_1 + C_{23}} = \frac{C_1 \cdot (C_2 + C_3)}{C_1 + (C_2 + C_3)}$$

Im zweiten Schritt wird diese Gleichung nach C_3 umgestellt.

$$C_{13}(C_1 + C_2 + C_3) = C_1(C_2 + C_3)$$
$$C_{13}C_1 + C_{13}C_2 + C_{13}C_3 = C_1C_2 + C_1C_3$$
$$C_{13}C_3 - C_1C_3 = C_1 \cdot C_2 - C_{13}C_1 - C_{13}C_2$$
$$C_3(C_{13} - C_1) = C_1 \cdot C_2 - C_{13}(C_1 + C_2)$$
$$C_3 = \frac{C_1 \cdot C_2 - C_{13}(C_1 + C_2)}{C_{13} - C_1}$$

Einsetzen der Zahlenwerte:

$$C_3 = \frac{100\,\text{nF} \cdot 50\,\text{nF} - 52{,}38\,\text{nF}\,(100\,\text{nF} + 50\,\text{nF})}{52{,}38\,\text{nF} - 100\,\text{nF}}$$
$$C_3 = \underline{\underline{60\ \text{nF}}}$$

Übung 4.7.3 – 1

Berechnen Sie die Gesamtkapazität C_{12} der Schaltung gemäß Bild. Alle Kondensatoren haben die Kapazitätswerte von $C = 0{,}2\ \mu$F.

Lösung:

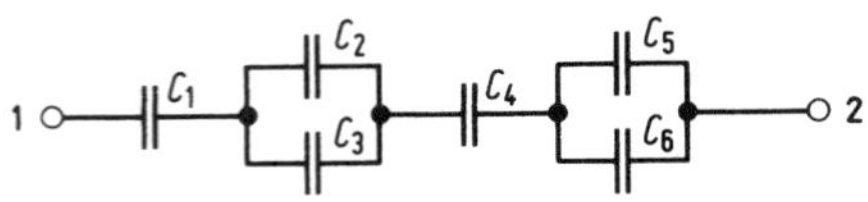

Übung 4.7.3 – 2

Die beiden Metallkappen eines Schichtwiderstandes bilden eine Bauelementkapazität C_1. Die Kappen haben eine Fläche $A = 1\ \text{cm}^2$ und einen Abstand $l = 15$ mm. Der Widerstandskörper hat die Dielektrizitätszahl $\varepsilon_r = 5$. Die Bauelementkapazität soll durch einen in Reihe geschalteten Kondensator C_2 auf $C_{ges} = 0{,}1$ pF reduziert werden. Berechnen Sie den erforderlichen Kapazitätswert für Kondensator C_2.

Lösung:

4.8 Schaltvorgänge am Kondensator

Nach der Durcharbeitung dieses Kapitels haben Sie die **Kompetenz** ...
- Zeitverzögerungen, die mit Kondensatorschaltungen möglich sind, zu realisieren,
- das Einschaltverhalten am Kondensator zu deuten,
- das Ausschaltverhalten am Kondensator zu deuten.

4.8.1 Einschalt- oder Ladevorgang am Kondensator

Der Ladestrom i und die Spannung u_C eines Kondensators ändern sich während des Ladevorganges, wie im Kapitel 4.5 bereits dargelegt wurde. Anhand der Schaltung nach Bild 4.8.1 – 1 wird der zeitliche Ablauf des Ladevorganges genau betrachtet.

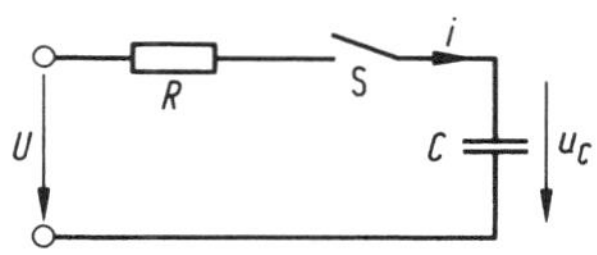

Bild 4.8.1 – 1 Reihenschaltung zur Betrachtung der Ladevorgänge am Kondensator

Es ist:

U = Spannung, mit der geladen wird,
= Ladespannung
u_C = Spannung am Kondensator während und am Ende des Ladevorganges
i = Strom während des Ladevorganges
R = Widerstand zur Strombegrenzung

Als Erstes wird der zeitliche Spannungsverlauf am Kondensator betrachtet.
Nach den Kirchhoff'schen Regeln wird der Maschenumlauf der gegebenen Schaltung aufgestellt.

Maschenumlauf der Schaltung:

$$U = i \cdot R + u_C \quad \text{mit} \quad i = C\,\frac{\Delta U_C}{\Delta t}$$

Die bereits im Kapitel 4.5 gewonnene Gleichung 4.5 – 4 für den Ladestrom wird nun in die Maschengleichung eingesetzt.

$$U = C\,\frac{\Delta U_C}{\Delta t} \cdot R + u_C$$

Die Umstellung der Gleichung führt zu:

$$U = R \cdot C \frac{\Delta U_C}{\Delta t} + u_C \qquad (4.8.1-1)$$

Das Produkt $R \cdot C$ wird als Zeitkonstante τ definiert.

$$\tau = R \cdot C = \text{Zeitkonstante} \qquad (4.8.1-2)$$

Einheit von τ:

$$[\tau] = \frac{\text{V}}{\text{A}} \cdot \frac{\text{A} \cdot \text{s}}{\text{V}} = \text{s}$$

Die Gleichung für den Spannungsverlauf u_C am Kondensator erhält man durch Umstellung der Gleichung 4.8.1 – 1:

$$u_C = U - R \cdot C \frac{\Delta U_C}{\Delta t}$$

Setzt man in die Gleichung $R \cdot C = \tau$ ein, so folgt daraus:

$$u_C = U - \tau \frac{\Delta U_C}{\Delta t} \qquad (4.8.1-3)$$

Die weitere Umwandlung der Gleichung 4.8.1 – 3 führt zu einer Differenzialgleichung mit der Lösung:

$$u_C = U(1 - \mathrm{e}^{-t/\tau}) \qquad (4.8.1-4)$$

U = Ladespannung
= maximale Spannung am Kondensator

Es handelt sich um eine Exponentialfunktion mit der Basis e (e = 2,718 ...).

Die Ableitung der Gleichung für den zeitlichen Verlauf des Ladestromes erfolgt durch entsprechende Umformung der Differenzialgleichung. Auch hier wird nur das Ergebnis vorgestellt:

$$i = \frac{U}{R} \mathrm{e}^{-t/\tau} = I_{\max} \mathrm{e}^{-t/\tau} \qquad (4.8.1-5)$$

Spannung und Strom am Kondensator sind somit exponentielle Zeitfunktionen.

$$u_C = f(\mathrm{e}^t) \qquad (4.8.1-6)$$

$$i = f(\mathrm{e}^t) \qquad (4.8.1-7)$$

Beispiel 4.8.1 – 1

Die Herleitung der Gleichungen 4.8.1 – 4 und 4.8.1 – 5 erfolgte anhand einer abschnittsweisen Betrachtung mittels Δt und führte zu einer Differenzialgleichung, die nicht weiter gelöst wurde. An dieser Stelle wird nun als Beispiel-Rechnung die Herleitung der oben genannten Gleichungen mittels Infinitesimalrechnung gezeigt.

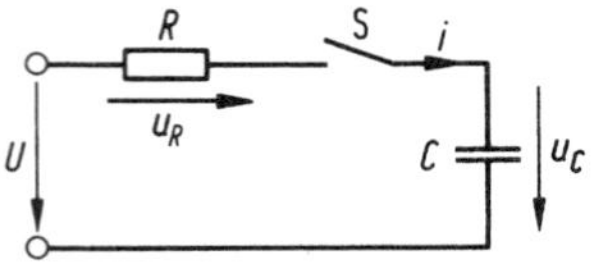

U = Ladespannung
= Versorgungsspannung
u_C = sich stetig verändernde Spannung am Kondensator beim Laden
i = Strom während des Ladevorgangs
R = Widerstand als Strombegrenzer

Der Maschenumlauf ergibt die Gleichung:

$$U = u_R + u_C$$

Während des Ladevorganges steigt u_C kontinuierlich auf den Wert von U (am Ende des Ladevorganges). Die Teilspannung u_R sinkt dabei auf null.
Die Spannung u_R kann durch das Ohm'sche Gesetz definiert werden, wobei i der Ladestrom in den Kondensator ist:

$$u_R = i \cdot R$$

Einsetzung dieser Gleichung in die Maschenumlaufgleichung:

$$\boxed{U = i \cdot R + u_C}$$

Der Ladestrom i kann definiert werden über die verschobene Ladungsmenge q in einem Zeitabschnitt:

$$i = \frac{\mathrm{d}q}{\mathrm{d}t}$$

Ähnliches gilt für die Spannung u_C am Kondensator:

$$u_C = \frac{q}{C}$$

Wird nun der Differenzialquotient $\frac{\mathrm{d}u_C}{\mathrm{d}t}$ gebildet, so führt dies zu der Gleichung:

$$\frac{\mathrm{d}u_C}{\mathrm{d}t} = \frac{1}{C} \cdot \frac{\mathrm{d}q}{\mathrm{d}t}$$

Der Term $\frac{\mathrm{d}q}{\mathrm{d}t}$ ist, wie oben bereits gezeigt, gleich i. Setzt man diese Definition in die Gleichung, so kann geschrieben werden:

$$\frac{\mathrm{d}u_C}{\mathrm{d}t} = \frac{1}{C} \cdot i$$

Die Umstellung nach i ergibt:

$$i = C \cdot \frac{\mathrm{d}u_C}{\mathrm{d}t}$$

Einsetzung in die bereits modifizierte Maschengleichung:

$$\boxed{U = R \cdot C \cdot \frac{\mathrm{d}u_C}{\mathrm{d}t} + u_C}$$

Es liegt nun eine Differenzialgleichung vor. Die weitere Lösung erfolgt nun durch Einsatz der Integralrechnung. Zur Vorbereitung sind einige Umstellungen nötig.
Teilung beider Gleichungsseiten durch den Term $R \cdot C$:

$$\frac{U}{R \cdot C} = \frac{\mathrm{d}u_C}{\mathrm{d}t} + \frac{u_C}{R \cdot C}$$

Umstellung nach $\frac{\mathrm{d}u_C}{\mathrm{d}t}$:

$$\frac{\mathrm{d}u_C}{\mathrm{d}t} = \frac{U - u_C}{R \cdot C}$$

Multiplikation auf beiden Seiten mit dem Term $\frac{\mathrm{d}t}{U - u_C}$:

$$\frac{\mathrm{d}u_C}{U - u_C} = \frac{\mathrm{d}t}{R \cdot C}$$

Integration beider Gleichungsseiten:

$$\int \frac{\mathrm{d}u_C}{U - u_C} = \int \frac{\mathrm{d}t}{R \cdot C}$$

Zur Lösung des allgemeinen Integrals auf der linken Seite, wird folgende Vereinbarung getroffen (als Randbedingungen):

$$u = U - u_C$$

$$\boxed{u_C = U - u}$$

Wird diese Gleichung differenziert, so ergibt dies:

$$\mathrm{d}u_C = (U - u)' \cdot \mathrm{d}u$$

$$\mathrm{d}u_C = -\mathrm{d}u$$

Durch die Vereinbarung kann das linke Integral geschrieben werden:

$$\int \frac{-\mathrm{d}u}{u} = \frac{1}{R \cdot C} \int \mathrm{d}t$$

Für dieses Integral gibt es die allgemeine Lösung:

$$-\int \frac{\mathrm{d}u}{u} = -\ln u$$

Die gesamte Gleichung hat nach dem Schritt des Integrierens das Ergebnis:

$$-\ln u = \frac{1}{R \cdot C} \cdot t - K$$

$$\ln (U - u_C) = -\frac{t}{R \cdot C} - K$$

Beide Gleichungen werden potenziert zur Basis e, mit dem Ergebnis:

$$U - u_C = \mathrm{e}^{\left(-\frac{t}{R \cdot C} - K\right)}$$

$$U - u_C = \mathrm{e}^{-\frac{t}{R \cdot C}} \cdot \underbrace{\mathrm{e}^{-K}}_{K_1}$$

Der Term e^{-K} wird als K_1 definiert. Die Umstellung nach u_C ergibt:

$$u_C = U - K_1 \cdot \mathrm{e}^{-\frac{t}{R \cdot C}}$$

Bestimmung der Konstanten K_1:

Es ist für $t = 0 \rightarrow u_C = 0 = U - K_1 \cdot \underbrace{\mathrm{e}^0}_{=1}$

$$\Rightarrow 0 = U - K_1$$

$$U = K_1$$

Die endgültige Lösung ist:

$$u_C = U - U \cdot \mathrm{e}^{-\frac{t}{R \cdot C}}$$

$$\boxed{u_C = U \cdot \left(1 - \mathrm{e}^{-\frac{t}{R \cdot C}}\right)}$$

Dies ist die exakte Herleitung der Gleichung für den Spannungsverlauf u_C beim Laden eines Kondensators.

Beispiel 4.8.1 – 2

Ein Kondensator mit der Kapazität $C = 1\ \mu F$ wird durch eine Spannung $U = 10$ V über einen Widerstand $R = 10\ k\Omega$ aufgeladen. Zeichnen Sie den zeitlichen Verlauf der Ladespannung.

Lösung:

Es gilt:

$$u_C = U(1 - e^{-t/\tau})$$

Berechnung der Zeitkonstanten τ:

$$\tau = R \cdot C$$
$$= 10\ k\Omega \cdot 1\ \mu F$$
$$= 1 \cdot 10^4\ \Omega \cdot 1 \cdot 10^{-6}\ \frac{A \cdot s}{V}$$
$$\tau = 10^{-2}\ s = \underline{\underline{10\ ms}}$$

In der Gleichung für u_C ist nur noch t als Unbekannte enthalten. Anhand einer Wertetabelle wird der Funktionsverlauf berechnet.

$$u_C = 10\ V(1 - e^{-t/10\ ms})$$

Zeitachse: $\frac{t}{ms}$	0	5	10	20	30	40	50	60
Zeitkonstante τ (= 10 ms)	0	$0{,}5 \cdot \tau$	$1 \cdot \tau$	$2 \cdot \tau$	$3 \cdot \tau$	$4 \cdot \tau$	$5 \cdot \tau$	$6 \cdot \tau$
Spannung am Kondensator $\frac{u_C}{V}$	0	3,93	6,32	8,64	9,5	9,81	9,93	9,97
Prozentanteil der Spannung u_C von U	0	39,3%	63,2%	86,4%	95%	98,1%	99,3%	99,7%

Zur Konstruktion der Zeitfunktion $u_C = f(t)$ gelten folgende Anmerkungen:
Die Einteilung der Zeitachse kann kontinuierlich in einer Zeiteinheit z. B. ms, s, min oder h erfolgen oder in Zeitabschnitten von 1 τ, 2 τ, 3 τ usw. Verlängert man den Anfangsanstieg der Kondensatorspannung mittels Tangente, so würde der Kondensator bereits nach 1 τ geladen sein. Der tatsächliche Funktionsverlauf zeigt aber für das vorliegende Beispiel erst einen Spannungswert von 6,3 V, dies entspricht 63% des End- bzw. Maximalwertes. Nach jeder weiteren Zeitkonstante steigt die Spannung am Kondensator wieder um 63% des verbleibenden Restes. Nach 5 τ ist der Kondensator auf 9,93 V ≙ 99,3% aufgeladen, sodass man den Ladevorgang als beendet ansehen kann. Mathematisch betrachtet nähert sich die Spannung am Kondensator asymptotisch der Ladespannung. Der Ladevorgang ist daher theoretisch erst nach unendlich langer Zeit beendet.
Der zeitliche Verlauf des Ladestromes wird durch ein weiteres Beispiel ermittelt.

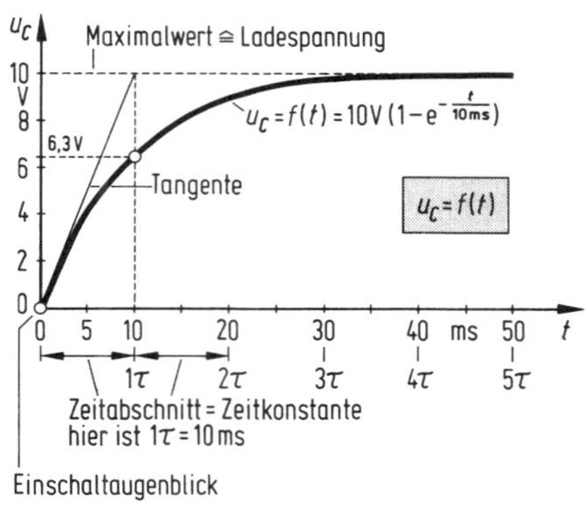

Beispiel 4.8.1 – 3

Für die Schaltung nach Bild 4.8.1 – 1 ist der zeitliche Verlauf des Ladestromes gesucht.

Lösung:

Bekannt sind:

$$i = \frac{U}{R}\,e^{-t/\tau}$$

$\tau = 10$ ms
$U = 10$ V
$R = 10$ kΩ

In die Gleichung für den Ladestrom werden alle bekannten Größen eingesetzt. Die so gewonnene Funktionsgleichung hat als Variable nur noch die Zeit t.

$$i = \frac{10\text{ V}}{10 \cdot 10^3\ \Omega}\,e^{-t/10\text{ ms}}$$

$$i = 1\text{ mA}\ e^{-t/10\text{ ms}}$$

Im nächsten Schritt erfolgt die Aufstellung der Wertetabelle.

Zeitachse: $\frac{t}{\text{ms}}$	0	5	10	20	30	40	50	60
Zeitkonstante τ (= 10 ms)	0	$0{,}5 \cdot \tau$	$1 \cdot \tau$	$2 \cdot \tau$	$3 \cdot \tau$	$4 \cdot \tau$	$5 \cdot \tau$	$6 \cdot \tau$
Ladestrom $\frac{i}{\text{mA}}$	1	0,6	0,367	0,135	0,049	0,018	0,006	0,002
Prozentanteil des Ladestromes von I_{max}	100%	60%	36,7%	13,5%	4,9%	1,8%	0,6%	0,2%

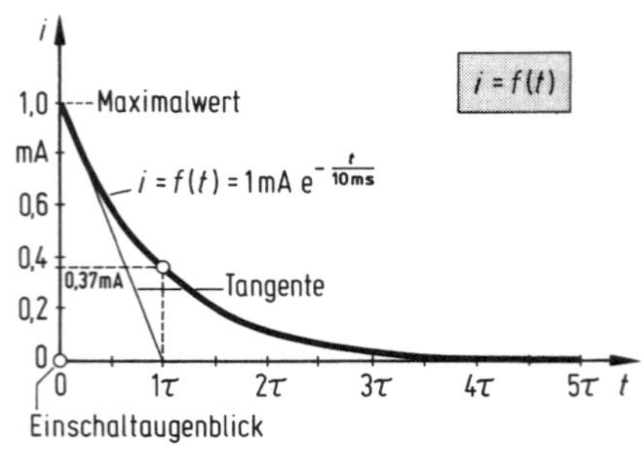

Zusammenfassende Aussagen zum Ladevorgang:

1. Nach 1 τ hat die Spannung am Kondensator 63% ihres Endwertes erreicht.
2. Nach 1 τ ist der Ladestrom auf 37% seines Anfangswertes abgefallen.
3. Nach 5 τ kann der Ladevorgang als beendet betrachtet werden.
4. Schaltungstechnisch verhält sich der ungeladene Kondensator im Augenblick des Einschaltens wie ein Kurzschluss, da an ihm keine Spannung abfällt. Am Ende des Ladevorganges ist der Strom gleich null, sodass der Kondensator dann wie ein unendlich großer Widerstand wirkt.
5. Die Zeitkonstante τ bedeutet für alle Aufladevorgänge dieselben Zeitabschnitte. Die tatsächliche Zeiteinheit für τ ist dagegen von der Schaltung abhängig.

Übung 4.8.1 – 1

Lösung:

Die Daten der gegebenen Schaltung sind:

$U_0 = 15$ V, $R_i = 10\ \Omega$, $R = 1$ kΩ, $C_1 = 1\ \mu$F, $C_2 = 4\ \mu$F.

Berechnen Sie: I_{max}, τ, u_C (für $t = 2\ \tau$).

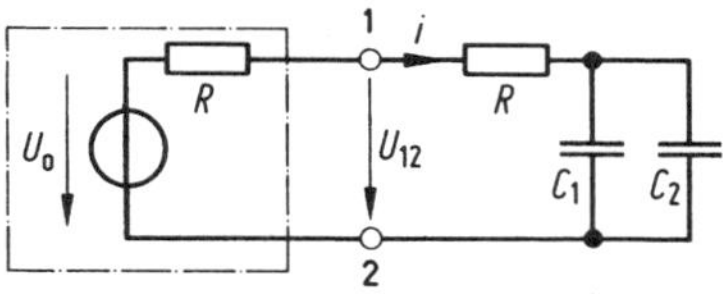

Übung 4.8.1 – 2

Lösung:

Ein Kondensator $C = 2\ \mu$F wird über einen Widerstand $R = 75$ kΩ von einer Spannung $U = 1$ V aufgeladen. Wann hat die Spannung am Kondensator $u_C = 0{,}3$ V erreicht?

4.8.2 Ausschalt- oder Entladevorgang am Kondensator

Ein geladener Kondensator ist ein Ladungsspeicher. Theoretisch bleibt die Speicherung der Ladung und damit die Spannung an seinen Klemmen nach Abschaltung der Ladespannung für immer erhalten. Ein geladener Kondensator kann somit als Spannungsquelle angesehen werden. In der Praxis entlädt sich jedoch der Kondensator durch Kriech- und Verlustströme über das Dielektrikum sehr langsam. Schnelle Entladungen kann man über Widerstände vornehmen, die parallel zum geladenen Kondensator geschaltet werden. Der Entladevorgang, auch Ausschaltvorgang genannt, kann auch wieder nur exakt durch eine Differenzialgleichung beschrieben werden. Deshalb sind auch für diesen Fall nur die Ergebnisse der Ableitungen für den Spannungs- und Stromverlauf von Interesse.

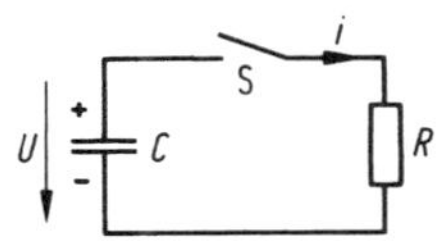

Bild 4.8.2 – 1
Nach dem Schließen des Schalters wird der geladene Kondensator über den Widerstand entladen

Die Funktionsgleichung der Spannung u_C bei der Entladung lautet:

$$u_C = U \cdot e^{-t/\tau} \qquad (4.8.2-1)$$

U = Spannung am geladenen Kondensator

Als Funktionsgleichung des Augenblickswertes des Stromes i bei der Entladung gilt:

$$i = I_{max} \cdot e^{-t/\tau} \qquad (4.8.2-2)$$

Die grafische Darstellung des Entladestromes und der Spannung wird ebenfalls anhand eines Beispieles erarbeitet.

$I_{max} = \dfrac{U}{R}$ = maximaler Strom zu Beginn der Entladung

Beispiel 4.8.2 – 1

Ein Kondensator mit der Kapazität $C = 100\ \mu F$ ist auf $U = 10$ V aufgeladen. Entladen wird der Kondensator über einen Widerstand $R = 1\ k\Omega$. Zeichnen Sie den Verlauf der Spannung und des Stromes.

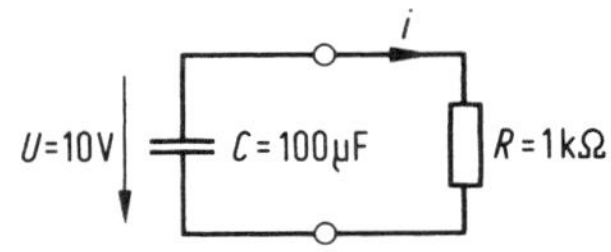

Lösung:

Als erster Schritt erfolgt die Berechnung und Darstellung des Spannungsverlaufes.

$$u_C = U \cdot e^{-t/\tau}$$

Berechnung der Zeitkonstanten:

$$\tau = R \cdot C$$
$$= 1\ k\Omega \cdot 100\ \mu F$$
$$\tau = \underline{\underline{100\ ms}}$$

Anhand der Funktionsgleichung für den Verlauf der Spannung kann nun die Aufstellung einer Wertetabelle vorgenommen werden.

$$u_C = 10\ V\ e^{-t/100\ ms}$$

Zeitachse: $\frac{t}{ms}$	0	50	100	200	300	400	500	600
Zeitkonstante τ (= 100 ms)	0	$0{,}5 \cdot \tau$	$1 \cdot \tau$	$2 \cdot \tau$	$3 \cdot \tau$	$4 \cdot \tau$	$5 \cdot \tau$	$6 \cdot \tau$
Spannung am Kondensator $\frac{u_C}{V}$	10	6	3,67	1,35	0,49	0,18	0,06	0,02
Prozentanteil der Spannung vom Anfangswert	100%	60%	36,7%	13,5%	4,9%	1,8%	0,6%	0,2%

Die Werte aus der Tabelle in ein Koordinatensystem eingezeichnet, zeigen den Spannungsverlauf bei Entladung.

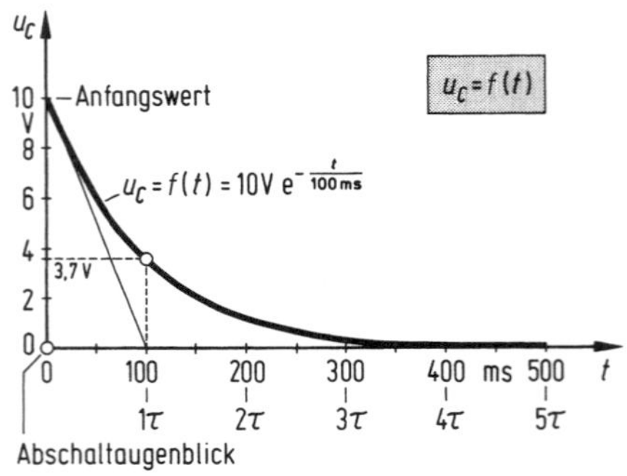

Funktionsbild der Spannung beim Entladen.

Im zweiten Schritt erfolgt die Berechnung und Darstellung des Entladungsstromes.

$$i = I_{max} \cdot e^{-t/\tau}$$

mit

$$I_{max} = \frac{U}{R} = \frac{10\ V}{1000\ \Omega}$$

$$I_{max} = \underline{\underline{10\ mA}}$$

Aufstellung einer Wertetabelle anhand der Funktionsgleichung für den Entladestrom.

$$i = 10\ mA\ e^{-t/100\ ms}$$

Zeitachse: $\frac{t}{\text{ms}}$	0	50	100	200	300	400	500	600
Zeitkonstante τ (= 100 ms)	0	$0{,}5 \cdot \tau$	$1 \cdot \tau$	$2 \cdot \tau$	$3 \cdot \tau$	$4 \cdot \tau$	$5 \cdot \tau$	$6 \cdot \tau$
Entladestrom $\frac{i}{\text{mA}}$	10	6	3,67	1,35	0,49	0,18	0,06	0,02
Prozentanteil des Stromes vom Anfangswert	100%	60%	36,7%	13,5%	4,9%	1,8%	0,6%	0,2%

Umsetzung der Tabellenwerte in einen Graphen.

Funktionsbild des Stromes beim Entladen.

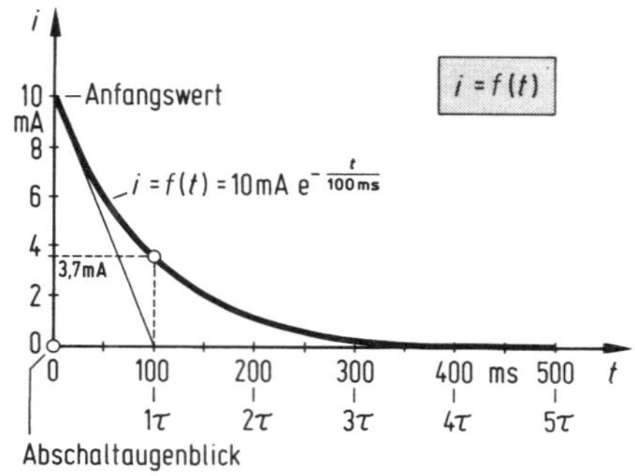

Übung 4.8.2 – 1

Der Kondensator der gegebenen Schaltung von $C = 50\ \mu\text{F}$ ist auf $U = 18$ V aufgeladen. Sobald der Schalter geschlossen wird, entlädt er sich. Zeichnen Sie den zeitlichen Verlauf der Spannung U_2.

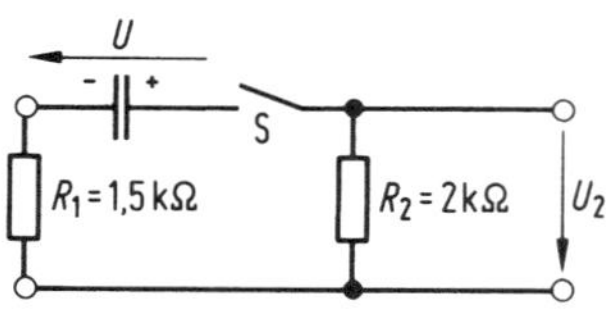

Lösung:

Übung 4.8.2 – 2

Die Schaltung gemäß Bild hat die angegebenen Daten. Der Kondensator ist auf $U_2 = 12$ V aufgeladen. Was geschieht bei Schließung des Schalters S?

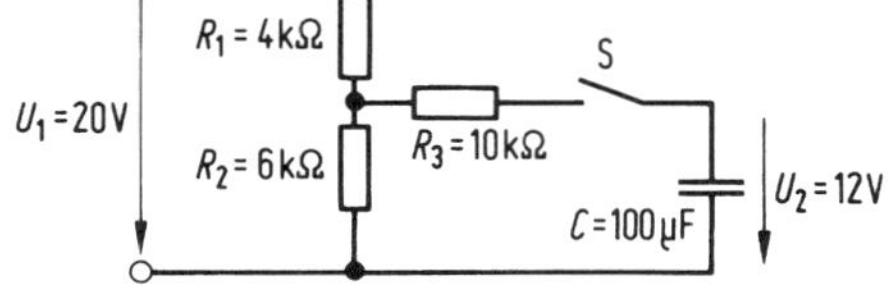

Lösung:

Übung 4.8.2 – 3

Lösung:

Ein Rechteckgenerator speist die Schaltung gemäß Bild. Der Rechteckgenerator liefert die Spannung U_1, deren Zeitfunktion im Bild aufgezeigt ist. Zeichnen Sie die Zeitfunktion für U_2.

Die Werte der Schaltung:

$R_1 = 200\ \Omega$, $R_2 = 100\ \Omega$
$R_3 = 50\ \Omega$, $C_1 = 1\ \mu F$
$C_2 = 5\ \mu F$.

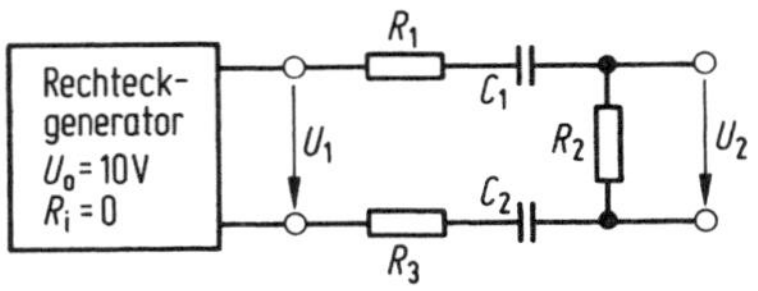

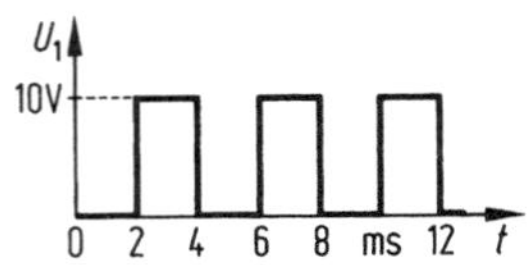

Übung 4.8.2 – 4

Lösung:

Der Schalter S in der Schaltung gemäß Bild wird nach folgendem Rhythmus ein- und ausgeschaltet: $t_{ein} = 50$ ms, $t_{aus} = 80$ ms. Zeichnen Sie für einen Zeitraum von $0 \leq t \leq 500$ ms den Verlauf der Spannung U_C.

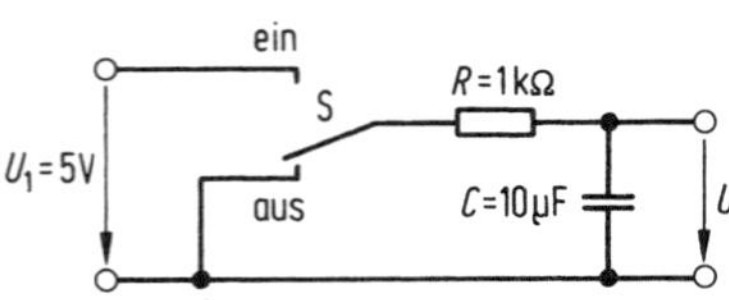

4.9 Gespeicherte Energie eines geladenen Kondensators und die Energie des elektrischen Feldes

Nach der Durcharbeitung dieses Kapitels haben Sie die **Kompetenz** ...
– Energieberechnungen des geladenen Kondensators und des elektrischen Feldes vorzunehmen.

Dass Kräfte im elektrischen Feld wirken, wurde bereits gesagt und durch das Coulomb'sche Gesetz berechenbar gemacht. Da Kräfte aber ohne Energie nicht möglich sind, muss das elektrische Feld also bestimmte Energiemengen beinhalten. Bekannt sind die großen Energiemengen, die bei einem Gewitter durch die Blitzentladung frei werden, aber auch in einem geladenen Kondensator ist Energie gespeichert. Anhand des Ladevorganges soll die gespeicherte Energiemenge im Kondensator ermittelt werden.

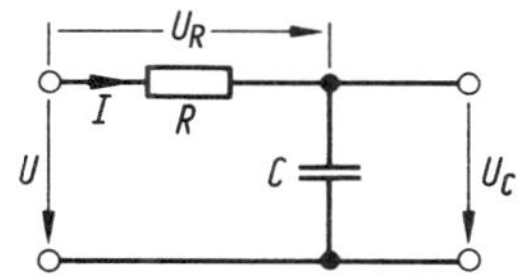

Bild 4.9 – 1
Elektrischer Stromkreis mit Widerstand und Kondensator

Allgemein gilt für die elektrische Energie:

$$W = U \cdot I \cdot t$$

Während des Ladevorganges wächst die zugeführte Energie um ΔW:

$$\Delta W = \Delta U_C \cdot \Delta I \cdot t$$

wobei ΔU_C größer wird
und ΔI kleiner wird

Die Ursache der Ladungsverschiebung ΔQ ist ΔI. Setzt man diese Beziehung in die Gleichung des Energiezuwachses ein, dann ergibt sich:

$$\Delta I = \frac{\Delta Q}{t}$$

$$\Rightarrow \Delta W = \Delta U_C \cdot \frac{\Delta Q}{t} \cdot t$$

Da die verschobene Ladung auch durch den Widerstand fließt und hierbei ebenfalls Energie umsetzt (in Form von Wärme), teilt sich der Energiezuwachs auf. Ein Teil wird in den Zuleitungen und im Widerstand umgesetzt, der andere Teil wird im Kondensator gespeichert. Für die verschobene Ladungsmenge im Kondensator gilt bekanntlich:

$$\boxed{\Delta W = \Delta U_C \cdot \Delta Q} \qquad (4.9-1)$$

$$\Delta Q = C \cdot \Delta U_C$$

In die Gleichung des Energiezuwachses eingesetzt ergibt dies:

$$\Delta W = \Delta U_C \cdot C \cdot \Delta U_C$$

$$\boxed{\Delta W = C \cdot (\Delta U_C)^2} \qquad (4.9-2)$$

Mittels Integralrechnung kann nun die abgeleitete Gleichung 4.9 – 2 auf die gesamte gespeicherte Energie bezogen werden. Für die Leser, die in der Integralrechnung noch nicht so sicher sind, wird ein kleiner Umweg anhand eines Diagrammes gewählt. Das Diagramm bezieht sich auf die Schaltung nach Bild 4.9 – 1. Die im Kondensator gespeicherte Energie wird durch die rechte Dreiecksfläche in Bild 4.9 – 2 repräsentiert.

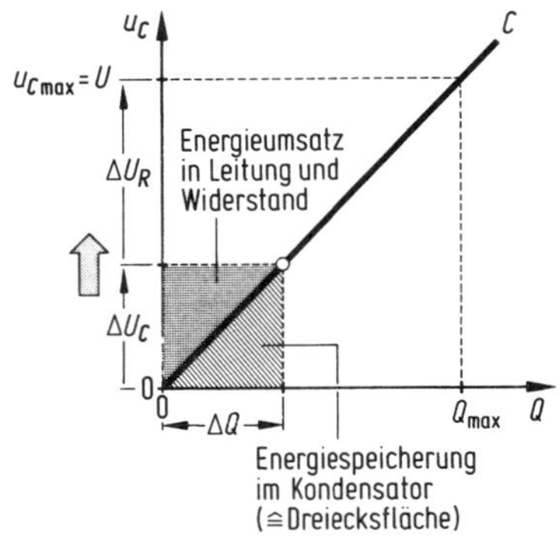

Bild 4.9 – 2 Energiezuwachs bei Kondensatorladung

Aus der Anschauung der Dreiecksfläche als Repräsentant der gespeicherten Energie lässt sich die gesuchte Gleichung herleiten:

$$\boxed{W = \frac{1}{2} \cdot C \cdot U_C^2} \qquad (4.9-3)$$

Die Überprüfung der so gewonnenen Aussage erfolgt mittls der Einheitengleichung.

$$[W] = \frac{\mathrm{A \cdot s}}{\mathrm{V}} \cdot \mathrm{V}^2 = \mathrm{V \cdot A \cdot s} = \mathrm{W \cdot s} = \underline{\underline{\mathrm{J}}}$$

Das Einsetzen der Bemessungsgleichung für Kondensatoren und die Gleichung des E-Feldes in die Energiegleichung ergibt eine neue Gleichung zur Berechnung des Energiegehaltes des E-Feldes. Bereits bekannt sind:

$$C = \varepsilon_0 \cdot \varepsilon_r \frac{A}{l} \quad \text{und} \quad U_C = E \cdot l$$

In die Gleichung für die gespeicherte Energie eingesetzt ergibt dies:

$$W = \frac{1}{2} C \cdot U^2$$

$$W = \frac{1}{2} \varepsilon_0 \cdot \varepsilon_r \cdot \frac{A}{l} (E \cdot l)^2$$

$$= \frac{1}{2} \varepsilon_0 \cdot \varepsilon_r \frac{A}{l} E^2 \cdot l^2$$

$$\boxed{W = \frac{1}{2} \varepsilon_0 \cdot \varepsilon_r A \cdot E^2 \cdot l} \qquad (4.9-4)$$

Die Kontrolle der Umstellung erfolgt mit der Einheitengleichung:

$$[W] = \frac{\mathrm{A \cdot s}}{\mathrm{V \cdot m}} \cdot \mathrm{m}^2 \left(\frac{\mathrm{V}}{\mathrm{m}}\right)^2 \cdot \mathrm{m}$$

$$= \mathrm{V \cdot A \cdot s} = \mathrm{W \cdot s} = \mathrm{J}$$

Die Gleichung 4.9 – 3 gilt für den Spezialfall, dass alle variablen Größen linear oder konstant sind; ist dies nicht der Fall, so muss der Ansatz mittels Infinitesimalrechnung erfolgen. Die Herleitung dazu erfolgt über die Energie in einem Stromkreis:

$$W = \int_0^t u \cdot i \cdot \mathrm{d}t$$

Die Gleichung kann auch für den Stromkreis mit Kondensator genutzt werden. Dies wird durch Indizes kenntlich gemacht:

$$W = \int_0^t u_C \cdot i_C \cdot \mathrm{d}t$$

Setzt man in diese Gleichung die Beziehung für i_C ein,

$$i_C = C \cdot \frac{\mathrm{d}u_C}{\mathrm{d}t}$$

$$W = \int_0^t u_C \cdot C \cdot \frac{\mathrm{d}u_C}{\mathrm{d}t} \cdot \mathrm{d}t$$

führt dies zu der allgemeinen Aussage über die im Kondensator gespeicherte Energie W:

$$\boxed{W = C \cdot \int_0^{u_C} u_C \cdot \mathrm{d}u_C} \qquad (4.9-5)$$

Mit den Regeln der Infinitesimalrechnung kann in wenigen Schritten wieder auf die bereits bekannte Gleichung 4.9 – 3 geschlossen werden.

$$W = \frac{1}{2} \cdot C \cdot u_C^2$$

Beispiel 4.9 – 1

Ein Kondensator mit der Kapazität $C = 500\ \mu\text{F}$ ist auf eine Spannung $U = 500\ \text{V}$ aufgeladen. Berechnen Sie die gespeicherte Energie.

Lösung:

$$W = \frac{1}{2} C \cdot U_C^2$$

$$= \frac{1}{2} 500 \cdot 10^{-6}\ \frac{\text{A} \cdot \text{s}}{\text{V}} 500^2\ \text{V}^2$$

$$W = \underline{\underline{62{,}5\ \text{W} \cdot \text{s}}}$$

Beispiel 4.9 – 2

Die Reihenschaltung des Widerstandes R_1 und des Kondensators C, in der Anordnung gemäß Bild, wird als RC-Glied bezeichnet.

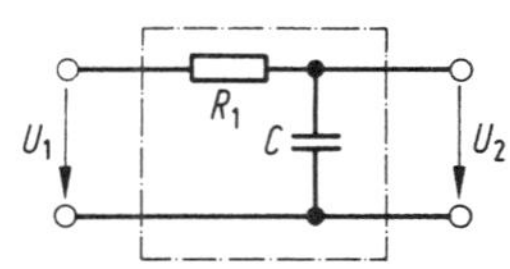

Belastet man die Schaltung am Ausgang mit einem Widerstand R_2 und schaltet zu einem beliebigen Zeitpunkt t_1 die Gleichspannung $U_1 = 9\ \text{V}$ an, so lädt sich der Kondensator auf.
Die Werte in der Schaltung sind:

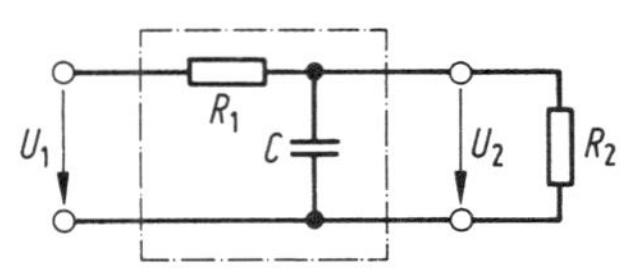

$R_1 = 10\ \text{k}\Omega, \quad R_2 = 20\ \text{k}\Omega, \quad C = 0{,}1\ \mu\text{F}.$

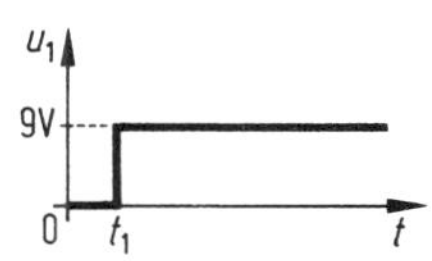

Berechnen Sie:
1. Welchen maximalen Wert kann U_2 erreichen?
2. Nach welcher Zeit hat $U_2 = 5\ \text{V}$ erreicht?
3. Wie hoch ist die gespeicherte Energie im Kondensator am Ende des Ladevorganges?

Lösung zu 1.

Der Kondensator wird über R_1 aufgeladen und entlädt sich zum Teil wieder durch R_2. Die Zeitkonstante ändert sich somit. Zur Berechnung ist die Schaltung umzuzeichnen und in eine Ersatzspannungsquelle umzuwandeln.

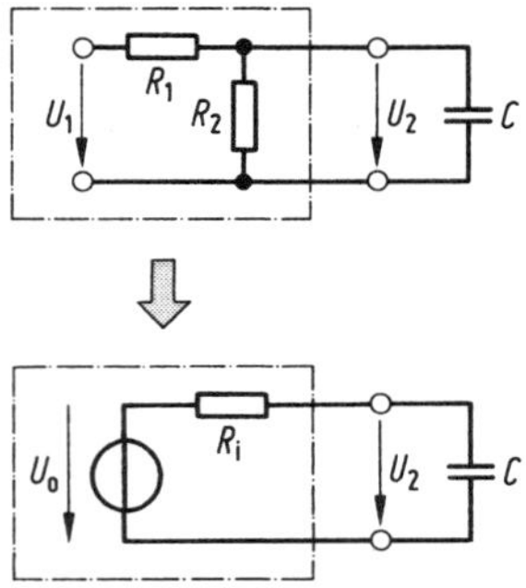

Das Beispiel 3.6.2.4 – 2 zeigt eine ähnliche Schaltung und die dazugehörige Berechnung. Die Gleichungen werden für diese Berechnung übernommen.

$$U_0 = U_1 \frac{R_2}{R_1 + R_2} = 9\ \text{V} \frac{20\ \text{k}\Omega}{10\ \text{k}\Omega + 20\ \text{k}\Omega}$$

U_0 ist auch gleich der maximalen Spannung am Ende des Ladevorganges, also $U_{2\text{max}}$.

$$U_0 = \underline{\underline{6\ \text{V}}} = U_{2\,\text{max}}$$

$$R_i = \frac{R_1 \cdot R_2}{R_1 + R_2} = \frac{10\ \text{k}\Omega \cdot 20\ \text{k}\Omega}{10\ \text{k}\Omega + 20\ \text{k}\Omega} = \underline{\underline{6{,}\bar{6}\ \text{k}\Omega}}$$

Berechnung der Zeitkonstanten τ:

$$\begin{aligned} \tau &= R_i \cdot C \\ &= 6666\ \Omega \cdot 0{,}1\ \mu\text{F} \\ \tau &= \underline{\underline{0{,}\bar{6}\ \text{ms}}} \end{aligned}$$

Lösung zu 2.

Berechnung der Ladezeit auf $U_2 = 5$ V:

$$u_C = U_{\text{max}} \cdot (1 - \text{e}^{-t/\tau})$$

$$\text{mit} \quad \begin{cases} u_C = 5\ \text{V} \\ U_{\text{max}} = U_0 = 6\ \text{V} \\ \tau = 0{,}\bar{6}\ \text{ms} \end{cases}$$

Es handelt sich hier um eine Exponentialgleichung, die gesuchte Größe steht im Exponenten. Die Lösung erfolgt mittels Logarithmenrechnen.

$$5\ \text{V} = 6\ \text{V}(1 - \text{e}^{-t/0{,}\bar{6}\ \text{ms}})$$

$$\frac{5\ \text{V}}{6\ \text{V}} = 1 - \text{e}^{-t/0{,}\bar{6}\ \text{ms}}$$

$$0{,}8\bar{3} = 1 - \text{e}^{-t/0{,}\bar{6}\ \text{ms}}$$

$$\text{e}^{-t/0{,}\bar{6}\ \text{ms}} = 1 - 0{,}8\bar{3}$$

$$\frac{1}{\text{e}^{t/0{,}\bar{6}\ \text{ms}}} = 0{,}1\bar{6}$$

$$\text{e}^{t/0{,}\bar{6}\ \text{ms}} = \frac{1}{0{,}1\bar{6}} = 6$$

$$\frac{t}{0{,}\bar{6}\ \text{ms}} \ln \text{e} = \ln 6$$

Die Ladezeit auf 5 V beträgt somit:

$$t = 0{,}\bar{6}\ \text{ms} \cdot \ln 6 = \underline{\underline{1{,}194\ \text{ms}}}$$

Lösung zu 3.

Berechnung der im Kondensator gespeicherten Energie.

$$W = \frac{1}{2} \cdot C \cdot U_C^2$$

$$\text{mit} \begin{cases} C = 0{,}1\ \mu\text{F} \\ U_C = 6\ \text{V} \end{cases}$$

$$W = \frac{1}{2} \cdot 0{,}1\ \mu\text{F} \cdot (6\ \text{V})^2$$

$$W = \underline{\underline{1{,}8\ \mu\text{J}}}$$

Praxisorientierte Lernaufgaben:

Lernaufgabe 5:

In einer Schaltung soll ein Relais verzögert anziehen. Realisiert wird diese Verzögerung durch ein *RC*-Glied, wie das Bild zeigt. Der Anzugsstrom des Relais beträgt $I_{an} = 10$ mA. Die dazu benötigte Spannung am Relais muss 5 V betragen. Die Spannung U_2 am Kondensator steigt bekanntlich nach dem Einschalten von U_1 nach einer e-Funktion an; hat sie 5 V erreicht, so schaltet das Relais ein. Die Zeitverzögerung soll $t = 6$ s betragen. Der Widerstand muss den Wert $R = 100\ \Omega$ haben. Zu berechnen ist der Kapazitätswert *C*.

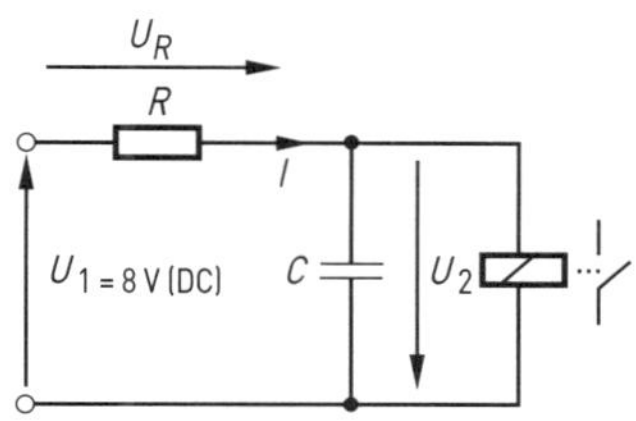

Lernaufgabe 6:

Die z. B. auf einer Leiterplatte angeordneten Bauelemente (Widerstände, Kondensatoren, Halbleiter) bilden mit ihren Metalloberflächen zu Leiterbahnen und auch untereinander „Kondensatoranordnungen“. Es liegen somit Kapazitätswerte vor, durch die je nach angelegter Spannung zusätzlich Ströme fließen. Der Schaltplan, in den diese Kondensatoren eingezeichnet werden, wird als Ersatzschaltung bezeichnet.

Das Bild zeigt einen solchen Ersatzschaltungs-Plan mit Kapazitätswerten, die durch Berechnung und Messung ermittelt wurden. Berechnen Sie die Ersatzkapazität C_{12}.

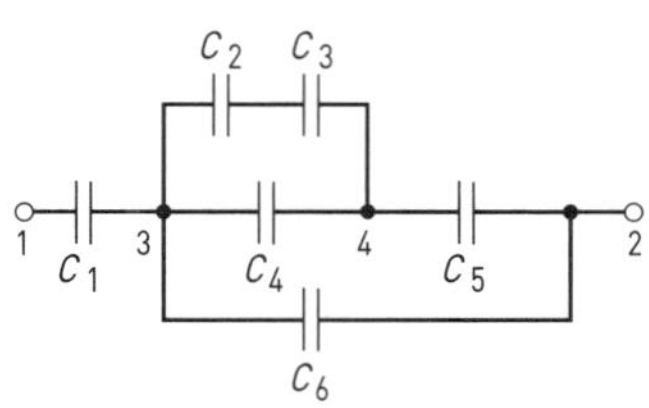

$C_1 = 0{,}1$ nF; $C_2 = 1{,}2$ nF; $C_3 = 0{,}5$ nF

$C_4 = 0{,}22$ nF; $C_5 = 1$ nF; $C_6 = 0{,}3$ nF

5 Das magnetische Feld

5.1 Erscheinungsformen des magnetischen Feldes

Nach der Durcharbeitung dieses Kapitels haben Sie die **Kompetenz** ...
- Ursache, Aufbau und Richtung des magnetischen Feldes eines stromdurchflossenen Leiters bzw. einer Spule zu beschreiben und zu definieren,
- die Unterschiede zwischen magnetischen und elektrischen Feldern aufzeigen.

5.1.1 Das magnetische Feld eines Natur- oder Dauermagneten

Magnetische Erscheinungen sind vielfältig zu beobachten. Magnetische Kräfte können über große Entfernungen und ohne Übertragungsmedium wirken. Man spricht dabei analog zum elektrischen Feld vom magnetischen Feld. Es breitet sich räumlich um einen Magneten aus. Die Darstellung erfolgt durch Feldlinien mit einer definierten Richtung. Um den Austritts- und Eintrittsort der Feldlinien festlegen zu können, wurden die Bezeichnungen der Erdpole auf den Magneten übertragen. Drehbar gelagerte Dauermagnete richten sich nach der Nord-Süd-Achse unserer Erdkugel aus (Anwendung beim Kompass). Die Übertragung der Bezeichnung Nord- und Südpol auf die Magneten führt zu folgender festgelegten Feldlinienrichtung: Die Feldlinien treten senkrecht aus der Oberfläche des Nordpols aus und treten senkrecht in die Oberfläche des Südpols wieder ein. Im Innern verlaufen die Feldlinien vom Südpol zum Nordpol und sind somit in sich geschlossen. Hierin liegt ein wesentlicher Unterschied zum elektrischen Feld. Magnetische Pole können nicht wie elektrische Ladungen einzeln isoliert werden. Anhand der Feldlinienrichtung ist die magnetische Anziehung und Abstoßung recht einfach darstellbar. Das Bild 5.1.1 – 1 zeigt das magnetische Feld eines Natur- oder Dauermagneten. Die Ursache des Dauermagnetismus wird im Abschnitt 5.2.5 erklärt.

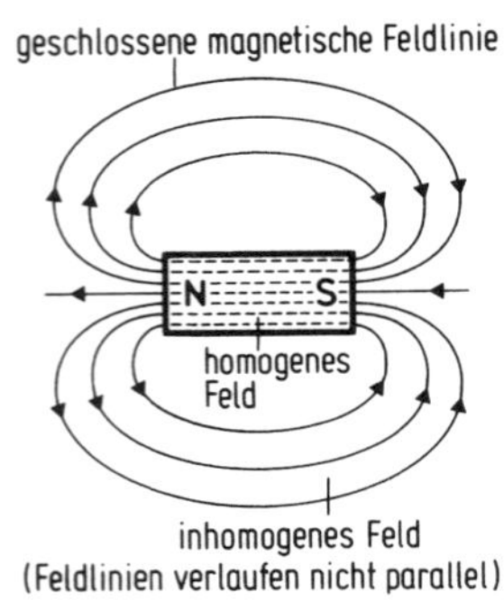

Bild 5.1.1 – 1
Magnetisches Feld eines Dauermagneten

5.1.2 Das magnetische Feld eines stromdurchflossenen Leiters

Die Tatsache, dass ein bewegtes Elektron immer ein magnetisches Feld in Form konzentrischer Kreise in Bewegungsrichtung mit sich führt (siehe Abschn. 1.1.2.4), begründet die magnetische Eigenschaft des elektrischen Stromes. Ein stromdurchflossener Leiter muss somit ebenfalls ein Magnetfeld hervorrufen. Damit ist der Aufbau eines Elektromagneten möglich. Erinnert sei daran, dass jedes Elektron zusätzlich immer von einem elektrischen Feld umgeben ist, wobei das magnetische und das elektrische Feld senkrecht zueinander stehen.

Der elektrische Strom wurde als gerichtete bewegte elektrische Ladungsmenge definiert, wobei die Ladungsmenge aus Elektronen besteht. Die magnetischen Felder der einzelnen Elektronen addieren sich zum Gesamtfeld eines stromdurchflossenen Leiters. Die Richtung der magnetischen Feldlinien kann durch eine einfache Regel angegeben werden. Es handelt sich um die so genannte Rechte-Hand-Regel:

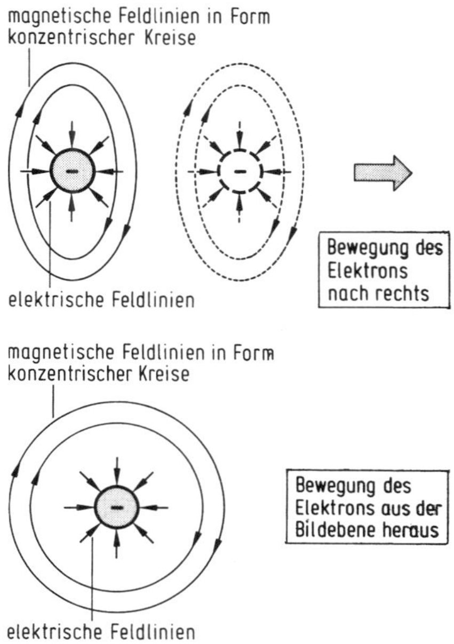

Bild 5.1.2 – 1
Bewegtes Elektron mit E-Feld und magnetischem Feld

Rechte-Hand-Regel oder Korkenzieher-Regel:

> Umfasst man den stromdurchflossenen Leiter mit der rechten Hand so, dass der abgespreizte Daumen in Stromrichtung (nicht Elektronenflussrichtung) weist, dann zeigen die Fingerspitzen die Feldrichtung an.

Bei der Umkehrung der Stromrichtung wird auch die Feldrichtung umgepolt. Die Höhe der Stromstärke bestimmt die Feldliniendichte, da jedes zusätzliche Elektron mit seinem Magnetfeld das Gesamtfeld verstärkt.

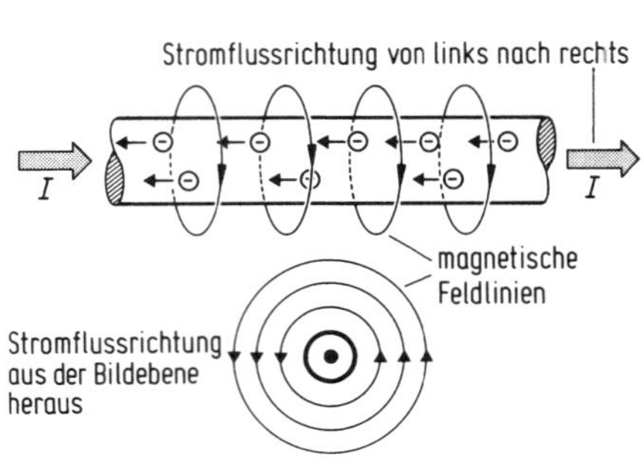

Bild 5.1.2 – 2 Das magnetische Feld eines stromdurchflossenen Leiters

5.1.3 Das magnetische Feld einer stromdurchflossenen Spule oder eines Elektromagneten

Aus einer Leitung (z. B. isolierter Kupferdraht) entsteht durch Aufwickeln auf einen Wickelkörper aus Isolierstoff eine Spule. Sie kann einlagig oder mehrlagig sein.

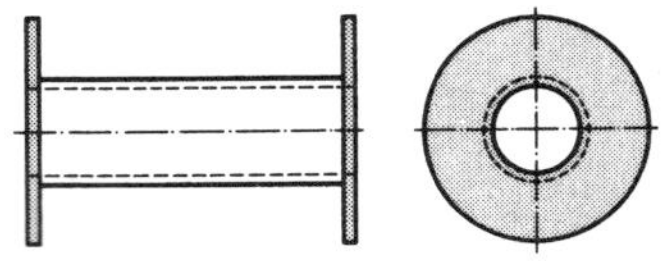

Bild 5.1.3 – 1 Wickelkörper aus Isolierstoff

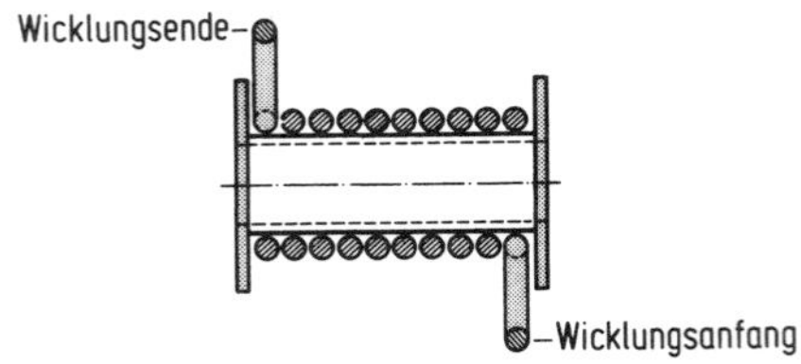

Bild 5.1.3 – 2 Einlagige Spule

Wird die im Bild 5.1.3 – 3 dargestellte Spule vom Strom durchflossen, so addieren sich die magnetischen Feldlinien der einzelnen Leiter-Windungen zu einem Gesamtfeld.

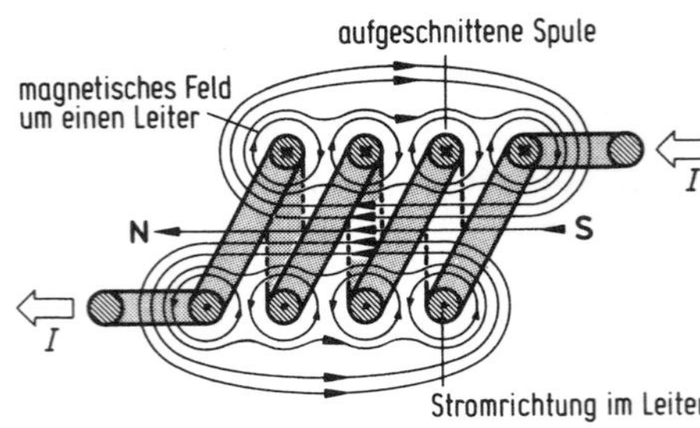

Bild 5.1.3 – 3
Magnetisches Feld einer stromdurchflossenen Spule

Die Feldrichtung einer Spule kann ebenfalls anhand der Rechte-Hand-Regel ermittelt werden:

Rechte-Hand-Regel:

Umfasst man eine Spule mit der rechten Hand so, dass die Finger die Stromrichtung (nicht die Elektronenflussrichtung) angeben, dann zeigt der abgespreizte Daumen den Nordpol an.

5.1.4 Eigenschaften magnetischer Felder

Magnetische Felder zeigen ein ähnliches Verhalten wie elektrische Felder. Zum Auf- und Abbau wird eine Zeitspanne benötigt. Magnetische Felder können konstant sein oder sich zeitlich ändern, z. B. nach einer Sinusfunktion. Unter bestimmten Umständen können magnetische Felder, die sich in sehr kurzen Zeitintervallen auf- und abbauen, von einer

Antenne abgestrahlt werden. Diese abgestrahlten magnetischen Felder breiten sich als Teil der elektromagnetischen Welle räumlich aus und sind an kein Medium gebunden. Sie können deshalb zur Informationsübertragung eingesetzt werden.

5.2 Kenngrößen des magnetischen Feldes

Nach der Durcharbeitung dieses Kapitels haben Sie die **Kompetenz** ...
- die Kenngrößen des magnetischen Feldes für Berechnungen in der Praxis einzusetzen,
- die Auswirkungen magnetischer Werkstoffe auf magnetische Felder in der Praxis zu nutzen.

5.2.1 Magnetfluss oder magnetischer Fluss

Die Herleitung der Kenngrößen eines magnetischen Feldes erfolgt anhand einer auch Toroid genannten eisenlosen Ringspule. Alle Feldlinien verlaufen im Innern der stromdurchflossenen Ringspule. Damit man sich idealen Verhältnissen annähert, sollte der Durchmesser des Ringes groß gegenüber dem Durchmesser der Spule sein. Dadurch sind die äußeren und inneren Feldlinien in der Ringspule fast gleich lang. Alle Feldlinien verlaufen parallel, somit ist das magnetische Feld homogen. Die Summe aller Feldlinien wird als magnetischer Fluss bezeichnet. Er ist eine physikalische Größe und hat das Formelzeichen Φ.

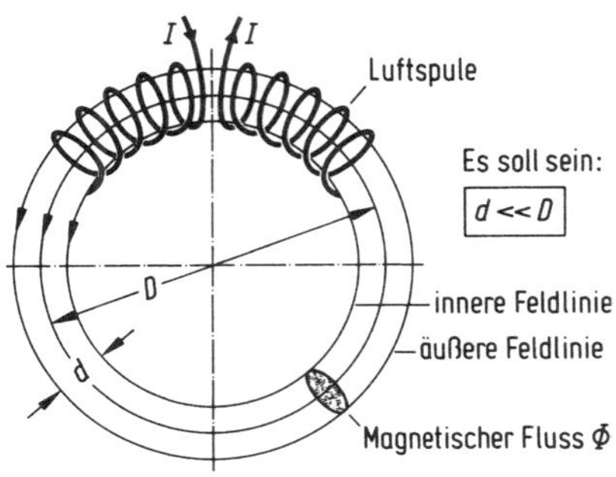

Bild 5.2.1 – 1
Ringspule zur Betrachtung der magnetischen Größen

Magnetfluss Φ ist gleich der Summe aller Feldlinien.

Die Einheit des magnetischen Flusses ist wie folgt definiert:

$$[\Phi] = \mathrm{V} \cdot \mathrm{s} = \mathrm{Wb(Weber)} \qquad (5.2.1-1)$$

Die physikalische Deutung folgt im Abschnitt 5.7.3.1.

5.2.2 Magnetflussdichte oder magnetische Flussdichte

Denkt man sich senkrecht zu den Feldlinien eine Fläche A, so ergibt sich aus dieser Betrachtung die Magnetflussdichte pro Flächeneinheit.
Diese auch als Magnetflussdichte bezeichnete physikalische Größe hat das Formelzeichen B. Die Feldliniendichte ist prinzipiell eine vektorielle Größe. Wenn keine Vektorschreibweise

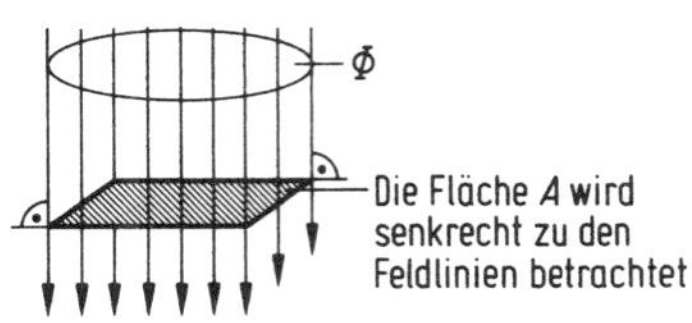

Bild 5.2.2 – 1
Betrachtung der Fläche zur Magnetflussdichte

angewendet werden soll, muss deshalb die Fläche immer senkrecht zu den Feldlinien betrachtet werden.
Die Definitionsgleichung der Magnetflussdichte lautet:

Magnetflussdichte:

$$\boxed{B = \frac{\Phi}{A}} \quad \text{mit} \quad \Phi \perp A \qquad (5.2.2-1)$$

Ihre Einheit ergibt sich wie folgt:

$$\boxed{[B] = \frac{\mathrm{V \cdot s}}{\mathrm{m^2}} = \frac{\mathrm{Wb}}{\mathrm{m^2}} = \mathrm{T\ (Tesla)}} \qquad (5.2.2-2)$$

Beispiel 5.2.2 – 1

Der Spulendurchmesser einer Ringspule beträgt $d = 1$ cm und die Querschnittsfläche ist kreisförmig. Der magnetische Fluss der Spule beträgt $\Phi = 0{,}05$ Wb. Berechnen Sie die Magnetflussdichte.

Lösung:

$$A = \frac{d^2 \cdot \pi}{4} = \frac{1\ \mathrm{cm^2} \cdot \pi}{4} = 0{,}785\ \mathrm{cm^2}$$

$$A = \underline{\underline{0{,}785 \cdot 10^{-4}\ \mathrm{m^2}}}$$

$$B = \frac{\Phi}{A} = \frac{0{,}05\ \mathrm{Wb}}{0{,}785\ \mathrm{cm^2}} = \frac{0{,}05\ \mathrm{Wb}}{0{,}785 \cdot 10^{-4}\ \mathrm{m^2}}$$

$$B = \underline{\underline{636{,}94\ \mathrm{T}}}$$

Übung 5.2.2 – 1

Im Eisengestell eines Elektromagneten mit einer Querschnittsfläche von $A_{Fe} = 5\ \mathrm{cm^2}$ wird eine Magnetflussdichte von $B = 1$ T benötigt. Berechnen Sie den notwendigen magnetischen Fluss Φ.

Lösung:

$B = \frac{\Phi}{A}$ $B = 1T$ $A = 5 cm^2$

$\Phi = B \cdot A = 1T \cdot 5 \cdot 10^{-4} m^2$

$= 5 \cdot 10^{-4} Wb$

5.2.3 Elektrische Durchflutung

Analog zum elektrischen Stromkreis lässt sich ein magnetischer Kreis aufbauen. Der magnetische Fluss ist dabei mit dem elektrischen Strom I vergleichbar. Die Ursache des Stromes im Stromkreis ist die elektrische Spannung. Im magnetischen Kreis ist die Ursache des magnetischen Flusses die elektrische Durchflutung. Sie hat als physikalische Größe das Formelzeichen Θ. Die elektrische Durchflutung stellt somit das Bindeglied zwischen dem elektrischen Stromkreis und dem magnetischen Kreis dar. Jede reale Spule weist einen Widerstand R auf. Nach dem Ohm'schen Gesetz bewirkt die angelegte Spannung U den Strom I. Dieser Strom „erzeugt" den magnetischen Fluss. Er ist somit von der Höhe und der Richtung des Stromes abhängig. Außerdem ist der magnetische Fluss von der Anzahl der Spulenwindungen N abhängig. Jede Windung erhöht die Anzahl der Feldlinien und so-

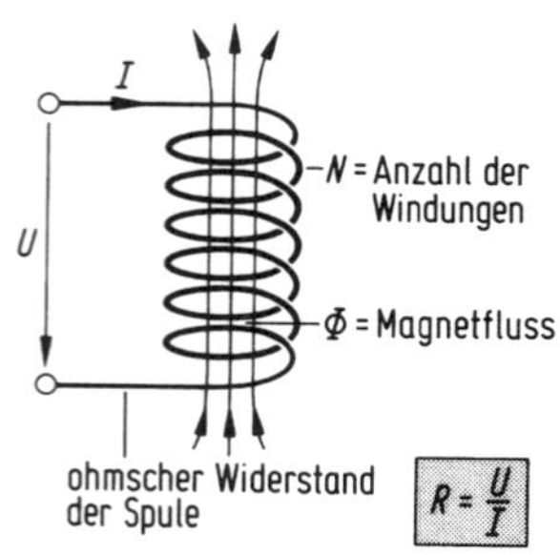

Bild 5.2.3 – 1 Stromdurchflossene Spule als Ursache des magnetischen Flusses

mit den magnetischen Fluss. Die elektrische Durchflutung als Ursache des magnetischen Flusses ist das Produkt aus Stromstärke und Windungszahl. Somit lautet die Definitionsgleichung der elektrischen Durchflutung:

Elektrische Durchflutung:
(magnetische Urspannung)

$$\Theta = N \cdot I \qquad (5.2.3-1)$$

Als Einheit ergibt sich daraus:

$$[\Theta] = \mathrm{A} \qquad (5.2.3-2)$$

Im elektrischen Stromkreis spricht man von Spannungsabfällen an Widerständen. Eine ähnliche Betrachtung lässt sich auch an einer Spule mit der elektrischen Durchflutung vornehmen. Für einen Teil des magnetischen Kreises, z. B. für einzelne Spulenabschnitte, gilt für den „Antrieb“ des magnetischen Flusses auch nur ein Teil von Θ. Die Teildurchflutung wird magnetische Spannung genannt und mit V bezeichnet. Die Summe der Teildurchflutungen ergibt wieder die Gesamtdurchflutung.

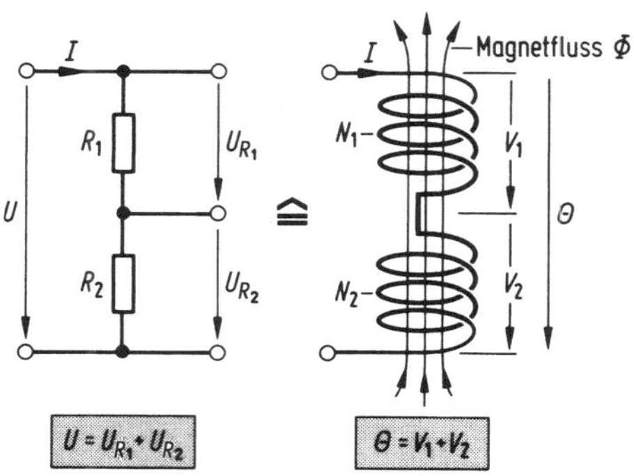

Bild 5.2.3 – 2
Elektrische Teilspannung und Teildurchflutungen

Summe der Teildurchflutungen:

$$\Theta = N \cdot I = V_1 + V_2 + V_3 + \ldots \qquad (5.2.3-3)$$

Beispiel 5.2.3 – 1

Eine Spule mit einem Querschnitt $A = 2\ \mathrm{cm}^2$ hat 100 Windungen und wird von einem Strom $I = 1$ A durchflossen. Berechnen Sie die elektrische Durchflutung.

Lösung:

$\Theta = N \cdot I$
$\quad = 100 \cdot 1$ A
$\Theta = \underline{\underline{100\ \mathrm{A}}}$

Übung 5.2.3 – 1

Die Teildurchflutungen eines magnetischen Kreises haben die Beträge:

$V_1 = 20$ A, $V_2 = 30$ A, $V_3 = 50$ A.

Berechnen Sie die Gesamtdurchflutung.

Lösung:

Teilwicklungen = $\Theta = V_1 + V_2 + V_3$
$\Theta = 20A + 30A + 50A$
$\Theta = 100A$ (Wicklungen)

5.2.4 Magnetische Feldstärke

Die Feldlinien im magnetischen Kreis sind bekanntlich in sich geschlossen, haben also eine bestimmte Länge. Als Beispiel für einen magnetischen Kreis dient wiederum die Ringspule, bei der alle Feldlinien im Innern der Spule verlaufen und das Feld homogen ist. Die Gesamtdurchflutung der Spule ist bekanntlich:

$\Theta = N \cdot I$

Die Feldlinienlänge l wird aus dem Mittelwert vom äußeren und inneren Durchmesser als mittlerer Durchmesser der Ringspule berechnet.

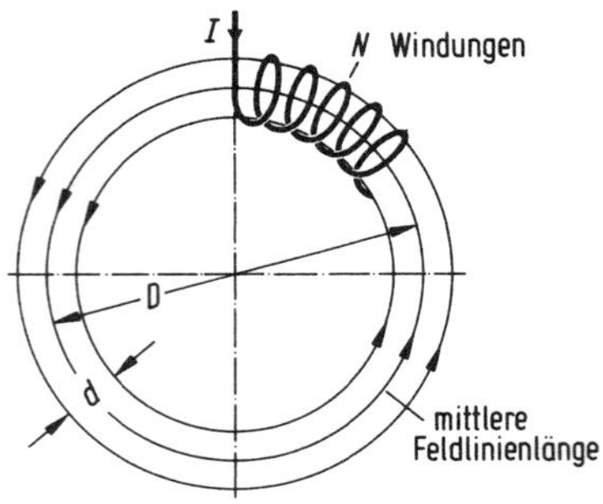

Bild 5.2.4 – 1 Stromdurchflossene Ringspule

Die magnetische Feldstärke ist als elektrische Durchflutung pro Feldlinie definiert. Als physikalische Größe hat sie das Formelzeichen H. Es gilt folgende Definitionsgleichung:

Magnetische Feldstärke:

$$H = \frac{\Theta}{l} = \frac{N \cdot I}{l} \qquad (5.2.4-1)$$

Als Einheit ergibt sich:

$$[H] = \frac{\text{A}}{\text{m}} \qquad (5.2.4-2)$$

In einem homogenen Feld ist die Feldstärke überall gleich groß, dies gilt analog zur elektrischen Feldstärke.
Die elektrische Durchflutung Θ eines magnetischen Kreises kann nun auch durch die Feldstärke und die Feldlinienlänge berechnet werden.
Umstellung der Gleichung 5.2.4 – 1 ergibt:

$\Theta = N \cdot I = H \cdot l$

Für die Teilabschnitte des magnetischen Kreises l_n wurde die Teildurchflutung V_n mit $n = 1, 2, 3 \ldots$ definiert, deshalb gilt:

$$\Theta = V_1 + V_2 + V_3 + \ldots$$
$$\Theta = H \cdot l_1 + H \cdot l_2 + H \cdot l_3 + \ldots \qquad (5.2.4-3)$$

Werden in einem Magnetfeld die einzelnen Abschnitte Δl sehr klein gewählt, bei nicht homogenem Feld, so gilt allgemein für die Durchflutung:

$$\Theta = \oint \vec{H} \cdot \mathrm{d}\vec{l} \qquad (5.2.4-4)$$

Es ist das Ringintegral über die Feldstärke H und die einzelnen Abschnitte im Magnetfeld dl. Feldstärke und Feldabschnittslängen sind Vektoren.

$\vec{H}, \mathrm{d}\vec{l}$ = Vektoren
(Vektoren haben einen Wert (Skalar) und eine Richtung)

Bekanntlich ist die Teildurchflutung V ein Teil von Θ. Allgemein gilt für die Teildurchflutung von Punkt 1 nach Punkt 2 im Magnetkreis die Beziehung:

$$V_{12} = \int_1^2 \vec{H} \cdot d\vec{l} \qquad (5.2.4-5)$$

Beispiel 5.2.4 – 1

Eine Ringspule hat den mittleren Durchmesser $D = 10$ cm und wird von einem Strom $I = 2$ A durchflossen. Die Anzahl der Windungen beträgt $N = 1000$. Berechnen Sie die Gesamtdurchflutung, die Feldstärke und für die Teillängen $l_1 = 10$ cm, $l_2 = 8$ cm, $l_3 = 5$ cm, $l_4 = 8{,}4$ cm die Teildurchflutungen.

Lösung:

Berechnung der Gesamtdurchflutung:

$$\Theta = N \cdot I = 1000 \cdot 2\text{ A} = \underline{\underline{2000\text{ A}}}$$

Berechnung der gesamten Feldlinienlänge anhand der Teillängen:

$$\begin{aligned} l &= l_1 + l_2 + l_3 + l_4 \\ &= 10\text{ cm} + 8\text{ cm} + 5\text{ cm} + 8{,}4\text{ cm} \\ l &= \underline{\underline{31{,}4\text{ cm}}} \end{aligned}$$

Kontrollrechnung mittels Durchmesser:

$$\begin{aligned} l &= D \cdot \pi \\ &= 10\text{ cm} \cdot \pi \\ l &= \underline{\underline{31{,}4\text{ cm}}} \end{aligned}$$

Berechnung der Feldstärke:

$$H = \frac{N \cdot I}{l} = \frac{2000\text{ A}}{31{,}4\text{ cm}} = 63{,}69\ \frac{\text{A}}{\text{cm}}$$

$$\underline{\underline{H = 6369\ \frac{\text{A}}{\text{m}}}}$$

Berechnung der Teildurchflutungen:

$$V_1 = H \cdot l_1 = 63{,}69\ \frac{\text{A}}{\text{cm}} \cdot 10\text{ cm} = 636{,}9\text{ A}$$

$$V_2 = H \cdot l_2 = 63{,}69\ \frac{\text{A}}{\text{cm}} \cdot 8\text{ cm} = 509{,}5\text{ A}$$

$$V_3 = H \cdot l_3 = 63{,}69\ \frac{\text{A}}{\text{cm}} \cdot 5\text{ cm} = 318{,}4\text{ A}$$

Kontrollrechnung der Gesamtdurchflutung:

$$\underline{V_4 = H} \cdot l_4 = 63{,}69\ \frac{\text{A}}{\text{cm}} \cdot 8{,}4\text{ cm} \underline{= 535{,}0\text{ A}}$$

$$\sum V \quad \Rightarrow \quad \Theta \approx 2000\text{ A}$$

5.2.5 Magnetischer Widerstand und magnetischer Leitwert

Bei der Gegenüberstellung von elektrischen und magnetischen Größen fehlt noch ein Vergleich zwischen dem elektrischen und magnetischen Widerstand. Betrachtet man dazu die Veränderung des Feldlinienverlaufes eines Elektromagneten durch einen metallischen Werkstoff, so kann man bei einigen Werkstoffen eine deutliche Veränderung des ursprünglichen Feldlinienverlaufes beobachten.

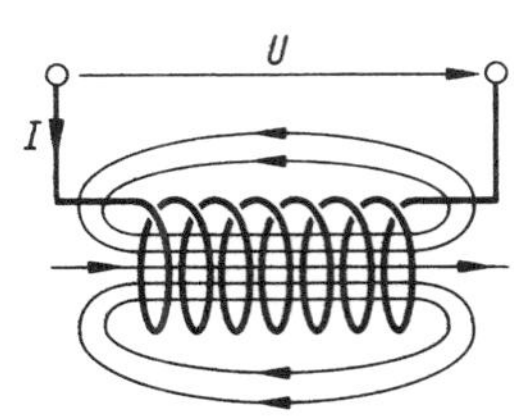

Bild 5.2.5 – 1
Ungestörtes magnetisches Feld eines Elektromagneten

Die Werkstoffe, die diese Eigenschaft besitzen, werden als magnetische oder ferromagnetische Werkstoffe bezeichnet. Die Änderung des Feldlinienverlaufes ist so zu verstehen, dass die Feldlinien durch den ferromagnetischen Werkstoff einen „günstigeren" Weg finden als durch die Luft. Aus dieser Tatsache kann gefolgert werden, dass der Widerstand für die Feldlinien in der Luft größer ist als im ferromagnetischen Stoff. Die Reduzierung dieses „Widerstandes" durch den Werkstoff soll zunächst ergründet werden. Der größte Teil der ferromagnetischen Werkstoffe sind Eisenverbindungen, was durch den Wortstamm „ferro" (= Eisen) ausgedrückt wird. Diese Stoffe sind kristallin aufgebaut. Ihre Atome und Moleküle haben ein magnetisches Moment, d. h., die magnetischen Felder der kreisenden Elektronen heben sich nicht alle auf. Die magnetischen Momente benachbarter Atome oder Moleküle beeinflussen sich und richten sich gleichsinnig aus. Es entstehen dadurch Elementarmagnete. Die magnetischen Felder dieser Elementarmagnete sind im Normalfall nicht ausgerichtet, sondern verlaufen regellos. Sie heben sich gegenseitig auf, wodurch der Werkstoff unmagnetisch erscheint. Ein äußeres Magnetfeld, z. B. das eines Elektromagneten, richtet dagegen die einzelnen Elementarmagnete aus, der Werkstoff wird dadurch zu einem Magneten. Es ist nun verständlich, warum die Feldlinien des Elektromagneten ihre Richtung ändern, sie werden von dem „neuen" Magneten abgelenkt. Die Luft (oder auch das Vakuum) stellt für das magnetische Feld den größten Widerstand dar.

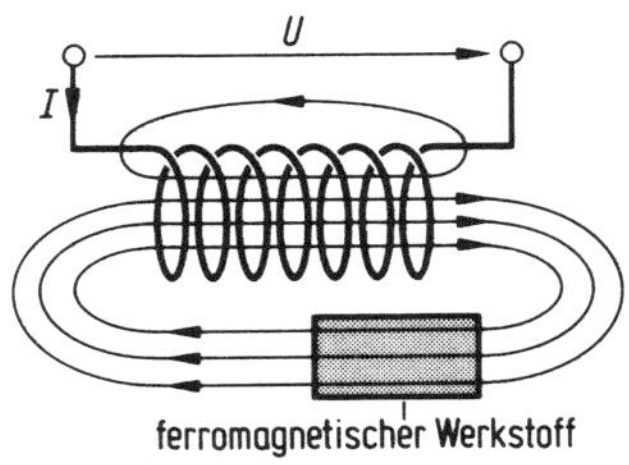

Bild 5.2.5 – 2
Veränderter Feldlinienverlauf eines Elektromagneten durch einen ferromagnetischen Werkstoff

Die Definition des magnetischen Widerstandes R_m wird analog der Betrachtung des elektrischen Widerstandes vorgenommen:

Magnetischer Widerstand:

$$R = \frac{U}{I} \Rightarrow \boxed{R_m = \frac{\Theta}{\Phi} = \frac{N \cdot I}{\Phi}} \qquad (5.2.5-1)$$

Die Einheit ergibt sich durch Einsetzen der Basiseinheiten in die Definitionsgleichung:

$$\boxed{[R_m] = \frac{A}{V \cdot s}} \qquad (5.2.5-2)$$

Im elektrischen Stromkreis wurde der Leitwert als Kehrwert des Widerstandes definiert. Die Herleitung des magnetischen Leitwertes Λ erfolgt analog:

Magnetischer Leitwert:

$$\boxed{\Lambda = \frac{1}{R_m} = \frac{\Phi}{N \cdot I}} \qquad (5.2.5-3)$$

Als Einheit für den magnetischen Leitwert ergibt sich:

$$[\Lambda] = \frac{\mathrm{V \cdot s}}{\mathrm{A}} = \mathrm{H\ (Henry)} \qquad (5.2.5-4)$$

Für die Herleitung der Bemessungsgleichung des magnetischen Widerstandes kann die Gleichung des elektrischen Widerstandes als Bezug dienen. Es gilt:

$$R_{\mathrm{m}} = \frac{l}{\mu \cdot A} \qquad (5.2.5-5)$$

l = mittlere Feldlinienlänge oder Magnetlänge

A = Fläche, die senkrecht von den Feldlinien durchsetzt ist (A wird auch als wicklungsfreier Querschnitt bezeichnet)

μ = Permeabilität

Die Größen der Bemessungsgleichung werden anhand einiger Spulenbeispiele erläutert:

Die Betrachtung der Spulenlänge (= Feldlinienlänge) bei Luftspulen ist eine Vereinfachung. Die Berechnung führt somit zu einer Näherung der tatsächlichen Daten.

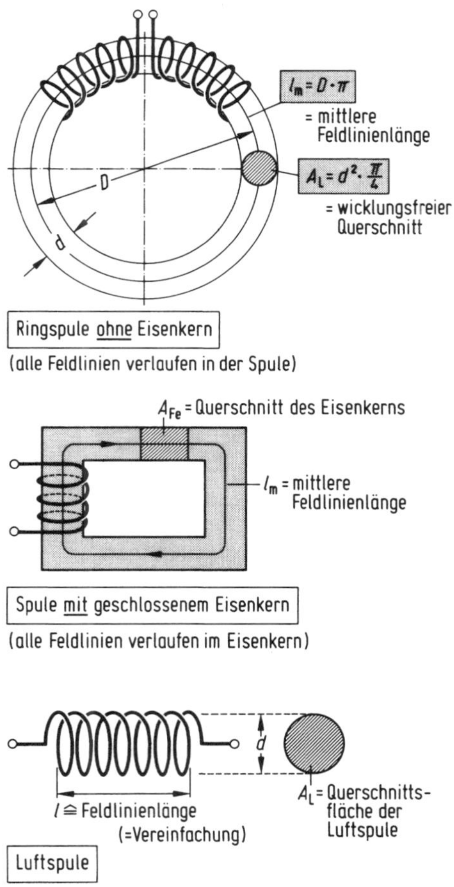

Bild 5.2.5 – 3 Ausführungen von Spulen

Für eine Luftspule stehen wahlweise zwei Schaltzeichen zur Auswahl:

Bild 5.2.5 – 4 Schaltzeichen einer Luftspule

Das Schaltzeichen einer Spule mit einem Kern aus magnetischem Werkstoff (Eisenkern) ist wie folgt festgelegt:

Bild 5.2.5 – 5 Schaltzeichen einer Spule mit einem Kern aus magnetischem Werkstoff

Die in der Gleichung für den magnetischen Widerstand angeführte Permeabilität ist eine Werkstoffkonstante. Sie ist vergleichbar mit ε oder $\varkappa$. Analog der Aufteilung von ε in eine Feldkonstante für Luft ε_0 und einer Permittivitätszahl ε_r für die verschiedenen Werkstoffe, wird auch die Permeabilität μ aufgeteilt. Für Luft oder Vakuum gilt die Feldkonstante μ_0, es ist eine Naturkonstante. Für die magnetischen Werkstoffe ist jeweils eine Permeabilitätszahl μ_r gegeben.

μ_0 = magnetische Feldkonstante für Luft bzw. Vakuum

$$\mu_0 = 4 \cdot \pi \cdot 10^{-7}\,\frac{\mathrm{V \cdot s}}{\mathrm{A \cdot m}} \approx 12{,}56 \cdot 10^{-7}\,\frac{\mathrm{V \cdot s}}{\mathrm{A \cdot m}} \qquad (5.2.5-6)$$

μ_r = Permeabilitätszahl der verschiedenen Werkstoffe

Somit ergibt sich für μ:

$$\mu = \mu_r \cdot \mu_0 \qquad (5.2.5-7)$$

$\mu_r = 1$ für Luft oder Vakuum

Bezogen auf $\mu_r = 1$ lassen sich die magnetischen Werkstoffe in drei Hauptgruppen einteilen:

1. Diamagnetische Werkstoffe $\mu_r < 1$ — z. B. Wismut: $\mu_r = 0{,}999832$ = konstant
2. Paramagnetische Werkstoffe $\mu_r > 1$ — z. B. Chrom: $\mu_r = 1{,}000324$ = konstant
3. Ferromagnetische Werkstoffe $\mu_r \gg 1$ — z. B. Mu-Metall: μ_r bis 10^5

Die Permeabilitätszahlen der verschiedenen ferromagnetischen Werkstoffe sind nicht konstant. Der maximale Wert ist von der Feldstärke der magnetisierenden Spule abhängig. In der Praxis werden dazu Magnetisierungskurven für die einzelnen Werkstoffe angegeben (siehe Bild 5.3.3.1 – 2).
Die physikalischen Vorgänge in den magnetischen Werkstoffen werden in dem Lernbuch dieser Reihe „Werkstoffe der Elektrotechnik" (Fischer) exakt dargelegt und deshalb hier nicht weiter erklärt.

Beispiel 5.2.5 – 1

Durch eine Luftspule mit 1000 Windungen fließt ein Strom $I = 10$ A. Der magnetische Fluss beträgt $\Phi = 100$ Wb. Berechnen Sie den magnetischen Widerstand R_m und die elektrische Durchflutung Θ.

Lösung:

Berechnung des magnetischen Widerstandes:

$$R_m = \frac{N \cdot I}{\Phi} = \frac{1000 \cdot 10\ \text{A}}{100\ \text{V} \cdot \text{s}}$$

$$R_m = 100\ \frac{\text{A}}{\text{V} \cdot \text{s}}$$

Berechnung der Durchflutung:

$$\Theta = N \cdot I = 1000 \cdot 10\ \text{A}$$
$$\Theta = \underline{\underline{10\ \text{kA}}}$$

Beispiel 5.2.5 – 2

Berechnen Sie den magnetischen Widerstand der im Bild vorgegebenen Luftspule.

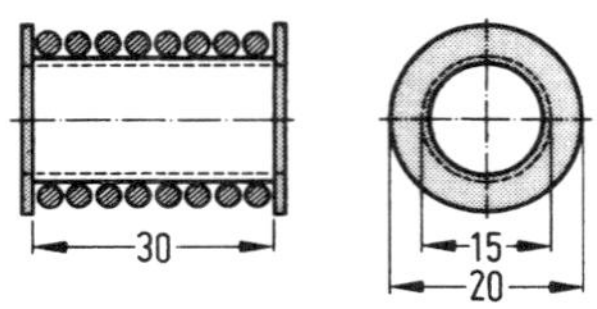

Lösung:

Berechnung des Spulenquerschnittes (= eisenfreier Querschnitt):

$$A = \frac{d^2 \cdot \pi}{4}$$
$$= \frac{(15\ \text{mm})^2 \cdot \pi}{4}$$
$$A = \underline{\underline{176{,}7\ \text{mm}^2}}$$

Berechnung des magnetischen Widerstandes:

$$R_m = \frac{l}{\mu_0 \cdot A}$$
$$= \frac{30\ \text{mm}}{12{,}56 \cdot 10^{-7}\ \frac{\text{V} \cdot \text{s}}{\text{A} \cdot \text{m}} \cdot 176{,}7\ \text{mm}^2}$$
$$R_m = \underline{\underline{1{,}35 \cdot 10^8\ \frac{\text{A}}{\text{V} \cdot \text{s}}}}$$

Übung 5.2.5 – 1

Eine Luftspule hat die Länge $l = 10$ cm und einen magnetischen Leitwert $\Lambda = 2 \cdot 10^{-7}$ H. Berechnen Sie den wicklungsfreien Querschnitt dieser Spule.

Lösung:

5.3 Magnetisierungskennlinien

Nach der Durcharbeitung dieses Kapitels haben Sie die **Kompetenz** ...
- aus Datenblättern technischer magnetischer Werkstoffe die Magnetisierungskurven zu interpretieren,
- zu erläutern, wie bei einer Spule mit magnetischem Werkstoff und Ansteuerung mit Wechselspannung die Hystereseschleife entsteht,
- aus der Form von Hystereseschleifen auf die Art der magnetischen Werkstoffe zu schließen.

5.3.1 Die Magnetflussdichte als Funktion der magnetischen Feldstärke

Setzt man die Bemessungs- und die Definitionsgleichung des magnetischen Widerstandes gleich, so ergibt sich durch Umformung die Funktionsgleichung der Magnetflussdichte in Abhängigkeit von der Feldstärke.

$$R_\mathrm{m} = \frac{I \cdot N}{\Phi} \qquad R_\mathrm{m} = \frac{l}{\mu \cdot A}$$

$$\frac{I \cdot N}{\Phi} = \frac{l}{\mu \cdot A}$$

Umformung ergibt:

$$\underbrace{\frac{\Phi}{A}}_{=B} = \mu \cdot \underbrace{\frac{I \cdot N}{l}}_{=H}$$

somit gilt:

$$\boxed{B = \mu \cdot H = \mu_0 \cdot \mu_\mathrm{r} \cdot H} \qquad (5.3.1-1)$$

Kontrolle der Gleichungsumstellung durch die Überprüfung der Einheiten.

$$[B] = \frac{\mathrm{V \cdot s}}{\mathrm{A \cdot m}} \cdot \frac{\mathrm{A}}{\mathrm{m}} = \frac{\mathrm{V \cdot s}}{\mathrm{m^2}} = \underline{\underline{\mathrm{T}}}$$

Die an einer Stelle des magnetischen Feldes vorhandene Magnetflussdichte ist also der an dieser Stelle herrschenden Feldstärke direkt proportional. Die grafische Darstellung der Funktion $B = f(H)$ heißt Magnetisierungskennlinie.

Magnetisierungskennlinie

$B = f(H)$

5.3.2 Magnetisierungskennlinie einer Luftspule

Die Funktionsgleichung für die Magnetisierungslinie einer Luftspule lautet nach Gleichung 5.3.1 – 1:

$$B = \mu_0 \cdot H$$

Die Konstante μ_0 der linearen Funktion entspricht dem Steigungsfaktor m bzw. Tangens des Steigungswinkels α.

$$\mu_0 = \frac{B}{H} = m = \tan\alpha$$

$$\mu_0 = 4 \cdot \pi \cdot 10^{-7}\ \frac{\mathrm{V \cdot s}}{\mathrm{A \cdot m}}$$

Aus dem Zahlenfaktor $\tan\alpha$ wird der Steigungswinkel α berechnet:

$$\tan\alpha = 4 \cdot \pi \cdot 10^{-7}$$
$$\Rightarrow \alpha \approx 0{,}000\,072°$$

Wie leicht zu erkennen ist, handelt es sich um einen extrem kleinen Winkel, der sich zeichnerisch kaum darstellen lässt. Die üblichen grafischen Darstellungen der Funktionsgleichung $B = f(H)$ sind deshalb maßstäblich verzerrte Funktionsgraphen.

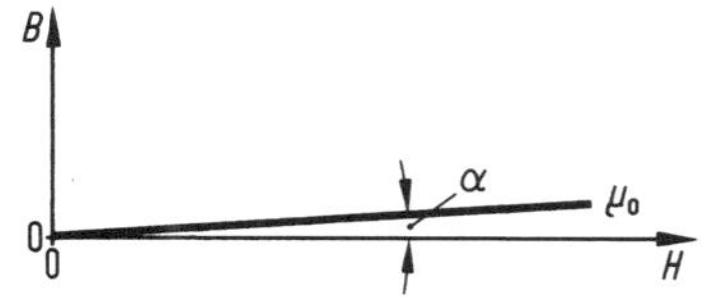

Bild 5.3.2 – 1 Magnetisierungskennlinie einer Luftspule

5.3.3 Magnetisierungskennlinie einer Spule mit Kern aus ferromagnetischen Werkstoffen

5.3.3.1 Aufbau der Magnetisierungskennlinien ferromagnetischer Werkstoffe

Die Funktionsgleichung der Magnetisierungskennlinie für ferromagnetische Werkstoffe unterscheidet sich von der Funktionsgleichung für Luftspulen nur durch den Faktor μ_r.

$$B = \mu_0 \cdot \mu_r \cdot H$$
$$\Rightarrow \mu_r = f(H)$$

Der Zahlenwert von μ_r ist von der Feldstärke abhängig, also nicht konstant. Die Feldstärke in und um den ferromagnetischen Werkstoff (z. B. Eisen) wird durch den Strom und die Windungszahl der Spule, also die Durchflutung, hervorgerufen. Die magnetischen Momente im Werkstoff richten sich unter dem Einfluss dieser Feldstärke teilweise oder ganz aus. Die magnetischen Momente erhöhen somit die Feldliniendichte.

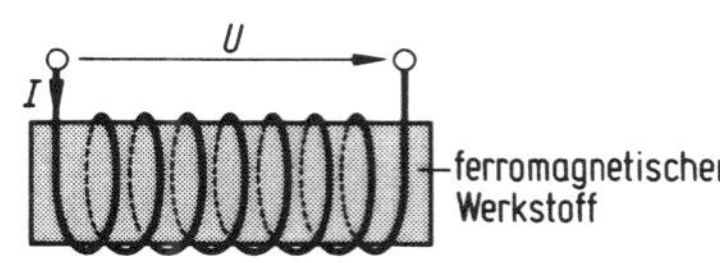

Bild 5.3.3.1 – 1 Spule mit „Eisenkern"

In der Praxis werden die Magnetisierungskennlinien ferromagnetischer Werkstoffe durch Messung ermittelt und von den Herstellern in Datenblätter angegeben (siehe Bild 5.3.3.1 – 2).

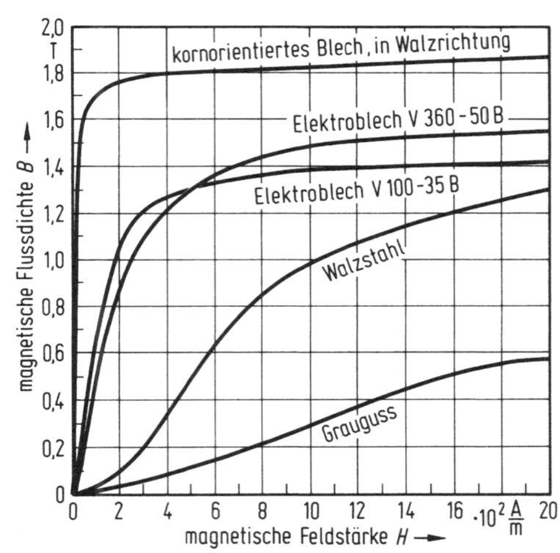

Stahlguss: ähnlich V 360-50 B; kornorientiertes Blech, quer zur Walzrichtung: ähnlich V 100-35 B

Bild 5.3.3.1 – 2
Magnetisierungskennlinien ferromagnetischer Werkstoffe

Diese Kennlinien können in verschiedene Bereiche eingeteilt werden:
Zu Beginn werden mit steigender Feldstärke H nur wenige magnetische Momente ausgerichtet, dies führt nur zu einem geringen Anstieg der Magnetflussdichte B. Man bezeichnet diesen Bereich der Kennlinie als Anfangspermeabilität. Wird die Feldstärke weiter erhöht, so steigt im weiteren Kennlinienbereich die Magnetflussdichte fast linear steil an. Im weiteren Verlauf erfolgt trotz Erhöhung der Feldstärke nur ein geringer Anstieg der Feldliniendichte, da fast alle magnetischen Momente bereits ausgerichtet sind; man spricht vom Sättigungsbereich, an dessen Anfang der Sättigungspunkt liegt. Von diesem Punkt an steigt die Magnetflussdichte nur noch wie bei einer Luftspule. Alle magnetischen Momente sind ausgerichtet. Für den Sättigungspunkt ist die Feldstärke H_s notwendig, die Feldliniendichte erreicht dabei den Wert B_S. Die Feldstärke der Spule ist bekanntlich eine Funktion des Stromes. Zur Erzeugung der Feldstärke H_s ist der Magnetisierungsstrom I_s notwendig, um die maximal mögliche Feldliniendichte B_s des verwendeten ferromagnetischen Werkstoffes zu erreichen.

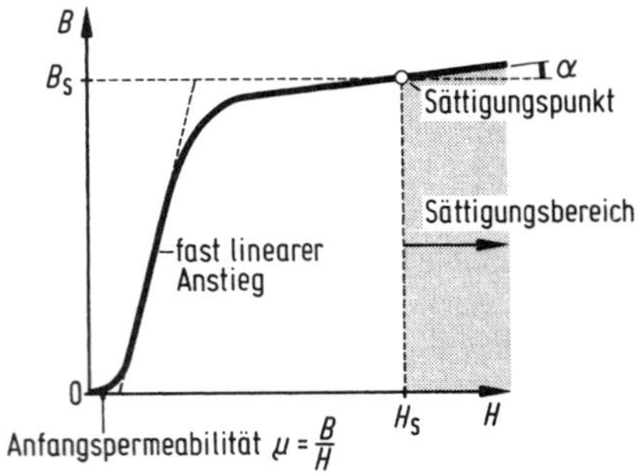

Bild 5.3.3.1 – 3 Magnetisierungskennlinie eines ferromagnetischen Werkstoffes

Aus $H = f(I)$ folgt für den Sättigungspunkt:

$H_s = k \cdot I_s$ mit $k =$ Konstante

Mit den bisher erarbeiteten Kenngrößen des magnetischen Feldes lässt sich ein System aufbauen, das dem elektrischen Stromkreis analog ist. In der Gegenüberstellung sind die Zuordnungen klar erkennbar.

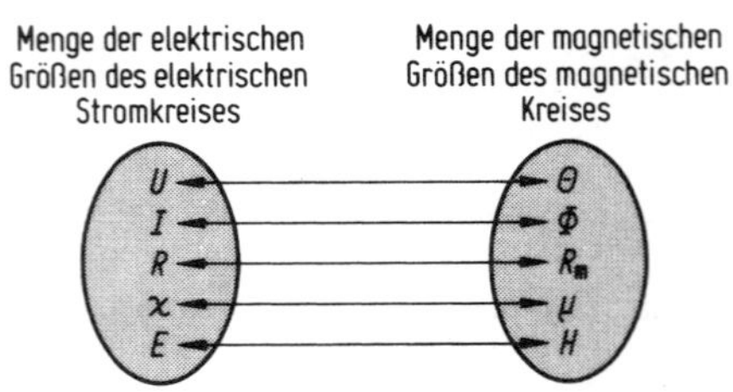

Bild 5.3.3.1 – 4
Zuordnung elektrischer und magnetischer Größen

Beispiel 5.3.3.1 – 1

Für eine Schaltung wird eine Spule mit einem Kern aus Elektroblech V 360-50 B benötigt. Der Kern ist ringförmig und hat einen quadratischen Querschnitt. Berechnen und ermitteln Sie aus den vorgegebenen Werten: H, B, Φ.

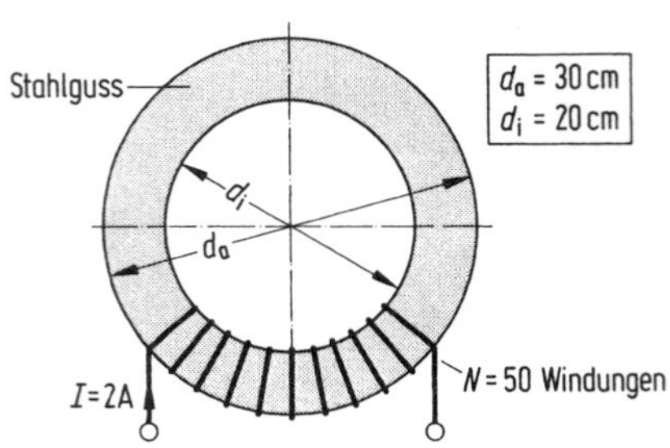

Lösung:

Berechnung der quadratischen Querschnittsfläche des magnetischen Kerns:

$A = a \cdot a = a^2 \quad (a = \text{Kantenlänge})$

$\text{mit} \quad a = \dfrac{d_a - d_i}{2} = \dfrac{30\text{ cm} - 20\text{ cm}}{2} = \underline{\underline{5\text{ cm}}}$

$\text{folgt} \quad A = (5\text{ cm})^2 = \underline{\underline{25\text{ cm}^2}}$

Berechnung der Feldstärke:

$H = \dfrac{I \cdot N}{l}$

mit l = mittlere Feldlinienlänge

$l = \dfrac{d_a + d_i}{2} \cdot \pi = \dfrac{30\text{ cm} + 20}{2} \cdot \pi$

$l = \underline{\underline{78{,}5\text{ cm}}}$

$\text{folgt} \quad H = \dfrac{2 \cdot \text{A} \cdot 50}{78{,}5\text{ cm}} = 1{,}27\ \dfrac{\text{A}}{\text{cm}} = \underline{\underline{127\ \dfrac{\text{A}}{\text{m}}}}$

Aus Bild 5.3.3.1 – 2 kann nun für die vorhandene Feldstärke die Magnetflussdichte ermittelt werden. Es gilt die Kennlinie für Elektroblech V 360-50 B.

Magnetflussdichte aus der Kennlinie:

$B = 0{,}65\text{ T}$

Berechnung des magnetischen Flusses:

$\Phi = B \cdot A$

$= 0{,}65 \cdot \dfrac{\text{V} \cdot \text{s}}{\text{m}^2} \cdot 25\text{ cm}^2$

$= 0{,}65 \cdot \dfrac{\text{V} \cdot \text{s}}{\text{m}^2} \cdot 25 \cdot 10^{-4}\text{ m}^2$

$= 16{,}25 \cdot 10^{-4}\text{ V} \cdot \text{s}$

$\Phi = \underline{\underline{1{,}625 \cdot 10^{-3}\text{ V} \cdot \text{s}}}$

Übung 5.3.3.1 – 1

In einem Magnetgestell wird die Magnetflussdichte $B = 1$ T gefordert. Die Daten für den magnetischen Kreis sind dem Bild zu entnehmen. Aus welchem Werkstoff muss das Magnetgestell gefertigt sein, um die vorgegebenen Daten zu erfüllen?

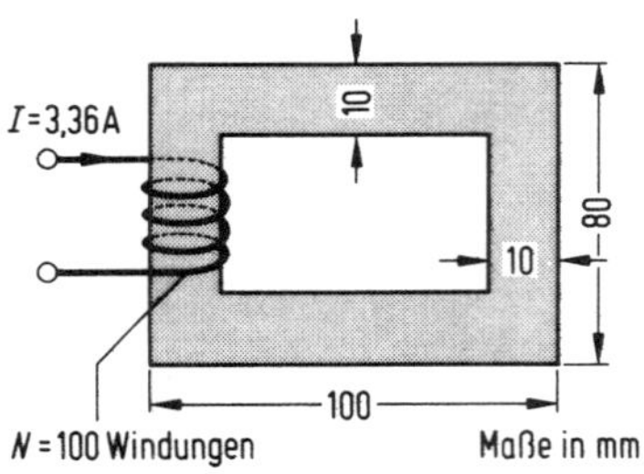

Lösung:

Übung 5.3.3.1 – 2

Zeichnen Sie den Funktionsgraphen $\mu_r = f(H)$ für das Elektroblech V 100-35 B in folgendem Feldlinienbereich: $0 \leq H \leq 1500\ \frac{\text{A}}{\text{m}}$.

Lösung:

5.3.3.2 Die Magnetisierungskennlinien magnetischer Werkstoffe beim Ummagnetisierungsvorgang oder die magnetische Hysteresis

Der Magnetisierungsstrom einer Spule mit Eisenkern war bisher ein Gleichstrom.
Es soll nun dafür ein Wechselstrom angenommen werden. Die Folge ist ein regelmäßiger Wechsel der Stromrichtung sowie Umkehrung der Feldstärke. Das Verhalten der Magnetflussdichte wird durch Messung ermittelt. Den ermittelten Funktionsverlauf bezeichnet man als Hystereseschleife oder als magnetische Hysteresis. Der Begriff Hysterese wird in vielen Bereichen der Technik angewandt und bedeutet das Zurückbleiben der Wirkung hinter der Ursache. Das Bild 5.3.3.2 – 1 zeigt einen typischen Verlauf einer Hystereseschleife. Dieser Kurvenverlauf $B = f(H)$ soll nun näher betrachtet werden. Vom Einschaltaugenblick an steigt der Strom und damit auch die Feldstärke, und zwar bis zum Wert H_S. Die Magnetflussdichte folgt der Neukurve (≙ Magnetisierungskennlinie des verwendeten magnetischen Werkstoffes) bis zum Wert B_s. Im Sättigungspunkt soll der maximale Wert des Wechselstromes erreicht sein und der Strom sinkt wieder. Die Abnahme der Feldliniendichte folgt dabei nicht der Neukurve. Ist der Strom und somit auch die Feldstärke null, so bleibt eine Magnetflussdichte B_r bestehen.
Man bezeichnet diesen Punkt als Remanenz oder Restmagnetismus. Die magnetischen Momente sind dabei zum Teil in ihrer ausgerichteten Lage geblieben. Es ist somit ein Dauermagnet entstanden. Steigt der Wechselstrom im negativen Bereich an, so werden die ausgerichteten magnetischen Momente durch das auftretende Gegenfeld wieder in Unordnung gebracht. Der Werkstoff wird entmagnetisiert. Die hierzu notwendige Feldstärke wird als Koerzitivfeldstärke H_c bezeichnet. Dieser Feldstärke ist der Entmagnetisierungsstrom I_c zugeordnet. Würde an dieser Stelle der Strom abgeschaltet, dann wäre der magnetische Werkstoff wieder unmagnetisch. In der vor-

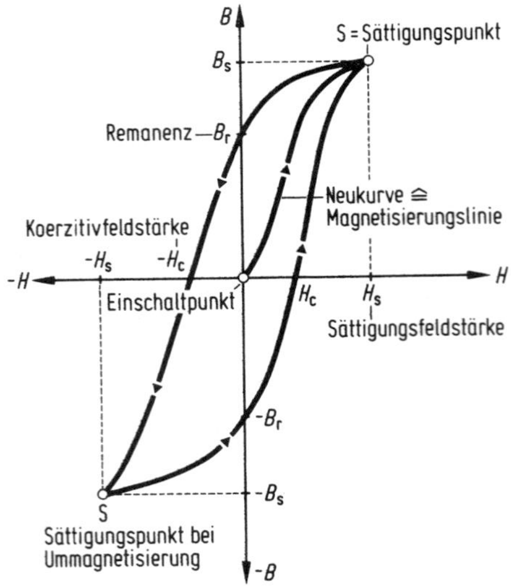

Bild 5.3.3.2 – 1 Magnetische Hystereseschleife

> Dauermagnete beharren im Zustand der Remanenz

> Die Koerzitivfeldstärke H_c wird zur Aufhebung der Remanenz B_r benötigt.

genommenen Betrachtung steigt der Wechselstrom im negativen Bereich weiter an, bis zum negativen Maximalwert I_s. Der entmagnetisierte Werkstoff wird nun erneut bis zum Sättigungspunkt magnetisiert, jedoch in die andere Richtung. Nach Erreichen des negativen Maximalwertes sinkt der Wechselstrom wieder auf null. Gesamt durchläuft die Magnetisierung die Hystereseschleife in der durch Pfeile angegebenen Weise. Eine Magnetisierung über den Sättigungspunkt hinaus bringt dabei nur so viel Feldlinienzuwachs wie eine Luftspule unter gleichen Verhältnissen.

5.3.3.3 Arten und Aussteuerung von Hystereseschleifen

In der Elektrotechnik kennt man mehrere Arten von Hystereseschleifen. Sie unterscheiden sich durch ihre Form und die von ihnen umfasste Fläche. Es lassen sich folgende Typen unterscheiden:

1. Die Hystereseschleife für magnetisch weiche Werkstoffe.
   Wichtiges Merkmal: Kleine Remanenz
2. Die Hystereseschleife für magnetisch harte Werkstoffe.
   Wichtiges Merkmal: Große Remanenz
3. Die Hystereseschleife für magnetisch sehr harte Werkstoffe (z. B. Speicherkerne).
   Wichtiges Merkmal: Sehr große Remanenz.

   $\Rightarrow B_r \sim B_s$

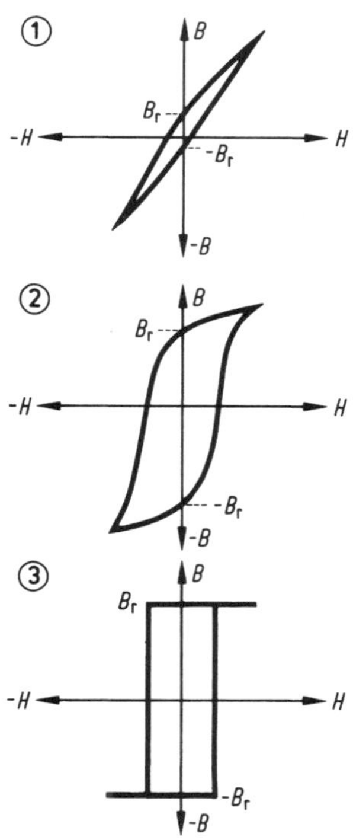

Bild 5.3.3.3 – 1 Arten von Hystereseschleifen

In einigen Anwendungsfällen wird die Hystereseschleife nicht bis zum Sättigungspunkt ausgesteuert, also $I_{mag} < I_s$. Die Endpunkte der auftretenden Hystereseschleife liegen auf der Neukurve.

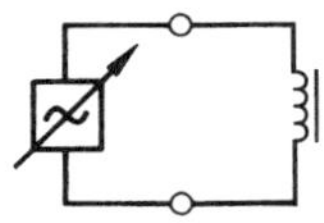

Bild 5.3.3.3 – 2 Spule mit Eisenkern an einer verstellbaren Wechselspannung

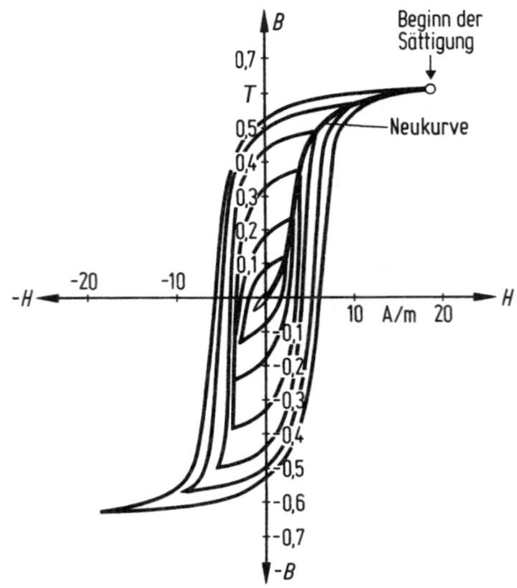

Bild 5.3.3.3 – 3
Hystereseschleifen bei verschiedenen Aussteuerungen

Ist der Magnetisierungsstrom kein reiner Wechselstrom, sondern ein Gleichstrom, der von einem Wechselstrom überlagert ist, so spricht man von einer Vormagnetisierung mit Aussteuerung. In der Elektronik wird diese Art der Magnetisierung häufig angewendet.

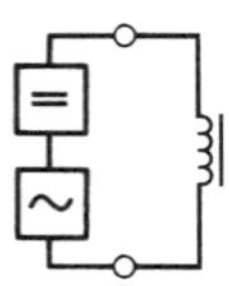

Bild 5.3.3.3 – 4
Spule mit Eisenkern an einer Mischspannung

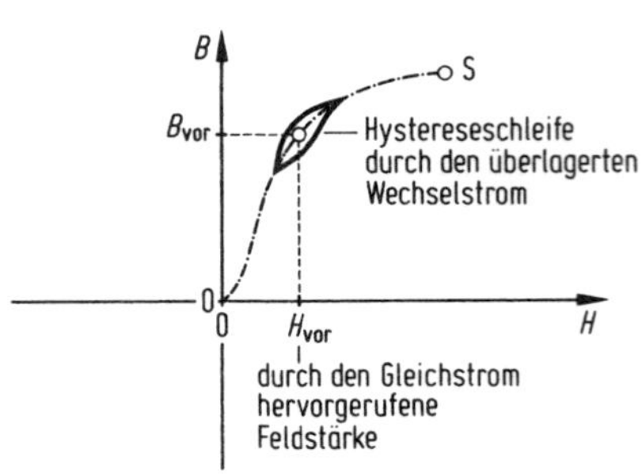

Bild 5.3.3.3 – 5 Betrachtung der Ansteuerung mit einem Mischstrom in der Magnetisierungskennlinie

5.4 Magnetisierungsarbeit und Magnetisierungsverluste

Nach der Durcharbeitung dieses Kapitels haben Sie die **Kompetenz** ...
– beim Einsatz magnetischer Bauelemente und Bauteile die Magnetisierungsarbeit richtig abzuschätzen.

5.4.1 Magnetisierungsarbeit

Jede physikalische Veränderung eines vorhandenen Zustandes ist mit einer Energieumschichtung verbunden. Dies gilt auch bei der Veränderung von elektrischen und magnetischen Feldern. Zum Aufbau eines magnetischen Feldes ist Energie notwendig, die beim Zusammenbruch des Feldes wieder frei wird. Es stellt sich nun die Frage, wie die Größe dieser Energie bestimmt werden kann. Recht anschaulich kann der Energieumsatz anhand der Fläche der Hystereseschleife gezeigt werden. Die Hystereseschleife wird aus diesem Grunde etwas linearisiert dargestellt. Die gestrichelt umrahmte Fläche ist gleich der Fläche der gesamten Hystereseschleife.
Es soll nun die Behauptung überprüft werden, dass die schraffierte Fläche den Energieumsatz für einen Durchlauf der Hysterese darstellt und sich aus dem Produkt der Änderungen von B und H ergibt.

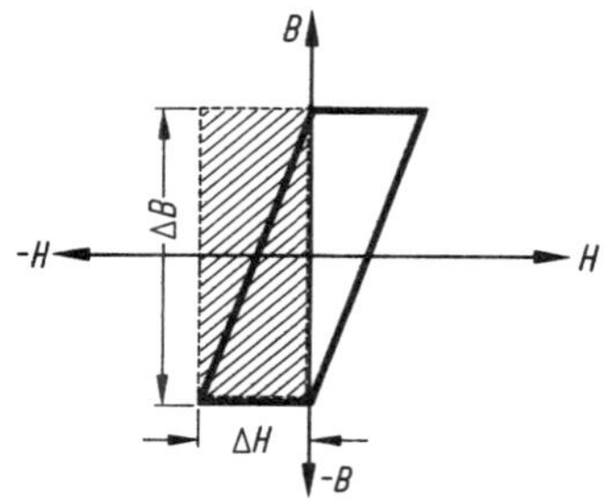

Bild 5.4.1 – 1 Idealisierte Hystereseschleife

Berechnung der schraffierten Fläche:

$\Delta B \cdot \Delta H \mathrel{\widehat{=}} A$ (Fläche)

Einsatz der Einheiten für die Größen B und H

$$\frac{\text{V} \cdot \text{s}}{\text{cm}^2} \cdot \frac{\text{A}}{\text{cm}} = \frac{\text{W} \cdot \text{s}}{\text{cm}^3} \begin{array}{l} \leftarrow \text{Energie} \\ \leftarrow \text{Volumen} \end{array}$$

Die Fläche der Hystereseschleife stellt also den Energiegehalt pro Volumeneinheit dar. Somit ist folgende zusammenfassende Aussage möglich:

> Die von der Hystereseschleife umfasste Fläche stellt ein Maß für den Energieumsatz zum Aufbau eines magnetischen Feldes dar. Schmale Hystereseschleifen beinhalten deshalb geringe Energiemengen, im Gegensatz zu breiten Hystereseschleifen.

5.4.2 Magnetisierungsverluste

Beim Magnetisieren und Ummagnetisieren werden die magnetischen Momente (Elementarmagnete) im Werkstoff aus ihrer Ausgangslage gegen die inneren Bindungskräfte gedreht. Bei diesem Drehvorgang entsteht durch Reibung Wärme. Man spricht von Ummagnetisierungsverlusten. Anwendung findet dieser Effekt bei Induktionsöfen. Bei Transformatoren erfolgt z. B. eine ständige Ummagnetisierung. Um die Verluste im Magnetkern gering zu halten, sind magnetische Werkstoffe mit sehr schmalen Hystereseschleifen erforderlich. Beim Ummagnetisieren tritt aber noch ein zweiter Effekt auf. Nach dem Induktionsgesetz (siehe Abschn. 5.7.4) wird im geschlossenen Eisenkern eine Spannung induziert. Der Eisenkern stellt dabei eine Leiterschleife dar. Die induzierte Spannung treibt, da der elektrische Widerstand des Eisenkernes klein ist, einen großen Strom durch das Magnetgestell. Dieser Strom ändert bei jeder Ummagnetisierung die Richtung, man spricht von einem Wirbelstrom. Er erwärmt den Eisenkern zusätzlich. Die dabei entstehenden Temperaturen können die Schmelztemperaturen der Werkstoffe erreichen. Die Reduzierung des Wirbelstromes ist durch Vergrößerung des elektrischen Widerstandes im Kern möglich. Dazu wird das Magnetgestell nicht mehr aus massivem Material aufgebaut, sondern in dünne Bleche aufgeteilt, wobei die Blechstärke z. B. 0,33 mm beträgt. Jedes einzelne Blech hat eine durch seine Querschnittsfläche bestimmten niedrigen elektrischen Widerstand. Die einzelnen Bleche sind durch Lack oder Papier gegeneinander isoliert. Um den notwendigen Gesamtquerschnitt des magnetischen Werkstoffes beizubehalten, ändert sich z. B. die ursprüngliche Dicke des Magnetgestells um +15 %.

Wirbelstrom entsteht im Magnetkern durch Ummagnetisierung.

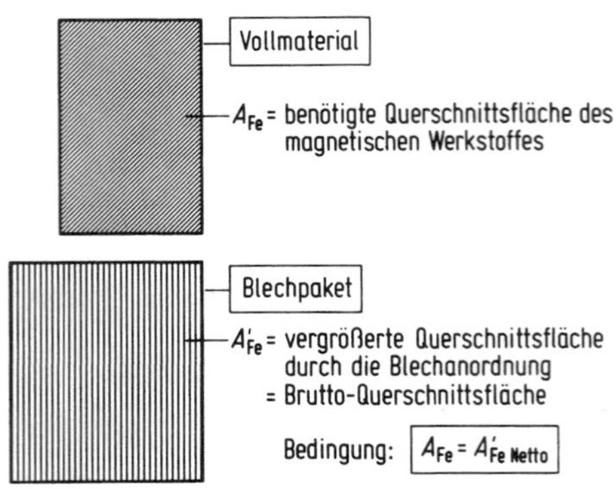

Bild 5.4.2 – 1 Gegenüberstellung der Querschnittsfläche eines Kernes aus magnetischem Vollmaterial zu einer gleichwertigen Fläche eines Blechpaketes

5.5 Der magnetische Kreis

Nach der Durcharbeitung dieses Kapitels haben Sie die **Kompetenz** ...
- den magnetischen Kreis, analog zum elektrischen Stromkreis, in Abschnitte aufzuteilen, die sich auf Teile des magnetischen Widerstandes beziehen,
- die besondere Bedeutung des Luftspaltes für einen magnetischen Kreis in der Praxis richtig einzuschätzen.

Die bisher betrachtete Ringspule findet in der Praxis der Elektrotechnik selten Anwendung. Aus praktischen Gründen wird der magnetische Kreis aus einzelnen Teilen zusammengesetzt.
Aus dem Bild sind die auftretenden Bezeichnungen und Zusammenhänge zu ersehen.

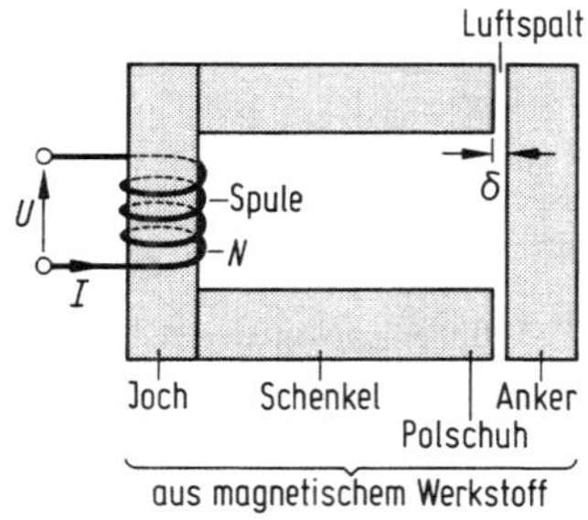

Bild 5.5 – 1 Magnetischer Kreis

Die elektrische Durchflutung $N \cdot I$ erzeugt den magnetischen Fluss Φ_1. Seine Feldlinien durchsetzen den gesamten magnetischen Kreis. Ein Teil dieses Flusses schließt den Kreis außerhalb des Magnetgestells, er wird Streufluss Φ_{Str} genannt. Der im Anker auftretende Fluss Φ_2 ist somit um den Streufluss geringer als Φ_1.

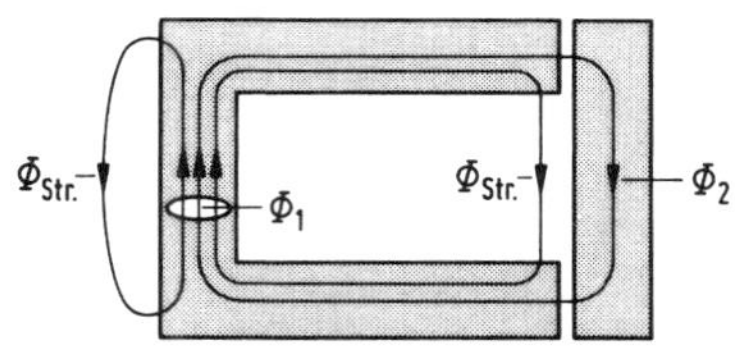

Bild 5.5 – 2 Aufteilung des Magnetflusses

Es gilt:

$$\Phi_2 = \Phi_1 - \Phi_{Str}$$

In der Praxis rechnet man mit einem Streufluss von 5...30% von Φ_1.

$$\Phi_{Str} = 0{,}05 \ldots 0{,}3\ \Phi_1$$

Die Ursache des Flusses ist bekanntlich die den jeweiligen Fluss erzeugende Durchflutung, in den einzelnen Abschnitten gilt deshalb die Teildurchflutung V.

Die Teildurchflutung am Luftspalt wird zuerst betrachtet, da hier der magnetische Widerstand den größten Wert aufweist.

Teildurchflutung für den Luftspalt:

$$V_L = H_L \cdot \delta \quad \text{mit} \quad H_L = \frac{B_L}{\mu_0}$$

$$\boxed{V_L = \frac{B_L}{\mu_0}\delta} \qquad (5.5-1)$$

Magnetischer Widerstand für den Luftspalt:

$$R_{mL} = \frac{V_L}{\Phi_L}$$

Der magnetische Widerstand R_m des Werkstoffes ist um die Permeabilitätszahl μ_r kleiner, wobei μ_r sehr große Werte (z. B. 1000) aufweisen kann. Der magnetische Widerstand ist somit um diesen Wert geringer als im Luftspalt.

Teildurchflutung für den Eisenweg:

$$V_{Fe} = H_{Fe} \cdot l_{Fe} \quad \text{mit} \quad H_{Fe} = \frac{B_{Fe}}{\mu_0 \cdot \mu_r}$$

$$\boxed{V_{Fe} = \frac{B_{Fe}}{\mu_0 \cdot \mu_r} \cdot l_{Fe}} \qquad (5.5-2)$$

Magnetischer Widerstand für den Eisenweg:

$$R_{mFe} = \frac{V_{Fe}}{\Phi_{Fe}}$$

Stellt man die beiden Teildurchflutungen einander gegenüber, dann gilt:

$$V_L \gg V_{Fe} \Rightarrow R_{mL} \gg R_{mFe}$$

Die Gesamtdurchflutung ergibt sich aus der Summe der Teildurchflutungen:

$$\boxed{\Theta = N \cdot I = V_L + V_{Fe}} \qquad (5.5-3)$$

Die Berechnung eines magnetischen Kreises geht meistens von einer geforderten Feldliniendichte im Anker oder im Luftspalt aus. Anhand eines Beispieles sollen die Anwendung der bisherigen Erkenntnisse dargestellt werden.

Beispiel 5.5 – 1

Ein Magnetgestell hat die im Bild angegebenen Maße. Durch den Streufluss bedingt, ist der Fluss im Joch um 15 % höher zu wählen. Die Streuung erfolgt nur im Luftspalt. Die im Luftspalt geforderte Magnetflussdichte betrage $B_L = 0{,}9$ T. Als magnetischer Werkstoff wird Elektroblech V 360-50 B verwendet. Berechnen Sie die notwendige Durchflutung.

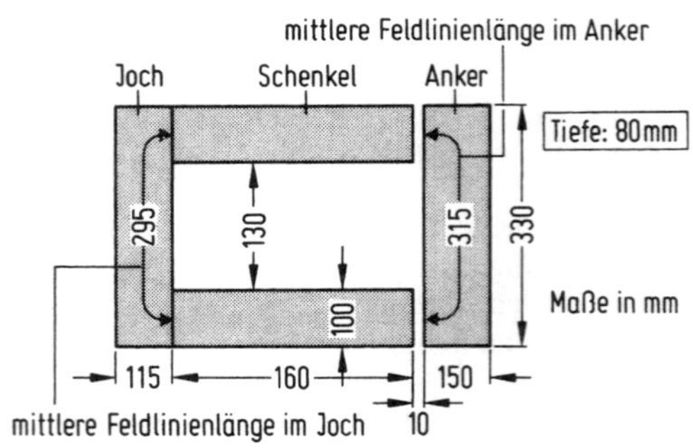

Lösung:

Die notwendige Durchflutung ergibt sich als Summe der Teildurchflutungen:

$$\Theta = N \cdot I = H \cdot l$$
$$= H_A \cdot l_A + 2H_L \cdot \delta + 2H_S \cdot l_S + H_J \cdot l_J$$
$$\Theta = V_A + V_L + V_S + V_J$$

mit

H_A = Feldstärke im Anker
H_L = Feldstärke im Luftspalt
H_S = Feldstärke im Schenkel
H_J = Feldstärke im Joch

l_A = mittlere Feldlinienlänge im Anker = 315 mm
l_S = Feldlinienlänge im Schenkel = 160 mm
l_J = mittlere Feldlinienlänge im Joch = 295 mm
δ = Feldlinienlänge im Luftspalt = 10 mm

Hinweis:
Die Schenkellänge und die Luftspaltlänge ist jeweils zweimal einzusetzen.

Die Berechnungsergebnisse für die einzelnen Abschnitte sind aus Gründen der besseren Übersichtlichkeit in einer Tabelle zusammengefasst:

Magnetgestellabschnitt	Werkstoff	$\frac{\Phi}{\text{V}\cdot\text{s}}$	$\frac{A}{\text{m}^2}$	$\frac{B}{\text{T}}$	$\frac{H}{\frac{\text{A}}{\text{m}}}$	$\frac{l}{\text{m}}$	$\frac{V}{\text{A}}$
Anker	Elektroblech	$72 \cdot 10^{-4}$	**0,012**	0,6	110	**0,315**	34,65
Luftspalt	Luft	$72 \cdot 10^{-4}$	**0,008**	**0,9**	$7{,}165 \cdot 10^5$	**0,02**	14330
Schenkel	Elektroblech	$82{,}8 \cdot 10^{-4}$	**0,008**	1,035	250	**0,32**	80
Joch	Elektroblech	$82{,}8 \cdot 10^{-4}$	**0,0092**	0,9	210	**0,295**	61,95

$$\Theta = N \cdot I = \sum V = \underline{\underline{14506{,}6\ \text{A}}}$$

Hinweise zur Berechnung der Tabellenwerte:

1. Die fett gedruckten Werte sind direkt aus den gegebenen Daten abzulesen.
2. Aus der geforderten Magnetflussdichte im Luftspalt $B_L = 0{,}9$ T wird anhand der Querschnittsfläche des Luftspaltes der Fluss berechnet.

$$\Phi_L = B_L \cdot A_L = 0{,}9\ \frac{\text{V}\cdot\text{s}}{\text{m}^2} \cdot 80 \cdot 10^{-4}\ \text{m}^2$$

$$\Phi_L = \underline{\underline{72 \cdot 10^{-4}\ \text{V}\cdot\text{s}}}$$

3. Der magnetische Fluss im Anker ist gleich dem Fluss im Luftspalt.

$$\Phi_A = \Phi_L = \underline{\underline{72 \cdot 10^{-4}\ \text{V}\cdot\text{s}}}$$

4. Der Fluss im Schenkel und im Joch ist durch die Streuung am Luftspalt 15% größer als der Fluss im Luftspalt.

$$\Phi_S = \Phi_J = 1{,}15\ \Phi_L = \underline{\underline{82{,}8 \cdot 10^{-4}\ \text{V}\cdot\text{s}}}$$

5. Aus dem jeweiligen magnetischen Fluss wird die Magnetflussdichte berechnet.

$$B_A = \frac{\Phi_A}{A_A} = \frac{72 \cdot 10^{-4}\ \text{V}\cdot\text{s}}{120 \cdot 10^{-4}\ \text{m}^2} = \underline{\underline{0{,}6\ \text{T}}}$$

$$B_S = \frac{\Phi_S}{A_S} = \frac{82{,}8 \cdot 10^{-4}\ \text{V}\cdot\text{s}}{80 \cdot 10^{-4}\ \text{m}^2} = \underline{\underline{1{,}035\ \text{T}}}$$

$$B_J = \frac{\Phi_J}{A_J} = \frac{82{,}8 \cdot 10^{-4}\ \text{V}\cdot\text{s}}{92 \cdot 10^{-4}\ \text{m}^2} = \underline{\underline{0{,}9\ \text{T}}}$$

6. Die Feldstärke in den einzelnen Abschnitten muss, außer der im Luftspalt, aus den Magnetisierungskennlinien (siehe 5.3.3.1 – 2) ermittelt werden. Für den Luftspalt gilt:

$$H_L = \frac{B_L}{\mu_0} = \frac{0{,}9\ \dfrac{\mathrm{V\cdot s}}{\mathrm{m^2}}}{12{,}56\cdot 10^{-7}\ \dfrac{\mathrm{V\cdot s}}{\mathrm{A\cdot m}}}$$

$$H_L = \underline{\underline{7{,}165\cdot 10^5\ \frac{\mathrm{A}}{\mathrm{m}}}}$$

Die Feldstärken der einzelnen Abschnitte werden anhand der zugehörigen Magnetflussdichte aus der Kennlinie ermittelt:

$$H_A = 110\ \frac{\mathrm{A}}{\mathrm{m}} \qquad H_S = 250\ \frac{\mathrm{A}}{\mathrm{m}} \qquad H_J = 210\ \frac{\mathrm{A}}{\mathrm{m}}$$

7. Berechnung der Teildurchflutungen:

$$V_L = H_L\cdot 2\cdot\delta$$
$$= 7{,}165\cdot 10^5\ \frac{\mathrm{A}}{\mathrm{m}}\cdot 2\cdot 0{,}01\ \mathrm{m}$$
$$V_L = \underline{\underline{14\,330\ \mathrm{A}}}$$
$$V_A = H_A\cdot l_A$$
$$= 110\ \frac{\mathrm{A}}{\mathrm{m}}\cdot 0{,}315\ \mathrm{m}$$
$$V_A = \underline{\underline{34{,}65\ \mathrm{A}}}$$
$$V_S = H_S\cdot 2\cdot l_S$$
$$= 250\ \frac{\mathrm{A}}{\mathrm{m}}\cdot 2\cdot 0{,}16\ \mathrm{m}$$
$$V_S = \underline{\underline{80\ \mathrm{A}}}$$
$$V_J = H_J\cdot l_J$$
$$= 210\ \frac{\mathrm{A}}{\mathrm{m}}\cdot 0{,}295\ \mathrm{m} = \underline{\underline{61{,}95\ \mathrm{A}}}$$

8. Berechnung der Gesamtdurchflutung:

$$\Theta = V_L + V_A + V_S + V_J$$
$$= 14\,330\ \mathrm{A} + 34{,}65\ \mathrm{A} + 80\ \mathrm{A} + 61{,}95\ \mathrm{A}$$
$$\Theta = \underline{\underline{14\,506{,}6\ \mathrm{A}}}$$

9. Die Gesamtdurchflutung muss durch eine Wicklung mit einem entsprechenden Strom realisiert werden. Es sind z. B. folgende Kombinationen möglich:

1. $N = 14507$ Wdg
   $I = 1$ A

oder

2. $N = 1451$ Wdg
   $I = 10$ A

oder

3. $N = 145$ Wdg
   $I = 100$ A

usw.

Übung 5.5 – 1

Für ein Schütz ist die benötigte Gesamtdurchflutung zu berechnen. Im Luftspalt ist die Magnetflussdichte $B_L = 0{,}5$ T gefordert. Das Magnetgestell hat die Abmaße gemäß Bild. Die Streuung beträgt 10%, somit ist $\Phi_L = 0{,}9\ \Phi_S$.

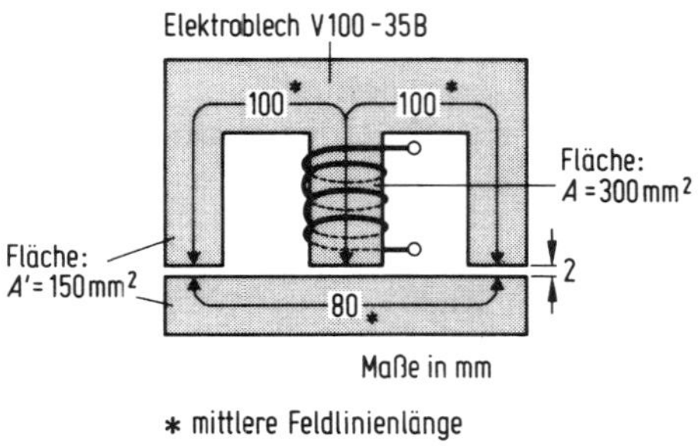

Lösung:

Übung 5.5 – 2

Die Feldstärke im Innern einer Ringluftspule gemäß Bild soll $H = 4000$ A/m betragen. Berechnen Sie für die Spule:

I; Λ; R_m; Θ; B; Φ.

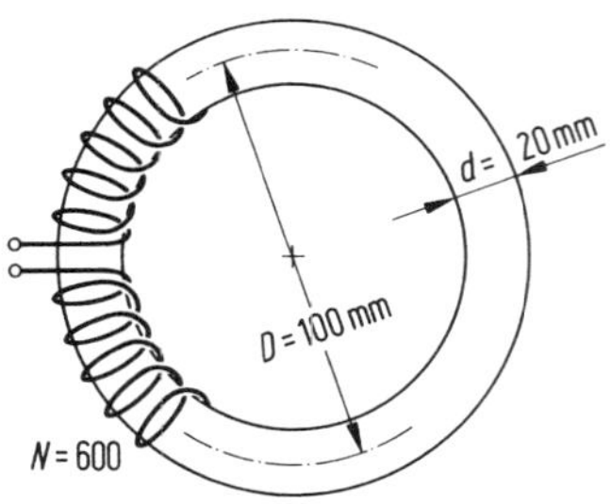

Lösung:

5.6 Kräfte im Magnetfeld

Nach der Durcharbeitung dieses Kapitels haben Sie die **Kompetenz** ...
- die magnetischen Kräfte, die von Magnetpolen ausgehen, zu berechnen,
- die magnetischen Kräfte zwischen stromdurchflossenen Leitern zu berechnen und anhand der Stromrichtungen die Kraft als anziehend oder abstoßend zu bestimmen,
- anhand der magnetischen Kraft einer drehbar gelagerten Spule und eines fest stehenden Magneten das Motorprinzip zu beschreiben.

5.6.1 Kräfte an magnetischen Polen

Da magnetische Kräfte in vielen Variationen genutzt werden, ist zur Berechnung dieser Kräfte die Kenntnis der Gesetzmäßigkeit erforderlich. Am Beispiel der Anordnung eines Magnetpols und eines Ankers soll der mathematische Zusammenhang hergeleitet werden. Gegenüber einem Magnetpol befindet sich im Abstand s ein beweglicher Anker aus magnetischem Werkstoff. Die Anziehungskräfte ziehen den Anker in Richtung des Magnetpols. Der Luftspalt verkleinert sich dabei. Bei einer Momentanbetrachtung während des Bewegungsvorganges hat der Anker den Weg Δs zurückgelegt.

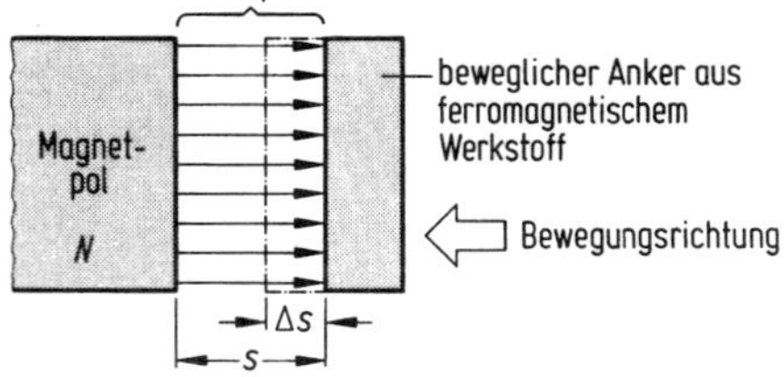

Bild 5.6.1 – 1
Anordnung eines Magnetpols mit beweglichem Anker

Für die vom Magnetpol verrichtete Arbeit W_{mag} gilt deshalb:

$$W_{mag} = F_{mag} \cdot \Delta s \qquad (5.6.1-1)$$

Aus der Hystereseschleife eines magnetischen Werkstoffes kann, wie bereits erklärt, der Energieinhalt des magnetischen Feldes in diesem Werkstoff abgelesen werden. Analog gilt dies auch für den magnetischen Energieinhalt eines Luftspaltes. Betrachtet wird dazu die Fläche unter der Magnetisierungskennlinie für Luft.

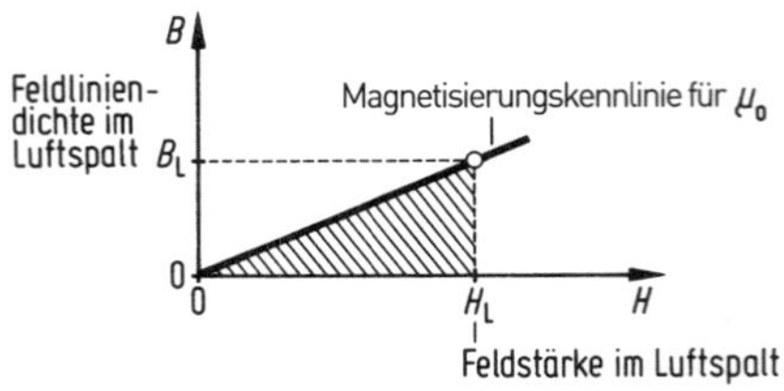

Bild 5.6.1 – 2 Magnetisierungslinie

Der magnetische Energieinhalt pro Luftspaltvolumen V_L beträgt:

$$\frac{W_{mag}}{V_L} = \underbrace{\frac{B_L \cdot H_L}{2}}$$

entspricht der schraffierten Dreiecksfläche unter der Magnetisierungskennlinie

Beim Anzug des Ankers wird das vorhandene Luftspaltvolumen verringert:

$$\Delta V_L = \Delta s \cdot A_L \qquad (5.6.1-2)$$

mit A_L = Polfläche (= Luftspaltfläche)
Δs = Luftspaltlängenänderung

Der magnetische Energieinhalt für diesen Teilbereich des Luftspaltes ergibt sich somit zu:

$$\frac{W_{mag}}{\Delta V_L} = \frac{B_L \cdot H_L}{2}$$

V_L in der oberen Gleichung wird in ΔV_L überführt und durch Multiplikation auf die rechte Seite gebracht:

$$W_{mag} = \frac{B_L \cdot H_L}{2} \Delta V_L$$

Durch den Einsatz der Gleichung 5.6.1 – 2 erhält man eine Aussage für die vom Magnetpol verrichtete Arbeit:

$$W_{mag} = \frac{B_L \cdot H_L}{2} A_L \cdot \Delta s \qquad (5.6.1-3)$$

Gleichsetzung der Gleichungen 5.6.1 – 1 und 5.6.1 – 3:

$$W_{\text{mag}} = F_{\text{mag}} \cdot \Delta s \qquad W_{\text{mag}} = \frac{B_{\text{L}} \cdot H_{\text{L}}}{2} A_{\text{L}} \cdot \Delta s$$

$$F_{\text{mag}} \cdot \Delta s = \frac{B_{\text{L}} \cdot H_{\text{L}}}{2} \cdot A_{\text{L}} \cdot \Delta s$$

Nach Kürzung durch Δs erhält man die endgültige Gleichung zur Berechnung der magnetischen Kraft eines Magnetpols.

Kraft eines Magnetpols:

$$F_{\text{mag}} = \frac{B_{\text{L}} \cdot H_{\text{L}}}{2} A_{\text{L}} \qquad (5.6.1-4)$$

Für zwei Magnetpole gilt der doppelte Wert des einfachen Falles:

Kraft zweier Magnetpole:

$$F_{\text{mag}} = B_{\text{L}} \cdot H_{\text{L}} \cdot A_{\text{L}} \qquad (5.6.1-5)$$

Kontrolle der Gleichungen durch Einsetzen der Einheiten:

$$[F_{\text{mag}}] = \frac{\text{V} \cdot \text{s}}{\text{m}^2} \cdot \frac{\text{A}}{\text{m}} \cdot \text{m}^2 = \frac{\text{W} \cdot \text{s}}{\text{m}} = \underline{\underline{\text{N}}}$$

Beispiel 5.6.1 – 1

Der Anker eines Relais wird mit einer Feder festgehalten. Um ihn anzuziehen, ist eine Kraft $F = 1$ N notwendig. Der Magnetpol hat eine Fläche $A = 1\ \text{cm}^2$. Berechnen Sie die notwendige Magnetflussdichte B_{L} und den zu erzeugenden Fluss Φ.

Lösung:

Zuerst wird in der Gleichung für die magnetische Kraft die Größe H_{L} durch eine weitere Bestimmungsgleichung ersetzt.

$$F_{\text{mag}} = \frac{B_{\text{L}} \cdot H_{\text{L}}}{2} A_{\text{L}}$$

mit $H_{\text{L}} = \dfrac{B_{\text{L}}}{\mu_0}$ folgt

$$F_{\text{mag}} = \frac{B_{\text{L}} \cdot \dfrac{B_{\text{L}}}{\mu_0}}{2} \cdot A_{\text{L}} = \frac{B_{\text{L}}^2}{2 \cdot \mu_0} A_{\text{L}}$$

Berechnung der notwendigen Magnetflussdichte durch Umformung der gewonnenen Beziehung:

$$B_{\text{L}}^2 = \frac{F_{\text{mag}} \cdot 2 \cdot \mu_0}{A_{\text{L}}}$$

$$B_L = \sqrt{\frac{F_{mag} \cdot 2 \cdot \mu_0}{A_L}}$$

$$= \sqrt{\frac{1\ \mathrm{N} \cdot 2 \cdot 12{,}56 \cdot 10^{-7}\ \frac{\mathrm{V \cdot s}}{\mathrm{A \cdot m}}}{1\ \mathrm{cm}^2}}$$

$$= \sqrt{\frac{\frac{1\ \mathrm{W \cdot s}}{\mathrm{m}} \cdot 2 \cdot 12{,}56 \cdot 10^{-7}\ \frac{\mathrm{V \cdot s}}{\mathrm{A \cdot m}}}{10^{-4}\ \mathrm{m}^2}}$$

$$= \sqrt{25{,}12 \cdot 10^{-3}\ \frac{\mathrm{V \cdot A \cdot s}}{\mathrm{m}^4} \frac{\mathrm{V \cdot s}}{\mathrm{A}}}$$

$$= 0{,}158\ \frac{\mathrm{V \cdot s}}{\mathrm{m}^2}$$

$$B_L = \underline{\underline{0{,}158\ \mathrm{T}}}$$

Berechnung des magnetischen Flusses:

$$\Phi_L = B_L \cdot A_L$$

$$= 0{,}158\ \mathrm{T} \cdot 1\ \mathrm{cm}^2$$

$$= 0{,}158\ \frac{\mathrm{V \cdot s}}{\mathrm{m}^2} \cdot 1\ \mathrm{cm}^2$$

$$= 0{,}158\ \frac{\mathrm{V \cdot s}}{\mathrm{m}^2} 1 \cdot 10^{-4}\ \mathrm{cm}^2 \cdot \frac{\mathrm{m}^2}{\mathrm{cm}^2}$$

$$\Phi_L = \underline{\underline{0{,}158 \cdot 10^{-4}\ \mathrm{V \cdot s}}}$$

Übung 5.6.1 – 1

Berechnen Sie die auf den Anker wirkende Kraft des Magneten, bezogen auf die im Bild angegebene Anordnung. Daten des Magneten: $B_L = 0{,}5$ T, Polfläche $A_L = 1{,}5$ cm^2.

$A_L = 0{,}00015\ \mathrm{m}^2$

$\mu_0 = 4 \cdot \pi \cdot 10^{-7}$

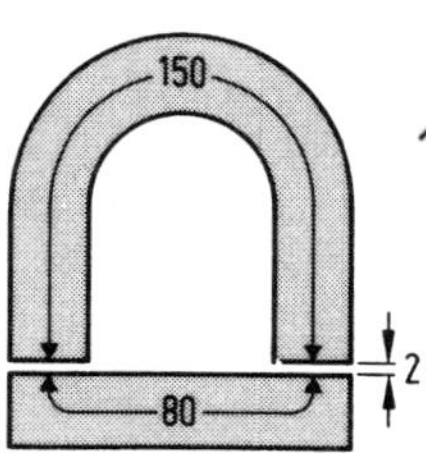

Maße in mm

Lösung:

$$F = \frac{B_L^2}{\mu_0} \cdot A$$

$$F = \frac{0{,}5\ \mathrm{T}^2}{4 \cdot \pi \cdot 10^{-7}} \cdot 0{,}00015\ \mathrm{m}^2$$

$$\underline{\underline{F = 29{,}84\ \mathrm{N}}}$$

5.6.2 Kräfte zwischen magnetischen Feldern

5.6.2.1 Magnetflussdichte und Feldstärke des magnetischen Feldes eines stromdurchflossenen Leiters

Ein stromdurchflossener Leiter bildet um sich ein magnetisches Feld. Die Feldlinien werden als konzentrische Kreise angenommen. Gesucht ist nun die Gesetzmäßigkeit der Feldliniendichte B und der Feldstärke H dieses Feldes.

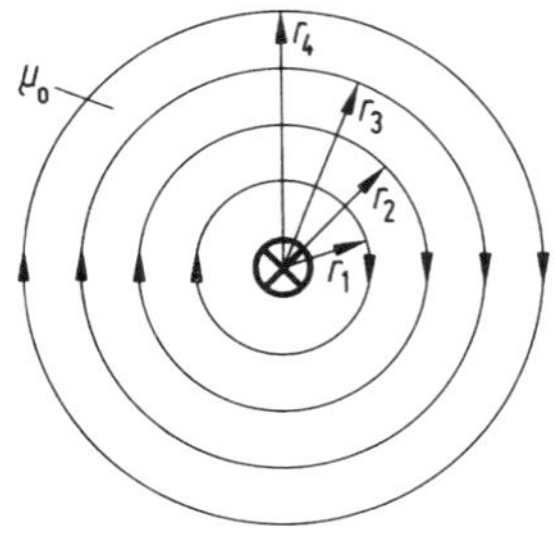

Bild 5.6.2.1 – 1
Äußeres magnetisches Feld eines stromdurchflossenen Leiters

In der ersten Betrachtung werden die Größen des Feldes um den stromdurchflossenen Leiter dargelegt. Die allgemeine Gesetzmäßigkeit der Feldstärke ist bekanntlich durch folgende Gleichung gegeben:

$$H = \frac{N \cdot I}{l}$$

Hierbei handelt es sich um die äußere Feldstärke H_a eines geraden Leiters. Die Windungszahl ist $N = 1$.

mit $N = 1$
l = Feldlinienlänge

$$\Rightarrow H_a = \frac{I}{l}$$

Die Länge einer Feldlinie (= Kreisumfang) ist vom Abstand r zum Leiter abhängig. Somit ist auch die Feldstärke vom Abstand zum Leiter in ihrer Größe abhängig.

$$l = 2 \cdot \pi \cdot r$$

$$\boxed{H_a = \frac{I}{2 \cdot \pi \cdot r}} \qquad (5.6.2.1 - 1)$$

Bei einem konstanten Strom I ist die äußere Feldstärke umgekehrt proportional zum Leiterabstand. Dies ist die Funktionsgleichung einer Hyperbel. An der Oberfläche des Leiters, hier befindet sich die kürzeste äußere Feldlinie, liegt der höchste Wert der Feldstärke vor. Die Feldstärke nimmt mit größer werdendem Abstand vom Leiter hyperbolisch ab.

$$H_a = f\left(\frac{1}{r}\right)$$

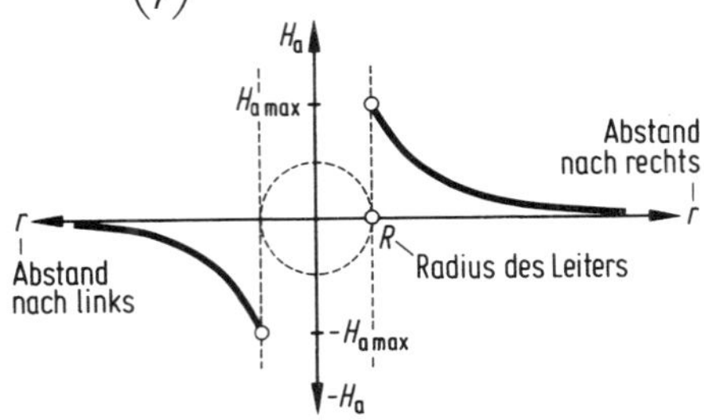

Bild 5.6.2.1 – 2
Funktionsgraph der äußeren Feldstärke

Magnetflussdichte B und Feldstärke H sind durch die Permeabilitätskonstante miteinander verbunden. Es gilt deshalb:

$$H_a = \frac{B_a}{\mu_0}$$

Durch Einsetzen in die Gleichung 5.6.2.1 – 1 ergibt sich:

$$\frac{B_a}{\mu_0} = \frac{I}{2 \cdot \pi \cdot r} \Rightarrow \boxed{B_a = \frac{\mu_0 \cdot I}{2 \cdot \pi \cdot r}} \qquad (5.6.2.1-2)$$

Die Magnetflussdichte nimmt also ebenfalls mit wachsendem Abstand hyperbolisch ab.

$$B_a = f\left(\frac{1}{r}\right)$$

Im zweiten Teil der Betrachtung werden nun die Feldstärke und die Magnetflussdichte im Innern des Leiters betrachtet. Die Ursache des magnetischen Feldes sind die im Leiter fließenden Elektronen. Es sei an die Stromdichte erinnert, die modellhaft die Verteilung des Stromes mittels Stromfäden über den gesamten Querschnitt des stromdurchflossenen Leiters zeigt. Für die Stromdichte gilt:

$$J = \frac{I}{A} \quad \begin{array}{l} \leftarrow \text{Strom im Leiter} \\ \leftarrow \text{Querschnittsfläche des Leiters} \end{array}$$

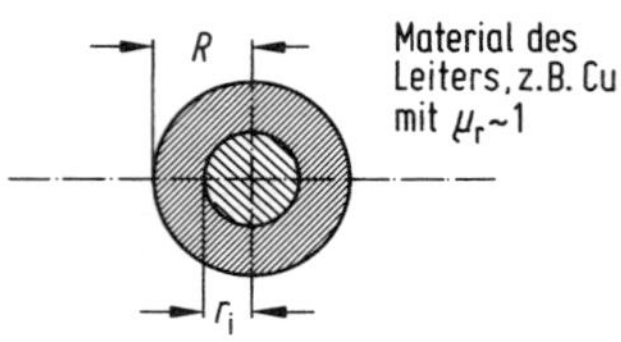

Bild 5.6.2.1 – 3 Teilquerschnittsbetrachtung des stromdurchflossenen Leiters

Bei einer homogenen Stromverteilung ist die Stromdichte an allen Stellen gleich und es gilt anteilig für einen Teil der Querschnittsfläche *A* auch nur ein Teil des Gesamtstromes *I*. Die Feldstärke und die Magnetflussdichte im Innern des Leiters ändern sich mit der betrachteten Querschnittsfläche. Es gilt für die Stromverteilung:

$$J = \frac{I}{A}$$

$$\text{mit} \quad \boxed{A = R^2 \cdot \pi} \qquad (5.6.2.1-3)$$

(Gesamtleiterquerschnitt)

Analog gilt für die Teilstromverteilung:

$$J = \frac{I'}{A'} \quad \begin{array}{l} \leftarrow \text{Teilstrom} \\ \leftarrow \text{Teilquerschnitt} \end{array}$$

$$\text{mit} \quad \boxed{A' = r_i^2 \cdot \pi} \qquad (5.6.2.1-4)$$

(Teilleiterquerschnitt)

Aufstellung der Verhältnisgleichung:

$$\frac{I}{A} = \frac{I'}{A'} \Rightarrow \boxed{I' = I \cdot \frac{A'}{A}} \qquad (5.6.2.1-5)$$

An der Oberfläche des Leiters herrscht folgende Feldstärke:

$$H_{i_{max}} = \frac{I}{2 \cdot \pi \cdot R} = H_{a_{max}}$$

Für einen Teilbereich der Querschnittsfläche gilt:

$$H_i = \frac{I'}{2 \cdot \pi \cdot r_i}$$

Durch Einsatz der Gleichung 5.6.2.1 – 5 folgt:

$$H_i = \frac{I \cdot \frac{A'}{A}}{2 \cdot \pi \cdot r_i} = \frac{I \cdot A'}{2 \cdot \pi \cdot r_i \cdot A}$$

Einsetzen der Gleichungen 5.6.2.1 – 3 und 5.6.2.1 – 4:

$$H_i = \frac{I \cdot r_i^2 \cdot \pi}{2 \cdot \pi \cdot r_i \cdot R^2 \cdot \pi}$$

Die Feldstärke im Leiter berechnet sich somit wie folgt:

$$\boxed{H_i = \frac{I \cdot r_i}{2 \cdot \pi \cdot R^2}} \qquad (5.6.2.1-6)$$

Die Kontrolle der Gleichungsumstellung erfolgt durch die Einheiten:

$$[H_i] = \frac{\mathrm{A \cdot m}}{\mathrm{m^2}} = \frac{\mathrm{A}}{\mathrm{m}}$$

In der Gleichung 5.6.2.1 – 6 gilt als Variable der Innenradius r_i. Dies bedeutet eine lineare Abhängigkeit zwischen Feldstärke H und Radius r.

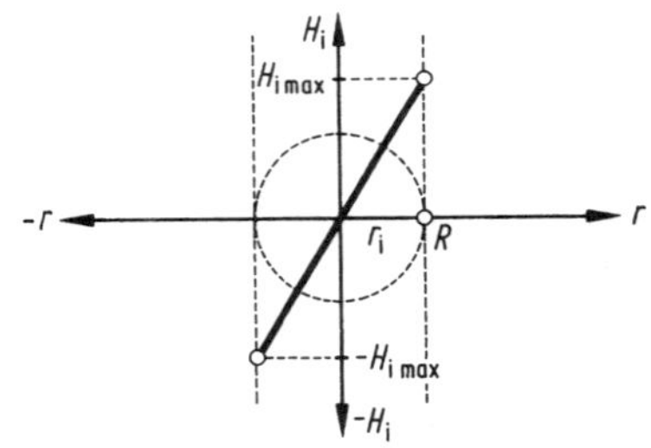

Bild 5.6.2.1 – 4
Verteilung der Feldstärke über den Leiterquerschnitt

Für die innere Magnetflussdichte gelten die analogen Betrachtungen wie bei der äußeren Magnetflussdichte. Da Kupfer als magnetischer Werkstoff die Permeabilitätszahl $\mu_r = 1$ hat, ergibt sich daraus:

$$\boxed{B_i = \mu_0 \cdot H_i = \frac{\mu_0 \cdot I \cdot r_i}{2\pi \cdot R^2}} \qquad (5.6.2.1-7)$$

Kombiniert man die Ergebnisse der Betrachtungen über die Feldstärke außerhalb und innerhalb eines stromdurchflossenen Leiters, dann ergibt sich die im Bild dargestellte Abhängigkeit.

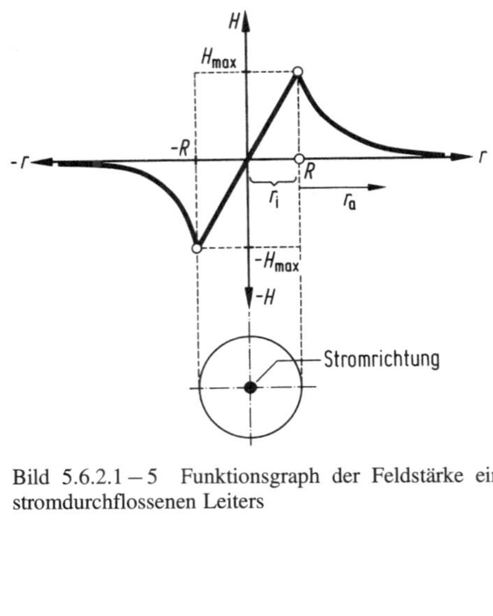

Bild 5.6.2.1 – 5 Funktionsgraph der Feldstärke eines stromdurchflossenen Leiters

Übung 5.6.2.1 – 1

Zeichnen Sie den Gesamtverlauf der magnetischen Flussdichte eines stromdurchflossenen Leiters mit den Daten: $I = 10$ A, $R = 1$ mm, Definitionsbereich für den Funktionsgraphen (-50 mm $\leq r \leq +50$ mm).

Lösung:

5.6.2.2 Überlagerung von magnetischen Feldern parallel verlaufender stromdurchflossener Leiter

Im letzten Abschnitt wurde die magnetische Feldstärke innerhalb und außerhalb eines stromdurchflossenen Leiters betrachtet. In der Praxis der Elektrotechnik verlaufen Leitungen selten einzeln. Im Normalfall liegen Hin- und Rückleitung parallel. Für eine solche Anordnung der Leitung soll nun die Verteilung der Feldstärke betrachtet werden. Die Leitungen haben zueinander den Abstand a, die Stromstärke ist in beiden Leitungen gleich groß, aber entgegengesetzt gerichtet. Die von den Einzelleitern erzeugten magnetischen Felder überlagern sich, was örtlich eine Addition und/oder Subtraktion der Feldstärkewerte bedeutet.
Wie aus dem Bild zu erkennen ist, hat sich die Feldstärke zwischen den Leitern erhöht, was eine Abstoßung der Leiter bedeutet. Anziehung und Abstoßung stromdurchflossener parallel verlaufender Leitungen können somit auch durch Überlagerung ihrer magnetischen Felder ermittelt werden.

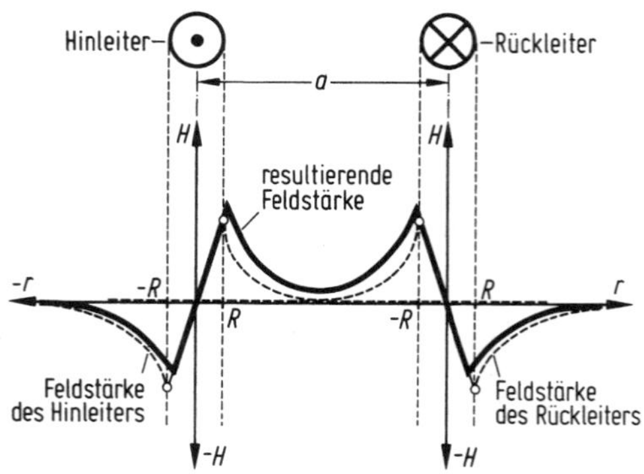

Bild 5.6.2.2 – 1 Funktionsgraph der resultierenden Feldstärke zweier parallel verlaufender Leiter mit unterschiedlicher Stromrichtung

Übung 5.6.2.2 – 1

Überlagern Sie die magnetischen Felder zweier parallel laufender Leitungen mit den Daten: $R = 10$ mm, $a = 5$ cm, $I = 100$ A. Die Überlagerung soll ermittelt werden zwischen den Leitungen und jeweils 10 cm über das Leistungssystem hinaus. Die Stromrichtung ist in beiden Leitungen gleichsinnig.

Lösung:

5.6.2.3 Kräfte zwischen dem magnetischen Feld eines stromdurchflossenen Leiters oder einer Spule und dem magnetischen Feld eines Dauermagneten – Motorprinzip

Ordnet man einen stromdurchflossenen elektrischen Leiter im Feld eines Dauermagneten an, dann ist feststellbar, dass der Leiter aus dem Magnetfeld des Dauermagneten hinausgedrängt wird.

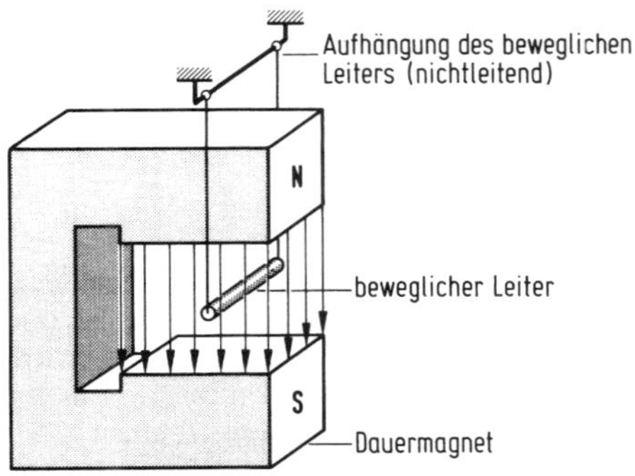

Bild 5.6.2.3 – 1 Stromloser Leiter im Magnetfeld

Die Ursache dieser Bewegung resultiert ebenfalls aus der Überlagerung magnetischer Felder. Anhand des Bildes 5.6.2.3 – 3 soll dieser Vorgang erläutert werden. Dazu wird in das Hauptfeld des Dauermagneten das Magnetfeld des stromdurchflossenen Leiters mit eingezeichnet. Die Überlagerung der beiden Felder ergibt auf der linken Seite eine Verstärkung (= Verdichtung) und auf der rechten Seite eine Reduzierung (= Verdünnung) des Feldes. Es wirkt somit eine Kraft auf den Leiter, die ihn aus dem Hauptfeld herausdrückt.
Dieser Vorgang stellt die Umsetzung elektrischer Energie in mechanische Energie dar, als Bindeglied dient die magnetische Feldenergie. Anwendung findet dies bei Elektromotoren.

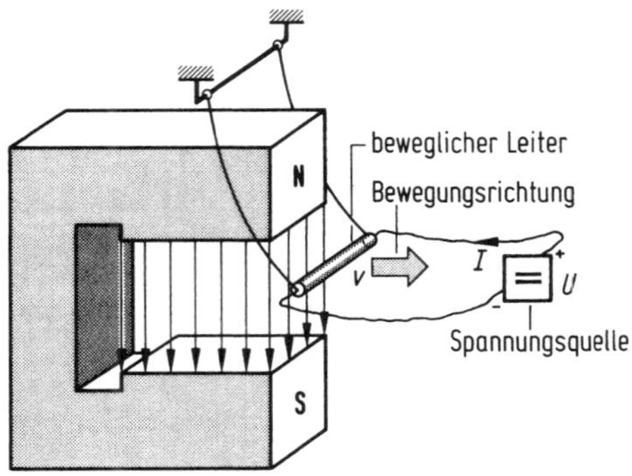

Bild 5.6.2.3 – 2 Bewegung eines stromdurchflossenen Leiters aus dem Magnetfeld heraus

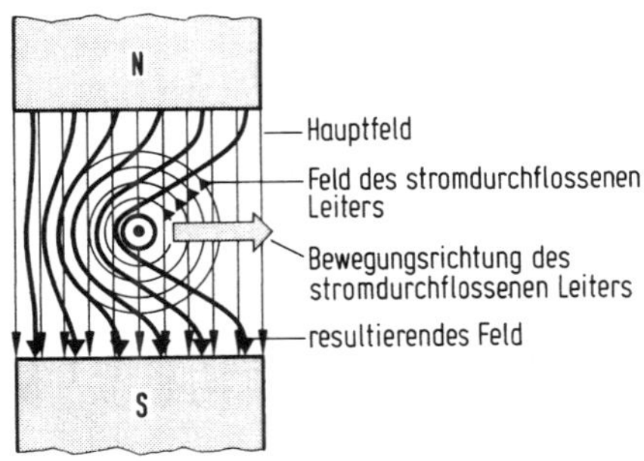

Bild 5.6.2.3 – 3 Überlagerung von magnetischen Feldern eines Dauermagneten und eines stromdurchflossenen Leiters

Die Bewegungsrichtung kann anhand der Linke-Hand-Regel (so genannte Motorregel) bestimmt werden:

Linke-Hand-Regel

> Treten die Feldlinien des Hauptfeldes in die Handfläche der linken Hand ein und zeigen die abgespreizten Fingerspitzen in Stromrichtung (nicht Elektronenflussrichtung) des bewegten Leiters, dann zeigt der Daumen die Bewegungsrichtung des Leiters an.

Der Leiter unterliegt während der Reaktion der beiden Magnetfelder einer gleichmäßig beschleunigten Bewegung. Der Leiter wird bis zum Verlassen des Hauptfeldes immer schneller. In sehr langen Magnetfeldern können deshalb sehr große Geschwindigkeiten erreicht werden. Anwendung findet diese Erkenntnis in Atomforschungszentren bei so genannten Linearbeschleunigern, um Atomteilchen auf sehr große Geschwindigkeiten zu bringen.
Die Kräfte und Bewegungsabläufe sollen nun berechnet werden. Ausgangspunkt ist wieder ein homogenes Magnetfeld und ein parallel zu den Magnetpolen angeordneter Leiter. Die Bewegung des Leiters erfolgt somit senkrecht zu den Feldlinien des Hauptfeldes.

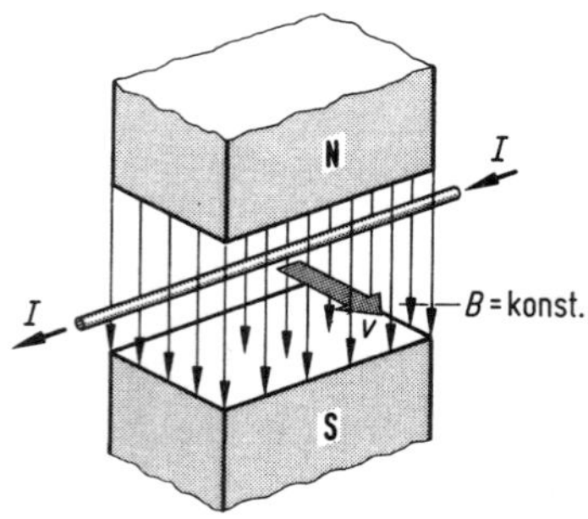

Bild 5.6.2.3 – 4
Stromdurchflossener Leiter im Magnetfeld

Aus dem Experiment folgt:

$F_{mag} \sim B$

$F_{mag} \sim I$

$F_{mag} \sim l$

Die Abstoßungskraft eines stromdurchflossenen Leiters in einem konstanten Magnetfeld berechnet sich aus folgendem Produkt:

$$\boxed{F_{mag} = B \cdot I \cdot l} \qquad (5.6.2.3-1)$$

mit $N = 1$

Kontrolle der aufgestellten Gleichung anhand der eingesetzten Einheiten.

$$[F] = \frac{\mathrm{V \cdot s}}{\mathrm{m^2}} \cdot \mathrm{A \cdot m} = \frac{\mathrm{W \cdot s}}{\mathrm{m}} = \frac{\mathrm{N \cdot m}}{\mathrm{m}} = \underline{\underline{\mathrm{N}}}$$

Was für einen stromdurchflossenen Leiter mit einer sehr großen Anzahl fließenden Elektronen im Magnetfeld gilt, muss auch für die einzelne Ladung Q gelten. Einsetzen der Definitionsgleichung des Stromes in die Gleichung 5.6.2.3 – 1 ergibt:

$$F_{mag} = B \cdot I \cdot l$$

mit $I = \frac{Q}{t}$

$$F_{mag} = B \cdot Q \cdot \frac{l}{t}$$

Der auftretende Quotient ist die Geschwindigkeit v, somit erhält man die Beziehung:

Lorentz-Kraft

$$F_{mag} = B \cdot Q \cdot v \qquad (5.6.2.3-2)$$

Auf jede bewegte Ladung, also auch auf jedes Elektron, wird in einem Magnetfeld eine Kraft ausgeübt, die auch als Lorentz-Kraft (*H. A. Lorentz*, 1853–1928) bezeichnet wird. Anwendung findet diese Gegebenheit z. B. beim Fernsehgerät zur Ablenkung des Elektronenstrahlers in der Bildröhre. Die von den Magnetfeldern hervorgerufene Kraft ist abhängig von der Lage des Leiters im Magnetfeld. Deshalb ist es sinnvoll, den Leiter aufzuspulen, wenn die Kraftwirkung vergrößert werden soll. In der Praxis wird dies in jedem Motor verwirklicht. Das Bild 5.6.2.3–5 zeigt die prinzipielle Anordnung. Legt man an die als Anker bezeichnete drehbar gelagerte Spule eine Spannung an, dann baut sich ein Magnetfeld mit der angegebenen Richtung auf. Das magnetische Feld der Spule (Läufer) und des Dauermagneten wirken aufeinander. Sie bilden ein Drehmoment, allerdings nicht bei waagerechter Stellung der Spule (Läufer):

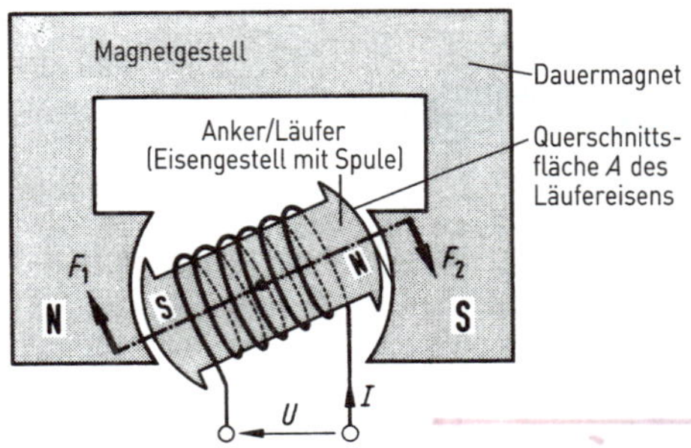

Bild 5.6.2.3–5 Drehbar gelagerte Spule mit Eisenkern im Magnetfeld eines Dauermagneten

Am Läufer wirkt das Tangenzialkräftepaar:

$$F_1 = F_2$$

Die Gleichung 5.6.1–4 gibt an, dass die Magnetpolfläche A wichtig ist.

Für die dargestellte Anordnung gilt somit näherungsweise für das erzeugte Drehmoment:

$$M = I \cdot N \cdot A \cdot B \cdot \sin \alpha \qquad (5.6.2.3-3)$$

B = Magnetflussdichte in Luftspalt
I = Spulenstrom
N = Windungszahl der Spule
A = Querschnittsfläche des Spulen-(Läufer) Eisens
α = Winkelstellung des Läufers gegenüber der waagerechten Stellung

Kontrolle der abgeleiteten Gleichung anhand der eingesetzten Einheiten.

$$[M] = A \cdot m^2 \cdot \frac{V \cdot s}{m^2} = W \cdot s = \underline{\underline{N \cdot m}}$$

Beispiel 5.6.2.3 – 1

Im Luftspalt eines Magneten mit der Magnetflussdichte $B = 1{,}2$ T befindet sich ein elektrischer Leiter, der von einem Strom $I = 5$ A durchflossen wird. Die Länge des Leiters im Magnetfeld beträgt $l = 500$ mm. Berechnen Sie die Kraft, mit welcher der Leiter aus dem Magnetfeld gedrängt wird.

Lösung:

$$F_{mag} = B \cdot I \cdot l$$

$$= 1{,}2\ \text{T} \cdot 5\ \text{A} \cdot 500\ \text{mm}$$

$$= 1{,}2\ \frac{\text{V} \cdot \text{s}}{\text{m}^2} \cdot 5\ \text{A} \cdot 0{,}5\ \text{m}$$

$$= 3\ \frac{\text{W} \cdot \text{s}}{\text{m}}$$

$$F_{mag} = \underline{\underline{3\ \text{N}}}$$

Übung 5.6.2.3 – 1

Bedingt durch das Gewicht eines Leiters ist eine Kraft $F = 0{,}1$ N erforderlich, um ihn aus dem Hauptfeld hinauszudrücken. Durch den Leiter fließt ein Strom $I = 1$ A. Die wirksame Länge des Leiters im Magnetfeld beträgt $l = 100$ mm. Berechnen Sie die notwendige Magnetflussdichte des Hauptfeldes.

Tesla

Lösung:

$$F_{mag} = B \cdot I \cdot l \quad | : I \; | : l$$

$$B = \frac{F}{I \cdot l} = \frac{0{,}1\ \text{N}}{1\ \text{A} \cdot 0{,}1\ \text{m}}$$

$$\underline{\underline{B = 1\ \text{T}}}$$

Übung 5.6.2.3 – 2

Berechnen Sie das entstandene Drehmoment einer mit $I = 2$ A durchflossenen Spule. Die Spule hat $N = 500$ Windungen und eine Länge $d = 10$ cm. Der Dauermagnet hat eine Feldliniendichte $B = 0{,}8$ T und eine Pollänge $l = 5$ cm.

Lösung:

$$M = B \cdot I \cdot l \cdot d \cdot N$$

$$M = 0{,}8\ \text{T} \cdot 2\ \text{A} \cdot 0{,}05\ \text{m} \cdot 0{,}1\ \text{m} \cdot 500$$

$$\underline{\underline{M = 4\ \text{Nm}}}$$

5.6.2.4 Kräfte zwischen den magnetischen Feldern stromdurchflossener Leiter

Im letzten Abschnitt wurde die Kraft zwischen dem Hauptfeld eines Dauermagneten, ein mit Gleichstrom betriebener Elektromagnet wäre ebenfalls möglich, und einem stromdurchflossenen Leiter betrachtet. Da alle stromdurchflossenen Leiter Magnetfelder aufbauen, müssen auch parallel verlaufende Leiter magnetisch miteinander reagieren. Es herrscht zwischen stromdurchflossenen Leitern je nach Stromrichtung Anziehung oder Abstoßung. Ist die Stromrichtung in beiden Leitern gleich, so führt die Überlagerung magnetischer Felder zu einer Feldschwächung. Dies bedeutet Anziehung zwischen den Leitern. Bei unterschiedlicher Stromrichtung ergibt dies Abstoßung. Um die auftretenden

Kräfte zu berechnen werden zwei runde Leiter, die den Abstand a haben und auf einer Länge l parallel verlaufen, betrachtet.

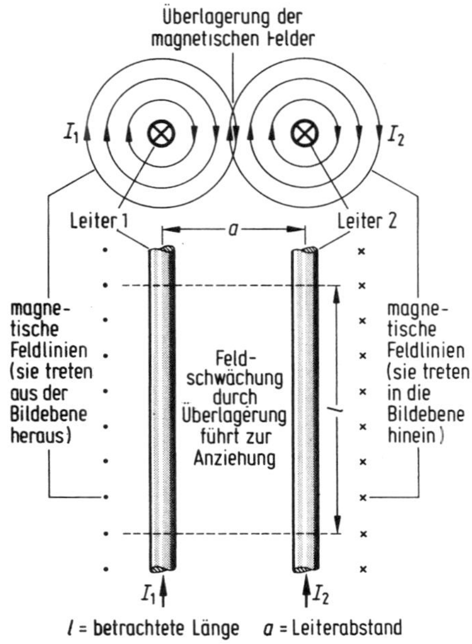

Bild 5.6.2.4 – 1 Magnetisches Feld parallel verlaufender stromdurchflossener Leiter

In der gegebenen Anordnung ziehen sich die Leiter an. Die Abstoßungskraft kann mit Hilfe der Gleichung 5.6.2.3 – 1 berechnet werden. Es gilt:

$$F_{mag} = B_{a1} \cdot I_2 \cdot l$$

mit B_{a1} = Magnetflussdichte um den 1. Leiter
I_2 = Strom im 2. Leiter

Wie die Gleichung zeigt, ergibt sich die Kraft aus der Magnetflussdichte um den Leiter 1 und dem Magnetfeld des Leiters 2, wobei sich die Magnetflussdichte um einen Leiter aus Gleichung 5.6.2.1 – 2 bestimmt.

$$B_{a1} = \frac{\mu_0 \cdot I_1}{2 \cdot \pi \cdot a}$$

↑ hier ist $r = a$ = Abstand der beiden Leiter

Einsetzen dieser Gleichung in die Ausgangsgleichung für die magnetische Kraft ergibt:

$$\boxed{F_{mag} = \frac{\mu_0 \cdot l}{2 \cdot \pi \cdot a} I_1 \cdot I_2} \qquad (5.6.2.4 - 1)$$

Kontrolle durch Einsatz der Einheiten.

$$[F] = \frac{\text{V} \cdot \text{s} \cdot \text{m}}{\text{A} \cdot \text{m} \cdot \text{m}} \text{A} \cdot \text{A} = \frac{\text{W} \cdot \text{s}}{\text{m}} = \frac{\text{N} \cdot \text{m}}{\text{m}} = \underline{\underline{\text{N}}}$$

Beispiel 5.6.2.4 – 1

Zwei Stromschienen, Hin- und Rückleitung eines Versorgungsnetzes, verlaufen in einer Schaltanlage 1 m parallel mit einem Abstand von $a = 20$ cm. Durch einen Kurzschluss in der Schaltanlage fließt in beiden Schienen ein Kurzschlussstrom $I_k = 30$ kA. Berechnen Sie die Kraft, die zwischen den Stromschienen auftritt.

Lösung:

$$F_{mag} = \frac{\mu_0 \cdot l}{2 \cdot \pi \cdot a} I_1 \cdot I_2$$

Es gilt: $I_1 = I_2 = I$

$$F_{mag} = \frac{\mu_0 \cdot l}{2 \cdot \pi \cdot a} I^2$$

$$= \frac{12{,}56 \cdot 10^{-7}\ \text{V} \cdot \text{s} \cdot 1\ \text{m}}{2 \cdot \pi \cdot \text{A} \cdot \text{m} \cdot 0{,}2\ \text{m}} (30 \cdot 10^3\ \text{A})^2$$

$$= \frac{12{,}56 \cdot 10^{-7} \cdot 900 \cdot 10^6}{2 \cdot \pi \cdot 0{,}2}\ \text{N}$$

$$F_{mag} = \underline{\underline{899{,}54\ \text{N}}}$$

Übung 5.6.2.4 – 1

Die Wanddübel eines Schienensystems können mit einer Kraft $F = 1000$ N belastet werden. Der in dem Schienensystem auftretende Kurzschlussstrom beträgt maximal $I_k = 10$ kA. Die Schienen verlaufen auf einer Länge $l = 2$ m parallel. Welchen Abstand müssen die Stromschienen mindestens haben, damit die zur Befestigung verwendeten Dübel nicht überlastet werden?

Lösung:

5.7 Magnetische Induktion oder Spannungserzeugung durch Veränderung magnetischer Felder

Nach der Durcharbeitung dieses Kapitels haben Sie die **Kompetenz** ...

- die Wirkung veränderlicher magnetischer Felder auf elektrische Leiter und Spulen zur Spannungserzeugung zu nutzen,
- den Generator als die technische Umsetzung zur Spannungsinduktion durch eine Drehbewegung im Magnetfeld zu betrachten,
- zu erklären, warum der zeitliche Verlauf der in einer rotierenden Spule erzeugten Spannung sinusförmig ist,
- die Kenngröße Induktivität einer Spule mit weiteren technischen Daten zum Einsatz in Schaltungen zu nutzen.

5.7.1 Bewegung eines stromlosen Leiters im konstanten magnetischen Feld – Generatorprinzip

Ein stromloser elektrischer Leiter wird durch den Luftspalt eines Magneten bewegt. Der Bewegungsvorgang erfolgt mit konstanter Geschwindigkeit und senkrecht zu den Feldlinien im Luftspalt. Man sagt, der Leiter schneidet die Feldlinien, allerdings ist dies nicht im Sinne von Durchschneiden zu verstehen. Während des Bewegungsvorganges ist am Voltmeter ein Ausschlag zu beobachten; während dieser Bewegung im Magnetfeld ist also zwischen den Enden des Leiters eine Spannung entstanden. Diese Spannung geht sofort auf null zurück, sobald sich der Leiter außerhalb des magnetischen Feldes befindet oder wenn die Bewegung aufhört.

Die vom Voltmeter während der Bewegung angezeigte Spannung bedeutet, dass im Leiter Ladungen verschoben worden sind. Die Bewegungsenergie wurde also in elektrische Energie umgewandelt. Die Ladungstrennung erfolgt dabei auf folgende Weise: In einem Leiter bewegen sich im Gittersystem freie Elektronen. Diese führen ein magnetisches Feld mit sich. Bei der Bewegung des Leiters durch ein Magnetfeld werden die Elektronen mit ihren Magnetfeldern abgelenkt. Die Ablenkung erfolgt so, dass die Elektronen einem Leitungsende zustreben, es fließt also ein Strom. An einem Leitungsende entsteht Elektronenüberschuss (≙ Minuspol), für das andere Leitungsende bedeutet dies Elektronenmangel (≙ Pluspol). Zwischen den Leitungsenden ist ein Ladungsunterschied entstanden und somit eine Spannung aufgebaut worden. Man sagt, in dem Leiter ist eine Spannung induziert worden. Sobald die Bewegung im Magnetfeld aufhört oder wenn keine Feldlinien mehr „geschnitten" werden, verteilen sich die Elektronen wieder gleichmäßig über den Leiter und die Spannung wird wieder null. Nach vorstehendem Prinzip arbeitet jeder Generator. Wie noch gezeigt wird, führen dabei jedoch die Leiter eine Rotationsbewegung aus.

Bei einer Hin- und Herbewegung des Leiters im Magnetfeld ergibt sich der im Bild 5.7.1 – 3 dargestellte Spannungsverlauf. Voraussetzung ist, dass die Umkehr der Bewegungsrichtung jeweils ohne Verzögerung angenommen werden kann, also ideale Verhältnisse vorliegen.

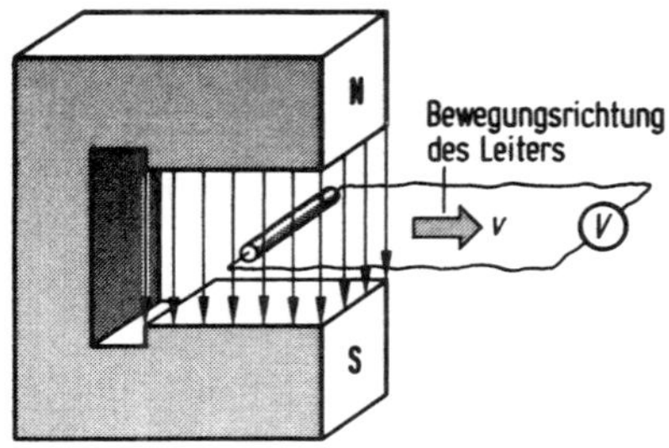

Bild 5.7.1 – 1 Bewegung eines stromlosen Leiters durch ein Magnetfeld

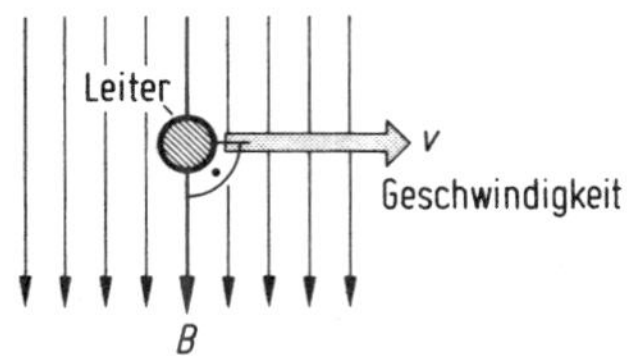

Bild 5.7.1 – 2 Feldliniendichte und Bewegungsrichtung stehen im rechten Winkel zueinander

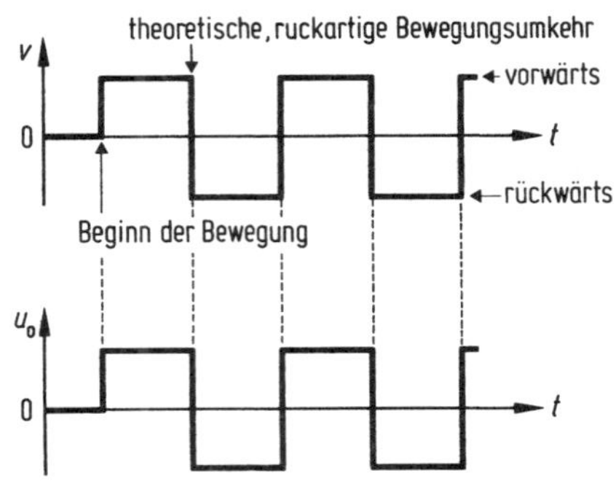

Bild 5.7.1 – 3 Gegenüberstellung des Geschwindigkeitsablaufes zum zeitlichen Verlauf der Spannung

5.7.2 Bewegung eines stromdurchflossenen Leiters im konstanten magnetischen Feld – Generatorprinzip

Schließt man an die Leiterenden des sich im magnetischen Feld bewegenden Leiters einen Verbraucher R_L an, dann fließt in dem so entstandenen Kreis ein elektrischer Strom.

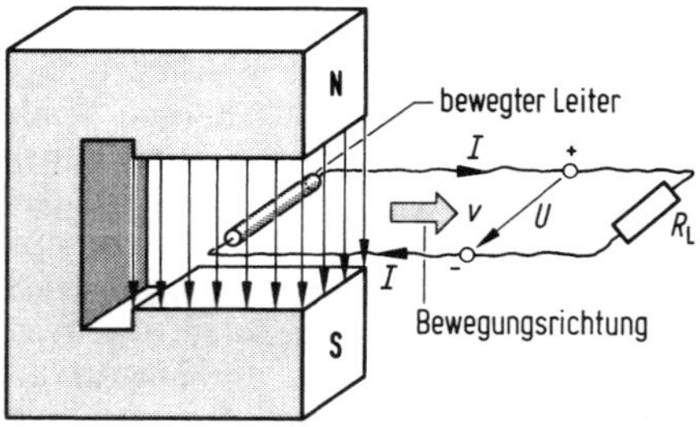

Bild 5.7.2 – 1 Die in einem Leiter erzeugte Spannung

Die Stromrichtung im bewegten Leiter kann anhand der Rechte-Hand-Regel (so genannte Generatorregel) bestimmt werden:

Rechte-Hand-Regel:

Hält man die geöffnete rechte Hand so in das magnetische Hauptfeld, dass die Feldlinien in die Handfläche eintreten und der abgespreizte Daumen die Bewegungsrichtung des Leiters anzeigt, dann zeigen die ausgestreckten Finger die Stromrichtung an.

Der im Leiter fließende Strom bewirkt ebenfalls ein magnetisches Feld. Dieses reagiert mit dem Hauptfeld und führt zu einem Gegeneffekt beim Bewegungsvorgang. Nach der Linke-Hand-Regel ergibt sich durch das zusätzliche Magnetfeld um den Leiter eine Bewegung in entgegengesetzter Richtung. Die dem Leiter aufgezwungene Bewegung wird dadurch gebremst. Der Physiker *H. F. E. Lenz* (1804–1865) entdeckte diesen Zusammenhang als Erster. Diese Erkenntnisse werden deshalb als Lenz'sche Regel bezeichnet:

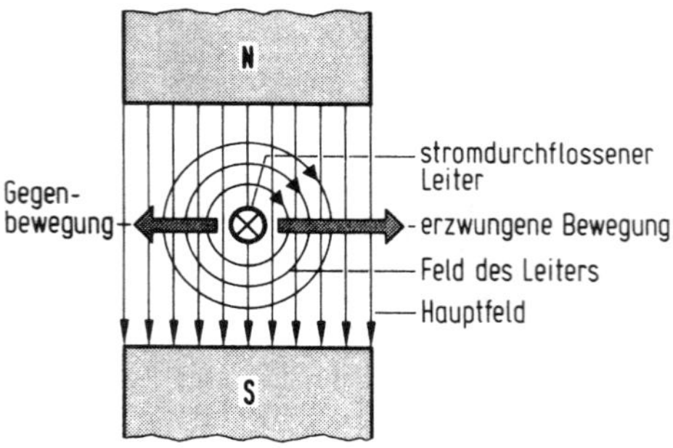

Bild 5.7.2 – 2 Überlagerung magnetischer Felder

Lenz'sche Regel:

Der durch Bewegung im Magnetfeld in einem Leiter hervorgerufene (= induzierte) Strom wirkt mit seinem magnetischen Feld gegen die ursächliche Bewegung und bremst somit den Antrieb.

Bei genauer Betrachtung steckt in der Lenz'schen Regel die physikalische Aussage von der Erhaltung der Energie. Lässt man den induzierten Strom durch einen Verbraucher fließen, so erfolgt die Umwandlung mechanischer Energie in elektrische Energie (z. B. Wärme). Erhöht man die Entnahme der elektrischen Energie, dann muss auch mehr mechanische Energie zugeführt werden.

Bild 5.7.2 – 3 Prinzip der Energieumwandlung

5.7.3 Induktionsgesetz bei bewegten Leitern und Spulen im konstanten magnetischen Feld

5.7.3.0 Einführung

Der Induktionsvorgang, also die Spannungserzeugung durch Bewegung eines Leiters in einem Magnetfeld, wurde bisher nur von der physikalischen Erscheinungsform her betrachtet.
In den folgenden Abschnitten sollen die Gesetzmäßigkeiten für die Durchführung von Berechnungen erarbeitet werden.

5.7.3.1 Induktionsgesetz bei geradliniger Bewegung eines Leiters oder einer Spule

Es wird eine Magnetpolfläche betrachtet, aus der die magnetischen Feldlinien senkrecht austreten. Die Bewegung des Leiters soll parallel zur Magnetpolfläche verlaufen. Der maximale Weg, den der Leiter im Magnetfeld zurücklegen kann, ist die Strecke s. Betrachtet man eine Teilstrecke Δs, dann überstreicht der Leiter dabei einen Teil ΔA der Magnetfläche.

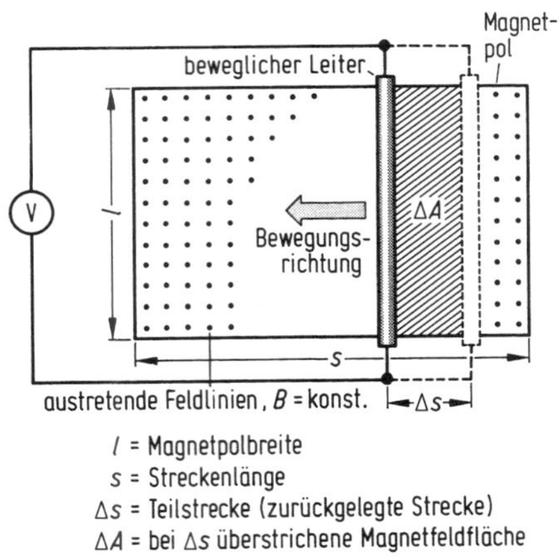

Bild 5.7.3.1 – 1
Bewegung eines Leiters parallel zur Magnetpolfläche

Berechnung des Teiles der Magnetfeldfläche:

$$\Delta A = \Delta s \cdot l$$

Bekannt ist bereits die Gesetzmäßigkeit zwischen Magnetfluss Φ, der Magnetflussdichte B und der zugehörigen Fläche A:

$$\Phi = B \cdot A$$

Werden Feldlinien „geschnitten", dann bedeutet dies für den Leiter eine Änderung des magnetischen Flusses um $\Delta\Phi$ und der Fläche um ΔA. Die Magnetflussdichte B bleibt jedoch konstant.

$$\Delta\Phi = B \cdot \Delta A \quad \text{mit} \quad \Delta A = \Delta s \cdot l$$

Jede Änderung einer physikalischen Größe ist stets nur in einer Zeitspanne Δt möglich. Somit gilt für die Magnetflussänderung:

$$\Rightarrow \Delta\Phi = B \cdot \Delta s \cdot l$$

$$\frac{\Delta\Phi}{\Delta t} = \frac{B \cdot \Delta s \cdot l}{\Delta t} = B \cdot l \cdot \underbrace{\frac{\Delta s}{\Delta t}}_{v\,=\,\text{Geschwindigkeit}}$$

Der Quotient $\frac{\Delta s}{\Delta t}$ ist die Geschwindigkeit v, mit welcher die Bewegung des Leiters erfolgt.

$$\boxed{\frac{\Delta\Phi}{\Delta t} = B \cdot l \cdot v} \qquad (5.7.3.1-1)$$

Es soll nun folgende Behauptung geprüft werden:

Der Quotient $\frac{\Delta\Phi}{\Delta t}$ beschreibt die induzierte Spannung U_0.

$$U_0 = \frac{\Delta\Phi}{\Delta t}$$

Beweisen lässt sich diese Aussage am einfachsten durch Einsetzen der Einheiten:

$$[U_0] = \frac{\mathrm{V \cdot s}}{\mathrm{s}} = \underline{\underline{\mathrm{V}}}$$

Auf Grund der Lenz'schen Regel gilt exakt: Das Minuszeichen in der Gleichung bedeutet, Flussänderung $\Delta\Phi$ und U_0 stehen entgegengerichtet (siehe dazu Bild 5.7.4 – 2).

$$\boxed{U_0 = -\frac{\Delta\Phi}{\Delta t}} \qquad (5.7.3.1-2)$$

Setzt man die Gleichungen 5.7.3.1 – 1 und 5.7.3.1 – 2 gleich, so erhält man das Induktionsgesetz (Es wird nur der Betrag der Spannung U_0 betrachtet, somit kann das Minuszeichen entfallen.):

Induktionsgesetz der Bewegung für eine Leiterschleife rechtwinklig zu den Feldlinien:

$$\boxed{U_0 = B \cdot l \cdot v} \quad \text{mit } v \perp B \qquad (5.7.3.1-3)$$

Für eine Spule mit N Windungen gilt das Induktionsgesetz in folgender Form:

Induktionsgesetz der Bewegung für eine Spule:

$$\boxed{U_0 = B \cdot l \cdot v \cdot N} \qquad (5.7.3.1-4)$$

Kontrolle des Induktionsgesetzes durch die Einheitengleichung:

$$[U_0] = \frac{\mathrm{V \cdot s}}{\mathrm{m}^2}\,\mathrm{m} \cdot \frac{\mathrm{m}}{\mathrm{s}} = \underline{\underline{\mathrm{V}}}$$

Für die Gleichung (5.7.3.1 – 2) gilt die Annahme, dass die Variablen $\Delta\Phi$ und Δt linear veränderlich sind. Ist dies in einem Problem nicht der Fall, so muss die Gleichung zur Berechnung der erzeugten Spannung $U_L = U_0$ geschrieben werden:

$$\boxed{U_L = U_0 = -\frac{\mathrm{d}\Phi}{\mathrm{d}t}} \qquad (5.7.3.1-5)$$

Auch für die Gleichung 5.7.3.1 – 3 gilt, sind die Variablen v, B nicht konstant, die Aussage:

$$\boxed{U_L = U_0 = N \cdot \int_1^2 (\vec{v} \times \vec{B}) \cdot \mathrm{d}\vec{l}} \qquad (5.7.3.1-6)$$

Geschwindigkeit v (Bewegung einer Spule in einem Magnetfeld oder Bewegung eines Magnetfeldes auf eine Spule hin) und die Flussdichte B sind in der allgemein gültigen Gleichung Vektoren. $\vec{v} \times \vec{B}$ ist das Vektorprodukt. Die Verbalisierung der Gleichung ergibt die Aussage:

> „Schneidet“ eine Drahtspule (mit N Windungen) ein Magnetfeld mit der Geschwindigkeit v, so ist die erzeugte Spannung gleich dem Integral über das Vektorprodukt $(\vec{v} \times \vec{B})$ zwischen den Punkten 1 und 2 im Magnetfeld mit dem Abstand l.

Beispiel 5.7.3.1 – 1

Eine Spule mit der Länge $l = 5$ cm und einer Windungszahl $N = 1000$ bewegt sich mit einer Geschwindigkeit $v = 1\ \frac{\text{m}}{\text{s}}$ durch ein Magnetfeld mit der Magnetflussdichte $B = 0{,}3$ T. Berechnen Sie die Höhe und Dauer der erzeugten Spannung bezogen auf eine Magnetpollänge $s = 10$ cm.

Lösung:

$$U_0 = B \cdot l \cdot v \cdot N$$

$$= 0{,}3\ \frac{\text{V} \cdot \text{s}}{\text{m}^2} \cdot 0{,}05\ \text{m} \cdot 1\ \frac{\text{m}}{\text{s}} \cdot 1000$$

$$U_0 = \underline{\underline{15\ \text{V}}}$$

$$v = \frac{s}{t} \Rightarrow g = \frac{s}{v} = \frac{0{,}10\ \text{m}}{1\ \frac{\text{m}}{\text{s}}} = \underline{\underline{0{,}1\ \text{s}}}$$

Übung 5.7.3.1 – 1

Wie groß muss die Magnetflussdichte eines Dauermagneten sein, der zur Erzeugung eines Spannungsimpulses von $U_0 = 10$ V eingesetzt werden soll? Die Länge der Spule im Magnetfeld sei $l = 3$ cm, die Geschwindigkeit der Spule im Magnetfeld $v = 30\ \frac{\text{cm}}{\text{s}}$, die Anzahl der Windungen $N = 500$.

Lösung:

Übung 5.7.3.1 – 2

Zeichnen Sie qualitativ die Diagramme $U_0 = f(t)$ für die beiden Magnetpolanordnungen.

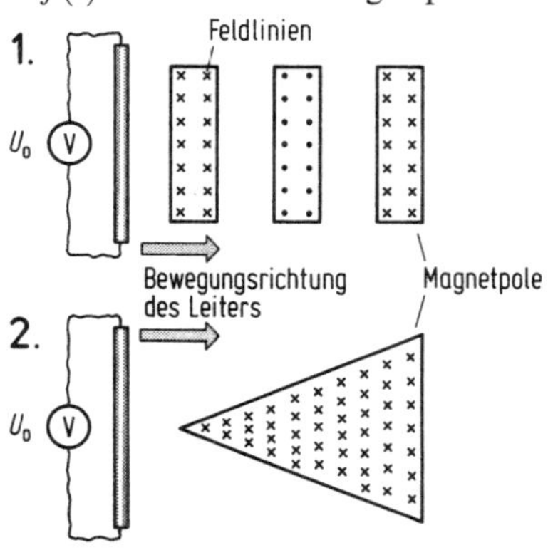

Lösung:

5.7.3.2 Induktionsgesetz bei Rotationsbewegung eines Leiters oder einer Spule

Bei geradliniger Bewegung eines Leiters im Magnetfeld ist die induzierte Spannung konstant, ändert aber bei Bewegungsumkehr ihre Polarität. Die technische Realisation einer geradlinigen Bewegung ist sehr aufwändig. Technisch einfacher ist die Rotationsbewegung des Leiters oder der Spule zu verwirklichen. Bei der kreisenden Bewegung bleibt der Leiter oder die Spule ständig im Magnetfeld, „schneidet" jedoch nur an zwei Stellen der Bewegung die Feldlinien senkrecht und an zwei anderen Stellen überhaupt nicht. Nach dem Induktionsgesetz hat somit die erzeugte Spannung nur an zwei Stellen der Bewegung einen maximalen Wert, Scheitelwert genannt.

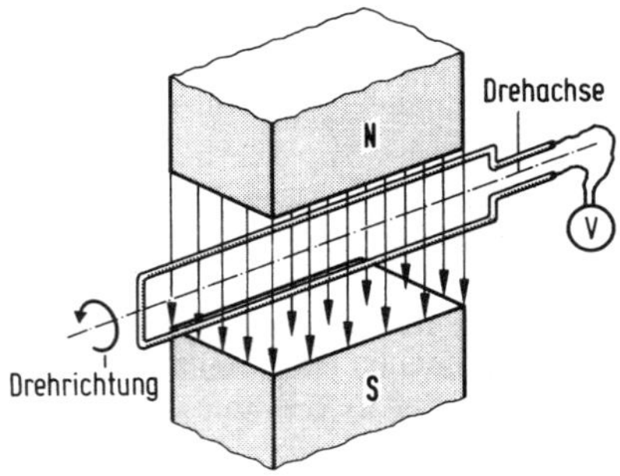

Bild 5.7.3.2 – 1 Spannungserzeugung durch Rotationsbewegung einer Leiterschleife im Magnetfeld

Werden keine Feldlinien „geschnitten", dann ist auch die erzeugte Spannung gleich null. Bei der Drehbewegung steigt der Spannungswert daher von null bis zum Maximalwert an, fällt dann wieder ab und ändert seine Richtung. Dieser Vorgang wiederholt sich bei jeder Drehung der Leiterschleife. Für jeden Drehwinkel des Leiters weist die Spannung einen anderen Wert auf, der als Momentan- oder Augenblickswert bezeichnet wird.

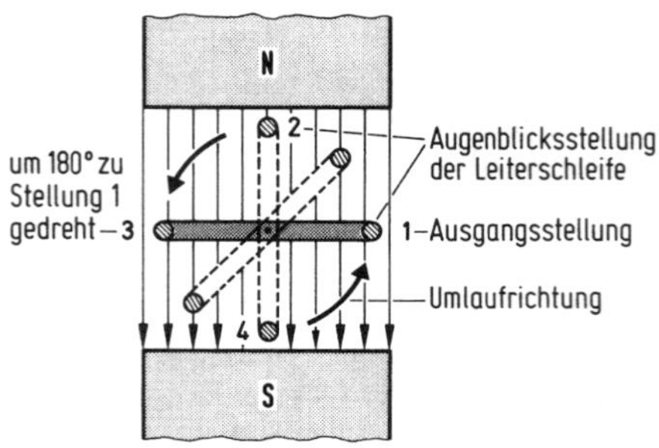

Bild 5.7.3.2 – 2
Augenblickspositionen der Leiterschleife

u = Momentan- oder Augenblickswert der „erzeugten" Spannung während der Rotationsbewegung.

$\hat{u}$ = Scheitel- oder Maximalwert der erzeugten Spannung.

Der Schnittwinkel α des Leiters mit den magnetischen Feldlinien steigt von 0° bei Position 1 auf 90° bei Position 2 an. Die erzeugte Spannung ändert sich dabei von null bis zum Scheitelwert. Der Momentanwert folgt dem Sinus des Schnittwinkels α.

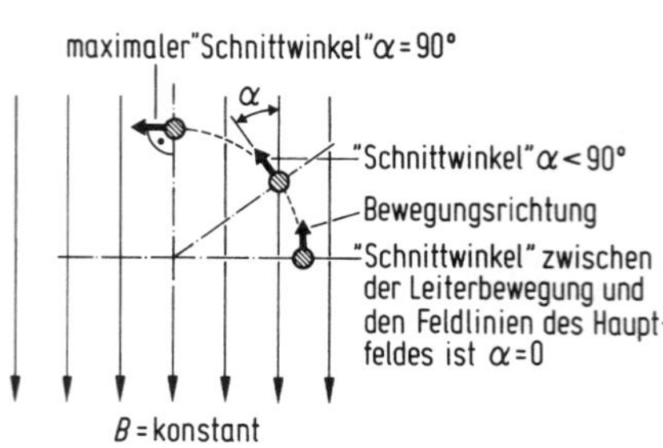

Bild 5.7.3.2 – 3 Betrachtung des Schnittwinkels zwischen Leiterschleife und Feldlinie

Es gilt für den Momentanwert:

$$u = \hat{u} \cdot \sin\alpha \qquad (5.7.3.2-1)$$

mit $\hat{u} = B \cdot 2 \cdot l \cdot v$ bei $v \perp B$

Für die beiden Grenzwerte des Schnittwinkels (0° und 90°) ergibt sich daraus:

$$\alpha = 0° \Rightarrow \sin 0° = 0 \Rightarrow u = \hat{u} \cdot 0 = \underline{\underline{0}}$$

$$\alpha = 90° \Rightarrow \sin 90° = 1 \Rightarrow u = \hat{u} \cdot 1 = \underline{\underline{\hat{u}}}$$

Die Aufzeichnung des erzeugten Spannungsverlaufes einer Rotationsbewegung ergibt ein Liniendiagramm. Es handelt sich um eine Wechselspannung, die sich zeitlich nach einer Sinusfunktion ändert. Im allgemeinen Sprachgebrauch hat sich dafür die nicht ganz korrekte Bezeichnung „sinusförmige Wechselspannung“ eingebürgert.

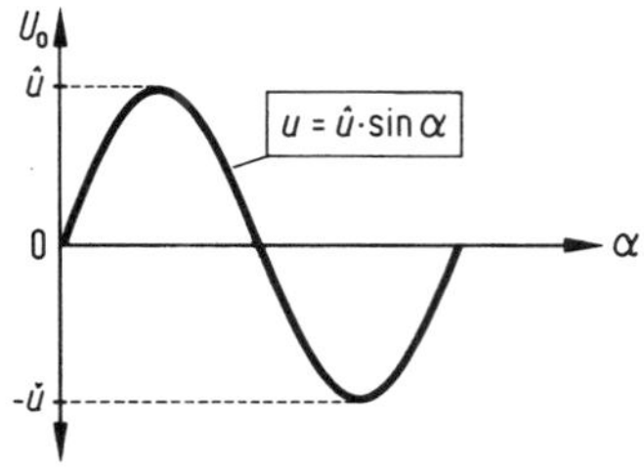

Bild 5.7.3.2 – 4 Liniendiagramm einer Wechselspannung gemäß Sinusfunktion

5.7.4 Induktionsgesetz bei ruhenden Leitern oder Spulen im zeitlich veränderlichen magnetischen Feld

Schließt man eine Spule an Gleichspannung an und erweitert die Schaltung, wie in Bild 5.7.4 – 1 dargestellt, mit Messgeräten und einem Schalter, dann kann folgende Beobachtung gemacht werden: Beim Schließen des Schalters steigt der Strom langsam an. In der Spule wird dabei ein magnetisches Feld aufgebaut, was einer Flussänderung $\Delta\Phi$ entspricht. Nach den bisher bekannten Gesetzmäßigkeiten bedeutet dies eine Spannungserzeugung in den Windungen der eigenen Spule. Diese induzierte Spannung ist nach der Lenz'schen Regel ihrer Ursache, nämlich der Versorgungsspannung, entgegengerichtet. Die Differenz zwischen induzierter Spannung und Versorgungsspannung lässt im Kreis Strom fließen. Ist der Aufbau des Magnetfeldes beendet, dann wird $\Delta\Phi$ zu null und ebenfalls die Gegenspannung. Nun kann der volle Strom im Kreis fließen. Wird die Versorgungsspannung wieder abgeschaltet, dann bricht das Magnetfeld zusammen und es entsteht wieder eine Flussänderung $\Delta\Phi$, allerdings fallend. Erneut wird eine Gegenspannung erzeugt. Der Strom wird dadurch verzögert abgeschaltet. Die beschriebene Spannungserzeugung geschieht bei örtlich unveränderter Spule (so genannter ruhender Spule). Es ändert sich dabei nur der magnetische Fluss pro Zeiteinheit. Dieser Effekt wird als Selbstinduktion be-

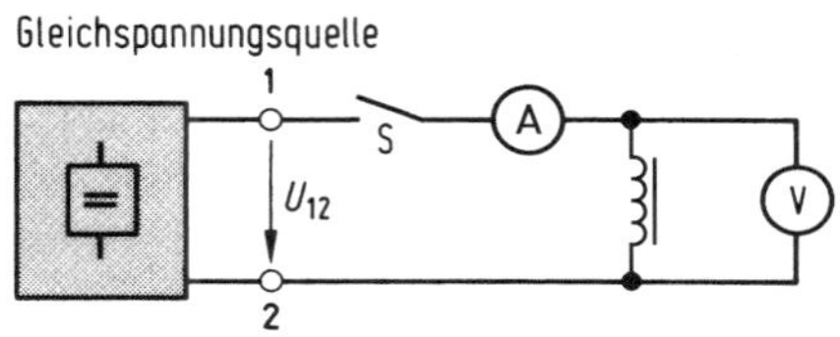

Bild 5.7.4 – 1
Anschluss einer Spule an Gleichspannung

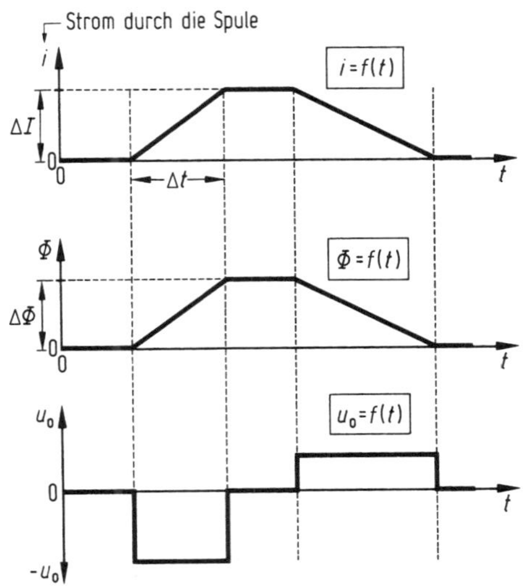

Bild 5.7.4 – 2 Gegenüberstellung der einzelnen Funktionen im Induktionsgesetz

zeichnet. Die Zusammenhänge können durch folgende Gleichung ausgedrückt werden (siehe Gl. 5.7.3.1 – 2):

Induktionsgesetz der Ruhe für eine Leiterschleife:

$$U_0 = -\frac{\Delta\Phi}{\Delta t} \qquad (5.7.4-1)$$

Hinweis: ΔI positiven Anstieg $\rightarrow U_0$ negativ
ΔI negativen Anstieg
(ΔI fällt!) $\rightarrow U_0$ positiv

Das Minuszeichen im Induktionsgesetz weist auf die Gegenphasigkeit der Flussänderung gegenüber der erzeugten Spannung hin. Bei positiver Flussänderung d. h. steigendem Magnetfluss, ist die erzeugte Spannung negativ. Fallender Magnetfluss bewirkt eine positive Spannung.
Das Induktionsgesetz ist sehr anschaulich durch die Diagramme in Bild 5.7.4 – 2 dargestellt.

Induktionsgesetz der Ruhe für eine Spule:

$$U_0 = -N \cdot \frac{\Delta\Phi}{\Delta t} \qquad (5.7.4-2)$$

Beispiel 5.7.4 – 1

Der Strom durch eine Luftspule steigt nach dem Einschalten um $1\ \frac{\text{A}}{\text{s}}$ und bewirkt damit einen Anstieg der Magnetflussdichte. Die Feldlinien verteilen sich auf eine Fläche $A = 1\ \text{cm}^2$. Die mittlere Feldlinienlänge ist $l = 20$ cm. Berechnen Sie die erzeugte Spannung in der Spule, wenn sie aus 500 Windungen hergestellt ist.

Lösung:

$$U_0 = -\frac{\Delta\Phi}{\Delta t} \cdot N = -\frac{\Delta B \cdot A}{\Delta t} \cdot N = -\frac{\mu_0 \cdot \Delta H \cdot A}{\Delta t} \cdot N$$

$$\Phi = B \cdot A \Rightarrow \Delta\Phi = \Delta B \cdot A$$

$$B = \mu_0 \cdot H \Rightarrow \Delta B = \mu_0 \cdot \Delta H$$

$$H = \frac{N \cdot I}{l} \Rightarrow \Delta H = \frac{N}{l} \cdot \Delta I$$

$$U_0 = -\mu_0 \cdot A\,\frac{N^2}{l} \cdot \frac{\Delta I}{\Delta t}$$

$$= -12{,}56 \cdot 10^{-7}\,\frac{\text{V} \cdot \text{s}}{\text{A} \cdot \text{m}} \cdot 10^{-4}\,\text{m}^2 \cdot \frac{500^2}{0{,}2\ \text{m}} \cdot 1\,\frac{\text{A}}{\text{s}}$$

$$U_0 = \underline{\underline{-157\ \mu\text{V}}}$$

Übung 5.7.4 – 1

Zeichnen Sie zu den gegebenen Funktionsgraphen für $\Phi = f(t)$ den jeweils zugehörigen Funktionsgraphen $U_0 = f(t)$.

1.

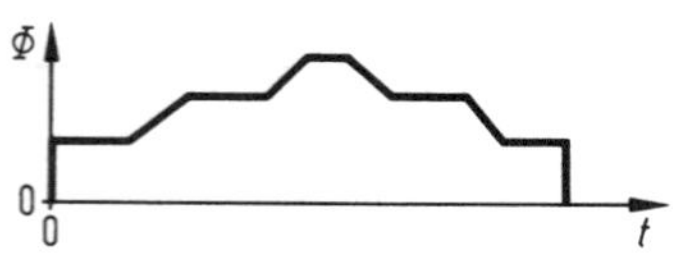

2.

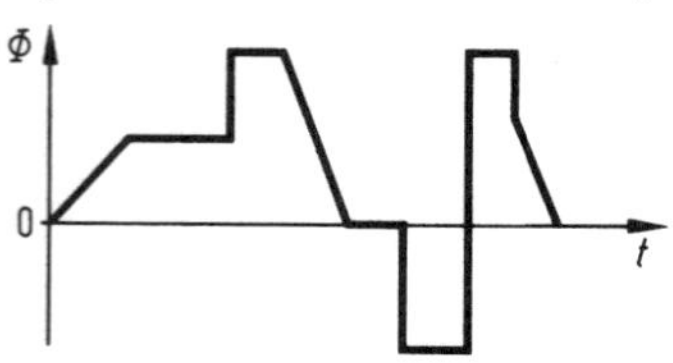

Lösung:

5.7.4.1 Induktivität, die magnetische Kenngröße einer Spule

Die in einer Spule durch Induktion erzeugte Spannung kann man unter zwei Gesichtspunkten betrachten:

1. Als Spannungsquelle, d. h., die erzeugte Spannung treibt Strom durch einen Verbraucher.
2. Die Spule ist selbst in einem Stromkreis geschaltet und beeinflusst mit ihrer Gegenspannung den Strom im Kreis.

ΔI ist die Stromänderung zur Magnetflussänderung, I ist der Strom, der durch U_0 bedingt durch den Lastwiderstand R_L fließt.

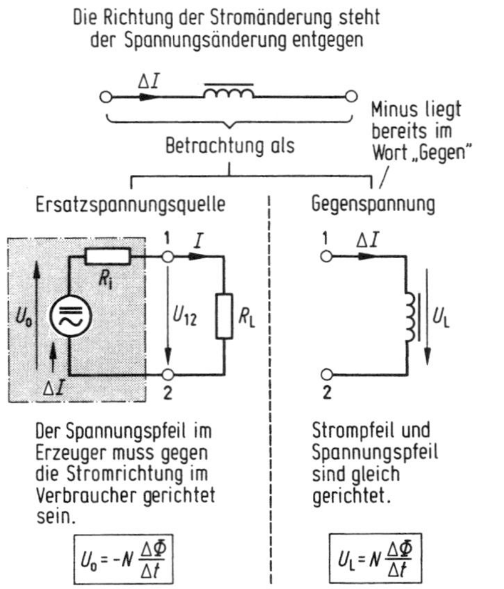

Bild 5.7.4.1 – 1 Gegenüberstellung der induzierten Spannung als Spannungsquelle oder als Gegenspannung im Stromkreis

Ersetzt man in der Gleichung für U_L die Flussänderung $\Delta\Phi$ durch weitere bereits bekannte Bestimmungsgleichungen, so folgt daraus:

Spule mit ferromagnetischem Werkstoff
↓

$$\Delta\Phi = A \cdot \Delta B \quad \text{mit} \quad \Delta B = \mu_0 \cdot \mu_r \cdot \Delta H$$

$$\Delta\Phi = A \cdot \mu_0 \cdot \mu_r \cdot \Delta H$$

$$\text{mit} \quad \Delta H = \frac{N}{l} \cdot \Delta I$$

$$\Delta\Phi = A \cdot \mu_0 \cdot \mu_r \cdot \frac{N}{l} \cdot \Delta I$$

Eingesetzt wird diese Gleichung in die bereits bekannte Gleichung 5.7.3.1 – 2, hier allerdings für eine Spule, wobei $U_L = -U_0$ wird:

somit:

$$U_L = N \cdot \frac{\Delta\Phi}{\Delta t}$$

$$\boxed{U_L = \mu_0 \cdot \mu_r \cdot N^2 \cdot \frac{A}{l} \cdot \frac{\Delta I}{\Delta t}} \qquad (5.7.4.1-1)$$

Die Gleichung für U_L beinhaltet einen konstanten Faktor k und eine Stromänderung pro Zeiteinheit:

$$U_L = k\frac{\Delta I}{\Delta t}$$

Induktivität

Der konstante Faktor beinhaltet nur Spulendaten. Er wird als Induktivität bezeichnet, ist eine physikalische Größe und hat das Formelzeichen L. Als Bemessungsgleichung gilt:

$$L = \mu_0 \cdot \mu_r \cdot N^2 \cdot \frac{A}{l} \qquad (5.7.4.1-2)$$

Ableitung der Einheit:

$$[L] = \frac{\mathrm{V \cdot s}}{\mathrm{A \cdot m}} \frac{\mathrm{m^2}}{\mathrm{m}} = \frac{\mathrm{V \cdot s}}{\mathrm{A}} = \mathrm{H\ (Henry)} \qquad (5.7.4.1-3)$$

Die in der Gleichung 5.7.4.1 – 2 auftretenden Größen A und l haben folgende Bedeutung:

Luftspule

A = Fläche, die ein möglicher Eisenkern einnehmen könnte (wicklungsfreier Querschnitt)
l = Länge der Spule (gilt als Näherung)

Spule mit einem Kern aus magnetischem Werkstoff

$A = A_{Fe}$ = Querschnitt des Eisenkernes
$l = l_{Fe}$ = mittlere geschlossene Feldlinienlänge im Eisen

Die Spannung an einer vom Wechselstrom durchflossenen Spule mit der Induktivität L ist somit:

$$U_L = L \cdot \frac{\Delta I}{\Delta t} \qquad (5.7.4.1-4)$$

Wenn die Gleichung für U_L nach L umgestellt wird, erhält man die Definitionsgleichung für die Induktivität:

$$L = \frac{U_L}{\frac{\Delta I}{\Delta t}} \qquad (5.7.4.1-5)$$

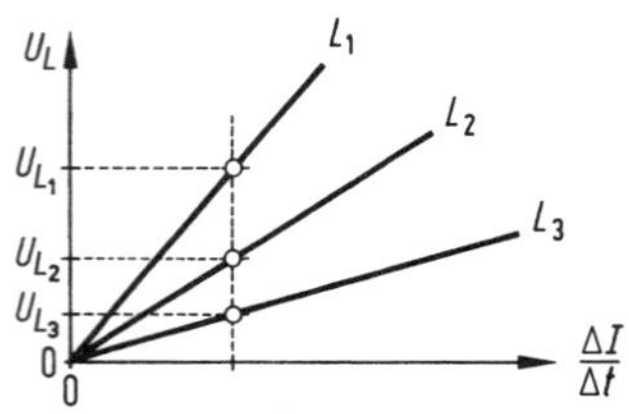

Bild 5.7.4.1 – 2
Kennlinien verschiedener Induktivitäten

Die Induktivität ist somit die Kenngröße einer Spule, die angibt, wie groß die erzeugte Gegenspannung bei einer vorgegebenen Stromänderung ist. Aus Bild 5.7.4.1 – 2 geht hervor, dass die Induktivität eine konstante Größe ist. Diese Aussage gilt allerdings nur, wenn in der Spule ein Mindeststrom, nämlich der Magnetisierungsstrom, fließt. Dieser Strom ist notwendig, um den Sättigungspunkt der Feldstärke zu erreichen.

Eine Spule besteht in der Praxis immer aus zwei Teilen, dem Wirkwiderstand des Spulendrahtes und der reinen Induktivität. Diese Aufteilung wird im Ersatzschaltplan deutlich gemacht.

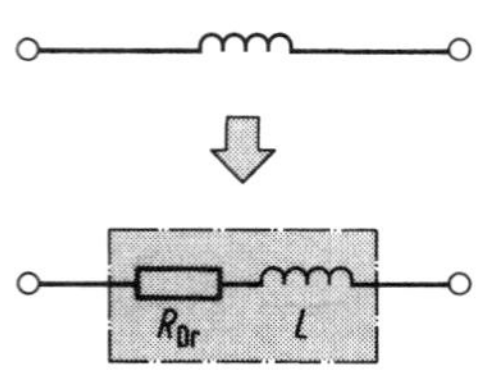

L = ideale Induktivität
R_{Dr} = ohmscher Widerstand des Drahtes

Bild 5.7.4.1 – 3 Ersatzschaltplan einer Spule

Sind die Variablen ΔI und Δt nicht linear veränderlich, so gilt allgemein für die induzierte Spannung U_L:

$$\boxed{U_L = L \cdot \frac{\mathrm{d}i}{\mathrm{d}t}} \qquad (5.7.4.1-5)$$

Beispiel 5.7.4.1 – 1

Für ein elektronisches Gerät ist eine Luftspule mit der Induktivität $L = 1$ mH erforderlich. Der Spulenkörper hat folgende Daten: $A = 2\ \text{cm}^2$ und $l = 30$ mm. Berechnen Sie die benötigte Windungszahl.

Lösung:

$$L = \mu_0 \cdot N^2 \cdot \frac{A}{l}$$

Umstellung der Bemessungsgleichung der Induktivität nach N:

$$N = \sqrt{\frac{L \cdot l}{\mu_0 \cdot A}}$$

$$= \sqrt{\frac{1 \cdot 10^{-3}\ \frac{\text{V}\cdot\text{s}}{\text{A}} \cdot 0{,}03\ \text{m}}{12{,}56 \cdot 10^{-7}\ \frac{\text{V}\cdot\text{s}}{\text{A}\cdot\text{m}} \cdot \text{A} \cdot 2 \cdot 10^{-4}\ \text{m}^2}}$$

$$N = \sqrt{\frac{1 \cdot 10^{-3} \cdot 0{,}03}{12{,}56 \cdot 10^{-7} \cdot 2 \cdot 10^{-4}}}$$

$$N = \underline{\underline{345}}$$

Übung 5.7.4.1 – 1

Welche Induktivität muss eine Spule haben, wenn bei einer Stromänderung von $5\ \frac{\text{A}}{\text{s}}$ eine Spannung $U_L = 100$ V erzeugt werden soll?

Lösung:

$$U_0 = L \cdot \frac{\Delta I}{\Delta t} \quad \Big| : U_0 : L$$

$$\underline{\underline{L}} = \frac{U_0}{\frac{\Delta I}{\Delta t}} = \frac{100\,V}{\frac{5A}{s}} = \underline{\underline{20\,H}}$$

Übung 5.7.4.1 – 2

Berechnen Sie die Induktivität einer Spule mit Eisenkern und folgenden Daten:

$N = 600$ Windungen, $A_{\text{Fe}} = 150\ \text{mm}^2$, $\mu_r = 1000$.

Lösung:

$$L = \mu_0 \cdot \mu_r \cdot N^2 \cdot \frac{A}{l}$$

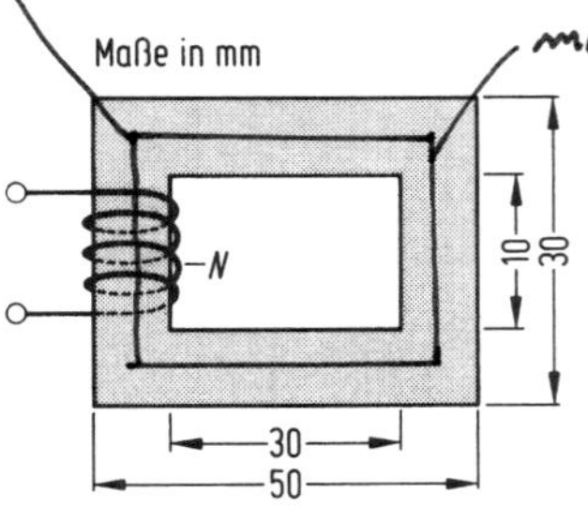

mittlere Feld-linie = $l = 120\,mm$

$$L = 4\pi \cdot 10^{-7}\,\frac{H}{m} \cdot 1000 \cdot 600^2 \cdot \frac{150\,mm^2}{120\,mm}$$

$$L = \mu_0 \cdot \mu_r \cdot N^2 \cdot \frac{0{,}00015\,m}{0{,}12\,m}$$

$$\underline{\underline{L = 0{,}565\,H}}$$

5.7.4.2 Energie des Magnetfeldes

Fließt Strom durch eine Drahtspule, wird, wie bereits beschrieben, ein Magnetfeld aufgebaut. Die elektrische Energie $W_e = U \cdot I \cdot t$ wird dabei in magnetische Feldenergie W_m umgewandelt. Mit der Induktivität L als magnetische Kenngröße von Spulen und dem Spulenstrom I kann die magnetische Feldenergie wie folgt definiert werden:

$$\boxed{W_m = \frac{1}{2} \cdot L \cdot I^2} \qquad (5.7.4.2-1)$$

Rein theoretisch (ohne Umwandlungsverluste) muss $W_e = W_m$ sein, so gilt der Ansatz:

$$W_e = U \cdot I \cdot t$$

Sind die elektrischen Größen nicht konstant, ist die Betrachtung von Augenblickswerten sinnvoll. Dies ergibt die Schreibweise als Differenzialquotient:

$$dW = i_L \cdot u_L \cdot dt$$

Einsetzen der Gleichung:

$$u_L = L \cdot \frac{di}{dt}$$

ergibt für die Energieteile des Magnetfeldes:

$$dW = i_L \cdot L \cdot \frac{di}{\not{d}t} \cdot \not{d}t$$

$$dW = L \cdot i_L \cdot di$$

Zusammenfassung der kleinen Energieanteile durch Integration der Gleichung für dW_m:

$$\boxed{W_m = L \cdot \int_0^I i_L \cdot di} \qquad (5.7.4.2-2)$$

Die Integrationsgrenzen 0 und I bedeuten: Anstieg des Stromes von 0 bis zum maximalen Wert I.
Führt man die Integration der Gleichung bis zum Wert I aus, ergibt dies die Gleichung:

$$W_m = L \cdot \left[\frac{i_L^2}{2}\right]_0^I$$

$$W_m = \frac{1}{2} \cdot L \cdot I^2$$

Es ist dies die oben bereits definierte Gleichung der magnetischen Feldenergie.

> Hinweis:
> Die Gleichung für die gespeicherte Energie eines Kondensators zeigt einen ähnlichen Struktur:
>
> $$W_C = \frac{1}{2} \cdot C \cdot u^2$$

5.7.4.3 Reihen- und Parallelschaltung von Induktivitäten

Werden Spulen in Reihe geschaltet, dann kann man sich als Zusammenfassung daraus eine Spule vorstellen, die aus den Einzelspulen gebildet ist. Jede Einzelspule besitzt eine Induktivität. Die Gesamtinduktivität ergibt sich durch Addition der einzelnen Induktivitätswerte.

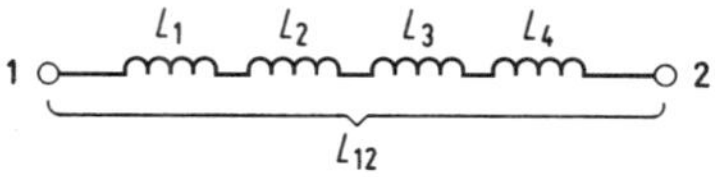

Bild 5.7.4.3 – 1 Reihenschaltung von Induktivitäten

Berechnung der Gesamtinduktivität L_{12} der gegebenen Schaltung:

$$L_{12} = L_1 + L_2 + L_3 + L_4$$

Allgemein gilt für die Berechnung der Gesamtinduktivität bei der Reihenschaltung von Induktivitäten:

$$L_{ges} = L_1 + L_2 + L_3 + \ldots = \sum L \qquad (5.7.4.3-1)$$

Der magnetische Fluss Φ kann bekanntlich mit dem elektrischen Strom verglichen werden. Bei einer Parallelschaltung von Widerständen teilt sich der Strom auf. Diese Aussage kann analog auf den magnetischen Fluss übertragen werden. Bei Induktivitäten in Parallelschaltung teilt sich der magnetische Fluss auf. Die Zusammenschaltung der einzelnen Induktivitäten kann durch eine Ersatzinduktivität beschrieben werden. Die Ersatzinduktivität ist stets kleiner als die kleinste Einzelinduktivität.

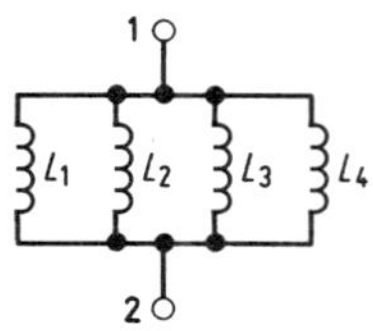

Bild 5.7.4.3 – 2 Parallelschaltung von Induktivitäten

Für die Berechnung der Ersatzinduktivität parallel geschalteter Induktivitäten gilt:

$$L_E = \frac{1}{\frac{1}{L_1} + \frac{1}{L_2} + \frac{1}{L_3} + \frac{1}{L_4} + \ldots} \qquad (5.7.4.3-2)$$

Beispiel 5.7.4.3 – 1

Von einer Schaltung gemäß Bild sind die eingegebenen Werte bekannt. Berechnen Sie L_3.

Lösung:

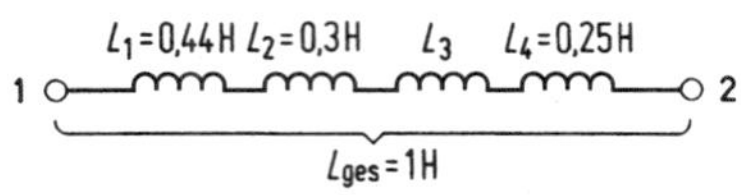

$$L_{ges} = L_1 + L_2 + L_3 + L_4$$
$$L_3 = L_{ges} - L_1 - L_2 - L_4$$
$$= 1\ \mathrm{H} - 0{,}44\ \mathrm{H} - 0{,}3\ \mathrm{H} - 0{,}25\ \mathrm{H}$$
$$L_3 = \underline{\underline{0{,}01\ \mathrm{H}}}$$

Übung 5.7.4.3 – 1

Berechnen Sie die Gesamtinduktivität L_{12} der gegebenen Schaltung gemäß Bild.

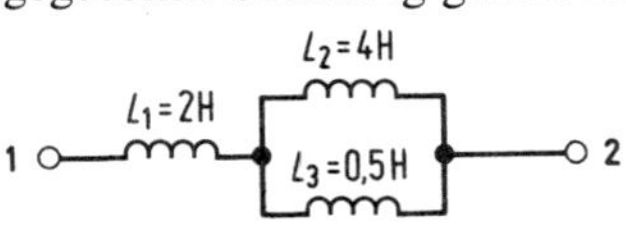

Lösung:

$$L_{123} = \left(\frac{1}{L_2} + \frac{1}{L_3}\right)^{-1} + L_1$$

$$L_{123} = \left(\frac{1}{4H} + \frac{1}{0{,}5H}\right)^{-1} + 2H$$

$$\underline{\underline{L_{123} = 2{,}\overline{4}\ H}}$$

5.7.4.4 Schaltvorgänge an Spulen

Wird eine Spule an eine Gleichspannung angeschlossen, dann fließt im Augenblick des Einschaltens wegen der hohen Gegenspannung U_L kein Strom im Kreis (siehe Kapitel 5.7.4). Der Strom steigt jedoch langsam an. Man beachtet somit den Augenblickswert i_L. Nach einer bestimmten Zeitspanne erreicht er seinen Maximalwert. Diesen Vorgang bezeichnet man als Einschaltvorgang. Nach Erreichen des Maximalwertes ist die Induktivität für den Stromkreis ohne Bedeutung. Der Strom wird dann nur noch durch Leitungs- und Spulendrahtwiderstände begrenzt. Es gilt somit:

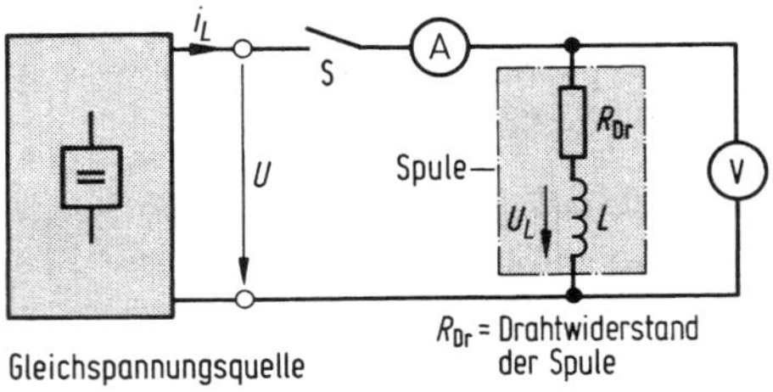

Bild 5.7.4.4 – 1
Anschluss einer Spule an Gleichspannung

$$I_{L\,\max} = \frac{U}{R_{Dr}} \qquad (5.7.4.4-1)$$

Während des Einschaltvorganges teilt sich die Versorgungsspannung auf in:

$$U = i_L \cdot R_{Dr} + U_L \qquad (5.7.4.4-2)$$

mit $U_L = L \cdot \dfrac{\Delta I}{\Delta t}$

$$\Rightarrow \quad U = i_L \cdot R_{Dr} + L \cdot \frac{\Delta I}{\Delta t}$$

Umstellung der Gleichung nach i_L:

$$i_L = \frac{U}{R_{Dr}} - \frac{L}{R_{Dr}} \cdot \frac{\Delta I}{\Delta t} \qquad (5.7.4.4-3)$$

Der Quotient $\dfrac{L}{R_{Dr}}$ wird als Zeitkonstante τ definiert.

Hinweis:
Bei den Zeitvorgängen am Kondensator wurde ebenfalls eine Zeitkonstante τ definiert mit $\tau = R \cdot C$.

Zeitkonstante:

$$\tau = \frac{L}{R} \qquad (5.7.4.4-4)$$

Beachte:

Widerstand R umfasst alle Widerstände, die mit der Induktivität in Reihe geschaltet sind, einschließlich des Drahtwiderstandes R_{Dr}.

Herleitung der Einheit von τ:

$$[\tau] = \frac{\mathrm{V \cdot s}}{\mathrm{A} \cdot \frac{\mathrm{V}}{\mathrm{A}}} = \mathrm{s}$$

Setzt man τ in die Gleichung für den Spulenstrom i_L ein, so folgt daraus:

$$i_L = \frac{U}{R_{Dr}} - \tau \cdot \frac{\Delta I}{\Delta t}$$

Die weitere Umformung der Gleichung für i_L führt zu einer Differenzialgleichung mit der Lösung:

$$i_L = \frac{U}{R}(1 - e^{-t/\tau})$$
$$i_L = I_{max}(1 - e^{-t/\tau}) \quad (5.7.4.4-5)$$

Der Augenblickswert des Stromes i_L steigt also in einer e-Funktion an, vergleichbar mit dem Spannungsanstieg am Kondensator nach dem Einschalten.

Beispiel 5.7.4.4 – 1

Es ist die Funktion $i_L = f(t)$ des Spulenstromes nach dem Einschalten grafisch darzustellen. Gegeben sind folgende Daten:

$U_0 = 10$ V, $R_i = 10\ \Omega$, $R_{Cu} = 20\ \Omega$ (Spule aus Kupferdraht)

$L = 2$ H.

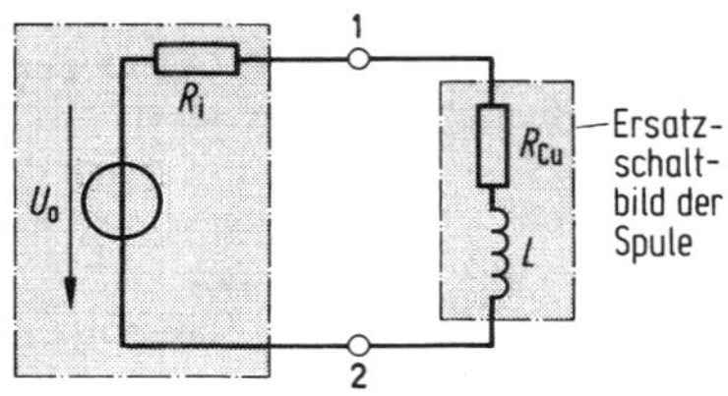

Lösung:

Berechnung des maximalen Stromes am Ende des Anstieges.

$$I_{L\,max} = \frac{U_0}{R_i + R_{Cu}}$$

$$I_{L\,max} = \frac{10\ \text{V}}{10\ \Omega + 20\ \Omega} = \frac{10\ \text{V}}{30\ \Omega} = \underline{\underline{0{,}33\bar{3}\ \text{A}}}$$

Berechnung der Zeitkonstanten τ:

$$\tau = \frac{L}{R_i + R_{Cu}} = \frac{2\ \text{V} \cdot \text{s/A}}{30\ \Omega} = \frac{2\ \text{V} \cdot \text{s/A}}{30\ \frac{\text{V}}{\text{A}}} = \underline{\underline{0{,}0\bar{6}\ \text{s}}}$$

Aufstellung der Funktionsgleichung $i_L = f(t)$:

$$i_L = I_{L\,max}(1 - e^{-t/\tau})$$

Analog der Berechnung der Aufladekurve eines Kondensators (siehe Abschn. 4.8.1) werden nun die Stromwerte für 1 τ, 2 τ usw. ermittelt.

$$i_L = 0{,}\bar{3}\ \text{A}\ (1 - e^{-t/0{,}066\ \text{s}})$$

i_L	0,21 A	0,28 A	0,31 A	0,327 A	0,331 A	0,333 A
t	$1\,\tau = 0{,}066$ s	$2\,\tau = 0{,}133$ s	$3\,\tau = 0{,}2$ s	$4\,\tau = 0{,}266$ s	$5\,\tau = 0{,}333$ s	$6\,\tau = 0{,}4$ s

Zeichnung des Diagramms:

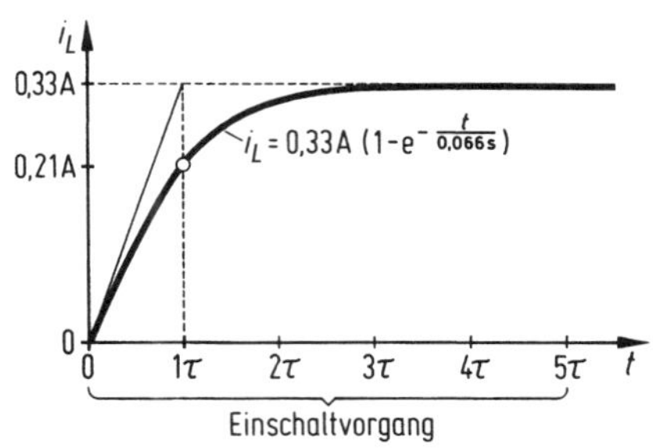

Auch beim vorstehenden Beispiel gilt die Aussage, dass nach 5 τ der Strom auf sein Maximum angewachsen ist.

Beim *Ausschaltvorgang* bricht das Magnetfeld zusammen, dadurch wird eine Gegenspannung erzeugt, die der Ursache entgegenwirkt und somit den Abfall des Stromes verlangsamt. Der Strom nimmt dabei zeitlich in einer e-Funktion ab.

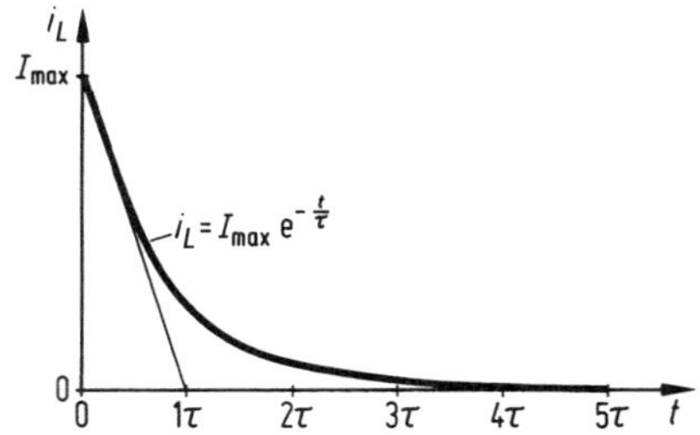

Bild 5.7.4.4 – 2 Funktionsverlauf des Stromes nach dem Abschalten einer Gleichspannung

5.7.5 Transformatorprinzip

In der elektrischen Energieversorgung fällt neben dem Generator als Energieumwandler dem Transformator eine große Bedeutung zu. Beide Systeme beruhen auf dem Induktionsprinzip. Beim Transformator ist es das Induktionsgesetz der Ruhe. Zwei oder mehr Spulen sind dabei magnetisch miteinander gekoppelt. Durch eine Spule, im Regelfall Primärspule genannt, fließt ein Wechselstrom. Dieser Strom baut das magnetische Feld im Magnetgestell auf und ab. Die Flussänderung bewirkt eine Spannungserzeugung in den anderen Spulen. Mit den induzierten Spannungen kann man wieder Verbraucher speisen. Es ist ein neuer Stromkreis entstanden, der von den anderen Stromkreisen elektrisch getrennt ist. Man spricht deshalb von galvanischer Trennung zwischen Primär- und Sekundärwicklung.

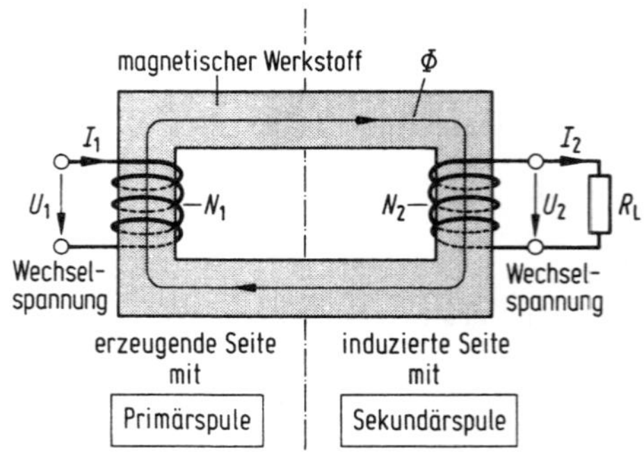

Bild 5.7.5 – 1 Aufbau eines Transformators

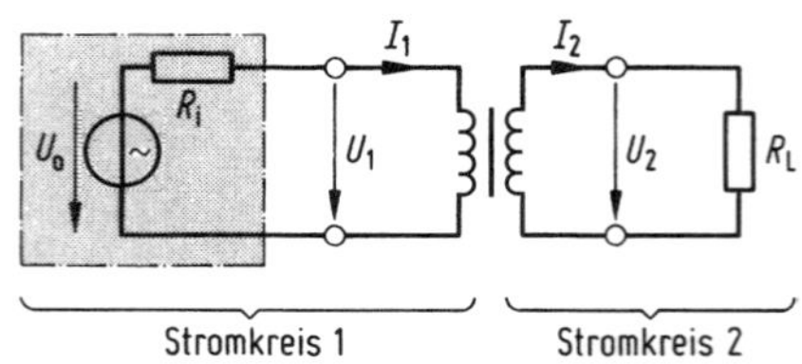

Bild 5.7.5 – 2 Trennung zweier Stromkreise durch einen Transformator

Betrachtungen am idealen *Transformator:*

Der ideale Transformator hat keine magnetischen und elektrischen Verluste. Der durch die Primärspule erzeugte magnetische Fluss wirkt also vollständig in der Sekundärspule. Die induzierte Spannung berechnet sich nach dem Induktionsgesetz:

Induzierte Leerlaufspannung der Sekundärspule:

$$U_{02} = -N \frac{\Delta \Phi}{\Delta t}$$

Die Änderung des Flusses erfolgt durch den Wechselstrom nach einer Sinusfunktion. Das Induktionsgesetz lässt sich unter Einbeziehung der Sinusfunktion und der Anwendung der Differenzialrechnung in folgende allgemeine Gleichung umformen:

Induzierte Leerlaufspannung:

$$U_0 = 4{,}44 \cdot f \cdot N \cdot \Phi$$

mit $\Phi = B \cdot A_{Fe}$

B = Magnetflussdichte im Magnetgestell
A_{Fe} = Querschnittsfläche des Magnetgestells
f = Frequenz des Wechselstromes

Für die in der Sekundärspule erzeugte Spannung gilt somit:

$$\boxed{U_{02} = 4{,}44 \cdot f \cdot N_2 \cdot B \cdot A_{\mathrm{Fe}}} \qquad (5.7.5-1)$$

N_2 = Windungszahl der Sekundärspule

Die in der Primärspule durch Selbstinduktion erzeugte Spannung berechnet sich analog:

$$\boxed{U_{01} = 4{,}44 \cdot f \cdot N_1 \cdot B \cdot A_{\mathrm{Fe}}} \qquad (5.7.5-2)$$

Betrachtung der Leistungsbilanz:
Die dem idealen Transformator entnommene Leistung P_2 ist gleich der zugeführten Leistung P_1.

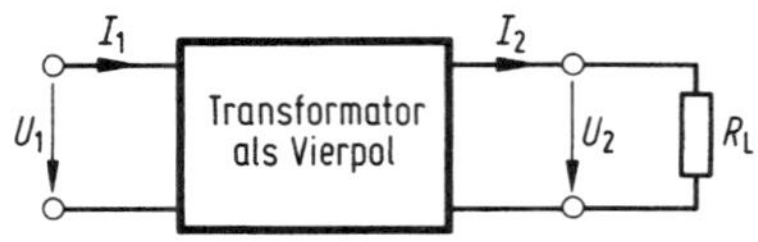

Bild 5.7.5 – 3
Leistungsbetrachtung am idealen Transformator

$$P_1 = P_2$$

$$\text{mit } P_1 = U_1 \cdot I_1$$
$$\text{und } P_2 = U_2 \cdot I_2$$
$$\Rightarrow U_1 \cdot I_1 = U_2 \cdot I_2$$

Umstellung der Gleichung zu einer Verhältnisgleichung:

$$\frac{U_1}{U_2} = \frac{I_2}{I_1}$$

Das Verhältnis der Spannungen bzw. der Ströme wird als Übersetzungsverhältnis $ü$ bezeichnet:

Übersetzungsverhältnis

$$\boxed{ü = \frac{U_1}{U_2} = \frac{I_2}{I_1}} \qquad (5.7.5-3)$$

Das Übersetzungsverhältnis $ü$ kann aus den Windungszahlen bestimmt werden. Dazu werden für die Spannungen U_1 und U_2 die Gleichungen 5.7.5 – 1 und 5.7.5 – 2 verwendet.

$$ü = \frac{4{,}44 \cdot f \cdot N_1 \cdot B \cdot A_{\mathrm{Fe}}}{4{,}44 \cdot f \cdot N_2 \cdot B \cdot A_{\mathrm{Fe}}}$$

$$\boxed{ü = \frac{N_1}{N_2}} \qquad (5.7.5-4)$$

Durch Einsetzen des Ohm'schen Gesetzes kann das Übersetzungsverhältnis ebenfalls bestimmt werden.

$$U_1 = I_1 \cdot R_1$$

$$U_2 = I_2 \cdot R_2$$

$$ü = \frac{U_1}{U_2} = \frac{I_1 \cdot R_1}{I_2 \cdot R_2} = \underbrace{\frac{I_1}{I_2}}_{=\frac{1}{ü}} \cdot \frac{R_1}{R_2}$$

$$ü = \frac{1}{ü} \cdot \frac{R_1}{R_2}$$

$$ü^2 = \frac{R_1}{R_2}$$

$$\boxed{\ddot{u} = \sqrt{\frac{R_1}{R_2}}} \qquad (5.7.5-5)$$

Der Widerstand R_1 ist ein „Ersatzwiderstand". Er stellt den auf die Primärseite transformierten Belastungswiderstand R_2 dar.

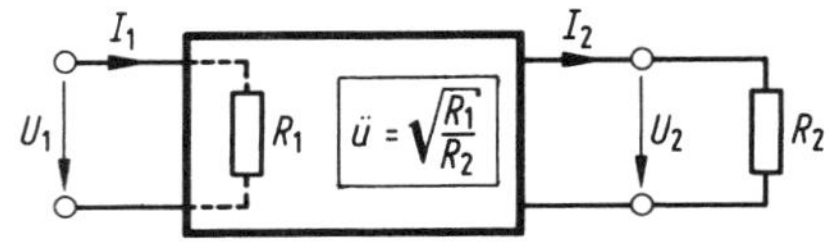

Bild 5.7.5 – 4
Übersetzungsverhältnis beim Transformator

Beispiel 5.7.5 – 1

Einem idealen Transformator mit dem Übersetzungsverhältnis $\ddot{u} = 2$ wird auf der Sekundärseite eine Leistung $P_2 = 100$ W bei einem Strom $I_2 = 1$ A entnommen. Die Primärwindungszahl beträgt $N_1 = 2000$ Windungen. Berechnen Sie: U_1, U_2, I_1, R_2, R_1.

Lösung:

$$P_2 = U_2 \cdot I_2$$

$$U_2 = \frac{P_2}{I_2} = \frac{100\ \text{W}}{1\ \text{A}} = \underline{\underline{100\ \text{V}}}$$

$$\ddot{u} = \frac{U_1}{U_2} \Rightarrow U_1 = \ddot{u} \cdot U_2 = 2 \cdot 100\ \text{V} = \underline{\underline{200\ \text{V}}}$$

$$\ddot{u} = \frac{I_2}{I_1} \Rightarrow I_1 = \frac{I_2}{\ddot{u}} = \frac{1\ \text{A}}{2} = \underline{\underline{0{,}5\ \text{A}}}$$

$$R_2 = \frac{U_2}{I_2} = \frac{100\ \text{V}}{1\ \text{A}} = \underline{\underline{100\ \Omega}}$$

$$\ddot{u} = \sqrt{\frac{R_1}{R_2}} \Rightarrow R_1 = \ddot{u}^2 \cdot R_2$$
$$= 2^2 \cdot 100\ \Omega$$
$$R_1 = \underline{\underline{400\ \Omega}}$$

Beispiel 5. – 1

Der Anker eines Gleichstromgenerators hat den Durchmesser $d = 14$ cm. Er wird mit $n = 1500\ \text{min}^{-1}$ angetrieben. Die magnetische Flussdichte des Erregerfeldes im Anker beträgt $B = 0{,}6$ T. Der Streufluss ist null und die Luftspaltlänge zwischen Anker und Magnetpol ist $\delta = 1{,}5$ mm. Die wirksame Leiterlänge der Ankerwicklung beträgt $l = 26$ m.
Bestimmen Sie:

1. Umfangsgeschwindigkeit des Ankers
2. Induzierte Spannung im Anker
3. Notwendige Durchflutung und für eine Windungszahl $N = 1000$ den notwendigen Erregerstrom.

Lösung:

Berechnung des äußeren Ankerumfangs:

$$U_{\text{Ank}} = d \cdot \pi$$
$$= 140\ \text{mm} \cdot \pi$$
$$U_{\text{Ank}} = \underline{\underline{439{,}822\ \text{mm}}}$$

Berechnung der Umfangsgeschwindigkeit:

$$v = U_{\text{Ank}} \cdot n$$
$$= 0{,}440\ \text{m} \cdot 1500\ \frac{1}{\text{min}}$$
$$= 0{,}440\ \text{m} \cdot 1500\ \frac{1}{60\ \text{s}}$$
$$v = \underline{\underline{11\ \frac{\text{m}}{\text{s}}}}$$

Berechnung der induzierten Spannung:

$$U_0 = B \cdot l \cdot v$$
$$= 0{,}6\ \frac{\text{V} \cdot \text{s}}{\text{m}^2} \cdot 26\ \text{m} \cdot 11\ \frac{\text{m}}{\text{s}}$$
$$U_0 = \underline{\underline{171{,}6\ \text{V}}}$$

Da meistens die notwendige Durchflutung eines magnetischen Kreises fast ganz für den vorhandenen Luftspalt erforderlich ist, kann der Eisenweg, je nach Größe, vernachlässigt werden. So ergibt sich für die Durchflutung:

$$\Theta = N \cdot I$$

mit $B_L = \mu_0 \cdot H_L$
B_L = Flussdichte im Luftspalt
$B_L = 0{,}6\ \text{T}$
H_L = Feldstärke im Luftspalt
$H_L = \frac{B_L}{\mu_0} = \underline{\underline{477\,465\ \frac{\text{A}}{\text{m}}}}$

Die Berechnung der Durchflutung Θ erfolgt durch Umstellung der Gleichung zur Berechnung der Feldstärke H_L im Luftspalt:

$$H_L = \frac{\Theta}{l_L}$$

l_L = gesamte Luftspaltlänge (s. Skizze)
$l_L = 2 \cdot \delta$

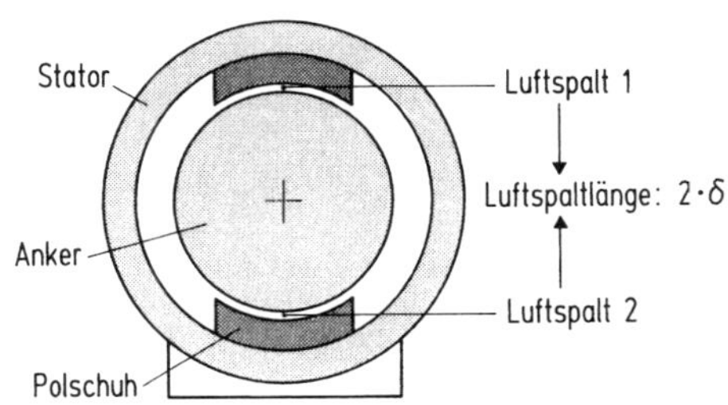

$$\Theta = H_L \cdot l_L$$
$$= H_L \cdot 2 \cdot \delta$$
$$= 477\,465\ \frac{\text{A}}{\text{m}} \cdot 2 \cdot 0{,}0015\ \text{m}$$
$$\Theta = \underline{\underline{1432{,}395\ \text{A}}}$$

Berechnung des notwendigen Erregerstromes:

$$\Theta = N \cdot I_{err}$$

$$I_{err} = \frac{\Theta}{N}$$

$$= \frac{1432{,}395\ \text{A}}{1000}$$

$$I_{err} = \underline{\underline{1{,}432\ \text{A}}}$$

Beispiel 5. – 2

In einer Relaisspule (= Luftspule) gemäß Bild ändert sich der Strom nach vorliegender Zeitfunktion. Berechnen Sie die während der Stromänderung auftretenden Spannungsspitzen durch die Selbstinduktion.

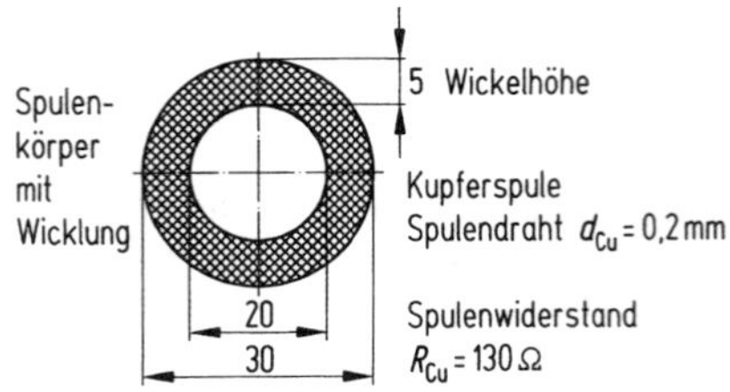

Stromänderung in der Spule

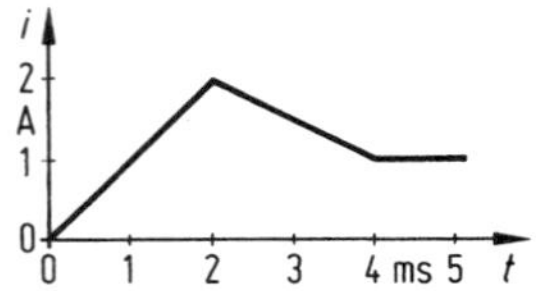

Lösung:

Zur Berechnung der induzierten Spannung wird der Wert der Induktivität der Spule benötigt. Dazu wird zuerst die aufgewickelte Drahtlänge der Relaisspule ermittelt. Dies erfolgt über den bekannten Wert des Widerstandes der Spule.

$$R_{Cu} = \frac{l_{Cu}}{\varkappa \cdot A_{Cu}} \quad \text{mit} \quad A_{Cu} = \frac{d_{Cu}^2 \cdot \pi}{4}$$

$$A_{Cu} = \underline{\underline{0{,}0314\ \text{mm}^2}}$$

$$l_{Spule} = R_{Cu} \cdot \varkappa \cdot A_{Cu}$$

$$= 130\ \Omega \cdot 56\ \frac{\text{m}}{\Omega \cdot \text{mm}^2} \cdot 0{,}0314\ \text{mm}^2$$

Die gesamte Drahtlänge ist:

$$l_{Spule} = \underline{\underline{228{,}59\ \text{m}}}$$

Berechnung der Anzahl der Lagen:

$$n = \frac{\text{Wickelhöhe}}{d_{Cu}} = \frac{5\ \text{mm}}{0{,}2\ \text{mm}} = \underline{\underline{25}}$$

Der mittlere Windungsdurchmesser berechnet sich zu:

$$d_m = \frac{30\ \text{mm} - 20\ \text{mm}}{2} + 20\ \text{mm} = \underline{\underline{25\ \text{mm}}}$$

Berechnung der Umfangslänge der mittleren Windung:

$$U_m = d_m \cdot \pi = 25\ \text{mm} \cdot \pi = \underline{\underline{78{,}54\ \text{mm}}}$$

Anzahl der Windungen:

$$N = \frac{l_{Cu}}{U_m} = \frac{228{,}59\ \text{m}}{0{,}07854\ \text{m}} \approx \underline{\underline{2911}}$$

Die Berechnung der Spulenlänge erfordert die Anzahl der Windungen pro Lage.

$$N' = \frac{N}{n} = \frac{2911}{25} \approx \underline{\underline{117}}$$

Die Spulenlänge berechnet sich zu:

$$l_{Spule} = N' \cdot d_{Cu} = 117 \cdot 0{,}2\ \text{mm} = \underline{\underline{23{,}4\ \text{mm}}}$$

Berechnung der Induktivität der Relaisspule:

$$L = \mu_0 \cdot N^2 \frac{A_{Spule}}{l_{Spule}} \quad \left|\ A_{Spule} = \frac{d_i^2 \cdot \pi}{4} = \frac{(20\ \text{mm})^2 \cdot \pi}{4},\quad A_{Spule} = \underline{\underline{314{,}159\ \text{mm}^2}}\right.$$

$$L = 4 \cdot \pi \cdot 10^{-7}\ \frac{\text{V} \cdot \text{s}}{\text{A} \cdot \text{m}} \cdot 2911^2 \frac{314{,}159\ \text{mm}^2}{23{,}4\ \text{mm}}$$

$$L = 0{,}142\ \text{H} = \underline{\underline{142\ \text{mH}}}$$

Berechnung der Selbstinduktionsspannung während der Stromänderung:

$$U_0(0 \ldots 2\ \text{s}) = -L\frac{\Delta I}{\Delta t} = -0{,}142\ \frac{\text{V} \cdot \text{s}}{\text{A}} \cdot \frac{2\ \text{A}}{2\ \text{ms}}$$

$$U_0 = \underline{\underline{-142\ \text{V}}}$$

$$U_0(2\ \text{s} \ldots 4\ \text{s}) = L\frac{\Delta I}{\Delta t}$$

Da im Zeitabschnitt 2 s…4 s die Stromänderung negativ ist, ist die induzierte Spannung positiv.

$$= 0{,}142\ \frac{\text{V} \cdot \text{s}}{\text{A}} \cdot \frac{1\ \text{A}}{2\ \text{ms}} = \underline{\underline{71\ \text{V}}}$$

Praxisorientierte Lernaufgaben:

Lernaufgabe 7:

Eine Spule mit Eisenkern hat die Daten: $N = 60$, $\mu_r = 100$, $A_{Fe} = 225\ \text{mm}^2$ = Querschnittsfläche des Eisenkerns, $l_{Fe} = 200\ \text{mm}$ = Länge des Eisenkerns. Die Spule wird von einem Strom durchflossen, der sich gemäß Bild zeitlich ändert. Zeichnen Sie die durch die Stromänderung bedingte Spannungsinduktion $u_0 = f(t)$.

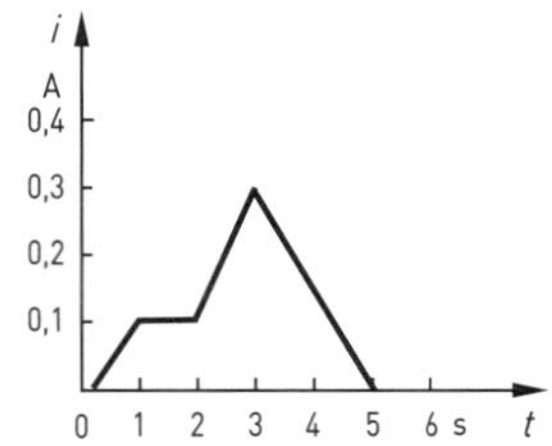

Lernaufgabe 8:

Ein elektrischer Lastmagnet zur Anhebung von Stahlteilen hat im Luftspalt, also an der Oberfläche der Magnetpole, die Flussdichte $B_L = 1\ \text{T}$. Der Magnetpol hat die Fläche $A_L = 500\ \text{cm}^2$. Berechnen Sie das Gewicht, das theoretisch angehoben werden kann (ohne Verluste), und die benötigte Stromstärke I in der Spule.

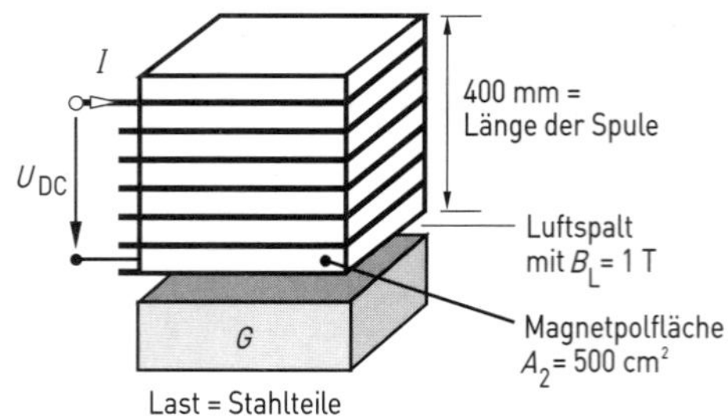

6 Grundschaltungen für Wechselspannungen

6.1 Darstellung und Kenngrößen von Wechselspannungen und Wechselstrom

Nach der Durcharbeitung dieses Kapitels haben Sie die **Kompetenz** ...
- alle Aussagen, die in einem Liniendiagramm einer Wechselspannung enthalten sind, anwendungsbezogen zu deuten,
- aufzuzeigen, wo und wodurch Überlagerungen von Wechselspannungen und Wechselströmen in der Praxis auftreten,
- Aussagen der Fourier-Analyse zu deuten.

6.1.0 Einführung

Die Wechselspannung ist das Gegenstück zur Gleichspannung. Wie ihr Name sagt, wechselt dabei zeitlich der Spannungswert zwischen null, positivem Maximum, null, negativem Maximum und wieder null. Erfolgt dies z. B. nach einer Sinusfunktion, dann liegt „sinusförmige Wechselspannung“ vor.
Man unterscheidet weiter in Einphasen- und Dreiphasenwechselstrom. Letzterer wird auch Drehstrom genannt. Die Entstehung von Wechselstrom erfolgt durch Induktion bei einer Drehbewegung (siehe Abschn. 5.7.3.2). Da in der Elektrotechnik die „sinusförmige Wechselspannung“ dominierend ist, soll es sich auch in diesem Buch immer um sinusförmige Wechselgrößen handeln, wenn von Wechselspannung die Rede ist. Um Berechnungen durchführen zu können, sind einige Informationen über Darstellung und Kenngrößen sinusförmiger Verläufe notwendig.

Es werden nur sinusförmige Wechselspannungen betrachtet!

6.1.1 Zeiger- und Liniendiagramme

Die Erzeugung einer Wechselspannung erfolgt z. B. mit Hilfe einer Drehspule (= Anker = Rotor) eines Generators. Zur Vereinfachung der zeitlichen Betrachtung des erzeugten Spannungsverlaufs denkt man sich die erzeugte Spannung als Spannungspfeil, der um einen Drehpunkt rotiert. Die Rotationsgeschwindigkeit entspricht der Drehgeschwindigkeit des Generators. Die Länge des Spannungspfeils entspricht der maximal erzeugten Spannung U_{max} während eines Umlaufes. Die Bewegungsrichtung des Spannungspfeils sei gegen den Uhrzeigersinn. Für eine Umdrehung durchläuft der Zeiger dabei einen Winkel von 360°. Um für die Augenblicksstellung eine Aussage machen zu können, wird der Augenblickswinkel α bezogen auf eine Bezugsachse angegeben. Nimmt man für jede Winkelstellung die Projektion des Spannungspfeils, hier die Ordinate des Liniendiagramms Bild 6.1.1 – 1, und trägt den zugehörigen Winkel auf der Abzisse ab, so ergibt sich der Spannungsverlauf für eine Umdrehung. Die Anordnung des Spannungspfeils bezeichnet man als Zeigerdiagramm, den Spannungsverlauf während einer Umdrehung als Liniendiagramm.

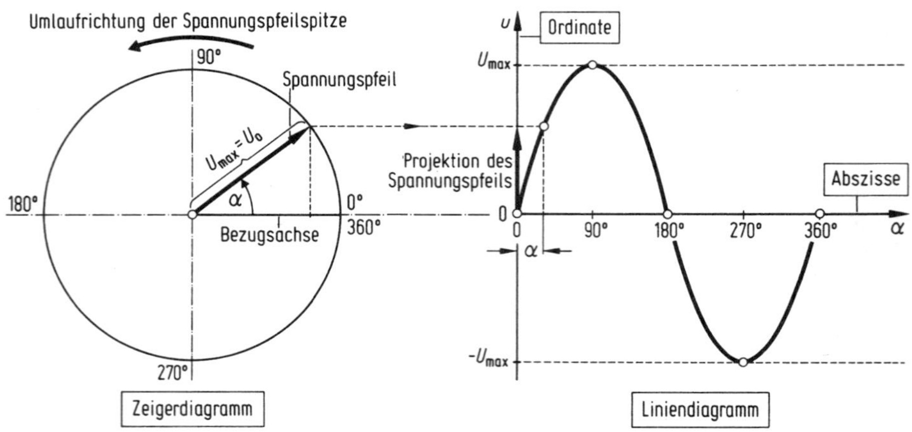

Bild 6.1.1 – 1 Zeiger- und Liniendiagramme einer sinusförmigen Wechselspannung

Der gezeigte Spannungsverlauf, er kann mit einem Oszilloskop dargestellt werden (siehe Felderhoff/Freyer, Elektrische Messtechnik), wiederholt sich für jede weitere Umdrehung. Da alle Spannungsverläufe bei konstanten Bedingungen identisch sind, bezeichnet man diese regelmäßig wiederkehrenden Vorgänge als periodische Vorgänge. Die positiven und negativen Spannungsverläufe werden als Amplitude bezeichnet. Ein kompletter Umlauf des Spannungszeigers heißt Periode. Die Zeit für einen Umlauf wird deshalb als Periodendauer T bezeichnet.

periodischer Vorgang = sich regelmäßig wiederholender Vorgang

Periodendauer T = Zeit für einen Zeigerumlauf

Kenngröße Winkelgeschwindigkeit:

Der Spannungszeiger rotiert mit der Winkelgeschwindigkeit ω, d. h., der Durchlauf des Winkels α erfolgt in der Zeit t.

$$\omega = \frac{\alpha}{t} \quad (6.1.1-1)$$

Einheit der Winkelgeschwindigkeit:

$$[\omega] = \frac{1}{\mathrm{s}} \quad (6.1.1-2)$$

Stellt man die Gleichung der Winkelgeschwindigkeit nach α um, dann ergibt sich:

$$\alpha = \omega \cdot t \quad (6.1.1-3)$$

Die Abzisse des Liniendiagrammes wird dadurch zu einer Zeitachse, da bei konstanter Drehzahl die Winkelgeschwindigkeit konstant ist. Jede Zeit t ist somit der Augenblickszeitpunkt eines Spannungswertes, z. B. Spannung u_1 zum Zeitpunkt t_1. Zu jeder Periode gehören zwei Nulldurchgänge (= Schnittpunkte mit der Zeitachse) und zwei Maximalwerte, jeweils während der positiven und negativen Halbwelle des Amplitudenverlaufes.

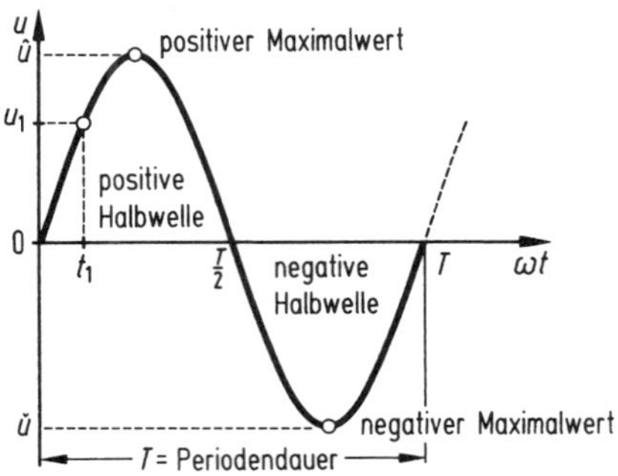

Bild 6.1.1 – 2 Periode einer Wechselspannung

6.1.2 Kenngrößen von Wechselspannung und Wechselstrom

Im Liniendiagramm einer Wechselspannung oder eines Wechselstromes sind folgende Größen definiert:

u = Augenblickswert der Wechselspannung
i = Augenblickswert der Wechselstromstärke
$\hat{u}$ = positiver Scheitelwert der Wechselspannung
$\check{u}$ = negativer Scheitelwert der Wechselspannung
$\hat{i}$ = positiver Scheitelwert der Wechselstromstärke
$\check{i}$ = negativer Scheitelwert der Wechselstromstärke

Der Scheitelwert $\hat{u}$ ist gleich der maximal erzeugten Spannung $U_{max} = U_0$ und auch gleich der Länge des Spannungszeigers. Diese Aussage gilt analog für den Scheitelwert der Stromstärke.

$$\hat{u} = U_{max} = U_0 \quad (6.1.2-1)$$

$$\hat{i} = I_{max} = I_0 \quad (6.1.2-2)$$

Augenblicks- oder Momentanwerte der Wechselspannung oder des Wechselstromes sind als technische Spannungs- oder Stromangabe nicht geeignet, sinnvoll ist dagegen die Angabe eines Mittelwertes, wie nachfolgend gezeigt wird.

Der arithmetische Mittelwert einer sinusförmigen Wechselspannung ist gleich null, da sich innerhalb einer Periode die positiven und negativen Spannungsanteile bei der Mittelwertbildung aufheben. Es wird deshalb der quadratische Mittelwert, meistens Effektivwert genannt, gebildet. Durch das Quadrieren der beiden Halbwellen erhält man nur positive Werte, die nun gemittelt werden können, was mathematisch durch die Bildung der Quadratwurzel geschieht.

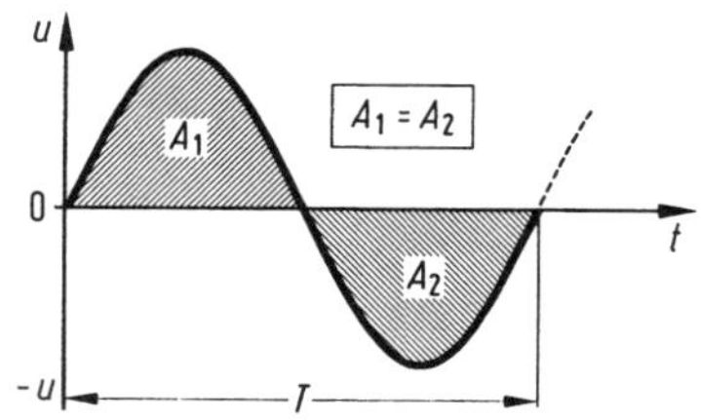

Bild 6.1.2 – 1 Gleichheit der Flächen unter der positiven und negativen Halbwelle

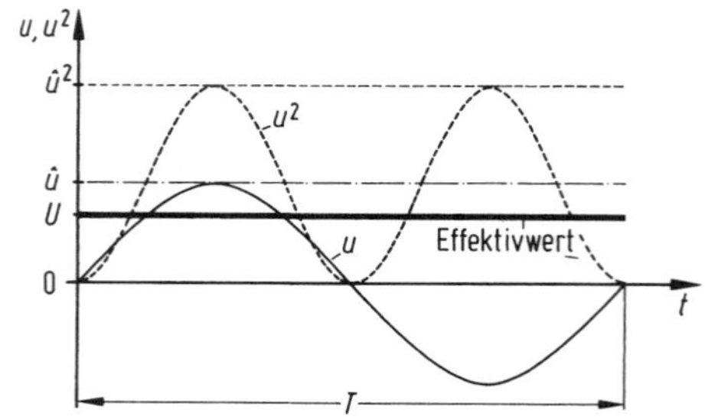

Bild 6.1.2 – 2
Effektivwertbildung im Liniendiagramm

Es gelten folgende Bezeichnungen:

U = Effektivwert oder quadratischer Mittelwert der Wechselspannung
I = Effektivwert oder quadratischer Mittelwert des Wechselstromes

Die technische Angabe von Spannungs- und Stromwerten bei Wechselspannungsbetrieb erfolgt in der Regel mittels Effektivwert und den Formelzeichen U und I. Beispiel:

$U = 230$ V und $I = 16$ A

Man beachte:

Spannungs- und Stromwerte bei Gleichspannung werden ebenfalls mit den Formelzeichen U und I angegeben. Die Spannungsangabe $U = 48$ V kann ohne weitere Angabe sowohl als 48 V Gleichspannung als auch 48 V Wechselspannung angesehen werden. Um Falschinterpretationen zu vermeiden, sind die Indizes DC und AC sinnvoll. So gilt die Angabe $U_{AC} = 230$ V eindeutig als Wechselspannungswert und $U_{DC} = 24$ V eindeutig als Gleichspannungswert.

(AC = Wechselgröße)
(DC = Gleichgröße)

Für einen Umlauf gilt wie bereits bekannt die Periodendauer T. Durch die Kehrwertbildung wird die Frequenz f definiert als die Anzahl der Perioden pro Zeiteinheit.

Frequenz:

$$f = \frac{1}{T} \qquad (6.1.2-3)$$

Die Einheit der Frequenz ist:

$$[f] = \frac{1}{\mathrm{s}} = \mathrm{Hz\ (Hertz)} \qquad (6.1.2-4)$$

Gebräuchliche Vielfache der Einheit Hz sind:

10^3 Hz = 1 kHz
10^6 Hz = 1 MHz
10^9 Hz = 1 GHz

In der Praxis unterscheidet man einzelne Frequenzbereiche, z. B. Niederfrequenz NF (bis ca. 50 kHz) und Hochfrequenz HF (ab ca. 100 kHz). Zum Bereich der NF gehören auch die technischen Frequenzen der Elektrotechnik.

Technische Frequenzen:

$16\frac{2}{3}$ Hz = $\frac{50}{3}$ Hz	(Deutsche Bahn)
50 Hz, 60 Hz	(Versorgungsnetz)
400 Hz	(Bordnetze von Flugzeugen)

Im Abschnitt 5.7.3.2 wurde für den Spannungsverlauf einer Wechselspannung bereits der gleichungsmäßige Zusammenhang dargelegt. Setzt man für den Winkel α die Gleichung 6.1.1 – 3 ein, so ergibt sich:

$u = \hat{u} \sin \alpha \quad \text{mit} \quad \alpha = \omega t$

$$u = \hat{u} \sin(\omega t) \tag{6.1.2 – 5}$$

Die Winkelgeschwindigkeit ω kann auch durch das Bogenmaß pro Zeiteinheit definiert werden, da zu jedem Winkel, der überstrichen wird, ein bestimmter Bogen gehört.

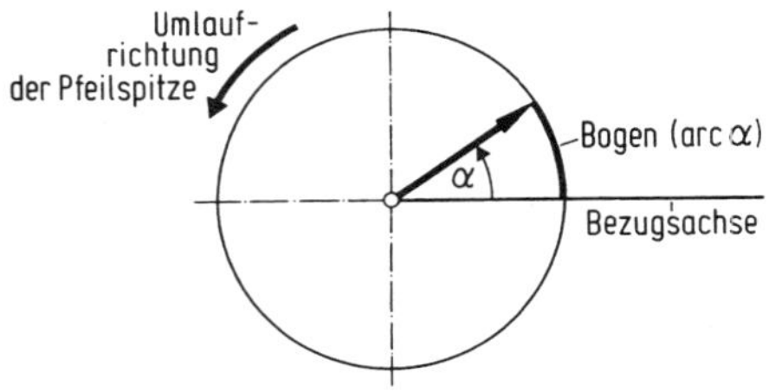

Bild 6.1.2 – 3
Beziehungen zwischen Winkel und Bogen

Aus der Mathematik sind folgende Beziehungen bekannt:

Winkel (α)		Bogenmaß (arc α)
360°	$\hat{=}$	2π
180°	$\hat{=}$	π
90°	$\hat{=}$	$\pi/2$
45°	$\hat{=}$	$\pi/4$

Für einen Umlauf des Spannungszeigers gilt somit der Bogen 2π und die zugehörige Zeit T. Für die Winkelgeschwindigkeit ω ergibt sich auch die Abhängigkeit des Gesamtbogens zur Gesamtzeit:

$$\omega = \frac{2\pi}{T} \tag{6.1.2 – 6}$$

Der Zusammenhang zwischen Periodendauer T und Frequenz f führt zur Definitionsgleichung der Kreisfrequenz ω. Die Winkelgeschwindigkeit und die Kreisfrequenz sind also ein und dieselbe physikalische Größe, damit sind auch die Einheiten gleich.

mit $T = \frac{1}{f}$

$$\omega = 2 \cdot \pi \cdot f = \text{Kreisfrequenz} \tag{6.1.2 – 7}$$

Die Einheit der Kreisfrequenz ist gleich der Einheit der Winkelgeschwindigkeit:

$$[\omega] = \frac{1}{\text{s}} \tag{6.1.2 – 8}$$

Für die Berechnung von Augenblickswerten der Wechselspannung oder des Wechselstromes kann die Kreisfrequenz ebenfalls herangezogen werden. Ersetzt man ω in der Gleichung durch die Definition der Kreisfrequenz, dann ergibt sich:

$$u = \hat{u} \sin(\omega t) \quad \text{mit} \quad \omega = 2 \cdot \pi \cdot f$$

$$u = \hat{u} \cdot \sin(2 \cdot \pi \cdot f \cdot t) \qquad (6.1.2-9)$$

Für die Stromstärke gilt analog:

$$i = \hat{i} \cdot \sin(2 \cdot \pi \cdot f \cdot t) \qquad (6.1.2-10)$$

Mit diesen Gleichungen kann für jeden beliebigen Zeitpunkt der Augenblickswert einer sinusförmigen Wechselspannung oder des Wechselstromes berechnet werden.

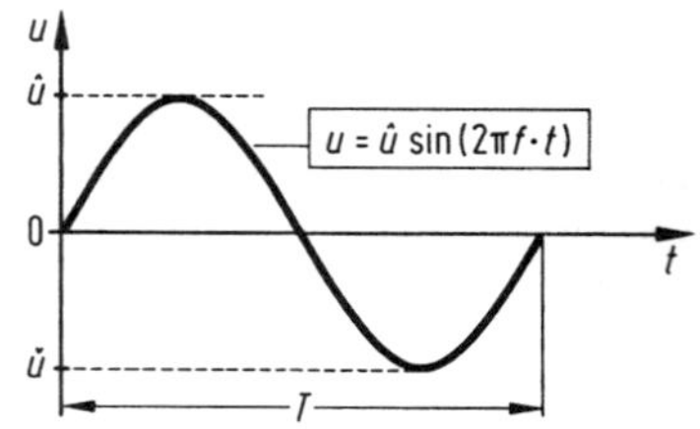

Bild 6.1.2 – 4 Augenblicksverlauf einer sinusförmigen Wechselspannung

Wie bereits definiert, werden quadratische Mittelwerte von Wechselgrößen als Effektivwerte bezeichnet. Sind die Wechselgrößen sinusförmig, so gilt als Effektivwert der quadratische Mittelwert aus der Fläche unter den Sinuskurven. Dazu können folgende Gleichungen aufgestellt werden:

Für den Effektivwert der Spannung:

$$U = \sqrt{\frac{1}{T}\int_0^T u^2(t)\,\mathrm{d}t} = U_{\mathrm{AC}} \qquad (6.1.2-11)$$

Für den Effektivwert der Stromstärke:

$$I = \sqrt{\frac{1}{T}\int_0^T i^2(t)\,\mathrm{d}t} = I_{\mathrm{AC}} \qquad (6.1.2-12)$$

u, i = Augenblickswerte
T = Periodendauer der Schwingung

Einsatz der Gleichungen 6.1.2 – 9 und 6.1.2 – 10 ergibt:

$$U = \sqrt{\frac{1}{T}\int_0^T \hat{u}^2 \cdot \sin^2(\omega t)\,\mathrm{d}t}$$

$$I = \sqrt{\frac{1}{T}\int_0^T \hat{i}^2 \cdot \sin^2(\omega t)\,\mathrm{d}t}$$

Zur weiteren Lösung des Integrals müssen die quadratischen Terme durch gleichwertige nichtquadratische Terme ersetzt werden. Mittels gonometrischer Gleichungen ist dies möglich, es gilt:

$$\hat{u} \cdot \sin^2(\omega t) = \hat{u} \cdot \frac{1}{2}(1 - \cos(2\omega t))$$

$$\hat{i} \cdot \sin^2(\omega t) = \hat{i} \cdot \frac{1}{2}(1 - \cos(2\omega t))$$

Der Einsatz dieser Terme in die oberen Integrale und weitere Rechenschritte führen zu der Endaussage:

$$U = \frac{\hat{u}}{\sqrt{2}} \approx 0{,}707 \cdot \hat{u}$$

$$I = \frac{\hat{i}}{\sqrt{2}} \approx 0{,}707 \cdot \hat{i} \qquad (6.1.2-13)$$

Gilt nur für sinusförmige Wechselgrößen!

Effektiv- und Scheitelwerte sind durch den Scheitelfaktor miteinander verbunden.

$\sqrt{2}$ wird als **Scheitelfaktor** bezeichnet.

Beispiel 6.1.2 – 1

Berechnen Sie die Augenblickswerte bei 1/3 und 2/3 der Periode folgender Spannung:

$u = 10\ \text{V} \cdot \sin(2 \cdot \pi \cdot 50\ \text{Hz} \cdot t)$

Lösung:

Berechnung der Periodendauer:

$$T = \frac{1}{f} = \frac{1}{50\ \text{Hz}} = \frac{1}{50\ \frac{1}{\text{s}}} = \frac{1}{50}\ \text{s} = \underline{\underline{20\ \text{ms}}}$$

Berechnung der Augenblickszeitpunkte:

$$t_1 = \frac{1}{3} \cdot T = \frac{1}{3} \cdot 20\ \text{ms}$$

$$t_1 = \underline{\underline{6{,}666\ \text{ms}}}$$

$$t_2 = \frac{2}{3} \cdot T = \frac{2}{3} \cdot 20\ \text{ms}$$

$$t_2 = \underline{\underline{13{,}333\ \text{ms}}}$$

Berechnung des Augenblickswertes der Spannung für den Zeitpunkt t_1:

$$u(t_1) = \hat{u} \cdot \sin(2 \cdot \pi \cdot f \cdot t_1) = \hat{u} \cdot \sin\alpha$$

$$= 10\ \text{V} \cdot \sin(2 \cdot \pi \cdot 50\ \frac{1}{\text{s}} \cdot 6{,}666 \cdot 10^{-3}\ \text{s})$$

$$= 10\ \text{V} \cdot \sin\underbrace{(2{,}09418)}_{\text{Bogenmaß = Arcus (arc)}}$$

$\text{arc}\,\alpha = 2{,}09418$ ist das Bogenmaß zum Winkel α.

Umwandlung von Bogenmaß in Grad durch Aufstellung der Verhältnisgleichung:

$$\frac{\alpha}{\text{arc}\,\alpha} = \frac{180^\circ}{\pi}$$

$$\alpha = \text{arc}\,\alpha \cdot \frac{180^\circ}{\pi}$$

$$\alpha = 2{,}09418 \cdot \frac{180^\circ}{\pi}$$

$$\alpha = \underline{\underline{119{,}98^\circ}}$$

$$u(t_1) = 10\ \text{V} \cdot \sin 119{,}98^\circ$$

$$= 10\ \text{V} \cdot 0{,}866$$

$$u(t_1) = \underline{\underline{8{,}66\ \text{V}}}$$

Berechnung des Augenblickswertes der Spannung für den Zeitpunkt t_2:

$$u(t_2) = \hat{u} \cdot \sin(2 \cdot \pi \cdot f \cdot t_2)$$

$$= 10\ \text{V} \cdot \sin\left(2 \cdot \pi \cdot 50 \frac{1}{\text{s}} \cdot 13{,}333 \cdot 10^{-3}\ \text{s}\right)$$

$$= 10\ \text{V} \cdot \sin(4{,}188779)$$

$$= 10\ \text{V} \cdot \sin 239{,}99^\circ$$

$$= 10\ \text{V}(-0{,}866)$$

$$u(t_2) = \underline{\underline{-8{,}66\ \text{V}}}$$

Übung 6.1.2 – 1

Berechnen Sie den Augenblickswert und die Frequenz der Wechselspannung mit der Funktionsgleichung $u = 20\ \text{V} \cdot \sin\left(800\ \frac{1}{\text{s}} \cdot t\right)$ für den Zeitpunkt $t = 100$ ms.

Lösung:

Übung 6.1.2 – 2

Zeichnen Sie das Liniendiagramm des Stromes:

$i = 8\ \text{A} \cdot \sin\left(\left(5000\ \frac{1}{\text{s}} \cdot t\right) - 80^\circ\right)$.

Lösung:

6.1.3 Zeitliche Betrachtung von Wechselspannungen und Wechselströmen

Bei Spannungen und Strömen in einer Schaltung, die mit Gleichspannung gespeist wird, interessiert nur der Betrag der jeweiligen Größe, da keine Zeitabhängigkeit vorliegt.

In Schaltungen, die mit Wechselspannung gespeist werden, kommt zum Betrag noch die mögliche gegenseitige zeitliche Verschiebung. Man bezeichnet sie als Phasenverschiebung

Zeitliche Verschiebung zwischen Wechselgrößen = Phasenverschiebung

und gibt sie in Winkelgraden an. Das Bild 6.1.3 – 1 zeigt eine zeitliche Verschiebung zwischen Spannung und Strom. Der erste Nulldurchgang des Stromes folgt dem der Spannung um die Zeitspanne Δt später, was durch folgende Formulierungen beschrieben wird:
„Der Strom eilt der Spannung nach“ oder „Die Spannung eilt dem Strom vor“.

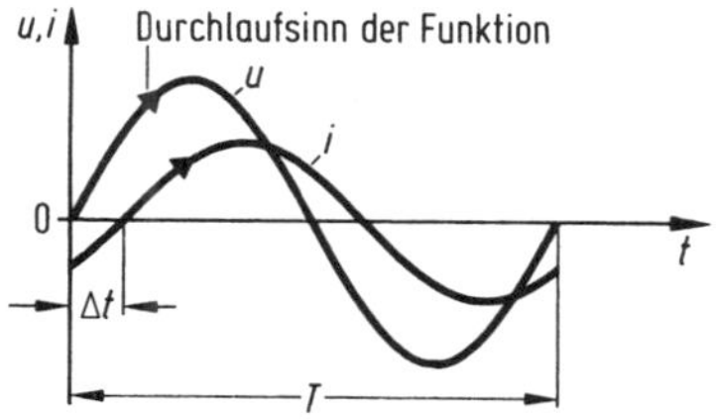

Bild 6.1.3 – 1 Zeitliche Verschiebung zwischen Wechselspannung und Wechselstrom

Die Zeitachse hat je nach Frequenz der dargestellten Wechselgröße einen anderen Maßstab und somit ist auch Δt jeweils unterschiedlich. Übersichtlicher ist deshalb die Angabe der Verschiebung in Winkelgraden. Wie bereits bekannt, kann der Zeitmaßstab durch einen Winkelmaßstab ersetzt werden. Es ist üblich, die Bezeichnung der Zeitachse bestehen zu lassen, aber die Verschiebung in Winkelgraden anzugeben. Der Phasenverschiebungswinkel wird mit φ bezeichnet. Er kann symbolisch mit der Zeitkonstante τ verglichen werden, da τ für alle e-Funktionen unabhängig vom Zeitmaßstab die gleichen Zeitabschnitte darstellt.

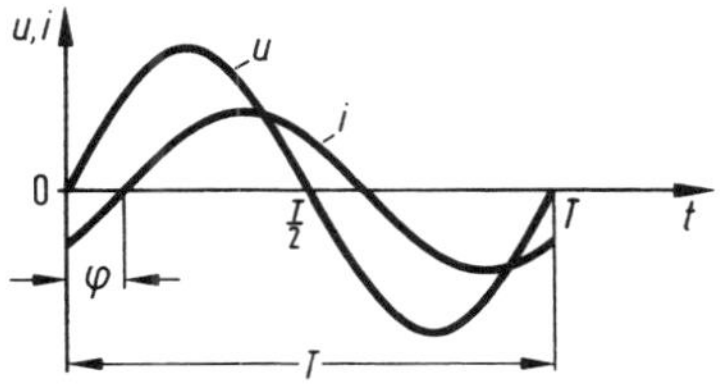

Bild 6.1.3 – 2
Phasenverschiebungswinkel im Liniendiagramm

Die Phasenverschiebung kann direkt in die Gleichung zur Berechnung der Augenblickswerte eingesetzt werden. Die Gleichung lautet dann:

$$u = \hat{u} \sin(\omega t \pm \varphi) \qquad (6.1.3-1)$$
$$+\varphi \mathrel{\widehat{=}} \text{voreilend}$$
$$-\varphi \mathrel{\widehat{=}} \text{nacheilend}$$

Die Phasenverschiebung lässt sich auch im Zeigerdiagramm darstellen, was besonders anschaulich ist und deshalb am häufigsten zur Anwendung kommt. Strom- und Spannungszeiger gehen dabei von einem Punkt aus. Ein Zeiger, meistens in der Waagerechten gezeichnet, bildet die Bezugsgröße. Die positive Zählrichtung des Phasenwinkels φ verläuft gegen den Uhrzeigersinn. Für Bild 6.1.3 – 3 ergibt sich somit: Der Phasenwinkel zwischen Strom und Spannung $\varphi_{I,U}$ ist wegen der gewählten Bezugsgröße positiv. Der Strom eilt der Spannung im Winkel φ nach.

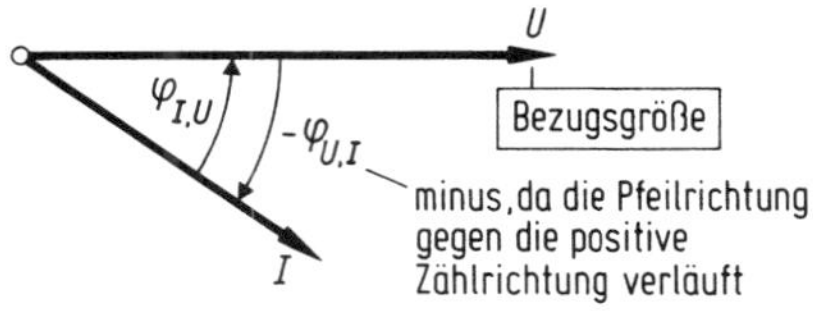

Bild 6.1.3 – 3
Phasenverschiebungswinkel im Zeigerdiagramm

Beispiel 6.1.3 – 1

In einer Schaltung, die von einer Wechselspannung mit $f = 50$ Hz gespeist wird, seien folgende Phasenwinkel gegeben: $\varphi_1 = 30°$; $\varphi_2 = 60°$; $\varphi_3 = 100°$. Welche Zeitverschiebung gegenüber dem Nulldurchgang des nicht phasenverschobenen Signals entsprechen diese Werte?

Lösung:

Berechnung der Periodendauer *T*, da diese Zeit einem Winkel von 360° entspricht:

$$T = \frac{1}{f} = \frac{1}{50\ \text{Hz}} = \frac{1}{50\ \frac{1}{\text{s}}} = \underline{\underline{20\ \text{ms}}}$$

Berechnung der Zeitverschiebung t_1 für Winkel φ_1 mittels Verhältnisgleichung:

$$\frac{30^\circ}{360^\circ} = \frac{t_1}{20\ \text{ms}} \Rightarrow t_1 = 20\ \text{ms}\frac{30^\circ}{360^\circ}$$

$$t_1 = \underline{\underline{1{,}666\ \text{ms}}}$$

Berechnung der Zeitverschiebung t_2 für Winkel φ_2 mittels Verhältnisgleichung:

$$\frac{60^\circ}{360^\circ} = \frac{t_2}{20\ \text{ms}} \Rightarrow t_2 = 20\ \text{ms}\frac{60^\circ}{360^\circ}$$

$$t_2 = \underline{\underline{3{,}333\ \text{ms}}}$$

Berechnung der Zeitverschiebung t_3 für Winkel φ_3 mittels Verhältnisgleichung:

$$\frac{100^\circ}{360^\circ} = \frac{t_3}{20\ \text{ms}} \Rightarrow t_3 = 20\ \text{ms}\frac{100^\circ}{360^\circ}$$

$$t_3 = \underline{\underline{5{,}555\ \text{ms}}}$$

Beispiel 6.1.3 – 2

Zeichnen Sie qualitativ die Liniendiagramme der Spannung $u = 15\ \text{V} \cdot \sin(\omega t + 60^\circ)$ und des Stromes $i = 1\ \text{A} \cdot \sin(\omega t)$ in ein Koordinatensystem.

Lösung:

Die Ordinate erhält zwei Maßstäbe, einen für den Strom und einen für die Spannung. Auf der Zeitachse ist der Maßstab beliebig, da keine Angaben in der Aufgabenstellung gemacht werden. Der Abschnitt *T* kann somit beliebig gewählt werden. Um die Phasenverschiebung maßstäblich zeichnen zu können, wird die gewählte Strecke für *T* gemessen.

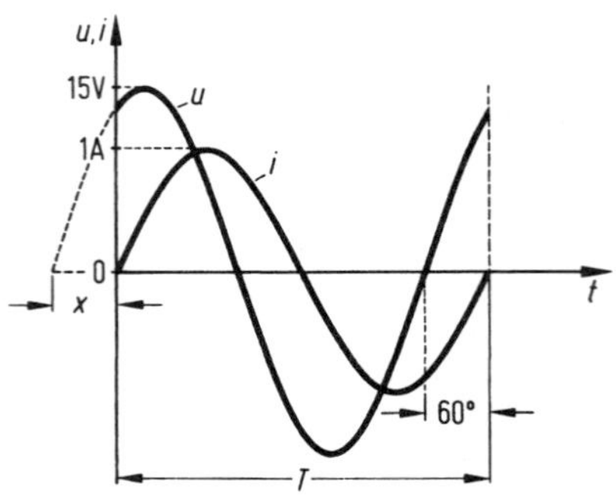

Es gilt somit z. B.:

$$T \mathrel{\widehat{=}} 3{,}3\ \text{cm} \mathrel{\widehat{=}} 360^\circ$$

Durch die Verhältnisbildung wird die Strecke für 60° berechnet.

$$\frac{3{,}3\ \text{cm}}{360^\circ} = \frac{x}{60^\circ} \Rightarrow x = 60^\circ\frac{3{,}3\ \text{cm}}{360^\circ} = \underline{\underline{0{,}55\ \text{cm}}}$$

Übung 6.1.3 – 1

Zeichnen Sie in ein Koordinatensystem das Liniendiagramm der Spannung $u = 100\ \text{V} \cdot \sin(\omega t)$ mit $f = 50\ \text{Hz}$ und das Liniendiagramm des Stromes $i = 3\ \text{A} \cdot \sin(\omega t + 20^\circ)$ mit $f = 50\ \text{Hz}$.

Lösung:

6.1.4 Überlagerung von Wechselspannungen und die Fourier-Analyse

Wirken mehrere Spannungen an einem Verbraucher, dann liegt Spannungsüberlagerung vor. Durch einige Beispiele wird nachfolgend der Vorgang der Überlagerung anhand von Liniendiagrammen gezeigt. Im ersten Beispiel wird eine Wechselspannung einer Gleichspannung überlagert, was einer Reihenschaltung zweier Spannungsquellen entspricht. In ein Koordinatensystem werden nun die Liniendiagramme der beiden Spannungen eingezeichnet. Die zeitlich einander zugeordneten Augenblickswerte addiert oder subtrahiert man geometrisch (Streckenaddition oder -subtraktion) je nach Vorzeichen. Das neu entstandene Liniendiagramm lässt sich z. B. mit einem Oszilloskop darstellen. Das Ergebnis zeigt das Liniendiagramm der Wechselspannung, dessen Verlauf um den Gleichspannungsanteil in positiver Richtung verschoben wurde.

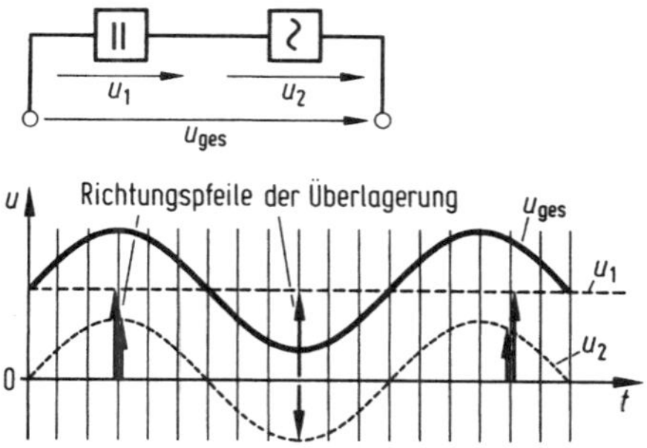

Bild 6.1.4 – 1 Überlagerung einer Gleichspannung mit einer Wechselspannung

Im zweiten Beispiel werden zwei Wechselspannungen mit unterschiedlichen Amplituden, aber gleicher Frequenz und Phasenlage, überlagert.

Das Ergebnis der Überlagerung ist wieder eine Wechselspannung allerdings mit vergrößerter Amplitude, jedoch gleicher Frequenz, bezogen auf die ursprünglichen Wechselspannungen.

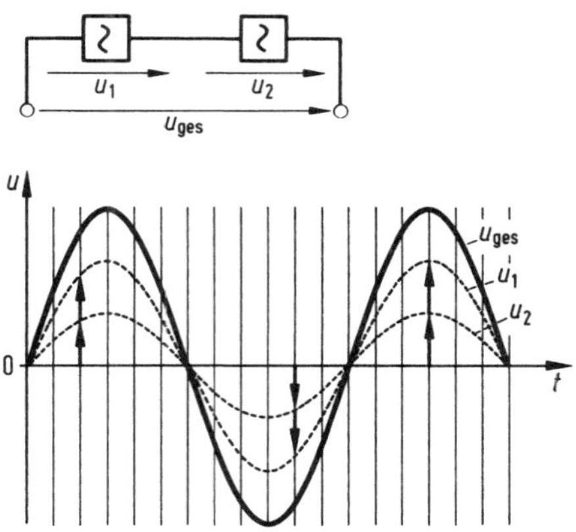

Bild 6.1.4 – 2 Überlagerung zweier Wechselspannungen gleicher Frequenz

Im dritten Beispiel werden zwei Wechselspannungen mit unterschiedlichen Amplituden und verschiedenen Frequenzen überlagert.
Das Ergebnis der Überlagerung ist das Liniendiagramm einer nichtsinusförmigen periodischen Wechselspannung.

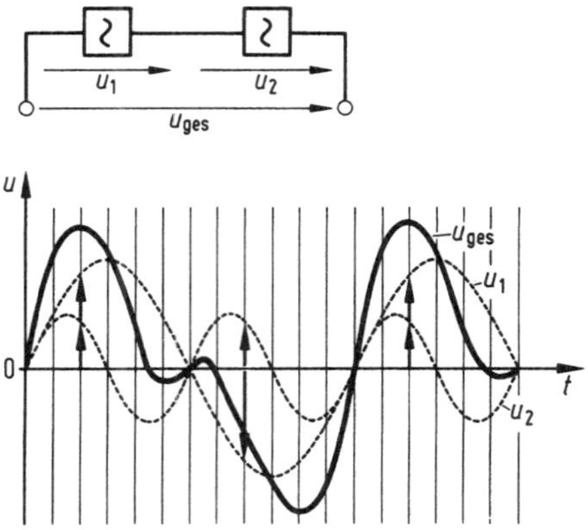

Bild 6.1.4 – 3 Überlagerung zweier Wechselspannungen verschiedener Frequenzen

Die Erkenntnis, dass sinusförmige Wechselgrößen mit unterschiedlichen Amplituden, Phasenlagen und Frequenzen bei einer Überlagerung einen nichtsinusförmigen periodischen Wechselverlauf ergeben, lässt auch den umgekehrten Schluss zu:

Nichtsinusförmige Wechselvorgänge können auf eine Überlagerung mehrerer sinusförmiger Wechselvorgänge mit unterschiedlicher Amplitude, Frequenz und Phasenlage zurückgeführt werden.

Der französische Physiker *J.-B. Fourier* (1768 bis 1830) entdeckte diesen Zusammenhang bei mechanischen Schwingungen und erarbeitete dazu ein Rechenverfahren, das heute unter dem Begriff Fourier-Analyse bekannt ist. Mit diesem Verfahren ist es möglich, nichtsinusförmige Schwingungen in eine Summe sinusförmiger Schwingungen zu zerlegen. Das Rechenverfahren der Fourier-Analyse setzt Kenntnisse der Integralrechnung voraus, was den Rahmen dieses Buches übersteigt. Für häufig in der Elektrotechnik vorkommende nichtsinusförmige Schwingungen können die Ergebnisse der Fourier-Analyse entsprechenden Formelsammlungen entnommen werden.

Nachfolgend soll an einigen dieser Analysen aufgezeigt werden, welche Informationen in ihnen stecken.

Fourier-Analyse der nach Doppelweggleichrichtung auftretenden Spannung (= sog. Sinushalbwellen):

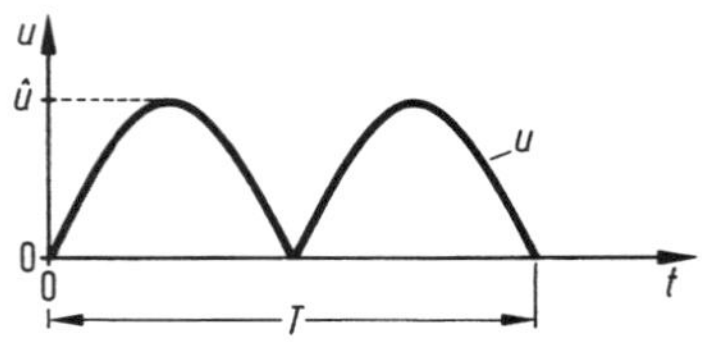

Bild 6.1.4 – 4 Liniendiagramm der Spannung nach Doppelweggleichrichtung

Die Fourier-Analyse ergibt folgende Gleichung:

$$u = \hat{u} \cdot \frac{4}{2 \cdot \pi} - \hat{u} \frac{4}{3 \cdot \pi} \cos(2 \cdot \omega \cdot t) - \hat{u} \frac{4}{3 \cdot 5 \cdot \pi} \cdot \cos(4 \cdot \omega \cdot t) - \hat{u} \frac{4}{5 \cdot 7 \cdot \pi} \cdot \cos(6 \cdot \omega \cdot t) - \ldots$$

(6.1.4 – 1)

Das Ergebnis weist folgende Struktur auf.

$u = u_0 - u_1 - u_2 - u_3 - \ldots$

mit

u_0 = Gleichspannungsanteil
u_1 = 1. Oberwelle
u_2 = 2. Oberwelle
u_3 = 3. Oberwelle
⋮

Mit jeder höheren Oberwelle verkleinert sich die Amplitude nach einer Gesetzmäßigkeit. Die Frequenzen der Oberwellen folgen den aufsteigenden geraden Zahlen.

Fourier-Analyse einer Dreieckspannung:

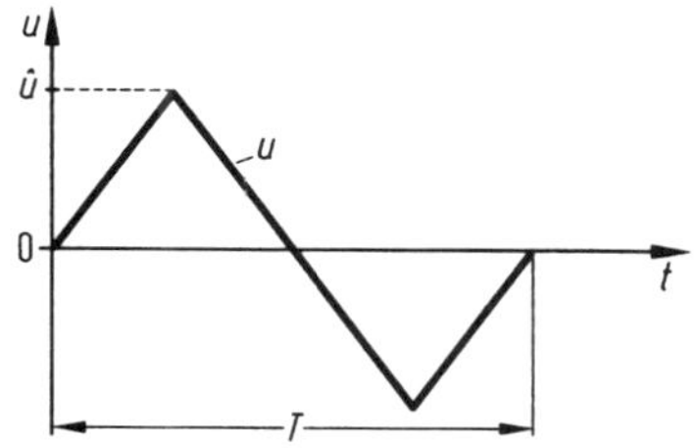

Bild 6.1.4 – 5
Liniendiagramm einer Dreieckspannung

Es ergibt sich folgende Gleichung:

$$u = \hat{u}\frac{8}{\pi^2}\sin(\omega t) - \hat{u}\frac{8}{9\pi^2}\sin(3\omega t) + \hat{u}\frac{8}{25\pi^2}\sin(5\omega t) - + \ldots \quad (6.1.4-2)$$

Fourier-Analyse einer Rechteckspannung:

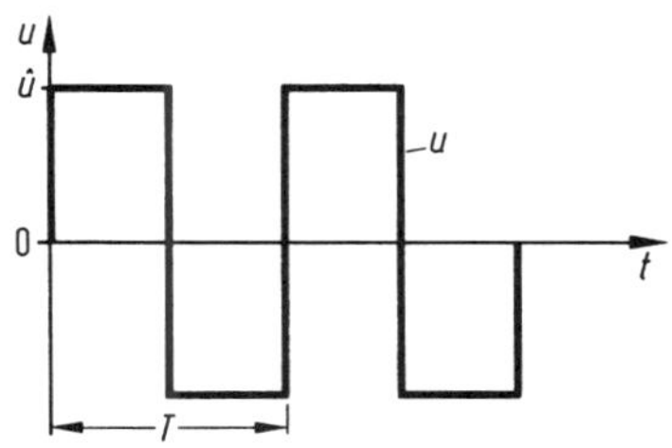

Bild 6.1.4 – 6
Liniendiagramm einer Rechteckspannung

Es ergibt sich folgende Gleichung:

$$u = \hat{u}\frac{4}{\pi}\sin(\omega t) + \hat{u}\frac{4}{3\pi}\sin(3\omega t) + \hat{u}\frac{4}{5\pi}\sin(5\omega t) + \hat{u}\frac{4}{7\pi}\sin(7\omega t) + \ldots \quad (6.1.4-3)$$

Die Fourier-Analyse findet in vielen Bereichen der Elektrotechnik Anwendung. Ein Beispiel ist in der Nachrichtentechnik die Übertragung von Signalen, die meistens nichtsinusförmig sind. Da jede Übertragungsstrecke nur bis zu einer maximalen Frequenz arbeitet, ist es möglich, dass nur ein Teil der Oberwellen übertragen wird. Das Signal ist dann am Ende der Übertragungsstrecke durch die fehlenden

Oberwellen verändert. Mit Hilfe der Fourier-Analyse können diese Einflüsse im Voraus ermittelt und gegebenenfalls kompensiert werden.

Übung 6.1.4 – 1

Lösung:

Überlagern Sie die Spannungen u_1 und u_2 nach der Vorschrift $u = u_1 - u_2$ grafisch. Die Funktionsgleichungen der beiden Spannungen lauten:

$$u_1 = 15\ \text{V} \cdot \sin\left(314\ \frac{1}{\text{s}} \cdot t + 30°\right)$$

$$u_2 = 10\ \text{V} \cdot \sin\left(314\ \frac{1}{\text{s}} \cdot t + 90°\right)$$

Übung 6.1.4 – 2

Lösung:

Drei Spannungen u_1, u_2, u_3 sind so überlagert, dass sich ihre Augenblickswerte jeweils addieren. Das Ergebnis der Überlagerung zeigt das Bild. Von zwei Spannungen sind die Funktionsgleichungen bekannt:

$u_1 = 10\ \text{V} \cdot \sin \omega t$; $\quad u_3 = 2{,}5\ \text{V} \cdot \cos 2\omega t$

mit $f = 50\ \text{Hz}$.

Ermitteln Sie grafisch die Funktionsgleichung $u_2 = f(t)$.

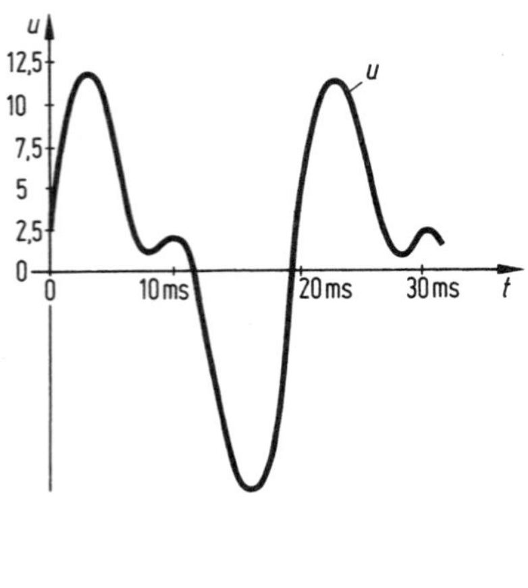

6.2 Verhalten der idealen Grundschaltelemente an Wechselspannung

Nach der Durcharbeitung dieses Kapitels haben Sie die **Kompetenz** ...
- die auftretenden elektrischen Größen Wirk- und Blindwiderstand im Stromkreis rechnerisch zu bestimmen,
- die Phasenverschiebung als Zeitverschiebung zwischen Spannung und Strom zu definieren,
- die Phasenverschiebung im Stromkreis zu deuten.

6.2.1 Idealer Wirkwiderstand an Wechselspannung

Nach Anschluss eines Widerstandes an eine Wechselspannung fließt ebenso wie im Gleichstromkreis Strom durch diesen Widerstand. Die Werte des Stromes folgen dabei der Änderung der Wechselspannung ohne Zeitverzug. Man sagt, Sapnnung und Strom sind gleichphasig.

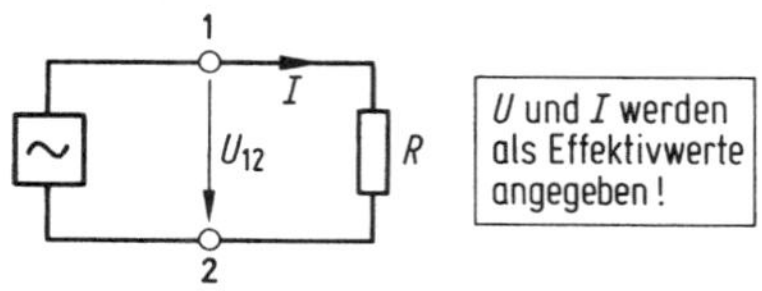

Bild 6.2.1 – 1
Widerstand als Verbraucher im Wechselstromkreis

Diese Aussage ist im Linien- und Zeigerdiagramm darstellbar.

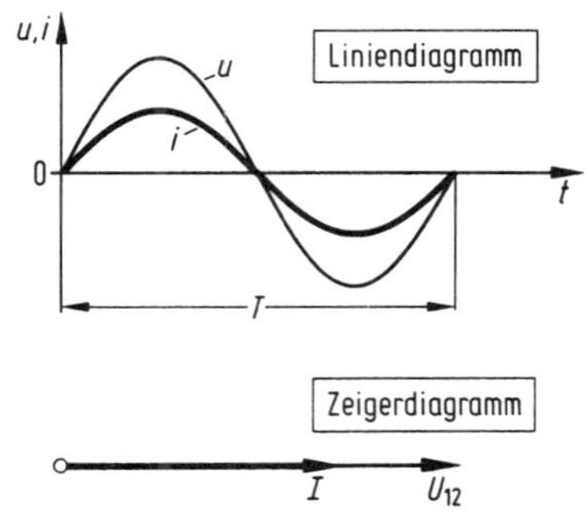

Bild 6.2.1 – 2 Linien- und Zeigerdiagramm eines Wechselstromkreises mit Wirkwiderstand

Der gesetzmäßige Zusammenhang zwischen Spannung, Stromstärke und Widerstand ist auch im Wechselstromkreis das Ohm'sche Gesetz. Die Angaben der Wechselgrößen erfolgen üblicherweise als Effektivwerte, es ist aber auch die Verwendung der Augenblickswerte möglich. Der Widerstand R wird als Wirkwiderstand (auch ohmscher Widerstand) bezeichnet. In den folgenden Abschnitten werden noch weitere Widerstandsarten behandelt.

Ohm'sches Gesetz mit Effektivwerten

$$U = I \cdot R \qquad (6.2.1-1)$$

mit

R = **Wirkwiderstand (= ohmscher Widerstand)**

Ohm'sches Gesetz mit Augenblickswerten

$$u = i \cdot R = \hat{i} \cdot R \cdot \sin(\omega \cdot t) \qquad (6.2.1-2)$$

6.2.2 Idealer Kondensator an Wechselspannung

Beim Anschluss eines Kondensators an Wechselspannung erfolgt bei diesem ständig Auf-, Ent- und Umladung. Dieser Vorgang erklärt sich durch das Ansteigen, Abfallen und Umkehren der Wechselspannung. Die Folge dieser Ladungsverschiebung ist ein wechselnder Stromfluss in den Zuleitungen des Kondensators. Um eine Berechnung dieses Stromes vornehmen zu können, sind die Vorgänge am Kondensator näher zu untersuchen. Dafür wird die sinusförmige Wechselspannung zunächst durch eine rechteckförmige Spannung ersetzt.

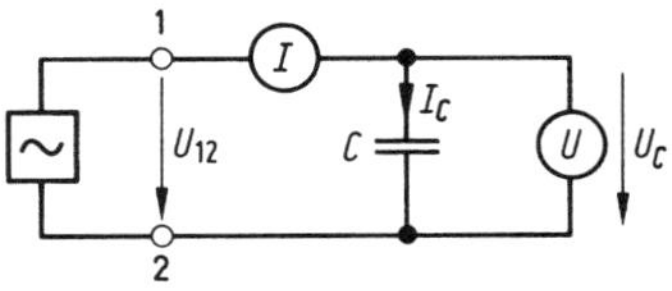

Bild 6.2.2 – 1
Kondensator als Verbraucher im Wechselstromkreis

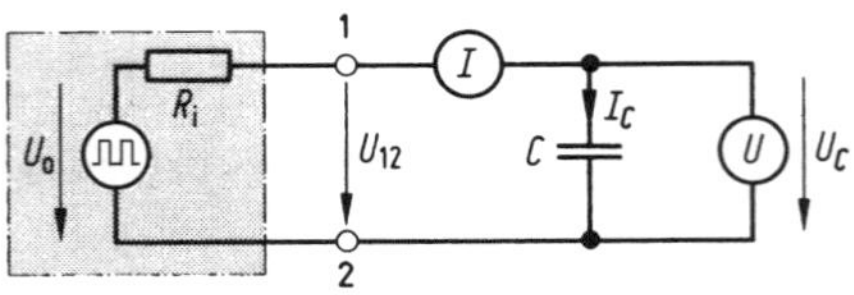

Bild 6.2.2 – 2
Kondensator an einer Rechteckspannung

In einer ersten Betrachtung sei die Impulsdauer T_0 der Rechteckspannung gleich der Impulspause T_p. Die Impulsdauer sei 5τ, also lädt sich der Kondensator während dieser Zeit auf. Der Strom im Kreis zeigt das im Bild 6.2.2 – 3 dargestellte Verhalten (siehe auch Kapitel 4.8).

T_0 = Impulsdauer
T_p = Impulspause

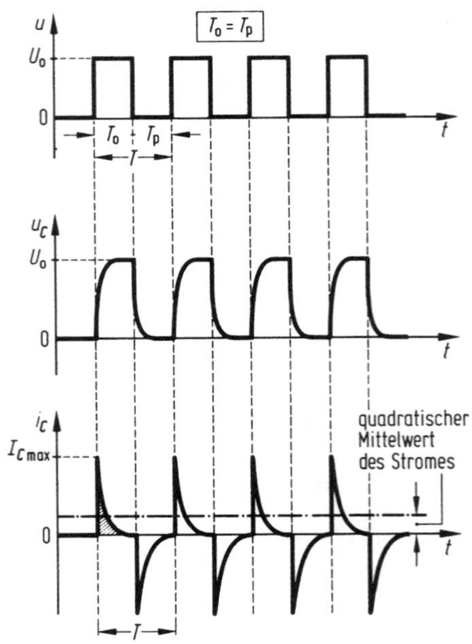

Bild 6.2.2 – 3 Strom- und Spannungsverlauf an einem Kondensator für $T_0 = 5\tau$

Es ist verständlicherweise ein Wechselstrom, dessen quadratischer Mittelwert (= Effektivwert) recht klein ist.

In einer zweiten Betrachtung sei wieder $T_0 = T_p$, aber die Impulsdauer sei bei gleicher Periodendauer T nur noch τ. (τ wird also größer bei bleibendem Wert von T_0.) Dazu muss der Kapazitätswert des Kondensators vergrößert werden. Wie das Stromdiagramm zeigt, fließt im Mittel während einer Periode nun mehr Strom. Eine Vergrößerung der Kapazität hat somit eine Stromerhöhung zur Folge. Der Kondensator hat mit seiner Kapazität im Wechselstromkreis die Funktion eines Strombegrenzers, also eines Widerstandes. Da dieser nicht im Sinne eines Wirkwiderstandes (= Bremsung der Elektronenbewegung am Kristallgitter) zu verstehen ist, bezeichnet man ihn als Blindwiderstand. In ihm wird keine Wärme umgesetzt, sondern elektrische Ladungen verschoben und somit elektrische Felder auf- und abgebaut. Die Verschiebung von Ladungen bedeutet den Aufbau einer Spannung U_C am Kondensator. Im Stromkreis ist sie eine Gegenspannung. Diese Kondensatorspannung U_C ist die eigentliche Ursache für die Strombegrenzung.

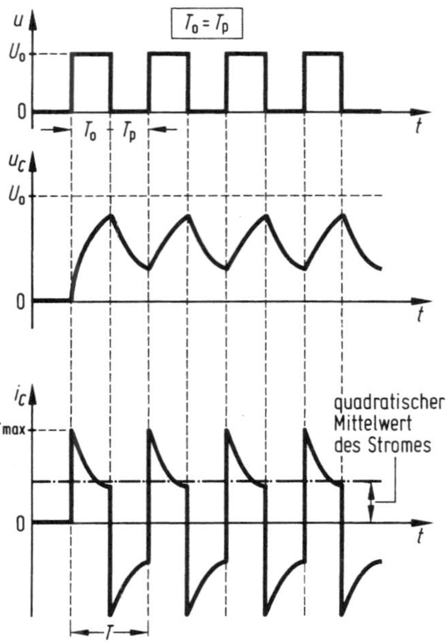

Bild 6.2.2 – 4 Strom- und Spannungsverlauf an einem Kondensator für $\tau = T_0$

Es gelten somit folgende Aussagen:

Die Kondensatorspannung wirkt als Gegenspannung strombegrenzend.
Die strombegrenzende Wirkung eines Kondensators im Wechselstromkreis wird als Blindwiderstand bezeichnet.

Der Blindwiderstand ist durch das Formelzeichen X gekennzeichnet. Um auf den Kondensator als Urheber hinzuweisen, wird als Index das Formelzeichen C verwendet.
Man erhält somit folgende Formulierung:

X_C = kapazitiver Blindwiderstand

Für den kapazitiven Blindwiderstand gilt als Definitionsgleichung:

Definitionsgleichung des kapazitiven Blindwiderstands:

$$X_C = \frac{U_C}{I_C} \qquad (6.2.2-1)$$

Die Einheit des Blindwiderstandes ist identisch mit der Einheit des Wirkwiderstandes.

$$[X_C] = \Omega \qquad (6.2.2-2)$$

Der kapazitive Blindwiderstand ist, wie bereits bekannt, eine Funktion des Kapazitätswertes. In einem Wechselstromkreis kann aber neben der Spannung auch die Frequenz verändert werden. Bei Betrachtungenmit einer Rechteckspannung bedeutet dies, Veränderung der Impulsdauer und Impulspausenzeit. Aus Bild 6.2.2 – 5 ist bei einer Verkleinerung der Impulszeit T_0 auf T_0' deutlich eine Erhöhung des mittleren Stromes zu erkennen, was einer Verringerung des Blindwiderstandes entspricht. Eine Verkleinderung von T_0 bedeutet aber wegen $f = \frac{1}{T_0}$ eine Erhöhung der Frequenz.

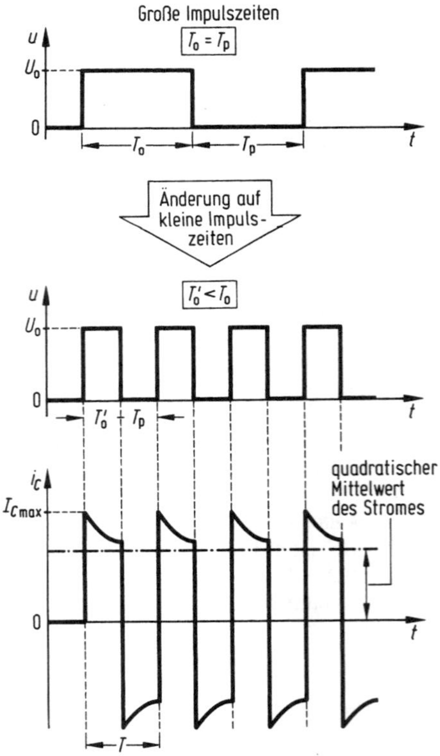

Bild 6.2.2 – 5 Strom und Spannungsverlauf an einem Kondensator für $T_0 \approx \frac{1}{5}\tau$

Es gilt somit die Aussage:

Der kapazitive Blindwiderstand wird durch den Kapazitätswert und die Frequenz der angelegten Wechselspannung bestimmt.

$$X_C = f(C, f) \quad (6.2.2-3)$$

Nach dieser Vorüberlegung kann nun die Bemessungsgleichung des kapazitiven Blindwiderstandes hergeleitet werden. Dabei wird von der bekannten Gleichung 4.5 – 4 des Kondensatorladestromes ausgegangen.

$$I_C = C \cdot \frac{\Delta U_C}{\Delta t}$$

Die am Kondensator anliegende Wechselspannung kann, wie bereits bekannt, durch einen rotierenden Spannungszeiger dargestellt werden. Für jede Weiterdrehung benötigt der Zeiger die Zeit Δt, der die Spannungsänderung ΔU_C zugeordnet ist. Diese Betrachtung stellt eine Näherung dar, da die exakte Ableitung nur mittels Differenzialrechnung erfolgen kann. Die Summe aller ΔU_C-Abschnitte bildet der Kreisumfang des rotierenden Spannungszeigers mit dem Radius $r = U_C$ und wird deshalb als Umfangsspannung U bezeichnet.

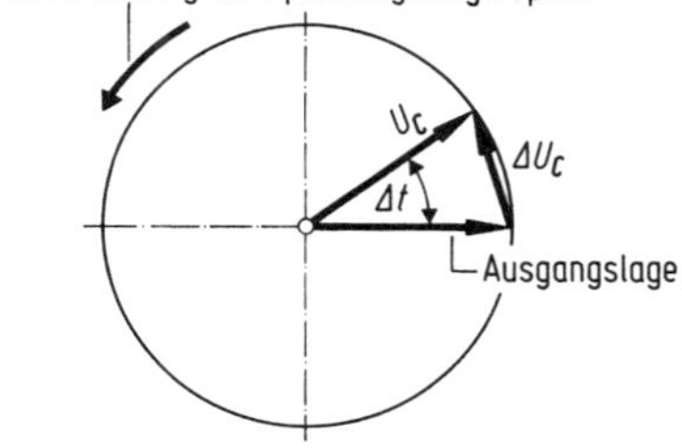

Bild 6.2.2 – 6 Rotierender Spannungszeiger

Umfangsspannung

$$\Sigma\, \Delta U_C = U = 2 \cdot \pi \cdot U_C$$

Für einen Umlauf ist die Periodendauer T erforderlich. Die Umfangsspannung U und die Periodendauer T können deshalb ins Verhältnis gesetzt werden. Dies gilt ebenso für die Spannungsänderungen ΔU_C und die zugehörigen Zeitabschnitte Δt. Beide Formulierungen bilden zusammen folgende Verhältnisgleichung:

$$\frac{\Delta U_C}{\Delta t} = \frac{U}{T}$$

$$\frac{\Delta U_C}{\Delta t} = \frac{2\pi \cdot U_C}{T}$$

$$\text{mit} \quad T = \frac{1}{f}$$

$$\frac{\Delta U_C}{\Delta t} = 2\pi \cdot f \cdot U_C$$

Nun wird der Quotient $\frac{\Delta U_C}{\Delta t}$ in die Gleichung für I_C eingesetzt:

$$I_C = C \cdot 2\pi \cdot f \cdot U_C$$

Die Größen U_C und I_C werden nun als Quotient auf eine Gleichungsseite gebracht:

$$\frac{U_C}{I_C} = \frac{1}{2\pi \cdot f \cdot C}$$

Der Quotient $\frac{U_C}{I_C}$ ist bereits als X_C definiert worden. Somit ergibt sich folgende Bemessungsgleichung für den kapazitiven Blindwiderstand:

$$X_C = \frac{1}{2\pi \cdot f \cdot C} = \frac{1}{\omega C} \qquad (6.2.2-4)$$

Zur Kontrolle der Gleichungsumstellung werden die Einheiten eingesetzt:

$$[X_C] = \frac{1}{\frac{1}{\mathrm{s}} \cdot \frac{\mathrm{A \cdot s}}{\mathrm{V}}} = \frac{\mathrm{V}}{\mathrm{A}} = \Omega \qquad (6.2.2-5)$$

Bei der Betrachtung der Gleichung erkennt man die Richtigkeit der Vorüberlegung. Der Blindwiderstand ist abhängig von der Frequenz und dem Kapazitätswert. Das Bild 6.2.2 – 7 zeigt diesen Zusammenhang als Funktionsbild. Die einzelnen Kurven sind Hyperbeln.

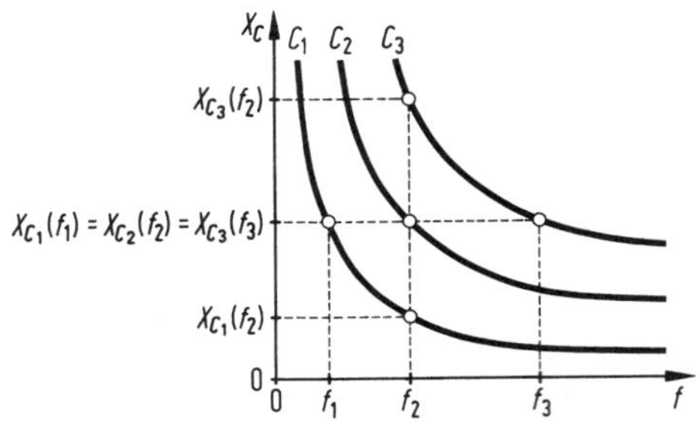

Bild 6.2.2 – 7 Abhängigkeit des kapazitiven Blindwiderstandes von der Frequenz

Zur einfacheren Berechnung parallel geschalteter Wirkwiderstände wurde der Leitwert G definiert. Es ist zweckmäßig in analoger Weise auch einen Blindleitwert zu definieren. Dafür gilt:

kapazitiver Blindleitwert:

$$B_C = \frac{1}{X_C} = \omega \cdot C \qquad (6.2.2-6)$$

Für die Einheit ergibt sich:

$$[B_C] = \frac{1}{\Omega} = \text{S (Siemens)} \qquad (6.2.2-7)$$

Nachdem der physikalische Vorgang der Strombegrenzung durch einen Kondensator im Wechselstromkreis erläutert wurde und die Bemessungsgleichung hergeleitet werden konnte, soll nun die zeitliche Betrachtung von Strom und Spannung untersucht werden.
Für den Kondensatorladestrom I_C gilt, wie bereits bekannt:

$$I_C = C\,\frac{\Delta U_C}{\Delta t}$$

Die Höhe des Stromes ist also von der Spannungsänderung pro Zeiteinheit abhängig. Betrachtet man den Spannungsverlauf einer sinusförmigen Spannung, so liegen die größten Änderungen in den Nulldurchgängen. Beim Spannungsmaximum ist die Spannungsänderung null.

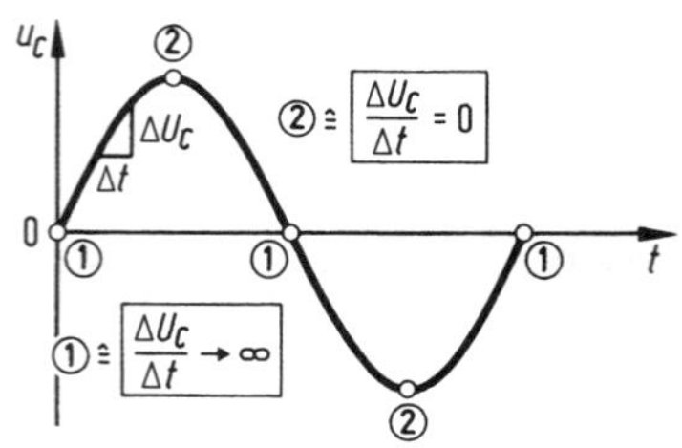

Bild 6.2.2 – 8 Punkte verschiedener Spannungsanstiegsgeschwindigkeiten

Bezieht man die Änderung auf den Strom I_C, dann hat er sein Maximum in den Nulldurchgängen der Spannung. Somit sind Spannung U_C und Strom I_C zeitlich gegeneinander um 90° verschoben. Der Strom eilt in diesem Falle der Spannung um 90° voraus.

> Der Strom in einem Kondensator eilt der Spannung an ihm um 90° voraus.

Die Phasenverschiebung zwischen Strom und Spannung kann sehr anschaulich im Linien- und Zeigerdiagramm dargestellt werden.

Es sei dabei nochmals darauf hingewiesen, dass die zeitliche Verschiebung im Allgemeinen in Winkelgeraden, hier 90°, angegeben wird. Welchem tatsächlichen Zeitraum diese 90° entsprechen, hängt von der Frequenz ab.

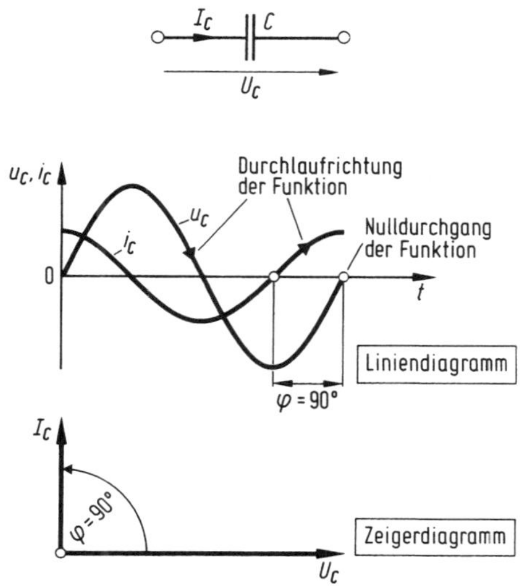

Bild 6.2.2 – 9 Zeitliche Verschiebung zwischen Strom und Spannung eines Kondensators

Die Bestimmungsgleichung 6.2.2 – 4 für den kapazitiven Blindwiderstand X_C wurde anhand physikalischer Abläufe und deren mathematischer Umsetzung hergeleitet. Eine rein mathematische Herleitung ist mit der Differenzialrechnung möglich, dazu die folgenden Rechenschritte.
Der Augenblickswert des Ladestrom eines Kondensators ist bekanntlich wie folgt definiert:

$$i_C = C \cdot \frac{\mathrm{d}u_C}{\mathrm{d}t}$$

Da sich die Wechselspannung sinusförmig ändert, gilt für deren Augenblickswert:

$$u_C = \hat{u} \cdot \sin(\omega t)$$

Als Differenzialquotient kann geschrieben werden:

$$\mathrm{d}u_C = \hat{u} \cdot \mathrm{d}(\sin(\omega t))$$

Einsetzen der Aussage $\mathrm{d}u_C$ in die Gleichung für den Ladestrom ergibt:

$$i_C = C \cdot \hat{u} \cdot \frac{\mathrm{d}(\sin(\omega t))}{\mathrm{d}t}$$

Dieser Term kann nun mit den Regeln der Differenzialrechnung weiter umgewandelt werden; als Endaussage ergibt sich:

$$\boxed{i_C = \omega \cdot C \cdot \hat{u} \cdot \cos(\omega t)} \qquad (6.2.2-8)$$

In der Gleichung 6.2.2 – 8 folgt der Augenblickswert des Kondensatorstromes einer Kosinus-Funktion. Dies bedeutet eine Phasenverschiebung zwischen Spannung und Strom von +90°. Der Strom eilt der Spannung um 90° voraus.

> cos $\widehat{=}$ +90° Phasenverschiebung zwischen Bezugsspannung und fließendem Strom

In der Praxis ist es üblich, mit Effektivwerten der Wechselgrößen zu arbeiten. Die Gleichung 6.2.2 – 8 wird in einem weiteren Rechenschritt von Augenblickswerten in Effektivwerte überführt. Die neue Gleichung ist, wie leicht zu erkennen, das Ohm'sche Gesetz:

$$I_C = (\omega \cdot C) \cdot U_C$$

Stellt man die Gleichung nach $\frac{1}{\omega \cdot C}$ um, so ist dies die bereits bekannte Gleichung für den kapazitiven Blindwiderstand X_C.

$$\omega \cdot C = \frac{I_C}{U_C}$$

$$\frac{1}{\omega \cdot C} = \frac{U_C}{I_C}$$

$$\frac{1}{\omega \cdot C} = X_C$$

Beispiel 6.2.2 – 1

Ein Wechselstromkreis wird von einer Spannung $U = 50\ \text{V}$ mit einer Frequenz $f = 100\ \text{Hz}$ gespeist.
Zur Strombegrenzung ist ein Kondensator von $C = 10\ \mu\text{F}$ eingebaut. Berechnen Sie den Blindwiderstand X_C, den Strom I_C und die zeitliche Verschiebung t' zwischen Strom und Spannung.

Lösung:

Berechnung des Blindwiderstandes:

$$X_C = \frac{1}{2 \cdot \pi \cdot f \cdot C}$$

$$= \frac{1}{2 \cdot \pi \cdot 100\ \text{Hz} \cdot 10 \cdot 10^{-6}\ \text{F}}$$

$$= \frac{1}{2 \cdot \pi \cdot 100\ \frac{1}{\text{s}} 10 \cdot 10^{-6}\ \frac{\text{A} \cdot \text{s}}{\text{V}}}$$

$$= \frac{1}{2 \cdot \pi \cdot 100 \cdot 10 \cdot 10^{-6}}\ \Omega$$

$$X_C = \underline{\underline{159\ \Omega}}$$

Berechnung des Stromes:

$$I_C = \frac{U_C}{X_C} = \frac{50\ \text{V}}{159\ \Omega} = \underline{\underline{0{,}314\ \text{A}}}$$

Berechnung der zeitlichen Verschiebung:
Die Phasenverschiebung zwischen Strom und Spannung beträgt 90°. Dieser Winkel entspricht bei einer Frequenz von $f = 100\ \text{Hz}$ einer zeitlichen Verschiebung von:

$$T = \frac{1}{100\ \text{Hz}} = \frac{1}{100\ \frac{1}{\text{s}}} = \underline{\underline{0{,}01\ \text{s}}}$$

$$T \mathrel{\widehat{=}} 360^\circ \Rightarrow 90^\circ \mathrel{\widehat{=}} \frac{1}{4}T$$
$$\Rightarrow t' = \frac{1}{4} \cdot 0{,}01\ \text{s}$$
$$t' = \underline{\underline{0{,}0025\ \text{s}}}$$

Übung 6.2.2 – 1

Berechnen Sie die Blindwiderstandswerte für die Kondensatoren $C_1 = 10\ \mu\text{F}$, $C_2 = 300\ \text{pF}$, $C_3 = 10\ \text{mF}$ bei der Frequenz $f = 1000\ \text{Hz}$.

Lösung:

6.2.3 Ideale Spule an Wechselspannung

Wird eine Spule an Wechselspannung angeschlossen, dann erfolgt durch die zeitliche Spannungsänderung auch eine Änderung des Stromes pro Zeiteinheit. Jede Stromänderung in einer Spule hat aber eine magnetische Flussänderung zur Folge. Diese ist nach dem Induktionsgesetz wiederum Ursache für die Erzeugung einer Gegenspannung. Angelegte Spannung und induzierte Spannung wirken einander entgegen. Dadurch wird der Elektronenfluss im Stromkreis gebremst. Somit ist folgende Aussage möglich:

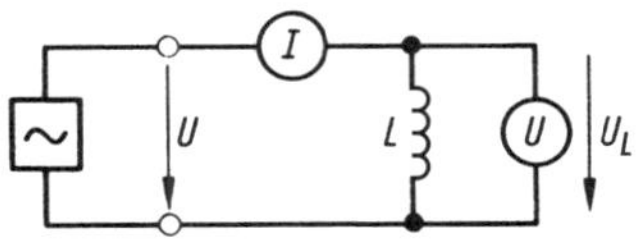

Bild 6.2.3 – 1
Spule als Verbraucher im Wechselstromkreis

> Die in der Spule erzeugte Gegenspannung wirkt strombegrenzend. Die Spule verhält sich somit im Wechselstromkreis wie ein Widerstand.

Analog zu den Betrachtungen am Kondensator handelt es sich bei dieser Strombegrenzung ebenfalls nicht um einen Wirkwiderstand. Die Bremsung des Elektronenflusses geschieht durch eine Gegenspannung. Da keine Reibung auftritt, wird auch keine Wärme umgesetzt. Die strombegrenzende Wirkung einer Spule im Wechselstromkreis wird ebenfalls als Blindwiderstand bezeichnet, allerdings mit dem Zusatz induktiv. Dieser Blindwiderstand hat das Formelzeichen X_L.

Induktiver Blindwiderstand = Widerstand der Spule im Wechselstromkreis

Als Definitionsgleichung gilt:

$$X_L = \frac{U_L}{I_L} \qquad (6.2.3-1)$$

Die Einheit ist auch das Ohm.

$$[X_L] = \Omega \qquad (6.2.3-2)$$

Zur Herleitung der Bemessungsgleichung des induktiven Blindwiderstandes X_L sind einige Vorüberlegungen notwendig.
Im ersten Schritt ist zu klären, welche physikalischen Größen den induktiven Widerstand

mitbestimmen. Die Höhe der Gegenspannung ist von der Induktivität L abhängig. Die im Induktionsgesetz auftretende Stromänderung pro Zeiteinheit ist von der Frequenz abhängig. Somit gilt:

$$\boxed{X_L = f(L, f)} \qquad (6.2.3-3)$$

Im zweiten Schritt kann nun die Gleichung hergeleitet werden. Dabei wird von der bekannten Gleichung 5.7.4.1 – 4 des Induktionsgesetzes ausgegangen.

$$U_L = L \cdot \frac{\Delta I}{\Delta t}$$

mit $U_L = U_{L\,\mathrm{max}}$

Die an der Spule angelegte Wechselspannung lässt einen Wechselstrom fließen. Dieser Strom kann als rotierender Stromzeiger aufgefasst werden. Für jede Weiterdrehung um einen bestimmten Winkel wird die Zeit Δt benötigt. Dieser ist der Strom ΔI_L zugeordnet. (Diese Betrachtung ist analog zum kapazitiven Blindwiderstand eine Näherung.)

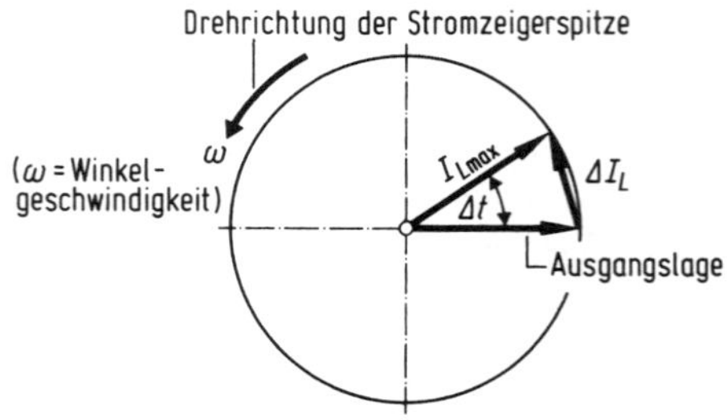

Bild 6.2.3 – 2 Rotierender Stromzeiger

Die Summe aller ΔI_L-Abschnitte ergibt den Kreisumfang, den der Stromzeiger beschreibt, dessen Radius $r = I_{L\,\mathrm{max}}$ ist. Er wird als Umfangsstrom bezeichnet.
Für einen Umlauf gilt die Periodendauer T. Deshalb können der Umfangsstrom I und die Periodendauer T ins Verhältnis gesetzt werden. Für den Teilstrom ΔI_L gilt die Zeitspanne Δt. Aus beiden Aussagen wird nun die Verhältnisgleichung gebildet:

Umfangsstrom:

$$\Sigma\,\Delta I_L = I = 2 \cdot \pi \cdot I_{L\,\mathrm{max}}$$

$$\frac{I}{T} = \frac{\Delta I_L}{\Delta t}$$

$$\frac{2 \cdot \pi \cdot I_{L\,\mathrm{max}}}{T} = \frac{\Delta I_L}{\Delta t} \quad \text{mit} \quad f = \frac{1}{T}$$

$$2 \cdot \pi \cdot f \cdot I_{L\,\mathrm{max}} = \frac{\Delta I_L}{\Delta t}, \quad \text{eingesetzt in}$$

$$U_{L\,\mathrm{max}} = L \cdot \frac{\Delta I_L}{\Delta t}$$

Die Größen $U_{L\,\mathrm{max}}$ und $I_{L\,\mathrm{max}}$ werden als Quotient auf eine Gleichungsseite gebracht. Dies ergibt:

$$U_{L\,\mathrm{max}} = L \cdot 2 \cdot \pi \cdot f \cdot I_{L\,\mathrm{max}}$$

$$\frac{U_{L\,\mathrm{max}}}{I_{L\,\mathrm{max}}} = 2 \cdot \pi \cdot f \cdot L$$

Da der Quotient bereits als Blindwiderstand X_L definiert wurde, ergibt sich somit folgende Bemessungsgleichung für den induktiven Blindwiderstand:

Bemessungsgleichung des induktiven Blindwiderstandes:

$$\boxed{X_L = 2 \cdot \pi \cdot f \cdot L = \omega \cdot L} \qquad (6.2.3-4)$$

Zur Kontrolle der Gleichungsumstellung werden die Einheiten eingesetzt:

$$[X_L] = \frac{1}{\mathrm{s}} \cdot \frac{\mathrm{V} \cdot \mathrm{s}}{\mathrm{A}} = \frac{\mathrm{V}}{\mathrm{A}} = \Omega \qquad (6.2.3-5)$$

Bei der Betrachtung der Gleichung erkennt man die Richtigkeit der Vorüberlegung: die Abhängigkeit des induktiven Blindwiderstandes von der Frequenz und der Induktivität. Als Funktion dargestellt ergibt dies mit unterschiedlicher Steigung durch den Nullpunkt verlaufende Geraden.

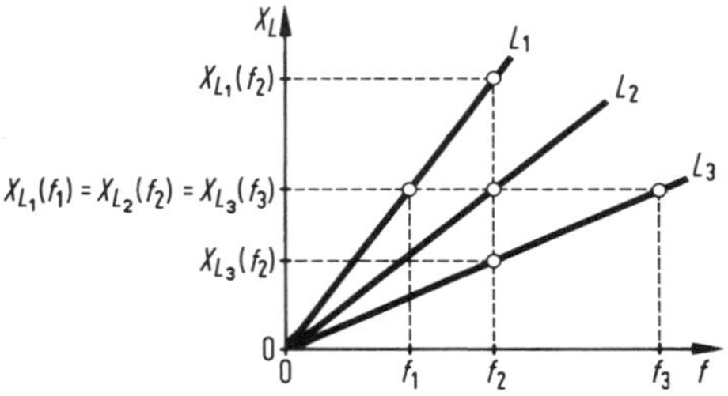

Bild 6.2.3 – 3 Abhängigkeit des induktiven Blindwiderstandes von der Frequenz

Analog zum kapazitiven Blindleitwert kann auch ein induktiver Blindleitwert definiert werden. Es gilt:

Induktiver Blindleitwert:

$$B_L = \frac{1}{X_L} \qquad (6.2.3-6)$$

Die Einheit ist ebenfalls Siemens:

$$[B_L] = \frac{1}{\Omega} = \mathrm{S} \qquad (6.2.3-7)$$

Eine Spule wirkt im Wechselstromkreis strombegrenzend wie ein Widerstand. Bedingt durch die physikalischen Zusammenhänge besteht dabei kein Gleichlauf zwischen Strom I_L und Spannung U_L. Die strombegrenzende Wirkung beruht bekanntlich auf der durch Induktion erzeugten Gegenspannung, die ihre Ursache in der Magnetflussänderung hat. Die angelegte Wechselspannung bewirkt den Aufbau eines magnetischen Feldes. Die Magnetflussänderung ist in den Nulldurchgängen der Funktion $\Phi = f(t)$ am größten. Dadurch ist eine Zeitverschiebung bedingt, die 90° entspricht. Wie aus dem Linien- und Zeigerdiagramm aus Bild 6.2.3 – 6 zu sehen ist, eilt der Strom in diesem Fall der Spannung um 90° nach.

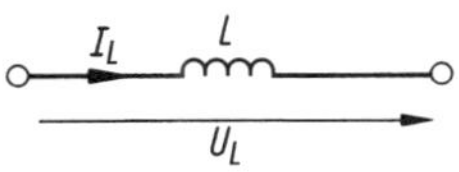

Bild 6.2.3 – 4 Spannung und Strom an einer Spule

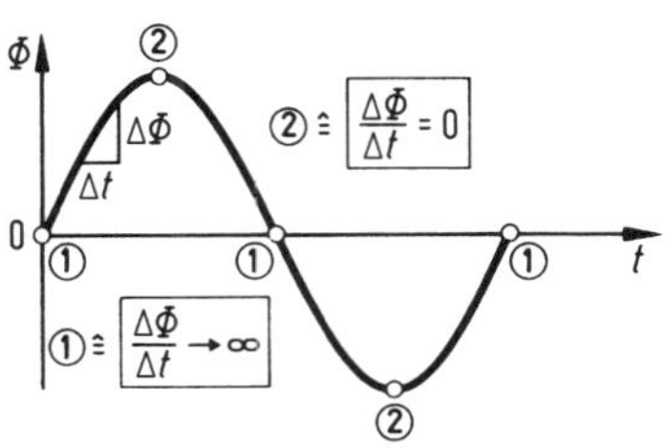

Bild 6.2.3 – 5 Änderung des magnetischen Flusses bei einer Spule als Folge einer sinusförmigen Wechselspannung

Der Strom in einer Spule eilt der Spannung an ihr um 90° nach.

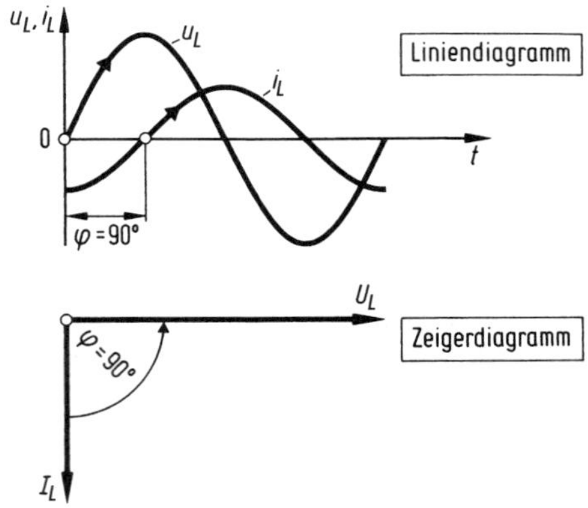

Bild 6.2.3 – 6 Phasenverschiebung zwischen Strom und Spannung bei einer Spule

Die Gleichung 6.2.3 – 4 zur Bestimmung des induktiven Blindwiderstandes X_L wurde analog der Bestimmung des kapazitiven Blindwiderstandes X_C ebenfalls anhand physikalischer Abläufe und deren mathematischer Umsetzung hergeleitet. Auch hier ist eine rein mathematische Herleitung mittels Differenzialrechnung wie folgt möglich.

Der Augenblickswert der induzierten Spannung lässt sich anhand der Gleichung (siehe 5.7.4.1 – 4) berechnen:

$$u_L = L \cdot \frac{\mathrm{d}i}{\mathrm{d}t}$$

Der Strom durch die Spule folgt der Sinusfunktion und der Augenblickswert berechnet sich zu:

$$i = \hat{i} \cdot \sin(\omega t)$$

In der obigen Gleichung für die Spannung u_L steht auf der rechten Gleichungsseite der Differenzialquotient des Stromes, diesen erhält man durch Differenziation der Augenblickswertgleichung des Stromes:

$$\mathrm{d}i = \hat{i} \cdot \mathrm{d}(\sin(\omega t))$$

Einsetzen in die Gleichung für die Spannung ergibt:

$$u_L = L \cdot \hat{i} \cdot \frac{\mathrm{d}(\sin(\omega t))}{\mathrm{d}t}$$

Die weitere Auflösung mit den Regeln der Differenzialrechnung führt zu:

$$\boxed{u_L = \omega \cdot L \cdot \hat{i} \cos(\omega t)} \qquad (6.2.3-8)$$

In der Gleichung 6.2.3 – 8 folgt der Augenblickswert der induzierten Spannung einer Kosinus-Funktion. Dies bedeutet eine Phasenverschiebung von +90° der induzierten Spannung zum Strom durch die Spule.

cos $\hat{=}$ +90° Phasenverschiebung der Spannung zum Strom

Eine weitere Umformung der Gleichung 6.2.3 – 8 wird vorgenommen, um mit Effektivwerten zu arbeiten. Auch hier handelt es sich um das Ohm'sche Gesetz:

$$U_L = I \cdot (\omega \cdot L)$$

Stellt man die Gleichung nach ωL um, so ist dies die bereits bekannte Gleichung für den induktiven Blindwiderstand X_L.

$$\omega \cdot L = X_L = \frac{U_L}{I}$$

Beispiel 6.2.3 – 1

Eine Spule mit einer Induktivität $L = 15\,\text{mH}$ wird an eine Wechselspannung $u = 80\,\text{V} \cdot \sin(2 \cdot \pi \cdot 50\,\text{Hz} \cdot t)$ angeschlossen. Berechnen Sie den Blindwiderstand X_L und den Strom I.

Lösung:

Berechnung des Blindwiderstandes:

$$X_L = 2 \cdot \pi \cdot f \cdot L$$
$$= 2 \cdot \pi \cdot 50\,\text{Hz} \cdot 15 \cdot 10^{-3}\,\text{H}$$
$$= 2 \cdot \pi \cdot 50\,\frac{1}{\text{s}} \cdot 15 \cdot 10^{-3}\,\frac{\text{V} \cdot \text{s}}{\text{A}}$$
$$X_L = \underline{\underline{4{,}712\,\Omega}}$$

Berechnung des Effektivwertes der Spannung:

$$U_L = \frac{1}{\sqrt{2}}\hat{u} \mathrel{\widehat{=}} \frac{1}{\sqrt{2}} 80\,\text{V} = \underline{\underline{56{,}56\,\text{V}}}$$

Berechnung des Stromes:

$$I = \frac{U_L}{X_L} = \frac{56{,}56\,\text{V}}{4{,}712\,\Omega} = \underline{\underline{12\,\text{A}}}$$

Übung 6.2.3 – 1

In einem Wechselstromkreis wird ein induktiver Blindwiderstand $X_L = 100\,\Omega$ benötigt. Es steht eine Induktivität $L = 100\,\mu\text{H}$ zur Verfügung. Berechnen Sie die Frequenz, welche die angelegte Spannung haben muss.

Lösung:

Übung 6.2.3 – 2

In einem Wechselstromkreis soll ein Strom $I = 1\,\text{A}$ fließen. Die Speisespannung beträgt $U = 230\,\text{V}$ bei $f = 50\,\text{Hz}$. Berechnen Sie den Blindwiderstand X_L und die Induktivität L.

Lösung:

Zusammenfassung:

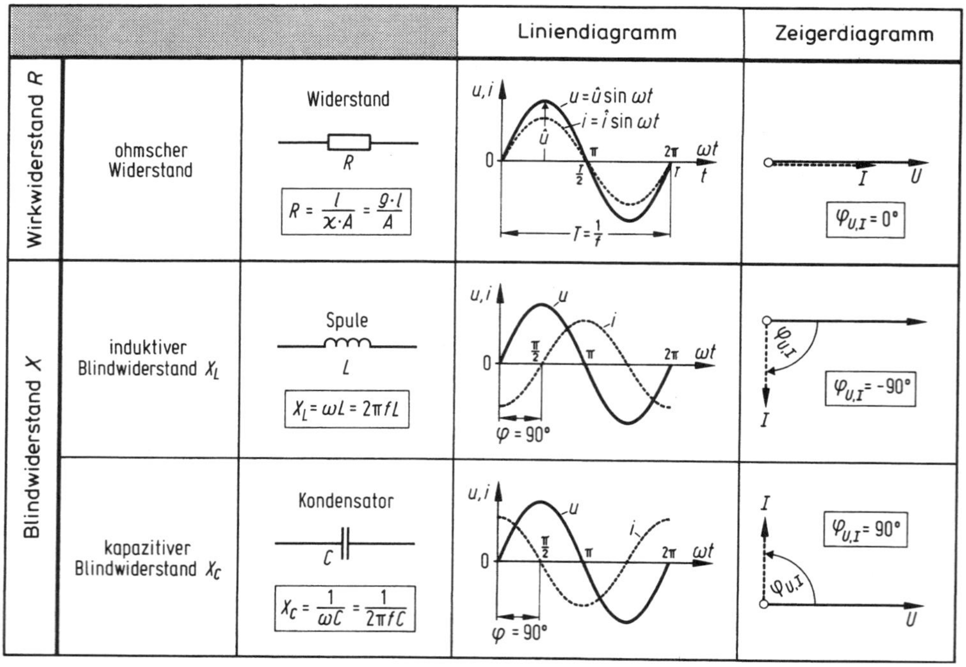

Bild 6.2.3 – 7 Zusammenfassung der einzelnen Widerstandsarten an Wechselspannung

6.3 Komplexe Rechnung und die Anwendung im Wechselstromkreis

Nach der Durcharbeitung dieses Kapitels haben Sie die **Kompetenz** ...
- elektrische Größen als Zeiger in der komplexen Ebene zu definieren,
- die komplexe Rechnung einzusetzen, um Werte von Schaltungen bei Wechselspannungsbetrieb zu berechnen.

6.3.1 Komplexe Zahlen – Komplexe Zahlenebene – Rechenregeln

Bei komplizierten Schaltungen oder Anlagen ist eine Berechnung nach den üblichen Regeln sehr aufwändig. Aus der Mathematik bietet sich zur Vereinfachung die komplexe Rechnung an. Diese setzt bestimmte mathematische Kenntnisse voraus. In einer kurzen Einleitung werden nachfolgend die wichtigsten Begriffe zusammengestellt, um auf die Bedeutung der komplexen Rechnung für die Berechnungen

Komplexe Zahl:

$$\underline{m} = x \pm \mathrm{j}\, y \qquad (6.3.1-1)$$

x = reelle Zahl
$\mathrm{j}\, y$ = imaginäre Zahl

im Wechselstromkreis übergehen zu können. Jede komplexe Zahl $\underline{m}$ besteht aus zwei Komponenten, einer reellen und einer imaginären Zahl. Sie kann als Zeiger in einem Koordinatensystem mit einer reellen und einer imaginären Achse, komplexe Zahlenebene genannt, dargestellt werden. Der Zeiger als Darstellung der komplexen Zahl beinhaltet dabei zwei Aussagen:

1. die Länge, d. h. Betrag der Zahl,
2. die Richtung, d. h. Winkel des Zeigers, bezogen auf die positive reelle Achse.

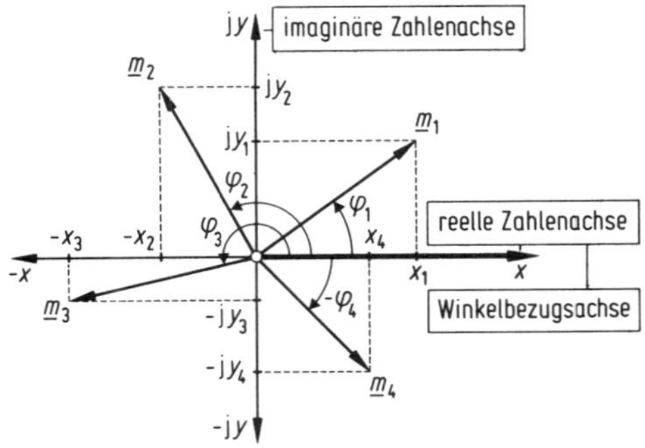

Bild 6.3.1 – 1 Komplexe Zahlenebene

Für die Anwendung der komplexen Rechnung sind folgende Gleichungen wichtig:

Betrag der komplexen Zahl (= Länge des Zeigers)

$$|\underline{m}| = m = \sqrt{x^2 + y^2} \qquad (6.3.1-2)$$

Der Winkel φ ergibt sich aus:

Winkel:

$$\varphi = \arctan \frac{y}{x} \qquad (6.3.1-3)$$

Für komplexe Zahlen sind verschiedene Schreibweisen möglich, die jedoch zueinander völlig gleichwertig sind. Es gilt:

Schreibweise komplexer Zahlen:

$$\underline{m} = x \pm \mathrm{j}\, y \quad (= \text{Normalform})$$
$$\underline{m} = m \cdot \mathrm{e}^{\pm \mathrm{j} \varphi} \quad (= \text{Exponentialform})$$
$$\underline{m} = m \cdot (\cos\varphi \pm \mathrm{j} \sin\varphi) \quad (= \text{trigonometrische Form})$$

(6.3.1 – 4)

In den **Rechenverfahren der komplexen Rechnung** werden konjugiert komplexe Zahlen eingesetzt. Zu jeder komplexen Zahl $\underline{m}$ existiert eine konjugiert komplexe Zahl $\underline{m}^*$. In beiden Zahlen sind die Beträge und die Winkelbeträge gleich. Die Winkel unterscheiden sich allerdings durch das Vorzeichen. Es gilt:

Komplexe und konjugiert komplexe Zahlen:

$$\left.\begin{array}{l}\underline{m} = x + \mathrm{j}\, y \\ \underline{m} = m \cdot \mathrm{e}^{\mathrm{j}\varphi}\end{array}\right\} \rightarrow \begin{array}{l}\underline{m}^* = x - \mathrm{j}\, y \\ \underline{m}^* = m \cdot \mathrm{e}^{-\mathrm{j}\varphi}\end{array}$$

$$\left.\begin{array}{l}\underline{m} = x - \mathrm{j}\, y \\ \underline{m} = m \cdot \mathrm{e}^{-\mathrm{j}\varphi}\end{array}\right\} \rightarrow \begin{array}{l}\underline{m}^* = x + \mathrm{j}\, y \\ \underline{m}^* = m \cdot \mathrm{e}^{\mathrm{j}\varphi}\end{array}$$

(6.3.1 – 5)

Zur Berechnung komplexer Zahlenausdrücke gelten die Regeln der komplexen Rechnung. Sind komplexe elektrische Größen zu berechnen, so sind die nachfolgend aufgeführten Rechenregeln hilfreich. Es handelt sich allerdings um einen kleinen Auszug aus dem Gesamtbereich der Rechenregeln für komplexe Zahlen.

Addition und Subtraktion komplexer Zahlen: Hier ist der Einsatz der Normalform sinnvoll.

Addition und Subtraktion komplexer Zahlen:

$$\begin{aligned} \underline{m}_1 + \underline{m}_2 &= x_1 + \mathrm{j}\,y_1 + x_2 + \mathrm{j}\,y_2 \\ &= (x_1 + x_2) + \mathrm{j}(y_1 + y_2) \\ \underline{m}_1 - \underline{m}_2 &= x_1 + \mathrm{j}\,y_2 - (x_2 + \mathrm{j}\,y_2) \\ &= (x_1 - x_2) + \mathrm{j}(y_1 - y_2) \end{aligned} \quad (6.3.1-6)$$

Multiplikation und Division komplexer Zahlen: Hier ist der Einsatz der Exponentialform sinnvoll.

Multiplikation und Division komplexer Zahlen:

$$\begin{aligned} \underline{m}_1 \cdot \underline{m}_2 &= m_1 \cdot \mathrm{e}^{\mathrm{j}\,\varphi_1} \cdot m_2 \cdot \mathrm{e}^{\mathrm{j}\,\varphi_2} \\ &= m_1 \cdot m_2 \cdot \mathrm{e}^{\mathrm{j}\,(\varphi_1+\varphi_2)} \\ \frac{\underline{m}_1}{\underline{m}_2} &= \frac{m_1 \cdot \mathrm{e}^{\mathrm{j}\,\varphi_1}}{m_2 \cdot \mathrm{e}^{\mathrm{j}\,\varphi_2}} = \frac{m_1}{m_2} \cdot \mathrm{e}^{\mathrm{j}\,(\varphi_1-\varphi_2)} \end{aligned} \quad (6.3.1-7)$$

Konjugiert komplexe Erweiterung:

$$\underline{m} = \frac{1}{\underline{n}}$$

mit $n = x + \mathrm{j}\,y$

Eine komplexe Zahl $\underline{m}$ besteht aus einem Bruch mit einer komplexen Zahl $\underline{n}$ im Nenner. Die komplexe Zahl $\underline{m}$ kann durch die konjugiert komplexe Erweiterung wie folgt in die Normalform umgeschrieben werden:

$$\underline{m} = \frac{1}{x + \mathrm{j}\,y}$$

Konjugiert komplexe Erweiterung:

Erweiterung mit der konjugiert komplexen Zahl $\underline{n}^* = x - \mathrm{j}\,y$

Auflösung zur Normalform:

$$\begin{aligned} \underline{m} &= \frac{x - \mathrm{j}\,y}{(x + \mathrm{j}\,y)\,(x - \mathrm{j}\,y)} \\ \underline{m} &= \frac{x - \mathrm{j}\,y}{x^2 + y^2} \\ \underline{m} &= \left(\frac{x}{x^2 + y^2}\right) - \mathrm{j}\left(\frac{y}{x^2 + y^2}\right) \end{aligned} \quad (6.3.1-8)$$

6.3.2 Elektrische Größen in komplexer Schreibweise

Die Darstellungsweise der komplexen Zeiger kann ohne weiteres auf die Spannungs-, Strom-, Widerstands- und Leistungszeiger übertragen werden. Die Blindgrößen werden auf der imaginären Achse abgetragen. Induktive Blindgrößen sind dabei positiv, während kapazitive Blindgrößen der negativen Achse zugeordnet sind. Dies resultiert aus dem Vor- und Nacheilen von Strom und Spannung.

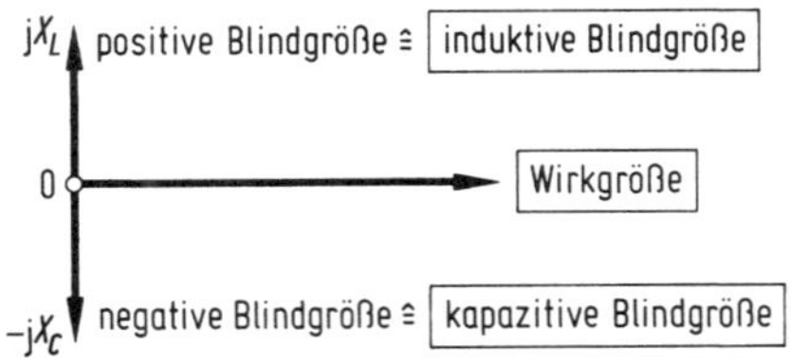

Bild 6.3.2 – 1 Zuordnung der elektrischen Größen zu den Achsen der komplexen Zahlenebene

Für die komplexe Schreibweise des induktiven Blindwiderstandes gilt:

Komplexer induktiver Blindwiderstand:

$$\mathrm{j}\,X_L = \mathrm{j}\,\omega \cdot L = \mathrm{j}\,2 \cdot \pi \cdot f \cdot L = X_L \cdot \mathrm{e}^{\mathrm{j}\frac{\pi}{2}} \qquad (6.3.2-1)$$

Als komplexe Schreibweise des kapazitiven Blindwiderstandes gilt analog:

Komplexer kapazitiver Blindwiderstand:

$$\frac{1}{\mathrm{j}} X_C = -\mathrm{j}\,X_C = \frac{1}{\mathrm{j}\,\omega \cdot C} = \frac{1}{\mathrm{j}\,2 \cdot \pi \cdot f \cdot C} = X_C \cdot \mathrm{e}^{-\mathrm{j}\frac{\pi}{2}} \qquad (6.3.2-2)$$

Elektrische Größen können somit als komplexe Zeiger in der komplexen Zahlenebene dargestellt werden. Diese Zeiger sind in der Regel Effektivwertzeiger.
Als komplexe elektrische Größen sind möglich:

Komplexe elektrische Größen:

$\underline{U}$ = Wechselspannung (Effektivwert)
$\underline{I}$ = Wechselstromstärke (Effektivwert)
$\underline{Z}$ = Scheinwiderstand (Impedanz)
$\underline{Y}$ = Scheinleitwert (Admittanz)
$\underline{S}$ = Scheinleistung

(6.3.2 – 3)

Beispiel des komplexen Scheinwiderstandszeigers $\underline{Z}$ in der komplexen Widerstandsebene:

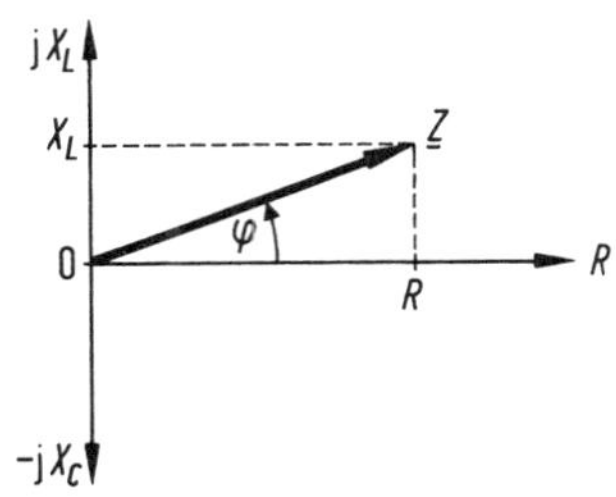

Bild 6.3.2 – 2
Komplexer Widerstand in der komplexen Ebene

Die Schreibweise des komplexen Scheinwiderstandes $\underline{Z}$ als komplexe Zahl erfolgt nach den bekannten Schreibweisen dieser Zahlen:

Normalform:

$$\underline{Z} = R + \mathrm{j}\,X_L$$

Exponentialform:

$$\underline{Z} = \sqrt{R^2 + X_L^2} \cdot \mathrm{e}^{\mathrm{j}\,\varphi} = Z \cdot \mathrm{e}^{\mathrm{j}\,\varphi}$$

$$\text{mit} \quad \varphi = \arctan \frac{X_L}{R}$$

Trigonometrische Form:

$$\underline{Z} = Z \cdot (\cos\varphi + \mathrm{j}\sin\varphi)$$

Für die bereits angegebenen elektrischen Größen lassen sich zusammenfassend die folgenden Normalformen aufstellen:

Normalform komplexer elektrischer Größen:

$$\begin{aligned} \underline{U} &= U_R \pm \mathrm{j}\,U_{L,C} \\ \underline{I} &= I_R \pm \mathrm{j}\,I_{L,C} \\ \underline{Z} &= R \pm \mathrm{j}\,X_{L,C} \\ \underline{Y} &= G \pm \mathrm{j}\,B_{C,L} \\ \underline{S} &= P \pm \mathrm{j}\,Q_{L,C} \end{aligned} \qquad (6.3.2-4)$$

6.4 Reihenschaltungen im Wechselstromkreis

Nach der Durcharbeitung dieses Kapitels haben Sie die **Kompetenz** ...
- die Teilspannungen in einer Reihenschaltung je nach Art des Bauelementes als Wirk- oder Blindspannung anzugeben,
- Wirk- und Blindspannungen als Zeiger anzusehen und ihnen eine definierte Lage in der Bildebene zu geben,
- Zeigerdiagramme von Reihenschaltungen zu erstellen, um so die Gesamtspannung zu ermitteln.

6.4.1 Widerstand und Kondensator

Schließt man die Reihenschaltung aus Wirkwiderstand und kapazitivem Blindwiderstand an eine Wechselspannung an, dann fließt ein Strom und an den Teilwiderständen fällt jeweils eine Teilspannung ab. Die einfache zahlenmäßige Addition dieser Teilspannungen und Teilwiderstände ist wegen der zwischen Spannung und Strom vorhandenen Phasenverschiebung nicht möglich. Anhand des allgemeinen Zeigerdiagrammes soll dies veranschaulicht werden. Der Strom I ist an allen Stellen des Kreises gleich groß. Er gilt als Bezugsgröße und wird zur Erstellung des Zeigerdiagrammes in die Waagerechte gezeichnet, wobei die Zeigerlänge beliebig ist. Der Strom

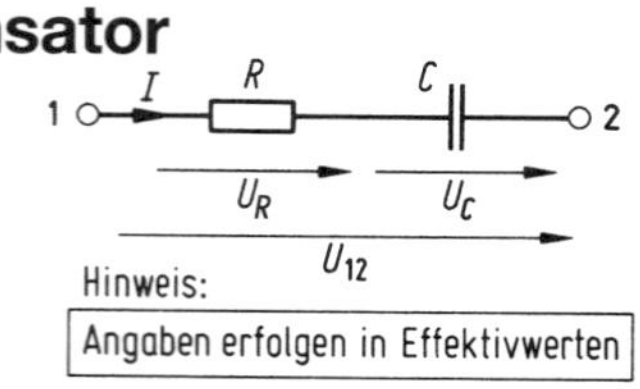

Bild 6.4.1 – 1
Reihenschaltung aus Widerstand und Kondensator

fließt durch den Wirkwiderstand und bewirkt dabei die Teilspannung U_R. Sie ist mit dem Strom in Phase. Der Stromzeiger I und der Spannungszeiger U_R verlaufen somit in gleicher Richtung. Die Teilspannung U_R wird als Wirkspannung bezeichnet. Die Länge des Spannungszeigers ist in der allgemeinen Betrachtung ebenfalls beliebig. Die Teilspannung U_C treibt den Strom durch den Blindwiderstand X_C. Wie bereits bekannt, besteht zwischen Spannung und Strom am Kondensator eine Phasenverschiebung von 90°, wobei die Spannung dem Strom nacheilt. Der Spannungsanzeiger U_C wird deshalb so an das Ende des Zeigers U_R angesetzt, dass U_C dem Strom I um 90° nacheilt. Die Spannung U_C wird als Blindspannung bezeichnet. Die Verbindung des Zeigeranfangs von U_R zum Endpunkt des Zeigers U_C ist die geometrische Summe der beiden Teilspannungen, in diesem Beispiel die Versorgungsspannung U_{12}. Sie wird als Scheinspannung bezeichnet und eilt dem Strom um den Phasenwinkel φ nach. Abhängig vom Verhältnis zwischen Wirk- und Blindgröße schwankt der Phasenwinkel zwischen 0° und 90°: Hat der Phasenwinkel den Wert $\varphi = 0°$, so ist die Versorgungsspannung gleich der Wirkspannung, für einen Phasenwinkel $\varphi = 90°$ ist die Versorgungsspannung gleich der Blindspannung. Ist der Phasenwinkel größer als 0°, aber kleiner als 90°, dann entspricht die Versorgungsspannung der Scheinspannung. Bei der Reihenschaltung gelten wegen der behandelten geometrischen Verhältnisse nachfolgende Beziehungen:
Die Scheinspannung (Gesamtspannung) berechnet sich aus dem Zeigerdiagramm mit Hilfe des Lehrsatzes von Pythagoras:

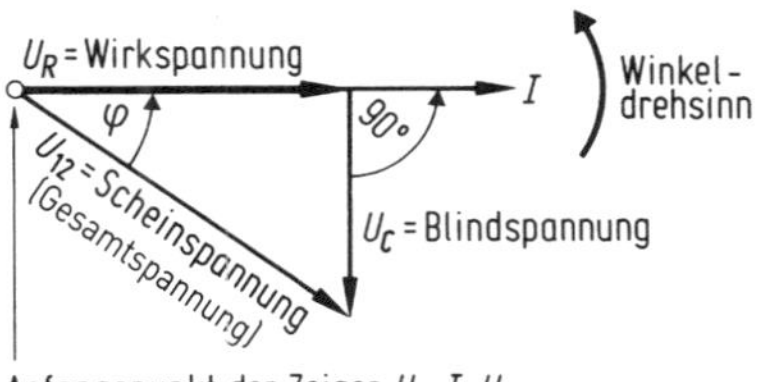

Bild 6.4.1 – 2 Spannungszeigerdiagramm

Scheinspannung (Gesamtspannung):

$$U_{12} = \sqrt{U_R^2 + U_C^2} \qquad (6.4.1-1)$$

Die Teilspannungen berechnen sich wie folgt:

$$U_R = I \cdot R$$

$$U_C = I \cdot X_C$$

Setzt man diese Beziehungen in die Gleichung für die Gesamtspannung ein, dann ergibt sich:

$$U_{12} = \sqrt{(I \cdot R)^2 + (I \cdot X_C)^2}$$

$$= \sqrt{I^2 \cdot R^2 + I^2 \cdot X_C^2}$$

$$= \sqrt{I^2 \cdot (R^2 + X_C^2)}$$

Ausklammern des Stromes ergibt:

$$= \sqrt{I^2} \cdot \sqrt{R^2 + X_C^2}$$

$$U_{12} = I \cdot \sqrt{R^2 + X_C^2}$$

Ganz allgemein wird aus:

$$U_{12} = U$$

Wird die Gleichung auf beiden Seiten durch I dividiert, so ergibt dies:

$$\frac{U}{I} = \sqrt{R^2 + X_C^2}$$

Der Quotient ist bereits als Widerstand definiert worden. In diesem Fall heißt er Scheinwiderstand oder Impedanz, wobei als Formelzeichen Z dient.

Scheinwiderstand oder Impedanz:

$$Z = \frac{U}{I} \qquad (6.4.1-2)$$

Somit ergibt sich als vollständiger Ausdruck:

$$Z = \sqrt{R^2 + X_C^2}$$
$$Z = \sqrt{R^2 + \left(\frac{1}{\omega C}\right)^2} \qquad (6.4.1-3)$$

Aus dem Spannungszeigerdiagramm wird somit ein Widerstandszeigerdiagramm, auch Widerstandsdreieck genannt, indem jede Spannung durch den Strom dividiert wird. Der Phasenwinkel φ bleibt dabei erhalten.

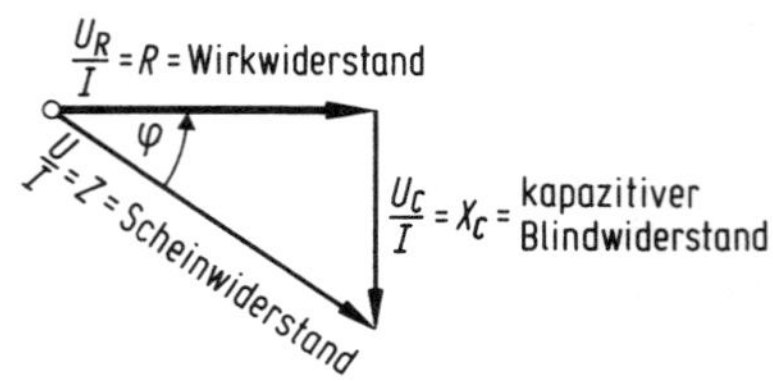

Bild 6.4.1 – 3 Widerstandszeigerdiagramm

Das Schaltzeichen des Scheinwiderstandes ist aus Bild 6.4.1 – 4 zu ersehen.

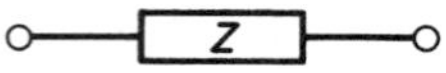

Bild 6.4.1 – 4 Scheinwiderstand

Aus den bisherigen Erkenntnissen kann folgende Regel für die Reihenschaltung von Wirk- und Blindgrößen abgeleitet werden:

Wirk- und Blindgrößen dürfen nie zahlenmäßig addiert werden, sondern nur geometrisch.

In den rechtwinkligen Spannungs- und Widerstandsdreiecken gelten folgende Beziehungen:

$$\sin\varphi = \frac{U_C}{U} = \frac{X_C}{Z} = \frac{\frac{1}{\omega C}}{\sqrt{R^2 + X_C^2}}$$
$$\cos\varphi = \frac{U_R}{U} = \frac{R}{Z} = \frac{R}{\sqrt{R^2 + X_C^2}}$$
$$\tan\varphi = \frac{U_C}{U_R} = \frac{X_C}{R} = \frac{\omega C}{R} = \frac{1}{\omega RC}$$
$$\varphi = \arctan\frac{U_C}{U_R}$$

(6.4.1 – 4)

Mit der komplexen Schreibweise können die folgenden Gleichungen zusammengestellt werden:

$$\underline{Z} = \text{Scheinwiderstand}$$

$$\underline{Z} = R - \mathrm{j}\,X_C = R + \frac{1}{\mathrm{j}} X_C = R + \frac{1}{\mathrm{j}\,\omega C}$$

$$|\underline{Z}| = Z = \sqrt{R^2 + X_C^2}$$

$$\underline{U} = U_R - \mathrm{j}\,U_C$$

$$|\underline{U}| = U = \sqrt{U_R^2 + U_C^2}$$

$$\underline{I} = \frac{\underline{U}}{\underline{Z}} = \frac{U}{Z}\,\mathrm{e}^{\mathrm{j}\varphi_{I,U}} = I \cdot \mathrm{e}^{\mathrm{j}\varphi_{I,U}}$$

(6.4.1 – 5)

Hinweis:

Das Minuszeichen vor der Blindgröße bedeutet „nacheilend“.

Beispiel 6.4.1 – 1

Von der Reihenschaltung gemäß Bild sind die folgenden Werte zu berechnen: Z, I, $\varphi_{U,I}$, U_2.

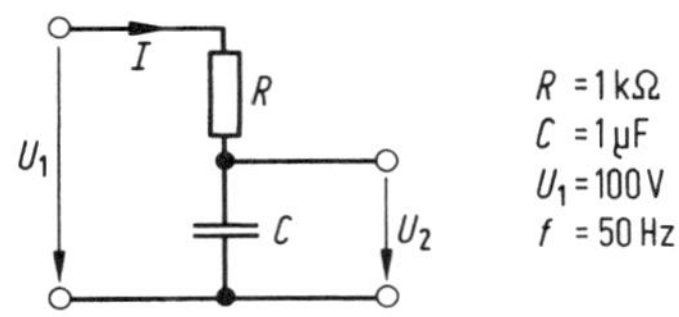

Lösung:

Die elektrischen Werte werden in diesem Beispiel geometrisch berechnet. Begonnen wird die Berechnung mit der Aufzeichnung des allgemeinen Spannungszeigerdiagrammes.

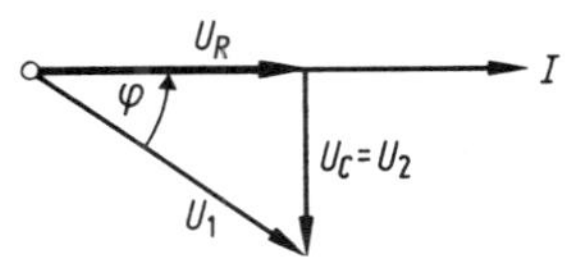

Berechnung des kapazitiven Blindwiderstandes:

$$X_C = \frac{1}{2 \cdot \pi \cdot f \cdot C} = \frac{1}{2\pi \cdot 50\ \mathrm{Hz} \cdot 1 \cdot 10^{-6}\ \mathrm{F}}$$

$$X_C = \frac{1}{2 \cdot \pi \cdot 50\ \frac{1}{\mathrm{s}} \cdot 1 \cdot 10^{-6}\ \frac{\mathrm{A \cdot s}}{\mathrm{V}}}$$

$$X_C = \underline{\underline{3183\ \Omega}}$$

Berechnung des Scheinwiderstandes:

$$Z = \sqrt{R^2 + X_C^2}$$

$$Z = \sqrt{(1000\ \Omega)^2 + (3183\ \Omega)^2}$$

$$= \sqrt{11132118\ \Omega^2}$$

$$Z = \underline{\underline{3336{,}4\ \Omega}}$$

Berechnung des Stromes:

$$I = \frac{U_1}{Z} = \frac{100\ \mathrm{V}}{3336{,}5\ \Omega} = 0{,}0299\ \mathrm{A} = \underline{\underline{29{,}9\ \mathrm{mA}}}$$

Berechnung des Phasenwinkels:

$$\varphi_{U_1,I} = \arctan \frac{X_C}{R} = \arctan \frac{3183\ \Omega}{1000\ \Omega} = \arctan 3{,}183$$

$$\varphi_{U_1,I} = \underline{\underline{72{,}55^\circ}}$$

Berechnung der Spannung $U_2 = U_C$:

$$U_2 = I \cdot X_C = 0{,}0299\ \text{A} \cdot 3183\ \Omega$$

$$U_2 = \underline{\underline{95{,}17\ \text{V}}}$$

Berechnung der Spannung U_2 mittels Spannungsverhältnis:

$$\frac{U_2}{U_1} = \frac{X_C}{\sqrt{R^2 + X_C^2}}$$

$$U_2 = U_1 \frac{X_C}{\sqrt{R^2 + X_C^2}} = 100\ \text{V} \frac{3183\ \Omega}{3336{,}4\ \Omega}$$

$$U_2 = \underline{\underline{95{,}4\ \text{V}}}$$

Die Abweichungen in den Ergebnissen für U_2 sind durch Rundungsfehler zu erklären.

Beispiel 6.4.1 – 2

Berechnen Sie formelmäßig den Scheinwiderstand $\underline{Z}_{12}$ der Reihenschaltung gemäß Bild in der komplexen Schreibweise.

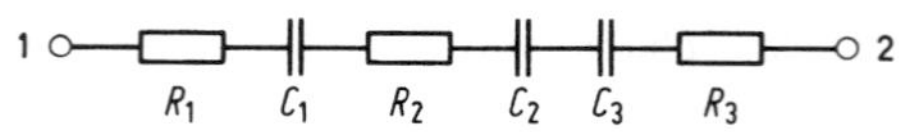

Lösung:

Als Erstes wird die gegebene Schaltung so umgezeichnet, dass zuerst alle Wirkwiderstände und dann alle Blindwiderstände in Reihe geschaltet sind.

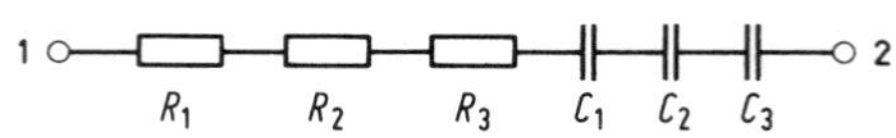

Berechnung des Scheinwiderstandes:

$$\underline{Z}_{12} = (R_1 + R_2 + R_3) + \left(\frac{1}{\text{j}\,\omega C_1} + \frac{1}{\text{j}\,\omega C_2} + \frac{1}{\text{j}\,\omega C_3}\right)$$

Ausklammern von $\frac{1}{\text{j}}$:

$$= (R_1 + R_2 + R_3) + \frac{1}{\text{j}}\left(\frac{1}{\omega C_1} + \frac{1}{\omega C_2} + \frac{1}{\omega C_3}\right)$$

Einsatz von $\frac{1}{\text{j}} = -\text{j}$.

$$= (R_1 + R_2 + R_3) - \text{j}\left(\frac{1}{\omega C_1} + \frac{1}{\omega C_2} + \frac{1}{\omega C_3}\right)$$

Angabe des Scheinwiderstandes in komplexer Schreibweise:

$$Z_{12} = \underline{\underline{(R_1 + R_2 + R_3) - \text{j}\,(X_{C_1} + X_{C_2} + X_{C_3})}}$$

Übung 6.4.1 – 1

Berechnen Sie die Spannung U_{34} in der Schaltung gemäß Bild.

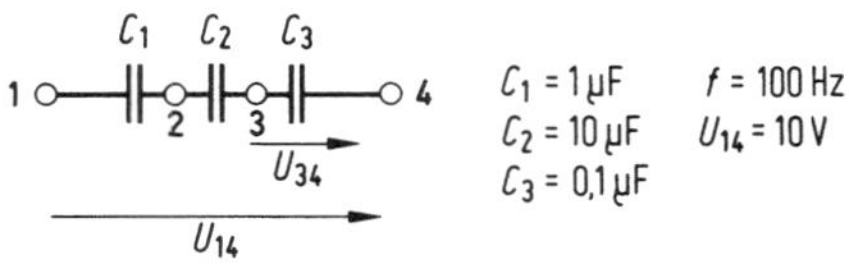

Lösung:

Übung 6.4.1 – 2

In einer Schaltung wird ein Phasenwinkel $\varphi_{U,I} = 50°$ benötigt. Stellen Sie ein Verhältnis der kapazitiven Blindgröße zur Wirkgröße auf, welches diesen Winkel realisiert.

Lösung:

6.4.2 Widerstand und Spule

Die Reihenschaltung von R und L ist ebenfalls eine Reihenschaltung eines Wirk- und eines Blindwiderstandes. Damit wiederholt sich der größte Teil der Betrachtungen, wie sie für die Reihenschaltung von R und C angestellt wurden. Es ist deshalb hier lediglich eine Zusammenfassung der Gesetzmäßigkeiten erforderlich.

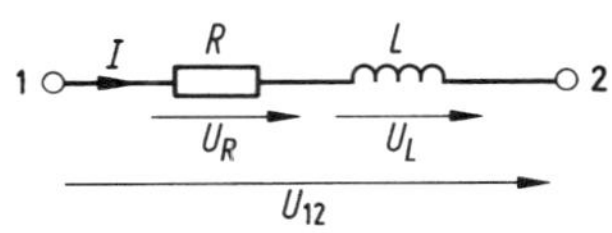

Bild 6.4.2 – 1 Reihenschaltung aus R und L

Anhand der Schaltung wird zuerst das Spannungszeigerdiagramm erstellt. Auch hier ist wieder der Strom die Bezugsgröße, die Wirkspannung U_R ist mit ihm in Phase. In der Spule eilt der Strom I der Spannung U_L um 90° nach, das bedeutet für den Spannungszeiger U_L eine Drehung um +90°. Die geometrische Summe der Spannungen ist wieder die Scheinspannung U_{12}. Sie bildet mit dem Strom I den Phasenwinkel φ. Aus dem Diagramm ist zu erkennen, das der Strom I der Spannung U_{12} nacheilt.

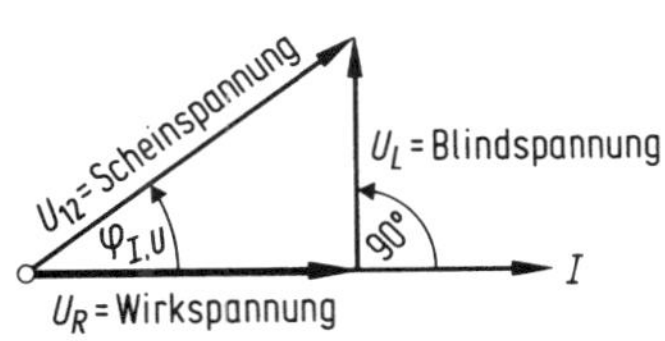

Bild 6.4.2 – 2 Spannungszeigerdiagramm

Für die Berechnung der Scheinspannung ergibt sich aus dem Zeigerdiagramm folgende Beziehung:

$$U_{12} = \sqrt{U_R^2 + U_L^2} \qquad (6.4.2-1)$$

mit $U_R = I \cdot R$

$U_L = I \cdot X_L$

$$U_{12} = \sqrt{(I \cdot R)^2 + (I \cdot X_L)^2}$$

$$= \sqrt{I^2 \cdot R^2 + I^2 \cdot X_L^2}$$

Ausklammern von I:

$$= \sqrt{I^2(R^2 + X_L^2)}$$

$$= \sqrt{I^2}\sqrt{R^2 + X_L^2}$$

$$U_{12} = I\sqrt{R^2 + X_L^2}$$

Ganz allgemein wird aus:

$$U_{12} = U$$

Nach der Division der Gleichung auf beiden Seiten durch den Strom I ergibt sich für den Scheinwiderstand (= Impedanz):

$$Z = \frac{U}{I} = \sqrt{R^2 + X_L^2}$$
$$Z = \sqrt{R^2 + (\omega L)^2} \qquad (6.4.2-2)$$

Das Widerstandszeigerdiagramm wird ebenfalls aus dem Spannungszeigerdiagramm durch Division aller Spannungen durch den Strom I hergeleitet.

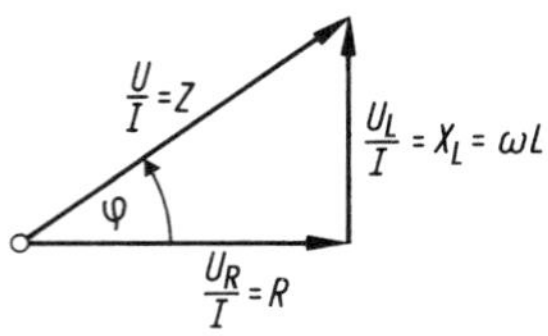

Bild 6.4.2 – 3 Widerstandszeigerdiagramm

Aus den rechtwinkligen Zeigerdiagrammen werden die folgenden Gleichungen abgeleitet:

$$\sin\varphi = \frac{U_L}{U} = \frac{X_L}{Z} = \frac{\omega L}{\sqrt{R^2 + (\omega L)^2}}$$
$$\cos\varphi = \frac{U_R}{U} = \frac{R}{Z} = \frac{R}{\sqrt{R^2 + (\omega L)^2}}$$
$$\tan\varphi = \frac{U_L}{U_R} = \frac{X_L}{R} = \frac{\omega L}{R}$$
$$\varphi = \arctan\frac{U_L}{U_R} \qquad (6.4.2-3)$$

In komplexer Schreibweise ergeben sich folgende Zusammenhänge:

$$\underline{Z} = R + \mathrm{j}\,X_L = R + \mathrm{j}\,\omega L$$
$$|\underline{Z}| = Z = \sqrt{R^2 + X_L^2}$$
$$\underline{U} = U_R + \mathrm{j}\,U_L$$
$$|\underline{U}| = U = \sqrt{U_R^2 + U_L^2} \qquad (6.4.2-4)$$
$$\underline{I} = \frac{\underline{U}}{\underline{Z}} = \frac{U}{Z}\mathrm{e}^{\,\mathrm{j}\varphi_{I,U}} = I \cdot \mathrm{e}^{\,\mathrm{j}\varphi_{I,U}}$$

Beispiel 6.4.2 – 1

Ein Wirkwiderstand und ein induktiver Blindwiderstand bilden gemäß Bild eine Reihenschaltung. Die bekannten Daten sind im Schaltplan angegeben. Zeichnen Sie das Zeigerdiagramm und berechnen Sie: Z, I, U_R, U_L, $\varphi_{I,U}$.

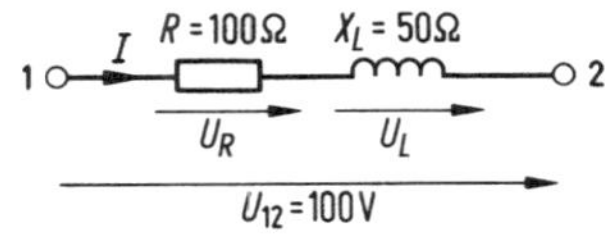

Lösung:

Aufstellung des allgemeinen Spannungszeigerdiagrammes:

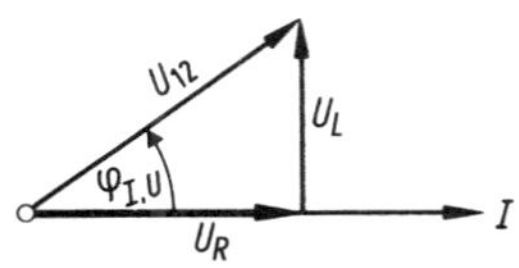

Betrag des Scheinwiderstandes:

$$Z = \sqrt{R^2 + X_L^2} = \sqrt{(100\ \Omega)^2 + (50\ \Omega)^2}$$

$$Z = \underline{\underline{111{,}8\ \Omega}}$$

Berechnung des Stromes:

$$I = \frac{U_{12}}{Z} = \frac{100\ \text{V}}{111{,}8\ \Omega} = \underline{\underline{0{,}89\ \text{A}}}$$

Berechnung der Teilspannungen U_R und U_L:

$$U_R = I \cdot R = 0{,}894\ \text{A} \cdot 100\ \Omega$$

$$U_R = \underline{\underline{89{,}4\ \text{V}}}$$

$$U_L = I \cdot X_L = 0{,}894\ \text{A} \cdot 50\ \Omega$$

$$U_L = \underline{\underline{44{,}7\ \text{V}}}$$

Zur Kontrolle wird die Scheinspannung berechnet und mit dem gegebenen Wert verglichen:

$$U_{12} = \sqrt{U_R^2 + U_L^2} = \sqrt{(89{,}4\ \text{V})^2 + (44{,}7\ \text{V})^2}$$

$$U_{12} \approx \underline{\underline{100\ \text{V}}}$$

Berechnung des Phasenwinkels:

$$\varphi_{I,U} = \arctan\frac{X_L}{R} = \arctan\frac{50\ \Omega}{100\ \Omega}$$

$$\varphi_{I,U} = \arctan 0{,}5 = \underline{\underline{26{,}5^\circ}}$$

Beispiel 6.4.2 – 2

Eine Reihenschaltung gemäß Bild wird als Spannungsteiler eingesetzt. Zu berechnen ist formelmäßig die Gleichung zur Bestimmung der Spannung U_2, wenn U_1 und die Widerstände gegeben sind.

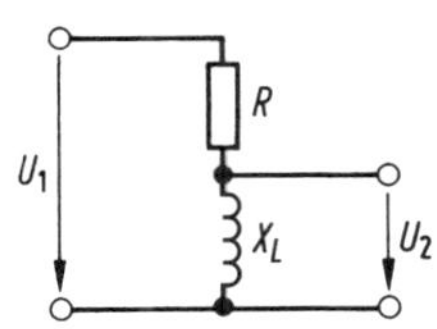

Lösung:

Aufstellung der Verhältnisgleichung zwischen den Spannungen und den Widerständen:

$$\frac{U_2}{U_1} = \frac{X_L}{Z}$$

$$\frac{U_2}{U_1} = \frac{X_L}{\sqrt{R^2 + X_L^2}}$$

$$U_2 = U_1 \frac{X_L}{\sqrt{R^2 + X_L^2}}$$

$$= U_1 \frac{1}{\frac{\sqrt{R^2 + X_L^2}}{X_L}}$$

$$U_2 = U_1 \frac{1}{\sqrt{\frac{R^2 + X_L^2}{X_L^2}}}$$

Für die Spannungsteilung ist nur das Verhältnis von Wirk- und Blindgrößen von Interesse.

$$U_2 = U_1 \frac{1}{\sqrt{\left(\frac{R}{X_L}\right)^2 + 1}}$$

Übung 6.4.2 – 1

Der Strom in einer Glühlampe soll durch die Reihenschaltung mit einer Drossel (Spule) auf $I' = 0{,}3$ A reduziert werden. Die Schaltung hat die Daten: $U_N = 230$ V, $f = 50$ Hz, Glühlampe: 100 W/230 V. Berechnen Sie die benötigte Induktivität der Drossel.

Lösung:

Übung 6.4.2 – 2

Stellen Sie für die gegebene Schaltung die Gleichung zur Berechnung des Scheinwiderstandes $\underline{Z}_{12}$ in komplexer Schreibweise auf.

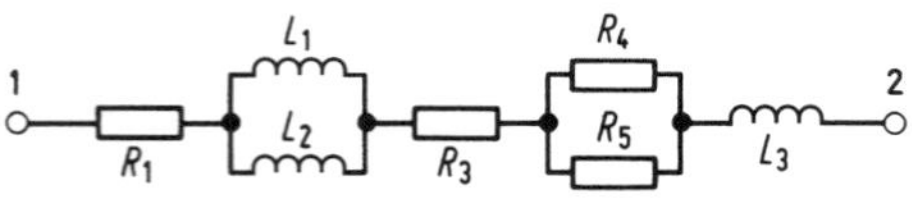

Lösung:

6.4.3 Kondensator und Spule

In der nun zu betrachtenden Schaltung sind zwei Blindgrößen in Reihe geschaltet. Die Spannung eilt im induktiven Blindwiderstand dem Strom vor, im kapazitivem Blindwiderstand eilt sie dagegen nach. Diese Erkenntnisse werden im Zeigerdiagramm veranschaulicht.

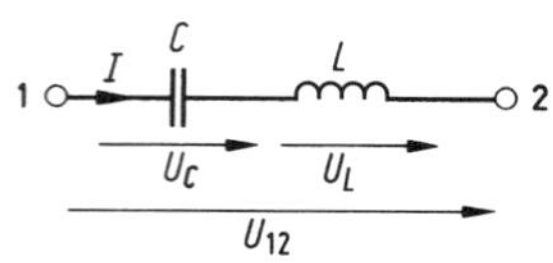

Bild 6.4.3 – 1 Reihenschaltung aus C und L

Aus dem Zeigerdiagramm erkennt man die Gegenphasigkeit der beiden Blindspannungen, d. h., U_L und U_C sind gegeneinander um 180° phasenverschoben. Abhängig von ihren Werten ist somit eine teilweise oder vollständige Kompensation möglich. Es können drei Fälle unterschieden werden:

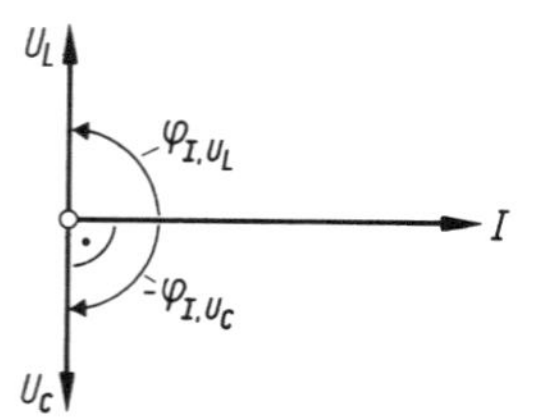

Bild 6.4.3 – 2 Zeigerdiagramm für eine Reihenschaltung aus Kondensator und Spule

1. Fall: $U_L > U_C$

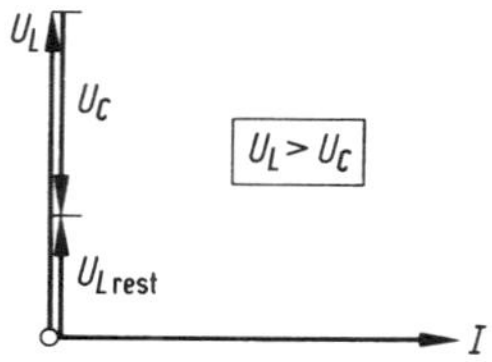

Bild 6.4.3 – 3
Zeigerdiagramm für den Fall $U_L > U_C$

Wegen der nur teilweisen Kompensation bleibt eine induktive Restspannung $U_{L\,\text{rest}}$ bestehen.

$$U_{L\,\text{rest}} = U_L - U_C \qquad (6.4.3-1)$$

Ein Teil der Induktivität L wird in ihrer Funktion durch den Kondensator aufgehoben, somit verbleibt als wirksame Induktivität L' und damit $X_{L\,\text{rest}}$.

L' = verbleibende wirksame Induktivität

$$X_{L\,\text{rest}} = \omega L - \frac{1}{\omega C} = \omega L' \qquad (6.4.3-2)$$

2. Fall: $U_L < U_C$

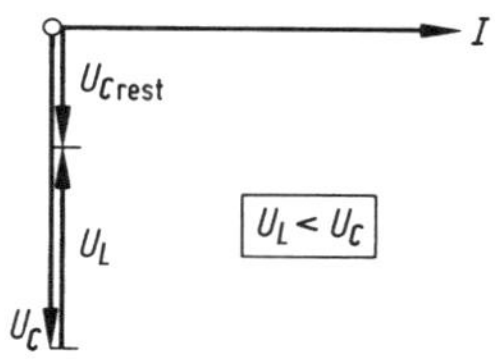

Bild 6.4.3 – 4
Zeigerdiagramm für den Fall $U_L < U_C$

Hier bleibt eine kapazitive Restspannung $U_{C\,\text{rest}}$ bestehen.

$$U_{C\,\text{rest}} = U_C - U_L \qquad (6.4.3-3)$$

Ein Teil der Kapazität C wird in ihrer Funktion durch die Induktivität kompensiert. Es verbleibt als wirksame Kapazität C' und damit auch $X_{C\,\text{rest}}$.

C' = verbleibende wirksame Kapazität

$$X_{C\,\text{rest}} = X_C - X_L = \frac{1}{\omega C'} \qquad (6.4.3-4)$$

3. Fall: $U_L = U_C$

Die beiden Blindspannungen heben sich vollständig auf. Dieser Sonderfall wird als Resonanzfall definiert (weitere Betrachtungen siehe Abschn. 6.7.3).

Vollständige Kompensation der Blindgrößen = Resonanzfall

Beispiel 6.4.3 – 1

Berechnen Sie für die Frequenz $f = 100$ kHz die Spannung U_2 der Schaltung gemäß Bild. Die bekannten Daten sind: $U_1 = 1$ V, $L = 0{,}1$ H und $C = 0{,}1$ µF.

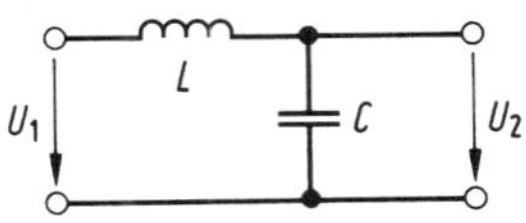

Lösung:

Berechnung der Blindwiderstandswerte:

$$X_L = 2 \cdot \pi \cdot f \cdot L = 2 \cdot \pi \cdot 100\text{ kHz} \cdot 0{,}1\text{ H}$$

$$= 2 \cdot \pi \cdot 0{,}1 \cdot 10^6\ \frac{1}{\text{s}} \cdot 0{,}1 \cdot \frac{\text{V} \cdot \text{s}}{\text{A}}$$

$$X_L = \underline{\underline{62831\ \Omega}}$$

$$X_C = \frac{1}{2 \cdot \pi \cdot f \cdot C}$$

$$= \frac{1}{2 \cdot \pi \cdot 100\text{ kHz} \cdot 0{,}1 \cdot 10^{-6}\text{ F}}$$

$$= \frac{1}{2 \cdot \pi \cdot 0{,}1 \cdot 10^6\ \frac{1}{\text{s}} \cdot 0{,}1 \cdot 10^{-6}\ \frac{\text{A} \cdot \text{s}}{\text{V}}}$$

$$X_C = \underline{\underline{15{,}9\ \Omega}}$$

Berechnung der Spannung U_2:

$$\frac{U_2}{U_1} = \frac{X_C}{X_L - X_C}$$

$$U_2 = U_1 \frac{X_C}{X_L - X_C} = 1\text{ V} \frac{15{,}9\ \Omega}{62831\ \Omega - 15{,}9\ \Omega}$$

$$= 0{,}000253\text{ V}$$

$$U_2 = \underline{\underline{253\ \mu\text{V}}}$$

6.4.4 Widerstand, Kondensator und Spule

Für die Reihenschaltung von R, C und L im Wechselstromkreis kommen alle Erkenntnisse, die bisher dargelegt wurden, zur Anwendung.

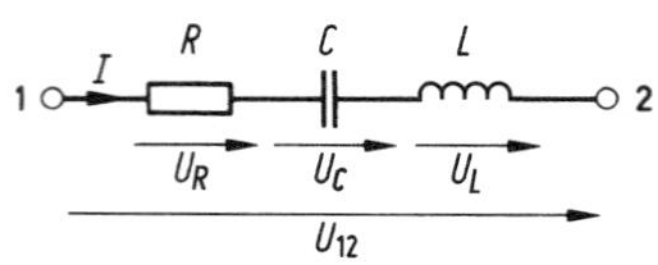

Bild 6.4.4 – 1 Reihenschaltung von R, C und L

Man beginnt Berechnungen im Wechselstromkreis in der Regel mit der Darstellung des allgemeinen Zeigerdiagrammes der Spannungen und Ströme. Im vorliegenden Falle wird von $U_L > U_C$ ausgegangen. Es wären aber auch die anderen beiden Beziehungen der Blindspannungen zueinander möglich.

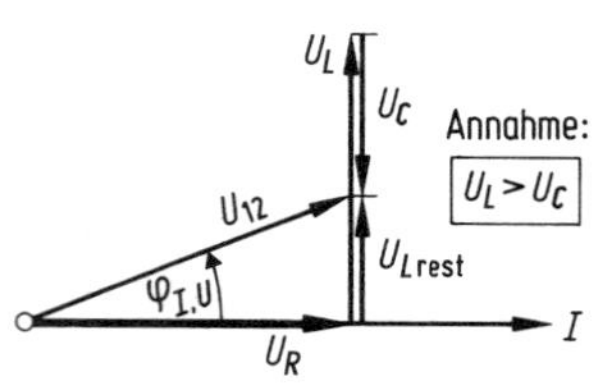

Bild 6.4.4 – 2 Allgemeines Spannungszeigerdiagramm der Reihenschaltung

Aus dem Zeigerdiagramm können die Gleichungen zur Berechnung der Scheinspannung abgeleitet werden. Für die Differenz $U_L - U_C$ sind Fallunterscheidungen nicht erforderlich, da sich wegen der Quadrierung stets nur positive Werte ergeben:

$$U_{12} = \sqrt{U_R^2 + (U_L - U_C)^2} \qquad (6.4.4-1)$$

Die komplexe Schreibweise der Scheinspannung lautet:

$$\underline{U}_{12} = U_R + \mathrm{j}\, U_L - \mathrm{j}\, U_C \qquad (6.4.4-2)$$

mit $U_R = I \cdot R$
$U_L = I \cdot X_L$
$U_C = I \cdot X_C$

$$\underline{U}_{12} = I \cdot R + \mathrm{j}\, I \cdot X_L - \mathrm{j}\, I \cdot X_C$$

$$= I \cdot R + \mathrm{j}\, I \cdot \omega \cdot L - \mathrm{j}\, I \frac{1}{\omega C}$$

$$\underline{U} = I \underbrace{\left(R + \mathrm{j}\, \omega L - \mathrm{j} \frac{1}{\omega C} \right)}_{\underline{Z}}$$

Für den Scheinwiderstand $\underline{Z}$ gilt somit:

$$\underline{Z} = R + \mathrm{j}\, \omega L - \mathrm{j} \frac{1}{\omega C}$$

$$\underline{Z} = R + \mathrm{j} \left(\omega L - \frac{1}{\omega C} \right) \qquad (6.4.4-3)$$

$$\underline{Z} = R + \mathrm{j}\, (X_L - X_C)$$

Daraus folgt für Betrag und Phasenwinkel:

$$|\underline{Z}| = Z = \sqrt{R^2 + (X_L - X_C)^2} \qquad (6.4.4-4)$$

$$\varphi = \arctan \frac{X_L - X_C}{R} \qquad (6.4.4-5)$$

Beispiel 6.4.4 – 1

Berechnen Sie für die Schaltung gemäß Bild folgende Werte: $\underline{Z}_{12}$, I, U_R, U_L, U_C, $\varphi_{U,I}$. Die gegebenen Daten sind im Schaltplan angegeben. Zeichnen Sie zuerst das allgemeine Widerstandszeigerdiagramm.

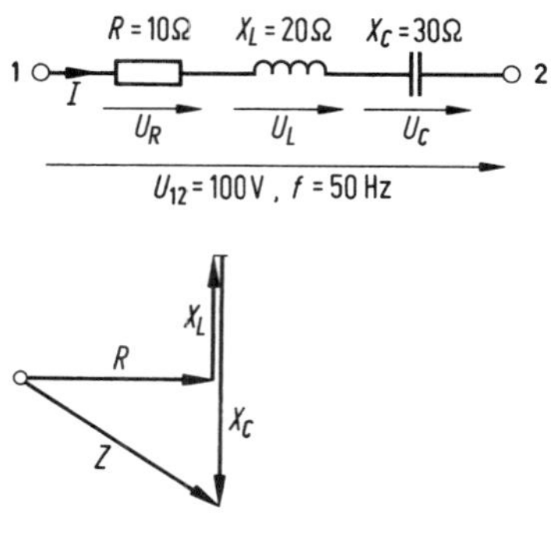

Lösung:

Konstruktion des allgemeinen Widerstandszeigerdiagramm:

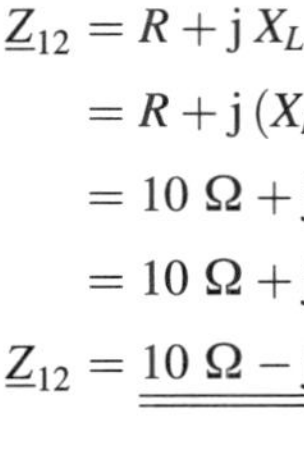

Berechnung des Scheinwiderstandes in komplexer Schreibweise:

$$\underline{Z}_{12} = R + \mathrm{j}\, X_L - \mathrm{j}\, X_C$$

$$= R + \mathrm{j}\, (X_L - X_C)$$

$$= 10\ \Omega + \mathrm{j}\, (20\ \Omega - 30\ \Omega)$$

$$= 10\ \Omega + \mathrm{j}\, (-10\ \Omega)$$

$$\underline{Z}_{12} = \underline{\underline{10\ \Omega - \mathrm{j}\, 10\ \Omega}}$$

Betrag des Scheinwiderstandes:

$$Z_{12} = \sqrt{(10\ \Omega)^2 + (10\ \Omega)^2}$$

$$Z_{12} = \underline{\underline{14{,}142\ \Omega}}$$

Berechnung des Stromes I:

$$I = \frac{U_{12}}{Z_{12}} = \frac{100\ \text{V}}{14{,}142\ \Omega} = \underline{\underline{7{,}071\ \text{A}}}$$

Berechnung der Teilspannungen:

$$U_R = I \cdot R = 7{,}071\ \text{A} \cdot 10\ \Omega = \underline{\underline{70{,}71\ \text{V}}}$$

$$U_L = I \cdot X_L = 7{,}071\ \text{A} \cdot 20\ \Omega = \underline{\underline{141{,}42\ \text{V}}}$$

$$U_C = I \cdot X_C = 7{,}071\ \text{A} \cdot 30\ \Omega = \underline{\underline{212{,}13\ \text{V}}}$$

Man beachte, dass die Blindspannungen größer sind als die Gesamtspannung U_{12}.

Zur Kontrolle wird die Summe der Teilspannungen berechnet, sie muss wieder 100 V ergeben.

$$\begin{aligned}\underline{U}_{12} &= U_R + \text{j}\, U_L - \text{j}\, U_C \\ &= U_R + \text{j}\,(U_L - U_C) \\ &= 70{,}71\ \text{V} + \text{j}\,(141{,}42 - 212{,}13\ \text{V})\end{aligned}$$

$$\underline{U}_{12} = \underline{\underline{70{,}71\ \text{V} - \text{j}\,70{,}71\ \text{V}}}$$

$$U_{12} = \sqrt{(70{,}71\ \text{V})^2 + (70{,}71\ \text{V})^2}$$

$$U_{12} \approx \underline{\underline{100\ \text{V}}}$$

Berechnung des Phasenwinkels $\varphi_{U,I}$:

$$\begin{aligned}\varphi_{U,I} &= \arctan \frac{U_C - U_L}{U_R} \\ &= \arctan \frac{212{,}13\ \text{V} - 141{,}42\ \text{V}}{70{,}71\ \text{V}} \\ &= \arctan(1)\end{aligned}$$

$$\varphi_{U,I} = \underline{\underline{45^\circ}}$$

Beispiel 6.4.4 – 2

Am Ausgang der Schaltung gemäß Bild soll $U_2 = 2$ V vorhanden sein. Berechnen Sie den benötigten Kapazitätswert bei einer Betriebsfrequenz $f = 100$ Hz.

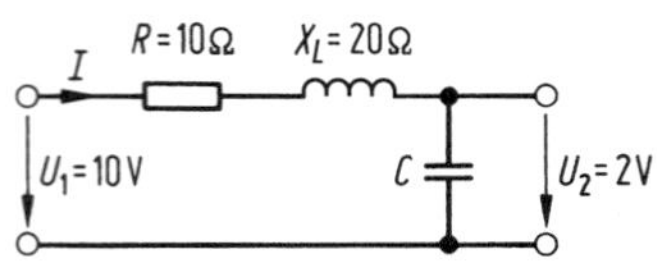

Die Teilspannungen der Reihenschaltung lassen sich wie folgt zusammenfassen:

$$U_1 = \sqrt{U_R^2 + (U_L - U_2)^2}$$

$$\text{mit} \quad U_1 = 10\ \text{V} \quad \text{und} \quad U_2 = 2\ \text{V}$$

$$\Rightarrow 10\ \text{V} = \sqrt{U_R^2 + (U_L - 2\ \text{V})^2}$$

Da laut Daten der Schaltung der induktive Blindwiderstand den doppelten Widerstandswert des Wirkwiderstandes hat, ist auch der Betrag der Teilspannung an X_L doppelt so groß wie an R.

$$U_L = 2 \cdot U_R$$

Eingesetzt in die Gleichung für die Teilspannung ergibt dies:

$$10\ \text{V} = \sqrt{U_R^2 + (2 \cdot U_R - 2\ \text{V})^2}$$

In der vorliegenden Gleichung ist U_R unbekannt. Die Gleichung wird nun nach U_R aufgelöst, dazu wird im ersten Schritt auf beiden Seiten der Gleichung quadriert.

$$(10\ \text{V})^2 = U_R^2 + (2 \cdot U_R - 2\ \text{V})^2$$

$$100\ \text{V}^2 = U_R^2 + 4U_R^2 - 8\ \text{V} \cdot U_R + 4\ \text{V}^2$$

$$U_R^2 + 4U_R^2 - 8\ \text{V} \cdot U_R + 4\ \text{V}^2 - 100\ \text{V}^2 = 0$$

Die Umstellung nach U_R führt zu einer quadratischen Gleichung. Die Auflösung erfolgt mittels Programm eines Taschenrechners und es ergeben sich folgende Werte:

$$5U_R^2 - 8\ \text{V} \cdot U_R - 96\ \text{V}^2 = 0$$

$$U_R' = 5{,}254\ \text{V}$$

$$U_R'' = -3{,}654\ \text{V}$$

Die Lösung quadratischer Gleichungen führt in der Regel zu zwei Ergebnissen. Bei Gleichungen aus der Technik kann manchmal nur ein Ergebnis sinnvoll sein. Im vorliegenden Fall ist eine negative Spannung nicht möglich, so bleibt als Ergebnis $U_R = 5{,}254$ V. Mittels Spannung am Wirkwiderstand kann nun der Strom berechnet werden:

$$I = \frac{U_R}{R} = \frac{5{,}254\ \text{V}}{10\ \Omega} = \underline{\underline{0{,}5254\ \text{A}}}$$

Da der Strom in einer Reihenschaltung überall gleich ist, ermöglicht dies die Berechnung des Blindwiderstandswertes.

$$X_C = \frac{U_2}{I} = \frac{2\ \text{V}}{0{,}5254\ \text{A}} = \underline{\underline{3{,}806\ \Omega}}$$

$$X_C = \frac{1}{2 \cdot \pi \cdot f \cdot C}$$

Über die Betriebsfrequenz $f = 100$ Hz wird nun die benötigte Kapazität errechnet.

$$C = \frac{1}{2 \cdot \pi \cdot 100\ \frac{1}{\text{s}} \cdot 3{,}806\ \Omega}$$

$$\underline{\underline{C \approx 418\ \mu\text{F}}}$$

Übung 6.4.4 – 1

Erstellen Sie zur Schaltung gemäß Bild das allgemeine Widerstandszeigerdiagramm. Es sei: $X_{L1} > X_{C2}$ und $X_{L2} < X_{C2}$.

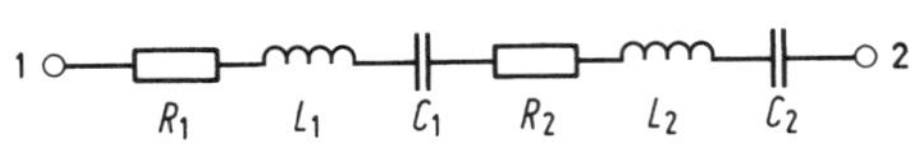

Lösung:

Übung 6.4.4 – 2

Entwickeln Sie zu dem vorgegebenen Zeigerdiagramm die zugehörige Schaltung.

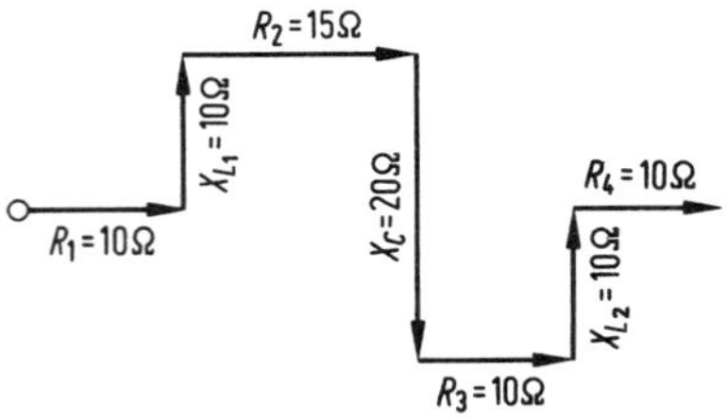

Lösung:

6.5 Parallelschaltungen im Wechselstromkreis

Nach der Durcharbeitung dieses Kapitels haben Sie die **Kompetenz** ...

- die Teilströme in einer Parallelschaltung je nach Art der Bauelemente als Wirk- oder Blindströme zu bestimmen,
- Wirk- und Blindströme als Zeiger anzusehen und ihre definierte Lage in der Bildebene anzugeben,
- Zeigerdiagramme von Parallelschaltungen zu erstellen, um so den Gesamtstrom zu ermitteln.

6.5.1 Widerstand und Kondensator

Während bei einer Reihenschaltung stets die Stromstärke als Bezugsgröße gilt, ist dies bei einer Parallelschaltung die Spannung, da sie für alle parallel liegenden Widerstände gleich ist. Der Strom I teilt sich dagegen in der gegebenen Schaltung in einen Wirkstrom I_R und einen Blindstrom I_C auf. Die Phasenbeziehungen der Teilströme zur Spannung werden im Stromzeigerdiagramm dargestellt. Der Strom I_R ist als Wirkstrom mit U_{12} in Phase, der Strom I_C eilt der Spannung U_{12} um 90° voraus. Die beiden Ströme bilden durch geometrische Addition den Gesamtstrom I, d. h., an das Ende des Zeigers I_R wird der Zeiger I_C so angesetzt, dass er um +90° gegenüber U_{12} verdreht ist. Die Verbindung zwischen Anfang und Ende der beiden Stromzeiger ergibt den als Scheinstrom bezeichneten Gesamtstrom I. Zwischen diesem und der Versorgungsspannung U_{12} besteht der Phasenwinkel φ.

Aus dem Stromzeigerdiagramm werden die Gleichungen zur Berechnung der Scheinstromstärke hergeleitet.

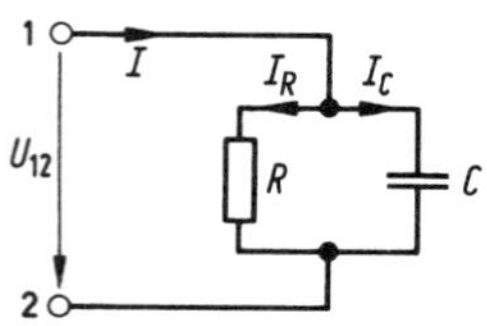

Bild 6.5.1 – 1 Parallelschaltung aus R und C

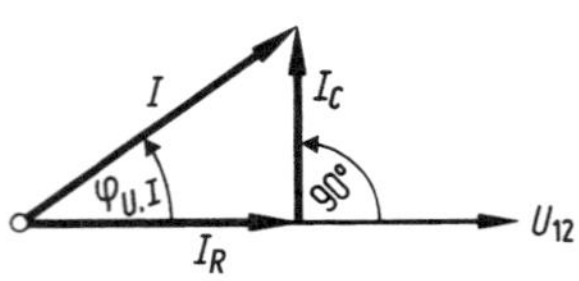

Bild 6.5.1 – 2
Allgemeines Zeigerdiagramm einer Parallelschaltung

Scheinstrom (Gesamtstrom):

$$I = \sqrt{I_R^2 + I_C^2} \qquad (6.5.1-1)$$

mit $I_R = \dfrac{U_{12}}{R}; \quad I_C = \dfrac{U_{12}}{X_C}$

$$I = \sqrt{\left(\frac{U_{12}}{R}\right)^2 + \left(\frac{U_{12}}{X_C}\right)^2}$$

$$= \sqrt{\frac{U_{12}^2}{R^2} + \frac{U_{12}^2}{X_C^2}}$$

$$= \sqrt{U_{12}^2\left(\frac{1}{R^2} + \frac{1}{X_C^2}\right)}$$

$$I = U_{12}\sqrt{\frac{1}{R^2} + \frac{1}{X_C^2}}$$

In einem weiteren Schritt erfolgt die Division der Gleichung auf beiden Seiten durch U_{12}. Der entstehende Quotient wurde bereits als Leitwert definiert. In diesem Falle ist es der Scheinleitwert mit dem Formelzeichen Y.

$$\frac{I}{U_{12}} = \sqrt{\frac{1}{R^2} + \frac{1}{X_C^2}}$$

Scheinleitwert:

$$Y = \sqrt{\frac{1}{R^2} + \frac{1}{X_C^2}} \qquad (6.5.1-2)$$

mit $\frac{1}{R} = G$;

$\frac{1}{X_C} = B_C$

$$Y = \sqrt{G^2 + B_C^2} \qquad (6.5.1-3)$$

Aus dem Stromzeigerdiagramm entsteht bei Division aller Seiten durch U_{12} das Leitwertzeigerdiagramm.

Die drei Seiten dieses Diagrammes sind Wirkleitwert G, Blindleitwert B_C und Scheinleitwert Y.

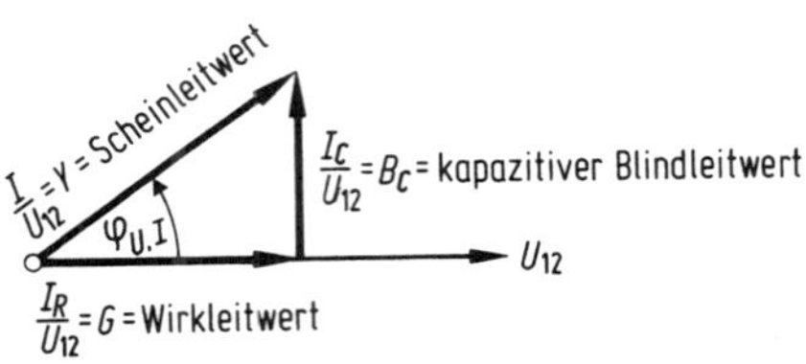

Bild 6.5.1 – 3 Leitwertzeigerdiagramm

Durch die Kehrtwertbildung des Scheinleitwertes erhält man den Ersatzscheinwiderstand der Parallelschaltung.

Z_E = **Ersatzscheinwiderstand**

$$Z_E = \frac{1}{Y} = \frac{1}{\sqrt{G^2 + B_C^2}}$$

mit $G = \frac{1}{R}$; $B_C = \frac{1}{X_C}$

$$\boxed{Z_\mathrm{E} = \frac{1}{\sqrt{\dfrac{1}{R^2} + \dfrac{1}{X_C^2}}}} \qquad (6.5.1-4)$$

Durch Bildung des Hauptnenners und Umstellung ergibt sich:

$$Z_\mathrm{E} = \frac{1}{\sqrt{\dfrac{X_C^2 + R^2}{R^2 \cdot X_C^2}}}$$

$$Z_\mathrm{E} = \frac{1}{\dfrac{\sqrt{X_C^2 + R^2}}{\sqrt{R^2 \cdot X_C^2}}}$$

$$Z_\mathrm{E} = \frac{\sqrt{R^2 \cdot X_C^2}}{\sqrt{R^2 + X_C^2}}$$

Die errechnete Gleichung ist ähnlich der Formel zur Berechnung des Ersatzwiderstandes zweier parallel geschalteter Wirkwiderstände.

$$\boxed{Z_\mathrm{E} = \frac{R \cdot X_C}{\sqrt{R^2 + X_C^2}}} \qquad (6.5.1-5)$$

Aus den rechtwinkligen Zeigerdiagrammen der Bilder 6.5.1 – 2 und 6.5.1 – 3 können die folgenden Gleichungen abgeleitet werden.

$$\boxed{\begin{aligned} \cos\varphi &= \frac{I_R}{I} = \frac{G}{Y} \\ \sin\varphi &= \frac{I_C}{I} = \frac{B_C}{Y} \\ \tan\varphi &= \frac{I_C}{I_R} = \frac{B_C}{G} \\ \varphi &= \arctan\frac{B_C}{G} \end{aligned}} \qquad (6.5.1-6)$$

Scheinleitwert

In komplexer Schreibweise ergeben sich für die Parallelschaltungen von R und C folgende Gleichungen:

$$\boxed{\underline{Y} = G + \mathrm{j}B_C} \qquad (6.5.1-7)$$

$$\boxed{|\underline{Y}| = Y = \sqrt{G^2 + B_C^2}} \qquad (6.5.1-8)$$

Der Ersatzscheinwiderstand berechnet sich wie folgt:

$$\underline{Z}_\mathrm{E} = \frac{1}{G + \mathrm{j}\,B_C} = \frac{1}{\underline{Y}}$$

$$= \frac{1}{\dfrac{1}{R} - \dfrac{1}{\mathrm{j}\,X_C}}$$

Bildung des Hauptnenners:

$$\underline{Z}_E = \frac{1}{\dfrac{j X_C - R}{j X_C \cdot R}} = \frac{j X_C \cdot R}{j X_C - R}$$

Multiplikation von Zähler und Nenner mit (-1):

$$\underline{Z}_E = -\frac{j X_C \cdot R}{R - j X_C}$$

$$\underline{Z}_E = -\frac{j X_C \cdot R \cdot (R + j X_C)}{R^2 + X_C^2}$$

$$\underline{Z}_E = -\frac{j X_C \cdot R^2 + R \cdot X_C^2}{R^2 + X_C^2}$$

Auftrennung in Real- und Imaginärteil:

$$\boxed{\underline{Z}_E = \underbrace{\frac{R \cdot X_C^2}{R^2 + X_C^2}}_{\text{Realteil}} - j\underbrace{\frac{R^2 \cdot X_C}{R^2 + X_C^2}}_{\text{Imaginärteil}}} \qquad (6.5.1-9)$$

Beispiel 6.5.1 – 1

Gegeben ist die Parallelschaltung gemäß Bild aus R und C. Berechnen Sie folgende Daten: U_{12}, Z_E, I_R, I_C, $\varphi_{U,I}$. Beginnen Sie die Berechnung mit der Erstellung des allgemeinen Stromzeigerdiagrammes.

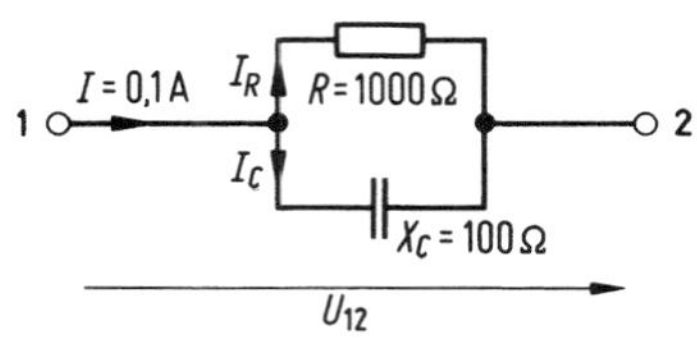

Lösung:

Konstruktion des Stromzeigerdiagrammes:

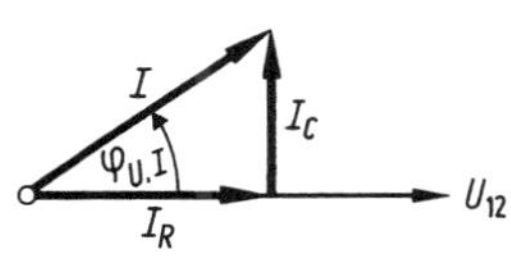

Berechnung des Ersatzscheinwiderstandes:

$$Z_E = \frac{R \cdot X_C}{\sqrt{R^2 + X_C^2}} = \frac{1000\ \Omega \cdot 100\ \Omega}{\sqrt{(1000\ \Omega)^2 + (100\ \Omega)^2}}$$

$$Z_E = \underline{\underline{99{,}5\ \Omega}}$$

Berechnung der Spannung:

$$U_{12} = I \cdot Z_E = 0{,}1\ \text{A} \cdot 99{,}5\ \Omega = \underline{\underline{9{,}95\ \text{V}}}$$

Berechnung der Teilströme:

$$I_R = \frac{U_{12}}{R} = \frac{9{,}95\ \text{V}}{1000\ \Omega} = \underline{\underline{9{,}95\ \text{mA}}}$$

$$I_C = \frac{U_{12}}{X_C} = \frac{9{,}95\ \text{V}}{100\ \Omega} = \underline{\underline{99{,}5\ \text{mA}}}$$

Zur Kontrolle wird die Summe der Teilströme gebildet. Das Ergebnis muss wieder den Strom I ergeben.

$$I = \sqrt{I_R^2 + I_C^2} = \sqrt{(9{,}95\ \text{mA})^2 + (99{,}5\ \text{mA})^2}$$

$$I \approx \underline{\underline{100\ \text{mA}}}$$

Berechnung des Phasenwinkels:

$$\varphi_{U,I} = \arctan \frac{I_C}{I_R} = \arctan \frac{99{,}5\ \text{mA}}{9{,}95\ \text{mA}} = \arctan 10$$

$$\varphi_{U,I} = \underline{\underline{84{,}28^\circ}}$$

Übung 6.5.1 – 1

Der Strom in einem kapazitiven Blindwiderstand $X_C = 100\ \Omega$ soll $I_1 = 10$ mA betragen. In der Schaltung fließt bereits ein Strom $I = 30$ mA. Dieser Strom soll durch eine Parallelschaltung mit einem Wirkwiderstand so aufgeteilt werden, dass die Forderung erfüllt ist.

Lösung:

Übung 6.5.1 – 2

Berechnen Sie den Gesamtblindwiderstand der gegebenen Schaltung gemäß Bild. Die Betriebsfrequenz ist $f = 1000$ Hz.

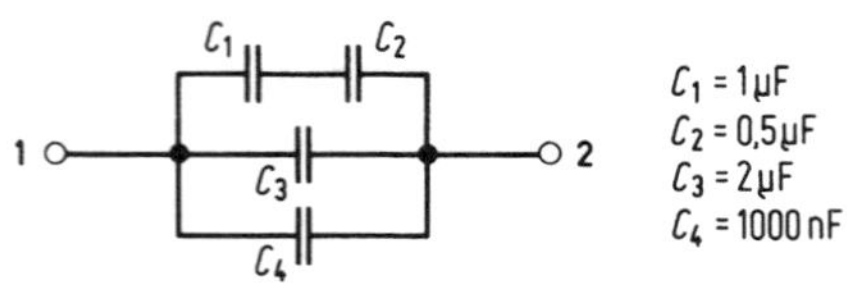

Lösung:

6.5.2 Widerstand und Spule

Die Herleitung der Gesetzmäßigkeiten der Parallelschaltung aus R und L geschieht analog zu Abschnitt 6.5.1, sodass nur auf die wesentlichen Unterschiede hingewiesen werden soll. Zu Anfang jeder Berechnung einer Wechselstromschaltung ist das allgemeine Zeigerdiagramm zu erstellen. Bezugsgröße ist wieder die Versorgungsspannung U_{12}. Der Wirkstrom ist in Phase mit Spannung U_{12}, der Blindstrom I_L eilt ihr um 90° nach. Beide Ströme werden geometrisch zum Gesamt- oder Scheinstrom I addiert, der um den Phasenwinkel φ der Versorgungsspannung nacheilt.

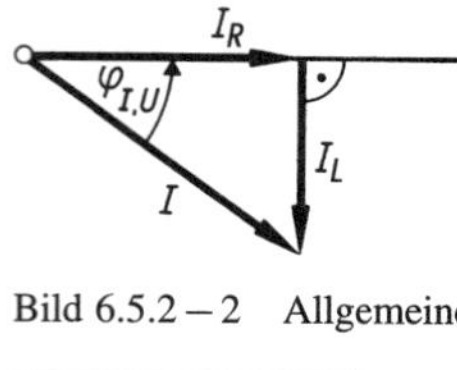

Bild 6.5.2 – 1 Parallelschaltung aus R und L

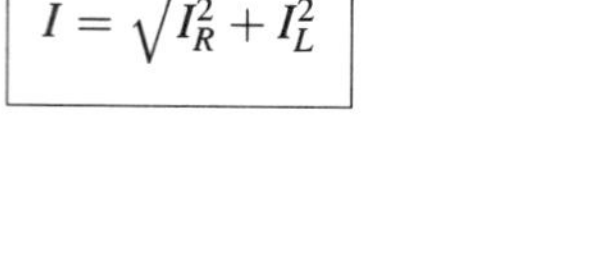

Bild 6.5.2 – 2 Allgemeines Stromzeigerdiagramm

Berechnung des Scheinstromes I:

$$I = \sqrt{I_R^2 + I_L^2} \qquad (6.5.2-1)$$

Ableitung der Gleichung für den Scheinleitwert aus der Gleichung des Scheinstromes:

$$Y = \sqrt{\frac{1}{R^2} + \frac{1}{X_L^2}}$$

$$Y = \sqrt{G^2 + B_L^2} \qquad (6.5.2-2)$$

Wie bereits im Abschnitt 6.5.1 gezeigt, wird aus dem Stromzeigerdiagramm das Leitwertzeigerdiagramm hergeleitet.

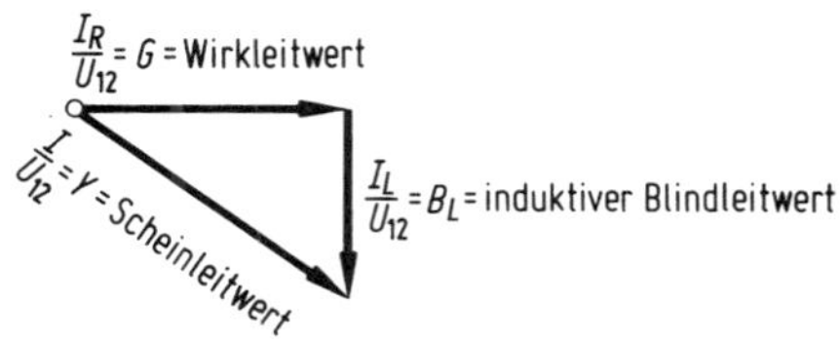

Bild 6.5.2 – 3 Leitwertdiagramm

Der Ersatzscheinwiderstand Z_E berechnet sich durch Kehrwertbildung des Scheinleitwertes:

$$Z_E = \frac{1}{Y}$$

$$Z_E = \frac{1}{\sqrt{G^2 + B_L^2}}$$

$$Z_E = \frac{R \cdot X_L}{\sqrt{R^2 + X_L^2}} \qquad (6.5.2-3)$$

Aus den trigonometrischen Beziehungen im Zeigerdiagramm ergibt sich:

$$\cos\varphi = \frac{I_R}{I} = \frac{G}{Y}$$

$$\sin\varphi = \frac{I_L}{I} = \frac{B_L}{Y}$$

$$\tan\varphi = \frac{I_L}{I_R} = \frac{B_L}{G} \qquad (6.5.2-4)$$

$$\varphi = \arctan\frac{B_L}{G}$$

In komplexer Schreibweise ergibt sich für die Parallelschaltung von R und L folgende Gleichung:

Scheinleitwert

$$\underline{Y} = G - \mathrm{j}\,B_L \qquad (6.5.2-5)$$

$$|\underline{Y}| = Y = \sqrt{G^2 + B_L^2}$$

Der Ersatzscheinwiderstand berechnet sich wie folgt:

$$\underline{Z}_E = \frac{1}{G - j\,B_L} = \frac{1}{\frac{1}{R} - j\frac{1}{X_L}} = \frac{1}{\frac{X_L - j\,R}{R \cdot X_L}} = \frac{R \cdot X_L}{X_L - j\,R} = \frac{R \cdot X_L(X_L + j\,R)}{R^2 + X_L^2}$$

Auftrennung in Real- und Imaginärteil:

$$\underline{Z}_E = \frac{R \cdot X_L^2 + j\,R^2 X_L}{R^2 + X_L^2}$$

$$\boxed{\underline{Z}_E = \frac{R \cdot X_L^2}{R^2 + X_L^2} + j\frac{R^2 X_L}{R^2 + X_L^2}} \qquad (6.5.2-6)$$

Beispiel 6.5.2 – 1

Von der Parallelschaltung gemäß Bild sind folgende Daten bekannt:

$U_{12} = 10\,\text{V}, f = 50\,\text{Hz}, \varphi_{I,U} = 30°, L = 0{,}1\,\text{H}.$

Berechnen Sie: I_R, I_L, I, R.

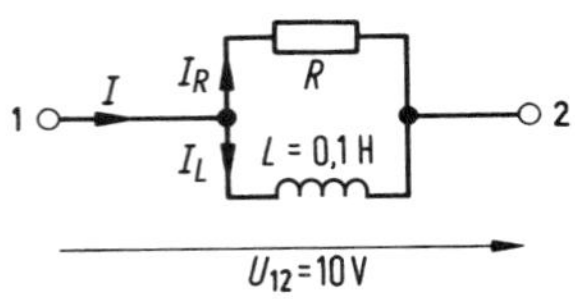

Lösung:

Berechnung des Blindwiderstandes:

$$X_L = 2 \cdot \pi \cdot f \cdot L = 2 \cdot \pi \cdot 50\text{ Hz} \cdot 0{,}1\text{ H} = 2 \cdot \pi \cdot 50\,\frac{1}{\text{s}} \cdot 0{,}1\,\frac{\text{V} \cdot \text{s}}{\text{A}}$$

$$X_L = \underline{\underline{31{,}4\ \Omega}}$$

Berechnung des Blindstromes:

$$I_L = \frac{U_{12}}{X_L} = \frac{10\text{ V}}{31{,}4\ \Omega} = \underline{\underline{0{,}318\text{ A}}}$$

Berechnung des Wirkstromes I_R aus der Winkelangabe $\varphi = 30°$. Zur besseren Veranschaulichung wird dazu das Zeigerdiagramm gezeichnet.

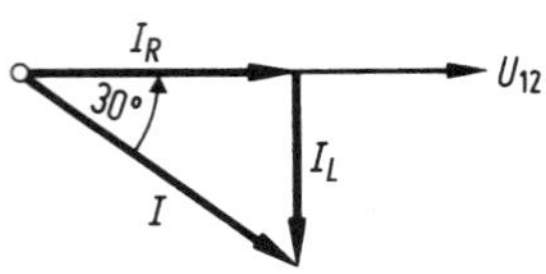

$$\tan 30° = \frac{I_L}{I_R}$$

$$I_R = \frac{I_L}{\tan 30°} = \frac{0{,}318\text{ A}}{0{,}577}$$

$$I_R = \underline{\underline{0{,}55\text{ A}}}$$

Berechnung des Wirkwiderstandes:

$$R = \frac{U_{12}}{I_R} = \frac{10\ \text{V}}{0{,}55\ \text{A}} = \underline{\underline{18{,}18\ \Omega}}$$

Berechnung des Scheinstromes:

$$I = \sqrt{I_R^2 + I_L^2}$$

$$I = \sqrt{(0{,}55\ \text{A})^2 + (0{,}318\ \text{A})^2} = \underline{\underline{0{,}635\ \text{A}}}$$

Übung 6.5.2 – 1

Der Ersatzscheinwiderstand einer Parallelschaltung aus R und L beträgt $Z_E = 100\ \Omega$. Der Wirkwiderstand hat den Wert $R = 185\ \Omega$. Welcher Induktivitätswert erfüllt diese Bedingung $f = 100$ Hz?

Lösung:

Übung 6.5.2 – 2

Berechnen Sie den Ersatzblindwiderstand X_{L12} der Schaltung gemäß Bild.

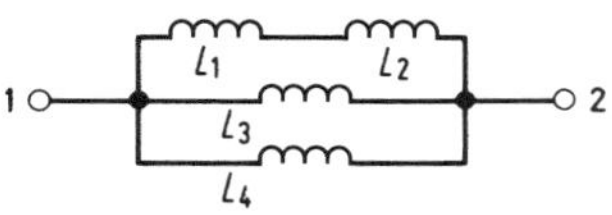

L_1 = 1 H
L_2 = 0,5 H
L_3 = 0,8 H
L_4 = 1,5 H
f = 50 Hz

Lösung:

6.5.3 Kondensator und Spule

Die Parallelschaltung von L und C besteht nur aus Blindwiderständen. Beide Ströme sind gegenüber der Versorgungsspannung jeweils um 90° phasenverschoben, und zwar eilt I_C um 90° vor, während I_L um 90° nacheilt. Somit sind die beiden Ströme zueinander gegenphasig und heben sich je nach Größe ganz oder teilweise auf. Es lassen sich folgende Fälle unterscheiden.

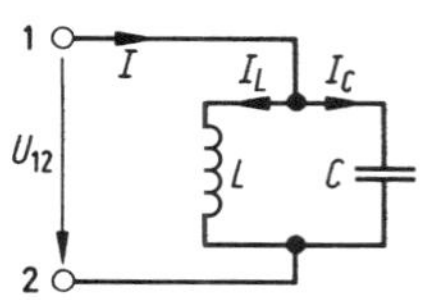

Bild 6.5.3 – 1 Parallelschaltung aus L und C

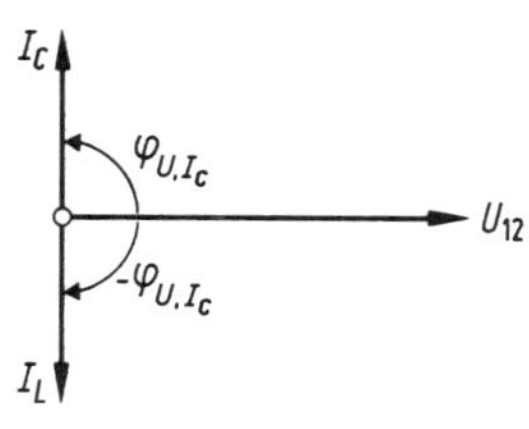

Bild 6.5.3 – 2 Allgemeines Zeigerdiagramm zur Parallelschaltung aus L und C

1. Fall: $I_L > I_C$

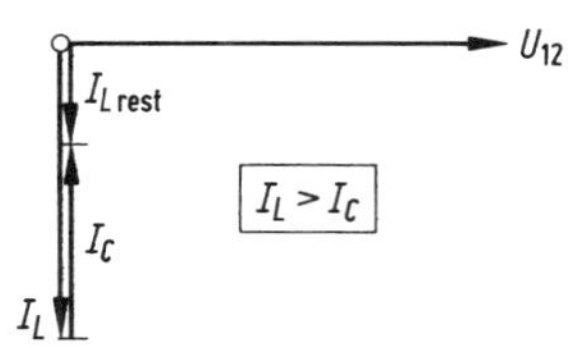

Bild 6.5.3 – 3
Stromzeigerdiagramm für den Fall $I_L > I_C$

Es verbleibt ein induktiver Reststrom $I_{L\,\text{rest}}$:

$$I_{L\,\text{rest}} = I_L - I_C \qquad (6.5.3-1)$$

Zur Berechnung des verbleibenden Widerstandes zweier parallel geschalteter Blindwiderstände gilt eine ähnliche Gleichung wie für zwei parallel geschaltete Wirkwiderstände.

$$X_{L\,\text{rest}} = \frac{X_L \cdot X_C}{X_L - X_C} \qquad (6.5.3-2)$$

2. Fall: $I_L < I_C$

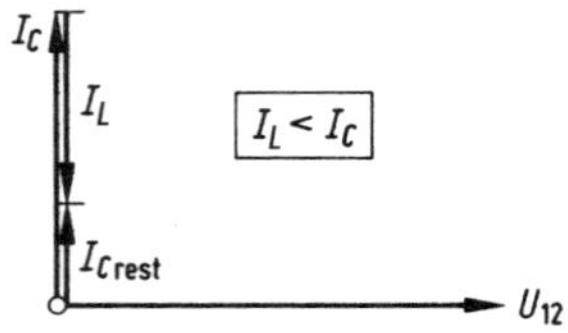

Bild 6.5.3 – 4
Stromzeigerdiagramm für den Fall $I_L < I_C$

Es verbleibt ein kapazitiver Reststrom $I_{C\,\text{rest}}$:

$$I_{C\,\text{rest}} = I_C - I_L \qquad (6.5.3-3)$$

Der verbleibende Blindwiderstand berechnet sich wie folgt:

$$X_{C\,\text{rest}} = \frac{X_C \cdot X_L}{X_C - X_L} \qquad (6.5.3-4)$$

3. Fall: $I_L = I_C$

Resonanzfall

Die beiden Blindströme heben sich auf. Dieser Sonderfall wird als Resonanzfall definiert (weitere Betrachtungen siehe Abschn. 6.7.4).

$$I_C = I_L \qquad (6.5.3-5)$$

Beispiel 6.5.3 – 1

Gegeben ist die Parallelschaltung gemäß Bild mit den Daten:

$U_{12} = 100\,\text{mV}$, $L = 0{,}5\,\text{H}$, $C = 10\,\mu\text{F}$, $f = 100\,\text{Hz}$.

Berechnen Sie: I_L, I_C, I.

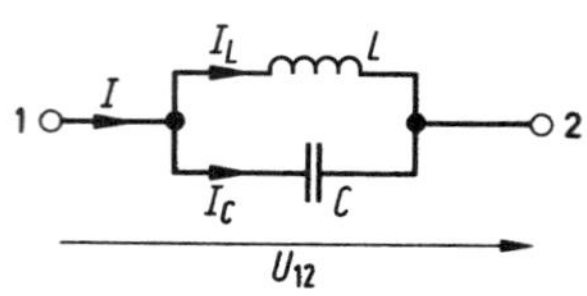

Lösung:

Berechnung der Blindwiderstände:

$$X_L = 2 \cdot \pi \cdot f \cdot L = 2 \cdot \pi \cdot 100\,\text{Hz} \cdot 0{,}5\,\text{H}$$

$$X_L = 2 \cdot \pi \cdot 100\,\frac{1}{\text{s}} \cdot 0{,}5\,\frac{\text{V} \cdot \text{s}}{\text{A}}$$

$$X_L = \underline{\underline{314{,}15\,\Omega}}$$

$$X_C = \frac{1}{2 \cdot \pi \cdot f \cdot C}$$

$$= \frac{1}{2 \cdot \pi \cdot 100\ \text{Hz} \cdot 10 \cdot 10^{-6}\ \text{F}}$$

$$= \frac{1}{2 \cdot \pi \cdot 100\ \frac{1}{\text{s}} \cdot 10 \cdot 10^{-6}\ \frac{\text{A} \cdot \text{s}}{\text{V}}}$$

$$X_C = \underline{\underline{159\ \Omega}}$$

Berechnung der Blindströme:

$$I_L = \frac{U_{12}}{X_L} = \frac{0{,}1\ \text{V}}{314{,}15\ \Omega} = \underline{\underline{0{,}318\ \text{mA}}}$$

$$I_C = \frac{U_{12}}{X_C} = \frac{0{,}1\ \text{V}}{159\ \Omega} = \underline{\underline{0{,}628\ \text{mA}}}$$

Der kapazitive Blindstrom ist größer als der induktive, somit verbleibt ein kapazitiver Reststrom, welcher der Spannung U_{12} um 90° voreilt.

Bildung des Gesamtstromes:

$$I = |I_L - I_C| = |0{,}318\ \text{mA} - 0{,}628\ \text{mA}|$$

$$I = \underline{\underline{0{,}31\ \text{mA}}}$$

Übung 6.5.3 – 1

Die Schaltung von Beispiel 6.5.3 – 1 hat die Daten $I = 1$ mA, $X_L = 100\ \Omega$, $C = 100\ \mu\text{F}$, $f = 50$ Hz.
Berechnen Sie: U_{12}, I_L, I_C.

Lösung:

6.5.4 Widerstand, Kondensator und Spule

Die Betrachtung einer Parallelschaltung von R, L und C kann sich auf die bisherigen Erkenntnisse stützen. Als Überblick dient wiederum das allgemeine Stromzeigerdiagramm. Es wird angenommen, dass $X_L > X_C$ ist, also der Fall $I_L < I_C$ vorliegt.

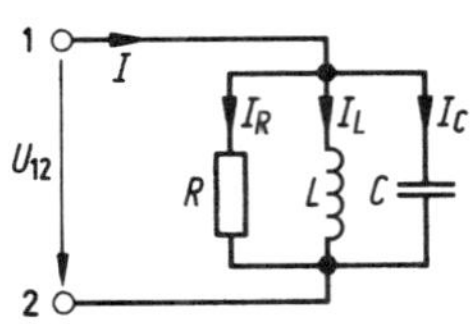

Bild 6.5.4 – 1 Parallelschaltung aus R, L und C

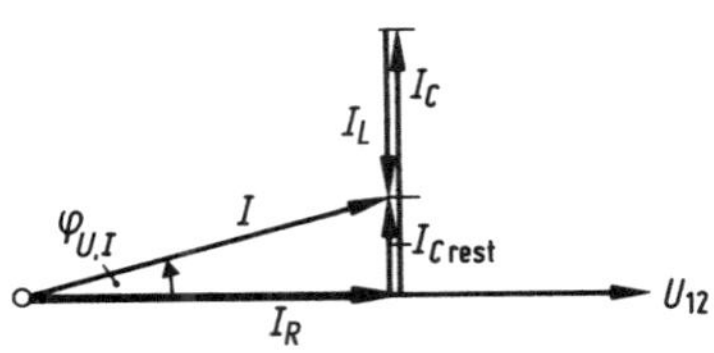

Bild 6.5.4 – 2 Allgemeines Stromzeigerdiagramm zur Parallelschaltung aus R, L und C

Der Scheinstrom I berechnet sich wie folgt:

$$I = \sqrt{I_R^2 + (I_C - I_L)^2} \qquad (6.5.4-1)$$

In komplexer Schreibweise ergibt sich:

$$\underline{I} = I_R + \mathrm{j}\,I_C - \mathrm{j}\,I_L$$
$$\underline{I} = I_R + \mathrm{j}\,(I_C - I_L) \qquad (6.5.4-2)$$

mit $I_R = \frac{U_{12}}{R}$; $I_L = \frac{U_{12}}{X_L}$; $I_C = \frac{U_{12}}{X_C}$

$$\underline{I} = \frac{U_{12}}{R} + \mathrm{j}\frac{U_{12}}{X_C} - \mathrm{j}\frac{U_{12}}{X_L}$$
$$= U_{12}\left(\frac{1}{R} + \mathrm{j}\frac{1}{X_C} - \mathrm{j}\frac{1}{X_L}\right)$$
$$\underline{I} = U_{12}\left(\frac{1}{R} + \mathrm{j}\left(\frac{1}{X_C} - \frac{1}{X_L}\right)\right)$$

Division der Gleichung durch U_{12}:

$$\frac{\underline{I}}{U_{12}} = \frac{1}{R} + \mathrm{j}\left(\frac{1}{X_C} - \frac{1}{X_L}\right)$$

Der Quotient $\frac{\underline{I}}{U_{12}}$ wurde bereits als Ersatzscheinleitwert definiert, somit gilt:

$$\underline{Y} = \frac{1}{R} + \mathrm{j}\left(\frac{1}{X_C} - \frac{1}{X_L}\right) \qquad (6.5.4-3)$$

mit $\frac{1}{R} = G$; $\frac{1}{X_C} = B_C$; $\frac{1}{X_L} = B_L$

Komplexe Schreibweise des Ersatzscheinleitwertes:

$$\underline{Y} = G + \mathrm{j}(B_C - B_L) \qquad (6.5.4-4)$$

Berechnung des Phasenwinkels:

$$\varphi_{U,I} = \arctan\frac{B_C - B_L}{G}$$
$$\varphi_{U,I} = \arctan\frac{I_C - I_L}{I_R} \qquad (6.5.4-5)$$

Beispiel 6.5.4 – 1

Die Schaltung gemäß Bild hat folgende Daten:

$U_{12} = 10\,\mathrm{V}$, $X_L = 100\,\Omega$, $X_C = 80\,\Omega$, $R = 150\,\Omega$.

Berechnen Sie: I_L, I_C, I_R, I, $\varphi_{U,I}$, Z_{12}.
Zeichnen Sie zuerst das allgemeine Stromzeigerdiagramm.

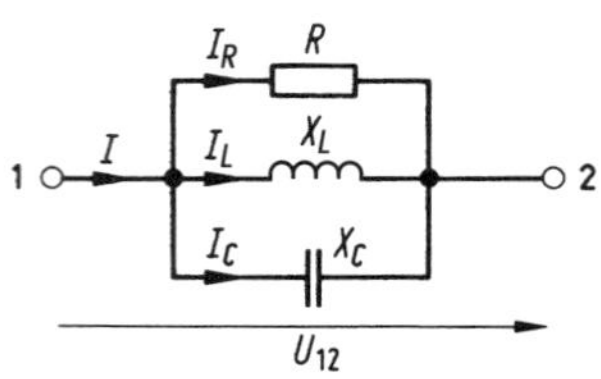

Lösung:

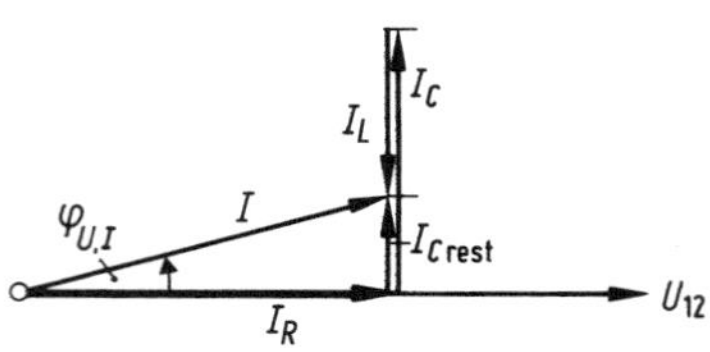

Berechnung der Teilströme:

$$I_L = \frac{U_{12}}{X_L} = \frac{10\ \text{V}}{100\ \Omega} = \underline{\underline{0{,}1\ \text{A}}}$$

$$I_C = \frac{U_{12}}{X_C} = \frac{10\ \text{V}}{80\ \Omega} = \underline{\underline{0{,}125\ \text{A}}}$$

$$I_R = \frac{U_{12}}{R} = \frac{10\ \text{V}}{150\ \Omega} = \underline{\underline{0{,}066\ \text{A}}}$$

Berechnung des Gesamtstromes:

$$I = \sqrt{I_R^2 + (I_C - I_L)^2}$$

$$= \sqrt{(0{,}066\ \text{A})^2 + (0{,}125\ \text{A} - 0{,}1\ \text{A})^2}$$

$$I = \underline{\underline{0{,}071\ \text{A}}}$$

Berechnung des Ersatzscheinwiderstandes:

$$Z_{12} = \frac{U_{12}}{I} = \frac{10\ \text{V}}{0{,}071\ \text{A}}$$

$$Z_{12} = \underline{\underline{140{,}84\ \Omega}}$$

Berechnung des Phasenwinkels:

$$\varphi_{U,I} = \arctan \frac{I_C - I_L}{I_R}$$

$$= \arctan \frac{0{,}125\ \text{A} - 0{,}1\ \text{A}}{0{,}066\ \text{A}}$$

$$= \arctan 0{,}375$$

$$\varphi_{U,I} = \underline{\underline{20{,}57^\circ}}$$

Übung 6.5.4 – 1

Gegeben sei die Schaltung gemäß Beispiel 6.5.4 – 1 mit den Daten: $R = 1\ \text{k}\Omega$, $C = 10\ \mu\text{F}$, $L = 20\ \mu\text{H}$. Berechnen Sie den Ersatzleitwert und den Ersatzscheinwiderstand für die Frequenz $f = 10\ \text{kHz}$.

Lösung:

Zusammenfassung von Fachbegriffen zu Widerständen und Leitwerten:

R = Wirkwiderstand = Resistanz
G = Wirkleitwert = Konduktanz
X = Blindwiderstand = Reaktanz
  X_C = kapazitiver Blindwiderstand = Kapazitanz
  X_L = induktiver Blindwiderstand = Induktanz
B = Blindleitwert = Suszeptanz
  B_C = kapazitive Suszeptanz
  B_L = induktive Suszeptanz
Z = Scheinwiderstand = Impedanz
Y = Scheinleitwert = Admittanz

6.6 Gemischte Schaltungen im Wechselstromkreis – Impedanzschaltungen

Nach der Durcharbeitung dieses Kapitels haben Sie die **Kompetenz** ...
- gemischte Schaltungen mit Wirk- und Blindwiderständen anhand von Zeigerdiagrammen zu analysieren und deren Schaltungswerte zu berechnen,
- die komplexe Rechnung zur Berechnung gemischter Schaltungen einzusetzen.

Gemischte Schaltungen aus Wirk- und Blindwiderständen werden, wie bereits erläutert, als **Impedanzschaltungen** bezeichnet. In der Praxis typische Impedanzschaltungen sind die realen Schaltelemente, z. B. technische Widerstände, Kondensatoren und Spulen. Die Schaltungen entstehen durch den jeweiligen technologischen Aufbau der Schaltelemente. Es sind natürlich keine realistischen Schaltungen, sondern Ersatzschaltungen, die nur in der Vorstellung vorhanden sind. Ein Drahtwiderstand ist bei Wechselspannung eine Impedanz, die aus dem Widerstand (ohmschen Widerstand) des aufgewickelten Drahtwerkstoffes und einer Induktivität (Drahtwickel = Spule) besteht.
Alle Schaltelemente müssen so, je nach technologischem Aufbau, als Impedanz bei Wechselspannung angesehen werden.

Lösungsschritte für Impedanzschaltungen:

Gemischte Schaltungen sind aus Reihen- und Parallelschaltungen aufgebaut. Zeichnet man für sie das allgemeine Zeigerdiagramm, dann erkennt man, dass es sich nicht mehr um einfache rechtwinklige Dreiecke handelt. Die Zeigerdiagramme sind meist Vielecke oder schiefwinklige Dreiecke. Die einfachen trigonometrischen Berechnungen können deshalb nur noch in Einzelfällen eingesetzt werden. Die Berechnung solcher Schaltungen vereinfacht sich durch die Anwendung der komplexen Rechnung. Anhand einiger Beispiele wird dies nachfolgend gezeigt.

Beispiel 6.6 – 1

Gegeben ist die Schaltung gemäß Bild, mit folgenden Daten: U_{13}, R_1, R_2, X_L. Zeichnen Sie zuerst das allgemeine Zeigerdiagramm und berechnen Sie formelmäßig folgende Größen:

I, $\underline{Z}_{13}$, I_R, I_L, U_{12}, $\underline{U}_{23}$.

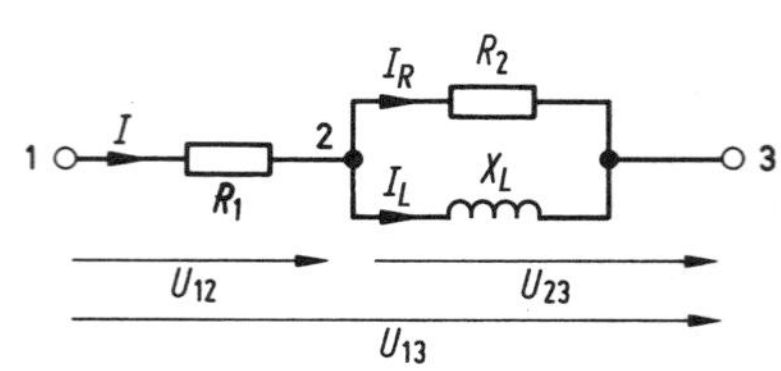

Lösung:

Aufbau des allgemeinen Zeigerdiagrammes:

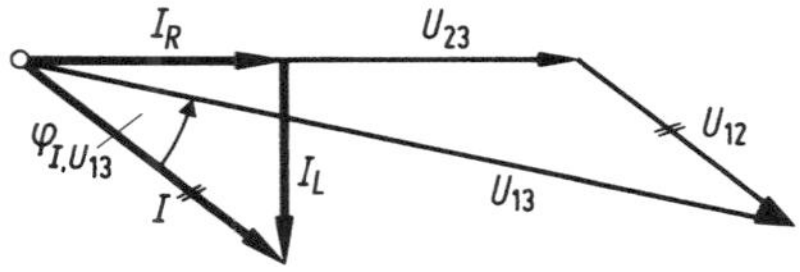

Beachte: I und U_{12} verlaufen parallel

Da besondere Vorgaben fehlen, sind die Zeigerlängen und die Winkel frei gewählt. Ausgangspunkt des Zeigerdiagramms ist die Parallelschaltung mit der Spannung U_{23} und den Strömen I_L und I_R. Die geometrische Summe der beiden Ströme ist I. Dieser Strom bewirkt auch die Teilspannung U_{12}. Sie ist eine Wirkspannung und deshalb mit I in Phase. Die Teilspannung U_{12} addiert sich geometrisch mit U_{23} zur Gesamtspannung U_{13}. Der Spannungszeiger U_{12} wird winkelgleich zu I an U_{23} angesetzt. Die Verbindung des Ausgangspunktes mit dem Endpunkt der Spannung U_{12} ist die Gesamtspannung U_{13}. Wie man erkennt, ist das Spannungsdreieck nicht rechtwinklig, was die auf die Geometrie bezogenen Berechnungen erschwert. Hier setzt nun der Vorteil der komplexen Rechnung ein.

Erläuterung:

$\varphi_{I,U_{13}}$ ist der Phasenwinkel zwischen dem in die Schaltung fließenden Strom I und der angelegten Gesamtspannung U_{13}.

Berechnung des Scheinwiderstandes $\underline{Z}_{13}$ durch die folgende Reihenschaltung:

$$\underline{Z}_{13} = R_1 + \underline{Z}_{23}$$

Berechung des Teilwiderstandes $\underline{Z}_{23}$:

$$\underline{Z}_{23} = \frac{R_2 \cdot \mathrm{j}\,X_L}{R_2 + \mathrm{j}\,X_L}$$

$$= \frac{R_2 \cdot \mathrm{j}\,X_L(R_2 - \mathrm{j}\,X_L)}{(R_2 + \mathrm{j}\,X_L)(R_2 - \mathrm{j}\,X_L)}$$

Der Nenner der Gleichung muss reell gemacht werden, dazu ist die rechte Seite der Gleichung konjugiert komplex zu erweitern.

$$\underline{Z}_{23} = \frac{\mathrm{j}\,R_2^2 \cdot X_L + X_L^2 \cdot R_2}{R_2^2 + X_L^2}$$

$$\underline{Z}_{23} = \frac{R_2 \cdot X_L^2}{R_2^2 + X_L^2} + \mathrm{j}\frac{R_2^2 \cdot X_L}{R_2^2 + X_L^2}$$

Teilwiderstand $\underline{Z}_{23}$ in die Gleichung für $\underline{Z}_{13}$ einsetzen:

$$\underline{Z}_{13} = R_1 + \frac{R_2 \cdot X_L^2}{R_2^2 + X_L^2} + \mathrm{j}\frac{R_2^2 \cdot X_L}{R_2^2 + X_L^2}$$

$$\underline{Z}_{13} = \frac{R_1(R_2^2 + X_L^2) + X_L^2 \cdot R_2}{R_2^2 + X_L^2} + \mathrm{j}\frac{R_2^2 \cdot X_L}{R_2^2 + X_L^2}$$

Berechnung des Betrages von $\underline{Z}_{13}$:

$$|\underline{Z}_{13}| = Z_{13}$$

$$Z_{13} = \sqrt{\left(\frac{R_1(R_2^2 + X_L^2) + X_L^2 \cdot R_L}{R_2^2 + X_L^2}\right)^2 + \left(\frac{R_2^2 \cdot X_L}{R_2^2 + X_L^2}\right)^2}$$

Berechnung des Stromes:

$$I = \frac{U_{13}}{Z_{13}}$$

Berechnung der Teilspannung $\underline{U}_{23}$:

$$\underline{U}_{23} = I \cdot \underline{Z}_{23}$$

$$\underline{U}_{23} = I \cdot \left(\frac{R_2 \cdot X_L^2}{R_2^2 + X_L^2} + \mathrm{j}\frac{R_2^2 \cdot X_L}{R_2^2 + X_L^2}\right)$$

$$\underline{U}_{23} = \frac{I \cdot R_2 \cdot X_L^2}{R_2^2 + X_L^2} + \mathrm{j}\frac{I \cdot R_2^2 \cdot X_L}{R_2^2 + X_L^2}$$

$$|\underline{U}_{23}| = U_{23}$$

$$U_{23} = \sqrt{\left(\frac{I \cdot R_2 \cdot X_L^2}{R_2^2 + X_L^2}\right)^2 + \left(\frac{I \cdot R_2^2 \cdot X_L}{R_2^2 + X_L^2}\right)^2}$$

Berechnung der Teilströme:

$$I_R = \frac{U_{23}}{R_2}$$

$$I_L = \frac{U_{23}}{X_L}$$

Berechnung der Teilspannung U_{12}:

$$U_{12} = I \cdot R_1$$

Beispiel 6.6 – 2

In der Schaltung von Beispiel 6.6 – 1 sind folgende Daten gegeben: $U_{13} = 10$ V, $R_1 = 10\ \Omega$, $R_2 = 30\ \Omega, X_L = 40\ \Omega$.

Berechnen Sie die Werte folgender Größen:

I, $\underline{Z}_{13}$, $\underline{Z}_{23}$, I_R, I_L, U_{12}, $\underline{U}_{23}$, $\varphi_{U,I}$.

Die im Beispiel 6.6 – 1 abgeleiteten Gleichungen werden übernommen und die bekannten Werte eingesetzt.

Lösung:

$$\underline{Z}_{23} = \frac{R_2 \cdot X_L^2 + \mathrm{j}\, R_2^2 \cdot X_L}{R_2^2 + X_L^2}$$

$$= \frac{30\ \Omega(40\ \Omega)^2 + \mathrm{j}\ (30\ \Omega)^2 40\ \Omega}{(30\ \Omega)^2 + (40\ \Omega)^2}$$

$$= \frac{48\,000\ \Omega^3 + \mathrm{j}\ 36\,000\ \Omega^3}{2500\ \Omega^2}$$

$$\underline{Z}_{23} = \underline{\underline{19{,}2\ \Omega + \mathrm{j}\ 14{,}4\ \Omega}}$$

$$\underline{Z}_{13} = R_1 + \underline{Z}_{23}$$

$$= 10\ \Omega + 19{,}2\ \Omega + \mathrm{j}\ 14{,}4\ \Omega$$

$$\underline{Z}_{13} = \underline{\underline{29{,}2\ \Omega + \mathrm{j}\ 14{,}4\ \Omega}}$$

$$|\underline{Z}_{13}| = Z_{13} = \sqrt{(29{,}2\ \Omega)^2 + (14{,}4\ \Omega)^2}$$

$$= \sqrt{1060\ \Omega^2}$$

$$Z_{13} = \underline{\underline{32{,}551\ \Omega}}$$

$$I = \frac{U_{13}}{Z_{13}} = \frac{10\ \mathrm{V}}{32{,}551\ \Omega} = \underline{\underline{0{,}307\ \mathrm{A}}}$$

$$\underline{U}_{23} = I \cdot \underline{Z}_{23}$$

$$= 0{,}307\ \mathrm{A}\ (19{,}2\ \Omega + \mathrm{j}14{,}4\ \Omega)$$

$$\underline{U}_{23} = \underline{\underline{5{,}827\ \mathrm{V} + \mathrm{j}\ 4{,}42\ \mathrm{V}}}$$

$$|\underline{U}_{23}| = U_{23} = \sqrt{(5{,}827\ \mathrm{V})^2 + (4{,}42\ \mathrm{V})^2}$$

$$U_{23} = \underline{\underline{7{,}313\ \mathrm{V}}}$$

$U_{12} = I \cdot R_1 = 0{,}307\ \text{A} \cdot 10\ \Omega$

$U_{12} = \underline{\underline{3{,}07\ \text{V}}}$

$$I_R = \frac{U_{23}}{R_2} = \frac{7{,}313\ \text{V}}{30\ \Omega}$$

$I_R = \underline{\underline{0{,}243\ \text{A}}}$

$$I_L = \frac{U_{23}}{X_L} = \frac{7{,}313\ \text{V}}{40\ \Omega}$$

$I_L = \underline{\underline{0{,}182\ \text{A}}}$

Der Phasenwinkel kann dem komplexen Gesamtscheinwiderstand entnommen werden:

$$\varphi_{U,I} = \arctan \frac{\text{Imaginärteil } \underline{Z}_{13}}{\text{Realteil } \underline{Z}_{13}} = \arctan \frac{14{,}4\ \Omega}{29{,}2\ \Omega} = \arctan 0{,}493$$

Bedingt durch den induktiven Blindwiderstand gilt für den Phasenwinkel:

$\varphi_{U,I} = \underline{\underline{-26{,}25°}}$

Beispiel 6.6 – 3

Gegeben ist die Schaltung gemäß Bild. Es handelt sich um einen Kettenleiter mit zwei Gliedern. Zu berechnen ist die Spannung U_2 am Ausgang der Schaltung mit den angegebenen Werten.

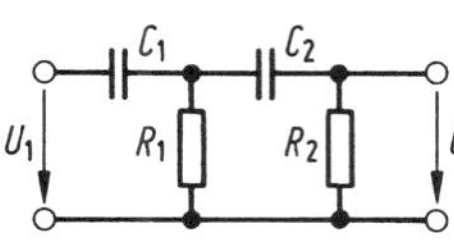

$U_1 = 100\ \text{V}$
$R_1 = R_2 = 1\ \text{k}\Omega$
$C_1 = C_2 = 0{,}1\ \mu\text{F}$
$f = 1000\ \text{Hz}$

Siehe Beispiel 3.4.1 – 1.

Lösung:

Umzeichnung der angegebenen Schaltung in eine Reihen- und Parallelschaltung.

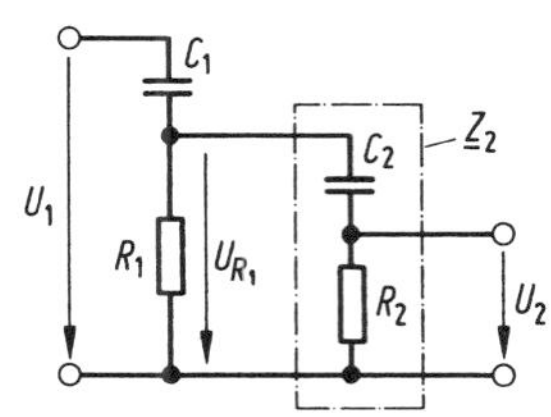

Berechnung des Scheinwiderstandes $\underline{Z}_2$:

$\underline{Z}_2 = R - \mathrm{j}\, X_C$

$$\underline{Z}_2 = 1000\ \Omega - \mathrm{j}\frac{1}{2\pi f \cdot C} = \underline{\underline{1000\ \Omega - \mathrm{j}\, 1591{,}5\ \Omega}}$$

Aufstellung des Teilerverhältnisses $\underline{U}_{R_1}$ zu $\underline{U}_1$:

$$\frac{\underline{U}_{R_1}}{\underline{U}_1} = \frac{\dfrac{R \cdot \underline{Z}_2}{R + \underline{Z}_2}}{-\mathrm{j}\, X_{C_1} + \dfrac{R \cdot \underline{Z}_2}{R + \underline{Z}_2}}$$

$$= \frac{\dfrac{1000\ \Omega \cdot (1000\ \Omega - \mathrm{j}\ 1591{,}5\ \Omega)}{1000\ \Omega + 1000\ \Omega - \mathrm{j}\ 1591{,}5\ \Omega}}{-\mathrm{j}\ 15191{,}5\ \Omega + \dfrac{1000\ \Omega \cdot (1000\ \Omega - \mathrm{j}\ 1591{,}5\ \Omega)}{1000\ \Omega + 1000\ \Omega - \mathrm{j}\ 1591{,}5\ \Omega}}$$

$$= \frac{\dfrac{1 \cdot 10^6\ \Omega^2 - \mathrm{j}\ 1{,}5915 \cdot 10^6\ \Omega^2}{2000\ \Omega - \mathrm{j}\ 1591{,}5\ \Omega}}{-\mathrm{j}\ 15191{,}5\ \Omega + \dfrac{1 \cdot 10^6\ \Omega^2 - \mathrm{j}\ 1{,}5915 \cdot 10^6\ \Omega^2}{2000\ \Omega - \mathrm{j}\ 1591{,}5\ \Omega}}$$

In der gegebenen Schaltung teilen die Wirk- und Blindwiderstände die Spannung nicht mehr reell wie im Gleichstromkreis auf, sondern komplex mit Verschiebungswinkeln $\varphi < 90°$ oder $\varphi > 90°$, somit muss das Teilerverhältnis mittels komplexer Rechnung ermittelt werden.

$$\frac{\underline{U}_{R_1}}{\underline{U}_1} = \frac{\dfrac{1{,}8795 \cdot 10^6\ \Omega^2 \cdot \mathrm{e}^{-\mathrm{j}\,57{,}8°}}{2555{,}94\ \Omega \cdot \mathrm{e}^{\mathrm{j}\,38{,}5°}}}{-\mathrm{j}\ 1519{,}5\ \Omega + \dfrac{1{,}8795 \cdot 10^6\ \Omega^2 \cdot \mathrm{e}^{-\mathrm{j}\,57{,}8°}}{2555{,}94\ \Omega \cdot \mathrm{e}^{\mathrm{j}\,38{,}5°}}}$$

$$\frac{\underline{U}_{R_1}}{\underline{U}_1} = \frac{735{,}34\ \Omega \cdot \mathrm{e}^{-\mathrm{j}\,19{,}35°}}{-\mathrm{j}\ 1591{,}5\ \Omega + 735{,}34\ \Omega \cdot \mathrm{e}^{-\mathrm{j}\,19{,}35°}}$$

$$= \frac{735{,}34\ \Omega \cdot \mathrm{e}^{-\mathrm{j}\,19{,}35°}}{-\mathrm{j}\ 1581{,}5\ \Omega + 735{,}34\ \Omega\,(\cos(-19{,}35°) + \mathrm{j}\sin(-19{,}35°))}$$

$$= \frac{735{,}34\ \Omega\ \mathrm{e}^{-\mathrm{j}\,19{,}35°}}{-\mathrm{j}\ 1591{,}5\ \Omega + 693{,}8\ \Omega - \mathrm{j}\ 243{,}64\ \Omega} = \frac{735{,}34\ \Omega\ \mathrm{e}^{-\mathrm{j}\,19{,}35°}}{693{,}8\ \Omega - \mathrm{j}\ 1835{,}14\ \Omega}$$

$$\frac{\underline{U}_{R_1}}{\underline{U}_1} = \frac{735{,}34\ \Omega \cdot \mathrm{e}^{-\mathrm{j}\,19{,}35°}}{1961{,}9\ \Omega \cdot \mathrm{e}^{-\mathrm{j}\,69{,}2°}}$$

$$\frac{\underline{U}_{R_1}}{\underline{U}_1} = 0{,}374 \cdot \mathrm{e}^{\mathrm{j}\,49{,}85°}$$

Berechnung der Spannung $\underline{U}_{R_1}$:

$$U_{R_1} = 100\ \mathrm{V} \cdot 0{,}374 \cdot \mathrm{e}^{\mathrm{j}\,49{,}85°}$$

$$U_{R_1} = \underline{\underline{37{,}4\ \mathrm{V}\ \mathrm{e}^{\mathrm{j}\,49{,}85°}}}$$

Aufstellung des Teilerverhältnisses $\underline{U}_2$ zu $\underline{U}_{R_1}$:

$$\frac{\underline{U}_2}{\underline{U}_{R_1}} = \frac{R}{\underline{Z}_2} = \frac{1000\ \Omega}{1000\ \Omega - \mathrm{j}\ 1591{,}5\ \Omega} = \frac{1000\ \Omega}{1879{,}59\ \Omega \cdot \mathrm{e}^{-\mathrm{j}\,57{,}8^\circ}}$$

$$\frac{\underline{U}_2}{U_{R_1}} = 0{,}532 \cdot \mathrm{e}^{\mathrm{j}\,57{,}8^\circ}$$

Berechnung der gesuchten Spannung $\underline{U}_2$:

$$\underline{U}_2 = \underline{U}_{R_1} \cdot 0{,}532 \cdot \mathrm{e}^{\mathrm{j}\,57{,}8^\circ}$$

$$\underline{U}_2 = 37{,}4\ \mathrm{V} \cdot \mathrm{e}^{\mathrm{j}\,49{,}85^\circ} \cdot 0{,}532 \cdot \mathrm{e}^{\mathrm{j}\,57{,}8^\circ} = \underline{\underline{19{,}89\ \mathrm{V} \cdot \mathrm{e}^{\mathrm{j}\,107{,}65^\circ}}}$$

Beispiel 6.6 – 4

Gegeben ist ein Teil einer Gesamtschaltung gemäß Bild mit den angegebenen Werten. Welche Bauteile müssen an die gekennzeichnete Stelle eingefügt werden, damit $\varphi_{U_{13},I} = 0^\circ$ wird? Berechnen Sie die Werte dieser Bauteile.

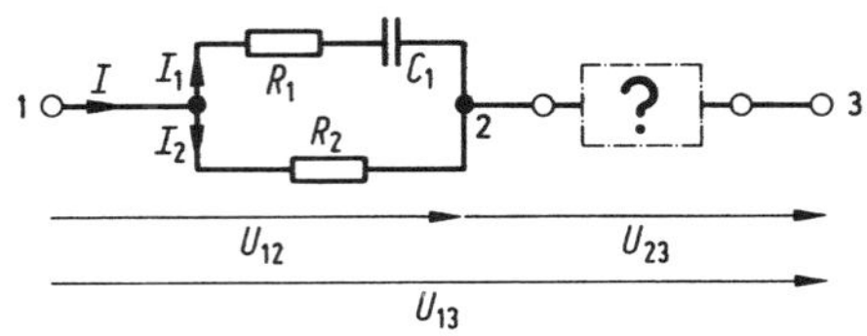

$R_1 = 100\ \Omega$; $R_2 = 150\ \Omega$; $X_{C_1} = 120\ \Omega$

$f = 1000\ \mathrm{Hz}$; $U_{13} = 100\ \mathrm{V}$; $U_{12} = 40\ \mathrm{V}$.

Lösung:

Konstruktion des allgemeinen Zeigerdiagramms zur Ermittlung der benötigten Bauteile:

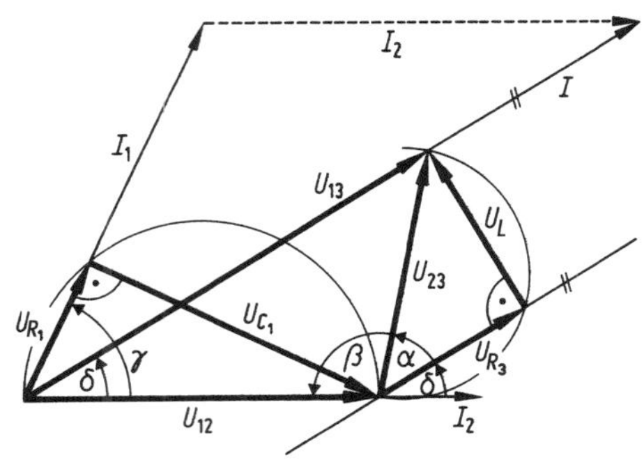

Die Aufzeichnung des Zeigerdiagramms beginnt man mit dem Spannungszeiger U_{12} und dem Stromzeiger I_2, der durch den Wirkwiderstand R_2 bedingt in Phase mit U_{12} liegt. U_{12} ist für die Reihenschaltung R_1 und C_1 eine Scheinspannung. Somit wird über dem Spannungszeiger U_{12} der Thaleskreis errichtet, da die Spannungszeiger U_{R_1}, U_{C_1} und U_{12} ein rechtwinkliges Dreieck bilden.

Der Stromzeiger I_1 wird an den Anfangspunkt des Spannungszeigers so angelegt, dass er den Thaleskreis schneidet (Länge und Winkel γ sind frei gewählt). Der Schnittpunkt des Stromzeigers I_1 mit dem Thaleskreis kennzeichnet die Länge des Spannungszeigers U_{R_1}, rechtwinklig dazu liegt U_{C_1}. Die geometrische Addition der Stromzeiger I_1 und I_2 ergibt den Stromzeiger I. Die vorgegebene Bedingung für die Gesamtschaltung ist $\varphi_{U_{13},I} = 0^\circ$, da-

durch wird nun U_{13} auf den Stromzeiger I gelegt. Die Verbindung der Zeigerenden von U_{12} mit dem Zeigerende U_{13} ist die Spannung U_{23}.
Der Spannungszeiger U_{23} ist um den Winkel α gegen den Stromzeiger I verschoben und der Winkel β gibt den Verschiebungswinkel zwischen den Spannungszeigern U_{12} und U_{23} an. Der Winkel α ist nacheilend, sodass eine zusätzliche induktive Phasendrehung durch eine Reihenschaltung eines Wirkwiderstandes R_3 und einer Induktivität L notwendig ist.
Der gesuchte Schaltungsteil ist eine Reihenschaltung eines Wirkwiderstandes und einer Induktivität:

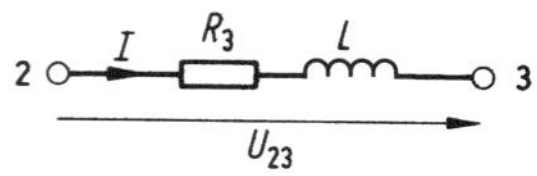

Berechnung des Scheinwiderstandes $\underline{Z}_{12}$:

$$\underline{Z}_{12} = \frac{(R_1 - \mathrm{j}\,X_C) \cdot R_2}{R_1 - \mathrm{j}\,X_C + R_2}$$

$$= \frac{(100\ \Omega - \mathrm{j}\ 120\ \Omega) \cdot 150\ \Omega}{100\ \Omega - \mathrm{j}\ 120\ \Omega + 150\ \Omega}$$

$$\underline{Z}_{12} = \frac{15\,000\ \Omega^2 - \mathrm{j}\ 18\,000\ \Omega^2}{250\ \Omega - \mathrm{j}\ 120\ \Omega}$$

$$\underline{Z}_{12} = \underline{\underline{84{,}494\ \Omega \cdot \mathrm{e}^{-\mathrm{j}\ 24{,}6^\circ}}}$$

Für den Winkel δ ergibt sich:

$$\delta = \underline{\underline{24{,}6^\circ}}$$

Berechnung der Spannung U_{23} (Anwendung des Kosinussatzes zur Berechnung eines schiefwinkligen Dreiecks):

$$U_{23} = \sqrt{U_{13}^2 + U_{12}^2 - 2 \cdot U_{13} \cdot U_{12} \cdot \cos\delta}$$

$$= \sqrt{(100\ \mathrm{V})^2 + (40\ \mathrm{V})^2 - 2 \cdot 100\ \mathrm{V} \cdot 40\ \mathrm{V} \cdot \cos 24{,}6^\circ}$$

$$U_{23} = \underline{\underline{65{,}773\ \mathrm{V}}}$$

Berechnung des Stromes I und des Scheinwiderstandes Z_{23}:

$$I = \frac{U_{12}}{Z_{12}} = \frac{40\ \mathrm{V}}{84{,}494\ \Omega} \qquad I = \underline{\underline{0{,}473\ \mathrm{A}}}$$

$$Z_{23} = \frac{U_{23}}{I} = \frac{65{,}773\ \mathrm{V}}{0{,}473\ \mathrm{A}} \qquad Z_{23} = \underline{\underline{138{,}05\ \Omega}}$$

Berechnung des Winkels β (Anwendung des Sinussatzes):

$$\frac{U_{13}}{\sin\beta} = \frac{U_{23}}{\sin\delta}$$

$$\sin\beta = \frac{U_{13} \cdot \sin\delta}{U_{23}} = \frac{100\ \mathrm{V} \cdot \sin 24{,}6^\circ}{65{,}773\ \mathrm{V}}$$

$$\sin\beta = \underline{\underline{0{,}6329}}$$

Das Zeigerdiagramm zeigt den Winkel β als stumpfen Winkel.

$$\Rightarrow \beta = 180° - \arcsin \beta$$
$$\beta = \underline{\underline{140{,}8°}}$$

Berechnung des Winkels α:

$$\alpha = 180° - \beta - \delta$$
$$= 180° - 140{,}8° - 24{,}6°$$
$$\alpha = \underline{\underline{14{,}6°}}$$

Berechnung des Wirkwiderstandes R_3 und der Induktivität L:

$$\cos \alpha = \frac{R_3}{Z_{23}} \Rightarrow R_3 = Z_{23} \cdot \cos \alpha$$
$$= 138{,}05\ \Omega \cdot \cos 14{,}6°$$
$$R_3 = \underline{\underline{133{,}59\ \Omega}}$$

$$\sin \alpha = \frac{X_L}{Z_{23}} \Rightarrow X_L = Z_{23} \cdot \sin \alpha$$
$$= 138{,}05\ \Omega \cdot \sin 14{,}6°$$
$$X_L \approx \underline{\underline{35\ \Omega}}$$

$$X_L = 2 \cdot \pi \cdot f \cdot L \Rightarrow L = \frac{X_L}{2 \cdot \pi \cdot f}$$
$$L = \frac{35\ \Omega}{2 \cdot \pi \cdot 1000\ \frac{1}{\text{s}}}$$
$$L = \underline{\underline{5{,}57\ \text{mH}}}$$

Zusammenstellung der Gesamtschaltung und Kontrollrechnung:

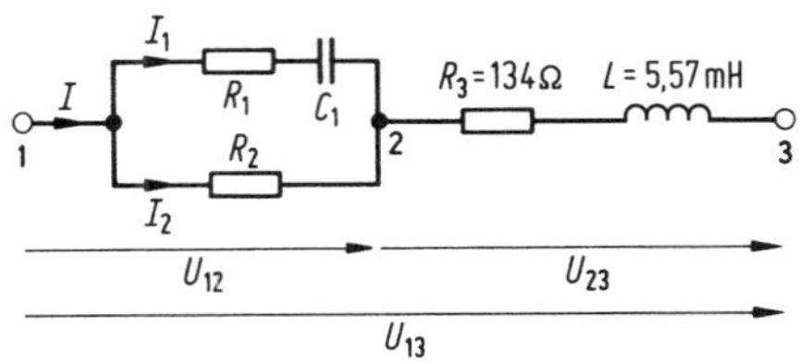

Berechnung des Gesamtscheinwiderstandes $\underline{Z}_{13}$:

$$\underline{Z}_{13} = \underline{Z}_{12} + \underline{Z}_{23}$$
$$= \frac{\underline{Z}_1 \cdot R_2}{\underline{Z}_1 + R_2} + \underline{Z}_{23}$$
$$= \frac{(R_1 - \text{j}\, X_{C_1}) \cdot R_2}{R_1 - \text{j}\, X_{C_1} + R_2} + 133{,}59\ \Omega + \text{j}\ 35\ \Omega$$

$$\underline{Z}_{13} = 84{,}494\ \Omega\ \text{e}^{-24{,}6°} + 133{,}59\ \Omega + \text{j}\ 35\ \Omega$$
$$= 84{,}494\ \Omega\,(\cos(-24{,}6°) + \text{j} \sin(-24{,}6°))$$
$$+ 133{,}59\ \Omega + \text{j}\ 35\ \Omega$$
$$= 76{,}824\ \Omega - \text{j}\ 35{,}173\ \Omega$$
$$+ 133{,}59\ \Omega + \text{j}\ 35\ \Omega$$
$$Z_{13} \approx \underline{\underline{210\ \Omega}}$$

Die Blindanteile heben sich auf, somit ist die Bedingung erfüllt, die Gesamtspannung U_{13} liegt mit dem Gesamtstrom in Phase.

Übung 6.6 – 1

Lösung:

Berechnen Sie den Scheinwiderstand $\underline{Z}_{12}$ der Schaltung gemäß Bild.

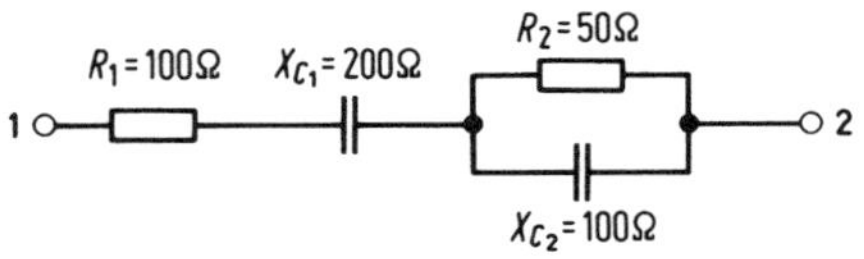

Übung 6.6 – 2

Lösung:

Der Eingangskreis eines Verstärkers kann durch die Schaltung gemäß Bild ersetzt werden. Berechnen Sie für die Frequenzen $f_1 = 1000$ Hz und $f_2 = 5000$ Hz den jeweiligen Wert des Eingangsscheinwiderstandes $\underline{Z}_e$

$R_1 = 1$ kΩ, $R_2 = 5{,}5$ kΩ, $R_3 = 2$ kΩ,

$C = 0{,}5$ μF

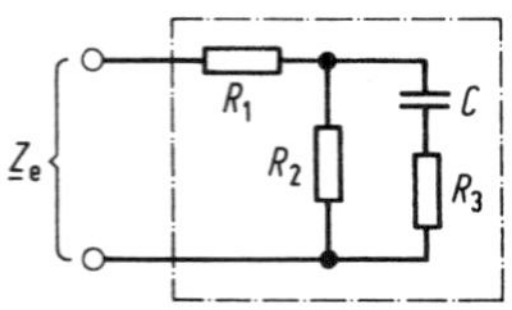

Übung 6.6 – 3

Lösung:

Berechnen Sie die Ströme I, I_1, I_2 der Schaltung gemäß Bild. Die Widerstandswerte der Schaltung sind:

$R_1 = 110\ \Omega$, $R_2 = 330\ \Omega$, $R_3 = 220\ \Omega$,

$X_{C_1} = 180\ \Omega$, $X_{C_2} = 330\ \Omega$.

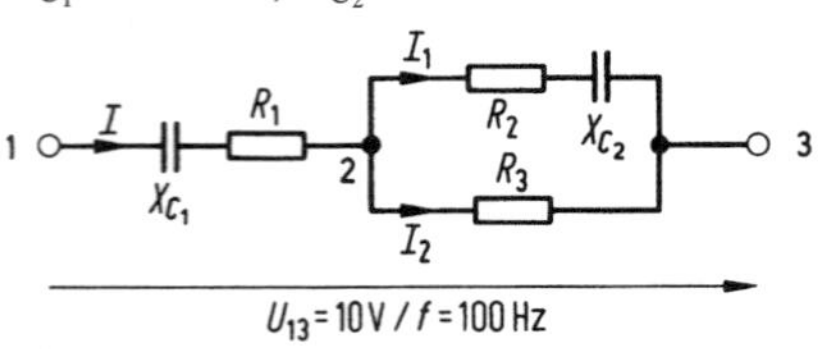

Übung 6.6 – 4

Lösung:

Berechnen Sie die Spannung U_2 am Ende des komplexen Kettenleiters gemäß Bild.

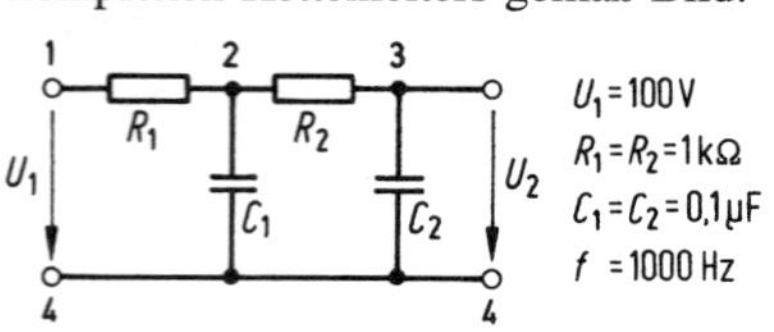

6.7 Resonanz im Wechselstromkreis

Nach der Durcharbeitung dieses Kapitels haben Sie die **Kompetenz** ...
- den Unterschied zwischen Grenz- und Resonanzfrequenz zu beschreiben,
- den Einsatz von Resonanzkreisschaltungen in der angewandten Technik aufzuzeigen,
- die Folgen zu beschreiben, wenn allgemeine Schaltungen versehentlich mit der Resonanzfrequenz betrieben werden.

6.7.1 Begriff der Grenzfrequenz

Ein Spannungsteiler sei aus einem Wirkwiderstand und einem Blindwiderstand aufgebaut. Die Spannungsteilung ist eine Funktion der Betriebsfrequenz, da sich der Blindwiderstand mit der Frequenz f ändert.

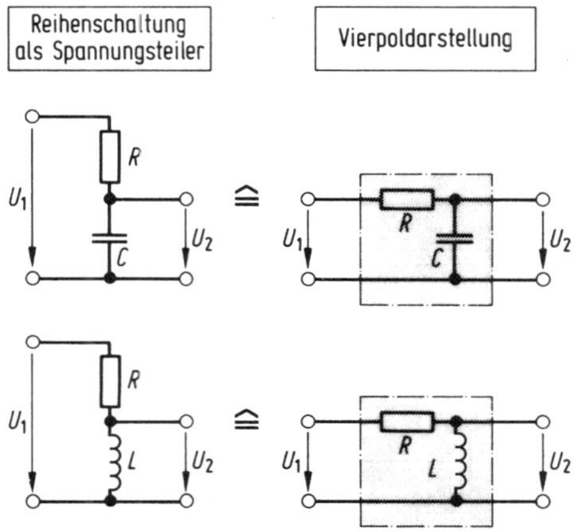

Bild 6.7.1 – 1 Frequenzabhängige Spannungsteiler

Wird ein solcher Spannungsteiler mit einer konstanten Eingangsspannung, jedoch variablen Frequenz betrieben, dann ist die Grenzfrequenz f_g für den Fall definiert, bei dem Wirkwiderstandswert und Blindwiderstandswert gleich groß sind.

Definition der Grenzfrequenz:

$$R = X \qquad (6.7.1-1)$$

$$R = X_C \qquad\qquad R = X_L$$

$$R = \frac{1}{2 \cdot \pi \cdot f_g \cdot C} \qquad\qquad R = 2 \cdot \pi \cdot f_g \cdot L$$

Durch den Einsatz der Bemessungsgleichung für die Blindwiderstände erhält man nach Umstellung die beiden möglichen Definitionsgleichungen für die Grenzfrequenz.

$$f_g = \frac{1}{2 \cdot \pi \cdot R \cdot C} \qquad (6.7.1-2)$$

$$f_g = \frac{R}{2 \cdot \pi \cdot L} \qquad (6.7.1-3)$$

Die im Bild 6.7.1 – 2 dargestellten Zeigerdiagramme zeigen die Verhältnisse der Widerstände im Falle der Grenzfrequenz.

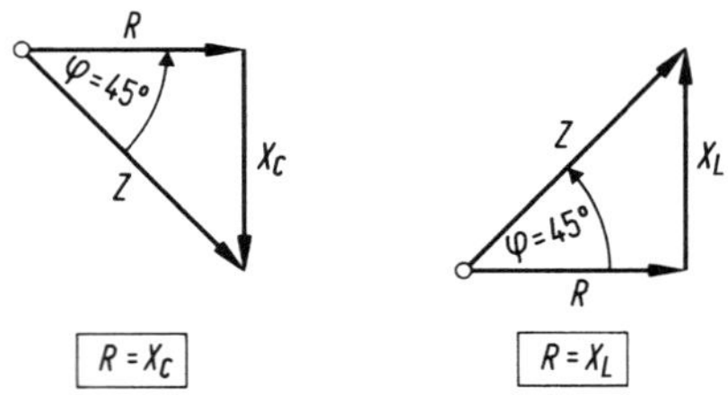

Bild 6.7.1 – 2
Widerstandsdiagramm im Falle der Grenzfrequenz

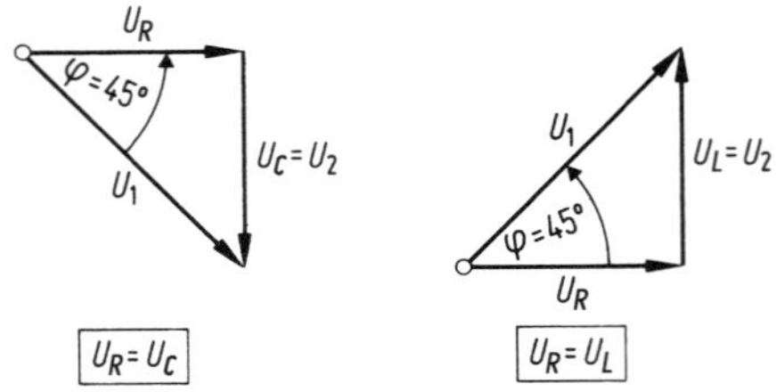

Bild 6.7.1 – 3
Spannungszeigerdiagramm im Falle der Grenzfrequenz

Analog zu den Widerstandszeigerdiagrammen können die Spannungszeigerdiagramme gezeichnet werden. Es sind ebenfalls gleichschenklige rechtwinklige Dreiecke. Die Hypothenuse dieser Dreiecke ist um den Faktor $\sqrt{2}$ größer als eine Seite. Somit gilt für die Spannungen:

$$U_1 = \sqrt{2} \cdot U_C = \sqrt{2} \cdot U_R = \sqrt{2} \cdot U_L \tag{6.7.1 – 4}$$

In der betrachteten Schaltung ist $U_2 = U_C$ bzw. U_L. Somit gilt als allgemeine Beziehung der Spannungen eines frequenzabhängigen Spannungsteilers im Falle der Grenzfrequenz:

$$U_1 = \sqrt{2} \cdot U_2 = 1{,}414 \cdot U_2 \tag{6.7.1 – 5}$$

oder

$$U_2 = \frac{1}{\sqrt{2}} \cdot U_1 = 0{,}707 \cdot U_1 \tag{6.7.1 – 6}$$

Ist ein frequenzabhängiger Spannungsteiler in einer Schaltung vorhanden, dann gilt:

> Der Einsatz eines frequenzabhängigen Spannungsteilers ist nur bis *oder* ab der Grenzfrequenz sinnvoll.

Anhand eines Beispieles soll diese Aussage genauer erklärt werden.

Beispiel 6.7.1 – 1

Die Vierpolschaltung gemäß Bild wird auch als *RC*-Glied bezeichnet. Die Eingangsspannung U_1 ist eine Wechselspannung mit konstanter Amplitude, aber variabler Frequenz. Berechnen Sie den Funktionsverlauf von $U_2 = f(f)$ für folgende Angaben:
$U_1 = 10$ V, $R = 100\ \Omega$, $C = 1\ \mu$F,
Frequenzbereich: 1 Hz $\leq f \leq 10^4$ Hz.

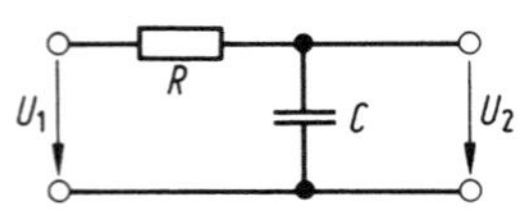

Lösung:

Berechnung einiger Funktionswerte für die Spannung U_2. Dazu wird zuerst die Gleichung für U_2 aus der Reihenschaltung abgeleitet.

$$\frac{U_2}{U_1} = \frac{X_C}{\sqrt{R^2 + X_C^2}}$$

$$U_2 = U_1 \frac{X_C}{\sqrt{R^2 + X_C^2}} = U_1 \frac{1}{\sqrt{\frac{R^2}{X_C^2} + 1}}$$

$$X_C = \frac{1}{2 \cdot \pi \cdot f \cdot C}$$

$$U_2 = U_1 \frac{1}{\sqrt{\left(\frac{R}{\frac{1}{2 \cdot \pi \cdot f \cdot C}}\right)^2 + 1}}$$

$$= U_1 \frac{1}{\sqrt{(2 \cdot \pi \cdot f \cdot RC)^2 + 1}}$$

Aufstellung der Wertetabelle:

f	1 Hz	10 Hz	100 Hz	10^3 Hz	10^4 Hz
U_2	10 V	10 V	~10 V	8,5 V	1,6 V

Berechnung der Grenzfrequenz:

$$f_g = \frac{1}{2 \cdot \pi \cdot R \cdot C} = \frac{1}{2 \cdot \pi \cdot 100\ \Omega \cdot 1 \cdot 10^{-6}\ \text{F}}$$

$$f_g = \underline{\underline{1591\ \text{Hz}}}$$

Spannung U_2 bei der Grenzfrequenz:

$$U_{f_g} = U_1 \frac{1}{\sqrt{\left(\frac{R}{\frac{1}{2 \cdot \pi \cdot f \cdot C}}\right)^2 + 1}}$$

$$= 10\ \text{V} \frac{1}{\sqrt{\left(\frac{100\ \Omega}{\frac{1}{2 \cdot \pi \cdot 1591\ \text{Hz} \cdot 1 \cdot 10^{-6}\ \text{F}}}\right)^2 + 1}}$$

$$U_{f_g} = \underline{\underline{7{,}07\ \text{V}}}$$

Darstellung des Funktionsverlaufes $U_2 = f(f)$

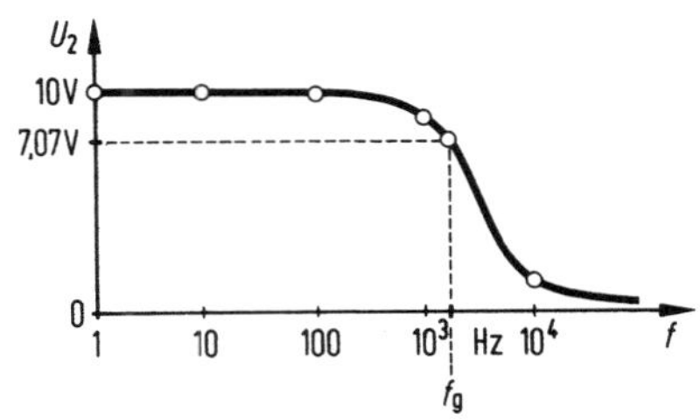

Betrachtet man den Funktionsverlauf $U_2 = f(f)$, dann ist folgende Aussage möglich:

Spannungen mit Frequenzen bis zur Grenzfrequenz werden nur sehr gering aufgeteilt. Die Ausgangsspannung bleibt bis zur Grenzfrequenz nahezu konstant. Für die vorliegende Schaltung sind es die Spannungen mit den tiefen Frequenzen. Deshalb bezeichnet man die Schaltung als Tiefpass (TP).

Im vorstehenden Beispiel werden die tiefen Frequenzen, also unterhalb der Grenzfrequenz, durchgelassen und die hohen Frequenzen stark gedämpft. Es gibt in der Elektrotechnik aber auch andere Passschaltungen. Beim Hochpass fehlt die Dämpfung der Frequenzen oberhalb der Grenzfrequenz, bei einem Bandpass wird nur der Bereich zwischen zwei Grenzfrequenzen durchgelassen, während bei einer Bandsperre genau dieser Bereich gedämpft wird. Passschaltungen haben in der Praxis vielfältige Einsatzmöglichkeiten.

Übung 6.7.1 – 1

Zeichnen Sie für die Schaltung gemäß Bild den Funktionsverlauf der Spannung $U_2 = f(f)$ für den Frequenzbereich:

$1\text{ Hz} \le f \le 10^4\text{ Hz}.$

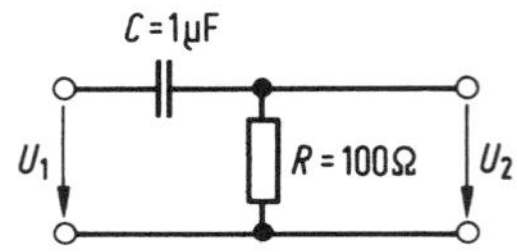

Lösung:

6.7.2 Begriff der Resonanz und der Resonanzfrequenz

Im Gegensatz zur Grenzfrequenz beruht die Resonanz bekanntlich auf der Gleichheit der Blindwiderstände einer Reihen- oder Parallelschaltung. Es gilt deshalb:

Definition der Resonanz (= Resonanzbedingung):

$$X_L = X_C \tag{6.7.2 – 1}$$

Im Funktionsdiagramm X_L, $X_C = f(f)$ bedeutet der Resonanzfall den Schnittpunkt der beiden Funktionsgraphen von L, C.

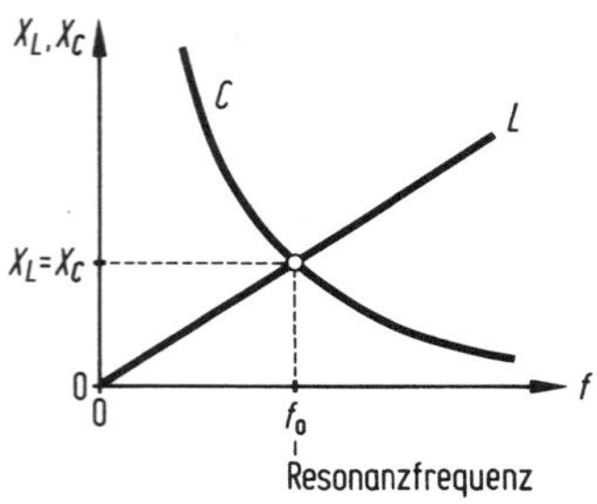

Bild 6.7.2 – 1 Resonanzfrequenz im Funktionsbild der Blindwiderstände

Die Resonanzfrequenz lässt sich aus der Resonanzbedingung ableiten, wenn für jeden Blindwiderstand die Bemessungsgleichung eingesetzt und nach der Frequenz umgestellt wird.

$$X_L = X_C$$

$$2 \cdot \pi \cdot f_0 \cdot L = \frac{1}{2 \cdot \pi \cdot f_0 \cdot C}$$

$$f_0^2 = \frac{1}{(2 \cdot \pi)^2 \cdot L \cdot C}$$

Resonanzfrequenz

$$f_0 = \frac{1}{2 \cdot \pi \cdot \sqrt{L \cdot C}} \qquad (6.7.2-2)$$

Beispiel 6.7.2 – 1

Eine Spule $L = 100$ mH und ein Kondensator $C = 0{,}1$ µF bilden einen Resonanzkreis. Berechnen Sie die Resonanzfrequenz.

Lösung:

$$f_0 = \frac{1}{2 \cdot \pi \cdot \sqrt{L \cdot C}}$$

$$= \frac{1}{2 \cdot \pi \cdot \sqrt{100 \cdot 10^{-3}\,\mathrm{H} \cdot 0{,}1 \cdot 10^{-6}\,\mathrm{F}}}$$

$$= \frac{1}{2 \cdot \pi \cdot \sqrt{100 \cdot 10^{-3}\,\frac{\mathrm{V \cdot s}}{\mathrm{A}} \cdot 0{,}1 \cdot 10^{-6}\,\frac{\mathrm{A \cdot s}}{\mathrm{V}}}}$$

$$= \frac{1}{2 \cdot \pi \cdot \sqrt{100 \cdot 10^{-3} \cdot 0{,}1 \cdot 10^{-6}\,\mathrm{s}^2}}$$

$$f_0 = \underline{\underline{1591\,\mathrm{Hz}}}$$

6.7.3 Reihenresonanzkreis

6.7.3.0 Einführung

Resonanzkreise bestehen bekanntlich nur aus Blindwiderständen. Liegt die Reihenschaltung eines induktiven und eines kapazitiven Blindwiderstandes vor, dann spricht man von einem Reihenresonanzkreis.

6.7.3.1 Idealer Reihenresonanzkreis

Der ideale Reihenresonanzkreis besteht aus idealen Bauelementen, Spule und Kondensator haben dabei keinen Wirkwiderstandsanteil, weisen damit auch keine Verluste auf.

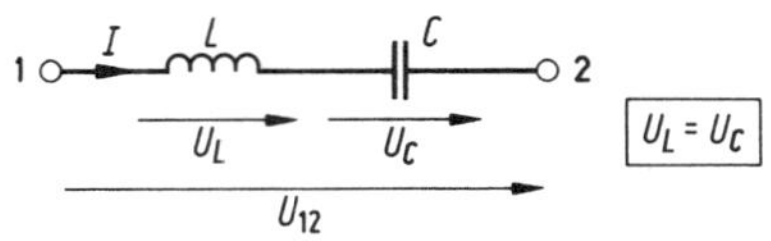

Bild 6.7.3.1 – 1 Idealer Reihenresonanzkreis

Das Zeigerdiagramm des Resonanzkreises ist problemlos darzustellen:

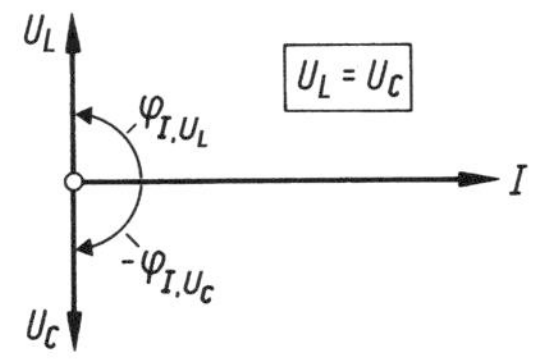

Bild 6.7.3.1 – 2
Zeigerdiagramm des idealen Reihenresonanzkreises

Es gilt im Resonanzfall:

$$X_L = X_C \Rightarrow U_L = U_C$$
$$\Rightarrow U_L - U_C = 0$$
$$\Rightarrow U_{12} = 0$$

Wegen der Gleichheit der Blindwiderstände im Resonanzfall sind auch die Blindspannungen gleich groß und heben sich auf. Diese Kompensation der Blindgrößen bedeutet zwischen den Klemmen 1 und 2 der Schaltung einen Kurzschluss. Der Kurzschlussstrom ist unendlich groß.

Im Resonanzfall fließt ein Kurzschlussstrom:

$$I(f_0) \to \infty$$

Der Resonanzfall bedeutet zwar für die Gesamtschaltung einen Kurzschluss, die einzelnen Blindwiderstände haben jedoch einen definierten Wert. Dieser wird als Kennwiderstand Z_0 bezeichnet.

Kennwiderstand des Resonanzkreises
(= Wert des Blindwiderstandes bei Resonanz)

Es gilt:

$$Z_0 = 2 \cdot \pi \cdot f_0 \cdot L = \frac{1}{2 \cdot \pi \cdot f_0 \cdot C} \quad (6.7.3.1-1)$$

Die Gleichung für Z_0 kann noch weiter umgeformt werden, indem f_0 durch die Bestimmungsgleichung ersetzt wird.

$$Z_0 = 2 \cdot \pi \cdot f_0 \cdot L = 2 \cdot \pi \frac{1}{2 \cdot \pi \cdot \sqrt{L \cdot C}} L$$

$$Z_0 = \frac{L}{\sqrt{L \cdot C}} = \frac{\sqrt{L^2}}{\sqrt{L \cdot C}} = \sqrt{\frac{L^2}{L \cdot C}}$$

Es ergibt sich somit als weitere Bestimmungsgleichung des Kennwiderstandes:

$$Z_0 = \sqrt{\frac{L}{C}} \quad (6.7.3.1-2)$$

Die Gesamtspannung am Reihenresonanzkreis ist im Resonanzfall zwar null, die beiden Blindspannungen haben jedoch, analog zu den Blindwiderständen, definierte Werte. Die Berechnung dieser Spannungen erfolgt mit Hilfe des Kennwiderstandes.

$$U_C = U_L = I(f_0) \cdot Z_0 \quad (6.7.3.1-3)$$

Für den Fall: $I(f_0) \rightarrow \infty$

ergibt sich:

$$U_C \rightarrow \infty$$
$$U_L \rightarrow \infty$$

Im Idealfall sind also die Spannungen U_C und U_L ebenfalls unendlich groß.

Die bisherigen Erkenntnisse über den idealen Reihenresonanzkreis können in der Resonanzkurve dargestellt werden. Darunter versteht man das Funktionsdiagramm der Größen U_{12}, I, X in Abhängigkeit von der Frequenz.

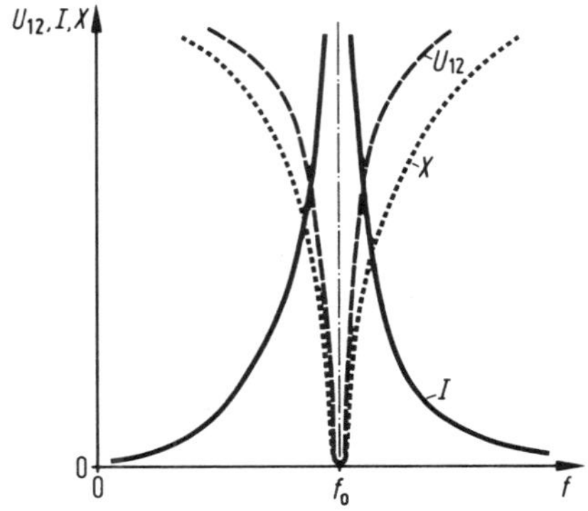

Bild 6.7.3.1 – 3
Resonanzkurve eines idealen Reihenkreises

6.7.3.2 Realer Reihenresonanzkreis

Ein realer Reihenresonanzkreis entspricht einer technischen realisierten Schaltung und beinhaltet somit auch Wirkwiderstände, die in einem Ersatzwiderstand R zusammengefasst werden. Es sind dies z. B. der Kupferwiderstand der Spule und die Isolationswiderstände des Kondensators.

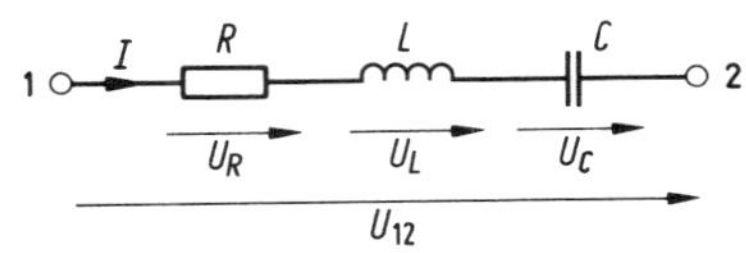

Bild 6.7.3.2 – 1 Realer Reihenresonanzkreis

Zeichnet man das Zeigerdiagramm, dann kompensieren sich wieder die beiden Blindspannungen und die Versorgungsspannung ist gleich der Spannung am Wirkwiderstand. Den realen Resonanzkreis bezeichnet man auch als gedämpften Resonanzkreis. Im Resonanzfall liegt kein Kurzschluss mehr vor, da der Resonanzstrom durch R begrenzt wird.

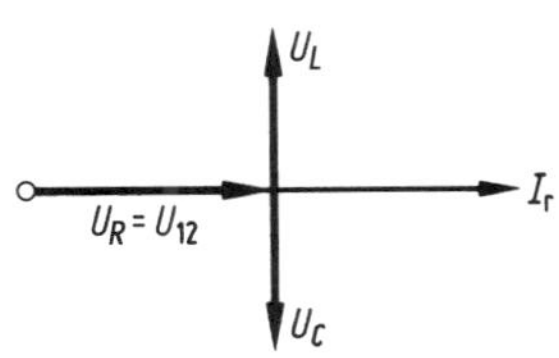

Bild 6.7.3.2 – 2
Zeigerdiagramm des realen Reihenresonanzkreises

Es gilt: $U_{12} = U_R$

Strom im gedämpften Resonanzkreis

Daraus folgt:

$$I_r = \frac{U_{12}}{R} \qquad (6.7.3.2-1)$$

Für die Blindspannungen gilt die Aussage:

$$U_L = U_C = I_r \cdot Z_0 \qquad (6.7.3.2-2)$$

Die Blindspannungen können Werte erreichen, die ein Vielfaches der Versorgungsspannung U_{12} betragen. Man bezeichnet dies als *Spannungsüberhöhung*.

Im Bild 6.7.3.2 – 3 ist die Resonanzkurve $I_r = f(f)$ für verschiedene Dämpfungen dargestellt. Die Resonanz eines Kreises kann durch eine „Bedämpfung", d. h. durch einen großen Wirkwiderstand, fast ganz unterbunden werden.

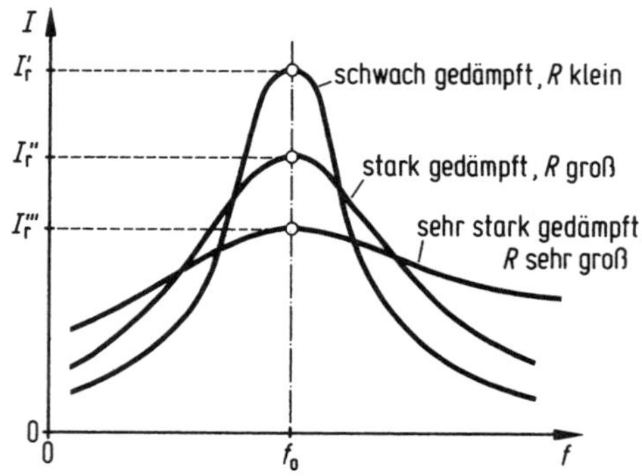

Bild 6.7.3.2 – 3
Resonanzkurve eines realen Reihenkreises

Beispiel 6.7.3.2 – 1

Zeichnen Sie die Resonanzkurve $I = f(f)$ eines realen Reihenkreises aus $C = 1$ nF, $L = 2$ mH und $R = 1$ kΩ. Die Versorgungsspannung beträgt $U = 10$ V.

Lösung:

Berechnung der Resonanzfrequenz:

$$f_0 = \frac{1}{2 \cdot \pi \cdot \sqrt{L \cdot C}}$$

$$= \frac{1}{2 \cdot \pi \cdot \sqrt{1 \cdot 10^{-9}\,\text{F} \cdot 2 \cdot 10^{-3}\,\text{H}}}$$

$$= \frac{1}{2 \cdot \pi \cdot \sqrt{1 \cdot 10^{-9}\,\frac{\text{A} \cdot \text{s}}{\text{V}} \cdot 2 \cdot 10^{-3}\,\frac{\text{V} \cdot \text{s}}{\text{A}}}}$$

$$= \frac{1}{2 \cdot \pi \cdot \sqrt{2 \cdot 10^{-12}\,\text{s}^2}}$$

$$f_0 = \underline{\underline{112{,}5\ \text{kHz}}}$$

Die Strombegrenzung im Resonanzfall erfolgt durch R, somit berechnet sich der Resonanzstrom wie folgt:

$$I_r = \frac{U}{R} = \frac{10\ \text{V}}{1000\ \Omega} = \underline{\underline{0{,}01\ \text{A}}}$$

Die Berechnung der Stromwerte für Frequenzen, die größer oder kleiner als die Resonanzfrequenz sind, erfolgt durch die bereits bekannten Beziehungen:

$$I = \frac{U}{Z}$$

$$\text{mit}\quad Z = \sqrt{R^2 + (X_L - X_C)^2}$$

$$Z = \sqrt{R^2 + \left(2 \cdot \pi \cdot f \cdot L - \frac{1}{2 \cdot \pi \cdot f \cdot C}\right)^2}$$

$$I = \frac{U}{\sqrt{R^2 + \left(2 \cdot \pi \cdot f \cdot L - \frac{1}{2 \cdot \pi \cdot f \cdot C}\right)^2}}$$

$$I = \frac{10\ \text{V}}{\sqrt{(1000\ \Omega)^2 + \left(2 \cdot \pi \cdot f \cdot 2 \cdot 10^{-3}\ \text{H} - \frac{1}{2 \cdot \pi \cdot f \cdot 1 \cdot 10^{-9}\ \text{F}}\right)^2}}$$

Aufstellung der Wertetabelle für die Ermittlung der Resonanzkurve.

f	$0{,}4 f_0$	$0{,}5 f_0$	$0{,}6 f_0$	$0{,}7 f_0$	$0{,}8 f_0$	$0{,}9 f_0$	f_0	$1{,}1 f_0$	$1{,}2 f_0$	$1{,}3 f_0$	$1{,}4 f_0$	$1{,}5 f_0$	$1{,}6 f_0$
$\frac{I}{\text{mA}}$	3,191	4,264	5,525	6,964	8,436	9,582	10	9,654	8,878	7,998	7,179	6,470	5,871

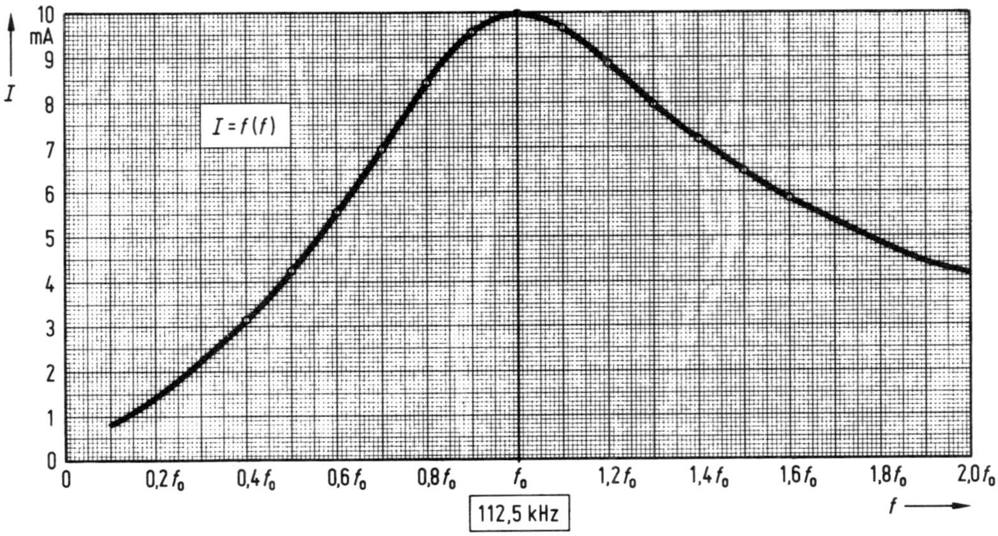

6.7.4 Parallelresonanzkreis

6.7.4.0 Einführung

Resonanzkreise bestehen bekanntlich nur aus Blindwiderständen. Liegt die Parallelschaltung eines induktiven und eines kapazitiven Blindwiderstandes vor, dann spricht man von einem Parallelresonanzkreis.

6.7.4.1 Idealer Parallelresonanzkreis

Im idealen Parallelresonanzkreis sind beide Blindströme gegenphasig, d. h., sie kompensieren sich. Der Gesamtstrom I ist somit null, was auch aus dem Zeigerdiagramm zu ersehen ist. Der Parallelresonanzkreis verhält sich im Resonanzfall somit wie ein unendlich großer Widerstand. Man bezeichnet ihn deshalb auch als Sperrkreis.

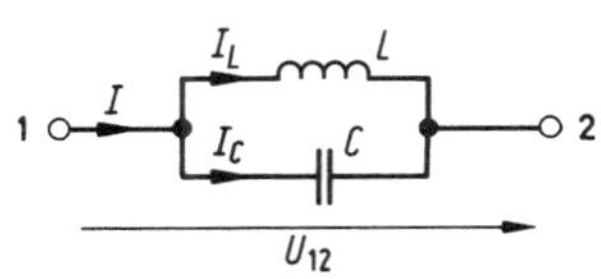

Bild 6.7.4.1 – 1 Idealer Parallelresonanzkreis

Es gilt:

$$I = |I_C - I_L| = 0$$

Daraus folgt für den Widerstand des Resonanzkreises:

$$X_r \rightarrow \infty$$

Die Aussage $I = 0$ gilt für den eingeschwungenen Zustand, also einige Zeit nach dem Einschalten. Während des Einschaltvorganges fließt einmalig Strom, um das elektrische oder das magnetische Feld im Kreis aufzubauen. Für den weiteren Betrieb wird beim Abbau des magnetischen Feldes durch die Induktion das elektrische Feld (Kondensator lädt sich durch die Induktionsspannung auf) wieder aufgebaut. Der Zusammenbruch des elektrischen Feldes bedingt durch den Entladestrom einen Aufbau des magnetischen Feldes. Aufbau und Abbau der Felder wechseln sich ständig ab. Da in diesem idealen Fall keine Verluste vorhanden sind, bleiben die Feldenergien erhalten. Die Zuführung von Strom ist nicht erforderlich.

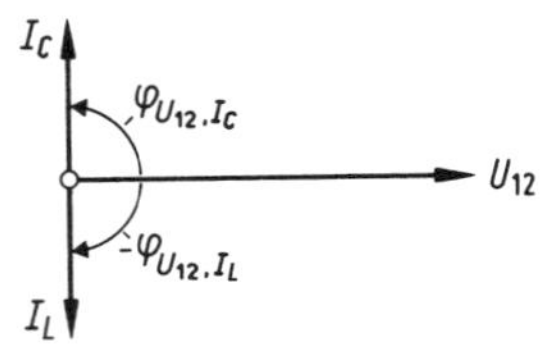

Bild 6.7.4.1 – 2
Zeigerdiagramm des idealen Parallelresonanzkreises

Die Resonanzfrequenz eines Parallelkreises berechnet sich ebenfalls nach der bereits bekannten Gleichung:

$$f_0 = \frac{1}{2 \cdot \pi \cdot \sqrt{L \cdot C}}$$

Die Gleichung für den Kennwiderstand gilt ebenfalls unverändert.

$$Z_0 = \sqrt{\frac{L}{C}}$$

Die Resonanzkurve $X = f(f)$ für den idealen Parallelresonanzkreis ist im Bild 6.7.4.1 – 3 dargestellt.

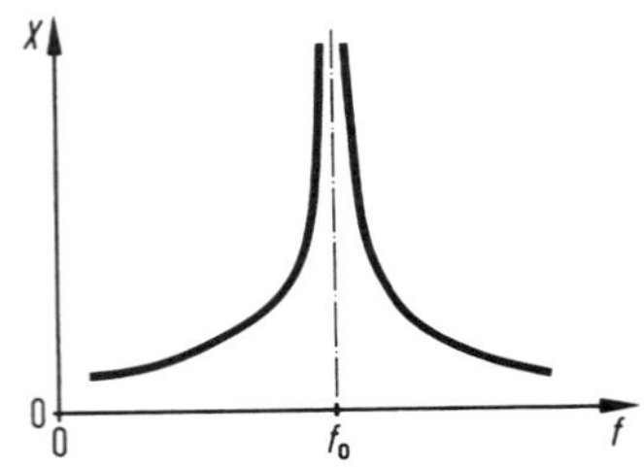

Bild 6.7.4.1 – 3
Resonanzkurve eines idealen Parallelresonanzkreises

6.7.4.2 Realer Parallelresonanzkreis

Ein Parallelresonanzkreis mit Wirkwiderständen wird als gedämpfter Kreis bezeichnet. Zur einfacheren Betrachtung fasst man alle Widerstände in einem Widerstand R zusammen. Das Bild 6.7.4.2 – 1 zeigt den Ersatzschaltplan des realen Parallelresonanzkreises. Der Widerstand R stellt dabei die Zusammenfassung der einzelnen Wirkwiderstände dar. Es sind dies genau wie beim Reihenresonanzkreis der Drahtwiderstand der Spule und der Isolationswiderstand des Kondensators.

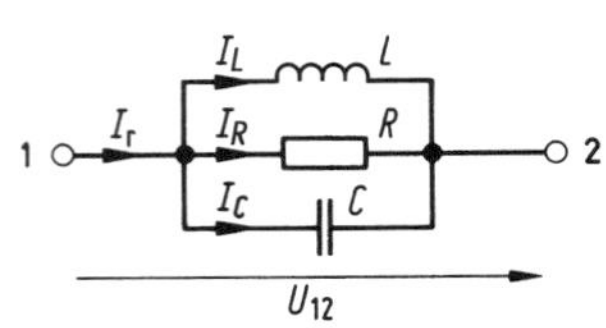

Bild 6.7.4.2 – 1 Realer Parallelresonanzkreis

Der Resonanzwiderstand des realen Parallelkreises zwischen den Klemmen 1 und 2 ist nun nicht mehr unendlich groß, sondern weist den Wert des Widerstandes R auf, der auch als Dämpfungswiderstand bezeichnet wird. Die Berechnung des Resonanzstromes I_r erfolgt somit durch folgende Gleichung:

Resonanzwiderstand (zwischen den Klemmen 1 und 2) $= R$

$$I_r = \frac{U_{12}}{R} > 0 \qquad (6.7.4.2-1)$$

Die Funktion des Resonanzkreiswiderstandes in Abhängigkeit von der Frequenz kann als Resonanzkurve grafisch dargestellt werden.

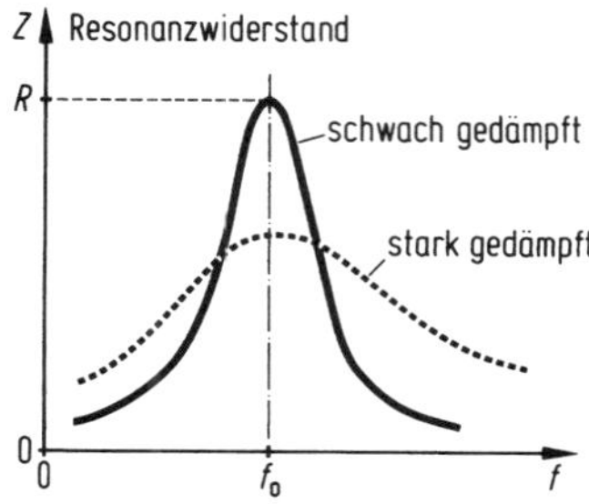

Bild 6.7.4.2 – 2 Resonanzkurve eines realen Parallelresonanzkreises

Beispiel 6.7.4.2 – 1

Ein Parallelresonanzkreis gemäß Bild 6.7.4.2 – 1 hat folgende Daten: $U_{12} = 1$ V, $R = 100\ \Omega$, $L = 200$ mH, $C = 0{,}1\ \mu$F.

Berechnen Sie: f_0, I_r, I_L, I_R.

Lösung:

Berechnung der Resonanzfrequenz:

$$f_0 = \frac{1}{2 \cdot \pi \cdot \sqrt{L \cdot C}}$$

$$= \frac{1}{2 \cdot \pi \cdot \sqrt{0{,}2\text{ H} \cdot 0{,}1 \cdot 10^{-6}\text{ F}}} = \underline{\underline{1{,}125\text{ kHz}}}$$

Berechnung des Kennwiderstandes:

$$Z_0 = \sqrt{\frac{L}{C}} = \sqrt{\frac{0{,}2\text{ H}}{0{,}1 \cdot 10^{-6}\text{ F}}}$$

$$Z_0 = \underline{\underline{1{,}414\text{ k}\Omega}}$$

Berechnung des Resonanzstromes:

$$I_r = \frac{U}{R} = \frac{1\text{ V}}{100\ \Omega} = \underline{\underline{0{,}01\text{ A}}}$$

Berechnung der Blindströme:

$$I_C = I_L = \frac{U_{12}}{Z_0} = \frac{1\text{ V}}{1414\ \Omega}$$

$$I_C = I_L = \underline{\underline{0{,}707\text{ mA}}}$$

Übung 6.7.4.2 – 1

Ermitteln Sie für den Blindwiderstandsspannungsteiler gemäß Bild die Funktion

$U_2 = f(f)$

für den Bereich (10 Hz $\leq f \leq$ 1 MHz).

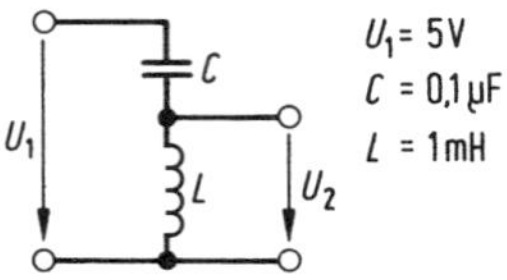

Lösung:

6.8 Impedanzschaltungen und das Verhalten bei variablen Frequenzen – Ortskurven

Nach der Durcharbeitung dieses Kapitels haben Sie die **Kompetenz** ...
- Sinn und Grundtypen von Ortskurven ausgewählter Schaltungen darzustellen,
- Ortskurven gegebener Impedanzen für einen benötigten Frequenzbereich zu konstruieren,
- aus gegebenen Ortskurven das Verhalten der Blindanteile im Frequenzbereich der Anwendung zu beschreiben.

6.8.0 Einführung

Bekanntlich ändern sich in Impedanzschaltungen mit variabler Frequenz die Blindwiderstände und damit auch der Gesamtwert der Impedanz (= Scheinwiderstand). Im Bereich der Anwendung ist es häufig notwendig, die Impedanzveränderung über einen Frequenzbereich zu kennen. Mit **Ortskurven**, die im Folgenden beschrieben werden, ist dies möglich.

Wie bereits im Kapitel 6.7 ausgesagt, liegt im Falle der Gleichheit von X_L und X_C in einer Impedanzschaltung **Resonanz** vor. Die Frequenz der anliegenden Wechselspannung ist dann die Resonanzfrequenz f_0. Im Resonanzfall einer Schaltung ist nur diese Frequenz wichtig. Ändert sich allerdings die Frequenz der Versorgungsspannung für eine Impedanz-Schaltung, so hat dies eine Wertänderung der Impedanz zur Folge. In der komplexen Ebene wird, wie bekannt, die Impedanz als Zeiger dargestellt.

Resonanzfall: $X_L = X_C$

f_0 = Resonanzfrequenz

$$f_0 = \frac{1}{2 \cdot \pi \cdot \sqrt{L \cdot C}}$$

Komplexe Ebene:

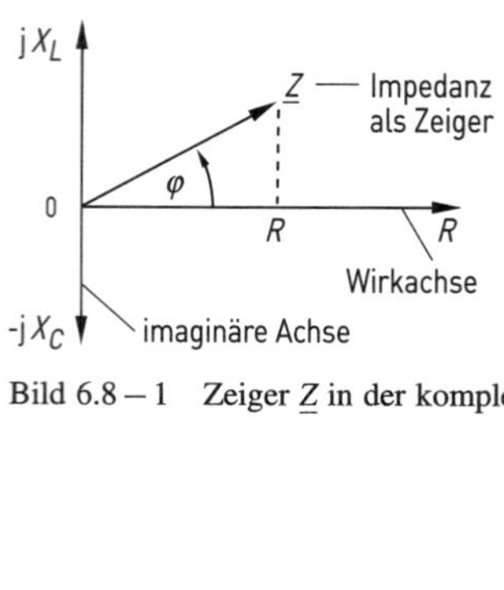

Bild 6.8 – 1 Zeiger $\underline{Z}$ in der komplexen Ebene

Wird die Frequenz f der Versorgungsspannung einer Schaltung geändert, so ändern sich die Impedanz $\underline{Z}$ und damit auch die Zeigerlänge Z (der Betrag der Impedanz) und der Winkel φ zur Wirkachse R.
Es gelten z. B. die Zuordnungen: $\underline{Z}_1$ bei f_1
$\underline{Z}_2$ bei f_2
$\underline{Z}_3$ bei f_3

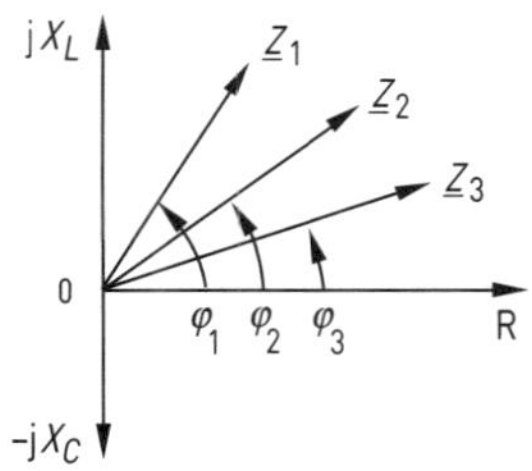

Bild 6.8 – 2 Zeiger $\underline{Z}$ bei verschiedenen Frequenzen

Werden die Zeigerspitzen durch eine Linie verbunden, so bezeichnet man dies als **Ortskurve**. Trägt man an die Ortskurve, dort wo die Impedanzzeiger enden, die jeweilige zugehörige Frequenz ein, so führt das zur **Parametrierung** der Ortskurve.

Die Ortskurve ist der geometrische Ort aller Zeigerspitzen der Impedanzen.

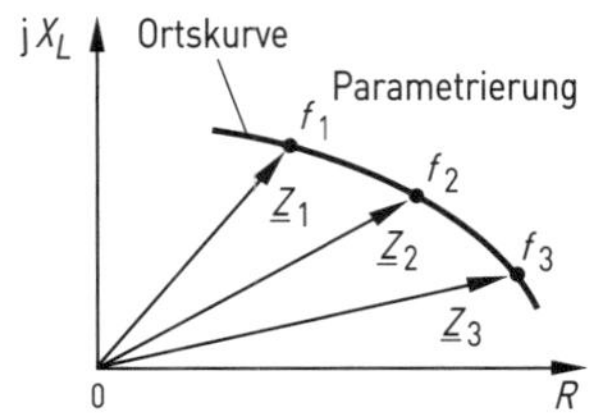

Bild 6.8 – 3 Die Ortskurve als Verbindungslinie der Impedanz-Zeiger-Spitzen

6.8.1 Ortskurven von Reihenschaltungen

1. Schaltungsanordnung:

Konstruktion der Ortskurve einer Impedanz der Reihenschaltung aus Wirkwiderstand R und Induktivität L.

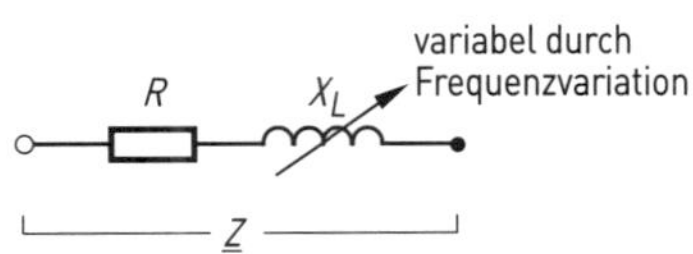

Bild 6.8.1 – 1 Reihenschaltungsimpedanz

Aufstellung der Gleichung für die Impedanz $\underline{Z}$:

$$\underline{Z} = R + \mathrm{j}\, X_L \quad \text{mit} \quad X_L = 2 \cdot \pi \cdot f \cdot L$$

$$\underline{Z} = R + \mathrm{j}\, 2 \cdot \pi \cdot f \cdot L$$

Auch in diesem Fall liegt eine Abhängigkeit der Impedanz $\underline{Z}$ von der Frequenz vor.

$$\underline{Z} = f(f)$$

Betrachtung der maximal möglichen Frequenzvariation und des daraus abgeleiteten Änderungsbereiches der Impedanz:

Bei $f = 0$ ist der Blindwiderstand gleich null, so ist $Z = R$

$$f = 0 \Rightarrow Z = R$$

Für $f \to \infty$ strebt die Impedanz gegen ∞.

$$f \to \infty \Rightarrow \underline{Z} \to \infty$$

Eintragung der Zeiger für die Impedanz $\underline{Z} = R + \mathrm{j}\, X_L$ in die komplexe Ebene. Die Verbindung der Zeigerspitzen führt zur Ortskurve der Reihenimpedanz aus R und L.
Die Ortskurve ist eine Senkrechte zur Wirkachse R im I. Quadranten der komplexen Ebene.

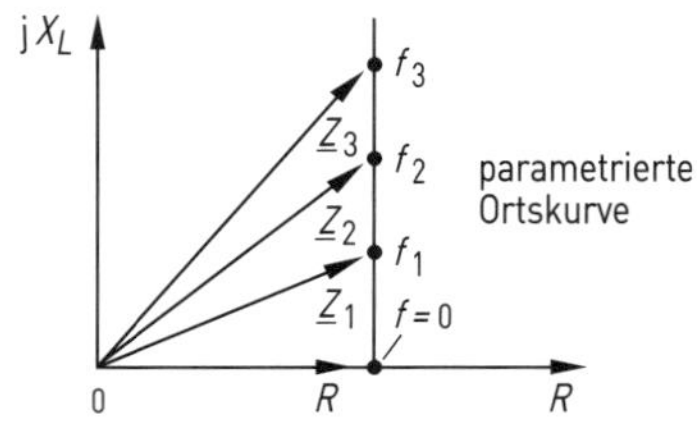

Bild 6.8.1 – 2 Parametrierte Ortskurve der Reihenschaltung aus R und L

2. Schaltungsanordnung:

Konstruktion der Ortskurve einer Impedanz aus Reihenschaltung von Wirkwiderstand R und Kondensator C.

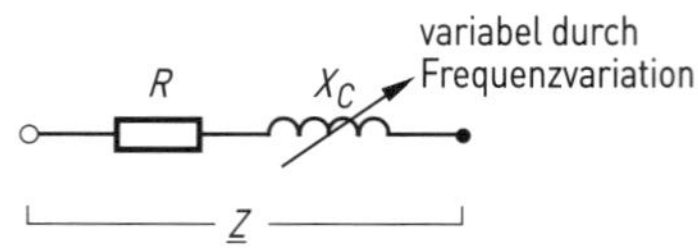

Bild 6.8.1 – 3 Reihenschaltungsimpedanz

Da die Ortskurve der geometrische Ort der Zeigerspitzen der Impedanzzeiger ist, erfolgt zunächst die Aufstellung der Gleichung für die Impedanz $\underline{Z}$:

$$\underline{Z} = R - \mathrm{j}\, X_C \quad \text{mit} \quad X_C = \frac{1}{2 \cdot \pi \cdot f \cdot C}$$

$$\underline{Z} = R - \mathrm{j} \frac{1}{2 \cdot \pi \cdot f \cdot C}$$

Bei der Variation der Frequenz ändert sich $\underline{Z}$ als Funktion der Frequenz f:

$$\underline{Z} = f(f)$$

Betrachtet man die maximal mögliche Frequenzvariation von $f = 0$ bis $f \to \infty$, so bedeutet dies für die Impedanz $\underline{Z}$:

Bei $f = 0$ (bei Gleichspannung) strebt die Impedanz gegen ∞.

$$f = 0 \Rightarrow \underline{Z} \to \infty$$

Bei $f \to \infty$ wird der kapazitive Blindwiderstand $X_C = 0$, somit wird $Z = R$.

Werden die ermittelten Impedanzzeiger in die komplexe Ebene eingetragen und verbindet man die Zeigerspitzen miteinander, so ergibt dies die allgemeine Ortskurve der Reihenschaltung aus R und C. Die Ortskurve ist eine Senkrechte zur Wirkachse R im IV. Quadranten der Komplexen Ebene.

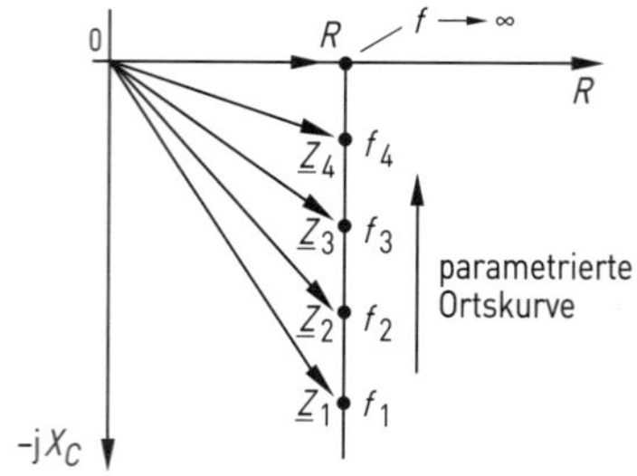

Bild 6.8.1 – 4 Parametrierte Ortskurve der Reihenschaltung aus R und C

3. Schaltungsanordnung

Nun erfolgt die Konstruktion der Impedanz aus der Reihenschaltung eines Wirkwiderstandes R, eines Blindwiderstandes X_C und eines Blindwiderstandes X_L:

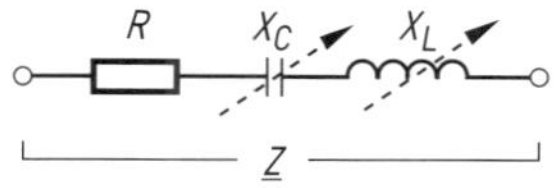

Bild 6.8.1 – 5 Reihenschaltungsimpedanz

Auch hier führt der Weg zur Konstruktion über die Gleichung für den Impedanzzeiger $\underline{Z}$:

$$\underline{Z} = R + \mathrm{j}\,(X_L - X_C)$$

Der Wert des imaginären Term $\mathrm{j}\,(X_L - X_C)$ der oben aufgestellten Gleichung für $\underline{Z}$ wird gebildet durch die Differenz der Blindwiderstände. Außerhalb der Resonanzfrequenz ist diese Differenz $\neq 0$.
Es bleibt immer ein Restblindwiderstand, der entweder kapazitiv oder induktiv ist. Die Impedanzzeiger befinden sich somit, je nach Frequenz, im I. oder IV. Quadranten der komplexen Ebene.
Die Ortskurve der Impedanz $\underline{Z} = R + \mathrm{j}\,(X_L - X_C)$ ist eine Senkrechte zur Wirkachse R.

Hinweis:
Der Term $(-\mathrm{j}\,X_C)$ besagt, für den kapazitiven Blindwiderstand gilt die negative imaginäre Achse.

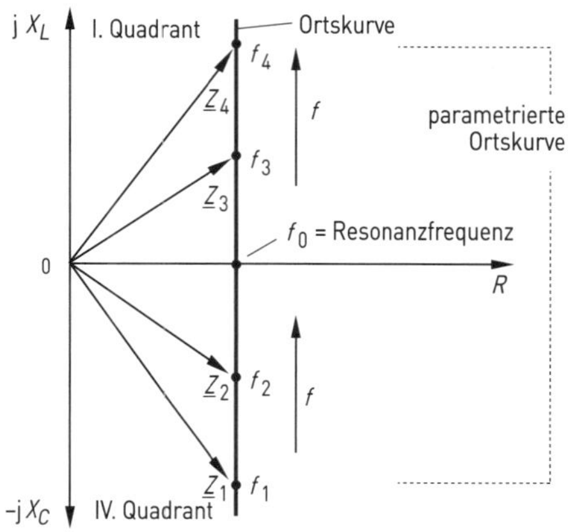

Bild 6.8.1 – 6 Parametrierte Ortskurve der Reihenschaltung aus R, L und C

6.8.2 Ortskurven von Parallelschaltungen

1. Schaltungsanordnung:

Konstruktion der Ortskurve der Impedanz $\underline{Z}$ aus der Parallelschaltung R und C:

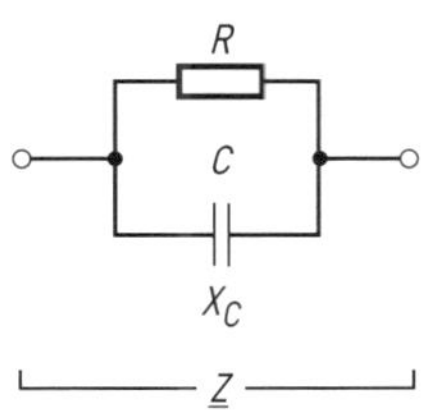

Bild 6.8.2 – 1 Parallelschaltungsimpedanz

Aufstellung der Gleichung zur Impedanz $\underline{Z}$:

$$\underline{Z} = \frac{R \cdot \dfrac{1}{\mathrm{j}\,2 \cdot \pi \cdot f \cdot C}}{R + \dfrac{1}{\mathrm{j}\,2 \cdot \pi \cdot f \cdot C}}$$

Umformung der komplexen Gleichung mittels Hauptnennerbildung:

$$\underline{Z} = \frac{\dfrac{R}{\mathrm{j}\,2 \cdot \pi \cdot f \cdot C}}{\dfrac{\mathrm{j}\,2 \cdot \pi \cdot f \cdot C \cdot R + 1}{\mathrm{j}\,2 \cdot \pi \cdot f \cdot C}}$$

$$\underline{Z} = \frac{R}{1 + \mathrm{j}\,2 \cdot \pi \cdot f \cdot C \cdot R}$$

Mit den Regeln der komplexen Rechnung wird der Nenner mittels der konjugiert komplexen Erweiterung rein reell.

$$\underline{Z} = \frac{R \cdot (1 - \mathrm{j}\,2 \cdot \pi \cdot f \cdot C \cdot R)}{(1 + \mathrm{j}\,2 \cdot \pi \cdot f \cdot C \cdot R) \cdot (1 - \mathrm{j}\,2 \cdot \pi \cdot f \cdot C \cdot R)}$$

$$\underline{Z} = \frac{R \cdot (1 - \mathrm{j}\,2 \cdot \pi \cdot f \cdot C \cdot R)}{1 + (2 \cdot \pi \cdot f \cdot C \cdot R)^2}$$

Im nächsten Schritt erfolgt die Auftrennung der Gleichung in Real- und Imaginärteil:

$$\underline{Z} = \frac{R}{1 + (2 \cdot \pi \cdot f \cdot C \cdot R)^2} - \mathrm{j}\frac{2 \cdot \pi \cdot f \cdot C \cdot R^2}{1 + (2 \cdot \pi \cdot f \cdot C \cdot R)^2}$$

Die Quadrierung der Gleichung auf beiden Seiten überführt die komplexe Gleichung wieder in die reelle Form.
Z steht nun für den Betrag, also die Länge des Zeigers $\underline{Z}$.

$$Z^2 = \left(\frac{R}{1 + (2 \cdot \pi \cdot f \cdot C \cdot R)^2}\right)^2 + \left(\frac{2 \cdot \pi \cdot f \cdot C \cdot R^2}{1 + (2 \cdot \pi \cdot f \cdot C \cdot R)^2}\right)^2$$

Die quadratische Form der Gleichung für Z^2 ist vergleichbar mit der Gleichung eines Kreises (Kreisfunktion) in der y,x-Ebene:

Funktion eines Kreises in einer y, x-Ebene:

$r^2 = x^2 + y^2$

Die Größe r steht für den Radius, in der Gleichung für Z^2 entspricht dies der Zeigerlänge Z (= Impedanzwert), somit gilt der Schluss:

> Die Ortskurve einer Parallelschaltung ist Teil eines Kreises.

Setzt man in die Gleichung $\underline{Z}$ variable Frequenzwerte ein, so führt dies zur Ortskurve der Parallelschaltung. Es ist ein Halbkreis über dem Wirkwiderstandswert R. Alle Zeigerspitzen der Impedanz Z haben als geometrischen Ort den oben beschriebenen Halbkreis.

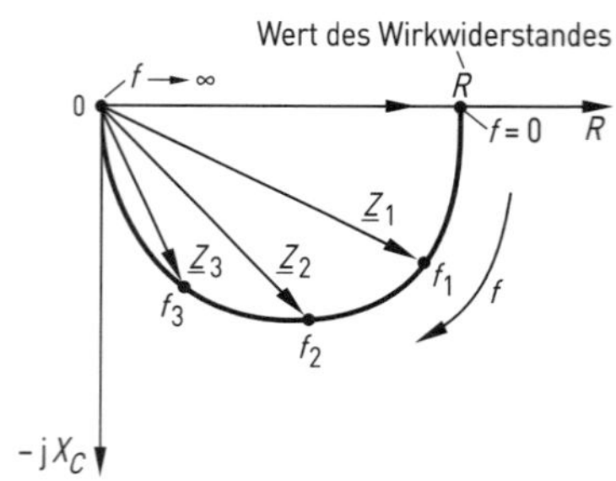

Bild 6.8.2 – 2 Parametrierte Ortskurve der Parallelschaltung aus R und C

Die Parametrierung der Ortskurve erfolgt anhand der Überlegung:

$f = 0 \Rightarrow X_C \to \infty,$ also wirkt nur R

$f \to \infty \Rightarrow X_C = 0,$ dies bedeutet einen Kurzschluss

2. Schaltungsanordnung

Konstruktion der Ortskurve der Impedanz aus der Parallelschaltung R und L.

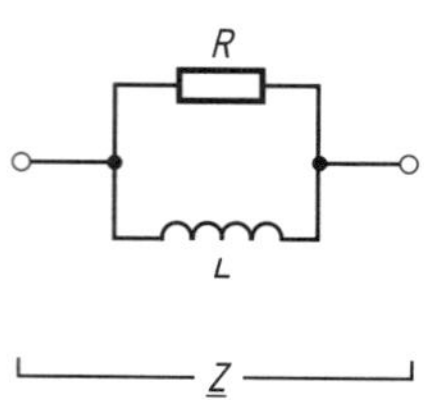

Bild 6.8.2 – 3 Parallelschaltungsimpedanz

Aufstellung der Gleichung zur Impedanz $\underline{Z}$ und die weitere Umstellung nach den Regeln der komplexen Rechnung wie bereits für die erste Schaltungsanordnung gezeigt:

$$\underline{Z} = \frac{R \cdot \mathrm{j}\,2 \cdot \pi \cdot f \cdot L}{R + \mathrm{j}\,2 \cdot \pi \cdot f \cdot L}$$

$$\underline{Z} = \frac{\mathrm{j}\,2 \cdot \pi \cdot f \cdot L \cdot R \cdot (R - \mathrm{j}\,2 \cdot \pi \cdot f \cdot L)}{(R + \mathrm{j}\,2 \cdot \pi \cdot f \cdot L) \cdot (R - \mathrm{j}\,2 \cdot \pi \cdot f \cdot L)}$$

$$\underline{Z} = \frac{\mathrm{j}\,2 \cdot \pi \cdot f \cdot L \cdot R^2 + (2 \cdot \pi \cdot f \cdot L)^2 \cdot R}{R^2 + (2 \cdot \pi \cdot f \cdot L)^2}$$

$$\underline{Z} = \frac{(2 \cdot \pi \cdot f \cdot L)^2 \cdot R}{R^2 + (2 \cdot \pi \cdot f \cdot L)^2} + \mathrm{j}\frac{2 \cdot \pi \cdot f \cdot L \cdot R^2}{R^2 + (2 \cdot \pi \cdot f \cdot L)^2}$$

Die Endfassung der Gleichung ergibt wieder eine quadratische Struktur analog der Gleichung der ersten Schaltungsanordnung. Die Ortskurve ist somit wieder ein Kreissegment, allerdings über der Wirkachse im I. Quadranten der komplexen Ebene.

$$Z^2 = \left(\frac{(2 \cdot \pi \cdot f \cdot L)^2 \cdot R}{R^2 + (2 \cdot \pi \cdot f \cdot L)^2}\right)^2 + \left(\frac{2 \cdot \pi \cdot f \cdot L \cdot R^2}{R^2 + (2 \cdot \pi \cdot f \cdot L)^2}\right)^2$$

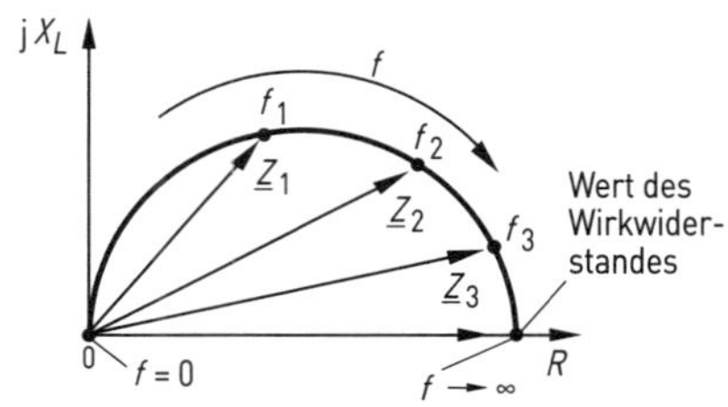

Bild 6.8.2 – 4 Parametrierte Ortskurve der Parallelschaltung aus R und L

Die Parametrierung der Ortskurve erfolgt nach der Betrachtung:

$f = 0 \;\Rightarrow X_L = 0,$ dies bedeutet einen Kurzschluss

$f \to \infty \Rightarrow X_L \to \infty \Rightarrow Z = R$

6.8.3 Ortskurve einer gemischten Impedanzschaltung

Da alle gemischten Schaltungen aus Reihen- und Parallelschaltungen bestehen, können die zugehörigen Ortskurven grafisch aus den Ortskurventeilen von Reihen- und Parallelschaltungsimpedanzen abgeleitet werden.
Anhand der nebenstehenden Beispielschaltung erfolgt nun die Konstruktion der zugehörigen Ortskurve schrittweise.
Die Aufgabe lautet: Konstruieren Sie die Ortskurve zur gegebenen Impedanz-Schaltung für die Frequenzvariation von $f = 500$ Hz bis $f = 12000$ Hz.

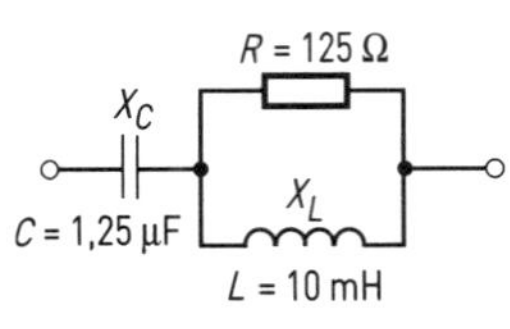

Bild 6.8.3 – 1 Impedanzschaltung zur Aufgabenstellung

Die gegebene Schaltung lässt sich gliedern in die Reihenschaltung aus Blindwiderstand X_C und der Parallelschaltung aus R und X_L.
Der Ortskurventeil der Parallelschaltung ist, wie bekannt, ein Halbkreis, und zwar ein Halbkreis über $R = 125\ \Omega$ im I. Quadranten der komplexen Ebene.

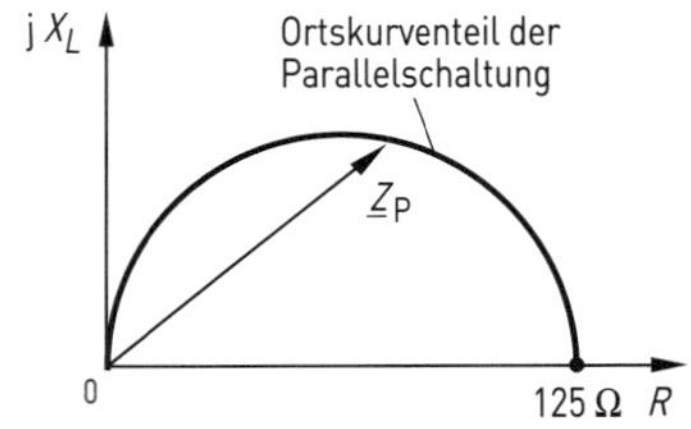

Bild 6.8.3 – 2 Allgemeine Ortskurve der Parallelschaltung aus R und L

Zur Parametrierung dieser Teilortskurve sind die einzelnen Zeigerlängen Z_P der Parallelimpedanz zu ermitteln.
Die Berechnung erfolgt nach der Gleichung:

$$Z_P = \frac{X_L \cdot R}{\sqrt{R^2 + X_L^2}}$$

$$Z_P = \frac{2 \cdot \pi \cdot f \cdot L \cdot R}{\sqrt{R^2 + (2 \cdot \pi \cdot f \cdot L)^2}}$$

Als Frequenzpunkte im gegebenen Frequenzbereich werden gewählt:

$f_1 = 500$ Hz $\qquad f_4 = 3000$ Hz

$f_2 = 1000$ Hz $\qquad f_5 = 6000$ Hz

$f_3 = 2000$ Hz $\qquad f_6 = 12\,000$ Hz

Zusammenstellung der Ergebnisse durch Einsetzung in die Gleichung für Z_P:

$Z_P(f_1) = 30{,}5\ \Omega$
$Z_P(f_2) = 56{,}1\ \Omega$
$Z_P(f_3) = 88\ \Omega$
$Z_P(f_4) = 104{,}2\ \Omega$
$Z_P(f_5) = 118{,}6\ \Omega$
$Z_P(f_6) = 123{,}3\ \Omega$

Übertragung der Zeiger Z_P in die Teilortskurve mittels Zirkelschlag um den Nullpunkt der komplexen Ebene, wobei die jeweilige Zeigerlänge sich nach dem gewählten Maßstab von $R = 125\ \Omega$ richtet. Der jeweilige Schnittpunkt auf der Teilortskurve ist der geometrische Ort der Zeigerspitzen der Parallelschaltungsimpedanz. Eine Parametrierung der Teilortkurve ist nun auch möglich.

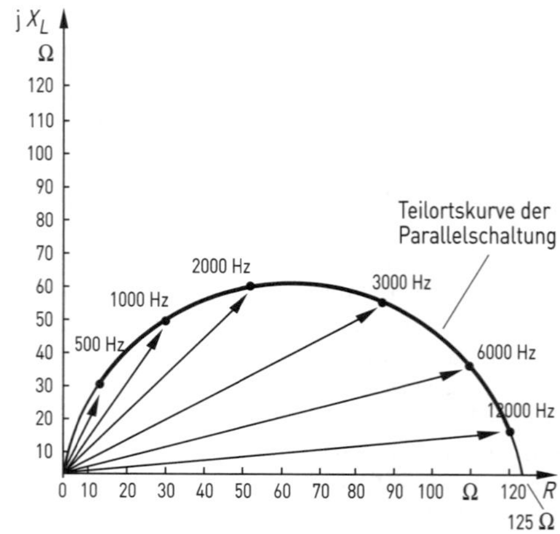

Bild 6.8.3 – 3 Parametrierte Ortskurve der Parallelschaltung aus R und L

In einem weiteren Schritt werden die Blindwiderstandswerte X_C für die bereits oben festgelegten Frequenzen berechnet.

$$X_C = \frac{1}{2 \cdot \pi \cdot f \cdot C}$$

$$X_C(f_1) = 254{,}6\ \Omega$$

$$X_C(f_2) = 127{,}3\ \Omega$$

$$X_C(f_3) = 63{,}6\ \Omega$$

$$X_C(f_4) = 42{,}4\ \Omega$$

$$X_C(f_5) = 21{,}2\ \Omega$$

$$X_C(f_6) = 10{,}6\ \Omega$$

Es sind ebenfalls Zeiger, die senkrecht zur Wirkachse definiert sind und die Richtung wie $-\mathrm{j}\,X_C$ haben.

Im letzten Schritt werden die Blindwiderstandszeiger in frequenzrichtiger Zuordnung an die Zeiger der Parallelschaltung angesetzt. Verbindet man die Endpunkte der so angesetzten Blindwiderstandszeiger, erhält man die gesuchte Ortskurve der Impedanzschaltung.

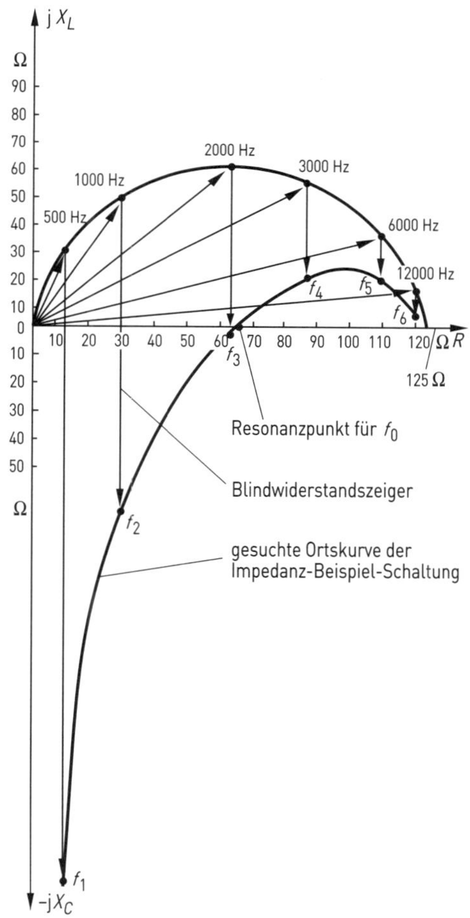

Bild 6.8.3 – 4 Parametrierte Ortskurve der gegebenen Impedanzschaltung

Betrachtet man die ermittelte Ortskurve der Schaltung, so können folgende Aussagen gemacht werden.

Ein Teil der Ortskurve bei kleinen Frequenzen verläuft im IV. Quadranten. Die Schaltung „verhält" sich somit in diesem Frequenzbereich „kapazitiv". Für die größeren Frequenzen ist die Gesamtschaltung „induktiv". Der Schnittpunkt der Ortskurve mit der Wirkachse hat als Parametrierung die Resonanzfrequenz f_0.

Hinweis:

Die Berechnung der Resonanzfrequenz f_0 erfolgt mittels komplexer Rechnung und wird in der Lernaufgabe 9 als Beispiel gezeigt.

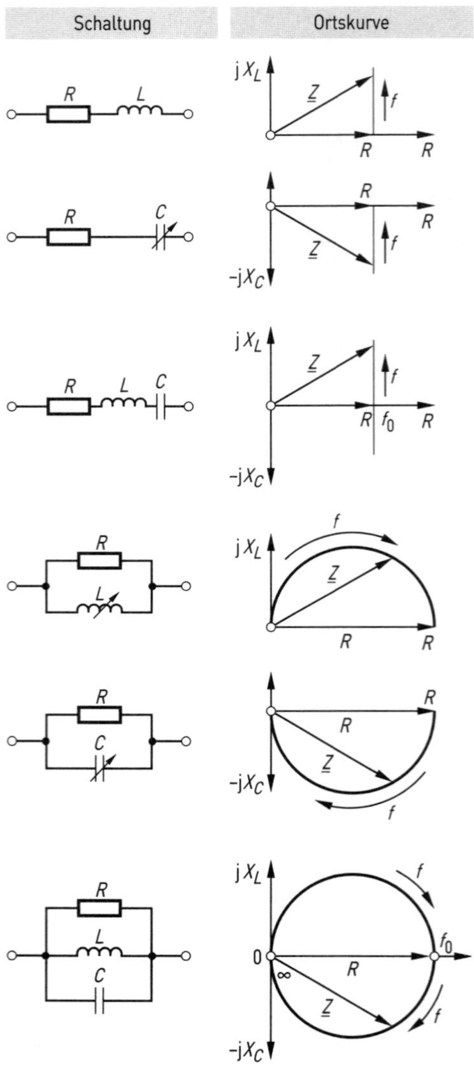

Bild 6.8.3 – 5 Ortskurven von Grundschaltungen

6.9 Elektrische Arbeit und elektrische Leistung im Wechselstromkreis

Nach der Durcharbeitung dieses Kapitels haben Sie die **Kompetenz** ...
- im Wechselstromkreis nach Wirk-, Blind- und Scheinleistung zu unterscheiden und dies im Zeigerdiagramm darzustellen,
- die Bedeutung des Leistungsfaktors für elektrische Versorgungsnetze zu erläutern,
- eine Blindleistungskompensation zur Verbesserung des Leistungsfaktors vorzunehmen,
- darzulegen, dass die Verrichtung elektrischer Arbeit, das Vorhandensein elektrischer Energie voraussetzt,
- die Kosten für die beim Endabnehmer umgesetzte elektrische Energie zu berechnen.

6.9.1 Leistung im Wechselstromkreis

6.9.1.0 Einführung

Werden Verbraucher nur von einer Wechselspannung gespeist, dann spricht man von der Versorgung aus einem Einphasennetz. Wirken mehrere gegeneinander phasenverschobene Wechselspannungen auf einen Verbraucher, dann liegt ein Mehrphasennetz vor. In diesem Kapitel werden die Gesetzmäßigkeiten, die zum Leistungsbegriff im Einphasennetz gehören, erarbeitet. Wegen der im Wechselstromkreis auftretenden Wirk-, Blind- und Scheingrößen müssen dabei auch verschiedene Leistungsarten unterschieden werden.

6.9.1.1 Wirkleistung

Bei Wirkgrößen müssen, der Wortbedeutung folgend, Wirkleistungen umgesetzt werden. Darunter ist die Leistungsumsetzung in einem Wirkwiderstand gemäß Schaltung nach Bild 6.9.1.1 – 1 zu verstehen. Die angegebenen elektrischen Größen sind dabei Effektivwerte.

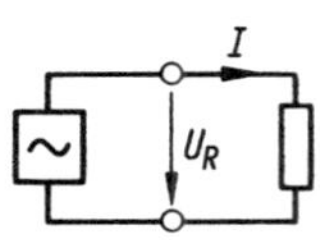

Bild 6.9.1.1 – 1 Wechselstromkreis

Strom I und Spannung U_R sind in Phase, d. h., der Phasenwinkel φ ist null.

Phasenwinkel $\varphi = 0°$

Die Leistung P wurde bereits definiert als das Produkt aus Spannung am Verbraucher und Strom durch den Verbraucher. Diese Definition gilt auch für diesen Fall. Das Produkt aus Wirkspannung U_R und Strom I wird als Wirkleistung P bezeichnet. Im Wirkwiderstand umgesetzte Leistung macht sich z. B. als Wärme bemerkbar. Die auf den Typenschildern elektrischer Geräte angegebene Leistung ist im Normalfall die Wirkleistung.

Wirkleistung:

$$P = U_R \cdot I \qquad (6.9.1.1-1)$$

$$[P] = \mathrm{W}\ (\mathrm{Watt}) \qquad (6.9.1.1-2)$$

$$U_R = I \cdot R \quad \downarrow$$

$$P = I^2 \cdot R \qquad (6.9.1.1-3)$$

$$I = \frac{U_R}{R} \quad \downarrow$$

$$P = \frac{U_R^2}{R} \qquad (6.9.1.1-4)$$

Spannung, Strom und Leistung können als Funktion in einem Liniendiagramm dargestellt werden.

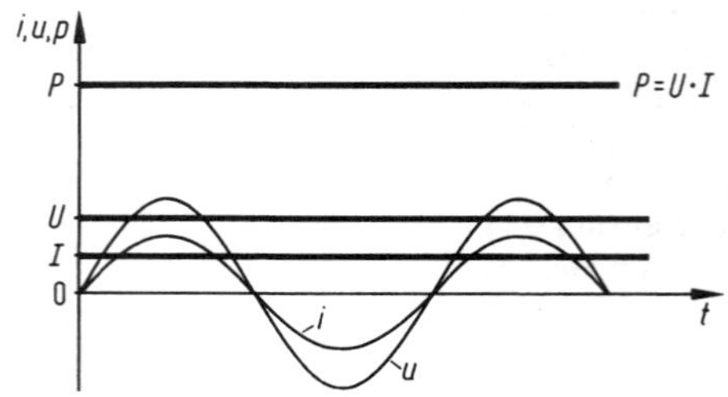

Bild 6.9.1.1 – 2 Liniendiagramme für U, I, P im Einphasenwechselstromnetz

Die Multiplikation der Augenblickswerte von Spannung und Strom ergibt den Verlauf der Augenblickswerte für die Leistung. Es gilt:

Augenblickswert der Wirkleistung:

$$p = u \cdot i$$

Die grafische Darstellung zeigt wieder einen sinusförmigen Verlauf, allerdings ohne negative Anteile und mit der doppelten Frequenz, bezogen auf U und I. Verteilt man die Fläche unter der Leistungskurve gleichmäßig über die Periodendauer T, dann erhält man die umgesetzte Wirkleistung genau bei $\frac{\hat{p}}{2}$.

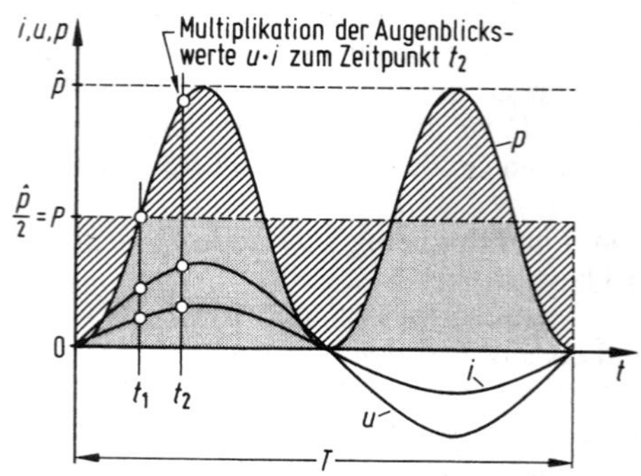

Bild 6.9.1.1 – 3 Liniendiagramm der Wirkleistung

Der Scheitelwert des Augenblickswertes der Wirkleistung ist:

$$\hat{p} = \hat{u}_R \cdot \hat{i}$$

$$\left.\begin{array}{ll} \text{mit} & \hat{u}_R = \sqrt{2} \cdot U_R \\ \text{und} & \hat{i} = \sqrt{2} \cdot I \end{array}\right\} \text{ da sinusförmige Verläufe}$$

$$\hat{p} = \sqrt{2} \cdot U_R \cdot \sqrt{2} \cdot I$$

$$\hat{p} = 2 \cdot U_R \cdot I$$

Folglich gilt für die Wirkleistung:

$$\boxed{\frac{\hat{p}}{2} = U_R \cdot I = P} \qquad (6.9.1.1-5)$$

Beispiel 6.9.1.1 – 1

Von einem Verbraucher ist der Verlauf der Augenblickswerte von Strom- und Spannung bekannt. Es gilt: $u = \hat{u} \cdot \sin(\omega \cdot t)$; $i = \hat{i} \cdot \sin(\omega \cdot t)$.
Berechnen Sie daraus den Verlauf der Augenblickswerte der Wirkleistung p.

Lösung:

Für den Augenblickswert der Leistung gilt die Beziehung:

$$p = u \cdot i$$

$$= \hat{u} \cdot \sin(\omega \cdot t) \cdot \hat{i} \sin(\omega \cdot t)$$

$$= \hat{u} \cdot \hat{i} \sin(\omega \cdot t) \cdot \sin(\omega \cdot t)$$

$$p = \hat{u} \cdot \hat{i} \sin^2(\omega \cdot t)$$

$$\text{mit} \quad \sin^2(\omega \cdot t) = \tfrac{1}{2}(1 - \cos(2 \cdot \omega \cdot t))$$

Die Berechnung der trigonometrischen Potenz wird einer mathematischen Formelsammlung entnommen.

$$p = \hat{u} \cdot \hat{i} \cdot \tfrac{1}{2}(1 - \cos(2 \cdot \omega \cdot t))$$

$$= \tfrac{1}{2} \underbrace{\hat{u} \cdot \hat{i}}_{\hat{p}} (1 - \cos(2 \cdot \omega \cdot t))$$

$$p = \tfrac{1}{2} \hat{p} (1 - \cos(2 \cdot \omega \cdot t))$$

Der Ausdruck $2 \cdot \omega \cdot t$ bedeutet eine Verdopplung der Betriebsfrequenz.

Hinweis zum Ergebnis:

Die abgeleitete Gleichung ist eine Summe, die aus einem konstanten Summanden $\frac{1}{2}\hat{p}$ und einer Schwingung $\frac{1}{2}\hat{p} \cdot \cos(2 \cdot \omega \cdot t)$ mit der doppelten Betriebsfrequenz besteht. Wegen der Kosinusfunktion ergibt sich gegenüber der Sinusfunktion von Spannung und Strom eine Phasenverschiebung von 90°. Die grafische Darstellung erfolgte bereits im Bild 6.9.1.1 – 3. Der Verlauf des Augenblickswertes der Leistung ist eine Sinuskurve, die um $\frac{\hat{p}}{2}$ positiv verschoben ist und die doppelte Frequenz hat.

6.9.1.2 Blindleistung

Betreibt man einen Kondensator oder eine Spule an Wechselspannung, dann erhält man Stromkreise, in denen Blindströme fließen, die gegenüber der Spannung jeweils um 90° phasenverschoben sind.

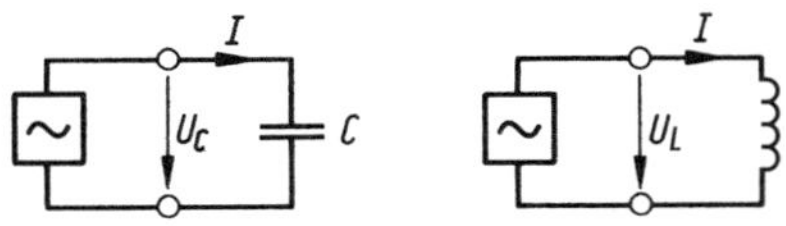

Bild 6.9.1.2 – 1 Wechselstromkreise mit Belastungen durch Blindgrößen

Zeichnet man zu jeder Schaltung das zugehörige Liniendiagramm, dann kann durch Multiplikation der Augenblickswerte das Liniendiagramm der Leistung Q ermittelt werden.

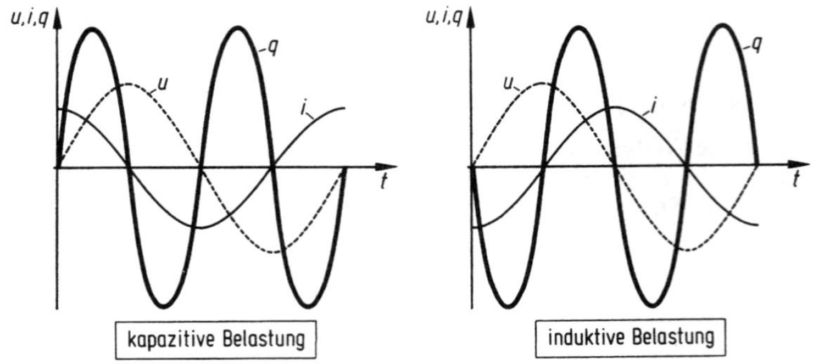

Bild 6.9.1.2 – 2 Liniendiagramme der Blindleistungen

Wie aus dem Bild für die Augenblickswerte der Blindleistungen zu erkennen ist, beinhalten die Kurven sowohl eine positive Halbwelle als auch eine negative Halbwelle. Während der positiven Halbwelle wird das elektrische oder magnetische Feld aufgebaut. Bei der negativen Halbwelle gibt es seine Energie wieder an die Spannungsquelle zurück. Der Leistungsumsatz innerhalb einer Gesamtperiode ist somit null. Die zum Aufbau der Felder benötigte Leistung bezeichnet man als Blindleistung Q. Im Kondensator wird zum Aufbau des elektrischen Feldes die kapazitive Blindleistung Q_C und in der Spule zum Aufbau des magnetischen Feldes die induktive Blindleistung Q_L umgesetzt. In einer idealen Spule oder einem idealen Kondensator wird keine Wirkleistung umgesetzt, es erfolgt bei reiner Blindleistung deshalb keine Erwärmung.

positive Leistungskurve ≙ Aufbau des Feldes

negative Leistungskurve ≙ Abbau des Feldes und Rückgabe der Leistung an die Spannungsquelle

Für die Blindleistungen und ihre Einheiten gilt:

Kapazitive Blindleistung:

$$Q_C = U_C \cdot I \qquad (6.9.1.2-1)$$

$$[Q_C] = \text{var (voltampere reactive)}$$

$$1\ \text{var} = 1\ \text{VA} = 1\ \text{W} \qquad (6.9.1.2-2)$$

Induktive Blindleistung:

$$Q_L = U_L \cdot I \qquad (6.9.1.2-3)$$

$$[Q_L] = \text{var (voltampere, reactive)} \qquad (6.9.1.2-4)$$

Beispiel 6.9.1.2 – 1

Ein Kondensator $C = 10\ \mu F$ liegt an einer Betriebsspannung $U = 230$ V mit einer Frequenz $f = 50$ Hz. Berechnen Sie die Blindleistung, die im Kondensator zum Aufbau des elektrischen Feldes umgesetzt wird.

Lösung:

$$Q_C = U_C \cdot I$$

$$= U_C \frac{U_C}{X_C}$$

$$= U_C \frac{U_C}{\frac{1}{2 \cdot \pi \cdot f \cdot C}}$$

$$= U_C^2 \cdot 2 \cdot \pi \cdot f \cdot C$$

$$Q_C = (230\ \text{V})^2 \cdot 2 \cdot \pi \cdot 50\ \text{Hz} \cdot 10 \cdot 10^{-6}\ \text{F}$$

$$Q_C = (230\ \text{V})^2 \cdot 2 \cdot \pi \cdot 50\ \frac{1}{\text{s}} \cdot 10 \cdot 10^{-6}\ \frac{\text{A} \cdot \text{s}}{\text{V}}$$

$$Q_C = \underline{\underline{166{,}19\ \text{var}}}$$

Übung 6.9.1.2 – 1

Berechnen Sie die in einem induktiven Blindwiderstand $X_L = 100\ \Omega$ umgesetzte Blindleistung, wenn ein Strom $I = 1$ A durch die Spule fließt.

Lösung:

6.9.1.3 Wirk-, Blind- und Scheinleistung im Wechselstromkreis

Wird eine Schaltung aus einem Wirk- und einem Blindwiderstand aufgebaut, z. B. durch die Reihenschaltung von R und L, dann kann dafür das bekannte Spannungszeigerdiagramm erstellt werden.

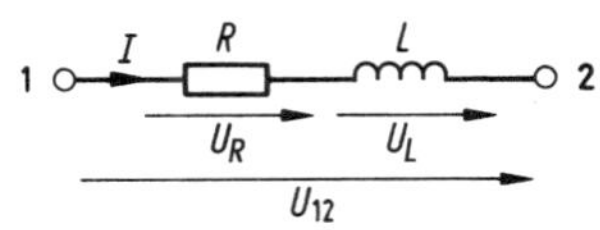

Bild 6.9.1.3 – 1
Reihenschaltung von Wirk- und Blindgröße

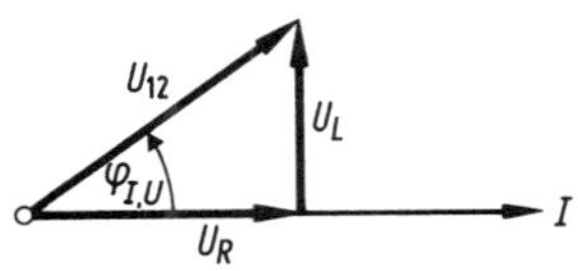

Bild 6.9.1.3 – 2 Spannungszeigerdiagramm für eine Reihenschaltung von Wirk- und Blindgrößen

Durch Multiplikation der einzelnen Spannungen im Zeigerdiagramm mit dem Strom I ergeben sich folgende Leistungen:

$P = U_R \cdot I =$ **Wirkleistung**

$Q_L = U_L \cdot I =$ **Blindleistung**

Während Wirkleistung P und Blindleistung Q_L bereits bekannt sind, wird das Produkt aus Strom I und Gesamtspannung U_{12} als Scheinleistung S definiert.

$$S = U_{12} \cdot I = \textbf{Scheinleistung} \qquad (6.9.1.3-1)$$

Als Einheit für die Scheinleistung gilt:

$$[S] = \text{VA} \qquad (6.9.1.3-2)$$

Überträgt man die Leistungszeiger ins Zeigerdiagramm, so ergibt sich das sog. Leistungsdreieck.

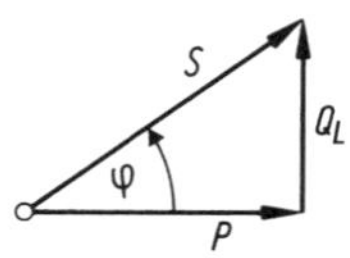

Bild 6.9.1.3 – 3
Leistungszeigerdiagramm mit induktiver Blindleistung

Für einen Stromkreis mit kapazitiver Blindleistung Q_C wird das behandelte Leistungsdreieck um 180° an der Wirkgröße gespiegelt.

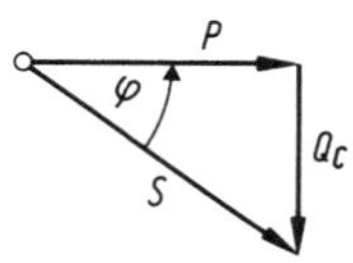

Bild 6.9.1.3 – 4
Leistungszeigerdiagramm mit kapazitiver Blindleistung

Die kapazitive und die induktive Blindleistung sind analog der Blindströme zueinander um 180° phasenverschoben. Die Leistungen können sich somit ganz oder teilweise aufheben. Es gilt für die verbleibende Blindleistung Q:

$$Q = |Q_L - Q_C| \qquad (6.9.1.3-3)$$

Abhängig von der Größe der einzelnen Blindleistungen können folgende Fälle unterschieden werden:

1. Wenn

$Q_L > Q_C$

dann $Q_{L\,\text{rest}} = Q_L - Q_C$

2. Wenn

$Q_L = Q_C$

dann $Q = Q_L - Q_C = 0$

d. h. Aufhebung der Blindleistungen (= Resonanzfall)

3. Wenn

$Q_L < Q_C$

dann $Q_{C\,\text{rest}} = Q_C - Q_L$

Leistungsdreiecke sind rechtwinklige Dreiecke, wie die Bilder 6.9.1.3 – 3 und 6.9.1.3 – 4 zeigen, somit können die trigonometrischen Beziehungen zur Aufstellung der folgenden Gleichungen benutzt werden.

Für die Scheinleistung gilt:

$$\boxed{S = \sqrt{P^2 + Q^2}} \qquad (6.9.1.3-4)$$

mit $Q = |Q_L - Q_C|$

$$S = \sqrt{P^2 + (Q_L - Q_C)^2}$$

Berechnung der Wirkleistung in einem Stromkreis mit Wirk- und Blindgrößen:

$$P = S \cdot \cos\varphi$$

mit $S = U \cdot I$

$$\boxed{P = U \cdot I \cdot \cos\varphi} \qquad (6.9.1.3-5)$$

Berechnung der Blindleistung:

$$\sin\varphi = \frac{Q}{S}$$

$$Q = S \cdot \sin\varphi$$

mit $S = U \cdot I$

$$\boxed{Q = U \cdot I \cdot \sin\varphi} \qquad (6.9.1.3-6)$$

Die Scheinleistung kann auch komplex geschrieben und berechnet werden.

$$\boxed{\begin{aligned} \underline{S} &= P + \mathrm{j}\, Q_L \\ \underline{S} &= P - \mathrm{j}\, Q_C \\ \underline{S} &= S\, \mathrm{e}^{\mathrm{j}\,\varphi} \\ \underline{S} &= \sqrt{P^2 + Q^2} \cdot \mathrm{e}^{\mathrm{j}\,\varphi} \end{aligned}} \qquad (6.9.1.3-7)$$

Allgemein gilt bekanntlich zur Berechnung der umgesetzten elektrischen Leistung die Gleichung 3.6.2 – 3:

$$P = \frac{1}{T}\int_0^T u \cdot i \,\mathrm{d}t$$

In diesem Kapitel wurde die Gleichung für die im Wechselstromkreis umgesetzte elektrische Wirkleistung mit $P = U \cdot I \cdot \cos\varphi$ angegeben.
In weiteren Rechenschritten wird diese bisher nur definierte Gleichung aus der allgemeinen Gleichung für die Leistung entwickelt.
Für die Augenblickswerte von Spannung und Strom gilt bei Wechselspannung:

$$u = \hat{u} \cdot \sin(\omega t)$$

$$i = \hat{i} \cdot \sin(\omega t - \varphi)$$

Willkürliche Annahme von $(-\varphi)$
(φ ist abhängig vom Restblindwiderstand in der Schaltung)

Setzt man diese Gleichungen in die allgemeine Gleichung ein, so ergibt dies:

$$P = \frac{\hat{u} \cdot \hat{i}}{T} \int_0^T \sin(\omega t) \cdot \sin(\omega t - \varphi)\,\mathrm{d}t$$

Die Multiplikation der Terme $\sin(\omega t)$ mit $\sin(\omega t - \varphi)$ kann anhand goniometrischer Gleichungen wie folgt umgeschrieben werden:

$$\sin(\omega t) \cdot \sin(\omega t - \varphi)$$
$$= \frac{1}{2}[\cos\varphi - \cos(2\omega t - \varphi)]$$

Das Integral kann nun geschrieben werden:

$$P = \frac{\hat{u} \cdot \hat{i}}{T} \int_0^T \frac{1}{2}[\cos\varphi - \cos(2\omega t - \varphi)]\,\mathrm{d}t$$

Die weitere Anwendung der Regeln der Integralrechnung führt in wenigen Schritten zur Gleichung:

$$P = \frac{\hat{u} \cdot \hat{i}}{T} \cdot \frac{T}{2} \cos\varphi$$

In einem letzten Schritt werden die Scheitelwerte mittels Scheitelfaktor $\sqrt{2}$ in Effektivwerte überführt. Man erhält die bereits bekannte Gleichung für die Wirkleistung im Wechselstromkreis:

$$P = \frac{\hat{u} \cdot \hat{i}}{2} \cdot \cos\varphi$$

$$P = U \cdot I \cdot \cos\varphi$$

Beispiel 6.9.1.3 – 1

Eine Spule wird mit Wechselspannung gespeist. Zu berechnen ist die in der Spule umgesetzte Wirk-, Blind- und Scheinleistung. Die elektrischen Werte der Schaltung sind dem Bild zu entnehmen.

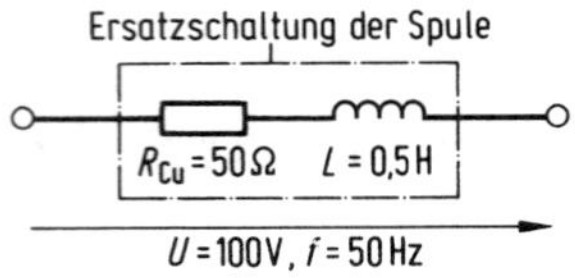

Lösung:

Berechnung des Betrages des Scheinwiderstandes:

$$Z = \sqrt{R_{\mathrm{Cu}}^2 + X_L^2}$$
$$= \sqrt{R_{\mathrm{Cu}}^2 + (2 \cdot \pi \cdot f \cdot L)^2}$$
$$= \sqrt{(50\ \Omega)^2 + (2 \cdot \pi \cdot 50\ \mathrm{Hz} \cdot 0{,}5\ \mathrm{H})^2}$$
$$Z = \underline{\underline{164{,}845\ \Omega}}$$

Berechnung des Stromes:

$$I = \frac{U}{Z} = \frac{100\ \mathrm{V}}{164{,}845\ \Omega}$$
$$I = \underline{\underline{0{,}606\ \mathrm{A}}}$$

Berechnung der Wirkleistung:

$$P = I^2 \cdot R$$
$$= (0{,}606\ \mathrm{A})^2 \cdot 50\ \Omega$$
$$P = \underline{\underline{18{,}361\ \mathrm{W}}}$$

Berechnung der Blindleistung:

$$Q_L = U_L \cdot I$$
$$= I \cdot X_L \cdot I$$
$$= I^2 \cdot X_L = I^2 \cdot 2 \cdot \pi \cdot f \cdot L$$
$$= (0{,}606\ \text{A})^2 \cdot 2 \cdot \pi \cdot 50\ \text{Hz} \cdot 0{,}5\ \text{H}$$
$$Q_L = \underline{\underline{57{,}685\ \text{var}}}$$

Berechnung der Scheinleistung:

$$S = \sqrt{P^2 + Q_L^2}$$
$$= \sqrt{(18{,}361\ \text{W})^2 + (57{,}685\ \text{var})^2}$$
$$S = \underline{\underline{60{,}536\ \text{VA}}}$$

Kontrollrechnung:

$$S = U \cdot I = 100\ \text{V} \cdot 0{,}606\ \text{A}$$
$$S = \underline{\underline{60{,}6\ \text{VA}}}$$

Beispiel 6.9.1.3 – 2

Berechnen Sie für die gegebene Schaltung gemäß Bild die Gesamtscheinleistung. Das Ergebnis soll anhand der komplexen Rechnung ermittelt werden.

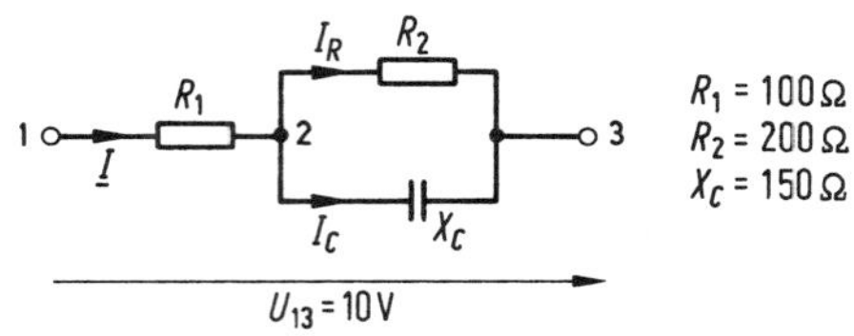

Berechnung des gesamten Scheinwiderstandes:

$$\underline{Z}_{13} = R_1 + \underline{Z}_{23} \quad \text{mit} \quad \underline{Z}_{23} = \frac{R_2 \cdot (-\mathrm{j}\, X_C)}{R_2 - \mathrm{j}\, X_C}$$

$$= 100\ \Omega + 72\ \Omega - \mathrm{j}\ 96\ \Omega \qquad \underline{Z}_{23} = 72\ \Omega - \mathrm{j}\ 96\ \Omega$$
$$= 172\ \Omega - \mathrm{j}\ 96\ \Omega \qquad \underline{Z}_{23} = 120\ \Omega \cdot \mathrm{e}^{-\mathrm{j}\ 53{,}1^\circ}$$
$$\underline{Z}_{13} = \underline{\underline{197\ \Omega \cdot \mathrm{e}^{-\mathrm{j}\ 29{,}2^\circ}}}$$

Berechnung des Gesamtstromes:

$$\underline{I} = \frac{\underline{U}_{13}}{\underline{Z}_{13}}$$
$$\underline{I} = \frac{10\ \text{V}}{197\ \Omega \cdot \mathrm{e}^{\mathrm{j}\ 29{,}2^\circ}}$$
$$\underline{I} = \underline{\underline{50{,}7\ \text{mA} \cdot \mathrm{e}^{\mathrm{j}\ 29{,}2^\circ}}}$$

Das komplexe Ergebnis sagt aus: $\underline{I}$ ist voreilend. Dies bedeutet, die vorhandene Blindleistung ist kapazitiv.
Aus den bisher gewonnenen Aussagen wird das allgemeine Leistungszeigerdiagramm gezeichnet.

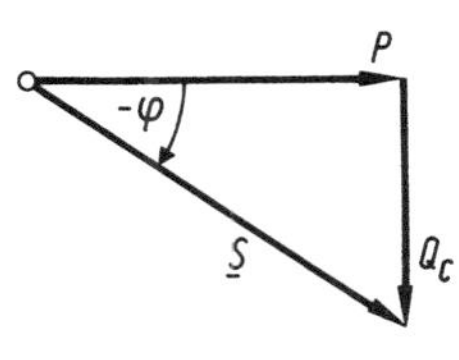

Berechnung der Gesamtscheinleistung:

$$\underline{S}_{13} = U_{13} \cdot \underline{I}$$

$$= 10\ \text{V} \cdot 50{,}7\ \text{mA} \cdot \text{e}^{\text{j}\ 29{,}2^\circ}$$

$$\underline{S}_{13} = \underline{\underline{0{,}507\ \text{VA} \cdot \text{e}^{\text{j}\ 29{,}2^\circ}}}$$

Das Zeigerdiagramm zeigt einen negativen Phasenwinkel, die Berechnung ergibt aber einen positiven Phasenwinkel. Dies bedeutet die Einführung einer Korrektur:

> Wird eine Scheinleistung in einem Wechselstromkreis komplex ermittelt, so muss das Ergebnis durch die Bildung des konjugiert komplexen Wertes korrigiert werden.

Für das gegebene Beispiel bedeutet dies:

Berechnete Scheinleistung:

$$\underline{S}_{13} = \underline{\underline{0{,}507\ \text{VA} \cdot \text{e}^{\text{j}\ 29{,}2^\circ}}}$$

Richtiges Ergebnis durch Bildung des konjungiert komplexen Wertes:

$$\underline{S}^*_{13} = \underline{\underline{0{,}507\ \text{VA} \cdot \text{e}^{-\text{j}\ 29{,}2^\circ}}}$$

Übung 6.9.1.3 – 1

Die einem Motor entnommene Wirkleistung beträgt $P = 1$ kW. Der Motor hat einen Wirkungsgrad $\eta = 0{,}8$ und eine Blindleistung von $Q_L = 0{,}5$ kvar. Berechnen Sie für eine Betriebsspannung von $U = 230$ V bei $f = 50$ Hz den Strom I, den Phasenwinkel φ und die Induktivität L.

Lösung:

Übung 6.9.1.3 – 2

Eine Glühlampe $P_{\text{La}} = 60$ W/230 V soll durch einen kapazitiven Vorwiderstand auf $P'_{\text{La}} = 20$ W begrenzt werden. Berechnen Sie für eine Netzfrequenz $f = 50$ Hz den benötigten Kapazitätswert und die Nennspannung des Kondensators.

Lösung:

6.9.2 Blindleistungskompensation oder Leistungsfaktorverbesserung

Es ist bereits bekannt, dass in einer Schaltung mit Wirk- und Blindwiderständen eine Phasenverschiebung zwischen U und I vorhanden ist.

Im Leistungsdreieck bildet die Scheinleistung die Hypotenuse und die Wirkleistung die Ankathete zum Phasenwinkel φ. Das Verhältnis der Wirkleistung zur Scheinleistung ist der Kosinus des Winkels φ. Er wird als Leistungsfaktor definiert:

Leistungsfaktor:

$$\cos\varphi = \frac{P}{S} = \frac{P}{U \cdot I} \qquad (6.9.2-1)$$

Der Wert des Leistungsfaktors $\cos\varphi$ wird durch den Phasenwinkel φ bestimmt. Da dieser zwischen 0° und 90° betragen kann, ergibt sich somit:

Wertebereich des Leistungsfaktors

$$\mathbf{0 \leq \cos\varphi \leq 1}$$

Es ist besonders zu beachten, dass der Leistungsfaktor nicht mit dem Wirkungsgrad η verwechselt werden darf.

Je nach Art der Blindleistung, die in der Schaltung umgesetzt wird, spricht man vom kapazitiven oder induktiven Leistungsfaktor.

Arten des Leistungsfaktors:

$\cos\varphi_{kap}$ = kapazitiver Leistungsfaktor

$\cos\varphi_{ind}$ = induktiver Leistungsfaktor

In Wechselstromnetzen ist es üblich, den Leistungsfaktor zu „verbessern“. Was darunter zu verstehen ist, soll nachfolgend erläutert werden.
Ein Motor ist über eine Leitung ans Netz angeschlossen.

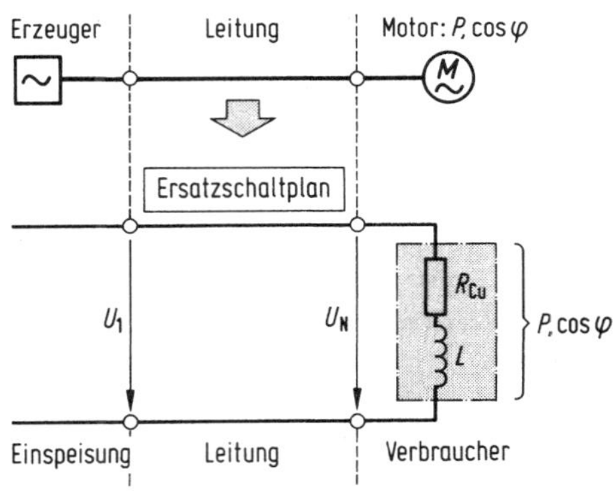

Bild 6.9.2 – 1 Motor am Wechselstromnetz

Zur Verwirklichung seiner Funktion weist der Motor als Hauptteil eine Spule auf. Sie wird im Ersatzschaltplan in einen Wirkwiderstand (= Drahtwiderstand R_{Cu}) und eine ideale Induktivität L aufgeteilt. Diese beiden Größen bestimmen den Phasenwinkel φ. Daraus wird der Leistungsfaktor bestimmt:

$$\cos\varphi = \frac{P}{U_N \cdot I}$$

Die Netzspannung U_N ist normalerweise als konstante Größe vorgegeben. Vom Motor wird die Wirkleistung P, z. B. als Antriebsleistung, gefordert. Der vom Motor aufgenommene Strom I ist somit abhängig vom Leistungsfaktor.

$$I = f\left(\frac{1}{\cos\varphi}\right)$$

Durch eine „Verbesserung" des Leistungsfaktors $\cos\varphi$ soll der Strom I verringert werden, was eine Verkleinerung des Phasenwinkels φ bedeutet. Da der Strom auch über die Zuleitung fließt, bedeutet dies ebenso eine Verringerung der Leitungsverluste. Der Leiterquerschnitt ist abhängig vom Stromfluss (Festlegung des Leiterquerschnittes für bestimmte Ströme gemäß VDE beachten!), deshalb kann bei geringerem Strom ggf. auch der Leitungsquerschnitt gesenkt werden, was die Anlagenkosten ebenfalls günstig beeinflusst. Eine Leistungsfaktorverbesserung erreicht man durch eine Kompensation eines Teiles der vorhandenen Blindleistung. Wie bereits bekannt ist, kompensieren sich induktive und kapazitive Blindleistung. Schaltungstechnisch wird deshalb eine Leistungsfaktorverbesserung dadurch erreicht, dass zur vorhandenen Blindgröße der entgegengesetzte Wert in Reihe oder parallel geschaltet wird.

Leistungsfaktorverbesserung:

$\cos\varphi \to 1$; d. h. $\varphi \to 0°$

Leistungsfaktorverbesserung:

Kompensation der induktiven Blindgröße durch eine kapazitive Blindgröße oder umgekehrt.

Die Elektrizitätsversorgungsunternehmen (EVU) schreiben eine Kompensation, also eine Leistungsfaktorverbesserung, bis zu einem bestimmten Wert in ihren Netzanschlussbedingungen vor.

Beispiel 6.9.2 – 1

Ein Motor zeigt auf seinem Leistungsschild folgende Daten: $U_N = 230$ V, $P_2 = 3$ kW, $\eta = 0{,}8$, $\cos\varphi = 0{,}75$, $f = 50$ Hz.
Durch einen parallel geschalteten Kondensator soll auf $\cos\varphi' = 0{,}95$ kompensiert werden. Zeichnen Sie dazu zuerst den Schaltplan. Berechnen Sie den aufgenommenen Strom I ohne Kompensation. Berechnen Sie dann den für eine Kompensation benötigten Kapazitätswert C und den sich dadurch ergebenden Strom I'.

Lösung:

Zeichnung des Schaltplanes:

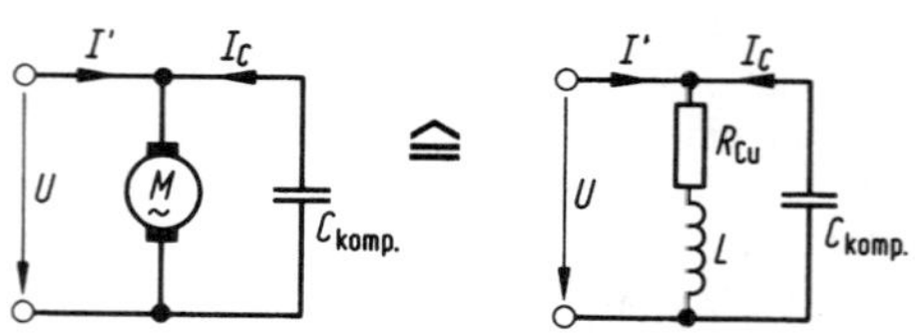

Berechnung der aufgenommenen Wirkleistung:

$$P_1 = \frac{P_2}{\eta} = \frac{3000\ \text{W}}{0{,}8}$$

$$P_1 = \underline{\underline{3750\ \text{W}}}$$

Berechnung des Stromes ohne Kompensation:

$$P_1 = U_\text{N} \cdot I \cdot \cos\varphi$$

$$I = \frac{P_1}{U_\text{N} \cdot \cos\varphi}$$

$$I = \frac{3750\ \text{W}}{230\ \text{V} \cdot 0{,}75} = \underline{\underline{21{,}739\ \text{A}}}$$

Berechnung des Stromes mit Kompensation:

$$P_1 = U_\text{N} \cdot I' \cdot \cos\varphi'$$

$$I' = \frac{P_1}{U_\text{N} \cdot \cos\varphi'}$$

$$I' = \frac{3750\ \text{W}}{230\ \text{V} \cdot 0{,}95} = \underline{\underline{17{,}162\ \text{A}}}$$

Berechnung der vorhandenen Blindleistung:

$$Q_L = U_\text{N} \cdot I \cdot \sin\varphi$$

da

$\cos\varphi = 0{,}75$
folglich
$\varphi = \text{arc}\cos\varphi = 41{,}4°$
somit
$\sin\varphi = \sin 41{,}4° = 0{,}661$

$$Q_L = 230\ \text{V} \cdot 17{,}162\ \text{A} \cdot 0{,}661 = \underline{\underline{2609{,}13\ \text{var}}}$$

Berechnung der Restblindleistung nach erfolgter Kompensation:

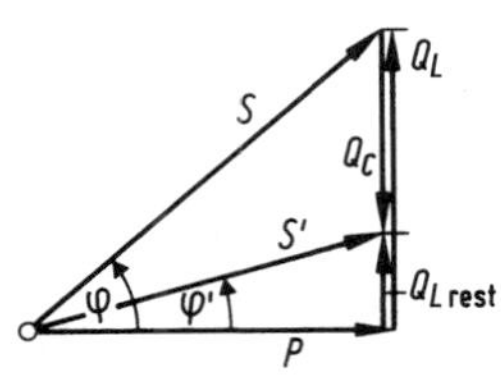

Aus

$\cos\varphi' = 0{,}95$

ergibt sich

$\varphi = \text{arc}\cos\varphi' = 18{,}19°$

somit

$\tan\varphi = \tan 18{,}19° = \underline{\underline{0{,}328}}$

Aus dem Zeigerdiagramm ergibt sich:

$$\tan \varphi' = \frac{Q_{L\,\text{rest}}}{P_1}$$

$$Q_{L\,\text{rest}} = \tan \varphi' \cdot P_1$$

$$= 0{,}328 \cdot 3750\ \text{W}$$

$$Q_{L\,\text{rest}} = \underline{\underline{1232{,}56\ \text{var}}}$$

Berechnung der benötigten kapazitiven Blindleistung:

$$Q_C = Q_L = Q_{L\,\text{rest}}$$

$$Q_C = 2609{,}13\ \text{var} - 1232{,}56\ \text{var}$$

$$Q_C = \underline{\underline{1376{,}57\ \text{var}}}$$

Berechnung des benötigten Kapazitätswertes: Die Betriebsspannung des Kondensators ist die Netzspannung.

$$Q_C = U_C \cdot I_C$$

$$U_C = U_\text{N} = 230\ \text{V}$$

$$Q_C = U_\text{N} \cdot I_C$$

$$= U_\text{N} \cdot \frac{U_\text{N}}{X_C}$$

$$= U_\text{N} \cdot \frac{U_\text{N}}{\frac{1}{2 \cdot \pi \cdot f \cdot C}}$$

$$= U_\text{N} \cdot U_\text{N} \cdot 2 \cdot \pi \cdot f \cdot C$$

$$Q_C = U_\text{N}^2 \cdot 2 \cdot \pi \cdot f \cdot C$$

Durch Umstellung der Gleichung erhält man die Bestimmungsgleichung für den gesuchten Kapazitätswert:

$$C_\text{komp} = \frac{Q_C}{(U_\text{N})^2 \cdot 2 \cdot \pi \cdot f}$$

$$C_\text{komp} = \frac{1376{,}57\ \text{var}}{(230\ \text{V})^2 \cdot 2 \cdot \pi \cdot 50\ \text{Hz}}$$

$$C_\text{komp} = \underline{\underline{82{,}8\ \mu\text{F}}}$$

Übung 6.9.2 – 1

Im Beispiel 6.9.2 – 1 wurde die Leistungsfaktorverbesserung durch die Parallelschaltung eines Kondensators erreicht. Berechnen Sie nun für dieselbe Kompensation den Kapazitätswert bei Reihenschaltung eines Kondensators.

Lösung:

6.9.3 Arbeit im Wechselstromkreis

Die Arbeit wurde bereits ganz allgemein als Produkt aus Leistung und Zeit definiert. Dies gilt natürlich auch für die Arbeit (= Energieumsatz) im Wechselstromkreis. Bedingt durch die verschiedenen Leistungsarten müssen auch verschiedene Typen von Arbeit bzw. Energieumsatz unterschieden werden. Es sind dies die Wirkarbeit, die Blindarbeit und die Scheinarbeit. Für sie gelten analog zu den Festlegungen für die Leistungen folgende Definitionen:

Wirkarbeit:

$W = P \cdot t \quad \text{mit} \quad P = U \cdot I \cdot \cos\varphi$

$$W = U \cdot I \cdot t \cdot \cos\varphi \qquad (6.9.3-1)$$

$$[W] = \text{W} \cdot \text{s} \qquad (6.9.3-2)$$

Blindarbeit (= Feldenergie):

$W_B = Q \cdot t \quad \text{mit} \quad Q = U \cdot I \cdot \sin\varphi$

$$W_B = U \cdot I \cdot t \cdot \sin\varphi \qquad (6.9.3-3)$$

$$[W_B] = \text{var} \cdot \text{s} \qquad (6.9.3-4)$$

Scheinarbeit:

$W_S = S \cdot t \quad \text{mit} \quad S = U \cdot I$

$$W_S = U \cdot I \cdot t \qquad (6.9.3-5)$$

$$[W_S] = \text{VA} \cdot \text{s} \qquad (6.9.3-6)$$

Die technisch wichtigste Energieumsatzart ist die Wirkarbeit. Sie wird z. B. durch den Elektrizitätszähler (kWh-Zähler) gemessen und dient zur Berechnung der Strompreise.

Beispiel 6.9.3 – 1

Ein Motor mit einer Leistung $P_2 = 5\,\text{kW}$ an der Welle zeigt auf dem Leistungsschild noch folgende Angaben: $U_N = 230\,\text{V}$, $f = 50\,\text{Hz}$, $\eta = 0{,}85$, $\cos\varphi = 0{,}9$. Berechnen Sie bei einer Betriebszeit von $t = 8\,\text{h}$ die umgesetzte Wirkarbeit.

Lösung:

$$W = P_1 \cdot t \quad \text{mit} \quad P_1 = \frac{P_2}{\eta}$$

$$= \frac{P_2}{\eta} \cdot t$$

$$= \frac{5000\,\text{W}}{0{,}85} \cdot 8\,\text{h}$$

$$W = \underline{\underline{47{,}058\,\text{kWh}}}$$

Übung 6.9.3 – 1

Der Leistungsfaktor im Netz einer Werkzeugmaschinenhalle beträgt im Durchschnitt $\cos\varphi = 0{,}8$. Der fließende Strom hat den Wert $I = 100\,\text{A}$. Berechnen Sie bei einer Betriebsspannung $U_N = 230\,\text{V}$ die in $t = 24\,\text{h}$ umgesetzte Wirk-, Blind- und Scheinarbeit.

Lösung:

Praxisorientierte Lernaufgaben:

Lernaufgabe 9:

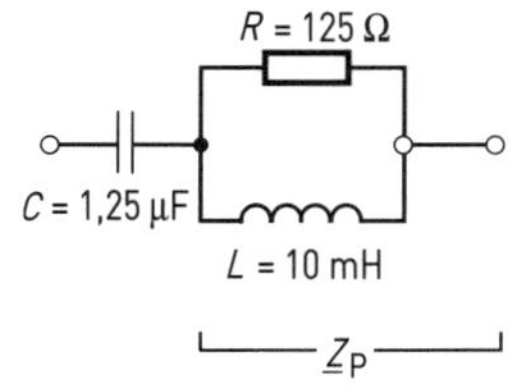

Gegeben ist die nebenstehende Impedanzschaltung. Im Kapitel 6.8 wurde zu dieser Schaltung die Ortkurve entwickelt.
Dort wurde besonders auf den Parametrierungspunkt f_0 hingewiesen.
Eine Berechnung der Resonanzfrequenz f_0 erfolgte dabei nicht, dies soll nun die Aufgabe in dieser Lernaufgabe sein. Die Definition für die Resonanz lautet, wie bekannt, Gleichheit von kapazitivem und induktivem Blindwiderstand. Für die gegebene Schaltung ist dies nicht direkt möglich, da parallel zum induktiven Blindwiderstand ein Wirkwiderstand liegt.
Die Berechnung wird deshalb an dieser Stelle als Beispielrechnung ausgeführt.
Zuerst ist die Gleichung der Impedanz $\underline{Z}$ der Schaltung unter zur Hilfenahme der komplexen Rechnung aufzustellen:

$$\underline{Z} = -\mathrm{j}\, X_C + \underline{Z}_\mathrm{P}$$

$$\underline{Z} = -\mathrm{j}\, X_C + \frac{\mathrm{j}\, X_L \cdot R}{R + \mathrm{j}\, X_L}$$

Konjugiert komplexe Erweiterung des Terms $\underline{Z}_\mathrm{P}$:

$$\underline{Z} = -\mathrm{j}\, X_C + \frac{\mathrm{j}\, X_L \cdot R \cdot (R - \mathrm{j}\, X_L)}{(R + \mathrm{j}\, X_L) \cdot (R - \mathrm{j}\, X_L)}$$

$$\underline{Z} = -\mathrm{j}\, X_C + \frac{\mathrm{j}\, X_L \cdot R^2 + X_L^2 \cdot R}{R^2 + X_L^2}$$

Bildung des Hauptnenners:

$$\underline{Z} = \frac{-\mathrm{j}\, X_C \cdot (R^2 + X_L^2) + \mathrm{j}\, X_L \cdot R^2 \cdot X_L^2 \cdot R}{R^2 + X_L^2}$$

Trennung der Gleichung in Real- und Imaginärteil:

$$\underline{Z} = \underbrace{\frac{X_L^2 \cdot R}{R^2 + X_L^2}}_{\text{Realteil}} + \mathrm{j} \underbrace{\frac{X_L \cdot R^2 - X_C \cdot R^2 - X_C \cdot X_L^2}{R^2 + X_L^2}}_{\text{Imaginärteil}}$$

Im „Resonanzfall" wird der Imaginärteil zu null bzw. hebt sich auf:

$$\mathrm{Im} = 0 = \frac{X_L \cdot R^2 - X_C \cdot R^2 - X_C \cdot X_L^2}{R^2 + X_L^2}$$

Auflösung der Gleichung zur Bestimmung von f_0:

$$0 = X_L \cdot R^2 - X_C \cdot R^2 - X_C \cdot X_L^2$$

$$0 = 2 \cdot \pi \cdot f_0 \cdot L \cdot R^2 - \frac{R^2}{2 \cdot \pi \cdot f_0 \cdot C} - \frac{(2 \cdot \pi \cdot f_0 \cdot L)^2}{2 \cdot \pi \cdot f_0 \cdot C}$$

$$0 = \frac{(2 \cdot \pi \cdot f_0)^2 \cdot L \cdot C \cdot R^2 - R^2 - (2 \cdot \pi \cdot f \cdot L)^2}{2 \cdot \pi \cdot f_0 \cdot C}$$

$$0 = f_0^2 \cdot (4 \cdot \pi^2 \cdot L \cdot C \cdot R^2 - 4 \cdot \pi^2 \cdot L^2) - R^2$$

$$f_0^2 \cdot (4 \cdot \pi^2 \cdot L \cdot C \cdot R^2 - 4 \cdot \pi^2 \cdot L^2) = R^2$$

$$f_0^2 = \frac{R^2}{4 \cdot \pi^2 \cdot L \cdot C \cdot R^2 - 4 \cdot \pi^2 \cdot L^2}$$

Ziehen der Quadratwurzel ergibt:

$$f_0 = \frac{R}{\sqrt{4 \cdot \pi^2 \cdot L \cdot C \cdot R^2 - 4 \cdot \pi^2 \cdot L^2}}$$

$$f_0 = \frac{R}{2 \cdot \pi \sqrt{L \cdot C \cdot R^2 - L^2}}$$

In die nach f_0 umgestellte Gleichung werden die aus der Schaltung bekannten Bauelement-Werte eingesetzt,

$R = 125\ \Omega$; $C = 1{,}25\ \mu\text{F}$; $L = 10\ \text{mH}$;

$$f_0 = \frac{125\ \Omega}{2 \cdot \pi \sqrt{10 \cdot 10^{-3}\ \frac{\text{V} \cdot \text{s}}{\text{A}} \cdot 1{,}25 \cdot 10^{-6}\ \frac{\text{A} \cdot \text{s}}{\text{V}} \cdot 125^2\ \frac{\text{V}^2}{\text{A}^2} - \left(10 \cdot 10^{-3}\ \frac{\text{V} \cdot \text{s}}{\text{A}}\right)^2}}$$

dies ergibt den Wert:

$$f_0 = \underline{\underline{2038\ \text{Hz}}}$$

Lernaufgabe 10:

Aufgabenstellung:

Planung und Dimensionierung eines Netzfilters zwischen dem öffentlichen Netz und der elektronischen Dimmerschaltung zur Steuerung eines Beleuchtungskörpers.

Einem elektronischen Dimmer zur Helligkeitssteuerung eines Beleuchtungskörpers mit mehreren Glühlampen wird ein *Netzfilter*, wie das Bild zeigt, vorgeschaltet.

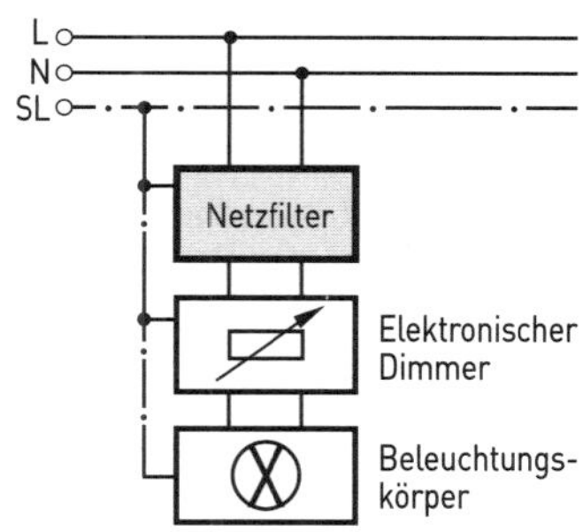

Bild 1 Übersichtsschaltplan

Aus der Fachliteratur wird für den Netzfilter die innere Schaltung gemäß Bild 2 ausgewählt:

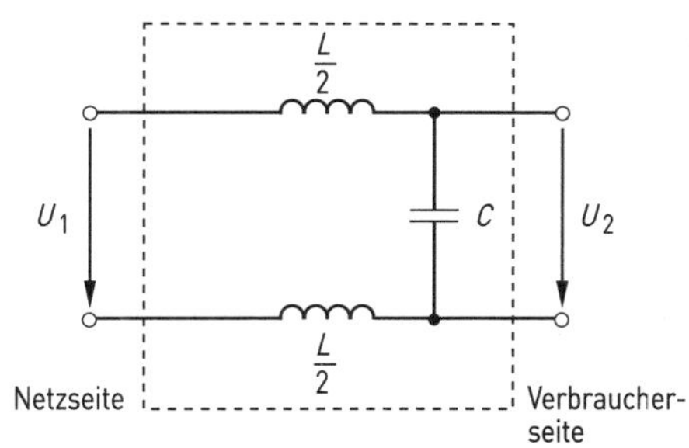

Bild 2 Schaltung des Netzfilters

Zur Dimensionierung der Bauelemente sind die folgenden Vorgaben bekannt:

P_{max} (Dimmer) $= 1000$ W, $U_{Netz} = 230$ V, Filterung aller Spannungen mit Frequenzen oberhalb $f = 400$ Hz

Begründung für die Notwendigkeit eines Netzfilters

Die Helligkeitssteuerung von Glühlampen mit einem Dimmer kann in der Steuerungsart der **Phasenanschnittsteuerung** erfolgen. Bei dieser Steuerungsart wird der Strom zu unterschiedlichen Zeitpunkten der 50-Hz-Netzspannung eingeschaltet. Das Oszillogramm eines so geschalteten Stromes i kann folgenden Verlauf haben:

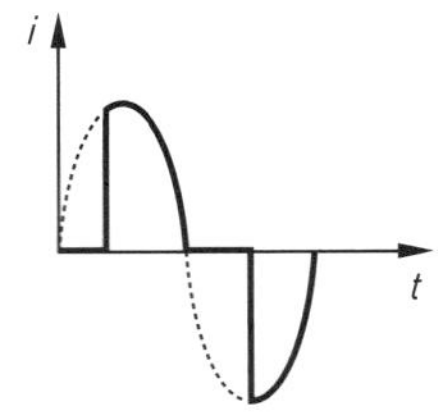

Bild 3
Oszillogramm des Stromes i

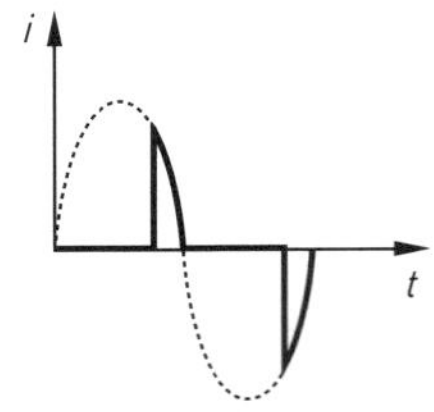

Bild 4
Oszillogramm des Stromes i

Der mittlere Strom der Stromschwingung von Bild 3 ist größer als im Beispiel von Bild 4.

Wie leicht zu erkennen, ist die Stromschwingung nicht mehr *sinusförmig*, was auch für den Spannungsverlauf am Verbraucher gilt. Laut Abschnitt 6.1.4 können alle nicht sinusförmigen Schwingungen nach der Fourier-Analyse in Grund- und Oberschwingungen zerlegt werden. Diese Schwingungen sind alle sinusförmig. In einer nichtsinusförmigen Schwingung (Strom- oder Spannungsschwingung) sind somit viele sinusförmige Schwingungen enthalten. (Dies kann aus der mathematischen Endgleichung der Fourier-Analyse abgelesen werden.)
Die einzelnen Spannungen unterscheiden sich durch die Frequenz und den jeweiligen Effektivwert. Alle Spannungen überlagert ergeben wieder den nichtsinusförmigen Verlauf.
Die Spannungsschwingungen gelangen nun *rückwärts* vom Dimmer ins Netz und können dort in Schaltungen und Geräten, die z. B. auch höhere Frequenzen als die Netzfrequenz verarbeiten können (z. B. Phonogeräte), Störungen hervorrufen. Die Netzfilter haben nun die Aufgabe, Spannungen (Störspannungen) ab einer festgelegten Frequenz nicht mehr *durchzulassen*, also zu filtern, damit nur bestimmte, nicht störende Frequenzen ins Netz gelangen.

Lösung in dieser Stelle als Beispielrechnung:

Die ausgewählte Schaltung des Netzfilters ist ein symetrisch aufgebauter *Tiefpass*. Symmetrisch bedeutet, die benötigte Spule mit der Induktivität L wird jeweils in $L/2$ in der Hin- und Rückleitung aufgeteilt.
Somit ist bei ortsveränderlichen Geräten die Vertauschung vom Netzleiter L und Neutral-

leiter N beim Netzstecker ohne Bedeutung. Ein Tiefpass hat die Aufgabe, Spannungen mit niedrigen Frequenzen „passieren“ zu lassen und dies bis zu der festgelegten Grenzfrequenz f_g.

Zur Berechnung der Grenzfrequenz gilt:

$$f_g = \frac{1}{2 \cdot \pi \cdot \sqrt{L \cdot C}}$$

mit $L/2 + L/2 = L$

In der Aufgabenstellung ist die Grenzfrequenz mit $f_g = 400$ Hz angegeben. Durch die Spule L fließt der Strom der Glühlampen des Beleuchtungskörpers. Er beträgt maximal:

$$I_{max} = \frac{P_{max\,(Dimmer)}}{U_{Netz}}$$

$$I_{max} = \frac{1000\ \text{W}}{230\ \text{V}} = \underline{\underline{4{,}34\ \text{A}}}$$

Der Spulendraht der Induktivität muss somit für den Strom $\boldsymbol{I} = \mathbf{5\ A}$ ausgelegt sein.
Aus einem Bauelemente-Katalog wird eine Spule mit dem Induktivitätswert $L/2 = 0{,}05$ H ausgewählt. Es werden zwei Spulen benötigt, so ist die Gesamtinduktivität $L = 0{,}1$ H. Die bekannte Gleichung der Grenzfrequenz wird schrittweise nach C (Kapazität) umgestellt, um den benötigten Kapazitätswert zu ermitteln:

$$f_g = \frac{1}{2 \cdot \pi \cdot \sqrt{L \cdot C}}$$

$$\sqrt{L \cdot C} = \frac{1}{2 \cdot \pi \cdot f_g}$$

$$(\sqrt{L \cdot C})^2 = \left(\frac{1}{2 \cdot \pi \cdot f_g}\right)^2$$

$$L \cdot C = \frac{1}{(2 \cdot \pi \cdot f_g)^2}$$

$$C = \frac{1}{L \cdot (2 \cdot \pi \cdot f_g)^2}$$

Ermittelter Kapazitätswert:

$$C = \frac{1}{0{,}1\ \text{H} \cdot 4 \cdot \pi^2 \cdot (400\ \text{Hz})^2}$$

$$C = \underline{\underline{1{,}583\ \mu\text{F}}}$$

Kapazitätswerte werden wie Widerstandswerte nur nach Normreihen hergestellt. Im vorliegenden Fall wird ein Kapazitätswert aus der E 12-Normreihe gewählt (dies entspricht einer Toleranz von $\pm 10\%$), der dem errechneten Wert am nächsten kommt. Aus der Tabelle (Seite 405) wird der Normwert 1,5 abgelesen. Somit wird der benötigte Kapazitätswert mit $C' = 1{,}5\ \mu$F festgelegt.

$$C' = \underline{\underline{1{,}5\ \mu\text{F}}}$$

Zusammenfassung der Werte für eine Stückliste:

2 Spulen: Induktivitätswert $L = 0{,}05$ H
Spannungsfestigkeit der Spulendrahtisolation für 230 V
Nennstrom für den Spulendraht 5 A
1 Kondensator: Kapazitätswert $C = 1{,}5$ µF; +10%
Nennspannung 230 V

Lernaufgabe 11:

Der Strom zur Aufheizung eines Lötkolbens wird während der Arbeitspausen durch einen Vorwiderstand auf $I = 1$ A begrenzt.
Ein Kondensator wird, wie der Schaltplan zeigt, für den Lötbetrieb parallel zum Vorwiderstand geschaltet und der Strom steigt auf $I' = 1{,}2$ A. Berechnen Sie den benötigten Kapazitätswert.
Die Frequenz beträgt $f = 50$ Hz.

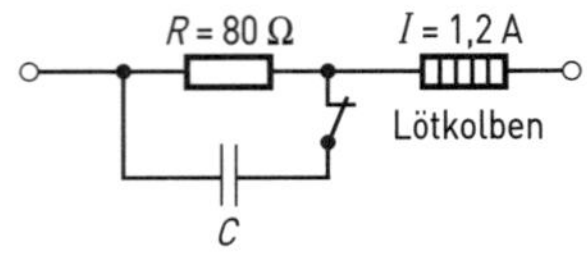

Lernaufgabe 12:

Die Impedanz einer Parallelschaltung gemäß Bild muss im Anwendungsfall den Wert $\underline{Z} = 0{,}8\ \Omega + \mathrm{j}\ 8\ \Omega$ haben. Die Frequenz hat den Wert $f = 50$ Hz. Ermitteln Sie den Wert der Induktivität.

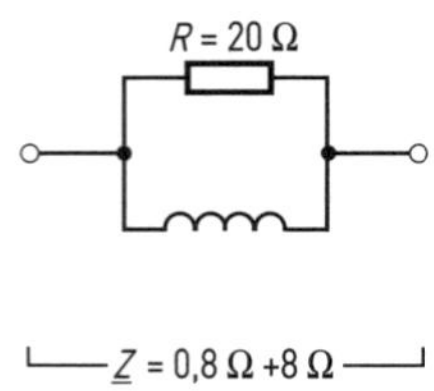

Lernaufgabe 13:

An einem Netz 230 V/50 Hz sind folgende Geräte angeschlossen:
Heizofen: $P_H = 3$ kW, Motor 1: $P_2 = 2{,}5$ kW, $\eta = 0{,}8$, $\cos\varphi = 0{,}85$; Motor 2: $P_2 = 2$ kW, $\eta = 0{,}8$, $\cos\varphi = 0{,}9$.
Berechnen Sie die Wirk- und die Blindarbeit, die während $t = 8$ h umgesetzt werden.

Lernaufgabe 14:

Ein Schweißtransformator mit einer Wirkleistung $P = 4$ kW verursacht einen $\cos\varphi = 0{,}7$ an einem Netz 230 V/50 Hz. Von der EVU ist eine Blindstromkompensation auf $\cos\varphi = 0{,}95$ vorgeschrieben. Berechnen Sie für die Parallelkompensation die notwendige Kapazität.

Lernaufgabe 15:

Zwei Drosseln sind aus einem Bauelemente-Katalog ausgewählt worden. Die eine Drossel hat die Daten: $R_{\text{Cu1}} = 10\ \Omega$, $L_1 = 0{,}5$ H.
Wie ändert sich der Phasenwinkel, wenn die zweite Drossel mit den Daten: $R_{\text{Cu2}} = 20\ \Omega$ und $L_2 = 0{,}1$ H in Reihe geschaltet wird?
Die Drosseln werden mit der Netzfrequenz $f = 50$ Hz betrieben.

Lernaufgabe 16:

Die Wechselspannungs-Ersatzschaltung eines Bauelementes hat die Impedanz gemäß Bild. Berechnen Sie die Impedanz $\underline{Z}_{13}$.

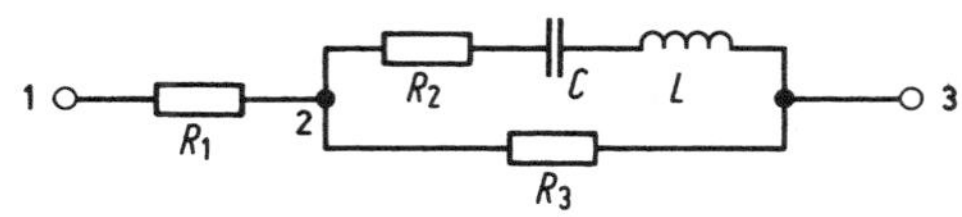

$R_1 = 50\ \Omega$ $C = 1\ \mu\text{F}$
$R_2 = 60\ \Omega$ $L = 1$ mH
$R_3 = 100\ \Omega$ $f = 8$ kHz

Lernaufgabe 17:

Zeichnen Sie den Verlauf der Augenblickswerte des Stromes bezogen auf folgende Angaben zum Stromkreis.

$u = 10\ \text{V} \cdot \sin(\omega t + \varphi)$, $f = 100$ kHz,
$\varphi = 40°$, $R = 10\ \Omega$.

Lernaufgabe 18:

Der Strom einer Glühlampe mit den Daten 40 W/230 V soll durch einen in Reihe geschalteten Kondensator auf 2/3 gesenkt werden. Der Kondensator dient somit als „Vorwiderstand". Der Vorteil dieser Schaltung ist die geringe Wirkverlustleistung im Kondensator (theoretisch ist die Wirkleistung eines Kondensators gleich null).
Die Netzfrequenz beträgt 50 Hz. Berechnen Sie den Kapazitätswert, den Phasenwinkel und die Spannung am Kondensator.

Lernaufgabe 19:

Eine Parallelschaltung ist aus $R = 100\ \Omega$, $X_L = 200\ \Omega$ und $X_C = 150\ \Omega$ aufgebaut und wird mit $U_{\text{AC}} = 5$ V gespeist. Berechnen Sie den Gesamtstrom, die Teilströme, den Phasenwinkel $\varphi_{U,r}$ und zeichnen Sie das Zeigerdiagramm.

7 Mehrphasenwechselspannung – Mehrphasenwechselstrom (Drehstrom)

Nach der Durcharbeitung dieses Kapitels haben Sie die **Kompetenz** ...

- die Vorzüge der Dreiphasenwechselspannung für elektrische Versorgungsnetze darzulegen,
- Spannungen und Ströme in einem verketteten Dreiphasennetz zu definieren,
- die Vor- und Nachteile von Stern- und Dreieckschaltung auf der Erzeuger- und Verbraucherseite gegenüberzustellen.

7.1 Erzeugung von Mehrphasenwechselspannung

Die Erzeugung von Einphasenwechselspannung erfolgt in der Regel durch rotierende Spulen im Magnetfeld, also durch elektromagnetische Generatoren. Das Prinzip ist nochmals im Bild 7.1 – 1 dargestellt.

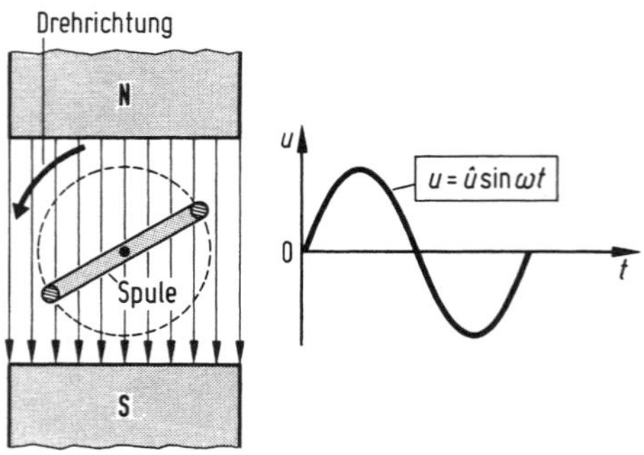

Bild 7.1 – 1
Erzeugung von Einphasenwechselspannung

Ordnet man um die Drehachse mehrere Spulen an, dann wird in jeder Spule eine Spannung induziert. Bei gleicher Konstruktion der Spulen sind die erzeugten sinusförmigen Wechselspannungen in allen Spulen gleich. Ihre Maxima oder ihre Nulldurchgänge sind jedoch jeweils um einen bestimmten Wert zeitlich gegeneinander verschoben. Man spricht deshalb von einer „Mehrphasenwechselspannung". Die Spannung jeder Spule (= Phase) kann einen Stromkreis speisen.

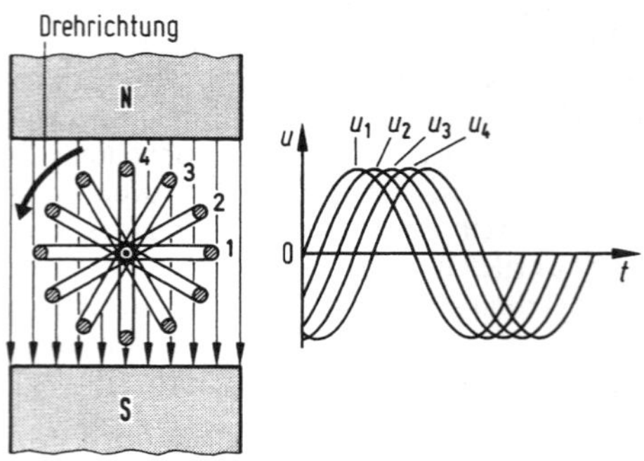

Bild 7.1 – 2
Erzeugung von Mehrphasenwechselspannung

Werden Mehrphasenwechselströme zum Antrieb eines Motors genutzt, wie Bild 7.1 – 3 zeigt, dann tritt das Maximum des Stromes in den einzelnen Spulen zeitlich versetzt auf. Bei richtiger Anordnung wandert das Maximum im Kreise von Spule zu Spule und es entsteht ein sog. Drehfeld. Aus diesem Zusammenhang ist auch die Beziehung Drehstrom abgeleitet. Je größer die Phasenzahl bei einem Mehrphasensystem ist, desto ruhiger läuft der Motor. Ein Nachteil besteht allerdings darin, dass für jeden Stromkreis eine separate Hin- und Rückleitung benötigt wird.

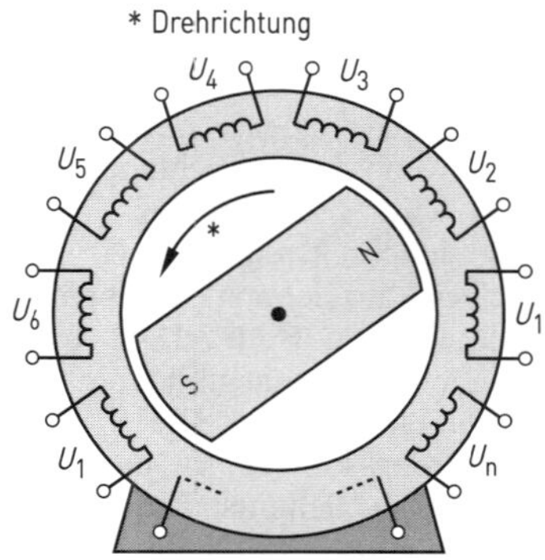

Bild 7.1 – 3 Motor mit mehreren Feldspulen

7.2 Dreiphasenwechselspannung

Untersucht man die Ströme in den Hin- und Rückleitungen bei verschiedenen Mehrphasensystemen, dann ergeben sich beim Dreiphasensystem besonders günstige Verhältnisse. Die drei Spulen in einem Dreiphasen-Spannungserzeuger sind um 120° gegeneinander versetzt angeordnet. Die erzeugten Spannungen U_1, U_2 und U_3 sind im Wert gleich groß. Dies gilt ebenfalls für die auftretenden Ströme I_1, I_2 und I_3, wenn alle Phasen mit gleichen Wirkwiderständen belastet werden.

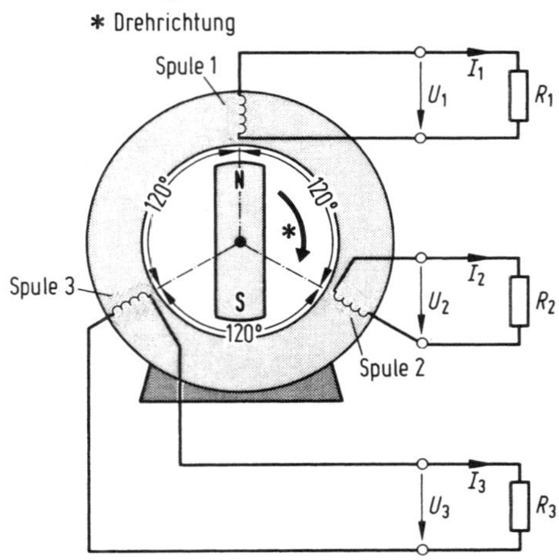

Bild 7.2 – 1 Erzeugung von Dreiphasenwechselgrößen

Beim Dreiphasen-System bestehen somit folgende Beziehungen:

$$\left.\begin{matrix} U_1 = U_2 = U_3 \\ I_1 = I_2 = I_3 \end{matrix}\right\} \quad \text{wenn} \quad R_1 = R_2 = R_3$$

Zeichnet man die Augenblickswerte der drei erzeugten Spannungen in ein Liniendiagramm, dann erhält man drei Sinuskurven, die um 120° gegeneinander verschoben sind. Das gleiche Liniendiagramm erhält man auch für die Ströme, da bei Wirkwiderständen keine Phasenverschiebung auftritt.

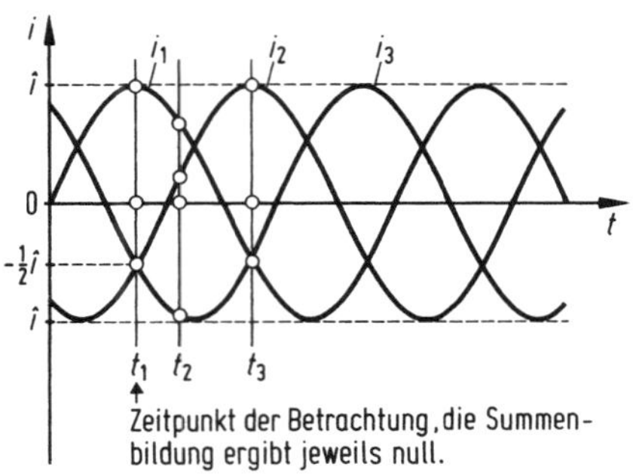

Bild 7.2 – 2
Liniendiagramm eines Dreiphasenwechselstromes

Wie die grafische Addition der Augenblickswerte im Bild 7.2 – 2 zeigt, ist die Summe der Ströme zum Zeitpunkt t_1 gleich null. Diese Aussage gilt auch, wenn der Betrachtungszeitpunkt verschoben wird. Die angeführte Situation macht man sich im Dreiphasennetz zunutze. Anhand einer Umzeichnung der bereits bekannten Schaltung nach Bild 7.2 – 1 wird gezeigt, wie durch die Summenbildung der Ströme drei Einzelleitungen im Dreiphasennetz eingespart werden können. In das Leitungsnetz werden zwei Schnittstellen eingezeichnet. Untersucht man nun die Ströme in den Leitungen zwischen den Schnittstellen 1 und 2, dann ist zu erkennen, dass sich die Ströme jeweils aufheben. Die Summe der Ströme, die zu den Schnittstellen 1 und 2 hin- und von diesen wegfließt, ist gleich null. Diese Aussage gilt gemäß Liniendiagramm nach Bild 7.2 – 2 für jeden Zeitpunkt. Die Leitungen an den Schnittstellen können deshalb miteinander verbunden werden, die Verbindungsleitungen zwischen den Schnittstellen sind überflüssig und können entfallen. Es entsteht somit ein Netz, bei dem alle Spannungen untereinander verbunden sind und das deshalb als verkettetes Netz bezeichnet wird. Nur wegen der 120°-Verschiebung zwischen den drei erzeugten Spannungen ist die Verkettung so günstig, dass drei Leitungen eingespart werden können. Aus diesem Grunde ist das öffentliche Stromversorgungsnetz ein Dreiphasennetz.

$$\left.\begin{aligned} i_1 &\rightarrow +\hat{i} \\ i_2 &\rightarrow -\tfrac{1}{2}\,\hat{i} \\ i_3 &\rightarrow -\tfrac{1}{2}\,\hat{i} \end{aligned}\right\} \text{Im betrachteten Zeitpunkt}$$

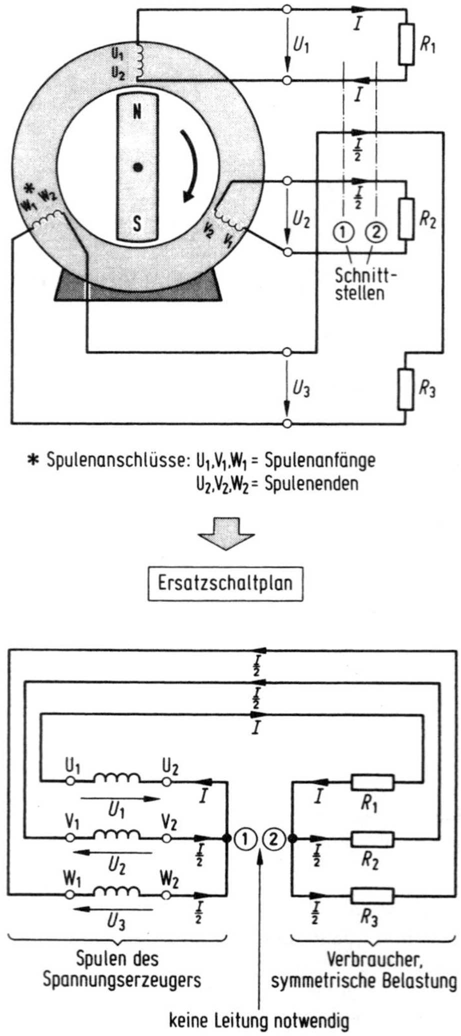

Bild 7.2 – 3
Dreiphasennetz mit nur drei Verbindungsleitungen

Die Verkettung der Erzeugerspannungen kann innerhalb der Spannungserzeuger (= Generatoren) durch zwei Grundschaltungen vorgenommen werden, und zwar als Stern- oder Dreieckschaltung der Spulen.

7.2.1 Spannungserzeuger in Sternschaltung

Die im letzten Abschnitt durch die Zusammenfassung der Schnittstellen entstandene Schaltung bezeichnet man als Sternschaltung, deren übliche Darstellung Bild 7.2.1 – 1 zeigt. Die einzelnen Spulen werden als Stränge bezeichnet, die an ihnen auftretenden Spannungen sind somit die Strangspannungen. Die von den Strangenden abgehenden Leitungen haben die Bezeichnung Außenleiter und sind mit L_1, L_2 und L_3 gekennzeichnet. Vom Sternpunkt (= Knotenpunkt der Strangenden) führt der Neutralleiter N weg. Es handelt sich somit um ein Vierleiternetz. Zwischen den einzelnen Leitungen können die Strangspannungen und die Leiterspannungen definiert werden.

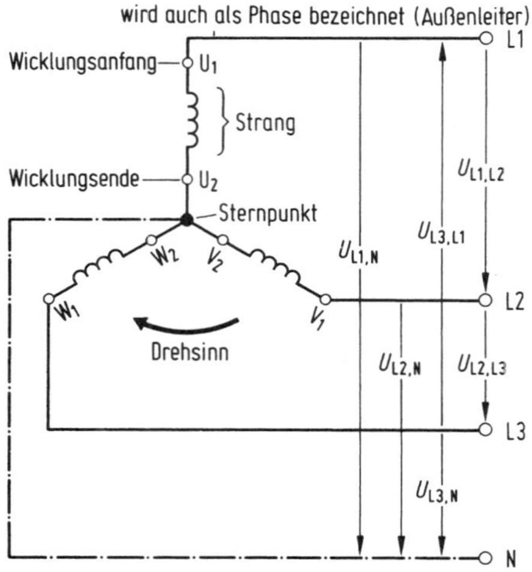

Bild 7.2.1 – 1 Sternschaltung der Erzeugerspulen

Es gilt:

Strangspannungen:

$$U_{L1,N} = U_{L2,N} = U_{L3,N} = U_{\perp} = U_{Str} \qquad (7.2.1-1)$$

Leiterspannung:

$$U_{L1,L2} = U_{L2,L3} = U_{L3,L1} = U \qquad (7.2.1-2)$$

Wie das Spannungszeigerdiagramm zeigt, sind Strang- und Leiterspannung miteinander verkettet.

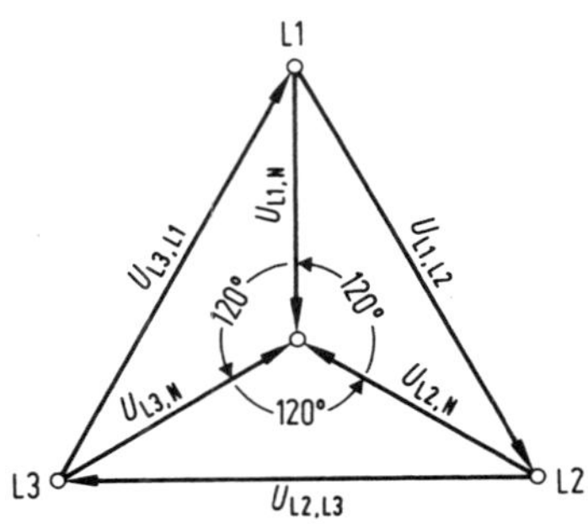

Bild 7.2.1 – 2
Spannungszeigerdiagramm im Dreiphasennetz

Die Leiterspannung ist durch die Winkelbeziehung der Strangspannung eindeutig zugeordnet.

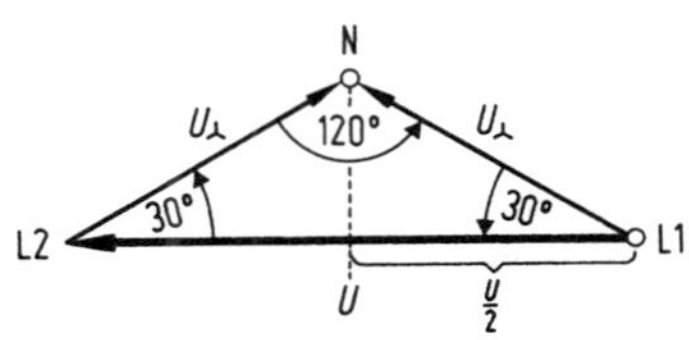

Bild 7.2.1 – 3
Zuordnung von Leiterspannung und Strangspannung

Ist die Strangspannung bekannt, dann kann die Leiterspannung mit Hilfe der Kosinusfunktion berechnet werden. Es ergibt sich:

$$U = 2 \cdot U_{\curlywedge} \cdot \cos 30^\circ$$

mit $\cos 30^\circ = \frac{1}{2}\sqrt{3}$ (aus der Definition rechtwinkliger Dreiecke)

$$U = 2 \cdot U_{\curlywedge} \cdot \tfrac{1}{2}\sqrt{3}$$

$$\boxed{U = \sqrt{3} \cdot U_{\curlywedge} = \sqrt{3} \cdot U_{\mathrm{Str}}} \qquad (7.2.1-3)$$

Die Leiterspannung ist also um den Verkettungsfaktor $\sqrt{3}$ größer als die Strangspannung.

$\sqrt{3}$ = **Verkettungsfaktor**

Die Strangspannung im Versorgungsnetz beträgt z. B. $U_{\curlywedge} = 230$ V. Als Leiterspannung ergibt sich somit:

$$U = \sqrt{3}\, U_{\curlywedge}$$

$$= \sqrt{3} \cdot 230 \text{ V}$$

$$U \approx \underline{\underline{400 \text{ V}}}$$

7.2.2 Spannungserzeuger in Dreieckschaltung

Die zweite Schaltungsmöglichkeit für die Spulen einer Dreiphasenspannung ist die Dreieckschaltung. Die Leiterspannungen sind in diesem Falle gleich den Strangspannungen. Bedingt durch die Dreieckschaltung ergibt sich somit ein Dreileiternetz. Die Leiterspannung im öffentlichen Versorgungsnetz hat den Wert $U = 400$ V.

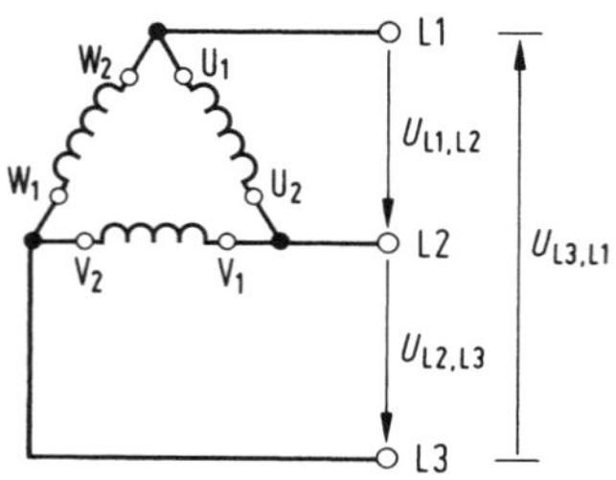

Bild 7.2.2 – 1
Dreieckschaltung der Erzeugerspulen

Leiterspannung:

Es gilt:

$$\boxed{U = U_{\mathrm{L1,L2}} = U_{\mathrm{L2,L3}} = U_{\mathrm{L3,L1}} = U_{\triangle}} \qquad (7.2.2-1)$$

7.2.3 Verbraucher in Sternschaltung

Ein im Stern geschalteter Dreiphasen-Generator bildet ein Vierleiternetz mit den Angaben 400 V/230 V, 50 Hz. An dieses Netz können nun Verbraucher angeschlossen werden. In den vorliegenden Schaltungen sind als Verbraucher drei gleiche Scheinwiderstände eingezeichnet, die Ströme I_{L1}, I_{L2} und I_{L3} sind somit gleich groß. Diese gleichmäßige Belastung wird als symmetrisch belastetes Netz bezeichnet.

Die Richtung der Ströme ist so festgelegt, dass alle Strompfeile zu den Verbrauchern zeigen. Es wird daran erinnert, dass zwischen den einzelnen Strömen eine Phasenverschiebung von 120° besteht. Die geometrische Summe der drei um 120° gegeneinander verschobenen Leiterströme ist bei **symmetrischer Last** gleich null, deshalb fließt im Neutralleiter kein Ausgleichstrom.

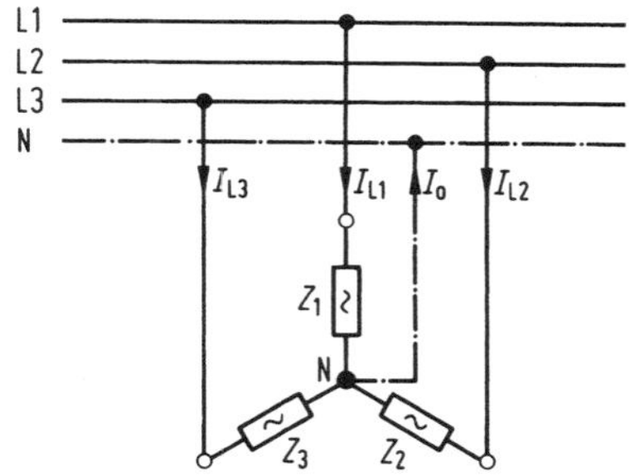

Bild 7.2.3 – 1 Verbraucher in Sternschaltung bei symmetrischer Belastung

Symmetrische Belastung:

Vorstehende Aussagen können durch folgende Gleichung beschrieben werden:

$$I_{L1} = I_{L2} = I_{L3} = I \qquad (7.2.3-1)$$

Ebenfalls ist der Leistungsfaktor in allen Strängen gleich groß.

Die Stromsumme im Knotenpunkt N bei symmetrischer Belastung ist:

$$\underline{I}_{L1} + \underline{I}_{L2} + \underline{I}_{L3} = 0 \qquad (7.2.3-2)$$

d. h. Ausgleichsstrom $I_0 = 0$

In der betrachteten Schaltung sind die Verbraucher gleiche Scheinwiderstände, deshalb muss zwischen den Spannungen an den einzelnen Verbrauchern und den Strömen jeweils eine Phasenverschiebung bestehen. Das Zeigerdiagramm verdeutlicht diesen Zusammenhang.

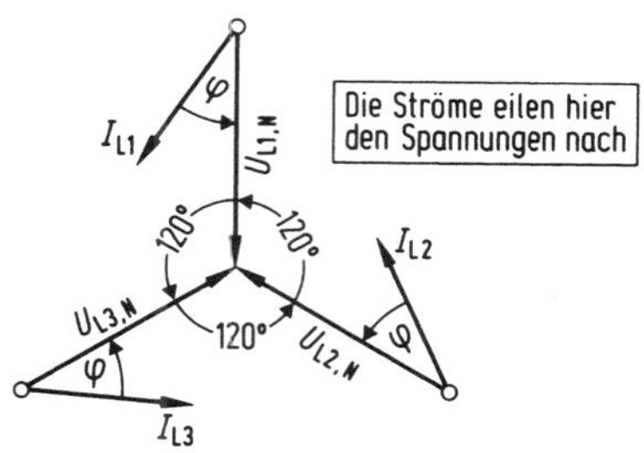

Bild 7.2.3 – 2 Strom- und Spannungszeigerdiagramm des Dreiphasennetzes

Trennt man die Stromzeiger von den Spannungszeigern und verschiebt sie so, dass ihre Richtung erhalten bleibt, so kann ein Stromzeigerdreieck gezeichnet werden. Es ist ein gleichseitiges Dreieck, dessen verdrehte Lage zum Spannungszeigerdiagramm vom Phasenwinkel bestimmt wird.

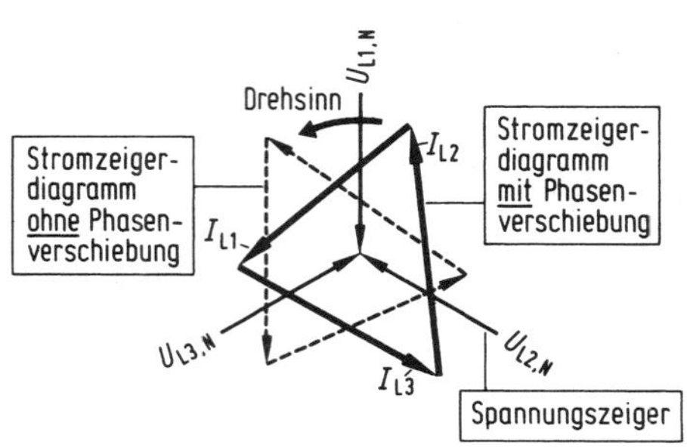

Bild 7.2.3 – 3 Stromzeigerdiagramm in Bezug auf das Spannungszeigerdiagramm

Der Anschluss unterschiedlicher Verbraucher an ein Drehstromnetz ergibt eine unsymmetrische Belastung. Die Stromsumme ist nicht null, somit fließt ein Ausgleichstrom im Nullleiter. Das Stromzeigerdiagramm bildet ein Viereck aus den drei Leiterströmen und dem Ausgleichstrom I_0 als vierte Seite.

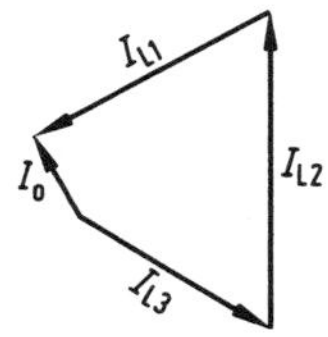

Bild 7.2.3 – 4
Stromzeigerdiagramm eines unsymmetrisch belasteten Drehstromnetzes

Für die Leistungsberechnung eines symmetrisch belasteten Drehstromnetzes kommen bereits behandelte Zusammenhänge zur Anwendung. Für die Wirkleistung gilt:

Wirkleistung eines Stranges:

$$\boxed{P = U_{\text{Str}} \cdot I \cdot \cos\varphi = U \cdot I \cdot \cos\varphi}$$

I = Leiterstrom (7.2.3 – 3)

Gesamtwirkleistung:

$$\boxed{P_{3\sim} = 3 \cdot U_{\text{Str}} \cdot I \cdot \cos\varphi} \quad (7.2.3-4)$$

$$U_{\text{Str}} = U_{\perp} = \frac{1}{\sqrt{3}} \cdot U$$

$$P_{3\sim} = 3\,\frac{1}{\sqrt{3}} \cdot U \cdot I \cdot \cos\varphi$$

$$= \frac{3}{\sqrt{3}} \cdot U \cdot I \cdot \cos\varphi$$

$$\boxed{P_{3\sim} = \sqrt{3} \cdot U \cdot I \cdot \cos\varphi} \quad (7.2.3-5)$$

Für die Blindleistung gilt:

$$\boxed{Q_{3\sim} = 3 \cdot U_{\text{Str}} \cdot I \cdot \sin\varphi = \sqrt{3} \cdot U \cdot I \cdot \sin\varphi} \quad (7.2.3-6)$$

Für die Scheinleistung gilt:

$$\boxed{S_{3\sim} = 3 \cdot U_{\text{Str}} \cdot I = \sqrt{3} \cdot U \cdot I} \quad (7.2.3-7)$$

Beispiel 7.2.3 – 1

Ein Motor ist im Stern geschaltet, sein Leistungsschild zeigt folgende Daten: $U_N = 400$ V, $P_{3\sim 2} = 4{,}5$ kW, $\eta = 0{,}9$, $\cos\varphi = 0{,}75$.
Berechnen Sie die Leiterströme.

Lösung:

Berechnung der aufgenommenen Leistung $P_{3\sim 1}$:

$$P_{3\sim 1} = \frac{P_{3\sim 2}}{\eta} = \frac{4500\text{ W}}{0{,}9} = \underline{\underline{5000\text{ W}}}$$

$$P_{3\sim 1} = \sqrt{3} \cdot U_N \cdot I \cdot \cos\varphi$$

Berechnung der Leiterströme:

$$I = \frac{P_{3\sim 1}}{\sqrt{3} \cdot U_N \cdot \cos\varphi} = \frac{5000\text{ W}}{\sqrt{3} \cdot 400\text{ V} \cdot 0{,}75}$$

$$I = \underline{\underline{9{,}622\text{ A}}}$$

$$I = I_{L1} = I_{L2} = I_{L3}$$

Übung 7.2.3 – 1

Lösung:

Berechnen Sie für die Schaltung gemäß Bild den Strom im Leiter L_1. Die beiden Motoren zeigen folgende Angaben auf ihren Leistungsschildern:

M_1: $U_N = 400$ V	M_2: $U_N = 400$ V
$P_2 = 3$ kW	$P_2 = 4$ kW
$\eta = 0{,}85$	$\eta = 0{,}8$
$\cos\varphi = 0{,}75$	$\cos\varphi = 0{,}8$

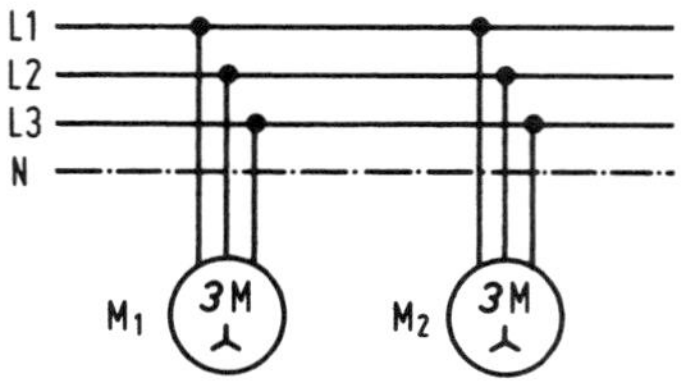

Übung 7.2.3 – 2

Lösung:

An einem Drehstromnetz 400 V/230 V, 50 Hz sind zwei Verbraucher angeschlossen, ein Durchlauferhitzer und ein Motor. Die bekannten Daten sind:

– Durchlauferhitzer: $U_N = 400$ V, $P_{3\sim} = 32$ kW
– Motor: $U_N = 400$ V, $P_2 = 5$ kW, $\eta = 0{,}8$, $\cos\varphi = 0{,}8$.

Berechnen Sie den Gesamtleistungsfaktor der Schaltung.

7.2.4 Verbraucher in Dreieckschaltung

Die zweite Schaltungsmöglichkeit für Verbraucher im Dreiphasennetz ist, analog zur Schaltung der Spulen im Spannungserzeuger, die Dreieckschaltung. Die einzelnen Verbraucher (= Widerstände) liegen dabei direkt an der Leiterspannung. Die Ströme teilen sich in den Knotenpunkten auf. Man spricht deshalb von verkettetem Strom.

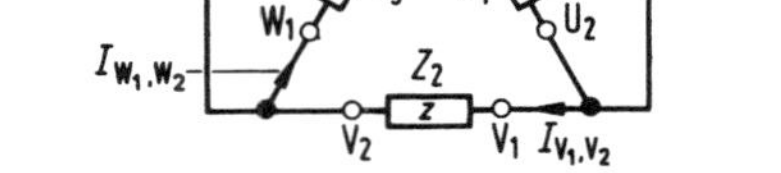

Bild 7.2.4 – 1 Verbraucher in Dreieckschaltung bei symmetrischer Belastung

Für die Stromverkettung gilt bei symmetrischer Belastung, analog zur Spannungsverkettung, folgende Gesetzmäßigkeit:

$$I_{L1} = \sqrt{3} \cdot I_{U_1,U_2}$$
$$I_{L2} = \sqrt{3} \cdot I_{V_1,V_2} \qquad (7.2.4-1)$$
$$I_{L3} = \sqrt{3} \cdot I_{W_1,W_2}$$

Für den Leiterstrom I gilt somit die allgemeine Aussage:

$$I = \sqrt{3} \cdot I_{Str} \qquad (7.2.4-2)$$

Die einzelnen Leistungen bei symmetrischer Belastung berechnen sich wie folgt:

bei symmetrischer Belastung:

$$P_{3\sim} = \sqrt{3} \cdot I \cdot U \cdot \cos\varphi$$
$$Q_{3\sim} = \sqrt{3} \cdot I \cdot U \cdot \sin\varphi \qquad (7.2.4-3)$$
$$S_{3\sim} = \sqrt{3} \cdot I \cdot U$$

Zusammenfassend gilt:

Bei einem symmetrischen belasteten Drehstromnetz ist es für die Leistungsberechnung ohne Bedeutung, ob die Verbraucher im Stern oder Dreieck geschaltet sind.

Beispiel 7.2.4 – 1

Ein Drehstrommotor ist im Dreieck geschaltet. Das Leistungsschild enthält die Angaben: $U_N = 400$ V, $P_2 = 3$ kW, $\eta = 0{,}8$, $\cos\varphi = 0{,}85$.
Berechnen Sie die Leiterströme und die Strangströme.

Lösung:

Berechnung der aufgenommenen Leistung:

$$P_1 = P_{3\sim 1} = \frac{P_2}{\eta} = \frac{3000\text{ W}}{0{,}8} = \underline{\underline{3750\text{ W}}}$$

Berechnung der Leiterströme:

$$P_{3\sim 1} = \sqrt{3} \cdot U \cdot I \cos\varphi$$

$$I = \frac{P_{3\sim}}{\sqrt{3} \cdot U \cdot \cos\varphi} = \frac{3750\text{ W}}{\sqrt{3} \cdot 400\text{ V} \cdot 0{,}85}$$

$$I = \underline{\underline{6{,}367\text{ A}}}$$

Berechnung der Strangströme:

$$I_{Str} = \frac{I}{\sqrt{3}} = \frac{6{,}367\text{ A}}{\sqrt{3}} = \underline{\underline{3{,}675\text{ A}}}$$

Beispiel 7.2.4 – 1

An ein Dreiphasennetz 400 V/230 V/50 Hz sind die Verbraucher gemäß Bild angeschlossen. Die Daten der Verbraucher sind:

Lampe: 230 V/300 W
Heizung: 230 V/1 kW
Motor 1: 230 V/1,5 kW, $\eta = 0{,}8$, $\cos\varphi_1 = 0{,}85$
Motor 2: 400 V/2,2 kW, $\eta = 0{,}88$, $\cos\varphi_2 = 0{,}9$.

Ermitteln Sie die Leiterströme I_{L1}, I_{L2}, I_{L3} und den Ausgleichsstrom I_0 im Nullleiter.

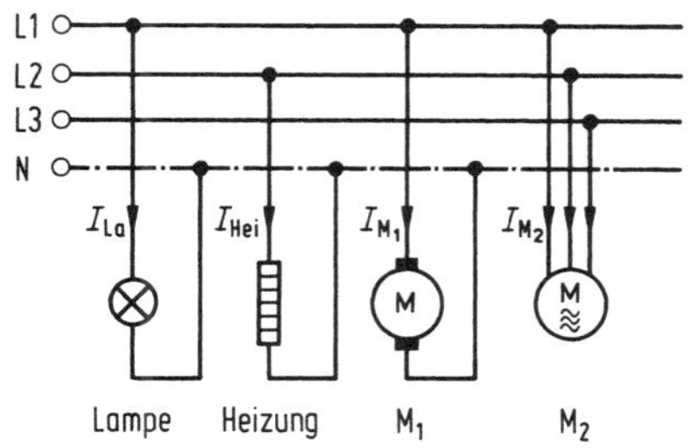

Lösung:

Das Dreiphasennetz wird im vorliegenden Beispiel unsymmetrisch belastet.
Berechnung der einzelnen Stromaufnahmen.

Lampenstrom:

$$I_{La} = \frac{P}{U} = \frac{300\ \text{W}}{230\ \text{V}} = \underline{\underline{1{,}304\ \text{A}}}$$

Heizungsstrom:

$$I_{Hei} = \frac{P}{U} = \frac{1000\ \text{W}}{230\ \text{V}} = \underline{\underline{4{,}347\ \text{A}}}$$

Stromaufnahme Motor 1:

$$P_1 = \frac{P_2}{\eta} = \frac{1500\ \text{W}}{0{,}8} = \underline{\underline{1875\ \text{W}}}$$

$$P_1 = U \cdot I_{M1} \cdot \cos\varphi_1$$

$$I_{M1} = \frac{P_1}{U \cdot \cos\varphi_1} = \frac{1875\ \text{W}}{230\ \text{V} \cdot 0{,}85} = \underline{\underline{9{,}59\ \text{A}}}$$

Stromaufnahme Motor 2 (Drehstrommotor):

$$P_{3\sim1} = \frac{P_{3\sim2}}{\eta} = \frac{2200\ \text{W}}{0{,}88} = \underline{\underline{2500\ \text{W}}}$$

$$P_{3\sim1} = 3 \cdot U_{Str} \cdot I_{M2} \cdot \cos\varphi_2$$

$$I_{M2} = \frac{P_{3\sim1}}{3 \cdot U_{Str} \cdot \cos\varphi_2} = \frac{2500\ \text{W}}{3 \cdot 230\ \text{V} \cdot 0{,}9}$$

$$I_{M2} = \underline{\underline{4{,}025\ \text{A}}}$$

In einer Gesamtübersicht werden die Ströme in ein Zeigerdiagramm maßstäblich eingezeichnet:

Maßstab: 1 A $\widehat{=}$ 10 mm

Zusammenstellung der Ströme:

$I_{La} = 1{,}304\ \text{A}; \quad \varphi = 0°$
$I_{Hei} = 4{,}347\ \text{A}; \quad \varphi = 0°$
$I_{M1} = 9{,}59\ \text{A}; \quad \varphi_1 = 31{,}7°$
$I_{M2} = 4{,}025\ \text{A}; \quad \varphi_2 = 25{,}8°$

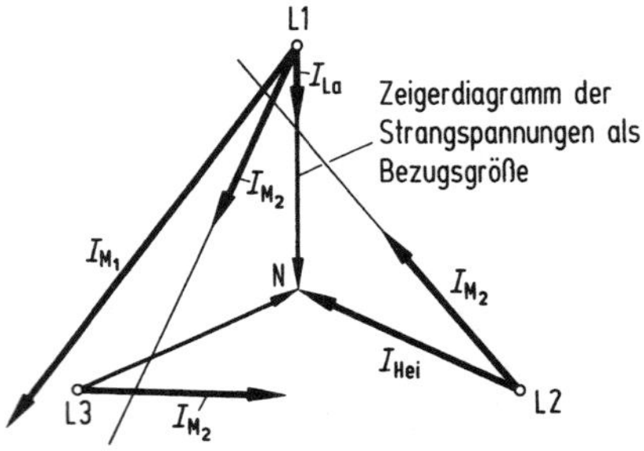

Komplexe Schreibweise der einzelnen Ströme:

$$\underline{I}_{La} = I_{La} \cdot e^{j\,0°} = 1{,}304\ \text{A} \cdot e^{j\,0°}$$

$$\underline{I}_{Hei} = 4{,}347\ \text{A} \cdot e^{j\,0°}$$

$$\underline{I}_{M1} = 9{,}59\ \text{A} \cdot e^{-j\,31{,}7°}$$

$$\underline{I}_{M2} = 4{,}025\ \text{A} \cdot e^{-j\,25{,}8°}$$

Die Addition der einzelnen Leiterströme erfolgt mit komplexer Rechnung:

$$\underline{I}_{L1} = \underline{I}_{La} + \underline{I}_{M1} + \underline{I}_{M2}$$

$$\underline{I}_{L1} = 1{,}304\ \text{A} \cdot e^{j\,0°} + 9{,}59\ \text{A} \cdot e^{-j\,31{,}7°} + 4{,}025\ \text{A} \cdot e^{-j\,25{,}8°}$$

$$\underline{I}_{L1} = 1{,}304\ \text{A} + 9{,}59\ \text{A} \cdot (\cos(-31{,}7°) + j\sin(-31{,}7°)) + 4{,}025\ \text{A} \cdot (\cos(-25{,}8°) + j\sin(-25{,}8°))$$

$$\underline{I}_{L1} = 1{,}304\ \text{A} + 8{,}159\ \text{A} - j\,5{,}039\ \text{A} + 3{,}623\ \text{A} - j\,1{,}751\ \text{A}$$

$$\underline{I}_{L1} = \underline{\underline{13{,}086\ \text{A} - j\,6{,}79\ \text{A}}}$$

$$\underline{I}_{L1} = \underline{\underline{14{,}742\ \text{A} \cdot e^{-j\,27{,}4°}}}$$

$$\underline{I}_{L2} = \underline{I}_{Hei} + \underline{I}_{M2}$$

$$\underline{I}_{L2} = 4{,}347\ \text{A} \cdot e^{j\,0°} + 4{,}025\ \text{A} \cdot e^{-j\,25{,}8°}$$

$$\underline{I}_{L2} = 4{,}347\ \text{A} + 4{,}025\ \text{A} \cdot (\cos(-25{,}8°) + j\sin(-25{,}8°))$$

$$\underline{I}_{L2} = 4{,}347\ \text{A} + 3{,}623\ \text{A} - j\,1{,}751\ \text{A}$$

$$\underline{I}_{L2} = \underline{\underline{7{,}97\ \text{A} - j\,1{,}751\ \text{A}}}$$

$$\underline{I}_{L2} = \underline{\underline{8{,}16\ \text{A} \cdot e^{-j\,12{,}3°}}}$$

Zeigerdiagramm der zusammengefassten Leiterströme:

$\underline{I}_{L1} = 14{,}742\ \text{A} \cdot e^{-j\,27{,}4°}$

$\underline{I}_{L2} = 8{,}16\ \text{A} \cdot e^{-j\,12{,}3°}$

$\underline{I}_{L3} = \underline{I}_{M2} = 4{,}025\ \text{A} \cdot e^{-j\,25{,}8°}$
$= 3{,}623\ \text{A} - j\,1{,}75\ \text{A}$

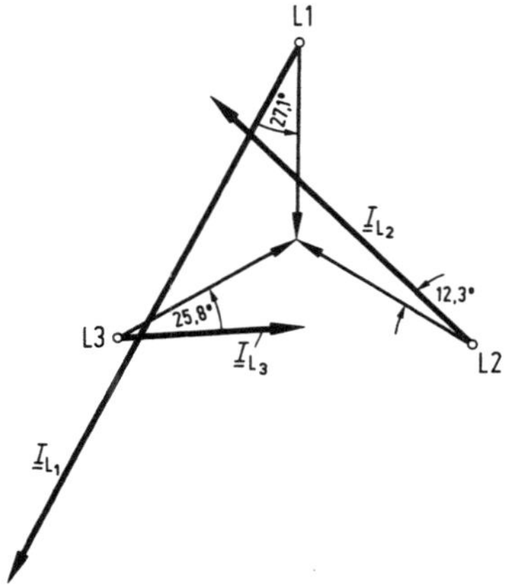

Die Stromzeigeraddition erfolgt über die geometrische Verschiebung (parallel und in ihrer Wirkungslinie) der Ströme zu einem Stromzeigerdiagramm. Da die Leiterströme unterschiedlich groß sind, ergibt das Stromzeigerdiagramm kein gleichseitiges Dreieck, sondern ein unregelmäßiges Viereck. Der vierte, noch nicht bekannte Strom ist der gesuchte Ausgleichsstrom I_0 im Nullleiter.

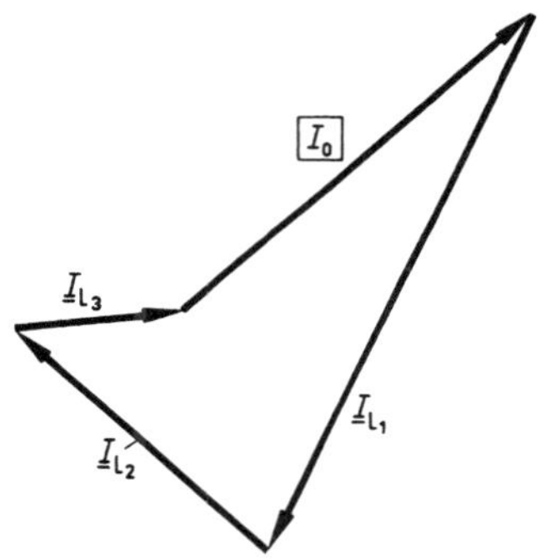

Da das Zeigerdiagramm maßstäblich ist, wird der Ausgleichsstrom I_0 anhand der Zeigerlänge ermittelt:

$113\ \text{mm} \mathrel{\widehat{=}} 11{,}3\ \text{A} \Rightarrow I_0 = \underline{\underline{11{,}3\ \text{A}}}$

7.3 Spannungsnetze – öffentliche Netze

Nach der Durcharbeitung dieses Kapitels haben Sie die **Kompetenz** ...
- die durch Buchstabenkombinationen gekennzeichneten Netzformen mit den Unterschiedsmerkmalen darzulegen,
- die Einsatzbereiche der Netze in der Praxis darzustellen.

Die Dreiphasenwechselspannung als Grundlage für die öffentliche elektrische Energieversorgung wurde bereits Ende des 19./Anfang des 20. Jahrhunderts eingeführt. Aus einzelnen zentralen Versorgungsnetzen der Städte und Regionen entstand ein Versorgungsnetz, das heute ganz Europa mit elektrischer Energie versorgt.
Durch den Verbund bedingt, wurde es nötig, bestimmte Normen einzuführen, wobei in regionalen Bereichen Variationen möglich sind.

Man unterscheidet grundsätzlich **fünf** Netzsysteme. Die Normung ist definiert in der DIN VDE 0100 Teil 300/11.85

Die Kenngrößen der Netzsysteme sind:

- Art und Anzahl der aktiven Leiter der Einspeisung
- Art der Erdverbindungen

Die Kennzeichnung der Netze erfolgt durch Buchstabenkombinationen:

Erdungsverhältnisse der Spannungsquelle:

Erster Buchstabe:

T direkte Erdung eines Punktes

I entweder Isolierung aller aktiven Teile von Erde oder Verbindung eines Punktes mit Erde über eine Impedanz

Zweiter Buchstabe:

Erdungsverhältnisse der Körper der elektrischen Anlage:

T Körper direkt geerdet, unabhängig von der etwa bestehenden Erdung eines Punktes der Spannungsquelle

N Körper direkt mit dem Betriebserder verbunden (in Wechselspannungsnetzen ist der geerdete Punkt im Allgemeinen der Sternpunkt)

Weitere Buchstaben:

Anordnung des Neutralleiters und des Schutzleiters im TN-Netz.

S Neutralleiter- und Schutzleiterfunktionen durch getrennte Leiter

C Neutralleiter- und Schutzleiterfunktionen kombiniert in einem Leiter (PEN-Leiter)

Die verwendeten Buchstaben sind von englischen und französischen Wörtern abgeleitet:

T – von franz.: Terre (Erde)
I – von engl.: Isolation
N – von engl.: Neutral
S – von engl.: Separated (getrennt)
C – von engl.: Combined (verbunden)
P – von engl.: Protection (Schutz)
E – von engl.: Earth (Erde)
PEN Protection-Earth-Neutral-Leiter
PE Protection-Earth-Leiter

In den nachfolgenden Schaltplänen sind die Leiter entsprechend ihrem Verwendungszweck nach DIN 40717/11.83 gekennzeichnet:

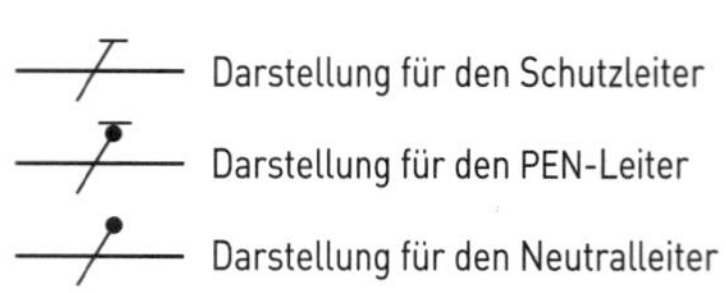

TN-Netze

In TN-Netzen ist ein Punkt direkt geerdet (Betriebserder); die Körper der elektrischen Anlage sind über Schutzleiter bzw. PEN-Leiter mit diesem Punkt verbunden. Drei Arten von TN-Netzen sind entsprechend der Anordnung der Neutralleiter und der Schutzleiter zu unterscheiden:

TN-S-Netz – Getrennte Neutralleiter und Schutzleiter im gesamten Netz

TN-C-Netz – Neutralleiter- und Schutzleiterfunktionen sind im gesamten Netz in einem einzigen Leiter, dem PEN-Leiter, zusammengefasst.

TN-C-S-Netz – In einem Teil des Netzes sind die Funktionen des Neutralleiters und des Schutzleiters in einem einzigen Leiter, dem PEN-Leiter, zusammengefasst.

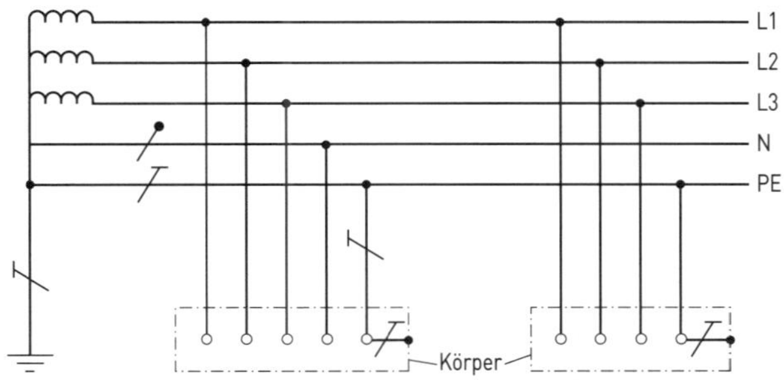

Bild 7.3 – 1 TN-S-Netz: Getrennte Neutralleiter und Schutzleiter im gesamten Netz

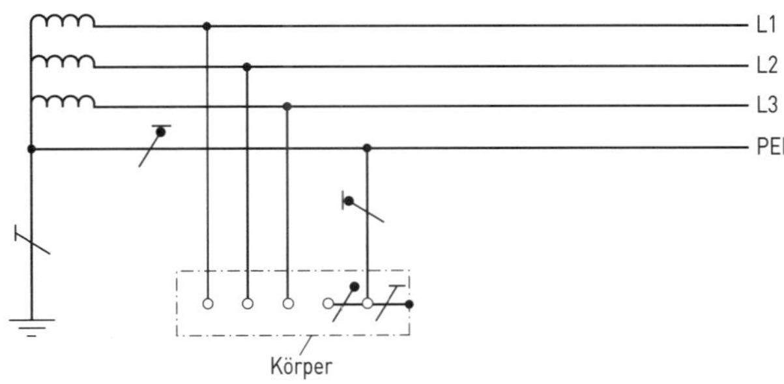

Bild 7.3 – 2 TN-C-Netz: Neutralleiter- und Schutzleiterfunktionen sind im gesamten Netz in einem einzigen Leiter, dem PEN-Leiter, zusammengefasst

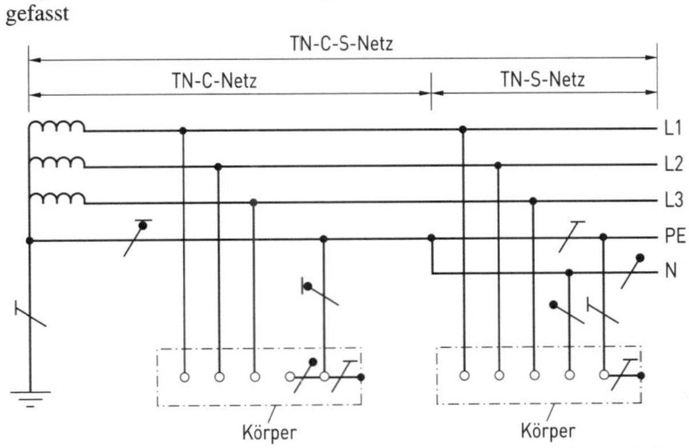

Bild 7.3 – 3 TN-C-S-Netz: Neutralleiter- und Schutzleiterfunktionen sind in einem Teil des Netzes in einem einzigen Leiter, dem PEN-Leiter, zusammengefasst

TT-Netz

Im TT-Netz ist ein Punkt direkt geerdet (Betriebserder); die Körper der elektrischen Anlage sind mit Erdern verbunden, die vom Betriebserder getrennt sind.

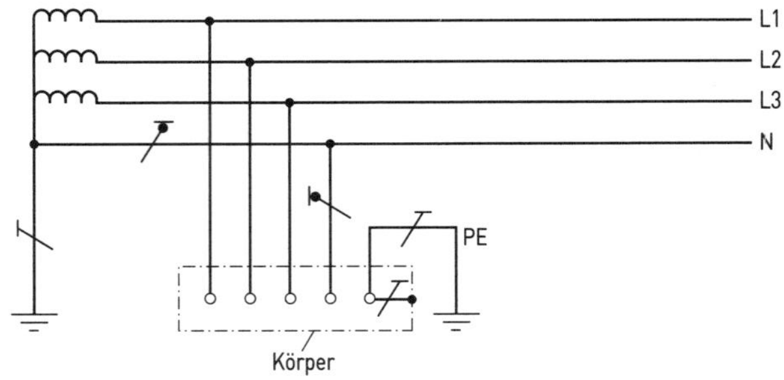

Bild 7.3 – 4 TT-Netz

IT-Netz

Das IT-Netz hat keine direkte Verbindung zwischen aktiven Leitern und geerdeten Teilen; die Körper der elektrischen Anlage sind geerdet.

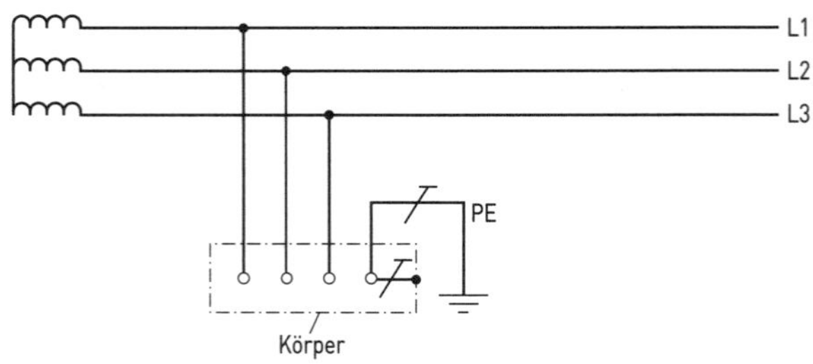

Bild 7.3 – 5 IT-Netz

Praxisorientierte Lernaufgaben:

Lernaufgabe 20:

Ein Drehstrommotor ist durch Parallelkondensatoren zu kompensieren, wie der Schaltplan zeigt. Die Kompensation soll, wie gefordert, auf $\cos\varphi' = 0{,}95$ erfolgen. Die Daten auf dem Motor-Leistungsschild sind:

$P_{3\sim} = 5$ kW, $U = 400$ V/230 V, 50 Hz,
$\eta = 0{,}85$, $\cos\varphi = 0{,}8$.

Berechnen Sie die Kapazitätswerte der Kondensatoren und geben Sie die Nennspannung an.

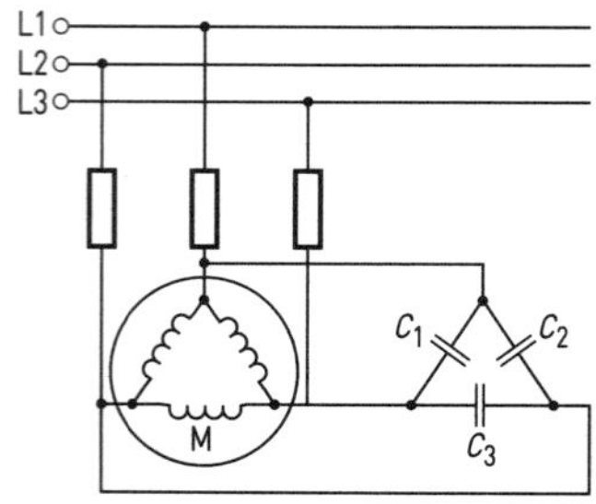

Lernaufgabe 21:

In einem Drehstromnetz 400 V/230 V, 50 Hz sind drei Verbraucher parallel geschaltet.

1. Motor 1: $P_{3\sim} = 5$ kW, $\eta = 0{,}85$, $\cos \varphi_1 = 0{,}9$.
2. Motor 2: $P_{3\sim} = 3{,}5$ kW, $\eta = 0{,}86$, $\cos \varphi_2 = 0{,}85$.
3. Beleuchtungsanlage aus Halogenstrahlern, dreiphasig angeschlossen: $P_{3\sim} = 3$ kW.

Berechnen Sie die Ströme in den Außenleitern, die Gesamt-Wirkleistung und den Gesamt-Kosinus φ.

Bauelemente der Elektrotechnik – Grundschaltelemente

Vorbemerkungen zu den Kapiteln 8 bis 10

In den folgenden Kapiteln werden die grundlegenden Bauelemente der Elektrotechnik, nämlich linearer Widerstand, Kondensator und Spule, nach Aufbau, Normung und technischen Daten vorgestellt. Diese Informationen sind wichtig für die optimale elektrische Funktion einer Schaltung, aber auch für ihren mechanischen Aufbau. Als Beispiel sei der Einsatz eines linearen Widerstandes in einem Spannungsteiler erläutert. Zuerst ist der benötigte Widerstandswert zu berechnen. Die nächste Überlegung gilt der Belastbarkeit, d. h., er muss die in ihm umgesetzte Leistung ohne Schaden dauernd aushalten. Die Toleranz des Widerstandswertes ist eine weitere wichtige Information. Durch Berechnung der Toleranzwerte ist zu prüfen, ob für jeden Toleranzfall die Schaltung einwandfrei funktioniert. Für den konstruktiven Aufbau der Schaltung sind die baulichen Abmaße, die Befestigungsmöglichkeiten, die Auswirkungen auf Umwelteinflüsse wichtige Daten. Die folgenden Kapitel sollen diese technischen Details behandeln, die z. B. auch in den Katalogen der Hersteller zu finden sind.

8 Lineare technische Widerstände

8.0 Einleitung

Lineare technische Widerstände sind Bauelemente, die für einen großen Betriebsbereich eine gerade *U,I*-Kennlinie aufweisen. Änderungen durch Einflüsse von Temperatur oder anderen physikalischen Größen sind allerdings möglich.
Man unterscheidet verschiedene Bauarten bei technischen Widerständen, die für unterschiedliche Einsätze gedacht sind. Um eine Schaltung optimal dimensionieren zu können, ist die Kenntnis der technischen Daten Voraussetzung. Für die Widerstandsherstellung werden, abhängig vom vorgesehenen Widerstandswert, Werkstoffe mit niedrigem oder hohem spezifischem Widerstand verwendet.

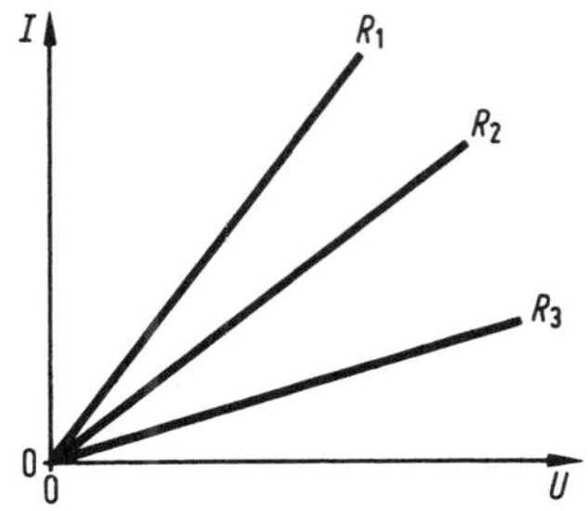

Bild 8.0 – 1 Kennlinien linearer Widerstände

8.1 Bauarten technischer Widerstände

Nach der Durcharbeitung dieses Kapitels haben Sie die **Kompetenz** ...
- technische Festwertwiderstände nach der Bauart für den optimalen Einsatz in Schaltungen auszuwählen,
- stellbare Widerstände optimal in Schaltungen einzusetzen.

8.1.0 Einführung

Technische Widerstände werden eingeteilt in Festwiderstände und stellbare Widerstände. Neben der Möglichkeit eines festen Widerstandswertes weisen Letztere einen Abgriff auf, um Teilwerte einstellen zu können.

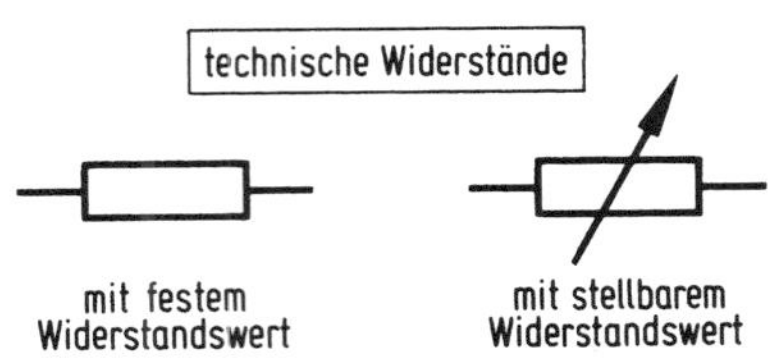

Bild 8.1 – 1 Einteilung technischer Widerstände

8.1.1 Festwiderstände

8.1.1.0 Einführung

Festwiderstände werden als Schicht- und Drahtwiderstände hergestellt. Der Grund für diese unterschiedlichen Bauarten liegt im Preis, den Abmessungen, der Genauigkeit usw.

8.1.1.1 Schichtwiderstände

Bei Schichtwiderständen wird die Widerstandsschicht durch unterschiedliche Verfahren (Aufdampfen, Einbrennen usw.) auf einen keramischen Grundkörper aufgebracht und mit einer Schutzschicht aus Lack oder Kunststoff geschützt. Man unterscheidet folgende Arten von Schichtwiderständen:

Kohleschichtwiderstände
Metallschichtwiderstände
Edelmetallschichtwiderstände
Schichtgemischwiderstände

Schichtwiderstände haben in der Regel kleinere Bauabmessungen als Drahtwiderstände und werden für Widerstandswerte größer als 10 Ω hergestellt. Die maximal zulässige Verlustleistung der Schichtwiderstände ist relativ klein, die Werte sind üblicherweise kleiner als 10 W. In der Tabelle sind die wichtigsten Fakten zusammengestellt.

Tabelle 8.1.1.1 – 1 Zusammenstellung von Daten verschiedener Arten von Schichtwiderständen

		Widerstandsschicht aus			
		Kohle	Metall	Edelmetall	Schichtgemisch
Widerstandswerkstoff		C	Cr/Ni	Au/Pt	C in Lack
spez. Widerstand	Ω · cm	$3000 \cdot 10^{-6}$	$\approx 100 \cdot 10^{-6}$	$\approx 40 \cdot 10^{-6}$	$10^{-2} \ldots 10^{+2}$
Schichtdicke	10^{-9} m	10 ... 30 000	10 ... 100	10 ... 1000	10 000 ... 30 000
Temperaturkoeffizient	10^{-6} /K	−200 ... −800	±50	+250 ... +350	−1000 ... −3000
maximale Schichttemperatur ϑ_0 für Langzeitbetrieb	°C	125	175	155	90

Widerstände wurden bisher in diesem Buch als ideale Bauelemente betrachtet, also ohne Nebeneffekte in Form kapazitiver oder induktiver Anteile. Bei Schichtwiderständen ist es allerdings je nach Bauart und Widerstandswert möglich, dass der Widerstand zusätzlich eine kleine Kapazität und/oder Induktivität darstellt. Die Kapazität ergibt sich z. B. durch einen in Bild 8.1.1.1 – 1 dargestellten Aufbau. Die Metallkappen zur Kontaktierung der Widerstandsschicht bilden einen Kondensator, der parallel zum eigentlichen Widerstand liegt. Besonders bei hohen Frequenzen macht sich sein Blindwiderstand bemerkbar, d. h., der Wirkwiderstand wird zum Scheinwiderstand. In vielen Fällen wird der beschichtete Keramikkörper

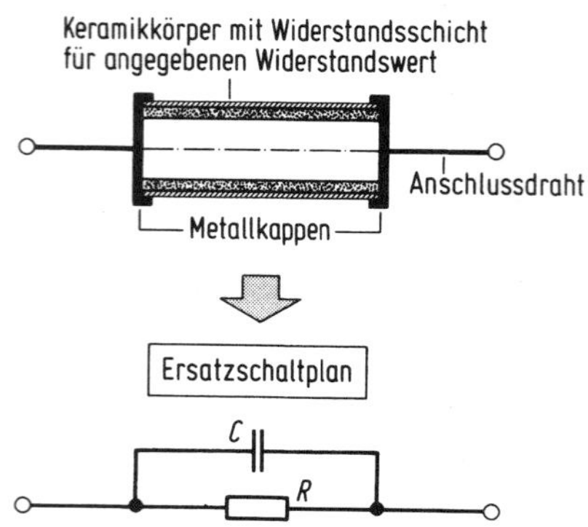

Bild 8.1.1.1 – 1
Eigenkapazität eines Schichtwiderstandes

wendelförmig eingefräst, um den Widerstandswert zu erhöhen oder abzugleichen. Die Widerstandsschicht in Form einer Wendel bildet jedoch eine Induktivität, deren Blindwiderstand nicht vernachlässigt werden darf.
Die Erkenntnis, dass ein Widerstand neben seinem Widerstandswert auch noch Blindanteile aufweisen kann, ist für den Einsatz des Bauelementes von großer Bedeutung. Abhängig von der Betriebsfrequenz müssen die zusätzlich wirksamen Blindwiderstände beachtet werden. Weil die kapazitiven und induktiven Anteile auch gleichzeitig auftreten können, sind bei Widerständen sogar Resonanzen möglich.

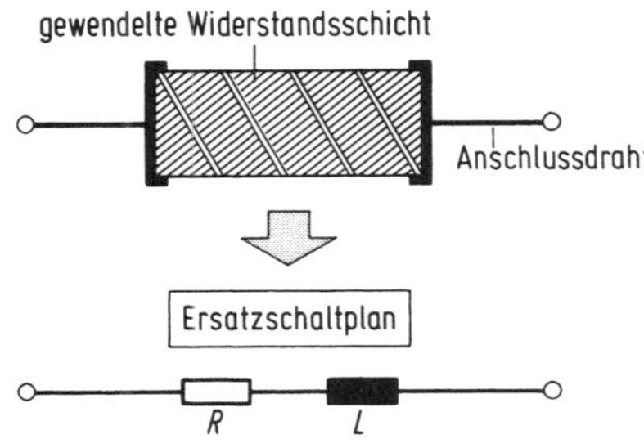

Bild 8.1.1.1 – 2
Eigeninduktivität eines Schichtwiderstandes

8.1.1.2 Drahtwiderstände

Jedes Stück Draht oder Leitung ist bekanntlich ein elektrischer Widerstand. Durch Aufwickeln ergibt sich daraus ein technischer Widerstand. Niedrige Widerstandswerte können damit einfach erreicht werden. Für hohe Widerstandswerte benutzt man sog. Widerstandsdrähte, das sind spezielle Drähte mit großem spezifischen Widerstand.

Bemessungsgleichung eines Drahtwiderstandes:

$$R = \frac{\varrho \cdot l}{A} = \frac{l}{\varkappa \cdot A}$$

Der Drahtquerschnitt bestimmt die Höhe des maximal zulässigen Stromes. Die Oberfläche des Drahtwiderstandes ist je nach Höhe der Belastbarkeit (d. h. umgesetzte Wärme) wie folgt ausgeführt:

1. blank (metallisch oxidiert)
2. lackiert
3. zementiert
4. glasiert
5. kunststoffumhüllt

Die verschiedenen Oberflächenausführungen ermöglichen unterschiedliche maximal zulässige Oberflächentemperaturen ϑ_0. Ihr Wert beträgt z. B. für zementierte Drahtwiderstände 350 °C, für blanke Oberflächen dagegen nur 170 °C. Die maximale Verlustleistung P_{tot} eines Widerstandes ist von den Abmessungen und der Oberflächenausführungen abhängig, worauf bei der Auswahl zu achten ist.
Drahtwiderstände werden in der Regel für Widerstandswerte kleiner als 10 Ω hergestellt. Als maximale Verlustleistung sind Werte bis zu einigen Kilowatt (kW) möglich.
Beim Einsatz eines Drahtwiderstandes ist auf seine Induktivität zu achten, die durch Aufwicklung des Widerstandsdrahtes entsteht.

8.1.2 Stellbare Widerstände (Potenziometer)

8.1.2.0 Einführung

Ein stellbarer Widerstand, meist als Potenziometer bezeichnet, unterscheidet sich von einem Festwiderstand durch einen zusätzlichen Schleifkontakt. Mit ihm kann durch mechanische Verstellung der Widerstandswert verändert oder eingestellt werden. Von Veränderbarkeit wird gesprochen, wenn das Potenziometer für die Benutzung oder Bedienung eines Gerätes erforderlich ist, Einstellbarkeit ist dagegen bei Potenziometern gegeben, die Abgleich- oder Justierarbeiten dienen und im Regelfall nur innerhalb des Gerätes zugänglich sind.
Es werden drei grundsätzliche Bauarten von Potenziometern unterschieden:

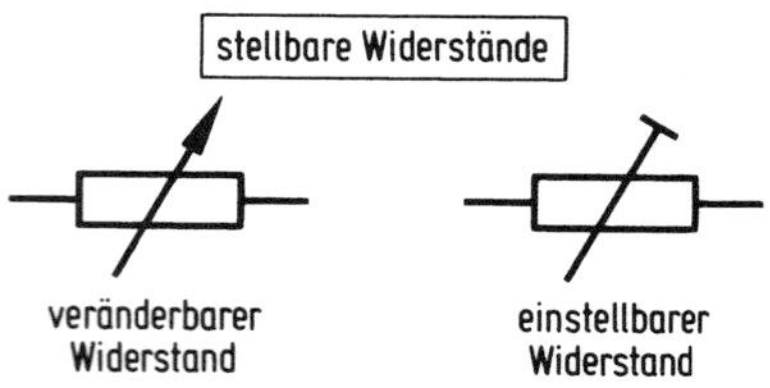

Bild 8.1.2.0 – 1 Arten stellbarer Widerstände

1. Drehpotenziometer (Drehwinkelbereich ca. 270°)
2. Schiebepotenziometer (auch als Schiebewiderstand oder Flachbahnsteller bezeichnet)
3. Wendelpotenziometer

Bei jedem Potenziometertyp ändert sich mit Verstellung des Schleifers der abgegriffene Widerstandswert. Die Widerstandsänderung in Abhängigkeit von der Schleiferstellung kann sehr unterschiedlich sein. Man unterscheidet Potenziometer mit linearem, logarithmischem und exponentiellem Funktionsverlauf, deren Kennlinien im Bild 8.1.2.0 – 3 dargestellt sind. Potenziometer mit positiv logarithmischem Funktionsverlauf finden z. B. in Verstärkern Anwendung zur Lautstärkeeinstellung. Im unteren Stellbereich ist die Veränderung pro Drehwinkel geringer als im oberen Stellbereich. Die Einstellung der Lautstärke ist damit bezogen auf das Hörempfinden günstiger.

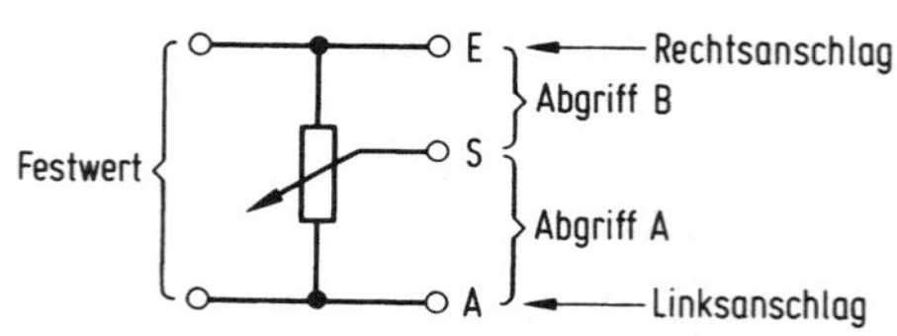

Bild 8.1.2.0 – 2 Festlegung am Potenziometer

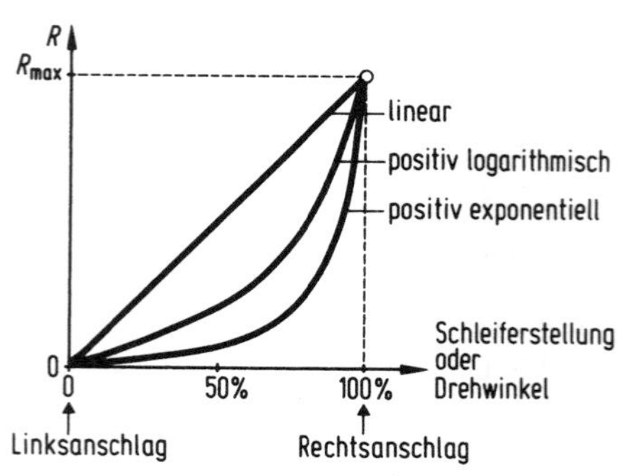

Bild 8.1.2.0 – 3 Potenziometerkennlinien

8.1.2.1 Schichtpotenziometer

Schichtpotenziometer sind Kohleschichtwiderstände, auf deren Oberfläche ein Schleifer den Widerstandswert abgreift. Die maximale Verlustleistung P_{tot} ist wie bei allen Schichtwiderständen nicht sehr hoch. Bei Verstellen des Schleifers ist Überlastung leicht möglich, wenn nicht folgende Regel beachtet wird:

Maximaler Strom in einem Potenziometer:

$$I_{max} = \sqrt{\frac{P_{tot}}{R}} \quad (8.1.2.1-1)$$

Der maximale Strom I_{max} darf für keine Schleiferstellung überschritten werden.

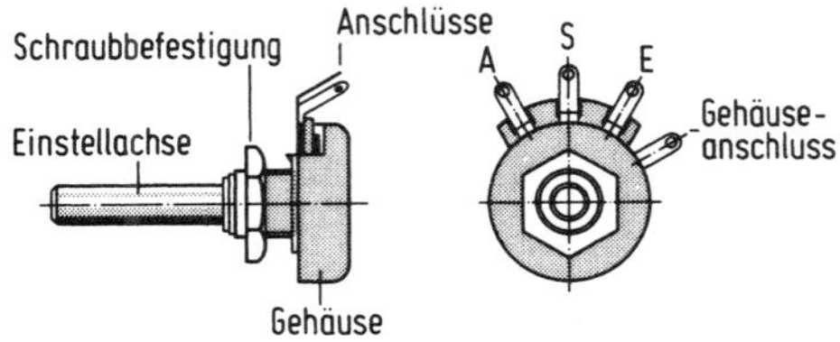

Bild 8.1.2.1 – 1 Schichtdrehpotenziometer

Beispiel 8.1.2.1 – 1

Berechnen Sie den maximalen Strom, der durch ein Potenziometer $R = 10\ \text{k}\Omega$ fließen darf, bei einer Verlustleistung $P_{tot} = 1\ \text{W}$.

Lösung:

$$I_{max} = \sqrt{\frac{P_{tot}}{R}}$$

$$= \sqrt{\frac{1\ \text{W}}{10 \cdot 10^3\ \Omega}} = \sqrt{\frac{1\ \text{V} \cdot \text{A}}{10 \cdot 10^3\ \frac{\text{V}}{\text{A}}}}$$

$$= \sqrt{\frac{1}{10 \cdot 10^3} \text{A}^2}$$

$$I_{max} = \underline{\underline{10\ \text{mA}}}$$

8.1.2.2 Drahtpotenziometer

Der Schleifer eines Drahtpotenziometers greift den Widerstandswert an den aufgewickelten Widerstandsdrähten ab. Die Oberfläche der Widerstandsdrähte ist an der Gleitstelle des Schleifers ohne Isolationsschicht. Die Auflagefläche des Schleifers muss so geformt sein, dass durch die Gleitbewegung der Widerstandsdraht nicht eingekerbt wird. Im Gegensatz zum Schichtpotenziometer ist beim Drahtpotenziometer ein kontinuierlicher Widerstandsabgriff nicht möglich. Bei Verschiebung des Schleifers ändert sich der abgegriffene Widerstandswert jeweils um den Wert einer Windung, der Widerstandsverlauf ist deshalb stufenförmig.

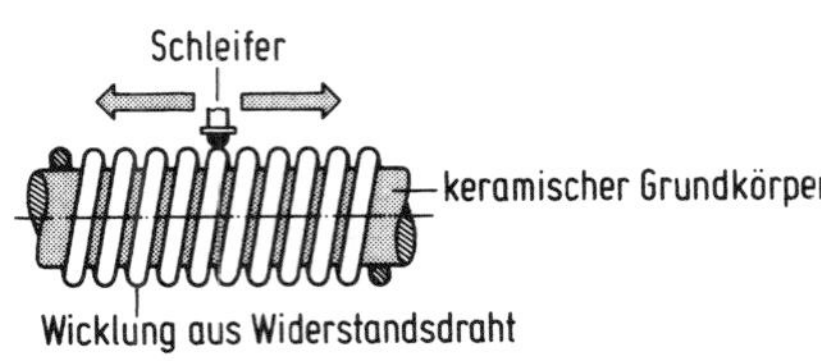

Bild 8.1.2.2 – 1 Drahtpotenziometer

Wendelpotenziometer reduzieren durch ihre Bauart die vorstehend angesprochenen Widerstandssprünge. Dazu wird der Widerstandsdraht auf einen Wickelkörper in der Art einer Schraubenfeder gewickelt. Der Widerstandssprung von Windung zu Windung ist bedingt durch den geringen Umfang des Wickelkörpers vernachlässigbar klein. Der längere Gleitweg wird durch mehrfache Drehung der Schleiferachse erfasst. Mit Wendelpotenziometern lassen sich Widerstandswerte recht genau einstellen.

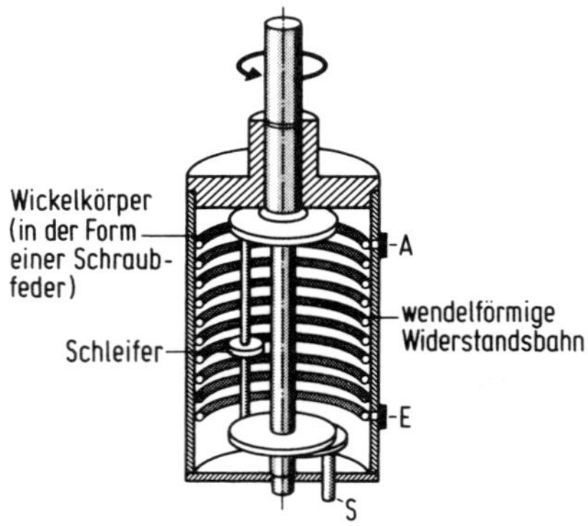

Bild 8.1.2.2 – 2 Wendelpotenziometer

8.2 Daten und Normen technischer Widerstände

Nach der Durcharbeitung dieses Kapitels haben Sie die **Kompetenz** ...
- technische Widerstände anhand der Daten für den optimalen Schaltungseinsatz auszuwählen,
- den Aufbau und die Vorteile von Normreihen darzulegen.

8.2.1 Technische Daten

Die Datenbücher der Hersteller enthalten zahlreiche Kenngrößen für den einzelnen Widerstandstyp. Eine Auswahl wird nachstehend vorgestellt und erläutert.

- Widerstandswert: Nennwert des Widerstandes
- Widerstandstoleranz: Bereich, in dem der Widerstandswert liegen muss. Er wird als Prozentsatz vom Nennwert angegeben.
- Widerstandsdrift: Änderung des Widerstandswertes während der Betriebs- und Ruhezeiten
- Belastbarkeit (Dauerbelastung): Maximale Verlustleistung P_{tot} bei einer Umgebungstemperatur $\vartheta_U = 25\ °C$
- Impulsbelastbarkeit: Belastbarkeit bei Impulsbetrieb
- Wärmewiderstand: Der Wärmewiderstand R_{ThU} gibt an, um welchen Wert die Temperatur im Widerstand steigt, wenn eine Leistung $P = 1$ W zugeführt wird.
- Temperaturbeiwert oder Temperaturkoeffizient: Widerstandszunahme pro Kelvin

– Spannungsfestigkeit: Spannungsgefälle durch mechanische Länge des Widerstandes. Bei hohen Spannungswerten pro Weglängeneinheit kann es zu Überschlägen an der Widerstandsoberfläche kommen.

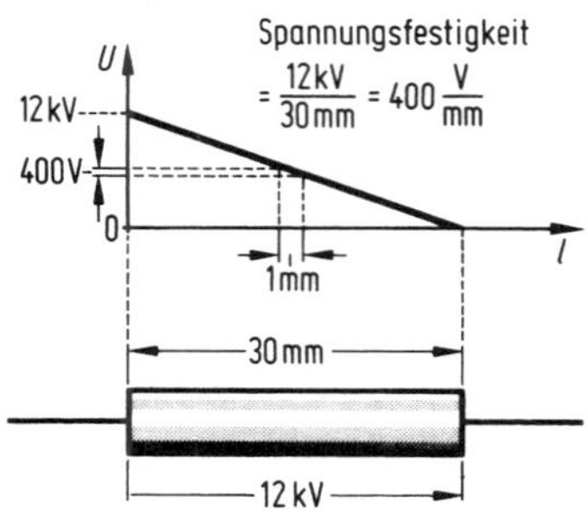

Bild 8.2.1 – 1
Spannungsaufteilung längs eines Widerstandes

8.2.2 Normung

8.2.2.1 Normung der Widerstandswerte

Widerstandswerte sind in jeder gewünschten Höhe herstellbar. Für eine kostengünstige Fertigung von Widerständen müssen die Widerstandswerte so ausgesucht werden, dass sie den in der Praxis benötigten Werten entsprechen oder möglichst nahe kommen. Dies wird durch Normung erreicht, die auf festgelegte Toleranzen und die daraus resultierenden Toleranzfelder begründet ist. Ein Widerstand mit dem Nennwert $R = 100\ \Omega$ hat bei einer Toleranz von $\pm 10\,\%$ ein Toleranzfeld von $90\ \Omega$ bis $110\ \Omega$. Der nächste Widerstandswert wird nun so festgelegt, dass sein Toleranzfeld an das vorhergehende anschließt. Der Prozentsatz bleibt konstant, die Toleranzfelder werden deshalb immer größer, damit steigt auch der Abstand der Nennwerte. Bild 8.2.2.1 – 1 zeigt die Aneinanderreihung von Toleranzfeldern. Sie wiederholen sich in jeder Dekade (= Sprung um eine Zehnerpotenz), da $\pm 10\,\%$ von $100\ \Omega$ ein vergleichbares Toleranzfeld ergibt wie bei $10\ \Omega$. Die Folge ist eine gleiche Anzahl von Nennwerten in jeder Dekade. Die Nennwerte unterscheiden sich somit nicht in der Ziffernfolge, sondern nur in der Stellenangabe. Von einer festgelegten Toleranz ausgehend, können somit die Nennwerte ermittelt werden, die dann als Staffelwerte der Interna-

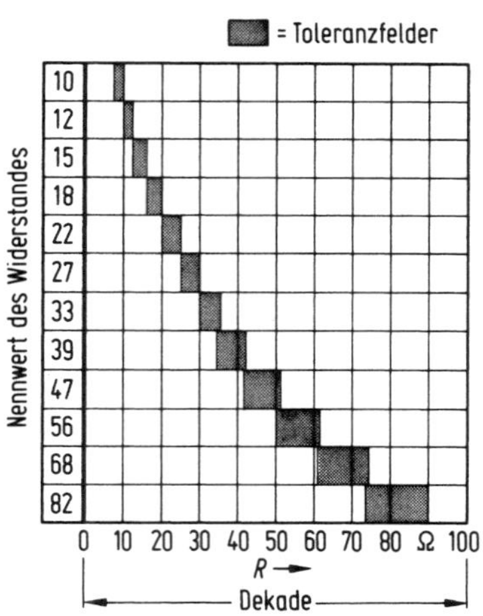

Bild 8.2.2.1 – 1 10%-Toleranfelder der Widerstandsdekade von 10 bis 100

tionalen Normreihe (E-Reihen) gelten. Ein Beispiel ist die E6-Reihe, die auf einer Toleranz von ±20 % basiert. Die Zahl 6 gibt die Anzahl der Staffelwerte in einer Dekade an. Für die E6-Reihe gilt:

Staffelwerte der E6-Reihe

1; 1,5; 2,2; 3,3; 4,7; 6,8

Der Staffelwert 3,3 ergibt in den einzelnen Dekaden folgende Widerstandswerte:

... 0,33 Ω; 3,3 Ω; 33 Ω; 330 Ω; 3,3 kΩ; 33 kΩ; 330 kΩ; 3,3 MΩ ...

Mathematisch gesehen beziehen sich die Normreihen auf geometrische Reihen. Deren Stufensprung a berechnet sich wie folgt:

$$a = \sqrt[n]{10} \leftarrow \text{Zehnerdekade}$$

$n =$ Anzahl der Staffelwerte je Dekade

(8.2.2.1 – 1)

Für die E6-Reihe folgt daraus

$$a = \sqrt[6]{10} = 1{,}467 \sim \underset{\substack{\uparrow \\ \text{genormter Wert}}}{1{,}5}$$

Der nächste Wert innerhalb einer Dekade ist immer um den Stufensprung größer als der vorhergehende Wert (z. B. $3{,}3 = 1{,}5 \cdot 2{,}2$).

Nach DIN 41426 sind die folgenden E-Reihen genormt:

Normreihe	Toleranz
E6	± 20 %
E12	± 10 %
E24	± 5 %
E48	± 2 %
E96	± 1 %
E192	± 0,5 %

Außer nach E-Reihen sind Widerstandswerte ebenfalls nach sog. R-Reihen (auch DIN-Reihen genannt) genormt.

Tabelle 8.2.2.1 – 1 Normreihen für Nennwerte von Widerständen

E-Reihen

E6	E12	E24	E48	E96	E192
100	100	100	100	100	100
					101
				102	102
					104
			105	105	105
					106
				107	107
					109
		110	110	110	110
					111
				113	113
					114
			115	115	115
					117
				118	118
					120
	120	120	121	121	121
					123
				124	124
					126
			127	127	127
					129
		130		130	130
					132
			133	133	133
					135
				137	137
					138
			140	140	140
					142
				143	143
					145
			147	147	147
					149
150	150	150		150	150
					152
			154	154	154
					156
				158	158
					160
		160	162	162	162
					164
				165	165
					167
			169	169	169
					172
				174	174
					176

E6	E12	E24	E48	E96	E192
			178	178	178
	180	180			180
				182	182
					184
			187	187	187
					189
				191	191
					193
			196	196	196
					198
		200		200	200
					203
			205	205	205
					208
				210	210
					213
			215	215	215
					218
220	220	220		221	221
					223
			226	226	226
					229
				232	232
					234
			237	237	237
					240
		240		243	243
					246
			249	249	249
					252
				255	255
					258
			261	261	261
					264
				267	267
					271
	270	270	274	274	274
					277
				280	280
					284
			287	287	287
					291
				294	294
					298
		300	301	301	301
					305
				309	309
					312

E6	E12	E24	E48	E96	E192
			316	316	316
					320
				324	324
					328
330	330	330	332	332	332
					336
				340	340
					344
			348	348	348
					352
				357	357
					361
		360	365	365	365
					370
				374	374
					379
			383	383	383
					388
	390	390		392	392
					397
			402	402	402
					407
				412	412
					417
			422	422	422
					427
		430		432	432
					437
			442	442	442
					448
				453	453
					459
			464	464	464
					470
470	470	470		475	475
					481
			487	487	487
					493
				499	499
					505
		510	511	511	511
					517
				523	523
					530
			536	536	536
					542
				549	549
					556

E6	E12	E24	E48	E96	E192
	560	560	582	582	562
					569
				576	576
					583
			590	590	590
					597
				604	604
					612
			619	619	619
		620			626
				634	634
					642
			649	649	649
					657
				665	665
					673
680	680	680	681	681	681
					690
				698	698
					708
			715	715	715
					723
				732	732
					741
		750	750	750	750
					759
				768	768
					777
			787	787	787
					796
				806	806
					816
	820	820	825	825	825
					835
				845	845
					856
			866	866	866
					876
				887	887
					898
			909	909	909
		910			920
				931	931
					942
			953	953	953
					965
				976	976
					988

R-Reihen

R 5	100		160		250		400		630	
R 10	100	125	160	200	250	315	400	500	630	800

Beispiel 8.2.2.1 – 1

Ein unbelasteter Spannungsteiler soll die Spannung $U_1 = 15$ V auf $U_2 = 4$ V herunterteilen. Der Strom im Spannungsteiler betrage $I = 3$ mA. Berechnen Sie zuerst die theoretischen Widerstandswerte und wählen Sie danach die günstigsten Werte aus der E12-Reihe aus.

Lösung:

$$R_1 = \frac{U_1 - U_2}{I} = \frac{15\ \text{V} - 4\ \text{V}}{0{,}003\ \text{A}} \qquad R_2 = \frac{U_2}{I} = \frac{4\ \text{V}}{0{,}003\ \text{A}}$$

$$R_1 = \underline{\underline{3{,}666\ \text{k}\Omega}} \qquad R_2 = \underline{\underline{1{,}333\ \text{k}\Omega}}$$

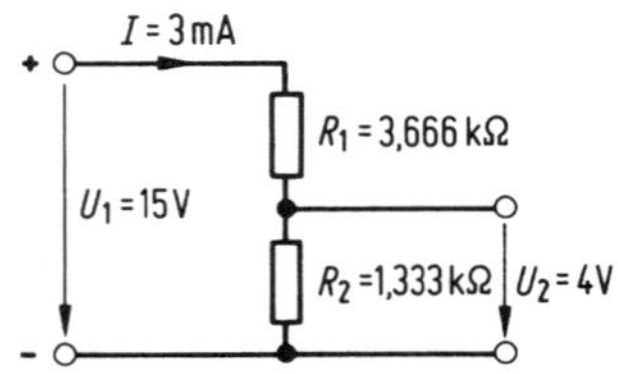

Die Normwerte 3,9 kΩ und 1,2 kΩ liegen den theoretischen Werten am nächsten.

gewählt:

$R_1 = 3{,}9\ \text{k}\Omega$
$R_2 = 1{,}2\ \text{k}\Omega$

Bedingt durch die gewählten Widerstandswerte ergeben sich natürlich gewisse Abweichungen von den vorgegebenen bzw. geforderten Strom- und Spannungswerten. Die Berechnung ist durch die bekannte Abhängigkeit möglich:

$$U_2 = U_1 \frac{R_2}{R_1 + R_2} = 15\ \text{V} \frac{1{,}2\ \text{k}\Omega}{3{,}9\ \text{k}\Omega + 1{,}2\ \text{k}\Omega}$$

$$U_2 = \underline{\underline{3{,}52\ \text{V}}}$$

$$I = \frac{U_1}{R_1 + R_2} = \frac{15\ \text{V}}{3{,}9\ \text{k}\Omega + 1{,}2\ \text{k}\Omega} = \underline{\underline{2{,}941\ \text{mA}}}$$

Die Ergebnisse sind im folgenden Schaltplan eingetragen:

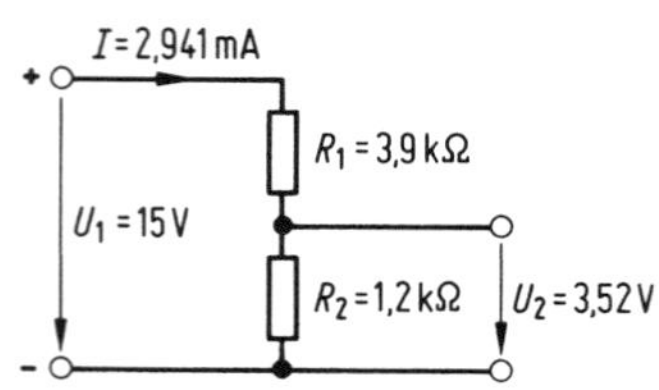

Gefordert:	Erreicht:
$U_2 = 4$ V	$U_2 = 3{,}52$ V
$I = 3$ mA	$I = 2{,}94$ mA

Übung 8.2.2.1 – 1

Zwei Widerstände sind parallel geschaltet und liegen an einer Spannung $U = 12$ V. Die Ströme sollen sich im Verhältnis 2:3 aufteilen. Der Gesamtstrom ist $I = 5$ mA. Berechnen Sie zuerst die genötigten Widerstandswerte, wählen Sie dann Werte aus der E24-Normreihe und geben Sie die tatsächliche Stromverteilung an.

Lösung:

8.2.2.2 Normung der Kennzeichnung

Bei der Kennzeichnung von Widerständen wird zwischen Kennzeichnung durch Farbcode (DIN 41429) und Kennzeichnung durch Zahlen und Buchstaben (DIN 40825) unterschieden. Das System der Kennzeichnung durch Farbcode ist in Tabelle 8.2.2.2 – 1 dargestellt.

Tabelle 8.2.2.2 – 1 Kennzeichnung von Widerständen durch Farbcode

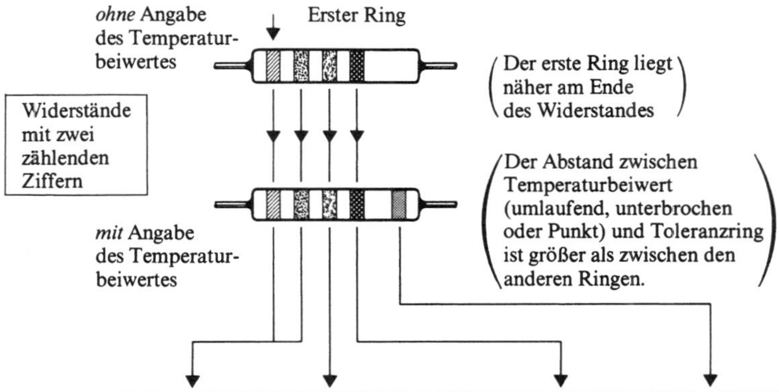

Kennfarbe	Wertziffer	Multiplikator	Toleranz	Temperaturbeiwert α_R $10^{-6}\,K^{-1}$	Bemerkungen
keine	–	–	± 20%	–	Die Farben Gold und
Silber	–	× $10^{-2}\,\Omega$ = 0,01 Ω	± 10%	–	Silber sind leitend
Gold	–	× $10^{-1}\,\Omega$ = 0,1 Ω	± 5%	–	und deshalb nicht
Schwarz	0	× $10^{0}\,\Omega$ = 1,0 Ω	–	± 200	immer verwendbar.
Braun	1	× $10^{1}\,\Omega$ = 10 Ω	± 1%	± 100	Ausweichmöglichkeiten:
Rot	2	× $10^{2}\,\Omega$ = 100 Ω	± 2%	± 50	statt Gold: für 10^{-1} Weiß
Orange	3	× $10^{3}\,\Omega$ = 1 kΩ	–	± 15	für ± 5% Grün
Gelb	4	× $10^{4}\,\Omega$ = 10 kΩ	–	± 25	statt Silber: für 10^{-2} Grau
Grün	5	× $10^{5}\,\Omega$ = 100 kΩ	± 0,5%	–	für ± 10% Weiß
Blau	6	× $10^{6}\,\Omega$ = 1 MΩ	± 0,25%	–	
Violett	7	× $10^{7}\,\Omega$ = 10 MΩ	± 0,1%	–	
Grau	8	× $10^{8}\,\Omega$ = 100 MΩ	–	–	
Weiß	9	× $10^{9}\,\Omega$ = 1000 MΩ	–	–	
Kennfarbe	Wertziffer	Multiplikator	Toleranz	Temperaturbeiwert α_R $10^{-6}\,K^{-1}$	Bemerkungen

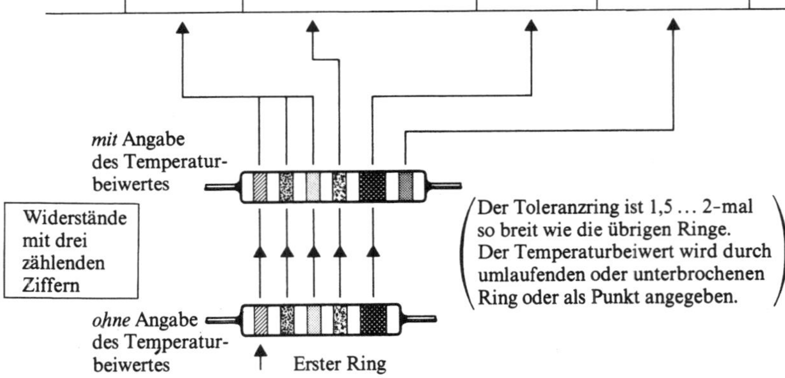

Beispiel 8.2.2.2 – 1

Ein Widerstand trägt die Farbkombination: Grün, Violett, Schwarz, Orange. Ermitteln Sie daraus den Widerstandswert.

Lösung:

1. Ring: Grün $\hat{=}$ 5
2. Ring: Violett $\hat{=}$ 7
3. Ring: Schwarz $\hat{=}$ 0
4. Ring: Orange $\hat{=}$ $10^3\ \Omega$

$\Big\}$ 570 Ω

Übung 8.2.2.2 – 1

Ein Widerstand weist folgende Farbringkombinationen auf: Blau, Weiß, Braun, Gelb, Gold. Ermitteln Sie den Widerstandswert und die Toleranz.

Lösung:

Übung 8.2.2.2 – 2

Welche Farbringkombination kennzeichnet den Widerstandswert $R = 3320\ \Omega$?

Lösung:

Das System der Kennzeichnung von Widerständen durch Zahlen und Buchstaben kann aus der Tabelle entnommen werden.

Tabelle 8.2.2.2 – 2 Kennzeichnung von Widerständen durch Buchstaben und Zahlen

Das Komma wird durch einen Wert-Kennbuchstaben ersetzt, der gleichzeitig die Bedeutung eines Multiplikators hat.

Wert-Kennbuchstabe	R	K	M	G	T
Multiplikator	10^0	10^3	10^6	10^9	10^{12}

Die zulässige Abweichung vom Nennwert (Toleranz) wird durch einen Toleranz-Kennbuchstaben angegeben.

Toleranz-Kennbuchstabe	B	C	D	F	G	J	K	M
zulässige Abweichung in %	± 0,1	± 0,25	± 0,5	± 1	± 2	± 5	± 10	± 20

Beispiel 8.2.2.2 – 2

Ein Widerstand trägt den Aufdruck: 33 K 2 G. Geben Sie den Widerstandswert und die Toleranz an.

Lösung:

33 K 2 G $\hat{=}$ 33,2 kΩ ± 2 %
↑ ↑
10^3 ± 2 %

Übung 8.2.2.2 – 3

Geben Sie den Widerstandswert für den folgenden Aufdruck an: 25 M 5 K.

Lösung:

9 Technische Kondensatoren

9.1 Bauarten technischer Kondensatoren

Nach der Durcharbeitung dieses Kapitels haben Sie die **Kompetenz** ...
- Kondensatoren nach der Bauart für den Einsatz in Schaltungen auszuwählen,
- den hohen Entladungstrom bei Elektrolytkondensatoren auf Grund des technologischen Aufbaus zu erläutern.

9.1.0 Einführung

Das Angebot der verschiedenen Bauarten technischer Kondensatoren ist vielfältig.
Es lassen sich folgende Arten unterscheiden:

Wickelkondensatoren
Keramikkondensatoren
Elektrolytkondensatoren
Drehkondensatoren

Der Aufbau eines Kondensators erfordert, bezogen auf die bekannte Bemessungsgleichung, ein Dielektrikum ε_r als Isolator mit der Dicke d und zwei sich gegenüberstehende leitende Beläge mit der Fläche A.

Bemessungsgleichung

$$C = \varepsilon_0 \cdot \varepsilon_r \cdot \frac{A}{d}$$

9.1.1 Wickelkondensatoren

9.1.1.0 Einführung

Wickelkondensatoren bestehen im Prinzip aus zwei Metallfolien-Bändern mit Zwischenlagen aus Papier. Die Fläche wird durch die Länge und Breite der Metallfolien bestimmt. Den Abstand zwischen den „Metallplatten“ bestimmt die Papierdicke. Durch Aufwickeln dieser Anordnung erhält man einen Wickelkondensator. Bei Wickelkondensatoren werden zwei Ausführungen unterschieden, der Metallpapier-Kondensator (MP-Kondensator) und metallisierter Kunststofffolien-Kondensator (MK-Kondensator).

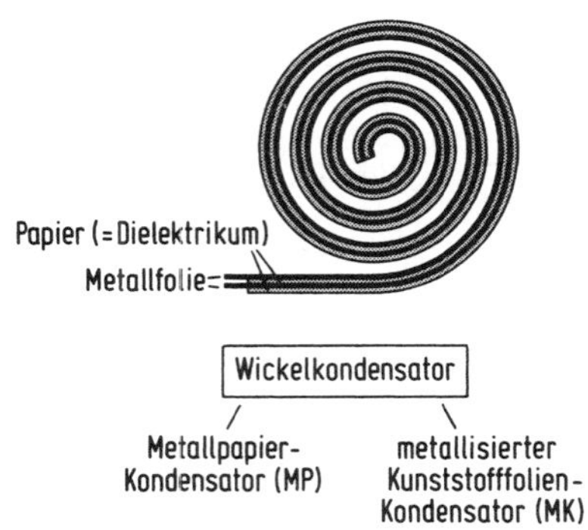

Bild 9.1.1.0 – 1 Einteilung der Wickelkondensatoren

9.1.1.1 MP-Kondensatoren

Das Dielektrikum der MP-Kondensatoren besteht aus Papier, auf das im Vakuum einseitig Metallschichten aufgedampft werden. Jeweils zwei metallisierte Papierstreifen werden zu Rundwickeln verarbeitet, wobei an den Stirnflächen die Kontaktierung erfolgt. Die aufgedampfte Metallschicht ist pro Streifen so versetzt, dass auf jeder Stirnseite abwechselnd jeweils eine Metallschicht kontaktiert werden kann. Die so gefertigten Wickel erhalten eine Kunststoffhülle oder werden in Metallbecher eingebaut.

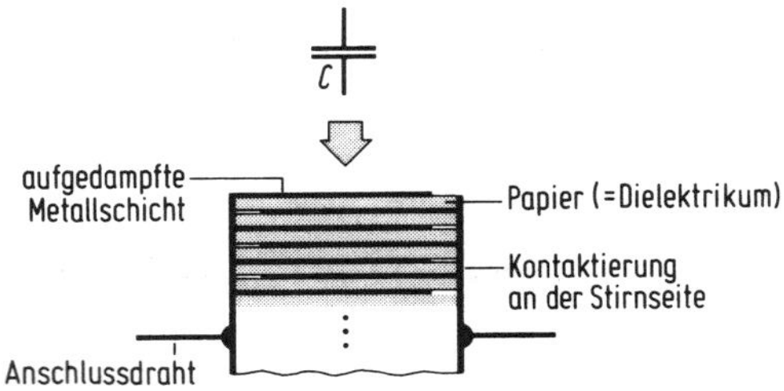

Bild 9.1.1.1 – 1 Ausschnitt aus einem aufgeschnittenen MP-Kondensatorwickel

Eine besondere Eigenschaft der MP-Kondensatoren ist der sog. Selbstheilungseffekt. Spannungsstöße können z. B. zum Durchschlag führen, also einen Kurzschluss verursachen. Der entstandene Lichtbogen verdampft dann die Metallschicht auf beiden Seiten rund um die Durchschlagstelle. Die so entstandene metallfreie Stelle isoliert wieder, der Kondensator hat sich selbst „geheilt". Die Kapazität des Kondensators verringert sich durch eine Selbstheilung nur gering, meist weniger als 100 pF.

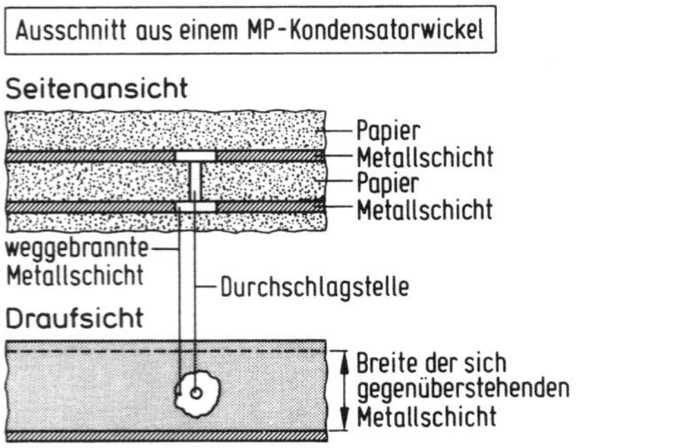

Bild 9.1.1.1 – 2 Selbstheilung durch Verdampfung der Metallschicht rund um die Durchschlagstelle

9.1.1.2 MK-Kondensatoren

Das Dielektrikum der MK-Kondensatoren besteht aus Kunststofffolien, die im Vakuum durch Aufdampfen mit Metallschichten versehen werden. Der Aufbau ist also dem der MP-Kondensatoren vergleichbar. Eine Selbstheilung ist, abhängig vom verwendeten Kunststofffolien-Typ, ebenfalls möglich.
Nach DIN 41379 werden folgende Bauformen unterschieden:

MKT-Kondensatoren

Dielektrikum: Polyethylenterephthalat
Beläge: aufgedampftes Metall

MKC-Kondensatoren

Dielektrikum: Polycarbonat
Beläge: aufgedampftes Metall

MKS-Kondensatoren

Dielektrikum: Polystyrol
Beläge: Metallfolien

MKU-Kondensatoren

Dielektrikum: Lackfolien
Beläge: aufgedampftes Metall

9.1.2 Keramikkondensatoren

Kondensatoren mit Dielektrikum aus Keramikmasse werden als Keramikkondensatoren bezeichnet. Der Grundstoff ist z. B. Titanoxid (TiO_2) mit einer hohen Permittivitätszahl $\varepsilon_r \sim 100$. Durch Mischung mit geeigneten Metalloxiden können keramische Körper gesintert werden, die anschließend derart mit Metallbelägen (z. B. Silber) versehen werden, dass ein Kondensator entsteht. Keramikkondensatoren sind durch die besonderen Eigenschaften des Dielektrikums für hohe Frequenzen und hohe Betriebsspannungen geeignet. Ein Nachteil besteht darin, dass nur relativ kleine Kapazitätswerte realisiert werden können.

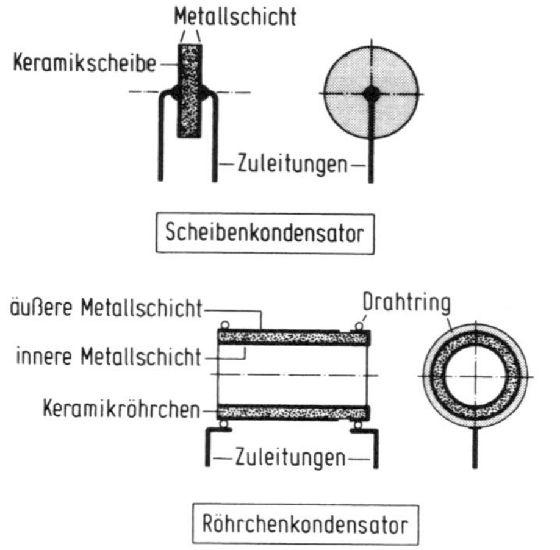

Bild 9.1.2 – 1 Bauformen von Keramikkondensatoren

9.1.3 Elektrolytkondensatoren

9.1.3.0 Einführung

Kondensatoren mit großen Kapazitätswerten (z. B. Kapazitätswerten von einigen mF) lassen sich mit den bisher vorgestellten Bauarten in kleine Baugrößen nicht herstellen. Erreichbar ist dies jedoch bei Elektrolytkondensatoren. Grundsätzlich besteht ein solcher Kondensator aus einem auf Abstand aufgewickelten Aluminiumband, welches die eine Kondensatorfläche bildet. Der zweite Belag ergibt sich durch einen flüssigen Elektrolyten.

Elektrolytkondensatoren (meist Elko genannt) werden in zwei Bauarten hergestellt, als Aluminium-Elektrolytkondensator und als Tantal-Elektrolytkondensator.

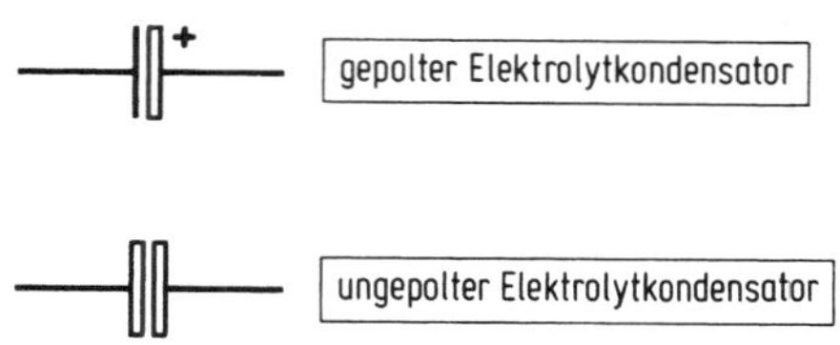

Bild 9.1.3.0 – 1
Schaltzeichen von Elektrolytkondensatoren

9.1.3.1 Aluminium-Elektrolytkondensatoren

Eine als Anode bezeichnete Aluminiumfolie, als der eine Belag, wird zusammen mit einer Papierfolie aufgewickelt. Dieser Wickel wird in einen Elektrolyten getaucht (d. h. eine elektrisch leitende Flüssigkeit), der sich in einem Aluminiumbecher befindet. Der Elektrolyt bildet den zweiten Belag und stellt gleichzeitig die elektrische Verbindung zum äußeren Aluminiumbecher her. Diese Elektrode stellt somit das Gegenstück zur Anode, die Katode,

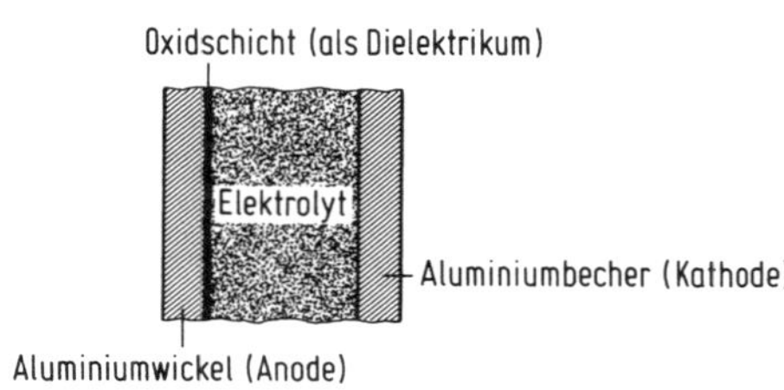

Bild 9.1.3.1 – 1
Aufbau eines Aluminium-Elektrolytkondensators

dar. Das Dielektrikum wird als Oxidschicht auf der Aluminiumfolie durch Stromfluss elektrolytisch aufgebaut. Die Schichtdicke ist wesentlich geringer als die bei Wickelkondensatoren. Sie beträgt etwa 0,0012 μm pro Volt und ist somit bezogen auf gleiche Spannungsfestigkeit gegenüber einem Wickelkondensator rund 10- bis 100-mal geringer. Die Bildung der Oxidschicht wird als Formieren bezeichnet und ist von der Stromrichtung abhängig. Während des Betriebes des Kondensators in einer Schaltung fließt stets ein geringer Reststrom, der die Oxidschicht aufrechterhält.
Durch Aufrauen der Aluminiumfolie (z. B. durch Ätzung) ist eine stark vergrößerte Oberfläche erzielbar und damit sind große Kapazitätswerte bei relativ kleiner Baugröße möglich. Auch auf der aufgerauten Aluminiumfolie baut sich während des Formierens die Oxidschicht in gleich bleibender Dicke auf.
Bedingt durch die Abhängigkeit der Oxidschicht von der Stromrichtung sind die meisten Elektrolytkondensatoren gepolt, d. h. nur für den Betrieb an einer Gleichspannung in festgelegter Richtung bestimmt. Bei langen Lager- oder Ruhezeiten kann sich die Oxidschicht zurückbilden. Es wird dann ein Nachformieren erforderlich.

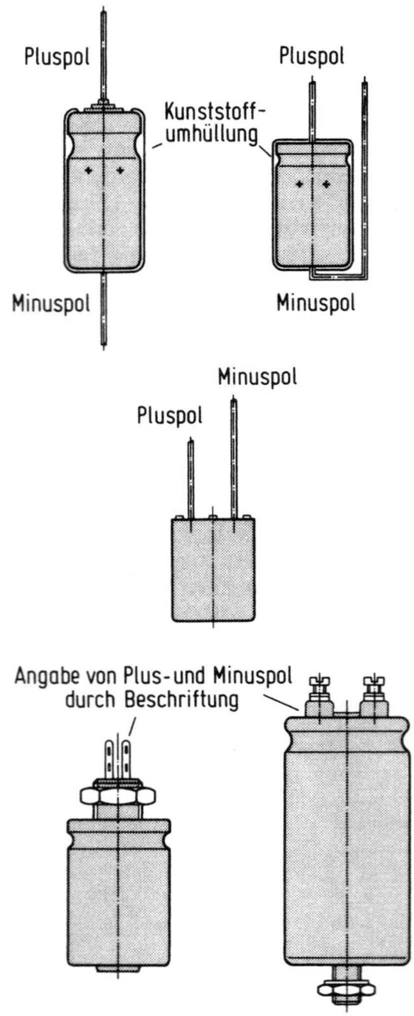

Bild 9.1.3.1 – 2
Bauformen von Elektrolytkondensatoren

9.1.3.2 Tantal-Elektrolytkondensatoren

Es lassen sich folgende Arten von Tantal-Elektrolytkondensatoren unterscheiden:

Tantal-Elektrolytkondensator
mit
- nassem (flüssigem) Elektrolyten
- trockenem Elektrolyten

Ein Tantal-Elektrolytkondensator besteht aus einem Sinterkörper durch das Zusammenpressen von feinen Tantalkörnern, dessen Oberflächen mit einer Oxidschicht überzogen werden. Durch den hohen Pressdruck werden die Körner an den Berührungsstellen wie punktgeschweißt und somit elektrisch leitend verbunden. Es entsteht ein poröser Körper mit einer großen Oberfläche, der als Anode wirkt. Das Dielektrikum wird durch Oxidbildung mit Hilfe eines nassen oder trockenen Elektrolyten hervorgerufen. Tantal-Elektrolytkondensatoren sind in den meisten Bauformen ebenfalls gepolte Kondensatoren. Der Reststrom ist allerdings kleiner als bei Aluminium-Elektrolytkondensatoren.

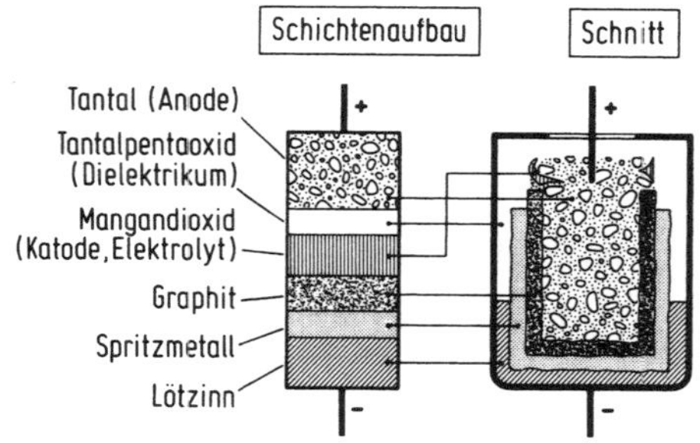

Bild 9.1.3.2 – 1 Schematischer Aufbau eines Tantal-Elektrolytkondensators

9.1.4 Stellbare Kondensatoren (Drehko)

Veränderbare Kondensatoren, meist Drehkondensatoren genannt, sind in der Regel als Plattenkondensator aufgebaut. Dabei greifen ein fest stehendes und ein drehbares Plattensystem kammartig ineinander. Das Dielektrikum ist dabei Luft. Die wirksamen Flächen sind gering, weshalb die erreichbaren Kapazitätswerte relativ klein sind, in der Regel liegt der Variationsbereich zwischen 10 bis 400 pF.
Der Plattenabstand begrenzt die maximale Betriebsspannung für den Drehkondensator. Veränderbare Kondensatoren werden in den meisten Fällen zur Frequenzeinstellung in Resonanzkreisen eingesetzt.

Bild 9.1.4 – 1
Schaltzeichen für Drehkondensatoren

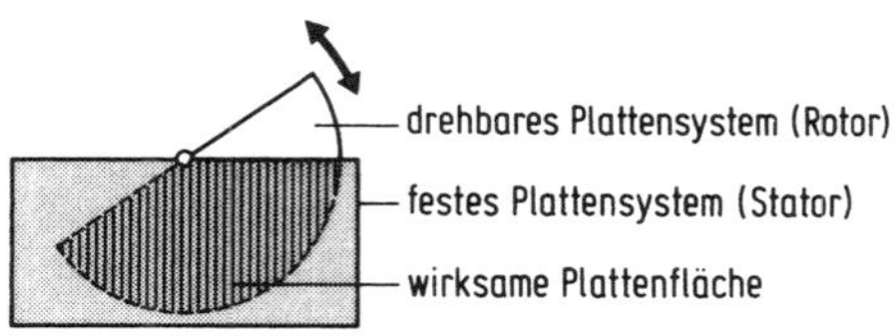

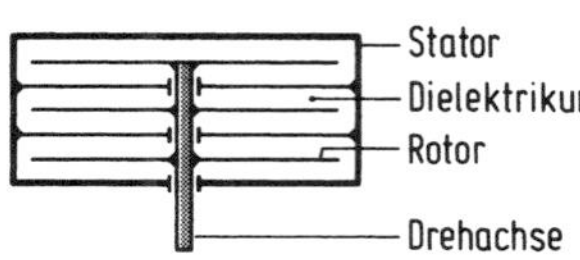

Bild 9.1.4 – 2
Schematischer Aufbau eines Drehkondensators

9.2 Daten und Normen technischer Kondensatoren

Nach der Durcharbeitung dieses Kapitels haben Sie die **Kompetenz** ...
- die vom Hersteller gegebenen technischen Daten zum optimalen Schaltungseinsatz zu nutzen,
- die Auswahl der benötigten Kapazitäts- und Toleranzwerte anhand der gegebenen Normreihen vorzunehmen.

9.2.1 Technische Daten

Für den Einsatz von Kondensatoren in Schaltungen ist die Kenntnis ihrer technischen Daten wichtig. Im Folgenden werden die wichtigsten Kenngrößen, die für alle Kondensatorarten gelten, vorgestellt und erklärt.

– Nennkapazität

Kapazitätswert, gestaffelt nach E-Reihen (wie bei den Widerständen)

– Frequenzabhängigkeit:

Durch die Frequenzabhängigkeit des Dielektrikums nimmt der Kapazitätswert mit steigender Frequenz ab.

– Nennspannung U_N:

Die Nennspannung ist diejenige Gleichspannung, welche dauernd am Kondensator bei einer Temperatur von 40 °C anliegen darf.

– Spitzenspannung:

Die Spitzenspannung ist der höchste Scheitelwert einer Spannung, die kurzzeitig auftreten darf.

– Verlustfaktor $\tan\delta = d_C$ (auch Dämpfungsfaktor genannt)

Der Verlustfaktor ist definiert als das Verhältnis des Blindstromes durch den Kondensator zum auftretenden Wirkstrom. Letztere fließt durch den Isolationswiderstand des Dielektrikums und bewirkt, dass die Phasenverschiebung nicht mehr 90° beträgt. Die Abweichung von 90° wird als Verlustwinkel δ bezeichnet und der $\tan\delta$ als Verlustfaktor. Er ist somit eine Zahl, die bei geringen Verlusten des Kondensators klein ist und mit steigenden Verlusten größer wird.

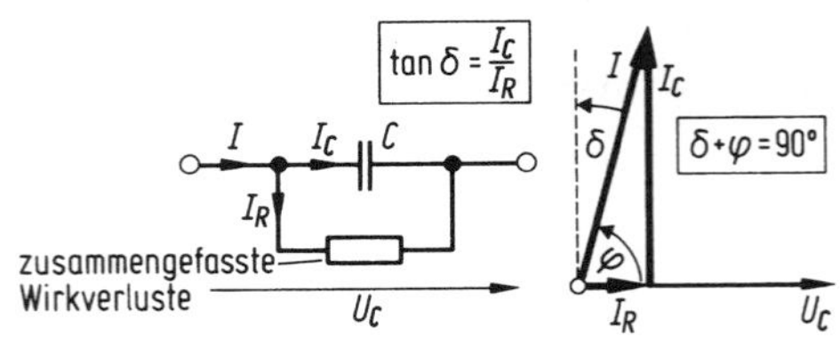

Bild 9.2.1 – 1 Ersatzschaltung für den Verlustfaktor eines Kondensators

– Temperaturabhängigkeit:

Der Kapazitätswert ändert sich nicht linear mit der Temperatur.

Für Elektrolytkondensatoren gelten zusätzlich folgende Kenngrößen:

– Überlagerte Wechselspannung:

Wird eine Wechselspannung einer Gleichspannung überlagert, dann darf der Scheitelwert dieser Mischspannung die Spitzenspannung nicht überschreiten. Der negative Scheitelwert darf nicht größer als (−2) V werden.

– Reststrom:

Der Reststrom ist zur Aufrechterhaltung der als Dielektrikum wirkenden Oxidschicht notwendig.

9.2.2 Normung

9.2.2.1 Normung der Kapazitätswerte

Die Kapazitäts- und Toleranzwerte sind wie die Widerstandswerte nach DIN 41426 genormt. (Siehe Tabelle 8.2.2.1 – 1.)

Beispiel 9.2.2.1 – 1

Ein Zeitglied, bestehend aus einem Kondensator und einem Widerstand gemäß Bild, soll im Schaltungseinsatz eine Zeitkonstante $\tau = 1$ s haben. Berechnen Sie den erforderlichen Kapazitätswert und wählen Sie aus der E24-Reihe den günstigsten Wert. Wie groß ist dadurch die Abweichung der Zeitkonstante vom berechneten Wert?

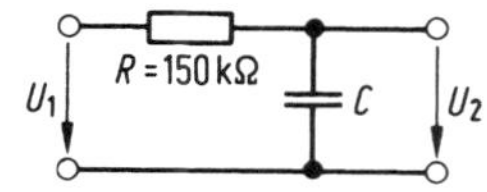

Lösung:

Aus der Gleichung der Zeitkonstanten folgt:

$$\tau = R \cdot C$$

$$C = \frac{\tau}{R} = \frac{1\ \text{s}}{15 \cdot 10^3\ \Omega} = 6{,}666 \cdot 10^{-6}\ \text{F}$$

$$C = \underline{\underline{6{,}666\ \mu\text{F}}}$$

Auswahl des Kapazitätswertes aus der E24-Reihe:

$$C_{\text{gewählt}} = \underline{\underline{6{,}8\ \mu\text{F}}}$$

Abweichung des Wertes für die Zeitkonstante:

$$\tau_{\text{erreicht}} = R \cdot C_{\text{gewählt}} = 150 \cdot 10^3\ \Omega \cdot 6{,}8 \cdot 10^{-6}\ \text{F}$$

$$\tau_{\text{erreicht}} = \underline{\underline{1{,}02\ \text{s}}}$$

$$\Delta\tau = \tau_{\text{erreicht}} - \tau_{\text{gefordert}} = 1{,}02\ \text{s} - 1\ \text{s}$$

$$\Delta\tau = \underline{\underline{0{,}02\ \text{s}}}$$

Bedingt durch den ausgewählten Kapazitätswert wird die Zeitkonstante 0,02 s größer als der geforderte Wert.

Übung 9.2.2.1 – 1

In einem Wechselstromkreis wird ein Blindwiderstand $X_C = 100\ \Omega$ bei einer Frequenz $f = 50$ Hz gefordert. Berechnen Sie den benötigten Kapazitätswert und wählen Sie aus der E12-Normreihe den günstigsten Wert aus. Welcher Blindwiderstand wird tatsächlich erreicht?

Lösung:

9.2.2.2 Normung der Kennzeichnung

Die Kennzeichnung von Kondensatoren erfolgt analog zur Kennzeichnung von Widerständen ebenfalls durch Zahlen und Buchstaben oder Farbringkombinationen.
Die Kennzeichnung durch Zahlen und Kennbuchstaben ist in DIN 40825 festgelegt. Das Komma wird durch Kennbuchstaben mit der Bedeutung eines Multiplikators ersetzt. Es gelten folgende Zuordnungen:

Kennbuchstabe	Bedeutung	Multiplikator
p	Piko	10^{-12}
n	Nano	10^{-9}
μ	Mikro	10^{-6}
m	Milli	10^{-3}

Die Codierung der Toleranzen ist durch Buchstaben festgelegt:

Kennbuchstabe	Toleranzbereich
B	± 0,1 %
C	± 0,25 %
D	± 0,5 %
F	± 1 %
G	± 2 %
H	± 2,5 %
J	± 5 %
K	± 10 %
M	± 20 %

Kennbuchstabe	Toleranzbereich
N	± 30 %
Q	− 10 % ... + 30 %
R	− 20 % ... + 30 %
S	− 20 % ... + 50 %
T	− 10 % ... + 50 %
U	0 ... + 80 %
V	− 10 % ... + 100 %
W	0 ... + 20 %
Y	0 ... + 50 %

Beispiel 9.2.2.2 – 1

Ein Kondensator hat den Aufdruck: p 33 J. Geben Sie die Angaben im Klartext an.

Lösung:

p 33 J ≙ 0,33 pF ± 5 %

Übung 9.2.2.2 – 1

Geben Sie den zu den folgenden Kondensator-Aufdrucken die Kapazitäts- und Toleranzwerte an:

1. 3 n 3 K
2. 12 μ 7 G

Lösung:

Die Kennzeichnung von Keramik- und Tantalkondensatoren wird durch Farbringe vorgenommen. Die Kennzeichnung der Keramikkondensatoren ist in Tabelle 9.2.2.2 – 1 zusammengefasst:

Tabelle 9.2.2.2 – 1 Kennzeichnung von Keramikkondensatoren durch Farbringe

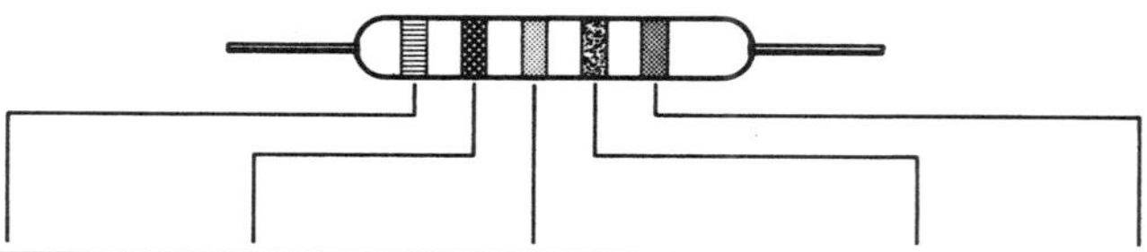

Farbe	1. Ring ≙ 1. Ziffer	2. Ring ≙ 2. Ziffer	3. Ring ≙ Multiplikator	4. Ring ≙ Toleranz	5. Ring ≙ Nennspannung
keine	–	–	–	± 30%	5000 V
Silber	–	–	10^{-2}	± 10%	2000 V
Gold	–	–	10^{-1}	± 5%	1000 V
Schwarz	–	0	10^{0} pF	–	
Braun	1	1	10^{1} pF	± 1%	100 V
Rot	2	2	10^{2} pF	± 2%	200 V
Orange	3	3	10^{3} pF	–	300 V
Gelb	4	4	10^{4} pF	–	400 V
Grün	5	5	10^{5} pF	± 0,5%	500 V
Blau	6	6	10^{6} pF	–	600 V
Violett	7	7	10^{7} pF	–	700 V
Grau	8	8	10^{8} pF	–	800 V
Weiß	9	9	10^{9} pF	–	900 V

Die Farbringkombination zur Kennzeichnung von Tantal-Elektrolytkondensatoren ist aus Tabelle 9.2.2.2 – 2 zu ersehen.

Tabelle 9.2.2.2 – 2 Kennzeichnung von Tantalkondensatoren durch Farbringe

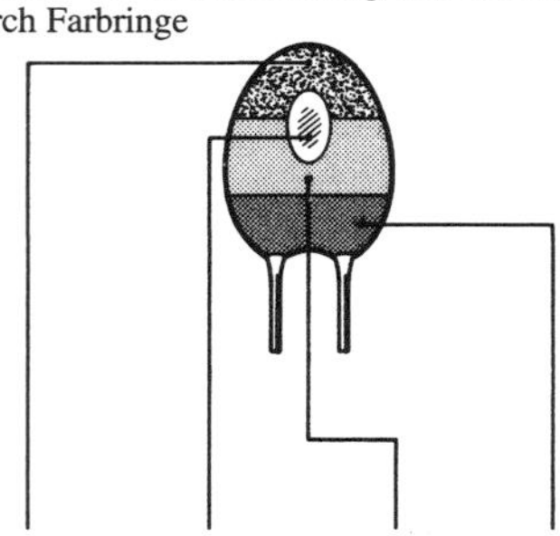

Farbe	1. Farbkuppe ≙ 1. Ziffer	2. Farbpunkt ≙ Multiplikator	3. Farbring ≙ 2. Ziffer	4. Farbring ≙ Nennspannung (in V)
Braun	1	10 µF	1	–
Rot	2	100 µF	2	–
Orange	3	–	3	–
Gelb	4	–	4	6,3
Grün	5	–	5	16
Blau	6	–	6	20
Violett	7	–	7	–
Grau	8	0,01 µF	8	25
Weiß	9	0,1 µF	9	3
Schwarz	–	1,0 µF	0	10
Rosa	–	–	–	35

Beispiel 9.2.2.2 – 2

Ein Keramikkondensator trägt folgende Farbringkombination: Grün, Blau, Gelb, Silber. Welche Bedeutung hat diese Kennzeichnung?

Lösung:

$$\left.\begin{array}{l}\text{1. Ring:}\\ \text{Grün} \mathrel{\widehat{=}} 5\\ \text{2. Ring:}\\ \text{Blau} \mathrel{\widehat{=}} 6\\ \text{3. Ring:}\\ \text{Gelb} \mathrel{\widehat{=}} 10^4\ \text{pF}\\ \text{4. Ring:}\\ \text{Silber} \mathrel{\widehat{=}} \pm 10\,\%\end{array}\right\} \Rightarrow \begin{cases} = 56 \cdot 10^4\ \text{pF} \pm 10\,\% \\ = 0{,}56\,\mu\text{F} \pm 10\,\% \end{cases}$$

Übung 9.2.2.2 – 2

Ein Tantalkondensator trägt die Farbringkombination:
Farbkuppe: Rot, Farbpunkt: Weiß, mittlerer Farbring: Rot, unterer Farbring: Grün.
Geben Sie die Kennzeichnung im Klartext an.

Lösung:

10 Technische Spulen

10.1 Bauarten technischer Spulen

Nach der Durcharbeitung dieses Kapitels haben Sie die **Kompetenz** ...
- technische Spulen nach dem jeweiligen Einsatzbereich auswählen zu können,
- die Auswahl und den Einsatz technischer Spulen mit und ohne magnetischen Kern bestimmen zu können.

10.1.0 Einführung

Der Einsatz technischer Spulen ist in der Elektrotechnik sehr vielfältig, z. B. Aufbau einer Induktivität, Funktion als Blindwiderstand, magnetische Erregung von Relais und Schützen, Transformatorwickel, Feld- und Ankerwicklung eines Motors usw. In allen Fällen werden bestimmte Werte magnetischer Größen gefordert, welche durch die Bauform als Luftspule oder Spulen mit Kernen aus magnetischem Werkstoff erreicht werden können.

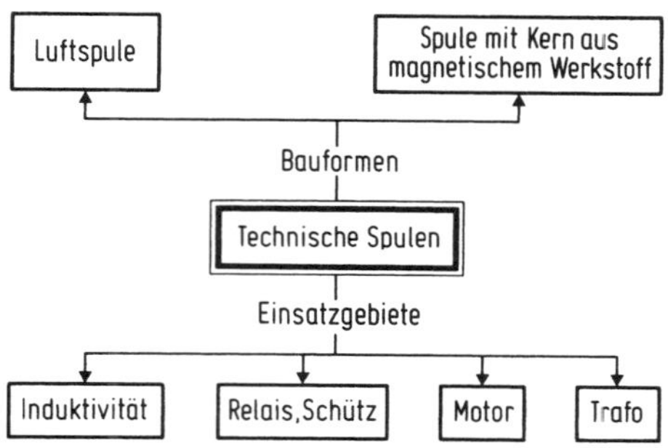

Bild 10.1.0 – 1 Einteilung technischer Spulen

10.1.1 Luftspulen

Wird Draht aufgewickelt, dann ergibt sich eine Luftspule. In der Praxis wählt man als Wicklungsträger vorgefertigte Spulenkörper, welche die benötigte Anzahl von Windungen fassen können. Für technische Spulen gilt die Windungszahl N als wichtigste Kenngröße. Die folgenden, bereits bekannten Gleichungen machen dies deutlich.

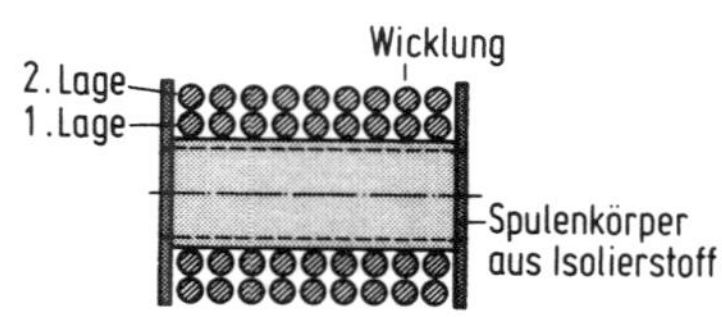

Bild 10.1.1 – 1 Mehrlagige Luftspule

1. Für ein Relais wird eine bestimmte Durchflutung gefordert, die auch von der Windungszahl abhängt:

$$\Theta = N \cdot I, \quad \text{folglich} \quad N = \frac{\Theta}{I}$$

2. Aus der Bemessungsgleichung der Induktivität ergibt sich die Windungszahl N:

$$L = \mu_0 \cdot N^2 \frac{A_{\text{Spule}}}{l_{\text{Spule}}}, \quad \text{folglich} \quad N = \sqrt{\frac{L \cdot l_{\text{Spule}}}{\mu_0 \cdot A_{\text{Spule}}}}$$

   Nochmaliger Hinweis: Die Bemessungsgleichung ist nur eine Näherung!

3. Die in einem Transformatorwickel induzierte Spannung erfordert die Windungszahl N:

$$U = 4{,}44 \cdot f \cdot N \cdot B \cdot A_{\text{Fe}}, \quad \text{folglich}$$

$$N = \frac{U}{4{,}44 \cdot f \cdot B \cdot A_{\text{Fe}}}$$

Neben der Windungszahl N ist der Nenndurchmesser des Spulendrahtes eine weitere wichtige Größe. Er richtet sich nach der Stromdichte J und dem die Spule erwärmenden Strom, wobei die Stromdichte als Erfahrungswert festgelegt wird, der die Abstrahlung der entstehenden Wärme berücksichtigt. Besteht ein Spulenwickel z. B. aus mehreren Wicklungen, dann wählt man für die unten liegenden Wicklungen kleinere Stromdichten. Für die restlichen Wicklungen sind größere Stromdichtewerte möglich, da sie die Wärme besser abstrahlen können.

In Tabelle 10.1.1 – 1 sind die genormten Kupferdrähte und ihre zulässige Belastung zusammengestellt.

Tabelle 10.1.1 – 1 Nenndurchmesser, Nennquerschnitt und Belastbarkeit von Kupferdraht

Durchmesser in mm	Querschnitt in mm²	Stromstärken in mA (A) für verschiedene Stromdichten in A/mm²				
		$J = 1{,}0$ A/mm²	$J = 1{,}5$ A/mm²	$J = 2{,}0$ A/mm²	$J = 2{,}5$ A/mm²	$J = 3{,}0$ A/mm²
0,03	0,000707	0,7 mA	1,1 mA	1,4 mA	1,8 mA	2,1 mA
0,04	0,00126	1,2	1,9	2,5	3,1	3,8
0,05	0,00196	2,0	3,0	4,0	5,0	6,0
0,06	0,00283	3	4,5	6	7,5	9
0,07	0,00385	4	6	8	10	12
0,08	0,00503	5	7,5	10	13	15
0,09	0,00636	6,4	9,6	13	16	19
0,10	0,00785	8	12	16	19	24
0,12	0,0113	11	17	22	28	33
0,14	0,0154	15	23	30	38	45
0,16	0,0201	20	30	40	50	60
0,18	0,0254	25	38	50	63	75
0,20	0,0314	31	47	62	78	93
0,22	0,0380	38	57	76	95	114
0,25	0,0491	49	74	98	123	147
0,30	0,0707	71	106	142	177	212
0,35	0,0962	96	144	192	240	288
0,40	0,126	189	252	315	378	378
0,45	0,159	159	238	318	397	477
0,50	0,196	196	294	392	490	588
0,60	0,283	283	425	566	707	850
0,70	0,385	385	578	770	963	1,16 A
0,80	0,503	503	755	1,01 A	1,26 A	1,51 A
0,90	0,636	636	955	1,27 A	1,59 A	1,91 A
1,00	0,785	785	1,18 A	1,57 A	1,96	2,36 A
1,50	1,77	1,77 A	2,65 A	3,54	4,42 A	5,30 A
2,00	3,14	3,14 A	4,70 A	6,27 A	7,85 A	9,40 A
2,50	4,91	4,91 A	7,37 A	9,82 A	12,30 A	14,7 A
3,00	7,07	7,07 A	10,6 A	14,1 A	17,6 A	21,2 A
3,50	9,62	9,62 A	14,4 A	19,2 A	24,0 A	28,8 A
4,00	12,6	12,6 A	18,9 A	25,2 A	31,6 A	37,8 A

Zur Berechnung des benötigten Wickelraumes wird auch der Gesamtdurchmesser des Drahtes, also einschließlich der Isolation, benötigt. Die Werte können der Tabelle 10.1.1 – 2 entnommen werden.

Tabelle 10.1.1 – 2 Isolierte Kupfer-Runddrähte nach DIN 46435 und 46436

Nenndurchmesser (Leiterdurchmesser) mm	Außendurchmesser des isolierten Drahtes (Größtmaße)				Gleichstromwiderstand (Nennwert bei 20 °C) Ω/m
	einfach lackisoliert (L) mm	doppelt lackisoliert (2 L) mm	lackisoliert und seidenumsponnen (Naturseide) (LS) mm	lackisoliert und seidenumsponnen (Kupfer-Kunstseide) (LKc) mm	
0,03	0,038	0,041	0,077	–	24,39
0,032	0,040	0,043	–	–	21,44
0,036	0,045	0,049	–	–	16,94
0,04	0,050	0,054	0,087	–	13,72
0,045	0,056	0,061	–	–	10,84
0,05	0,062	0,068	0,100	–	8,781
0,056	0,069	0,076	–	–	7,000
0,06	0,074	0,081	0,110	0,125	6,098
0,63	0,078	–	–	–	5,531
0,71	0,088	0,095	–	–	4,355
0,08	0,098	0,105	0,133	0,148	3,430
0,09	0,110	0,117	0,147	0,162	2,710
0,1	0,121	0,129	0,157	0,172	2,195
0,112	0,134	0,143	–	–	1,750
0,125	0,149	0,159	–	–	1,405
0,14	0,166	0,178	0,204	0,219	1,120
0,15	0,177	0,188	0,214	0,229	0,9756
0,16	0,187	0,199	0,225	0,240	0,8575
0,17	0,198	0,210	0,235	0,250	0,7596
0,18	0,209	0,222	0,245	0,260	0,6775
0,19	0,220	0,233	0,255	0,270	0,6081
0,2	0,230	0,245	0,265	0,280	0,5488
0,224	0,256	0,272	–	–	0,4375
0,25	0,284	0,301	0,325	0,335	0,3512
0,28	0,315	0,334	0,357	0,367	0,2800
0,3	0,336	0,355	0,377	0,387	0,2439
0,315	0,352	0,371	–	–	0,2212
0,355	0,395	0,414	–	–	0,1742
0,4	0,442	0,452	0,484	0,504	0,1372
0,45	0,495	0,516	0,541	0,561	0,1084
0,5	0,548	0,569	0,591	0,611	0,08781
0,56	0,611	0,632	–	–	0,07000
0,6	0,654	0,674	0,699	0,719	0,06090
0,63	0,684	0,706	–	–	0,05531
0,71	0,767	0,790	–	–	0,04355
0,75	0,809	0,832	0,862	0,882	0,03903
0,8	0,861	0,835	0,912	0,932	0,03430
0,85	0,913	0,937	–	0,992	0,03038
0,9	0,965	0,990	–	1,042	0,02710
0,95	1,017	1,041	–	1,092	0,02432
1	1,068	1,093	–	1,142	0,02193

Werden Spulen für Hochfrequenzanwendungen benötigt, so verwendet man dazu Hochfrequenzlitze. In Tabelle 10.1.1 – 3 sind die Litzenarten zusammengestellt.

Tabelle 10.1.1 – 3 Isolierte Hochfrequenzlitzen nach DIN 46447

Litzen-Aufbau	Nenndurchmesser des Kupferlackdrahtes	Außendurchmesser der isolierten Litze (Größtmaße)			Gleichstromwiderstand (Nennwert bei 20 °C)
		ohne Umspinnung	mit Umspinnung		
			1 × Naturseide (S)	2 × Naturseide (2 S)	
	mm	mm	mm	mm	Ω/m
1 × 12 × 0,04		0,208	0,243	0,278	1,190
1 × 15 × 0,04		0,228	0,268	0,298	0,950
1 × 20 × 0,04	0,04	0,260	0,300	0,330	0,330
1 × 30 × 0,04		0,321	0,361	0,391	0,475
1 × 45 × 0,04		0,400	0,440	0,470	0,316
1 × 10 × 0,05		0,226	0,226	0,296	0,910
1 × 15 × 0,05		0,232	0,322	0,352	0,610
1 × 20 × 0,05	0,05	0,322	0,362	0,392	0,456
1 × 30 × 0,05		0,398	0,468	0,468	0,304
1 × 45 × 0,05		0,496	0,536	0,566	0,203
1 × 3 × 0,07		0,184	0,219	0,254	1,550
1 × 6 × 0,07		0,255	0,295	0,325	0,780
1 × 10 × 0,07		0,310	0,350	0,380	0,465
1 × 15 × 0,07	0,04	0,387	0,427	0,457	0,310
1 × 20 × 0,07		0,442	0,482	0,512	0,232
1 × 30 × 0,07		0,546	0,586	0,626	0,155
1 × 45 × 0,07		0,680	0,720	0,760	0,103
3 × 20 × 0,04		0,475	0,515	0,545	0,237
3 × 30 × 0,04	0,04	0,590	0,630	0,670	0,158
3 × 45 × 0,04		0,735	0,775	0,815	0,105
3 × 30 × 0,05		0,588	0,628	0,668	0,152
3 × 30 × 0,05	0,05	0,732	0,772	0,812	0,101
3 × 40 × 0,05		0,856	0,906	0,956	0,076
3 × 20 × 0,07		0,807	0,847	0,887	0,078
3 × 30 × 0,07	0,07	1,005	1,005	1,105	0,0517
3 × 45 × 0,07		1,250	1,300	1,350	0,0344

Beispiel 10.1.1 – 1

Die für einen Resonanzkreis benötigte Induktivität beträgt $L = 0{,}5\ \mu\mathrm{H}$. Berechnen Sie die Anzahl der Windungen und die Anzahl der Lagen bei Verwendung des Wickelkörpers gemäß Bild. Der Strom durch die Spule beträgt $I = 700\ \mathrm{mA}$. Es wird Kupferlackdraht (einfach isoliert) verwendet. Die Stromdichte darf $J = 1\ \dfrac{\mathrm{A}}{\mathrm{mm}^2}$ betragen.

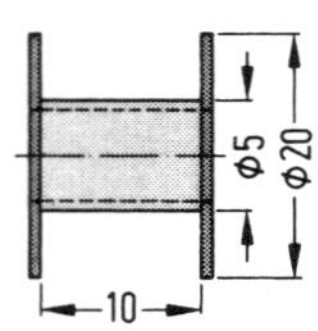

Lösung:

Berechnung des Wicklungsquerschnittes, des sog. „eisenfreien Querschnitts“:

$$A_{\mathrm{Spule}} = \frac{d^2 \cdot \pi}{4} = \frac{(5\ \mathrm{mm})^2 \cdot \pi}{4}$$

$$A_{\text{Spule}} = \underline{\underline{19{,}634\ \text{mm}^2}}$$

Berechnung der benötigten Windungszahl:

$$N = \sqrt{\frac{L \cdot l_{\text{Spule}}}{\mu_0 \cdot A_{\text{Spule}}}}$$

$$= \sqrt{\frac{0{,}5\ \mu\text{H} \cdot 10\ \text{mm}}{4 \cdot \pi \cdot 10^{-7}\ \frac{\text{V} \cdot \text{s}}{\text{A} \cdot \text{m}} \cdot 19{,}634\ \text{mm}^2}}$$

$$= \sqrt{\frac{0{,}5 \cdot 10 \cdot 10^{-6}}{4 \cdot \pi \cdot 10^{-7} \cdot 19{,}634 \cdot 10^{-3}}}$$

$$= \sqrt{202{,}65}$$

$$N = \underline{\underline{14{,}23}}$$

Gewählte Windungszahl: $N' = \underline{\underline{15}}$

Bestimmung des Nenndrahtdurchmessers aus Tabelle 10.1.1 – 1:

$$d_{\text{nenn}} = 1\ \text{mm}$$

Ermittlung des Drahtdurchmessers einschließlich Isolation zur Berechnung der Lagen aus Tabelle 10.1.1 – 2:

$$d_{\text{ges}} = 1{,}068\ \text{mm}$$

Anzahl der Windungen je Lage:

$$\frac{l_{\text{Spule}}}{d_{\text{ges}}} = \frac{10\ \text{mm}}{1{,}068\ \text{mm}} = \underline{\underline{9{,}36}}$$

Pro Lage haben also 9 Windungen Platz.

Anzahl der Lagen:

$$\frac{N'}{\text{Windungen pro Lage}} = \frac{15}{9} = \underline{\underline{1{,}66}}$$

Es sind also 2 Lagen erforderlich.

Zusammenstellung der Ergebnisse:

N'	I	J	d_{nenn}	d_{ges}	$\frac{N'}{\text{Lage}}$	Lagen
15	700 mA	$1\ \frac{\text{A}}{\text{mm}^2}$	1 mm	1,068 mm	9	2

Übung 10.1.1 – 1

Für einen Transformator sind zwei Wicklungen erforderlich. Die Maße des Wickelkörpers sind in Beispiel 10.1.1 – 1 angegeben. Die Wicklung 1 benötigt eine Windungszahl $N_1 = 100$ aus Kupferlackdraht mit $d_1 = 0{,}2$ mm, die Wicklung 2 benötigt $N_2 = 300$ aus Kupferlackdraht mit $d_2 = 0{,}355$ mm. Berechnen Sie die Anzahl der Lagen jeder Wicklung sowie die notwendige Drahtlänge. Wicklung 1 soll zuerst aufgebracht werden.

Lösung:

10.1.2 Spulen mit Kernen aus magnetischem Werkstoff

Zur Verbesserung der magnetischen Kopplung oder zur Erreichung großer magnetischer Werte werden Spulen mit einem Kern aus magnetischem Werkstoff versehen. (Siehe dazu Abschn. 5.3.3.) Es sind folgende Ausführungsarten zu unterscheiden:

- offener Kern
- geschlossener Kern mit Luftspalt
- geschlossener Kern ohne Luftspalt

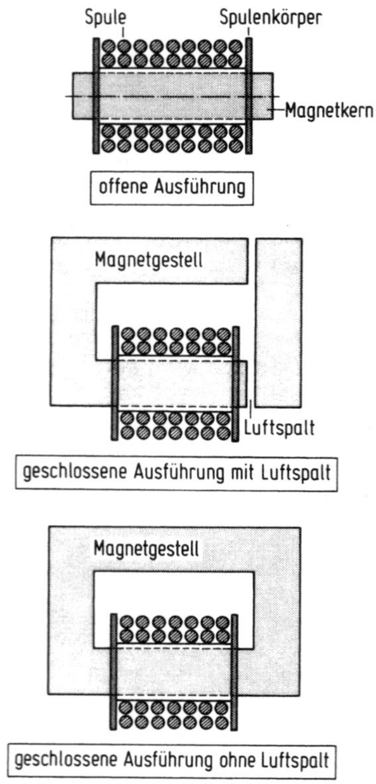

Bild 10.1.2 – 1 Grundsätzliche Ausführungen technischer Spulen mit magnetischem Kern

Magnetische Werkstoffe werden entweder als Kernbleche (z. B. für Transformatoren) oder als Vollmaterial hergestellt. Die Form magnetischer Kernbleche sind aus Bild 10.1.2 – 2 zu ersehen.

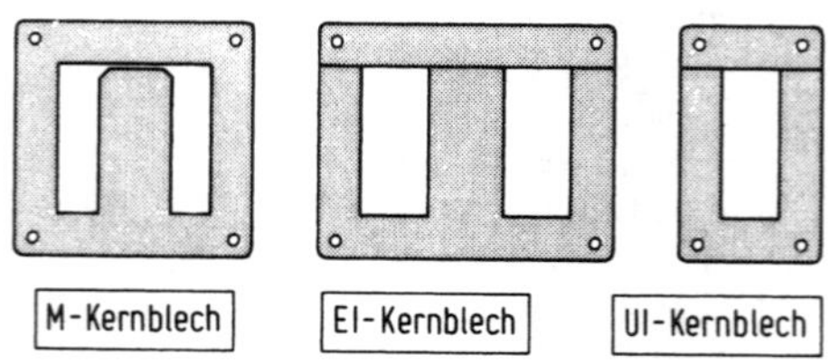

Bild 10.1.2 – 2 Kernbleche für Kleintransformatoren

Formen magnetischer Kerne aus Vollmaterial sind im Bild 10.1.2 – 3 zusammengestellt:

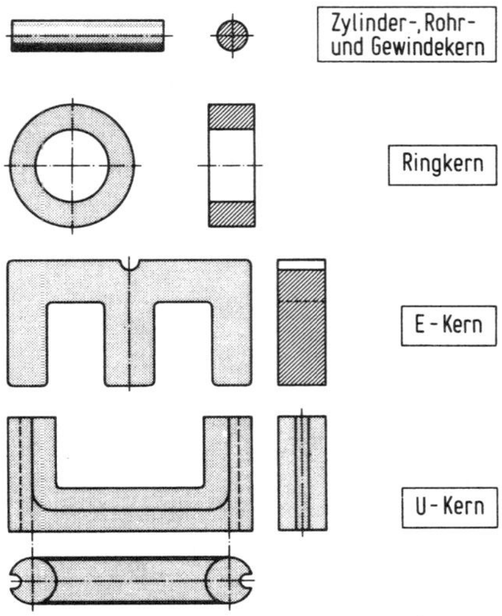

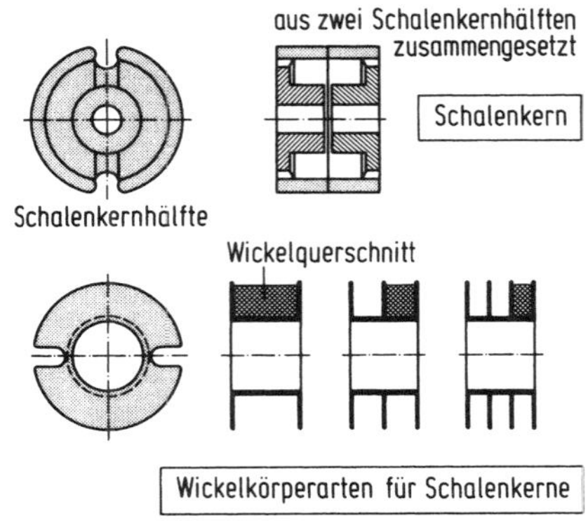

Bild 10.1.2 – 3 Bauformen magnetischer Kerne

Zur Berechnung von Spulen mit Kern aus magnetischem Werkstoff ist die Kenntnis der magnetischen Kenngrößen des Kernwerkstoffes wichtig. Eine von ihnen ist der A_L-Faktor. Er leitet sich aus der Bemessungsgleichung der Induktivität ab:

$$L = \underbrace{\mu_0 \cdot \mu_r \cdot \frac{A_{Fe}}{l_{Fe}}} \cdot N^2$$

mit

$$A_L = \mu_0 \cdot \mu_r \cdot \frac{A_{Fe}}{l_{Fe}}$$

folgt

$$L = A_L \cdot N^2$$

Die Angabe des A_L-Faktors erfolgt in der Regel in nH.

Umstellung der Gleichung ergibt die Formel zur Berechnung der Windungszahl:

$$\boxed{N = \sqrt{\frac{L}{A_L}}} \qquad (10.1.2-1)$$

Beispiel 10.1.2 – 1

In einem Siebglied wird eine Drossel $L = 0{,}2$ H benötigt. Als Magnetkern wurde ein Schalenkern mit $A_L = 250$ nH ausgesucht. Berechnen Sie die benötigte Windungszahl.

Lösung:

$$N = \sqrt{\frac{0{,}2\ \text{H}}{250\ \text{nH}}} = \sqrt{\frac{0{,}2\ \text{H}}{250 \cdot 10^{-9}\ \text{H}}}$$

$$N = \underline{\underline{894{,}4}}$$

Es ist also eine Windungszahl $N = 895$ erforderlich.

10.2 Daten technischer Spulen

Nach der Durcharbeitung dieses Kapitels haben Sie die **Kompetenz** ...
- bei der Auswahl von technischen Spulen zwischen Spulendaten, bezogen auf die Wickeldaten, und den magnetischen Daten zu unterscheiden.

Die wichtigsten technischen Daten für Spulen werden nachfolgend vorgestellt und erklärt.

- Spulengüte Q_L: Die Spulengüte ist das Verhältnis des Blindwiderstandes einer Spule zu ihrem Wirkwiderstand.
  Es gilt:
  $$Q_L = \frac{\omega L}{R_S} = \frac{X_L}{R_S} \qquad \omega = \text{Betriebsfrequenz}$$
- Verlustfaktor $\tan\delta = d_L$: (analog dem Verlustfaktor bei Kondensatoren) Der Verlustfaktor ist gleich dem Kehrwert der Spulengüte.
  Es gilt: $\tan\delta = \dfrac{1}{Q_L} = d_L$
- A_L-Faktor: Angabe über den magnetischen Werkstoff zur Berechnung der erforderlichen Windungszahl
- Effektive Permeabilität: Durch einen Luftspalt verringerte Permeabilität des verwendeten magnetischen Werkstoffes
- Eisenquerschnitt: Effektiver Querschnitt (Nettoquerschnitt) des magnetischen Kernes oder der Magnetbleche
- Magnetische Wellenlänge: Mittlere Feldlinienlänge im magnetischen Kern
- Mittlerer Wickelquerschnitt: Für die Spulendrähte zur Verfügung stehende Fläche
- Drahtwiderstand: Gesamter Wirkwiderstand des Spulendrahtes

Praxisorientierte Lernaufgaben:

Lernaufgabe 22:

Ein Spannungsteiler wird gemäß Bild mit Widerständen aus der Norm-Reihe E 12 aufgebaut. Außerdem wird der Spannungsteiler mit dem Widerstand R_L belastet. R_L hat ebenfalls den Toleranzbereich der Norm-Reihe E 12. Zu berechnen sind, bei Annahme einer konstanten Spannung U_1, die möglichen Eckwerte $U_{2\,\text{min}}$ und $U_{2\,\text{max}}$.

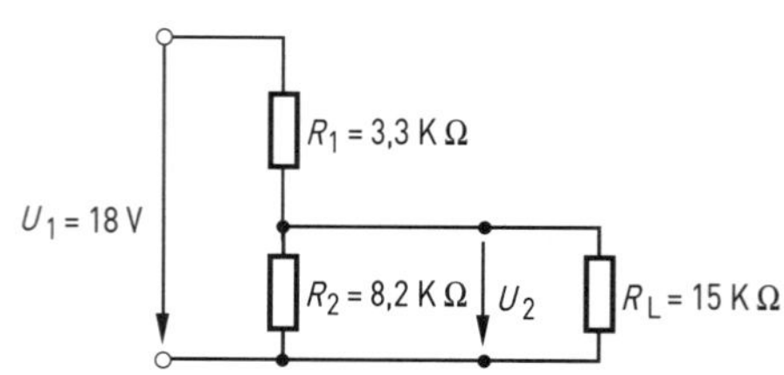

Lernaufgabe 23:

Drei Widerstände aus der Normreihe E 12: $R_1 = 1{,}8\,\text{k}\Omega$, $R_2 = 3{,}9\,\text{k}\Omega$, $R_3 = 4{,}7\,\text{k}\Omega$ sollen kombiniert werden, um verschiedene nicht genormte Widerstandswerte zu erreichen. Ermitteln Sie die möglichen Widerstandswerte.

Lösungen

Übung 1.1.1.3 – 1

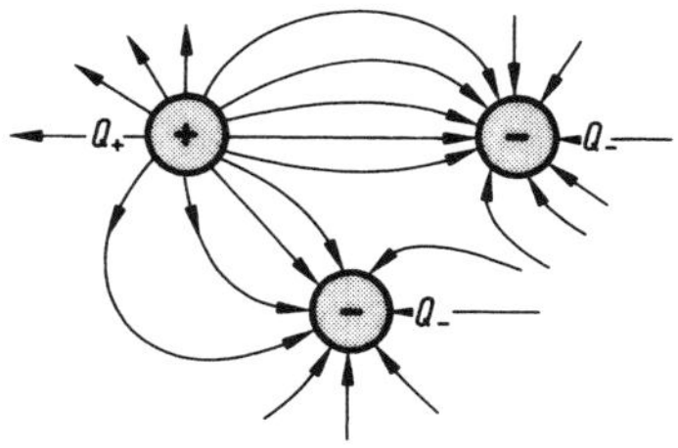

Übung 1.1.1.3 – 2

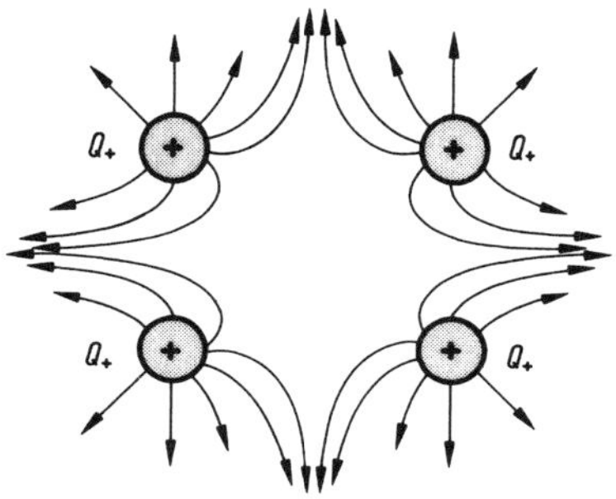

Übung 1.1.2.2 – 1

$$A = \frac{d^2 \cdot \pi}{4} = \frac{(2\ \text{mm})^2 \cdot \pi}{4} = \underline{\underline{3{,}14\ \text{mm}^2}}$$

$$v = \frac{I_\text{k}}{n \cdot e \cdot A} = \frac{100\ \text{A}}{8{,}47 \cdot 10^{22}\ \frac{\text{Elektronen}}{\text{cm}^3} \cdot 1{,}6 \cdot 10^{-19}\ \frac{\text{A} \cdot \text{s}}{\text{Elektronen}} \cdot 3{,}14\ \text{mm}^2}$$

$$v = \underline{\underline{2{,}34\ \frac{\text{mm}}{\text{s}}}}$$

Übung 1.1.2.3 – 1

$$A = \frac{d^2 \cdot \pi}{4} = \frac{(0{,}5\ \text{mm})^2 \cdot \pi}{4} = 0{,}19625\ \text{mm}^2$$

$$J = \frac{I}{A}$$

$$I = J \cdot A = 10 \cdot 10^6\ \frac{\text{A}}{\text{m}^2} \cdot 0{,}19625\ \text{mm}^2 = 10 \cdot 10^6\ \frac{\text{A}}{10^6\ \text{mm}^2} \cdot 0{,}19625\ \text{mm}^2$$

$$I = \underline{\underline{1{,}9625\ \text{A}}}$$

Übung 1.1.2.3 – 2

$$J_1 = \frac{I}{A_1} = \frac{12\ \text{A}}{1{,}5\ \text{mm}^2} = 8\ \frac{\text{A}}{\text{mm}^2}$$

$$J_2 = \frac{I}{A_2} = \frac{12\ \text{A}}{2{,}5\ \text{mm}^2} = 4{,}8\ \frac{\text{A}}{\text{mm}^2}$$

Übung 1.3.1.2 – 1

$$Q = n \cdot e \cdot A \cdot l$$

$$= 8{,}47 \cdot 10^{22}\ \frac{\text{Elektronen}}{\text{cm}^3} \times 1{,}6 \cdot 10^{-19}\ \frac{\text{A} \cdot \text{s}}{\text{Elektronen}} \cdot 16\ \text{mm}^2 \cdot 50\ \text{m}$$

$$= 8{,}47 \cdot 10^{22}\ \frac{\text{Elektronen}}{\text{cm}^3} \times 1{,}6 \cdot 10^{-19}\ \frac{\text{A} \cdot \text{s}}{\text{Elektronen}} \times 16 \cdot 10^{-2}\ \text{cm}^2 \cdot 5000\ \text{cm}$$

$$Q = \underline{\underline{10{,}841 \cdot 10^6\ \text{A} \cdot \text{s}}}$$

Übung 1.3.2.2 – 1

$$R = \frac{l}{\varkappa \cdot A} \Rightarrow A = \frac{l}{\varkappa \cdot R}$$

$$= \frac{300\ \text{m}}{34\ \frac{\text{m}}{\Omega \cdot \text{mm}^2} \cdot 10\ \Omega}$$

$$A = \underline{\underline{0{,}882\ \text{mm}^2}}$$

Übung 1.3.2.2 – 2

$$A_{\text{Al}} = \frac{l}{\varkappa \cdot R} = \frac{500\ \text{m}}{34\ \frac{\text{m}}{\Omega \cdot \text{mm}^2} \cdot 0{,}5\ \Omega}$$

$$A_{\text{Al}} = \underline{\underline{29{,}411\ \text{mm}^2}}$$

$$A_{\text{Cu}} = \frac{l}{\varkappa \cdot R} = \frac{500\ \text{m}}{56\ \frac{\text{m}}{\Omega \cdot \text{mm}^2} \cdot 0{,}5\ \Omega}$$

$$A_{\text{Cu}} = \underline{\underline{7{,}8571\ \text{mm}^2}}$$

Verhältnis der Querschnitte:

$$\frac{A_{\text{Al}}}{A_{\text{Cu}}} = \frac{29{,}411\ \text{mm}^2}{17{,}8571\ \text{mm}} = \frac{1{,}64}{1}$$

Übung 1.3.2.3 – 1

$$R_{\vartheta_2} = R_{20}(1 + \alpha(\vartheta_2 - 20\ ^\circ\text{C}))$$

Umstellung nach ϑ_2

$$\vartheta_2 = \frac{R_{\vartheta_2}}{R_{20} \cdot \alpha} - \frac{1}{\alpha} + 20\ ^\circ\text{C}$$

$$= \frac{150\ \Omega}{100\ \Omega \cdot 4{,}5 \cdot 10^{-3}\ \frac{1}{\text{K}}} - \frac{1}{4{,}5 \cdot 10^{-3}\ \frac{1}{\text{K}}} + 20\ ^\circ\text{C}$$

$$\vartheta_2 = \underline{\underline{131{,}111\ ^\circ\text{C}}}$$

Übung 1.3.2.3 – 2

$$R_{20} = 230\ \Omega$$

$$R_{\vartheta_2} = R_{20} \cdot 1{,}08 = \underline{\underline{248{,}4\ \Omega}}$$

$$R_{\vartheta_2} = R_{20}(1 + \alpha(\vartheta_2 - 20\ ^\circ\text{C}))$$

Umstellung nach ϑ_2

$$\vartheta_2 = \frac{R_{\vartheta_2}}{R_{20} \cdot \alpha} - \frac{1}{\alpha} + 20\ ^\circ\text{C}$$

$$= \frac{248{,}4\ \Omega}{230\ \Omega \cdot 3{,}93 \cdot 10^{-3}\ \frac{1}{\text{K}}} - \frac{1}{3{,}93 \cdot 10^{-3}\ \frac{1}{\text{K}}} + 20\ ^\circ\text{C}$$

$$\vartheta_2 = \underline{\underline{40{,}35\ ^\circ\text{C}}}$$

Übung 2.2.1 – 1

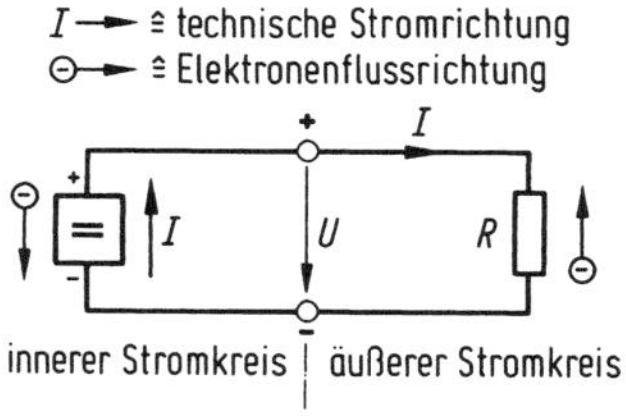

Übung 2.2.1 – 2

	1.	2.	3.	4.	5.	6.	7.
R	10 Ω	200 Ω	0,333 Ω	1,5 MΩ	15 Ω	1 GΩ	0,1 Ω
U	20 V	1 μV	10^3 V	750 kV	150 V	1 MV	20 V
I	2 A	5 nA	3000 A	0,5 A	10 A	1 mA	200 A
G	0,1 S	5 mS	3 S	$6{,}66 \cdot 10^{-7}$ S	0,066 S	$1 \cdot 10^{-9}$ S	10 S

Übung 2.2.1 – 3

1. Schritt:

$$R_{20} = \frac{l}{\varkappa \cdot A} = \frac{400\ \mathrm{m}}{56\ \frac{\mathrm{m}}{\Omega \cdot \mathrm{mm}^2} \cdot 50\ \mathrm{mm}^2}$$

$$R_{20} = \underline{\underline{0{,}142\ \Omega}}$$

2. Schritt:

$$I_{20\,^\circ\mathrm{C}} = \frac{U}{R}$$

$$I_{20\,^\circ\mathrm{C}} = \frac{2\ \mathrm{V}}{0{,}142\ \Omega} = \underline{\underline{14\ \mathrm{A}}}$$

3. Schritt:

$$R_{50} = R_{20}(1 + \alpha(\vartheta_2 - 20\ ^\circ\mathrm{C})) = 0{,}142\ \Omega \left(1 + 3{,}93 \cdot 10^{-3}\ \frac{1}{\mathrm{K}}\ (50\ ^\circ\mathrm{C} - 20\ ^\circ\mathrm{C})\right)$$

$$R_{50} = \underline{\underline{0{,}158\ \Omega}}$$

4. Schritt:

$$I_{50\,^\circ\mathrm{C}} = \frac{2\ \mathrm{V}}{0{,}158\ \Omega} = \underline{\underline{12{,}599\ \mathrm{A}}}$$

Übung 2.2.2.1 – 1

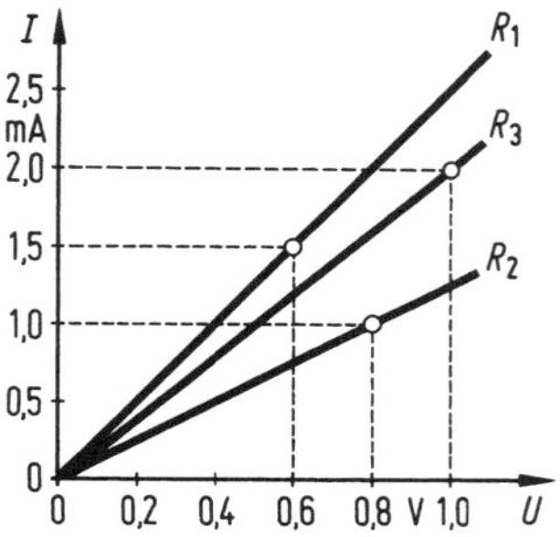

Übung 2.2.2.2 – 1

$$r = \frac{\Delta U}{\Delta I} = \frac{50\ \text{V} - 10\ \text{V}}{410\ \text{mA} - 264\ \text{mA}}$$

$$= \frac{40\ \text{V}}{146\ \text{mA}}$$

$$r = \underline{\underline{273\ \Omega}}$$

Übung 2.2.2.1 – 2

$$R = \frac{U}{I} = \frac{1{,}5\ \text{V}}{3\ \text{mA}} = \underline{\underline{500\ \Omega}}$$

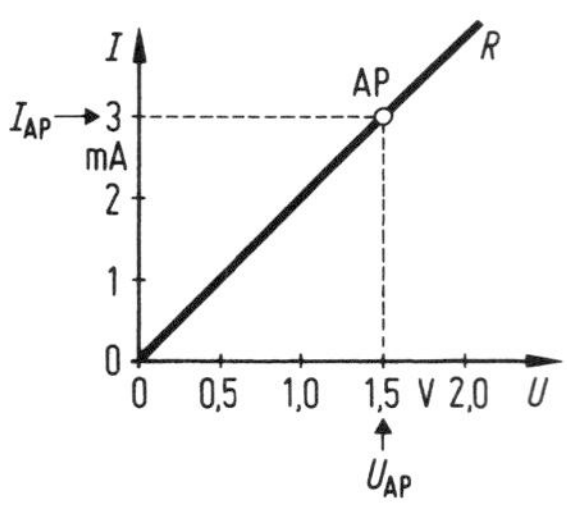

Übung 3.1.1 – 1

$$U_{R_2} = I \cdot R_2 = 1 \cdot 10^{-3}\ \text{A} \cdot 20 \cdot 10^3\ \Omega = \underline{\underline{20\ \text{V}}}$$

$$U_{R_3} = I \cdot R_3 = 1 \cdot 10^{-3}\ \text{A} \cdot 4{,}5 \cdot 10^3\ \Omega = \underline{\underline{4{,}5\ \text{V}}}$$

$$U = U_{R_1} + U_{R_2} + U_{R_3} + U_{R_4}$$

$$= 10\ \text{V} + 20\ \text{V} + 4{,}5\ \text{V} + 15\ \text{V}$$

$$U = \underline{\underline{49{,}5\ \text{V}}}$$

$$R_1 = \frac{U_{R_1}}{I} = \frac{10\ \text{V}}{0{,}001\ \text{A}} = \underline{\underline{10\ \text{k}\Omega}}$$

$$R_4 = \frac{U_{R_4}}{I} = \frac{15\ \text{V}}{0{,}001\ \text{A}} = \underline{\underline{15\ \text{k}\Omega}}$$

Übung 3.1.1 – 2

$$A_{\text{Dr}} = \frac{d^2 \cdot \pi}{4} = \frac{(1{,}5\ \text{mm})^2 \cdot \pi}{4}$$

$$A_{\text{Dr}} = \underline{\underline{1{,}767\ \text{mm}^2}}$$

$$R_{\text{L}} = R_{\text{LH}} + R_{\text{LR}} = \frac{2l}{\varkappa \cdot A}$$

$$= \frac{2 \cdot 200\ \text{m}}{56\ \frac{\text{m}}{\Omega \cdot \text{mm}^2} \cdot 1{,}767\ \text{mm}^2} = \underline{\underline{4{,}042\ \Omega}}$$

$$I = \frac{U_1}{R_{\text{ges}}} = \frac{U_1}{R_{\text{L}} + R}$$

$$= \frac{100\ \text{V}}{4{,}042\ \Omega + 50\ \Omega} = \underline{\underline{1{,}85\ \text{A}}}$$

$$U_2 = I \cdot R = 1{,}85\ \text{A} \cdot 50\ \Omega = \underline{\underline{92{,}5\ \text{V}}}$$

$$\Delta U = U_1 - U_2 = 100\ \text{V} - 92{,}5\ \text{V} = \underline{\underline{7{,}5\ \text{V}}}$$

$\Delta U = 7{,}5\ \text{V} \mathrel{\hat{=}} 7{,}5\ \%$ bezogen auf $U_1 = 100\ \text{V}$

Übung 3.1.1 – 3

$$I = \frac{U_{\text{m}}}{R_{\text{i}}} = \frac{10\ \text{V}}{10 \cdot 10^3\ \Omega} = \underline{\underline{1\ \text{mA}}}$$

$$R_{\text{v}} = \frac{U - U_{\text{m}}}{I} = \frac{100\ \text{V} - 10\ \text{V}}{1 \cdot 10^{-3}\ \text{A}} = \underline{\underline{90\ \text{k}\Omega}}$$

Übung 3.1.4 – 1

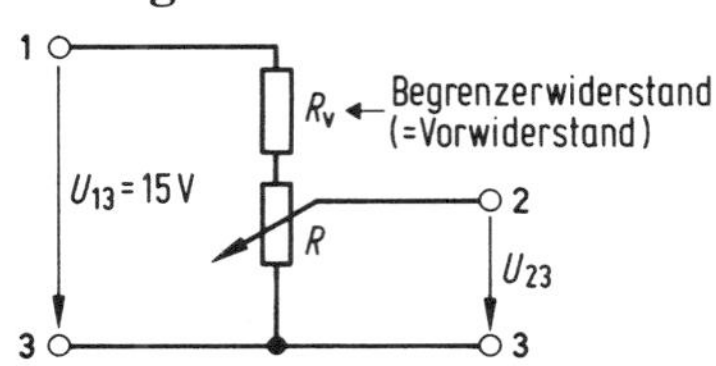

$$\frac{U_{23\,\text{max}}}{U_{13}} = \frac{R}{R_{\text{v}} + R}$$

$$R_{\text{v}} + R = R\,\frac{U_{13}}{U_{23\,\text{max}}}$$

$$R_{\text{v}} = R\,\frac{U_{13}}{U_{23\,\text{max}}} - R$$

$$R_{\text{v}} = R\left(\frac{U_{13}}{U_{23\,\text{max}}} - 1\right)$$

$$= 500\ \Omega\left(\frac{15\ \text{V}}{10\ \text{V}} - 1\right)$$

$$R_{\text{v}} = \underline{\underline{250\ \Omega}}$$

Übung 3.1.5 – 1

$U_{R_1} = U_{12} = I \cdot R_1 = 0{,}5\ \text{A} \cdot 150\ \Omega = \underline{\underline{75\ \text{V}}}$

$U_{R_2} = U_{23} = I \cdot R_2 = 0{,}5\ \text{A} \cdot 180\ \Omega = \underline{\underline{90\ \text{V}}}$

$U_{R_3} = U_{34} = I \cdot R_3 = 0{,}5\ \text{A} \cdot 200\ \Omega = \underline{\underline{100\ \text{V}}}$

$U_{R_4} = U_{45} = I \cdot R_4 = 0{,}5\ \text{A} \cdot 100\ \Omega = \underline{\underline{50\ \text{V}}}$

$U_{21} = -U_{12} = \underline{\underline{-75\ \text{V}}}$

$$U_{41} = -(U_{12} + U_{23} + U_{34}) = -(75\ \text{V} + 90\ \text{V} + 100\ \text{V})$$

$U_{41} = \underline{\underline{-265\ \text{V}}}$

$$U_{25} = U_{23} + U_{34} + U_{45} = 90\ \text{V} + 100\ \text{V} + 50\ \text{V}$$

$U_{25} = \underline{\underline{240\ \text{V}}}$

$$U_{13} = U_{12} + U_{23} = 75\ \text{V} + 90\ \text{V}$$

$U_{13} = \underline{\underline{165\ \text{V}}}$

$U_{43} = -U_{34}$

$U_{43} = \underline{\underline{-100\ \text{V}}}$

$$U_{15} = U_{12} + U_{23} + U_{34} + U_{45} = 75\ \text{V} + 90\ \text{V} + 100\ \text{V} + 50\ \text{V}$$

$U_{15} = \underline{\underline{315\ \text{V}}}$

Übung 3.1.6 – 1

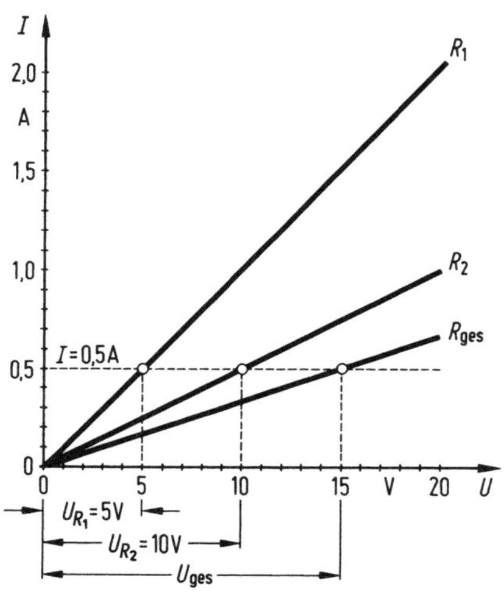

Übung 3.2.2 – 1

$U = I_1 \cdot R_1 = 1\ \text{A} \cdot 10\ \Omega = \underline{\underline{10\ \text{V}}}$

$$I_2 = \frac{U}{R_2} = \frac{10\ \text{V}}{20\ \Omega} = \underline{\underline{0{,}5\ \text{A}}}$$

$$R_3 = \frac{U}{I_3} = \frac{10\ \text{V}}{0{,}5\ \text{A}} = \underline{\underline{20\ \Omega}}$$

$I = I_1 + I_2 + I_3 = 1\ \text{A} + 0{,}5\ \text{A} + 0{,}5\ \text{A} = \underline{\underline{2\ \text{A}}}$

Übung 3.2.2 – 2

Strom durch den Shunt:

$I_{\text{Sh}} = I - I_{\text{m}} = 10\ \text{A} - 1\ \text{A} = \underline{\underline{9\ \text{A}}}$

$$\frac{R_{\text{Sh}}}{R_{\text{i}}} = \frac{I_{\text{m}}}{I_{\text{Sh}}}$$

$$R_{\text{Sh}} = R_{\text{i}} \frac{I_{\text{m}}}{I_{\text{Sh}}} = 0{,}1\ \Omega\ \frac{1\ \text{A}}{9\ \text{A}}$$

$R_{\text{Sh}} = \underline{\underline{11{,}1\ \text{m}\Omega}}$

Übung 3.2.3 – 1

$I' = I + 0{,}3 \cdot I = 1{,}3 \cdot I = 1{,}3 \cdot 1\ \text{A} = \underline{\underline{1{,}3\ \text{A}}}$

$$\frac{R_1}{R_X} = \frac{1{,}3\ \text{A} - 1\ \text{A}}{1\ \text{A}} \Rightarrow R_X = R_1 \frac{1\ \text{A}}{0{,}3\ \text{A}} = 100\ \Omega\ \frac{1\ \text{A}}{0{,}3\ \text{A}}$$

$R_X = \underline{\underline{333{,}33\ \Omega}}$

Übung 3.2.3 – 2

$U = I_1 \cdot R_1 = 35 \cdot 10^{-6}\ \text{A} \cdot 1{,}2 \cdot 10^{6}\ \Omega = \underline{\underline{42\ \text{V}}}$

$I_2 = I - I_1 = 60\ \mu\text{A} - 35\ \mu\text{A} = \underline{\underline{25\ \mu\text{A}}}$

$$R_2 = \frac{U}{I_2} = \frac{42\ \text{V}}{25 \cdot 10^{-6}\ \text{A}} = \underline{\underline{1{,}68\ \text{M}\Omega}}$$

Übung 3.3.1.2 – 1

$U_{\text{i}} = U_0 - U_{12} = 12\ \text{V} - 11\ \text{V} = \underline{\underline{1\ \text{V}}}$

$$R_{\text{i}} = \frac{U_{\text{i}}}{I}$$

$$R_{\text{i}} = \frac{1\ \text{V}}{100\ \text{A}} = \underline{\underline{0{,}01\ \Omega}}$$

Übung 3.3.1.2 – 2

$$R_i = \frac{U_i}{I} = \frac{U_i}{\frac{U_{12}}{R_L}} = \frac{U_i \cdot R_L}{U_{12}}$$

$$R_i = \frac{2{,}5\ \text{V} \cdot 125\ \Omega}{12\ \text{V}} = \underline{\underline{26{,}041\ \Omega}}$$

$$U_0 = U_{12} + U_i = 12\ \text{V} + 2{,}5\ \text{V} = \underline{\underline{14{,}5\ \text{V}}}$$

$$I_k = \frac{U_0}{R_i} = \frac{14{,}5\ \text{V}}{26{,}041\ \Omega} = \underline{\underline{0{,}556\ \text{A}}}$$

Übung 3.3.1.2 – 3

$$U_{12} = U_{(AP)} = \underline{\underline{10\ \text{V}}}; \quad I = I_{(AP)} = \underline{\underline{3\ \text{A}}}$$

$$R_L = \frac{U_{12}}{I} = \frac{10\ \text{V}}{3\ \text{A}} = \underline{\underline{3{,}333\ \Omega}}$$

$$\begin{aligned} U_0 &= U_{12} + U_i \\ &= U_{12} + I \cdot R_i \\ &= 10\ \text{V} + 3\ \text{A} \cdot 5\ \Omega \end{aligned}$$

$$U_0 = 10\ \text{V} + 15\ \text{V} = \underline{\underline{25\ \text{V}}}$$

$$I_k = \frac{U_0}{R_i} = \frac{25\ \text{V}}{5\ \Omega} = \underline{\underline{5\ \text{A}}}$$

Übung 3.4.1 – 1

$$R_{34} = \frac{R_3 \cdot R_4}{R_3 + R_4} = \frac{500\ \Omega \cdot 700\ \Omega}{500\ \Omega + 700\ \Omega} = \underline{\underline{291{,}66\ \Omega}}$$

$$R_{234} = R_2 + R_{34} = 291{,}66\ \Omega + 1500\ \Omega$$

$$R_{234} = \underline{\underline{1791{,}66\ \Omega}}$$

$$R_{24} = \frac{R_{234} \cdot R_5}{R_{234} + R_5} = \frac{1791{,}66\ \Omega \cdot 1200\ \Omega}{1791{,}66\ \Omega + 1200\ \Omega}$$

$$R_{24} = \underline{\underline{718{,}66\ \Omega}}$$

$$R_{14} = R_1 + R_{24} = 1000\ \Omega + 718{,}66\ \Omega$$

$$R_{14} = \underline{\underline{1718{,}66\ \Omega}}$$

$$I = \frac{U_{14}}{R_{14}} = \frac{20\ \text{V}}{1718{,}66\ \Omega} = 0{,}0116\ \text{A} = \underline{\underline{11{,}6\ \text{mA}}}$$

$$U_{24} = I \cdot R_{24} = 0{,}0116\ \text{A} \cdot 718{,}66\ \Omega$$

$$U_{24} = \underline{\underline{8{,}336\ \text{V}}}$$

$$I_2 = \frac{U_{24}}{R_5}$$

$$I_2 = \frac{8{,}336\ \text{V}}{1200\ \Omega} = \underline{\underline{6{,}946\ \text{mA}}}$$

$$I_1 = \frac{U_{24}}{R_{234}} = \frac{8{,}336\ \text{V}}{1791{,}66\ \Omega} = \underline{\underline{4{,}652\ \text{mA}}}$$

$$U_{34} = I_1 \cdot R_{34} = 0{,}004652\ \text{A} \cdot 291{,}66\ \Omega$$

$$U_{34} = \underline{\underline{1{,}356\ \text{V}}}$$

$$I_3 = \frac{U_{34}}{R_3}$$

$$I_3 = \frac{1{,}356\ \text{V}}{500\ \Omega} = \underline{\underline{2{,}712\ \text{mA}}}$$

$$I_4 = \frac{U_{34}}{R_4} = \frac{1{,}356\ \text{V}}{700\ \Omega} = \underline{\underline{1{,}937\ \text{mA}}}$$

Übung 3.4.1 – 2

$$R_{32} = \frac{R_L \cdot R_6}{R_L + R_6} = \frac{100\ \Omega \cdot 200\ \Omega}{100\ \Omega + 200\ \Omega}$$

$$R_{32} = \underline{\underline{66{,}666\ \Omega}}$$

$$R_{532} = R_3 + R_{32} = 100\ \Omega + 66{,}666\ \Omega$$

$$R_{532} = \underline{\underline{166{,}666\ \Omega}}$$

$$R_{52} = \frac{R_{532} \cdot R_5}{R_{532} + R_5} = \frac{166{,}666\ \Omega \cdot 200\ \Omega}{166{,}666\ \Omega + 200\ \Omega}$$

$$R_{52} = \underline{\underline{90{,}908\ \Omega}}$$

$$R_{452} = R_2 + R_{52} = 100\ \Omega + 90{,}908\ \Omega$$

$$R_{452} = \underline{\underline{190{,}908\ \Omega}}$$

$$R_{42} = \frac{R_{452} \cdot R_4}{R_{452} + R_4} = \frac{190{,}908\ \Omega \cdot 200\ \Omega}{190{,}908\ \Omega + 200\ \Omega}$$

$$R_{42} = \underline{\underline{97{,}674\ \Omega}}$$

$$R_{12} = R_1 + R_{42} = 100\ \Omega + 97{,}674\ \Omega$$

$$R_{12} = \underline{\underline{197{,}674\ \Omega}}$$

$$I_1 = \frac{U_{12}}{R_{12}} = \frac{10\ \text{V}}{197{,}674\ \Omega} = 0{,}0505\ \text{A}$$

$$U_{42} = I_1 \cdot R_{42} = 0{,}0505\ \text{A} \cdot 97{,}674\ \Omega$$

$$U_{42} = \underline{\underline{4{,}932\ \text{V}}}$$

Übung 3.4.1 – 2 (Fortsetzung)

$$I_{R_2} = \frac{U_{42}}{R_{452}}$$

$$I_{R_2} = \frac{4{,}932\ \text{V}}{190{,}908\ \Omega} = \underline{\underline{0{,}02583\ \text{A}}}$$

$$U_{52} = I_{R_2} \cdot R_{52} = 0{,}02583\ \text{A} \cdot 90{,}908\ \Omega$$

$$U_{52} = \underline{\underline{2{,}348\ \text{V}}}$$

$$I_{R_3} = \frac{U_{52}}{R_{532}}$$

$$I_{R_3} = \frac{2{,}348\ \text{V}}{166{,}666\ \Omega} = \underline{\underline{0{,}01409\ \text{A}}}$$

$$U_{32} = I_{R_3} \cdot R_{32} = 0{,}01409\ \text{A} \cdot 66{,}666\ \Omega$$

$$U_{32} = \underline{\underline{0{,}939\ \text{V}}}$$

$$I_2 = \frac{U_{32}}{R_\text{L}} = \frac{0{,}939\ \text{V}}{100\ \Omega} = \underline{\underline{9{,}394\ \text{mA}}}$$

Übung 3.4.1 – 3

$$R_\text{i} = \frac{U_0}{I_\text{k}} = \frac{200\ \text{V}}{10\ \text{A}} = \underline{\underline{20\ \Omega}}$$

$$A_\text{Ltg} = \frac{d^2 \cdot \pi}{4} = \frac{(1{,}5\ \text{mm})^2 \cdot \pi}{4}$$

$$A_\text{Ltg} = \underline{\underline{1{,}766\ \text{mm}^2}}$$

$$R_\text{Ltg} = \frac{2 \cdot l}{\varkappa \cdot A} = \frac{2 \cdot 1000\ \text{m}}{\frac{56\ \text{m}}{\Omega \cdot \text{mm}^2} \cdot 1{,}766\ \text{mm}^2}$$

$$R_\text{Ltg} = \underline{\underline{20{,}22\ \Omega}}$$

$$R_{32} = \frac{R_1 \cdot R_2}{R_1 + R_2} = \frac{15\ \Omega \cdot 30\ \Omega}{15\ \Omega + 30\ \Omega} = \underline{\underline{10\ \Omega}}$$

$$R_{12} = R_\text{Ltg} + R_{32} = 20{,}22\ \Omega + 10\ \Omega$$
$$= \underline{\underline{30{,}22\ \Omega}}$$

$$I = \frac{U_0}{R_\text{i} + R_{12}} = \frac{200\ \text{V}}{20\ \Omega + 30{,}22\ \Omega}$$

$$I = \underline{\underline{3{,}982\ \text{A}}}$$

$$U_{12} = I \cdot R_{12} = 3{,}982\ \text{A} \cdot 30{,}22\ \text{A}$$

$$U_{12} = \underline{\underline{120{,}336\ \text{V}}}$$

$$U_{32} = I \cdot R_{32} = 3{,}982\ \text{A} \cdot 10\ \Omega = \underline{\underline{39{,}82\ \text{V}}}$$

Übung 3.4.2.1 – 1

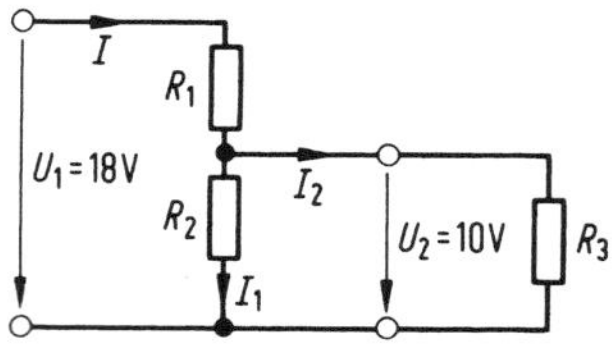

$$I_2 = \frac{U_2}{R_3} = \frac{10\ \text{V}}{10\ \Omega} = \underline{\underline{1\ \text{A}}}$$

$$I_1 = 10 \cdot I_2 = 10 \cdot 1\ \text{A} = \underline{\underline{10\ \text{A}}}$$

$$R_2 = \frac{U_2}{I_1} = \frac{10\ \text{V}}{10\ \text{A}} = \underline{\underline{1\ \Omega}}$$

$$R_1 = \frac{U_1 - U_2}{I_1 + I_2} = \frac{18\ \text{V} - 10\ \text{V}}{10\ \text{A} + 1\ \text{A}} = \frac{8\ \text{V}}{11\ \text{A}}$$

$$R_1 = \underline{\underline{0{,}727\ \Omega}}$$

Übung 3.4.2.1 – 2

$$U_{2\,\text{Belastung}} = U_{2\text{B}} = 0{,}98 \cdot U_{2\,\text{Leerlauf}}$$

$$U_{2\text{B}} = 0{,}98 \cdot 15\ \text{V} = \underline{\underline{14{,}7\ \text{V}}}$$

$$I_2 = \frac{U_{2\text{B}}}{R_\text{L}} = \frac{14{,}7\ \text{V}}{100\ \Omega} = \underline{\underline{0{,}147\ \text{A}}}$$

$$I_1 = 10 \cdot I_2 = 10 \cdot 0{,}147\ \text{A} = \underline{\underline{1{,}47\ \text{A}}}$$

$$R_2 = \frac{U_{2\text{B}}}{I_1} = \frac{14{,}7\ \text{V}}{1{,}47\ \text{A}} = \underline{\underline{10\ \Omega}}$$

$$R_1 = \frac{U_1 - U_{2\text{B}}}{I_1 + I_2}$$
$$= \frac{20\ \text{V} - 14{,}7\ \text{V}}{1{,}47\ \text{A} + 0{,}147\ \text{A}}$$
$$= \underline{\underline{3{,}277\ \Omega}}$$

Übung 3.5.1 – 1

Umwandlung der Sternschaltung aus R_2, R_4, R_5 in eine Dreieckschaltung

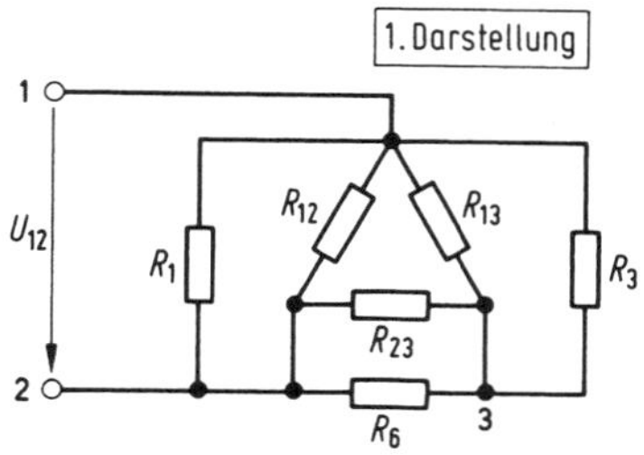

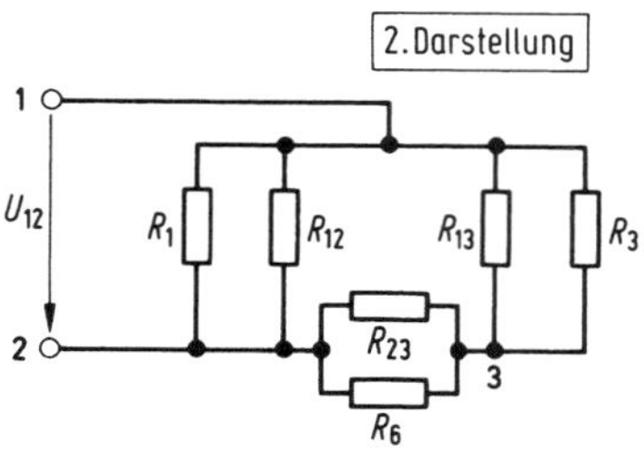

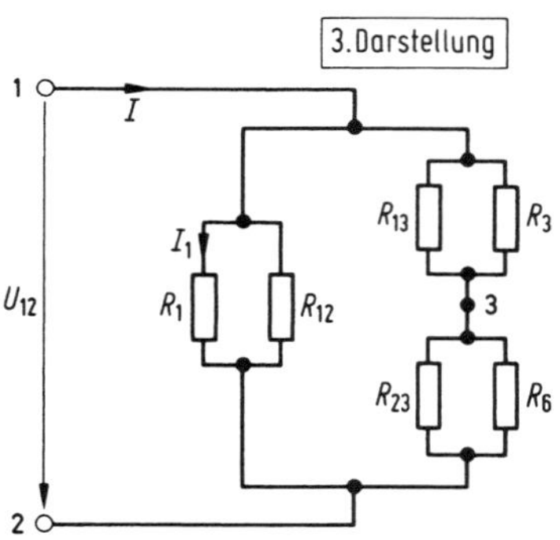

$$R_0 = \frac{1}{\frac{1}{R_2} + \frac{1}{R_4} + \frac{1}{R_5}}$$

$$R_0 = \frac{1}{\frac{1}{1{,}5\ \text{k}\Omega} + \frac{1}{3\ \text{k}\Omega} + \frac{1}{2\ \text{k}\Omega}} = \underline{\underline{0{,}666\ \text{k}\Omega}}$$

$$R_{12} = \frac{R_2 \cdot R_4}{R_0}$$

$$R_{12} = \frac{1{,}5\ \text{k}\Omega \cdot 3\ \text{k}\Omega}{0{,}666\ \text{k}\Omega} = \underline{\underline{6{,}75\ \text{k}\Omega}}$$

$$R_{13} = \frac{R_2 \cdot R_5}{R_0} = \frac{1{,}5\ \text{k}\Omega \cdot 2\ \text{k}\Omega}{0{,}666\ \text{k}\Omega} = \underline{\underline{4{,}504\ \text{k}\Omega}}$$

$$R_{23} = \frac{R_4 \cdot R_5}{R_0} = \frac{3\ \text{k}\Omega \cdot 2\ \text{k}\Omega}{0{,}666\ \text{k}\Omega} = \underline{\underline{9\ \text{k}\Omega}}$$

$$R_{1\|12} = \frac{R_1 \cdot R_{12}}{R_1 + R_{12}} = \frac{1\ \text{k}\Omega \cdot 6{,}756\ \text{k}\Omega}{1\ \text{k}\Omega + 6{,}756\ \text{k}\Omega}$$

$$R_{1\|12} = \underline{\underline{0{,}871\ \text{k}\Omega}}$$

$$R_{13\|3} = \frac{R_{13} \cdot R_3}{R_{13} + R_3} = \frac{4{,}504\ \text{k}\Omega \cdot 2\ \text{k}\Omega}{4{,}504\ \text{k}\Omega + 2\ \text{k}\Omega}$$

$$R_{13\|3} = \underline{\underline{1{,}384\ \text{k}\Omega}}$$

$$R_{23\|6} = \frac{R_{23} \cdot R_6}{R_{23} + R_6} = \frac{9\ \text{k}\Omega \cdot 2{,}5\ \text{k}\Omega}{9\ \text{k}\Omega + 2{,}5\ \text{k}\Omega}$$

$$R_{23\|6} = \underline{\underline{1{,}956\ \text{k}\Omega}}$$

$$R_{132} = R_{13\|6} + R_{23\|6} = 1{,}384\,\text{k}\Omega + 1{,}956\,\text{k}\Omega$$

$$R_{132} = \underline{\underline{3{,}34\ \text{k}\Omega}}$$

$$R_{1,2} = \frac{R_{132} \cdot R_{1\|12}}{R_{132} + R_{1\|12}} = \frac{3{,}34\ \text{k}\Omega \cdot 0{,}87\ \text{k}\Omega}{3{,}34\ \text{k}\Omega + 0{,}87\ \text{k}\Omega}$$

$$R_{1,2} = \underline{\underline{0{,}69\ \text{k}\Omega}}$$

$$I = \frac{U_{12}}{R_{12}} = \frac{20\ \text{V}}{0{,}69\ \text{k}\Omega} = \underline{\underline{28{,}985\ \text{mA}}}$$

$$I_1 = \frac{U_{12}}{R_1} = \frac{20\ \text{V}}{1\ \text{k}\Omega} = \underline{\underline{20\ \text{mA}}}$$

Übung 3.5.1 – 2

Umzeichnung der Widerstandsschaltung in eine Dreieckschaltung:

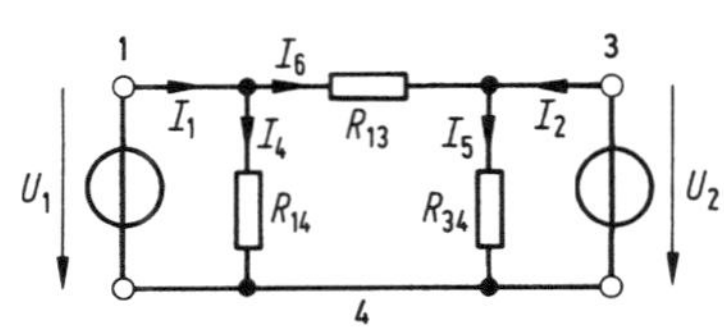

$$R_0 = \frac{1}{\frac{1}{R_1} + \frac{1}{R_2} + \frac{1}{R_3}}$$

$$= \frac{1}{\frac{1}{1{,}3\ \text{k}\Omega} + \frac{1}{3{,}3\ \text{k}\Omega} + \frac{1}{0{,}5\ \text{k}\Omega}}$$

$$R_0 = \underline{\underline{0{,}3255\ \text{k}\Omega}}$$

Übung 3.5.1 – 2 (Fortsetzung)

$$R_{13} = \frac{R_1 \cdot R_2}{R_0} = \frac{1{,}3\ \text{k}\Omega \cdot 3{,}3\ \text{k}\Omega}{0{,}3255\ \text{k}\Omega} = \underline{\underline{13{,}18\ \text{k}\Omega}}$$

$$R_{14} = \frac{R_1 \cdot R_3}{R_0} = \frac{1{,}3\ \text{k}\Omega \cdot 0{,}5\ \text{k}\Omega}{0{,}3255\ \text{k}\Omega} = \underline{\underline{1{,}99\ \text{k}\Omega}}$$

$$R_{34} = \frac{R_2 \cdot R_3}{R_0} = \frac{3{,}3\ \text{k}\Omega \cdot 0{,}5\ \text{k}\Omega}{0{,}3255\ \text{k}\Omega} = \underline{\underline{5{,}069\ \text{k}\Omega}}$$

$$I_4 = \frac{U_1}{R_{14}} = \frac{10\ \text{V}}{1990\ \Omega} = \underline{\underline{5{,}025\ \text{mA}}}$$

$$I_5 = \frac{U_2}{R_{34}} = \frac{8\ \text{V}}{5069\ \Omega} = \underline{\underline{1{,}578\ \text{mA}}}$$

$$I_6 = \frac{U_1 - U_2}{R_{13}} = \frac{10\ \text{V} - 8\ \text{V}}{13\,180\ \Omega} = \underline{\underline{0{,}151\ \text{mA}}}$$

$$I_1 = I_4 + I_6 = \underline{\underline{5{,}176\ \text{mA}}}$$

$$I_2 = I_5 - I_6 = \underline{\underline{1{,}427\ \text{mA}}}$$

Aus der Originalschaltung folgt:

$$I_3 = I_1 + I_2 = 5{,}176\ \text{mA} + 1{,}427\ \text{mA}$$

$$I_3 = \underline{\underline{6{,}603\ \text{mA}}}$$

Übung 3.5.2 – 1

Festlegung der Knotenpunkte und der Maschenumlaufrichtungen:

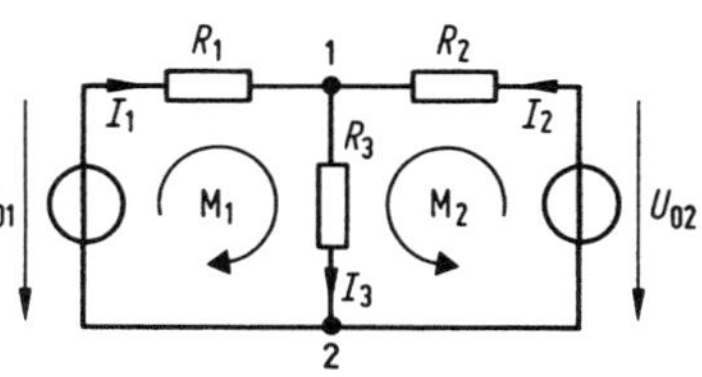

Knotengleichung: $I_1 + I_2 = I_3$
Maschengleichung 1: $I_1 \cdot R_1 + I_3 \cdot R_3 - U_{01} = 0$
Maschengleichung 2: $I_2 \cdot R_2 + I_3 \cdot R_3 - U_{02} = 0$

Lösung des Gleichungssystems:

$$I_1 \cdot R_1 + (I_1 + I_2)\, R_3 - U_{01} = 0$$

$$I_1 \cdot R_1 + I_1 \cdot R_3 + I_2 \cdot R_3 - U_{01} = 0$$

$$I_1(R_1 + R_3) + I_2 \cdot R_3 - U_{01} = 0$$

$$I_1(R_1 + R_3) = U_{01} - I_2 \cdot R_3$$

$$I_1 = \frac{U_{01} - I_2 \cdot R_3}{(R_1 + R_3)}$$

$$I_2 \cdot R_2 + (I_1 + I_2)\, R_3 - U_{02} = 0$$

$$I_2 \cdot R_2 + I_1 \cdot R_3 + I_2 \cdot R_3 - U_{02} = 0$$

$$I_2(R_2 + R_3) + I_1 \cdot R_3 - U_{02} = 0$$

$$I_2(R_2 + R_3) + \frac{U_{01} - I_2 \cdot R_3}{(R_1 + R_3)} R_3 - U_{02} = 0$$

$$I_2(R_2 + R_3) + \frac{U_{01} \cdot R_3}{(R_1 + R_3)} - I_2 \frac{R_3^2}{(R_1 + R_3)} - U_{02} = 0$$

$$I_2 = \underline{\underline{\frac{U_{02}(R_3 + R_1) - U_{01} \cdot R_3}{R_3(R_1 + R_2) + R_1 \cdot R_2}}}$$

$$I_1 = \frac{U_{01}}{R_1 + R_3} - I_2 \frac{R_3}{R_1 + R_3} = \frac{U_{01}}{R_1 + R_3} - \left(\frac{U_{02}(R_3 + R_1) - U_{01} \cdot R_3}{R_3(R_1 + R_2) + R_1 \cdot R_2}\right) \cdot \frac{R_3}{R_1 + R_3}$$

$$I_1 = \underline{\underline{\frac{U_{01}(R_3 + R_1) - U_{02} \cdot R_3}{R_3(R_1 + R_2) + R_1 \cdot R_2}}}$$

$$I_3 = I_1 + I_2 = \frac{U_{01}(R_3 + R_2) - U_{02} \cdot R_3}{R_3(R_1 + R_2) + R_1 \cdot R_2} + \frac{U_{02}(R_3 + R_1) - U_{01} \cdot R_3}{R_3(R_1 + R_2) + R_1 \cdot R_2}$$

$$I_3 = \underline{\underline{\frac{U_{01} \cdot R_2 + U_{02} \cdot R_1}{R_3(R_1 + R_2) + R_1 \cdot R_2}}}$$

Übung 3.5.3 – 1

1.Umzeichnung des gegebenen Schaltplans

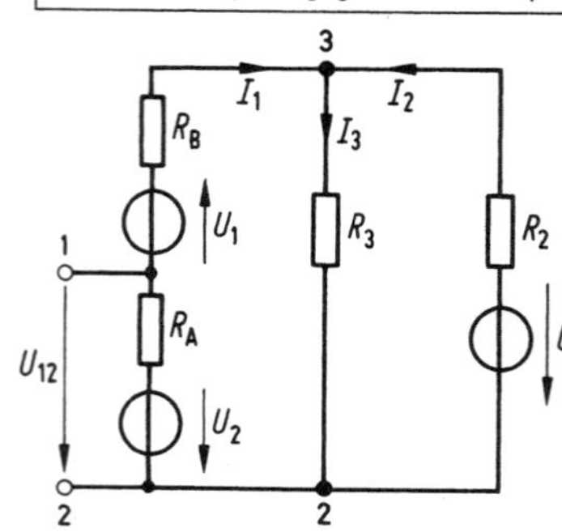

$$U_{01} = U_2 - U_1 = 20 - 10\ \text{V} = \underline{\underline{10\ \text{V}}}$$

Übung 3.5.3 – 1 (Fortsetzung)

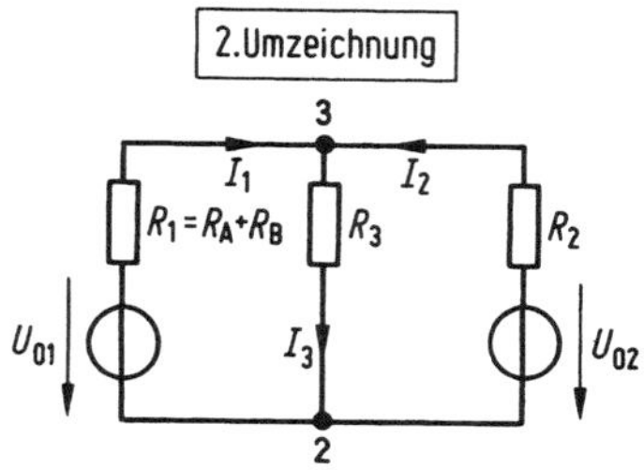

Anwendung der Gleichung aus Übung 3.5.2 – 1:

$$I_1 = \frac{U_{01}(R_3 + R_2) - U_{02} \cdot R_3}{R_3(R_1 + R_2) + R_1 \cdot R_2}$$

mit

$R_1 = R_A + R_B = 10\ \Omega + 20\ \Omega = 30\ \Omega$

$R_3 = 40\ \Omega$

$R_2 = 30\ \Omega$

$U_{01} = 10\ \text{V}$

$U_{02} = 30\ \text{V}$

$$I_1 = \frac{10\ \text{V}(40\ \Omega + 30\ \Omega) - 30\ \text{V} \cdot 40\ \Omega}{40\ \Omega(30\ \Omega + 30\ \Omega) + 30\ \Omega \cdot 30\ \Omega}$$

$I_1 = \underline{\underline{-0{,}151\ \text{A}}}$

$U_{12} = U_2 - I_1 \cdot R_A = 20\ \text{V} - (-0{,}151\ \text{A}) \cdot 10\ \Omega$

$U_{12} = \underline{\underline{21{,}515\ \text{V}}}$

$$I_2 = \frac{U_{02}(R_3 + R_1) - U_{01} \cdot R_3}{R_3(R_1 + R_2) + R_1 \cdot R_2}$$

mit

$U_{02} = 30\ \text{V}$

$U_{01} = 10\ \text{V}$

$R_1 = R_A + R_B = 10\ \Omega + 20\ \Omega = 30\ \Omega$

$R_2 = 30\ \Omega$

$R_3 = 40\ \Omega$

$$I_2 = \frac{30\ \text{V}(40\ \Omega + 30\ \Omega) - 10\ \text{V} \cdot 40\ \Omega}{40\ \Omega(30\ \Omega + 30\ \Omega) + 30\ \Omega \cdot 30\ \Omega}$$

$I_2 = \underline{\underline{0{,}515\ \text{A}}}$

$U_{32} = U_3 - I_1 \cdot R_2 = 30\ \text{V} - 0{,}515\ \text{A} \cdot 30\ \Omega$

$U_{32} = \underline{\underline{14{,}545\ \text{V}}}$

$$I_3 = \frac{U_{32}}{R_3} = \frac{14{,}545\ \text{V}}{40\ \Omega} = \underline{\underline{0{,}363\ \text{A}}}$$

Übung 3.5.3 – 2

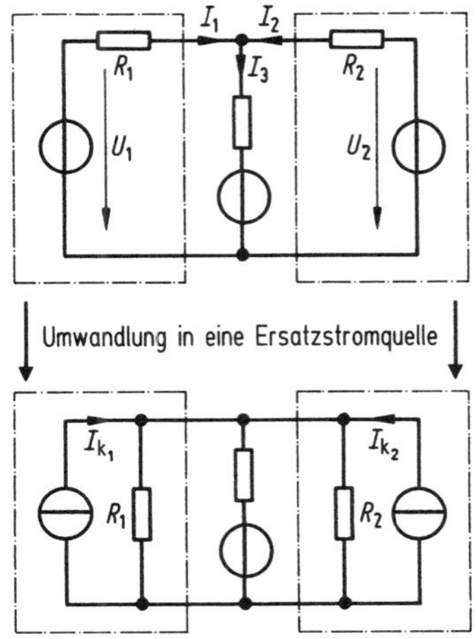

$$I_{k_1} = \frac{U_1}{R_1} = \frac{8\ \text{V}}{100\ \Omega} = \underline{\underline{0{,}08\ \text{A}}}$$

$$I_{k_2} = \frac{U_2}{R_2} = \frac{12\ \text{V}}{120\ \Omega} = \underline{\underline{0{,}1\ \text{A}}}$$

Zusammenfassung der Stromquellen:

$I_k = I_{k_1} + I_{k_2}$

$I_k = \underline{\underline{0{,}18\ \text{A}}}$

$$R_{1,2} = \frac{R_1 \cdot R_2}{R_1 + R_2} = \frac{100\ \Omega \cdot 120\ \Omega}{220\ \Omega}$$

$R_{1,2} = \underline{\underline{54{,}545\ \Omega}}$

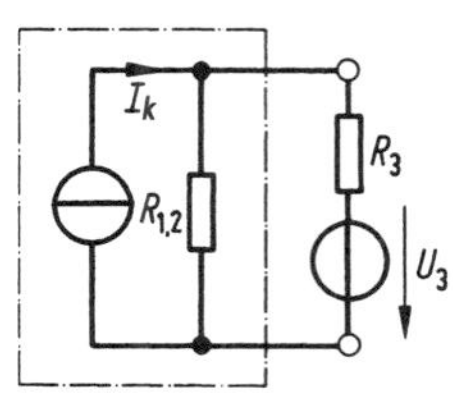

Umwandlung der Stromquelle wieder in eine Ersatzspannungsquelle

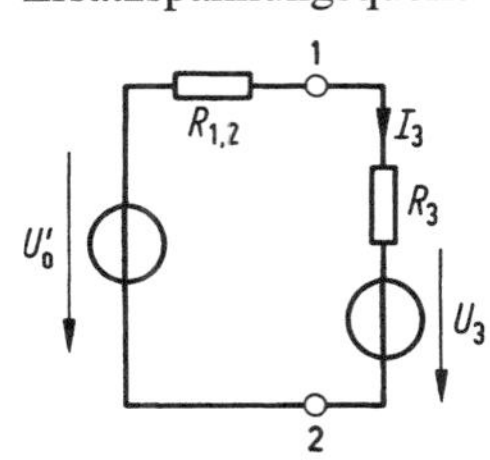

Übung 3.5.3 – 2 (Fortsetzung)

$$U'_0 = I_k \cdot R_{1,2} = 0{,}18\ \text{A} \cdot 54{,}545\ \Omega$$

$$U'_0 = \underline{\underline{9{,}818\ \text{V}}}$$

$$I_3 = \frac{U'_0 - U_3}{R_{1,2} + R_3} = \frac{9{,}818\ \text{V} - 10\ \text{V}}{54{,}545\ \Omega + 220\ \Omega}$$

$$I_3 = \underline{\underline{-0{,}662\ \text{mA}}}$$

$$U_{R_3} = I_3 \cdot R_3 = -0{,}662\ \text{mA} \cdot 220\ \Omega$$

$$U_{R_3} = \underline{\underline{-0{,}145\ \text{V}}}$$

$$U_{12} = U_3 - U_{R_3}$$

$$U_{12} = \underline{\underline{9{,}854\ \text{V}}}$$

$$I_1 = \frac{U_1 - U_{12}}{R_1} = \frac{8\ \text{V} - 9{,}854\ \text{V}}{100\ \Omega}$$

$$I_1 = \frac{-1{,}854\ \text{V}}{100\ \Omega} = \underline{\underline{-0{,}0185\ \text{A}}}$$

$$I_2 = \frac{U_2 - U_{12}}{120\ \Omega} = \frac{12\ \text{V} - 9{,}854\ \text{V}}{120\ \Omega}$$

$$I_2 = \underline{\underline{0{,}0178\ \text{A}}}$$

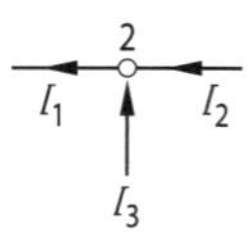

Übung 3.6.1 – 1

$$W = U \cdot Q$$

$$W = 12\ \text{V} \cdot 1 \cdot 10^{-3}\ \text{A} \cdot \text{s}$$

$$= 12 \cdot 10^{-3}\ \text{W} \cdot \text{s} = \underline{\underline{12\ \text{m W} \cdot \text{s}}}$$

Übung 3.6.1 – 2

$$W = U \cdot I \cdot t$$

$$U = \frac{W}{I \cdot t} = \frac{8 \cdot 10^7\ \text{W} \cdot \text{s}}{80 \cdot 10^3\ \text{A} \cdot 1 \cdot 10^{-3}\ \text{s}} = \underline{\underline{1\ \text{MV}}}$$

Übung 3.6.2 – 1

$$R_E = \frac{R_1 \cdot R_2}{R_1 + R_2} = \frac{1{,}5\ \text{k}\Omega \cdot 3{,}0\ \text{k}\Omega}{1{,}5\ \text{k}\Omega + 3\ \text{k}\Omega} = \underline{\underline{1\ \text{k}\Omega}}$$

$$P = U \cdot I$$

$$I = \frac{U}{R_E}$$

$$P = U \cdot \frac{U}{R_E} = \frac{U^2}{R_E} = \frac{(100\ \text{V})^2}{1000\ \Omega} = \underline{\underline{10\ \text{W}}}$$

Übung 3.6.2 – 2

$$R_{23} = \frac{R_2 \cdot R_3}{R_2 + R_3} = \frac{300\ \Omega \cdot 180\ \Omega}{300\ \Omega + 180\ \Omega} = \underline{\underline{112{,}5\ \Omega}}$$

$$R_{123} = R_1 + R_{23}$$

$$= 115\ \Omega + 112{,}5\ \Omega = \underline{\underline{227{,}5\ \Omega}}$$

$$R_{13} = \frac{R_{123} \cdot R_4}{R_{123} + R_4}$$

$$= \frac{227{,}5\ \Omega \cdot 215\ \Omega}{227{,}5\ \Omega + 215\ \Omega} = \underline{\underline{110{,}53\ \Omega}}$$

$$P = \frac{U^2}{R_{13}} = \frac{(20\ \text{V})^2}{110{,}53\ \Omega} = \underline{\underline{3{,}618\ \text{W}}}$$

Übung 3.6.2 – 3

$$I_1 = \frac{P_1}{U} = \frac{30\ \text{W}}{230\ \text{V}} = \underline{\underline{0{,}13\ \text{A}}}$$

$$I_2 = \frac{P_2}{U} = \frac{80\ \text{W}}{230\ \text{V}} = \underline{\underline{0{,}347\ \text{A}}}$$

$$I_3 = \frac{P_3}{U} = \frac{1300\ \text{W}}{230\ \text{V}} = \underline{\underline{5{,}652\ \text{A}}}$$

$$I_4 = \frac{P_4}{U} = \frac{2200\ \text{W}}{230\ \text{V}} = \underline{\underline{9{,}565\ \text{A}}}$$

$$I_5 = \frac{P_5}{U} = \frac{200\ \text{W}}{230\ \text{V}} = \underline{\underline{0{,}869\ \text{A}}}$$

$$I_{ges} = I_1 + I_2 + I_3 + I_4 + I_5$$

$$I_{ges} = 0{,}13\ \text{A} + 0{,}347\ \text{A} + 5{,}652\ \text{A} + 9{,}565\ \text{A} + 0{,}869\ \text{A}$$

$$I_{ges} = \underline{\underline{16{,}563\ \text{A}}}$$

$$P_{ges} = P_1 + P_2 + P_3 + P_4 + P_5 = \underline{\underline{3810\ \text{W}}}$$

$$P_{ges} = U \cdot I_{ges} = 230\ \text{V} \cdot 16{,}563\ \text{A}$$

$$P_{ges} = \underline{\underline{3809{,}5\ \text{W}}}$$

Übung 3.6.2.1 – 1

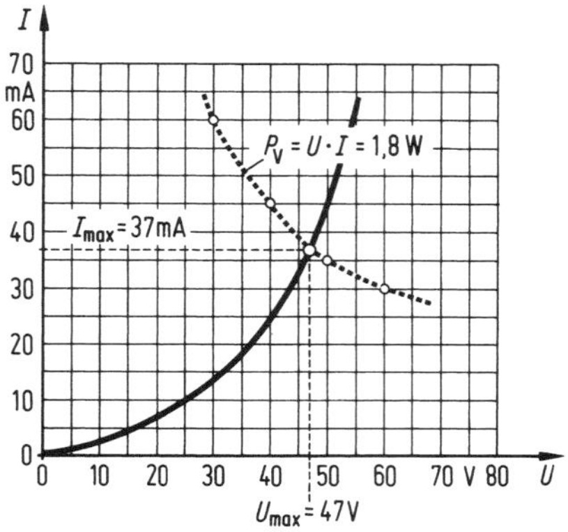

Übung 3.6.2.1 – 2

$$P_{tot} = \frac{(U_{max})^2}{R} = \frac{(25\text{ V})^2}{1000\ \Omega} = \underline{\underline{0{,}625\text{ W}}}$$

$$I_{max} = \frac{U}{R} = \frac{25\text{ V}}{1\text{ k}\Omega} = \underline{\underline{25\text{ mA}}}$$

Übung 3.6.2.2 – 1

$$P_{tot} = \frac{\vartheta_{i\,max} - \vartheta_u}{R_{th}} = \frac{100\ °\text{C} - 25\ °\text{C}}{10\ \frac{\text{K}}{\text{W}}}$$

$$P_{tot} = \underline{\underline{7{,}5\text{ W}}}$$

Übung 3.6.2.2 – 2

$$P = \frac{U^2}{R} \Rightarrow P = \frac{(2 \cdot U)^2}{R} = 4 \cdot \frac{U^2}{R} = \underline{\underline{4 \cdot P}}$$

Die Leistung wird 4-mal größer.

Übung 3.6.2.2 – 3

$$R_{La_1} = \frac{U_{La}^2}{P} = \frac{(150\text{ V})^2}{80\text{ W}} = \underline{\underline{281{,}25\ \Omega}}$$

$$R_{La_2} = \frac{U_{La}^2}{P} = \frac{(150\text{ V})^2}{120\text{ W}} = \underline{\underline{187{,}5\ \Omega}}$$

$$R_{La_3} = \frac{U_{La}^2}{P} = \frac{(150\text{ V})^2}{200\text{ W}} = \underline{\underline{112{,}5\ \Omega}}$$

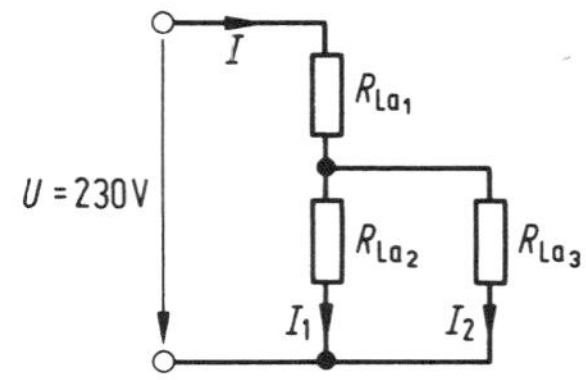

$$R_{12} = R_{La_1} + \frac{R_{La_2} \cdot R_{La_3}}{R_{La_2} + R_{La_3}}$$

$$= 281{,}25\ \Omega + \frac{187{,}5\ \Omega \cdot 112{,}5\ \Omega}{187{,}5\ \Omega + 112{,}5\ \Omega}$$

$$R_{12} = 281{,}25\ \Omega + 70{,}312\ \Omega = \underline{\underline{351{,}562\ \Omega}}$$

$$I = \frac{U}{R_{12}} = \frac{230\text{ V}}{351{,}562\ \Omega} = \underline{\underline{0{,}654\text{ A}}}$$

Die tatsächliche Lampenspannung ist:

$$U_{La_2} = U_{La_3} = I \cdot R_{La_2,La_3} = 0{,}654\text{ A} \cdot 70{,}312\ \Omega$$

$$U_{La_2} = U_{La_3} = \underline{\underline{45{,}98\text{ V}}}$$

$$I_1 = \frac{U_{La_2}}{R_{La_2}} = \frac{45{,}98\text{ V}}{187{,}5\ \Omega} = \underline{\underline{0{,}245\text{ A}}}$$

$$I_2 = \frac{U_{La_3}}{R_{La_3}} = \frac{45{,}98\text{ V}}{112{,}5\ \Omega} = \underline{\underline{0{,}408\text{ A}}}$$

$$P_{La_1} = I^2 \cdot R_{La_1} = (0{,}654\text{ A})^2 \cdot 281{,}25\ \Omega$$

$$P_{La_1} = \underline{\underline{120{,}29\text{ W}}}$$

Die Lampe La_1 wird überlastet!

$$P_{La_2} = I_1^2 \cdot R_{La_2} = (0{,}245\text{ A})^2 \cdot 187{,}5\ \Omega$$

$$P_{La_2} = \underline{\underline{11{,}25\text{ W}}}$$

$$P_{La_3} = I_2^2 \cdot R_{La_3} = (0{,}408\text{ A})^2 \cdot 112{,}5\ \Omega$$

$$P_{La_3} = \underline{\underline{18{,}72\text{ W}}}$$

Übung 3.6.2.2 – 4

$$R_H = \frac{U^2}{P} = \frac{(230\text{ V})^2}{2000\text{ W}} = \underline{\underline{26{,}45\ \Omega}}$$

$$R_{Ltg} = \frac{2 \cdot 100\text{ m}}{56\ \frac{\text{m}}{\Omega \cdot \text{mm}^2} \cdot 1{,}5\text{ mm}^2}$$

$$R_{Ltg} = \underline{\underline{2{,}38\ \Omega}}$$

Übung 3.6.2.2 – 4 (Fortsetzung)

$R_{ges} = R_H + R_{Ltg}$

$R_{ges} = 26{,}45\ \Omega + 2{,}38\ \Omega$

$R_{ges} = 28{,}83\ \Omega$

$$I = \frac{U}{R_{ges}} = \frac{230\ \text{V}}{28{,}83\ \Omega} = \underline{\underline{7{,}97\ \text{A}}}$$

$P'_H = I^2 \cdot R_H = (7{,}97\ \text{A})^2 \cdot 26{,}45\ \Omega$

$P'_H = \underline{\underline{1680\ \text{W}}}$

Die Heizleistung beträgt durch die Zuleitung bedingt nur $P'_H = 1680$ W.

Übung 3.6.2.3 – 1

$U_{min} = 230\ \text{V} \cdot 0{,}9 = \underline{\underline{207\ \text{V}}}$

$U_{max} = 230\ \text{V} \cdot 1{,}1 = \underline{\underline{253\ \text{V}}}$

$$P_{min} = \frac{(U_{min})^2}{R} = \frac{(207\ \text{V})^2}{10\ \Omega} = \underline{\underline{4284{,}9\ \text{W}}}$$

$$P_{max} = \frac{(U_{max})^2}{R} = \frac{(253\ \text{V})^2}{10\ \Omega} = \underline{\underline{6400\ \text{W}}}$$

Leistungsänderung von

4284,9 W ... 6400 W

Übung 3.6.2.3 – 2

$P_1 = U \cdot I = 230\ \text{V} \cdot 10\ \text{A} = \underline{\underline{2300\ \text{W}}}$

$P_v = P_1 - P_2 = 2300\ \text{W} - 1500\ \text{W}$

$P_v = \underline{\underline{800\ \text{W}}}$

$$\eta = \frac{P_2}{P_1} = \frac{1500\ \text{W}}{2300\ \text{W}} = \underline{\underline{0{,}65}}$$

Übung 3.6.2.4 – 1

$U_0 = U_{12\,\text{Leerl.}} = \underline{\underline{15\ \text{V}}}$

$U_i = U_0 - U_{12} = 15\ \text{V} - 7{,}5\ \text{V} = \underline{\underline{7{,}5\ \text{V}}}$

$$I = \frac{U_{12}}{R_L} = \frac{7{,}5\ \text{V}}{10\ \Omega} = \underline{\underline{0{,}75\ \text{A}}}$$

$$R_i = \frac{U_i}{I} = \frac{7{,}5\ \text{V}}{0{,}75\ \text{A}} = \underline{\underline{10\ \Omega}}$$

$$I_k = \frac{U_0}{R_i} = \frac{15\ \text{V}}{10\ \Omega} = \underline{\underline{1{,}5\ \text{A}}}$$

$$P_{12\,max} = \frac{U_0^2}{R_i + R_L} - \frac{U_0 \cdot R_i}{(R_i + R_L)^2}$$

$$= \frac{U_0^2}{R_i + R_i} - \frac{U_0^2 \cdot R_i}{(R_i + R_i)^2}$$

$$= \frac{U_0^2}{2 \cdot R_i} - \frac{U_0^2 \cdot R_i}{4 \cdot R_1^2} \quad \text{mit} \quad R_L = R_i$$

$$P_{12\,max} = \frac{2 \cdot U_0^2}{4 \cdot R_i} - \frac{U_0^2}{4 \cdot R_i} = \frac{U_0^2}{4 \cdot R_i} = \frac{15\ \text{V}}{4 \cdot 10\ \Omega}$$

$P_{12\,max} = \underline{\underline{5{,}625\ \text{W}}}$

Übung 3.6.2.4 – 2

$$I = \frac{U_{R_i}}{R_i} = \frac{2{,}5\ \text{V}}{0{,}5\ \Omega} = \underline{\underline{5\ \text{A}}}$$

$$P_{12\,max} = 5\ \text{W} = \frac{U_0^2}{4 \cdot R_i} \Rightarrow U_0 = \sqrt{5\ \text{W} \cdot 4 \cdot 0{,}5\ \Omega}$$

$U_0 = \underline{\underline{3{,}162\ \text{V}}}$

$$I_k = \frac{U_0}{R_i} = \frac{3{,}162\ \text{V}}{0{,}5\ \Omega} = \underline{\underline{6{,}324\ \text{A}}}$$

$U_{12} = U_0 - U_{R_i} = 3{,}162\ \text{V} - 2{,}5\ \text{V}$

$U_{12} = \underline{\underline{0{,}662\ \text{V}}}$

$$R_L = \frac{U_{12}}{I} = \frac{0{,}662\ \text{V}}{5\ \text{A}} = \underline{\underline{0{,}132\ \Omega}}$$

Übung 3.7.1 – 1

$$W_1 = \frac{W_m}{\eta} = \frac{5000\ \text{N} \cdot \text{m}}{0{,}85} = 5882{,}35\ \text{N} \cdot \text{m}$$

$W_1 = \underline{\underline{5882{,}35\ \text{W} \cdot \text{s}}}$

$W_1 = U \cdot I \cdot t$

$$I = \frac{W_1}{U \cdot t} = \frac{5882{,}35\ \text{W} \cdot \text{s}}{230\ \text{V} \cdot 60\ \text{s}}$$

$I = \underline{\underline{0{,}426\ \text{A}}}$

Übung 3.7.2 – 1

$$W_{Du} = P \cdot t = 32\,000 \text{ W} \cdot 70 \text{ s}$$

$$= 2\,240\,000 \text{ W} \cdot \text{s} = \frac{2240 \text{ kW} \cdot \text{s}}{3600 \ \frac{\text{s}}{\text{h}}}$$

$$W_{Du} = \underline{\underline{0{,}622 \text{ kWh}}}$$

$$K_{Du} = W_{Du} \cdot k = 0{,}622 \text{ kWh} \cdot 0{,}13 \text{ €/kWh}$$

$$K_{Du} = \underline{\underline{0{,}08 \text{ €}}}$$

$$W_{Ra} = P \cdot t = 40 \text{ W} \cdot 8 \text{ h}$$

$$W_{Ra} = \underline{\underline{0{,}320 \text{ kWh}}}$$

$$K_{Ra} = W_{Ra} \cdot k = 0{,}320 \text{ kWh} \cdot 0{,}13 \text{ €/kWh}$$

$$K_{Ra} = \underline{\underline{0{,}04 \text{ €}}}$$

Übung 3.7.2 – 2

$$Q = W = U \cdot I \cdot t = 230 \text{ V} \cdot 11 \text{ A} \cdot 1 \text{ h}$$

$$Q = \underline{\underline{2{,}53 \text{ kWh}}}$$

$$Q = c \cdot m(\vartheta_2 - \vartheta_1)$$

$$Q = 4187 \ \frac{\text{J}}{\text{kg} \cdot \text{K}} \cdot 100 \text{ kg} \cdot (85\ °\text{C} - 10\ °\text{C})$$

$$Q = \underline{\underline{31\,402\,500 \text{ W} \cdot \text{s}}}$$

Dem Boiler zugeführte Wärmemenge:

$$Q_1 = \frac{Q}{\eta} = \frac{31\,402\,500 \text{ W} \cdot \text{s}}{0{,}75}$$

$$= \underline{\underline{41\,870\,000 \text{ W} \cdot \text{s}}}$$

$$Q_1 = W_1 = U \cdot I \cdot t$$

$$t = \frac{Q_1}{U \cdot I} = \frac{41\,870\,000 \text{ W} \cdot \text{s}}{230 \text{ V} \cdot 11 \text{ A}}$$

$$t = \underline{\underline{4{,}59 \text{ h}}}$$

Übung 3.7.3 – 1

$$\eta_v = \frac{\Phi}{P} = \frac{4250 \text{ lm}}{65 \text{ W}}$$

$$\eta_v = \underline{\underline{65{,}38 \ \frac{\text{lm}}{\text{W}}}}$$

Übung 3.7.4.1 – 1

$$\left.\begin{array}{l} M = 107{,}9 \text{ g/mol} \\ z = 1 \end{array}\right\} \text{Silber (Ag)}$$

$$m = \frac{M}{z \cdot F} \cdot I \cdot t$$

$$I = \frac{m \cdot z \cdot F}{M \cdot t}$$

$$= \frac{1{,}118 \cdot 10^{-6} \text{ kg} \cdot 1 \cdot 96{,}5 \cdot 10^3 \ \frac{\text{A} \cdot \text{s}}{\text{mol}}}{107{,}9 \cdot 10^{-3} \ \frac{\text{kg}}{\text{mol}} \cdot 1 \text{ s}}$$

$$I = \underline{\underline{1 \text{ A}}}$$

Übung 3.7.4.2.1 – 1

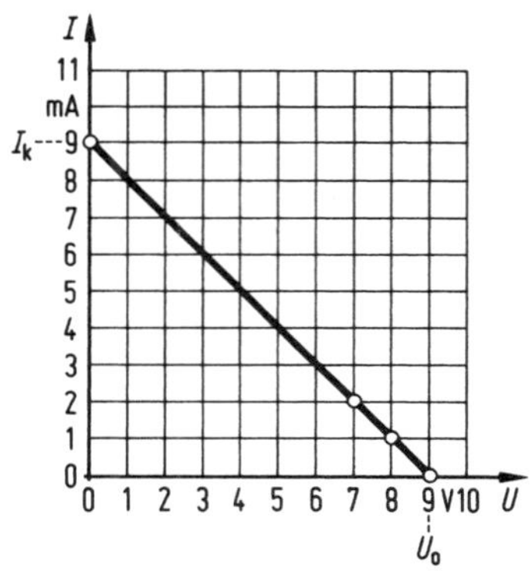

$$R_i = \frac{U_0}{I_k} = \frac{9 \text{ V}}{9 \text{ mA}} = \underline{\underline{1000\ \Omega}}$$

Übung 3.7.4.2.1 – 2

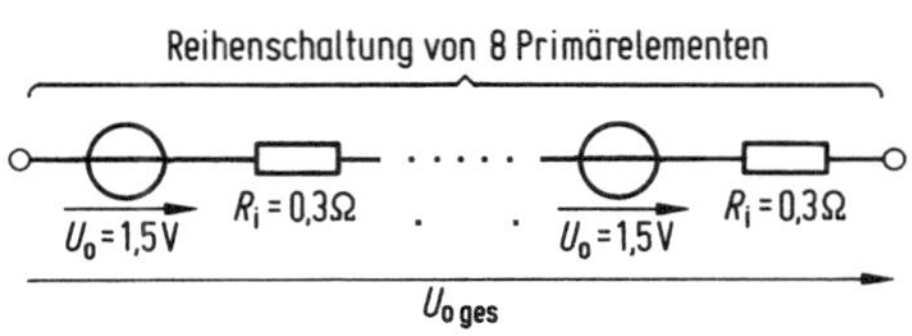

$$\left.\begin{array}{l} U_{0\,ges} = 8 \cdot 1{,}5 \text{ V} = \underline{\underline{12 \text{ V}}} \\ R_{i\,ges} = 8 \cdot 0{,}3\ \Omega = \underline{\underline{2{,}4\ \Omega}} \end{array}\right\} I_k = \frac{U_{0\,ges}}{R_{i\,ges}}$$

$$= \frac{12 \text{ V}}{2{,}4\ \Omega}$$

$$I_k = \underline{\underline{5 \text{ A}}}$$

Übung 3.7.4.2.2 – 1

$$U' = \frac{10{,}8\ \text{V}}{6\ \text{Zellen}} = 1{,}8\ \text{V/Zelle}$$

$\Rightarrow$ Der Akku ist entladen.

Übung 4.1.2.2 – 1

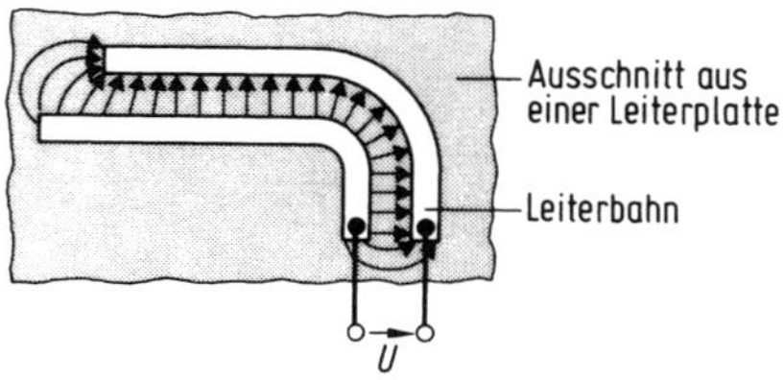

Übung 4.1.2.2 – 2

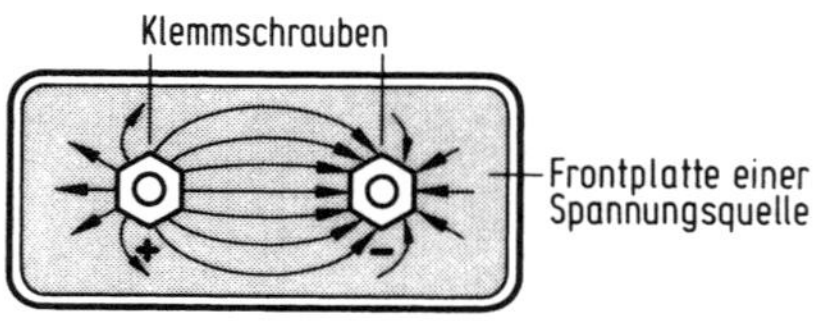

Übung 4.2 – 1

$$E = \frac{U}{l} = \frac{380 \cdot 10^3\ \text{V}}{25\ \text{m}} = 15\,200 = 15\,200\ \frac{\text{V}}{\text{m}}$$

$$E = \underline{\underline{15{,}2\ \frac{\text{kV}}{\text{m}}}}$$

Übung 4.2 – 2

$$E = \frac{U}{l} \Rightarrow l = \frac{U}{E} = \frac{10 \cdot 10^3\ \text{V}}{20 \cdot 10^3\ \frac{\text{V}}{\text{m}}}$$

$$l = \underline{\underline{0{,}5\ \text{m}}}$$

Übung 4.3 – 1

$$F = \frac{Q_1 \cdot Q_2}{\varepsilon_0 \cdot 4 \cdot \pi \cdot r^2}$$

$$= \frac{(-0{,}16 \cdot 10^{-18}\ \text{A} \cdot \text{s}) \cdot (+0{,}16 \cdot 10^{-18}\ \text{A} \cdot \text{s})}{8{,}85 \cdot 10^{-12}\ \frac{\text{A} \cdot \text{s}}{\text{V} \cdot \text{m}} \cdot 4 \cdot \pi \cdot (0{,}529 \cdot 10^{-8}\ \text{cm})^2}$$

$$F = \underline{\underline{-8{,}23 \cdot 10^{-8}\ \text{N}}}$$

Übung 4.3 – 2

$$F = E \cdot Q = 100\ \frac{\text{kV}}{\text{m}} \cdot 1 \cdot 10^{-3}\ \text{C}$$

$$F = \underline{\underline{100\ \text{N}}}$$

Übung 4.4.1 – 1

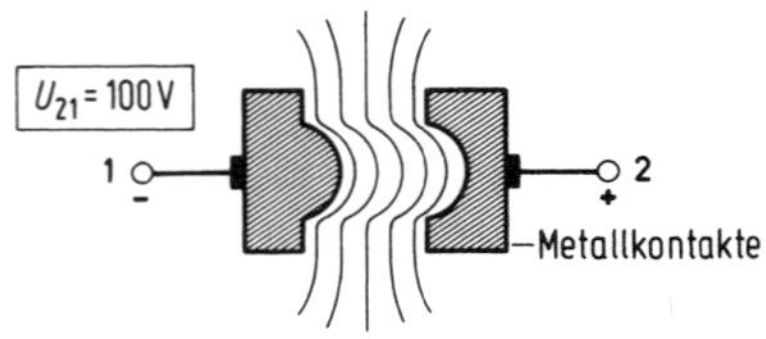

Übung 4.4.2 – 1

$$U = \frac{Q}{\varepsilon_0 \cdot 4 \cdot \pi \cdot l}$$

$$= \frac{0{,}16 \cdot 10^{-18}\ \text{A} \cdot \text{s}}{8{,}85 \cdot 10^{-12}\ \frac{\text{A} \cdot \text{s}}{\text{V} \cdot \text{m}} \cdot 4 \cdot \pi \cdot 1 \cdot 10^{-6}\ \text{m}}$$

$$U = \underline{\underline{1{,}439\ \text{mV}}}$$

Übung 4.5 – 1

$$i = C \cdot \frac{\Delta U_C}{\Delta t} = 10 \cdot 10^{-6}\ \text{F} \cdot 5\ \frac{\text{V}}{\text{ms}}$$

$$i = \underline{\underline{50\ \text{mA}}}$$

Übung 4.6.2 – 1

$$F = \frac{Q_1 \cdot Q_2}{\varepsilon_0 \cdot \varepsilon_r \cdot 4 \cdot \pi \cdot r^2}$$

$$= \frac{1 \cdot 10^{-6}\ \text{A} \cdot \text{s} \cdot 1 \cdot 10^{-6}\ \text{A} \cdot \text{s}}{8{,}85 \cdot 10^{-12}\ \frac{\text{A} \cdot \text{s}}{\text{V} \cdot \text{m}} \cdot 5 \cdot 4 \cdot \pi (1\ \text{mm})^2}$$

$$F = \underline{\underline{1798\ \text{N}}}$$

Übung 4.6.2 – 2

$$F = \frac{Q_1 \cdot Q_L}{\varepsilon_0 \cdot \varepsilon_r \cdot 4 \cdot \pi \cdot r^2}$$

$$\varepsilon_r = \frac{Q_1 \cdot Q_2}{\varepsilon_0 \cdot F \cdot 4 \cdot \pi \cdot r^2}$$

$$= \frac{2 \cdot 10^{-7}\ \mathrm{A \cdot s} \cdot 2 \cdot 10^{-7}\ \mathrm{A \cdot s}}{8{,}85 \cdot 10^{-12}\ \frac{\mathrm{A \cdot s}}{\mathrm{V \cdot m}} \cdot 10\ \mathrm{N} \cdot 4 \cdot \pi \cdot (3\ \mathrm{mm})^2}$$

$$\varepsilon_r = \underline{\underline{3{,}99}}$$

Übung 4.6.3 – 1

$$A = 4 \cdot \pi \cdot r^2 = 4 \cdot \pi \cdot (6350 \cdot 10^3\ \mathrm{m})^2$$

$$A = \underline{\underline{5{,}067 \cdot 10^{14}\ \mathrm{m}^2}}$$

$$C = \varepsilon_0 \cdot \varepsilon_r \cdot \frac{A}{l}$$

$$C = 8{,}85 \cdot 10^{-12}\ \frac{\mathrm{A \cdot s}}{\mathrm{V \cdot m}} \cdot 1 \cdot \frac{5{,}067 \cdot 10^{14}\ \mathrm{m}^2}{1\ \mathrm{m}}$$

$$C = \underline{\underline{4484\ \mathrm{F}}}$$

Übung 4.6.3 – 2

$$A = 30\ \mathrm{mm} \cdot 5\ \mathrm{mm} = 150\ \mathrm{mm}^2$$

$$C = \varepsilon_0 \cdot \varepsilon_r \cdot \frac{A}{l}$$

$$C = 8{,}85 \cdot 10^{-12}\ \frac{\mathrm{A \cdot s}}{\mathrm{V \cdot m}} \cdot 4 \cdot \frac{150\ \mathrm{mm}^2}{1\ \mathrm{mm}}$$

$$C = \underline{\underline{5{,}31\ \mathrm{pF}}}$$

Übung 4.7.1 – 1

$$C_{ges} = \frac{1}{\frac{1}{C_1} + \frac{1}{C_2} + \frac{1}{C_3}}$$

$$= \frac{1}{\frac{1}{100\ \mathrm{nF}} + \frac{1}{50\ \mathrm{nF}} + \frac{1}{20\ \mathrm{nF}}}$$

$$C_{ges} = \underline{\underline{12{,}5\ \mathrm{nF}}}$$

Dieser Kapazitätswert entspricht 83,3% des benötigten Wertes.

Übung 4.7.1 – 2

$$C_{ges} = \frac{C_1 \cdot C_2}{C_1 + C_2}$$

$$C_{ges}(C_1 + C_2) = C_1 \cdot C_2$$

$$C_{ges} \cdot C_1 + C_{ges} \cdot C_2 = C_1 \cdot C_2$$

$$C_1 \cdot C_2 - C_{ges} \cdot C_2 = C_{ges} \cdot C_1$$

$$C_2(C_1 - C_{ges}) = C_{ges} \cdot C_1$$

$$C_2 = \frac{C_{ges} \cdot C_1}{C_1 - C_{ges}} = \frac{100\ \mu\mathrm{F} \cdot 150\ \mu\mathrm{F}}{150\ \mu\mathrm{F} - 100\ \mu\mathrm{F}}$$

$$C_2 = \underline{\underline{300\ \mu\mathrm{F}}}$$

Übung 4.7.2 – 1

$$C_{ges} = C_1 + C_2 = 1\ \mu\mathrm{F} + 1\ \mathrm{nF}$$

$$C_{ges} = \underline{\underline{1{,}001\ \mu\mathrm{F}}}$$

Der Kondensator C_2 hat einen sehr kleinen Kapazitätswert. Die Gesamtkapazität ändert sich daher nur um 1‰.

Übung 4.7.3 – 1

$$C_{12} = \frac{1}{\frac{1}{C_1} + \frac{1}{C_{23}} + \frac{1}{C_4} + \frac{1}{C_{56}}}$$

mit $C_{23} = C_2 + C_3$ und $C_{56} = C_5 + C_6$

$$C_{12} = \frac{1}{\frac{1}{0{,}2\ \mu\mathrm{F}} + \frac{1}{0{,}4\ \mu\mathrm{F}} + \frac{1}{0{,}2\ \mu\mathrm{F}} + \frac{1}{0{,}4\ \mu\mathrm{F}}}$$

$$C_{12} = \underline{\underline{0{,}066\ \mu\mathrm{F}}}$$

Übung 4.7.3 – 2

$$C_1 = \varepsilon_0 \cdot \varepsilon_r \cdot \frac{A}{d}$$

$$= 8{,}85 \cdot 10^{-12}\ \frac{\mathrm{A \cdot s}}{\mathrm{V \cdot m}} \cdot 5 \cdot \frac{1\ \mathrm{cm}^2}{15\ \mathrm{mm}}$$

$$= 8{,}85 \cdot 10^{-12}\ \frac{\mathrm{A \cdot s}}{\mathrm{V \cdot m}} \cdot 5 \cdot \frac{10^{-4}\ \mathrm{m}^2}{15 \cdot 10^{-3}\ \mathrm{m}}$$

$$C_1 = \underline{\underline{0{,}295\ \mathrm{pF}}}$$

$$C_{ges} = \frac{C_1 \cdot C_2}{C_1 + C_2}$$

Übung 4.7.3 – 2 (Fortsetzung)

Umstellung der Gleichung nach C_2 siehe Übung 4.7.1 – 2

$$C_2 = \frac{C_1 \cdot C_{ges}}{C_1 - C_{ges}} = \frac{0{,}295\ \text{pF} \cdot 0{,}1\ \text{pF}}{0{,}295\ \text{pF} - 0{,}1\ \text{pF}}$$

$$= \underline{\underline{0{,}151\ \text{pF}}}$$

Übung 4.8.1 – 1

$$I_{max} = \frac{U_0}{R_i + R} = \frac{15\ \text{V}}{10\ \Omega + 1000\ \Omega} = \frac{15\ \text{V}}{1010\ \Omega}$$

$$I_{max} = \underline{\underline{0{,}014\ \text{A}}}$$

$$\tau = R_{ges} \cdot C_{ges} = (R_i + R) \cdot (C_1 + C_2)$$

$$= (10\ \Omega + 1000\ \Omega) \cdot (1\ \mu\text{F} + 4\ \mu\text{F})$$

$$\tau = \underline{\underline{5{,}05\ \text{ms}}}$$

$$u_C = U_{max}(1 - e^{-t/\tau}) = 15\ \text{V}(1 - e^{-2\tau/\tau})$$

$$u_C = \underline{\underline{12{,}969\ \text{V}}}$$

Übung 4.8.1 – 2

$$\tau = R \cdot C = 75 \cdot 10^3\ \Omega \cdot 2 \cdot 10^{-6}\ \text{F}$$

$$\tau = \underline{\underline{0{,}15\ \text{s}}}$$

$$u_C = U_{max}(1 - e^{-t/\tau})$$

$$\frac{u_C}{U_{max}} = 1 - e^{-t/\tau}$$

$$\frac{u_C}{U_{max}} - 1 = -e^{-t/\tau}$$

$$1 - \frac{u_C}{U_{max}} = e^{-t/\tau} = \frac{1}{e^{t/\tau}}$$

$$e^{-\frac{t}{\tau}} = 1 - \frac{u_C}{U_{max}}$$

$$\ln e^{-\frac{t}{\tau}} = \ln\left(1 - \frac{u_C}{U_{max}}\right)$$

$$-\frac{t}{\tau} = \ln\left(1 - \frac{u_C}{U_{max}}\right)$$

$$t = -\tau \ln\left(1 - \frac{u_C}{U_{max}}\right)$$

$$t = -0{,}15\ \text{s} \cdot \ln\left(1 - \frac{0{,}3\ \text{V}}{1\ \text{V}}\right) = \underline{\underline{53\ \text{ms}}}$$

Übung 4.8.2 – 1

$$U_{C\,max} = 18\ \text{V}$$

$$I_{C\,max} = \frac{U_{C\,max}}{R_1 + R_2} = \frac{18\ \text{V}}{1{,}5 \cdot 10^3\ \Omega + 2 \cdot 10^3\ \Omega}$$

$$I_{C\,max} = \underline{\underline{5{,}142\ \text{mA}}}$$

$$U_{2\,max} = I_{C\,max} \cdot R_2 = 5{,}142 \cdot 10^{-3}\ \text{A} \cdot 2 \cdot 10^3\ \Omega$$

$$U_{2\,max} = \underline{\underline{10{,}285\ \text{V}}}$$

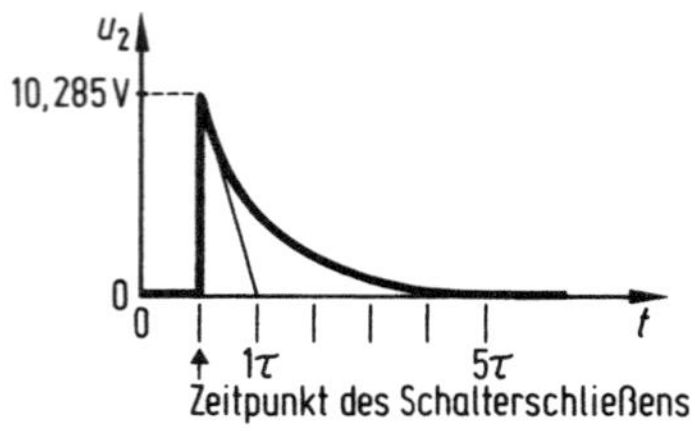

Übung 4.8.2 – 2

$$\frac{U_1}{U_{R_2}} = \frac{R_1 + R_2}{R_2} \Rightarrow U_{R_2} = U_1 \frac{R_2}{R_1 + R_2}$$

$$U_{R_2} = 20\ \text{V} \cdot \frac{6000\ \Omega}{4000\ \Omega + 6000\ \Omega}$$

$$U_{R_2} = \underline{\underline{12\ \text{V}}}$$

Da die Spannung U_{R_2} mit der Kondensatorspannung übereinstimmt, geschieht nichts in der Schaltung.

Übung 4.8.2 – 3

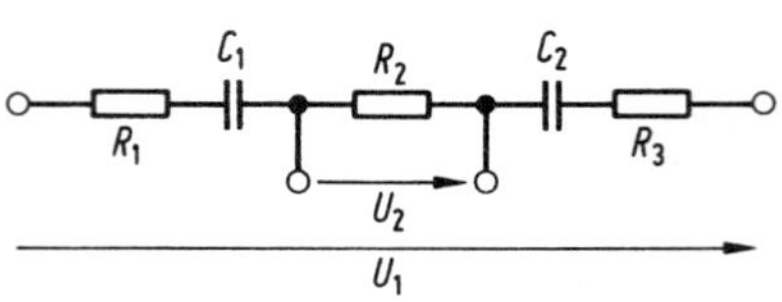

Zum Zeitpunkt $t = 2$ ms erfolgt der erste Spannungsimpuls von 10 V. Die Kondensatoren sind ungeladen und wirken als Kurzschluss, somit wird die Spannung U_1 im Verhältnis der Widerstände aufgeteilt.

$$U_2 = U_1 \cdot \frac{R_2}{R_1 + R_2 + R_3}$$

$$= 10\ \text{V} \cdot \frac{100\ \Omega}{200\ \Omega + 100 + 50\ \Omega}$$

$$U_2 = \underline{\underline{2{,}857\ \text{V}}}$$

Übung 4.8.2 – 3 (Fortsetzung)

$$\tau = \frac{C_1 \cdot C_2}{C_1 + C_2} \cdot (R_1 + R_2 + R_3)$$
$$= \frac{1\ \mu F \cdot 5\ \mu F}{1\ \mu F + 5\ \mu F}(200\ \Omega + 100\ \Omega + 50\ \Omega)$$
$$\tau = \underline{\underline{0{,}291\ ms}}$$

Die Impulsdauer ist $T_0 = 2$ ms.

$5\ \tau = 1{,}45\ ms < T_0$

Der Kondensator wird somit vollständig aufgeladen. In der Impulspause ist $U_1 = 0$; da $R_i = 0$ ist, wird der Kondensator über R_1, R_2, R_3 wieder vollständig entladen.

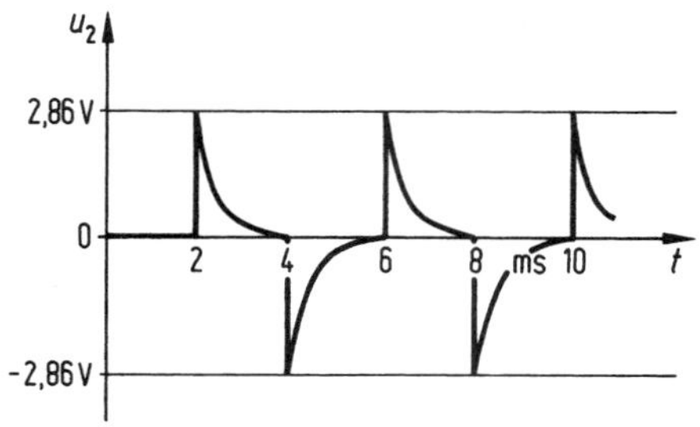

Übung 4.8.2 – 4

$\tau = R \cdot C = 1\ k\Omega \cdot 10\ \mu F = 0{,}01\ s = \underline{\underline{10\ ms}}$

$t_{ein} = 50\ ms = 5\ \tau$

$t_{aus} = 80\ ms > 5\ \tau$

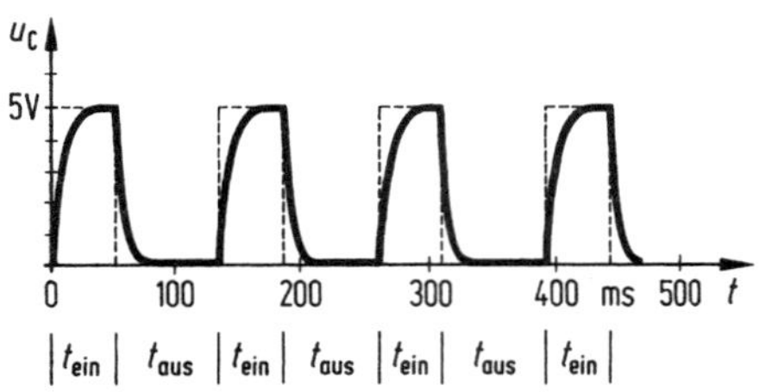

Übung 5.2.2 – 1

$$B = \frac{\Phi}{A_{Fe}}$$

$\Phi = B \cdot A_{Fe} = 1\ T \cdot 5\ cm^2$

$\Phi = \underline{\underline{5 \cdot 10^{-4}\ Wb}}$

Übung 5.2.3 – 1

$\Theta = V_1 + V_2 + V_3 = 20\ A + 30\ A + 50\ A$

$\Theta = \underline{\underline{100\ A}}$

Übung 5.2.5 – 1

$$\Lambda = \frac{1}{R_m} = \frac{\mu_0 \cdot A_{Spule}}{l_{Spule}}$$

$$A_{Spule} = \frac{\Lambda \cdot l_{Spule}}{\mu_0} = \frac{2 \cdot 10^{-7}\ \frac{V \cdot s}{A} \cdot 10\ cm}{4 \cdot \pi \cdot 10^{-7}\ \frac{V \cdot s}{A \cdot m}}$$

$A_{Spule} = \underline{\underline{159\ cm^2}}$

Übung 5.3.3.1 – 1

$B = \mu \cdot H = \underline{\underline{1\ T}}$

$l_{Fe} = 2 \cdot 70\ mm + 2 \cdot 90\ mm = \underline{\underline{320\ mm}}$

$$H = \frac{N \cdot I}{l_{Fe}}$$

$$H = \frac{3{,}36\ A \cdot 100}{320\ mm \cdot 10^{-3}\ \frac{m}{mm}}$$

$$H = \underline{\underline{1050\ \frac{A}{m}}}$$

Aus dem Bild 5.3.3 – 2 wird für $H = 1050\ \frac{A}{m}$ und $B = 1$ T als Werkstoff Walzstahl ermittelt.

Übung 5.3.3.1 – 2

Aus dem Bild 5.3.3 – 2 werden folgende Wertepaare abgelesen:

H	$100\ \frac{A}{m}$	$200\ \frac{A}{m}$	$300\ \frac{A}{m}$	$400\ \frac{A}{m}$	$600\ \frac{A}{m}$	$1000\ \frac{A}{m}$	$1500\ \frac{A}{m}$
B	0,7 T	1,05 T	1,2 T	1,27 T	1,32 T	1,38 T	1,4 T

$$B = \mu_0 \cdot \mu_r \cdot H$$

$$\mu_r = \frac{B}{\mu_0 \cdot H}$$

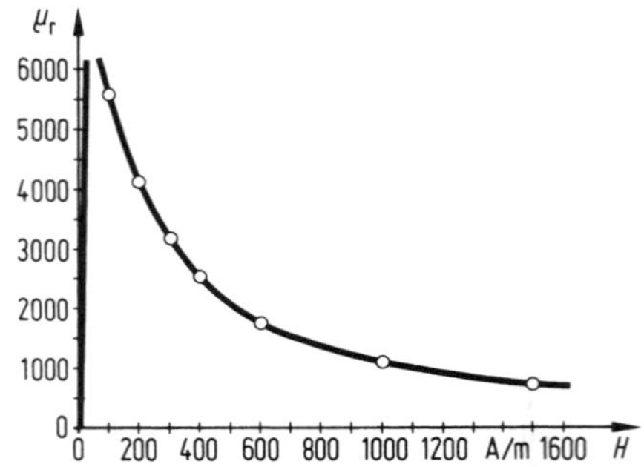

Berechnung der Wertepaare für $\mu_r = f(H)$

H	$100\ \frac{A}{m}$	$200\ \frac{A}{m}$	$300\ \frac{A}{m}$	$400\ \frac{A}{m}$	$600\ \frac{A}{m}$	$1000\ \frac{A}{m}$	$1500\ \frac{A}{m}$
μ_r	5570,42	4177,81	3183,09	2526,58	1750,7	1098,16	742,72

Übung 5.5 – 1

Der magnetische Fluss teilt sich in die beiden Schenkel auf, somit ergeben sich für einen Teilkreis die Daten.

Eine Seite des Magnetgestells

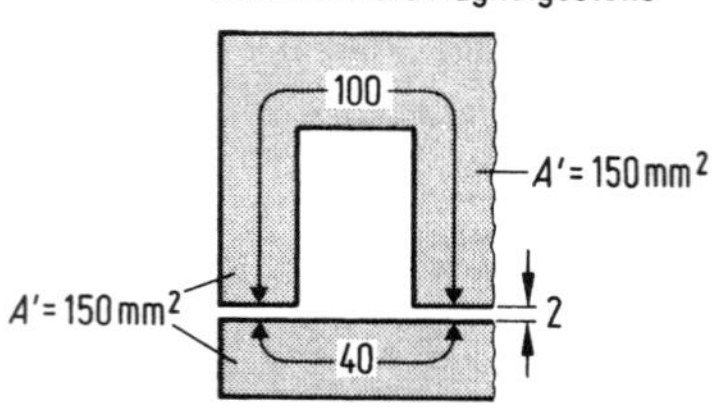

Maße in mm

$l_{Fe} = 100\ \text{mm} + 40\ \text{mm}$

$l_{Fe} = \underline{\underline{140\ \text{mm}}}$

$\delta = 2 \cdot 2\ \text{mm}$

$\delta = \underline{\underline{4\ \text{mm}}}$

Magnetgestell-abschnitt	Werkstoff	$\frac{\Phi}{V \cdot s}$	$\frac{A}{m^2}$	$\frac{B}{T}$	$\frac{H}{A/m}$	$\frac{l}{m}$	$\frac{V}{A}$
Schenkel + Joch	V 100–35 B	$82{,}5 \cdot 10^{-6}$	$150 \cdot 10^{-6}$	0,55	70	0,1	7
Luftspalt	Luft	$75 \cdot 10^{-6}$	$150 \cdot 10^{-6}$	0,5	$3{,}97 \cdot 10^{5}$	0,004	1588
Anker	V 100–35 B	$75 \cdot 10^{-6}$	$150 \cdot 10^{-6}$	0,5	65	0,04	2,6

Die Berechnung der Tabellenwerte erfolgt analog zu Beispiel 5.5 – 1	Gesamtdurchflutung für eine Magnetgestellhälfte:	$\Theta' = \Sigma V$ $\underline{\underline{\Theta' = 1597{,}6\ \mathrm{A}}}$
	Gesamtdurchflutung für das gesamte Magnetgestell:	$\Theta = 2 \cdot \Theta'$ $\underline{\underline{\Theta = 3195{,}2\ \mathrm{A}}}$

Übung 5.5 – 2

$$l_{\mathrm{Spule}} = D \cdot \pi = 10\ \mathrm{cm} \cdot \pi = \underline{\underline{31{,}415\ \mathrm{cm}}}$$

$$A_{\mathrm{Spule}} = \frac{d^2 \cdot \pi}{4} = \underline{\underline{3{,}141\ \mathrm{cm}^2}}$$

$$\Theta = H \cdot l_{\mathrm{Spule}} = 4000\ \frac{\mathrm{A}}{\mathrm{m}} \cdot 31{,}415\ \mathrm{cm}$$

$$\Theta = \underline{\underline{1256\ \mathrm{A}}}$$

$$I = \frac{\Theta}{N} = \frac{1256\ \mathrm{A}}{600} = \underline{\underline{2{,}09\ \mathrm{A}}}$$

$$B = \mu_0 \cdot H = 4 \cdot \pi \cdot 10^{-7}\ \frac{\mathrm{V \cdot s}}{\mathrm{A \cdot m}} \cdot 4000\ \frac{\mathrm{A}}{\mathrm{m}}$$

$$B = \underline{\underline{5{,}026 \cdot \mathrm{mT}}}$$

$$\Phi = B \cdot A_{\mathrm{Spule}} = 5{,}026\ \mathrm{mT} \cdot 3{,}141\ \mathrm{cm}^2$$

$$\Phi = \underline{\underline{1{,}578\ \mu\mathrm{V \cdot s}}}$$

$$\Lambda = \frac{\Phi}{\Theta} = \frac{1{,}578\ \mu\mathrm{V \cdot s}}{1256\ \mathrm{A}} = 1{,}256 \cdot 10^{-9}\ \frac{\mathrm{V \cdot s}}{\mathrm{A}}$$

$$R_{\mathrm{m}} = \frac{1}{\Lambda} = \underline{\underline{795 \cdot 10^6\ \frac{\mathrm{A}}{\mathrm{V \cdot s}}}}$$

Übung 5.6.1 – 1

$$F_{\mathrm{mag}} = 2 \cdot \frac{B_{\mathrm{L}}^2 \cdot A_{\mathrm{L}}}{2 \cdot \mu_0} = \frac{(0{,}5\ \mathrm{T})^2 \cdot 1{,}5\ \mathrm{cm}^2}{4 \cdot \pi \cdot 10^{-7}\ \dfrac{\mathrm{V \cdot s}}{\mathrm{A \cdot m}}}$$

$$F_{\mathrm{mag}} = \underline{\underline{29{,}84\ \mathrm{N}}}$$

Übung 5.6.2.1 – 1

$$B_i = \frac{\mu_0 \cdot I \cdot r_i}{2 \cdot \pi \cdot R^2}$$

für

$$r_i = R \Rightarrow B_i = B_a = \frac{\mu_0 \cdot I \cdot R}{2 \cdot \pi \cdot R^2}$$

$$= \frac{4 \cdot \pi \cdot 10^{-7} \frac{\text{V} \cdot \text{s}}{\text{A} \cdot \text{m}} \cdot 10 \text{ A}}{2 \cdot \pi \cdot 1 \text{ mm} \cdot 10^{-3} \frac{\text{m}}{\text{mm}}}$$

$$B_i = B_a = \underline{\underline{20 \cdot 10^{-4} \text{ T}}}$$

für $r > R$ gilt:

$$B_a = \frac{\mu_0 \cdot I}{2 \cdot \pi \cdot r} = \frac{4 \cdot \pi \cdot 10^{-7} \frac{\text{V} \cdot \text{s}}{\text{A} \cdot \text{m}} \cdot 10 \text{ A}}{2 \cdot \pi \cdot r \cdot 10^{-3} \frac{\text{m}}{\text{mm}}}$$

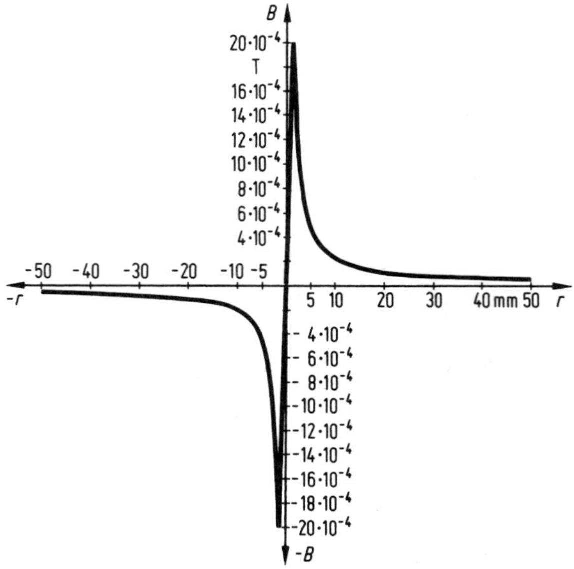

Tabelle für $B_a = f\left(\frac{1}{r}\right)$

$\frac{r}{\text{mm}}$	2	5	10	20	40	50
$\frac{B}{\text{T}}$	$10 \cdot 10^{-4}$	$4 \cdot 10^{-4}$	$2 \cdot 10^{-4}$	$1 \cdot 10^{-4}$	$0{,}5 \cdot 10^{-4}$	$0{,}4 \cdot 10^{-4}$

Übung 5.6.2.2 – 1

$$B_i = \frac{\mu_0 \cdot I \cdot r_i}{2 \cdot \pi \cdot R^2}$$

für

$$r_i = R \Rightarrow B_i = B_a = \frac{\mu_0 \cdot I \cdot R}{2 \cdot \pi \cdot R^2} = \frac{4 \cdot \pi \cdot 10^{-7} \frac{\text{V} \cdot \text{s}}{\text{A} \cdot \text{m}} \cdot 100 \text{ A}}{2 \cdot \pi \cdot 10 \text{ mm} \cdot 10^{-3} \frac{\text{m}}{\text{mm}}}$$

$$\Downarrow$$

$$B_i = B_a = \underline{\underline{4 \cdot \pi \cdot 10^{-3} \text{ T}}}$$

für $r > R$ gilt:

$$B_a = \frac{\mu_0 \cdot I}{2 \cdot \pi \cdot r} = \frac{4 \cdot \pi \cdot 10^{-7} \frac{\text{V} \cdot \text{s}}{\text{A} \cdot \text{m}} \cdot 100 \text{ A}}{2 \cdot \pi \cdot r}$$

Übung 5.6.2.2 – 1 (Fortsetzung)

Tabelle für $B_a = f\left(\frac{1}{r}\right)$

$\frac{r}{\text{cm}}$	0,2	0,5	1	2	4	10
$\frac{B}{\text{T}}$	$10 \cdot 10^{-3}$	$4 \cdot 10^{-3}$	$2 \cdot 10^{-3}$	$1 \cdot 10^{-3}$	$0{,}5 \cdot 10^{-3}$	$0{,}2 \cdot 10^{-3}$

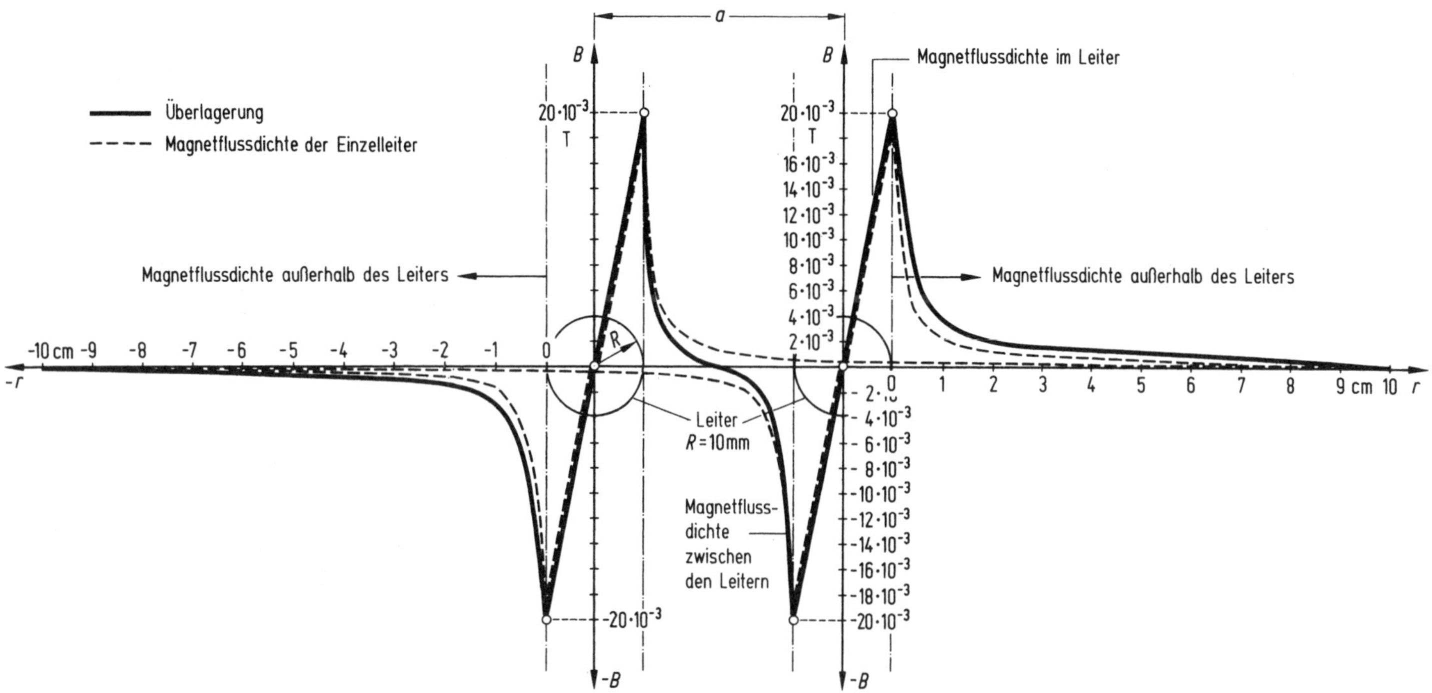

Übung 5.6.2.3 – 1

$F_{mag} = B \cdot I \cdot l$

$$B = \frac{F_{mag}}{I \cdot l} = \frac{0{,}1\ \text{N}}{1\ \text{A} \cdot 100\ \text{mm}}$$

$B = \underline{\underline{1\ \text{T}}}$

Übung 5.6.2.3 – 2

$M = B \cdot I \cdot l \cdot N \cdot d$

$\quad = 0{,}8\ \text{T} \cdot 2\ \text{A} \cdot 5\ \text{cm} \cdot 500 \cdot 10\ \text{cm}$

$M = \underline{\underline{4\ \text{N} \cdot \text{m}}}$

Übung 5.6.2.4 – 1

$$F_{mag} = \frac{\mu_0 \cdot l}{2 \cdot \pi \cdot a} I_1 \cdot I_2$$

mit $I_1 = I_2 = I_k$

$$F_{mag} = \frac{\mu_0 \cdot l \cdot I_k^2}{2 \cdot \pi \cdot a}$$

$$a = \frac{\mu_0 \cdot l \cdot I_k^2}{2 \cdot \pi \cdot F_{mag}}$$

$$= \frac{4 \cdot \pi \cdot 10^{-7}\ \frac{\text{V} \cdot \text{s}}{\text{A} \cdot \text{m}} \cdot 2\ \text{m} \cdot (10\ \text{kA})^2}{2 \cdot \pi \cdot 1000\ \text{N}}$$

$a = \underline{\underline{4\ \text{cm}}}$

Übung 5.7.3.1 – 1

$U_0 = B \cdot l \cdot v \cdot N$

$$B = \frac{U_0}{l \cdot v \cdot N} = \frac{10\ \text{V}}{3\ \text{cm} \cdot 30\ \frac{\text{cm}}{\text{s}} \cdot 500}$$

$B = \underline{\underline{2{,}22\ \text{T}}}$

Übung 5.7.3.1 – 2

1.

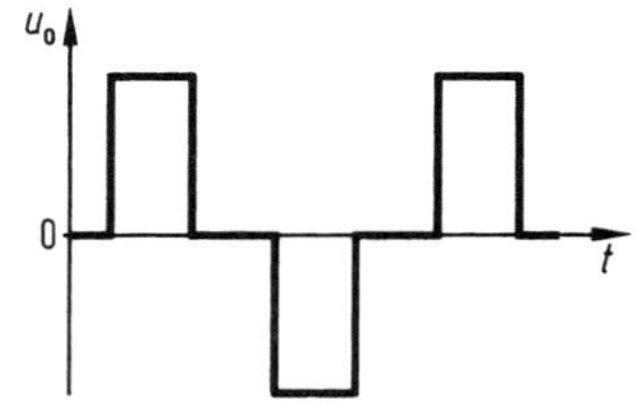

2.

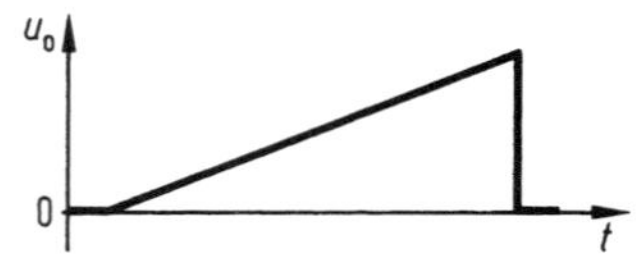

Übung 5.7.4 – 1

1.

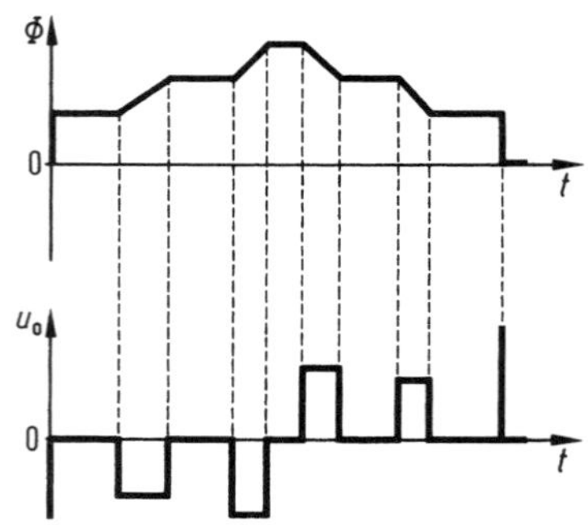

2.

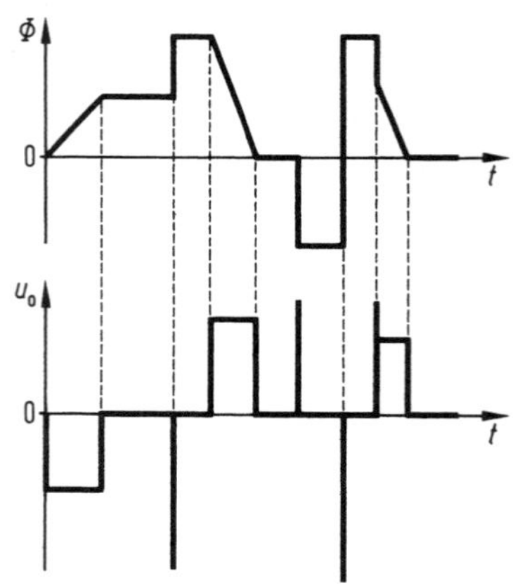

Übung 5.7.4.1 – 1

$$L = \frac{U_L}{\frac{\Delta I}{\Delta t}} = \frac{100\ \text{V}}{5\ \frac{\text{A}}{\text{s}}}$$

$$L = \underline{\underline{20\ \text{H}}}$$

Übung 5.7.4.1 – 2

$$l_{\text{Fe}} = 2\left(30\ \text{mm} + \frac{50\ \text{mm} - 30\ \text{mm}}{2}\right) + 2\left(10\ \text{mm} + \frac{30\ \text{mm} - 10\ \text{mm}}{2}\right)$$

$$l_{\text{Fe}} = \underline{\underline{120\ \text{mm}}}$$

$$L = \mu_0 \cdot \mu_r \cdot N^2 \frac{A_{\text{Fe}}}{l_{\text{Fe}}} = 4 \cdot \pi \cdot 10^{-7}\ \frac{\text{V} \cdot \text{s}}{\text{A} \cdot \text{m}} \cdot 10^3 \cdot 600^2 \frac{150 \cdot 10^{-6}\ \text{mm}^2}{120 \cdot 10^{-3}\ \text{mm}}$$

$$L = \underline{\underline{0{,}565\ \text{H}}}$$

Übung 5.7.4.3 – 1

$$L_{12} = L_1 + \frac{L_2 \cdot L_3}{L_2 + L_3} = 2\ \text{H} + \frac{4\ \text{H} \cdot 0{,}5\ \text{H}}{4\ \text{H} + 0{,}5\ \text{H}}$$

$$L_{12} = \underline{\underline{2{,}444\ \text{H}}}$$

Übung 6.1.2 – 1

$$u = 20\ \text{V} \cdot \sin\left(800\ \frac{1}{\text{s}} \cdot t\right)$$
$$= 20\ \text{V} \cdot \sin\left(800\ \frac{1}{\text{s}} \cdot 100\ \text{ms}\right)$$
$$= 20\ \text{V} \cdot \sin\left(800\ \frac{1}{\text{s}} \cdot 100 \cdot 10^{-3}\ \text{s}\right)$$
$$= 20\ \text{V} \cdot \sin(80)$$
$$= 20\ \text{V} \cdot \sin 4583{,}66^\circ$$
$$= 20\ \text{V}(-0{,}9938)$$

$$u = \underline{\underline{-19{,}877\ \text{V}}}$$

$$\omega = 2 \cdot \pi \cdot f$$

$$f = \frac{\omega}{2 \cdot \pi}$$

$$f = \frac{800\ \frac{1}{\text{s}}}{2 \cdot \pi}$$

$$f = \underline{\underline{1256{,}6\ \text{Hz}}}$$

Übung 6.1.2 – 2

$$i = 8\ \text{A} \cdot \sin\left(\left(5000\ \frac{1}{\text{s}} \cdot t\right) - 80^\circ\right)$$

Phasenverschiebung: $\varphi = -80^\circ$

Berechnung der Periodendauer T

$$\omega = 2 \cdot \pi \cdot \frac{1}{T} = 5000\ \frac{1}{\text{s}}$$

$$T = \frac{2 \cdot \pi}{5000\ \frac{1}{\text{s}}} = \underline{\underline{1{,}256\ \text{ms}}} \mathrel{\hat{=}} \underline{\underline{360^\circ}}$$

$$\frac{T}{2} = \underline{\underline{0{,}628\ \text{ms}}} \mathrel{\hat{=}} \underline{\underline{180^\circ}}$$

$$80^\circ \mathrel{\hat{=}} \underline{\underline{0{,}279\ \text{ms}}}$$

$$i(t = 0) = 8\ \text{A} \cdot \sin(0 - 80^\circ)$$
$$= 8\ \text{A} \cdot \sin(-80^\circ)$$
$$= 8\ \text{A} \cdot \sin 280^\circ$$
$$= 8\ \text{A}(-0{,}984)$$

$$i\,(t = 0) = \underline{\underline{-7{,}878\ \text{A}}}$$

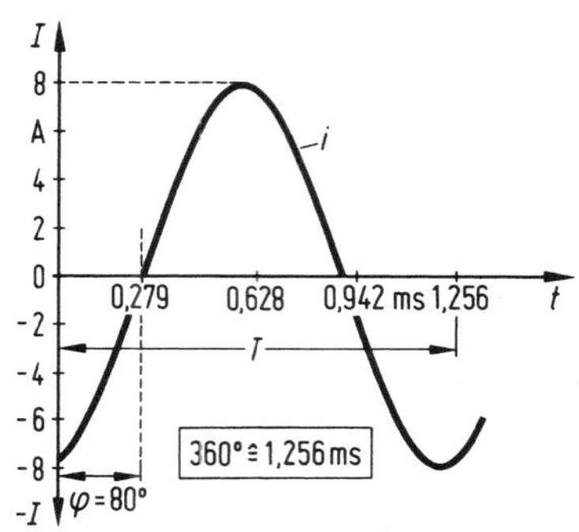

Übung 6.1.3 – 1

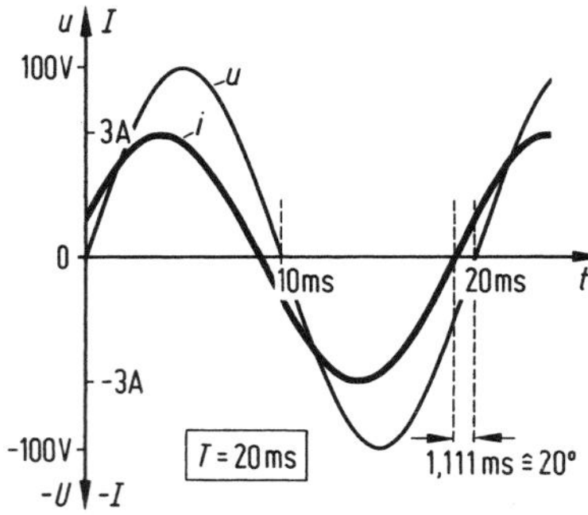

$$\omega = 2 \cdot \pi \cdot f = 2 \cdot \pi \cdot 50 \text{ Hz}$$

$$\omega = 314 \; \frac{1}{\text{s}}$$

$$u = 100 \text{ V} \cdot \sin(\omega t)$$

$$u = 100 \text{ V} \cdot \sin\left(314 \; \frac{1}{\text{s}} \cdot t\right)$$

$$i = 3 \text{ A} \cdot \sin(\omega t + 20°)$$

$$i = 3 \text{ A} \cdot \sin\left(314 \; \frac{1}{\text{s}} \cdot t + 20°\right)$$

$$T = \frac{1}{f} = \frac{1}{50 \text{ Hz}} = \frac{1}{50 \; \frac{1}{\text{s}}} = 0{,}02 \text{ s}$$

$$T = \underline{\underline{20 \text{ ms}}}$$

$$\frac{T}{2} = \underline{\underline{10 \text{ ms}}} \mathrel{\widehat{=}} 180°$$

$$20° \mathrel{\widehat{=}} \underline{\underline{1{,}111 \text{ ms}}}$$

Übung 6.1.4 – 1

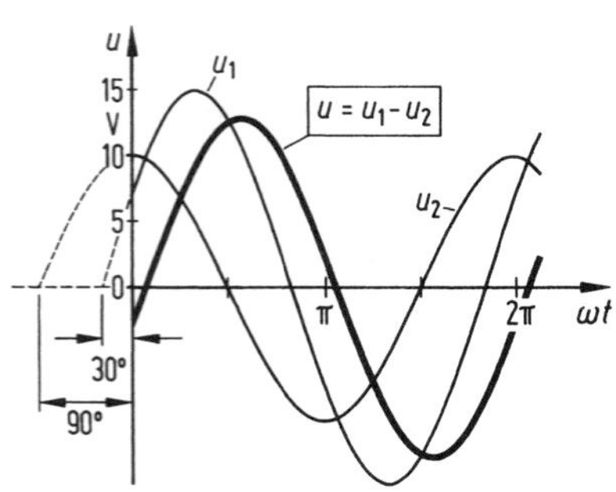

$$u = u_1 - u_2$$

$$u = 15 \text{ V} \cdot \sin\left(314 \; \frac{1}{\text{s}} \cdot t + 30°\right) - 10 \text{ V} \cdot \sin\left(314 \; \frac{1}{\text{s}} \cdot t + 90°\right)$$

$$\omega = 2 \cdot \pi \cdot f = 314 \; \frac{1}{\text{s}}$$

$$f = \frac{314 \; \frac{1}{\text{s}}}{2 \cdot \pi} \qquad T = \frac{1}{f} = \frac{1}{50 \text{ Hz}}$$

$$f = \underline{\underline{50 \text{ Hz}}} \qquad T = \underline{\underline{20 \text{ ms}}}$$

Übung 6.1.4 – 2

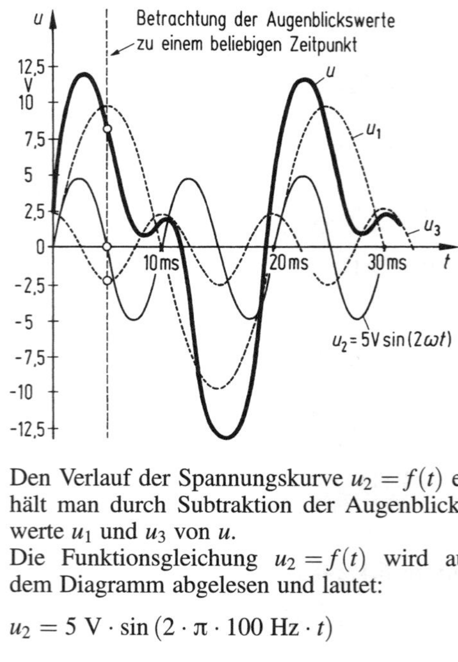

Den Verlauf der Spannungskurve $u_2 = f(t)$ erhält man durch Subtraktion der Augenblickswerte u_1 und u_3 von u.

Die Funktionsgleichung $u_2 = f(t)$ wird aus dem Diagramm abgelesen und lautet:

$$u_2 = 5 \text{ V} \cdot \sin(2 \cdot \pi \cdot 100 \text{ Hz} \cdot t)$$

Übung 6.2.2 – 1

$$X_{C1} = \frac{1}{2 \cdot \pi \cdot f \cdot C_1} = \frac{1}{2 \cdot \pi \cdot 1000\ \text{Hz} \cdot 10 \cdot 10^{-6}\ \text{F}}$$

$$X_{C1} = \underline{\underline{15{,}915\ \Omega}}$$

$$X_{C2} = \frac{1}{2 \cdot \pi \cdot f \cdot C_2} = \frac{1}{2 \cdot \pi \cdot 1000\ \text{Hz} \cdot 300 \cdot 10^{-12}\ \text{F}}$$

$$X_{C2} = \underline{\underline{530{,}516\ \text{k}\Omega}}$$

$$X_{C3} = \frac{1}{2 \cdot \pi \cdot f \cdot C_3} = \frac{1}{2 \cdot \pi \cdot 1000\ \text{Hz} \cdot 10 \cdot 10^{-3}\ \text{F}}$$

$$X_{C3} = \underline{\underline{0{,}0159\ \Omega}}$$

Übung 6.2.3 – 1

$$X_L = 2 \cdot \pi \cdot f \cdot L$$

$$f = \frac{X_L}{2 \cdot \pi \cdot L} = \frac{100\ \Omega}{2 \cdot \pi \cdot 100 \cdot 10^{-6}\ \frac{\text{V} \cdot \text{s}}{\text{A}}}$$

$$f = \underline{\underline{159\ \text{kHz}}}$$

Übung 6.2.3 – 2

$$X_L = \frac{U}{I} = \frac{230\ \text{V}}{1\ \text{A}} = \underline{\underline{230\ \Omega}}$$

$$X_L = 2 \cdot \pi \cdot f \cdot L$$

$$L = \frac{X_L}{2 \cdot \pi \cdot f} = \frac{230\ \Omega}{2 \cdot \pi \cdot 50\ \text{Hz}}$$

$$L = \underline{\underline{0{,}732\ \text{H}}}$$

Übung 6.4.1 – 1

$$X_{C1} = \frac{1}{2 \cdot \pi \cdot f \cdot C_1} = \frac{1}{2 \cdot \pi \cdot 100\,\text{Hz} \cdot 1 \cdot 10^{-6}\,\text{F}}$$

$$X_{C1} = \underline{\underline{1{,}591\ \text{k}\Omega}}$$

$$X_{C2} = \frac{1}{2 \cdot \pi \cdot f \cdot C_2} = \frac{1}{2 \cdot \pi \cdot 100\,\text{Hz} \cdot 10 \cdot 10^{-6}\,\text{F}}$$

$$X_{C2} = \underline{\underline{0{,}1591\ \text{k}\Omega}}$$

$$X_{C3} = \frac{1}{2 \cdot \pi \cdot f \cdot C_3} = \frac{1}{2 \cdot \pi \cdot 100\,\text{Hz} \cdot 0{,}1 \cdot 10^{-6}\,\text{F}}$$

$$X_{C3} = \underline{\underline{15{,}915\ \text{k}\Omega}}$$

$$\frac{U_{34}}{U_{14}} = \frac{X_{C3}}{X_{C1} + X_{C2} + X_{C3}}$$

$$U_{34} = U_{14} \frac{X_{C3}}{X_{C1} + X_{C2} + X_{C3}} = 10\,\text{V} \frac{15{,}915\,\text{k}\Omega}{1{,}591\,\text{k}\Omega + 0{,}1591\,\text{k}\Omega + 15{,}915\,\text{k}\Omega}$$

$$U_{34} = \underline{\underline{9\ \text{V}}}$$

Übung 6.4.1 – 2

Um ein beliebiges Verhältnis von kapazitivem Blindwiderstand zum Wirkwiderstand aufzustellen, wird die Wirkgröße zu $R = 100\ \Omega$ gewählt (es ist aber auch jeder andere Wert möglich).

$$\tan \varphi_{U,I} = \frac{X_C}{R}$$

$$\tan 50^\circ = \frac{X_C}{100\ \Omega} \qquad X_C = 100\ \Omega \cdot \tan 50^\circ$$

$$X_C = \underline{\underline{119{,}17\ \Omega}}$$

Übung 6.4.2 – 1

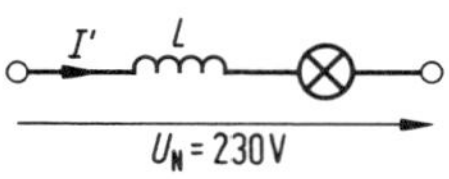

$$R_{\text{La}} = \frac{U^2}{P} = \frac{(230\ \text{V})^2}{100\ \text{W}}$$

$$R_{\text{La}} = \underline{\underline{529\ \Omega}}$$

$$Z = \frac{U_{\text{N}}}{I'} = \frac{230\ \text{V}}{0{,}3\ \text{A}}$$

$$Z = \underline{\underline{766{,}66\ \Omega}}$$

$$Z = \sqrt{R_{\text{La}}^2 + X_L^2}$$

$$Z^2 = R_{\text{La}}^2 + X_L^2$$

$$X_L = \sqrt{Z^2 - R_{\text{La}}^2} = \sqrt{(766{,}66\,\Omega)^2 - (529\,\Omega)^2}$$

$$X_L = \underline{\underline{554{,}91\ \Omega}}$$

$$X_L = 2 \cdot \pi \cdot f \cdot L$$

$$L = \frac{X_L}{2 \cdot \pi \cdot f} = \frac{931{,}45\ \Omega}{2 \cdot \pi \cdot 50\ \text{Hz}}$$

$$L = \underline{\underline{2{,}964\ \text{H}}}$$

Übung 6.4.2 – 2

$$\underline{Z}_{12} = R_1 + \frac{\mathrm{j}\,X_{L1} \cdot \mathrm{j}\,X_{L2}}{\mathrm{j}\,X_{L1} + \mathrm{j}\,X_{L2}} + R_3 + \frac{R_4 \cdot R_5}{R_4 + R_5} + \mathrm{j}\,X_{L3}$$

$$= R_1 + R_3 + \frac{R_4 \cdot R_5}{R_4 + R_5} + \frac{(-1)X_{L1} \cdot X_{L2}}{\mathrm{j}(X_{L1} + X_{L2})} + \mathrm{j}\,X_{L3}$$

$$= R_1 + R_3 + \frac{R_4 \cdot R_5}{R_4 + R_5} + -\mathrm{j}\frac{(-1)X_{L1} \cdot X_{L2}}{(X_{L1} + X_{L2})} + \mathrm{j}\,X_{L3}$$

$$\underline{Z}_{12} = \left(R_1 + R_3 + \frac{R_4 \cdot R_5}{R_4 + R_5}\right) + \mathrm{j}\left(\frac{X_{L1} \cdot X_{L2}}{X_{L1} + X_{L2}} + X_{L3}\right)$$

Übung 6.4.4 – 1

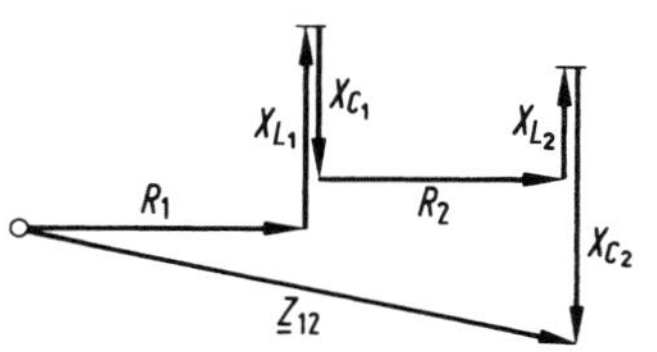

Übung 6.4.4 – 2

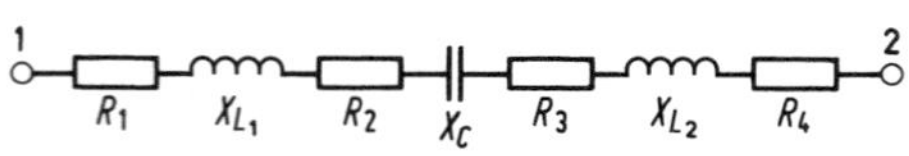

Übung 6.5.1 – 1

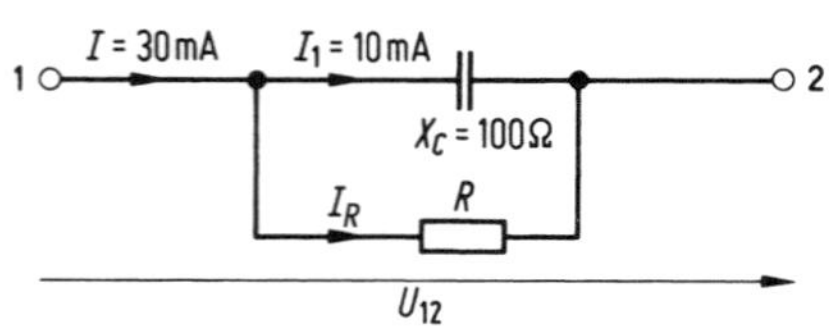

$$I = \sqrt{(I_R)^2 + (I_1)^2}$$

$$I^2 = (I_R)^2 + (I_1)^2$$

$$I_R = \sqrt{I^2 - I_1^2} = \sqrt{(30\ \text{mA})^2 - (10\ \text{mA})^2}$$

$$I_R = \underline{\underline{28{,}284\ \text{mA}}}$$

$$U_{12} = I_1 \cdot X_C = 10\ \text{mA} \cdot 100\ \Omega$$

$$U_{12} = \underline{\underline{1\ \text{V}}}$$

$$R = \frac{U_{12}}{I_R} = \frac{1\ \text{V}}{28{,}284 \cdot 10^{-3}\ \text{A}}$$

$$R = \underline{\underline{35{,}355\ \Omega}}$$

Übung 6.5.1 – 2

$$X_{C1} = \frac{1}{2 \cdot \pi \cdot f \cdot C_1} = \frac{1}{2 \cdot \pi \cdot 1000\,\text{Hz} \cdot 1 \cdot 10^{-6}\,\text{F}}$$

$$X_{C1} = \underline{\underline{159{,}23\ \Omega}}$$

$$X_{C2} = \frac{1}{2 \cdot \pi \cdot f \cdot C_2} = \frac{1}{2 \cdot \pi \cdot 1000\,\text{Hz} \cdot 0{,}5 \cdot 10^{-6}\,\text{F}}$$

$$X_{C2} = \underline{\underline{318{,}47\ \Omega}}$$

$$X_{C3} = \frac{1}{2 \cdot \pi \cdot f \cdot C_3} = \frac{1}{2 \cdot \pi \cdot 1000\,\text{Hz} \cdot 2 \cdot 10^{-6}\,\text{F}}$$

$$X_{C3} = \underline{\underline{79{,}61\ \Omega}}$$

$$X_{C4} = \frac{1}{2 \cdot \pi \cdot f \cdot C_4} = \frac{1}{2 \cdot \pi \cdot 1000\,\text{Hz} \cdot 1 \cdot 10^{-6}\,\text{F}}$$

$$X_{C4} = \underline{\underline{159{,}23\ \Omega}}$$

$$X_{C12} = \frac{1}{\frac{1}{X_{C1} + X_{C2}} + \frac{1}{X_{C3}} + \frac{1}{X_{C4}}} = \frac{1}{\frac{1}{159{,}23\,\Omega + 318{,}47\,\Omega} + \frac{1}{79{,}61\,\Omega} + \frac{1}{159{,}23\,\Omega}}$$

$$X_{C12} = \underline{\underline{47{,}76\ \Omega}}$$

Übung 6.5.2 – 1

$$Z_{\mathrm{E}} = \frac{R \cdot X_L}{\sqrt{R^2 + X_L^2}}$$

$$Z_{\mathrm{E}}^2 \cdot (R^2 + X_L^2) = R^2 \cdot X_L^2$$

$$X_L^2 = \frac{Z_{\mathrm{E}}^2 \cdot R^2}{R^2 - Z_{\mathrm{E}}^2} \Rightarrow X_L = 118\ \Omega$$

$$X_L = 2 \cdot \pi \cdot f \cdot L$$

$$L = \frac{X_L}{2 \cdot \pi \cdot f} = \frac{118\ \Omega}{2 \cdot \pi \cdot 100\ \text{Hz}} = \underline{\underline{0{,}187\ \text{H}}}$$

Übung 6.5.2 – 2

$$L_{12} = \frac{1}{\frac{1}{L_1 + L_2} + \frac{1}{L_3} + \frac{1}{L_4}} = \frac{1}{\frac{1}{1\,\text{H} + 0{,}5\,\text{H}} + \frac{1}{0{,}8\,\text{H}} + \frac{1}{1{,}5\,\text{H}}}$$

$$L_{12} = \underline{\underline{0{,}387\,\text{H}}}$$

$$X_{L12} = 2 \cdot \pi \cdot f \cdot L_{12} = 2 \cdot \pi \cdot 50\,\text{Hz} \cdot 0{,}387\,\text{H}$$

$$X_{L12} = \underline{\underline{121{,}548\,\Omega}}$$

Übung 6.5.3 – 1

$$X_C = \frac{1}{2 \cdot \pi \cdot f \cdot C} = \frac{1}{2 \cdot \pi \cdot 50\,\text{Hz} \cdot 100 \cdot 10^{-6}\,\text{F}}$$

$$X_C = \underline{\underline{31{,}847\,\Omega}}$$

$$X_\text{E} = \frac{X_L \cdot X_C}{X_L - X_C} = \frac{100\,\Omega \cdot 31{,}847\,\Omega}{100\,\Omega - 31{,}847\,\Omega}$$

$$X_\text{E} = \underline{\underline{46{,}728\,\Omega}}$$

$$U_{12} = I \cdot X_\text{E} = 1\,\text{mA} \cdot 46{,}728\,\Omega$$

$$U_{12} = \underline{\underline{0{,}0467\,\text{V}}}$$

$$I_L = \frac{U_{12}}{X_L} = \frac{0{,}0467\,\text{V}}{100\,\Omega} = \underline{\underline{0{,}467\,\text{mA}}}$$

$$I_C = \frac{U_{12}}{X_C} = \frac{0{,}0467\,\text{V}}{31{,}847\,\Omega} = \underline{\underline{1{,}466\,\text{mA}}}$$

Übung 6.5.4 – 1

$$X_C = \frac{1}{2 \cdot \pi \cdot f \cdot C} = \frac{1}{2 \cdot \pi \cdot 10 \cdot 10^3\,\text{Hz} \cdot 10 \cdot 10^{-6}\,\text{F}}$$

$$X_C = \underline{\underline{1{,}591\,\Omega}}$$

$$X_L = 2 \cdot \pi \cdot f \cdot L = 2 \cdot \pi \cdot 10 \cdot 10^3\,\text{Hz} \cdot 20 \cdot 10^{-6}\,\text{H}$$

$$X_L = \underline{\underline{1{,}256\,\Omega}}$$

$$B_C = \frac{1}{X_C} = \frac{1}{1{,}591\,\Omega} = \underline{\underline{0{,}628\,\text{S}}}$$

$$B_L = \frac{1}{X_L} = \frac{1}{1{,}256\,\Omega} = \underline{\underline{0{,}796\,\text{S}}}$$

$$G = \frac{1}{R} = \frac{1}{1000\,\Omega} = \underline{\underline{0{,}001\,\text{S}}}$$

$$Y_\text{E} = \sqrt{G^2 + (B_L - B_C)^2} = \sqrt{(0{,}001\,\text{S})^2 + (0{,}769\,\text{S} - 0{,}628\,\text{S})^2}$$

$$Y_\text{E} = \underline{\underline{0{,}168\,\text{S}}}$$

$$Z_\text{E} = \frac{1}{Y_\text{E}} = \frac{1}{0{,}168\,\text{S}}$$

$$Z_\text{E} = \underline{\underline{5{,}952\,\Omega}}$$

Übung 6.6 – 1

$$\underline{Z}_{12} = R_1 - \text{j}\,X_{C1} + \frac{R_2 \cdot (-\text{j}\,X_{C2})}{R_2 + (-\text{j}\,X_{C2})}$$

$$= 100\,\Omega - \text{j}\,200\,\Omega + \frac{-50\,\Omega \cdot \text{j}\,100\,\Omega}{50\,\Omega - \text{j}\,100\,\Omega}$$

$$= 100\,\Omega - \text{j}\,200\,\Omega - \frac{\text{j}\,50\,\Omega \cdot 100\,\Omega}{50\,\Omega - \text{j}\,100\,\Omega}$$

$$= 100\,\Omega - \text{j}\,200\,\Omega - \frac{\text{j}\,50\,\Omega \cdot 100\,\Omega(50\,\Omega + \text{j}\,100\,\Omega)}{(50\,\Omega - \text{j}\,100\,\Omega)(50\,\Omega + \text{j}\,100\,\Omega)}$$

$$\underline{Z}_{12} = 100\,\Omega - \text{j}\,200\,\Omega - \frac{\text{j}\,250\,000\,\Omega^3 - 500\,000\,\Omega^3}{2500\,\Omega^2 + 10\,000\,\Omega^2}$$

$$= 100\,\Omega - \text{j}\,200\,\Omega - \frac{\text{j}\,250\,000\,\Omega^3 - 500\,000\,\Omega^2}{12\,500\,\Omega^2}$$

$$= 100\,\Omega - \text{j}\,200\,\Omega - \frac{\text{j}\,250\,000\,\Omega^3}{12\,500\,\Omega^2} + \frac{500\,000\,\Omega^3}{12\,500\,\Omega^2}$$

$$= 100\,\Omega - \text{j}\,200\,\Omega - \text{j}\,20\,\Omega + 40\,\Omega$$

$$= 100\,\Omega + 40\,\Omega - \text{j}\,200\,\Omega - \text{j}\,20\,\Omega$$

$$\underline{Z}_{12} = \underline{\underline{(140\,\Omega) - \text{j}\,220\,\Omega}}$$

Übung 6.6 – 2

$$\underline{Z}_e = R_1 + \frac{(R_3 - j\,X_C)\cdot R_2}{R_2 + R_3 - j\,X_C}$$

$$\underline{Z}_e = R_1 + \frac{R_2\cdot R_3 - j\,R_2X_C}{R_2 + R_3 - j\,X_C}$$

$$X_{C_1}(1000\text{ Hz}) = \frac{1}{2\cdot\pi\cdot 1000\,\frac{1}{\text{s}}\cdot 0{,}5\cdot 10^{-6}\text{ F}}$$

$$X_{C_1}(1000\text{ Hz}) = \underline{\underline{318{,}3\ \Omega}}$$

$$X_{C_2}(5000\text{ Hz}) = \underline{\underline{63{,}66\ \Omega}}$$

$$\underline{Z}_e(1000\text{ Hz}) = 1000\ \Omega + \frac{5500\ \Omega\cdot 2000\ \Omega - j\,5500\ \Omega\cdot 318{,}3\ \Omega}{7500\ \Omega - j\,318{,}3\ \Omega}$$

$$\underline{Z}_e = \underline{\underline{2473{,}91\ \Omega - j\,170{,}86}}$$

$$\underline{Z}_e(5000\text{ Hz}) = 1000\ \Omega + \frac{5500\ \Omega\cdot 2000\ \Omega - j\,5500\ \Omega\cdot 63{,}66\ \Omega}{7500\ \Omega - j\,63{,}66\ \Omega}$$

$$\underline{Z}_e = \underline{\underline{2466{,}4\ \Omega - j\,34{,}24\ \Omega}}$$

Übung 6.6 – 3

$$\underline{Z}_{13} = R_1 - j\,X_{C_1} + \frac{(R_2 - j\,X_{C_2})\cdot R_3}{R_2 + R_3 - j\,X_{C_2}}$$

$$= 110\ \Omega - j\,180\ \Omega + \frac{(330\ \Omega - j\,330\ \Omega)\cdot 220\ \Omega}{330\ \Omega + 220\ \Omega - j\,330\ \Omega}$$

$$= 265{,}28\ \Omega - j\,218\ \Omega$$

$$\underline{Z}_{13} = \underline{\underline{343{,}88\ \Omega\cdot e^{-j\,39{,}41^\circ}}}$$

$$\underline{I} = \frac{U}{\underline{Z}_{12}} = \frac{10\text{ V}}{343{,}88\ \Omega\cdot e^{-j\,39{,}41^\circ}}$$

$$\underline{I} = \underline{\underline{29{,}07\text{ mA}\cdot e^{j\,39{,}41^\circ}}}$$

$$\underline{Z}_{23} = \frac{(330\ \Omega - j\,330\ \Omega)\cdot 220\ \Omega}{330\ \Omega + 220\ \Omega - j\,330\ \Omega}$$

$$= 155{,}28\ \Omega - j\,38{,}82\ \Omega$$

$$\underline{Z}_{23} = \underline{\underline{160\ \Omega\cdot e^{-j\,14{,}03^\circ}}}$$

$$\underline{U}_{23} = \underline{I}\cdot\underline{Z}_{23}$$

$$= 29{,}07\text{ mA}\cdot e^{j\,39{,}41^\circ}\,160\ \Omega\cdot e^{-j\,14{,}03^\circ}$$

$$\underline{U}_{23} = \underline{\underline{4{,}65\text{ V}\cdot e^{j\,25{,}37^\circ}}}$$

$$\underline{I}_1 = \frac{\underline{U}_{23}}{R_2 - j\,X_{C_2}} = \frac{4{,}65\text{ V}\cdot e^{j\,25{,}37^\circ}}{466{,}69\ \Omega\cdot e^{-j\,45^\circ}}$$

$$\underline{I}_1 = \underline{\underline{9{,}96\text{ mA}\cdot e^{j\,70{,}37^\circ}}}$$

$$\underline{I}_2 = \frac{\underline{U}_{23}}{R_3} = \frac{4{,}65\text{ V}\cdot e^{j\,25{,}37^\circ}}{220\ \Omega}$$

$$\underline{I}_2 = \underline{\underline{21{,}13\text{ mA}\cdot e^{j\,25{,}37^\circ}}}$$

Übung 6.6 – 4

$$X_C = \frac{1}{2\cdot\pi\cdot f\cdot C} = \underline{\underline{1{,}591\text{ k}\Omega}}$$

$$-j\,X_C = \underline{\underline{-j\,1{,}591\text{ k}\Omega = 1{,}591\text{ k}\Omega\cdot e^{-j\,90^\circ}}}$$

$$\underline{Z}_{2,3,4} = 1\text{ k}\Omega - j\,1{,}591\text{ k}\Omega$$

$$= \underline{\underline{1{,}879\text{ k}\Omega\cdot e^{-j\,57{,}8^\circ}}}$$

$$\underline{Z}_{2,4} = \frac{1{,}879\text{ k}\Omega\cdot e^{-j\,57{,}8^\circ}\cdot 1{,}591\text{ k}\Omega\cdot e^{-j\,90^\circ}}{1\text{ k}\Omega - j\,1{,}591\text{ k}\Omega - j\,1{,}591\text{ k}\Omega}$$

$$= \frac{2{,}989\text{ k}\Omega\cdot e^{-j\,147{,}8^\circ}}{1\text{ k}\Omega - j\,3{,}182\text{ k}\Omega}$$

$$= \frac{2{,}989\text{ k}\Omega\cdot e^{-j\,147{,}8^\circ}}{3{,}335\text{ k}\Omega\cdot e^{-j\,72{,}5^\circ}}$$

$$\underline{Z}_{2,4} = \underline{\underline{0{,}896\text{ k}\Omega\cdot e^{-j\,75{,}3^\circ}}}$$

Übung 6.6 – 4 (Fortsetzung)

$$\underline{U}_{24} = U_1 \cdot \frac{0{,}896\ \text{k}\Omega \cdot \text{e}^{-\text{j}\,75{,}3^\circ}}{1\ \text{k}\Omega + 0{,}896\ \text{k}\Omega\ (\cos 75{,}3^\circ - \text{j} \sin 75{,}3^\circ)}$$

$$= 100\ \text{V} \cdot \frac{0{,}896\ \text{k}\Omega \cdot \text{e}^{-\text{j}\,75{,}3^\circ}}{1{,}227\ \text{k}\Omega - \text{j}\ 0{,}866\ \text{k}\Omega}$$

$$= 100\ \text{V} \cdot \frac{0{,}896\ \text{k}\Omega \cdot \text{e}^{-\text{j}\,75{,}3^\circ}}{1{,}502\ \text{k}\Omega \cdot \text{e}^{-\text{j}\,35{,}2^\circ}}$$

$$\underline{U}_{24} = \underline{\underline{59{,}65\ \text{V} \cdot \text{e}^{-\text{j}\,40{,}5^\circ}}}$$

$$\underline{U}_2 = \underline{U}_{24} \cdot \frac{1{,}591\ \text{k}\Omega \cdot \text{e}^{-\text{j}\,90^\circ}}{1{,}879\ \text{k}\Omega \cdot \text{e}^{-\text{j}\,57{,}8^\circ}}$$

$$\underline{U}_2 = 50{,}5\ \text{V} \cdot \text{e}^{-\text{j}\,72{,}7^\circ}$$

$$U_2 = \underline{\underline{50{,}5\ \text{V}}}$$

Übung 6.7.1 – 1

$$\frac{U_2}{U_1} = \frac{R}{\sqrt{R^2 + X_C^2}}$$

$$U_2 = U_1 \frac{R}{\sqrt{R^2 + \left(\dfrac{1}{2 \cdot \pi \cdot f \cdot C}\right)^2}}$$

$$U_2 = U_1 \frac{1}{\sqrt{1 + \left(\dfrac{1}{2 \cdot \pi \cdot f \cdot R \cdot C}\right)^2}}$$

Wertetabelle:

f	1 Hz	10 Hz	100 Hz	1000 Hz	10 kHz
U_2	≈ 0 V	≈ 0 V	≈ 0,6 V	5,321 V	9,87 V

$$f_g = \frac{1}{2 \cdot \pi \cdot R \cdot C} = \frac{1}{2 \cdot \pi \cdot 100\ \Omega \cdot 1 \cdot 10^{-6}\ \text{F}}$$

$$f_g = \underline{\underline{1591{,}5\ \text{Hz}}}$$

$$U_{f_g} = 0{,}707 \cdot U_1 = 0{,}707 \cdot 10\ \text{V} = \underline{\underline{7{,}07\ \text{V}}}$$

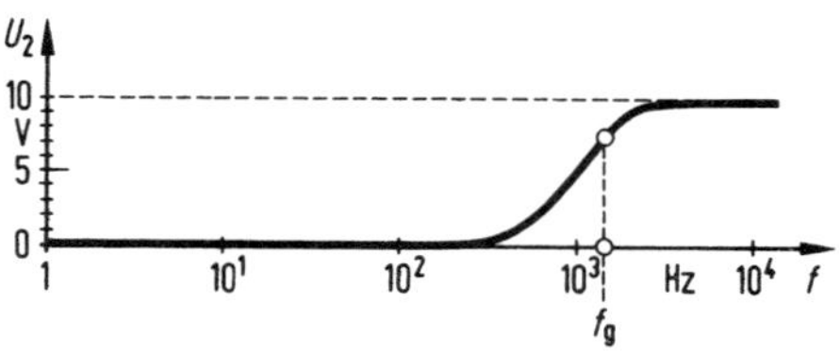

Es handelt sich um einen Hochpass.

Übung 6.7.4.2 – 1

$$\frac{U_2}{U_1} = \frac{X_L}{|X_C - X_L|}$$

$$U_2 = U_1 \frac{2 \cdot \pi \cdot f \cdot L}{\left|\dfrac{1}{2 \cdot \pi \cdot f \cdot C} - 2 \cdot \pi \cdot f \cdot L\right|}$$

$$U_2(10\ \text{Hz}) = 5\ \text{V} \frac{0{,}06283\ \Omega}{|159\,154\ \Omega - 0{,}06283\ \Omega|}$$

$$U_2(10\ \text{Hz}) = \underline{\underline{1{,}97\ \mu\text{V}}}$$

$$U_2(100\ \text{Hz}) = \underline{\underline{197\ \mu\text{V}}}$$

$$U_2(1000\ \text{Hz}) = \underline{\underline{19{,}7\ \text{mV}}}$$

$$U_2(5\ \text{kHz}) = \underline{\underline{547\ \text{mV}}}$$

$$U_2(10\ \text{kHz}) = \underline{\underline{3{,}26\ \text{V}}}$$

$$U_2(20\ \text{kHz}) = \underline{\underline{13{,}6\ \text{V}}}$$

$$U_2(100\ \text{kHz}) = \underline{\underline{5{,}12\ \text{V}}}$$

$$U_2(1\ \text{MHz}) = \underline{\underline{5\ \text{V}}}$$

Bei $f_0 = \dfrac{1}{2 \cdot \pi \sqrt{L \cdot C}} = 15{,}915$ kHz wird der Nenner null und somit $U_2 \to \infty$.

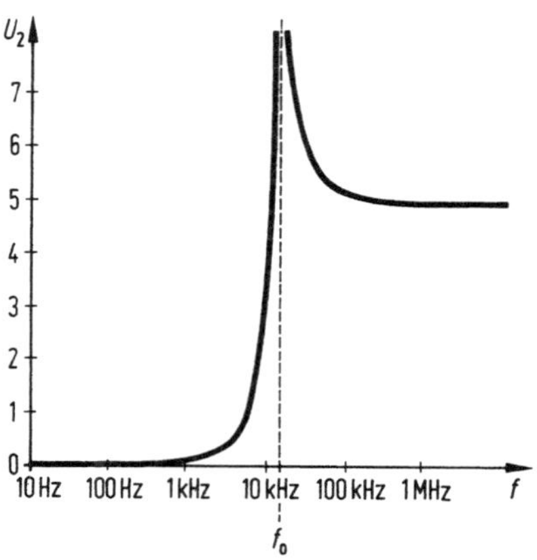

Übung 6.9.1.2 – 1

$$Q_L = U_L \cdot I$$
$$= I \cdot X_L \cdot I$$
$$= I^2 \cdot X_L$$
$$= (1\ \text{A})^2 \cdot 100\ \Omega$$
$$Q_L = \underline{\underline{100\ \text{var}}}$$

Übung 6.9.1.3 – 1

$$P_1 = \frac{P}{\eta} = \frac{1\ \text{kW}}{0{,}8} = \underline{\underline{1{,}25\ \text{kW}}}$$

$$S = \sqrt{(P_1)^2 + (Q_L)^2}$$
$$= \sqrt{(1{,}25\ \text{kW})^2 + (0{,}5\ \text{kvar})^2}$$
$$S = \underline{\underline{1346\ \text{VA}}}$$
$$S = U \cdot I$$
$$I = \frac{S}{U} = \frac{1246\ \text{VA}}{230\ \text{V}}$$
$$I = \underline{\underline{5{,}417\ \text{A}}}$$

$$\varphi = \arctan \frac{Q_L}{P_1} = \arctan \frac{0{,}5\ \text{kvar}}{1{,}15\ \text{kW}}$$
$$\varphi = \arctan 0{,}4 = \underline{\underline{21{,}8^\circ}}$$
$$Q_L = I^2 \cdot X_L$$
$$X_L = \frac{Q_L}{I^2} = \frac{0{,}5\ \text{kvar}}{(5{,}417\ \text{A})^2}$$
$$X_L = 17{,}039\ \Omega$$
$$X_L = 2 \cdot \pi \cdot f \cdot L$$
$$L = \frac{X_L}{2 \cdot \pi \cdot f} = \frac{17{,}039\ \Omega}{2 \cdot \pi \cdot 50\ \text{Hz}}$$
$$L = \underline{\underline{54\ \text{mA}}}$$

Übung 6.9.1.3 – 2

$$R_{\text{La}} = \frac{U_{\text{La}}^2}{P_{\text{La}}} = \frac{(230\ \text{V})^2}{60\ \text{W}}$$
$$R_{\text{La}} = 881{,}666\ \Omega$$

$$I'_{\text{La}}\ \text{bei}\ 20\ \text{W} = \sqrt{\frac{20\ \text{W}}{881{,}666\ \Omega}}$$
$$I'_{\text{La}} = \underline{\underline{150{,}6\ \text{mA}}}$$

$$Z' = \frac{U}{I'_{\text{La}}} = \frac{230\ \text{V}}{150{,}6\ \text{mA}}$$
$$Z' = \underline{\underline{1527{,}22\ \Omega}}$$

$$Z' = \sqrt{(R_{\text{La}})^2 + (X_C)^2}$$
$$(Z')^2 = (R_{\text{La}})^2 + (X_C)^2$$
$$X_C = \sqrt{(Z')^2 - (R_{\text{La}})^2}$$
$$X_C = \underline{\underline{1247{,}027\ \Omega}}$$
$$X_C = \frac{1}{2 \cdot \pi \cdot f \cdot C}$$
$$C = \frac{1}{2 \cdot \pi \cdot f \cdot X_C} = \frac{1}{2 \cdot \pi \cdot 50\ \frac{1}{\text{s}} \cdot 1247{,}027\ \Omega}$$
$$C = \underline{\underline{2{,}55\ \mu\text{F}}}$$

$$U_C = I'_{\text{La}} \cdot X_C = 150{,}6\ \text{mA} \cdot 1247{,}027\ \Omega$$
$$U_C = \underline{\underline{187{,}8\ \text{V}}}$$

Die berechnete Spannung U_C ist der Effektivwert, die Nennspannung für den Kondensator richtet sich nach der Scheitelspannung.

$$U_{\text{N}} = \sqrt{2} \cdot U_C = 265\ \text{V}$$

Daten des Kondensators:

$$C = 2{,}55\ \mu\text{F}/265\ \text{V}$$

Übung 6.9.2 – 1

Ersatzschaltplan der Reihenkompensation.

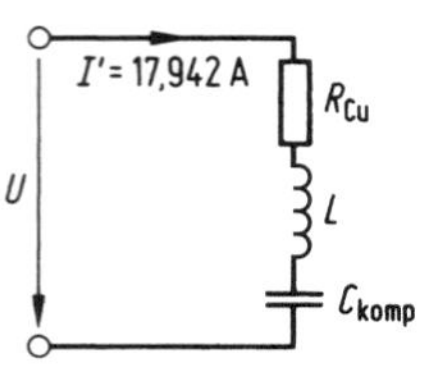

Die aufzubringende Blindleistung Q_C ist identisch mit der im Beispiel. Ihr Wert kann deshalb übernommen werden.

$$Q_C = \underline{\underline{1376{,}57\ \text{var}}}$$

$$Q_C = U_C \cdot I' = I' \cdot X_C \cdot I'$$

Übung 6.9.2 – 1 (Fortsetzung)

$$Q_C = (I')^2 \cdot X_C = (I')^2 \cdot \frac{1}{2 \cdot \pi \cdot f \cdot C_{\text{komp}}}$$

$$C_{\text{komp}} = (I')^2 \frac{1}{2 \cdot \pi \cdot f \cdot Q_C}$$

$$= (17{,}942\ \text{A})^2 \frac{1}{2 \cdot \pi \cdot 50\ \text{Hz} \cdot 1376{,}57\ \text{var}}$$

$$C_{\text{komp}} = \underline{\underline{744{,}38\ \mu\text{F}}}$$

Übung 6.9.3 – 1

$$W = U_\text{N} \cdot I \cdot t \cdot \cos\varphi$$

$$W = 230\ \text{V} \cdot 100\ \text{A} \cdot 24\ \text{h} \cdot 0{,}8$$

$$W = \underline{\underline{441{,}6\ \text{kWh}}}$$

$$\varphi = \arccos 0{,}8$$

$$\varphi = \underline{\underline{36{,}869^\circ}}$$

$$W_\text{B} = U \cdot I \cdot t \cdot \sin\varphi$$

$$W_\text{B} = 230\ \text{V} \cdot 100\ \text{A} \cdot 24\ \text{h} \cdot 0{,}6$$

$$W_\text{B} = \underline{\underline{331{,}2\ \text{kvarh}}}$$

Kontrollrechnung:

$$W_\text{S} = \sqrt{(W)^2 + (W_\text{B})^2}$$

$$W_\text{S} = \sqrt{(441{,}6\ \text{kWh})^2 + (331{,}2\ \text{kvarh})^2}$$

$$W_\text{S} = \underline{\underline{552\ \text{kVAh}}}$$

$$W_\text{S} = U \cdot I \cdot t = 230\ \text{V} \cdot 100\ \text{A} \cdot 24\ \text{h}$$

$$W_\text{S} = \underline{\underline{552\ \text{kVAh}}}$$

Übung 7.2.3 – 1

$$\text{M}_1: \ P_{1\text{M}1} = \frac{P_{2\text{M}1}}{\eta} = \frac{3\ \text{kW}}{0{,}85}$$

$$P_{1\text{M}1} = 3{,}529\ \text{kW}$$

$$\text{M}_2: \ P_{1\text{M}2} = \frac{P_{2\text{M}2}}{\eta} = \frac{4\ \text{kW}}{0{,}8}$$

$$P_{1\text{M}2} = 5\ \text{kW}$$

$$\varphi_1 = \arccos 0{,}75$$

$$\varphi_1 = \underline{\underline{41{,}4^\circ}}$$

$$\varphi_2 = \arccos 0{,}8$$

$$\varphi_2 = \underline{\underline{36{,}9^\circ}}$$

$$Q_{\text{LM}1} = P_{1\text{M}1} \cdot \tan\varphi_1$$

$$Q_{\text{LM}1} = 3{,}529\ \text{kW} \cdot 0{,}882$$

$$Q_{\text{LM}1} = \underline{\underline{3{,}113\ \text{kvar}}}$$

$$Q_{\text{LM}2} = P_{1\text{M}2} \cdot \tan\varphi_2$$

$$Q_{\text{LM}2} = 5\ \text{kW} \cdot 0{,}75$$

$$Q_{\text{LM}2} = \underline{\underline{3{,}75\ \text{kvar}}}$$

$$P_{1\ \text{ges}} = P_{1\text{M}1} + P_{1\text{M}2} = 3{,}529\ \text{kW} + 5\ \text{kW}$$

$$P_{1\ \text{ges}} = \underline{\underline{8{,}529\ \text{kW}}}$$

$$Q_{\text{L ges}} = Q_{\text{LM}1} + Q_{\text{LM}2}$$

$$= 3{,}112\ \text{kvar} + 3{,}75\ \text{kvar}$$

$$Q_{\text{L ges}} = \underline{\underline{6{,}862\ \text{kvar}}}$$

$$S = \sqrt{(P_{1\ \text{ges}})^2 + (Q_{\text{L ges}})^2}$$

$$= \sqrt{(8{,}529\ \text{kW})^2 + (6{,}862\ \text{kvar})^2}$$

$$S = \underline{\underline{10{,}964\ \text{kVa}}}$$

$$S = \sqrt{3} \cdot U \cdot I$$

$$I = \frac{S}{\sqrt{3} \cdot U} = \frac{10{,}946\ \text{kVA}}{\sqrt{3} \cdot 400\ \text{V}}$$

$$I = \underline{\underline{15{,}79\ \text{A}}}$$

Übung 7.2.3 – 2

$$P_{1\text{M}} = \frac{P_{2\text{M}}}{\eta} = \frac{5\ \text{kW}}{0{,}8}$$

$$P_{1\text{M}} = \underline{\underline{6{,}25\ \text{kW}}}$$

$$P_{3\sim\text{ges}} = P_{1\text{M}} + P_{3\sim} = 6{,}25\ \text{kW} + 32\ \text{kW}$$

$$P_{3\sim\text{ges}} = \underline{\underline{38{,}25\ \text{kW}}}$$

$$\varphi = \arccos 0{,}8$$

$$\varphi = \underline{\underline{36{,}86^\circ}}$$

$$Q_\text{L} = P_{1\text{M}} \cdot \tan\varphi$$

$$Q_\text{L} = 6{,}25\ \text{kW} \cdot 0{,}75$$

$$Q_\text{L} = \underline{\underline{4{,}687\ \text{kvar}}}$$

Übung 7.2.3 – 2 (Fortsetzung)

$$\tan\varphi_{ges} = \frac{Q_L}{P_{3\sim ges}} = \frac{4{,}687\ \text{kvar}}{38{,}25\ \text{kW}}$$

$$\tan\varphi_{ges} = 0{,}1225$$

$$\varphi_{ges} = \arctan 0{,}1225$$

$$\varphi_{ges} = \underline{\underline{6{,}98^\circ}}$$

$$\cos\varphi_{ges} = \underline{\underline{0{,}99}}$$

Übung 8.2.2.1 – 1

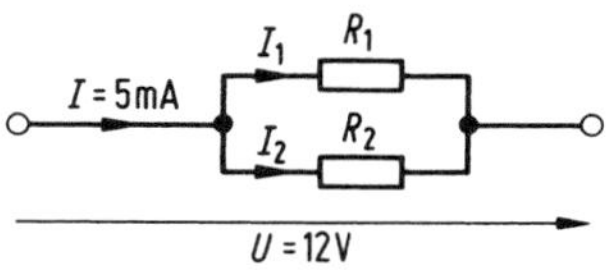

Das Verhältnis 2:3 bedeutet Aufteilung in $2 + 3 = 5$ Teile.

$$I = I_1 + I_2 = 5\ \text{mA}$$

Aufteilung ergibt:

$$I_1 \mathrel{\widehat{=}} 2\ \text{Teile von } 5\ \text{mA} \Rightarrow I_1 = 2\ \text{mA}$$

$$I_2 \mathrel{\widehat{=}} 3\ \text{Teile von } 5\ \text{mA} \Rightarrow I_2 = 3\ \text{mA}$$

$$R_1 = \frac{U}{I_1} = \frac{12\ \text{V}}{2\ \text{mA}} = \underline{\underline{6000\ \Omega}}$$

$$R_2 = \frac{U}{I_2} = \frac{12\ \text{V}}{3\ \text{mA}} = \underline{\underline{4000\ \Omega}}$$

Auswahl der Normwerte:

$$R_1' = 6{,}2\ \text{k}\Omega; \quad R_2' = 3{,}9\ \text{k}\Omega$$

$$I_1' = \frac{U}{R_1'} = \frac{12\ \text{V}}{6{,}2\ \text{k}\Omega} = \underline{\underline{1{,}935\ \text{mA}}}$$

$$I_2' = \frac{U}{R_2'} = \frac{12\ \text{V}}{3{,}9\ \text{k}\Omega} = \underline{\underline{3{,}076\ \text{mA}}}$$

$$I' = I_1' + I_2' = 1{,}935\ \text{mA} + 3{,}076\ \text{mA}$$

$$I' = \underline{\underline{5{,}011\ \text{mA}}}$$

Übung 8.2.2.2 – 1

1. Ring: Blau $\mathrel{\widehat{=}}$ 6
2. Ring: Weiß $\mathrel{\widehat{=}}$ 9
3. Ring: Braun $\mathrel{\widehat{=}}$ 1
4. Ring: Gelb $\mathrel{\widehat{=}}$ $10^4\ \Omega$
5. Ring: Gold $\mathrel{\widehat{=}}$ $\pm 5\ \%$

} 6,91 MΩ ± 5 %

Übung 8.2.2.2 – 2

1. Ring: Orange ($\mathrel{\widehat{=}}$ 3)
2. Ring: Orange ($\mathrel{\widehat{=}}$ 3)
3. Ring: Rot ($\mathrel{\widehat{=}}$ 2)
4. Ring: Braun ($\mathrel{\widehat{=}}$ $10^1\ \Omega$)

Übung 8.2.2.2 – 3

25 M 5 K $\mathrel{\widehat{=}}$ 25,5 MΩ ± 10 %

↑ ↑

10^6 ± 10 %

Übung 9.2.2.1 – 1

$$X_C = \frac{1}{2\cdot\pi\cdot f\cdot C}$$

$$C = \frac{1}{2\cdot\pi\cdot f\cdot X_C} = \frac{1}{2\cdot\pi\cdot 50\ \text{Hz}\cdot 100\ \Omega}$$

$$C = \underline{\underline{31{,}847\ \mu\text{F}}}$$

Gewählt: $C' = \underline{\underline{33\ \mu\text{F}}}$

Berechnung des erreichten Blindwiderstandes

$$X_C' = \frac{1}{2\cdot\pi\cdot f\cdot C'} = \frac{1}{2\cdot\pi\cdot 50\,\text{Hz}\cdot 33\cdot 10^{-6}\,\text{F}}$$

$$X_C' = \underline{\underline{96{,}5\ \Omega}}$$

Übung 9.2.2.2 – 1

1. 3 n 3 K $\mathrel{\widehat{=}}$ 3,3 nF ± 10 %
2. 12 μ 7 G $\mathrel{\widehat{=}}$ 12,7 μF ± 2 %

Übung 9.2.2.2 – 2

Farbkuppe: Rot $\mathrel{\widehat{=}}$ 2
Farbpunkt: Weiß $\mathrel{\widehat{=}}$ 0,1 μF
mittlerer Farbring: Rot $\mathrel{\widehat{=}}$ 2
unterer Farbring: Grün $\mathrel{\widehat{=}}$ 16 V

} = 2,2 μF/16 V

Übung 10.1.1 – 1

Wicklung 1:

Gesamtdrahtdurchmesser gemäß Tabelle 10.1.1 – 2

$d_{ges\,1} = 0{,}23$ mm

$\frac{l_{Spule}}{d_{ges\,1}} = \frac{10\text{ mm}}{0{,}23\text{ mm}} = \underline{\underline{43{,}478}}$

folglich: 43 Windungen pro Lage

$\frac{N_1}{\text{Windungen pro Lage}} = \frac{100}{43} = \underline{\underline{2{,}32}}$

folglich: $\underline{\underline{\text{3 Lagen}}}$

Betrachtung der mittleren Windungslänge zur Berechnung der Drahtlänge.

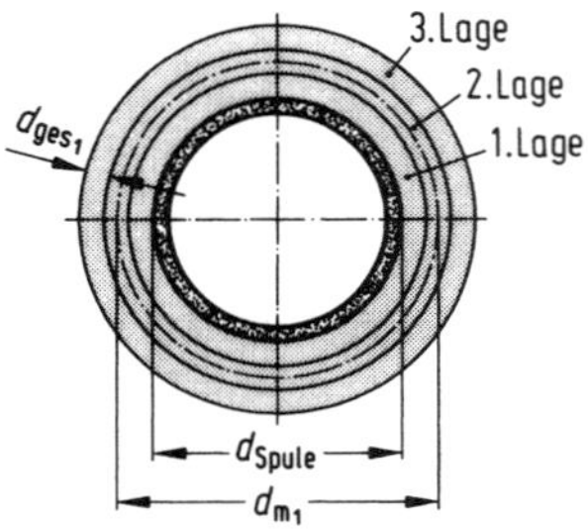

d_{Spule} = Durchmesser des Spulenkörpers

d_{m1} = mittlerer Windungsdurchmesser

$= d_{Spule} + 3d_{ges\,1}$

$= 5\text{ mm} + 3 \times 0{,}23\text{ mm}$

$d_{m1} = \underline{\underline{5{,}69\text{ mm}}}$

mittlerer Umfang der Windung = mittlere Windungslänge = U_m

$U_{m1} = d_{m1} \cdot \pi = 5{,}69\text{ mm} \cdot \pi$

$U_{m1} = \underline{\underline{17{,}875\text{ mm}}}$

Wicklung 2:

Gesamtdrahtdurchmesser gemäß Tabelle 10.1.1 – 2:

$d_{ges\,2} = 0{,}395$ mm

$\frac{l_{Spule}}{d_{ges\,2}} = \frac{10\text{ mm}}{0{,}395\text{ mm}} = \underline{\underline{25{,}316}}$

folglich: 25 Windungen pro Lage

$\frac{N_2}{\text{Windungen pro Lage}} = \frac{300}{25} = \underline{\underline{12}}$

folglich: 12 Lagen

Betrachtung der mittleren Windungslänge zur Berechnung der Drahtlänge.

$d_{m\,2} = d_{Spule} + G \cdot d_{ges1} + 12\, d_{ges\,2}$

$= 5\text{ mm} + 6 \cdot 0{,}23\text{ mm} + 12 \cdot 0{,}395\text{ mm}$

$d_{m\,2} = \underline{\underline{11{,}12\text{ mm}}}$

$U_{m\,2} = d_{m\,2} \cdot \pi = 11{,}12\text{ mm} \cdot \pi$

$U_{m\,2} = \underline{\underline{34{,}934\text{ mm}}}$

$l_{Draht\,2} = U_{m\,2} \cdot N_2 = 34{,}934\text{ mm} \cdot 300$

$l_{Draht\,2} = \underline{\underline{10{,}48\text{ m}}}$

Kontrolle der maximalen Wickelhöhe der Lagen: Aus dem Bild kann als maximale Wickelhöhe 17,5 mm abgelesen werden.

Drahtlänge der 1. Wicklung:

$l_{Draht\,1} = U_{m1} \cdot N_1 = 17{,}875\text{ mm} \cdot 100$

$l_{Draht\,1} = \underline{\underline{1{,}7875\text{ m}}}$

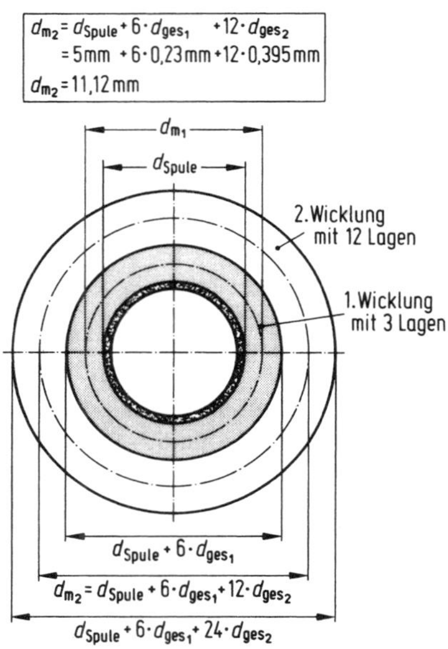

$d_{Spule} + 6 \cdot d_{ges\,1} + 24\, d_{ges\,2} \leq 17{,}5\text{ mm}$

$5\text{ mm} + 6 \cdot 0{,}23\text{ mm} + 24 \cdot 0{,}395\text{ mm} \leq 17{,}5\text{ mm}$

$15{,}86\text{ mm} < 17{,}5\text{ mm}$

Die maximale Wickelhöhe wird nicht erreicht.

Lösung der Lernaufgabe 1

Leerlauf:

$$U_2 = U_1 \frac{R_2}{R_1 + R_2}$$

$$U_{2\,\text{Leer}} = 48\ \text{V} \cdot \frac{4700\ \Omega}{1200\ \Omega + 4700\ \Omega}$$

$$U_{2\,\text{Leer}} = \underline{\underline{38{,}237\ \text{V}}}$$

Belastung mit R_L:

$$U_{2\,\text{Bel}} = 38{,}237\ \text{V} \cdot 0{,}95$$

$$U_{2\,\text{Bel}} = \underline{\underline{36{,}325\ \text{V}}}$$

$$I_{R_2} = \frac{U_{2\,\text{Bel}}}{R_2} = \frac{36{,}325\ \text{V}}{4700\ \Omega}$$

$$I_{R_2} = \underline{\underline{7{,}728\ \text{mA}}}$$

$$U_{R_1} = U_1 - U_{2\,\text{Bel}}$$

$$U_{R_1} = 48\ \text{V} - 36{,}325\ \text{V}$$

$$U_{R_1} = \underline{\underline{11{,}675\ \text{V}}}$$

$$I_{R_1} = \frac{U_{R_1}}{R_1} = \underline{\underline{9{,}729\ \text{mA}}}$$

$$I_{R_L} = I_{R_1} - I_{R_2}$$

$$I_{R_L} = 9{,}729\ \text{mA} - 7{,}728\ \text{mA}$$

$$I_{R_L} = \underline{\underline{2{,}001\ \text{mA}}}$$

$$R_{L\,\text{min}} = \frac{U_{2\,\text{Bel}}}{I_{R_L}}$$

$$R_{L\,\text{min}} = \frac{36{,}325\ \text{V}}{2{,}001\ \text{mA}}$$

$$R_{L\,\text{min}} = \underline{\underline{18{,}153\ \text{k}\Omega}}$$

Lösung der Lernaufgabe 2

Benötigter Strom I' durch die Lampe bei $P'_{\text{La}} = 50$ W.

$$I'^2 \cdot R = P'_{\text{La}} \Rightarrow I' = \sqrt{\frac{P'_{\text{La}}}{R_{\text{La}}}}$$

$$I' = \sqrt{\frac{50\ \text{W}}{529\ \Omega}}$$

$$I' = \underline{\underline{0{,}307\ \text{A}}}$$

Bei $U_{\text{AC}} = 230$ V und $I' = 0{,}307$ A ist der Gesamtwiderstand der Schaltung:

$$R_{\text{ges}} = R_{\text{La}} + R_{\text{V}}$$

$$R_{\text{ges}} = \frac{U_{\text{AC}}}{I'} = \frac{230\ \text{V}}{0{,}307\ \text{A}} = \underline{\underline{748{,}1\ \Omega}}$$

$$R_{\text{V}} = R_{\text{ges}} - R_{\text{La}}$$

$$R_{\text{V}} = 748{,}1\ \Omega - 529\ \Omega$$

$$R_{\text{V}} = \underline{\underline{219{,}1\ \Omega}}$$

Umgesetzte Leistung im R_{V}:

$$P_{R_{\text{V}}} = I'^2 \cdot R_{\text{V}}$$

$$= (0{,}307\ \text{A})^2 \cdot 219{,}1\ \Omega$$

$$P_{R_{\text{V}}} = \underline{\underline{20{,}65\ \text{W}}}$$

Im Vorwiderstand zur Dimmerung wird 20,65 W in Wärme umgesetzt und bei einer gedimmten Lampenleistung von 50 W.

$$P_{\text{ges}} = P_{R_{\text{V}}} + P'_{\text{La}}$$

$$P_{\text{ges}} = 20{,}65\ \text{W} + 50\ \text{W}$$

$$P_{\text{ges}} = \underline{\underline{70{,}65\ \text{W}}}$$

Wird die Dimmerung mit elektronischem Dimmer vorgenommen, so beträgt die benötigte Verlustleistung nur etwa 0,5 W.

Lösung der Lernaufgabe 3

Zusammenfassung von Reihenschaltungen

$$R_2 + R_3 = R_{2+3} = 80\ \text{k}\Omega + 40\ \text{k}\Omega$$

$$R_{2+3} = \underline{\underline{120\ \text{k}\Omega}}$$

$$R_6 + R_7 = R_{6+7} = 180\ \text{k}\Omega + 70\ \text{k}\Omega$$

$$R_{6+7} = \underline{\underline{250\ \text{k}\Omega}}$$

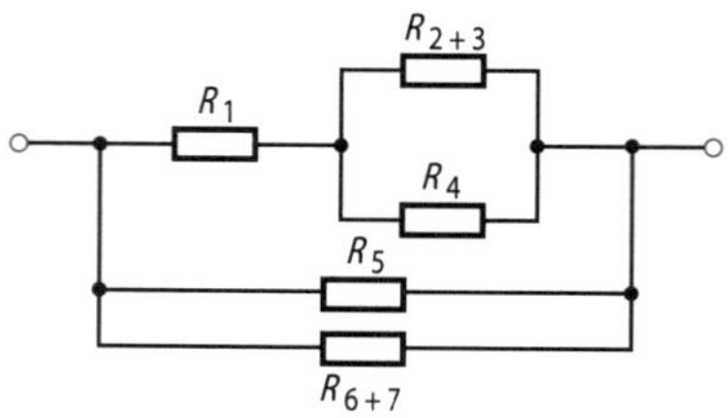

$$\underbrace{R_{2+3\|R_4}}_{\downarrow} = \frac{R_{2+3} \cdot R_4}{R_{2+3} + R_4}$$

$$= \frac{120\ \text{k}\Omega \cdot 130\ \text{k}\Omega}{120\ \text{k}\Omega + 130\ \text{k}\Omega}$$

$$R_{E1} = \underline{\underline{62{,}4\ \text{k}\Omega}}$$

$$R_1 + R_{E1} = 110\ \text{k}\Omega + 62{,}4\ \text{k}\Omega$$

$$R_1 + R_{E1} = \underline{\underline{172{,}4\ \text{k}\Omega}}$$

R_{E2} = Ersatzwiderstand der kompletten Schaltung

$$R_{E2} = \frac{1}{\frac{1}{R_{6+7}} + \frac{1}{R_5} + \frac{1}{R_1 + R_{E1}}}$$

$$R_{E2} = \underline{\underline{69{,}17\ \text{k}\Omega}}$$

$$I_{Fehl} = \frac{U_{DC}}{R_{E2}} = \frac{24\ \text{V}}{69{,}17\ \text{k}\Omega}$$

$$I_{Fehl} = \underline{\underline{346\ \mu\text{A}}}$$

Die Lösung der **Lernaufgabe 4** befindet sich bei der Lernaufgabe.

Lösung der Lernaufgabe 5

$$U_2 = U_1 \cdot \left(1 - e^{-\frac{t}{\tau}}\right)$$

$$5\ \text{V} = 8\ \text{V} \cdot \left(1 - e^{-\frac{6\,\text{s}}{\tau}}\right)$$

$$\frac{5\ \text{V}}{8\ \text{V}} = 0{,}625 = 1 - e^{-\frac{6\,\text{s}}{\tau}}$$

$$1 - 0{,}625 = e^{-\frac{6\,\text{s}}{\tau}}$$

$$0{,}375 = e^{-\frac{6\,\text{s}}{\tau}} = \frac{1}{e^{\frac{6\,\text{s}}{\tau}}}$$

$$e^{\frac{6\,\text{s}}{\tau}} = \frac{1}{0{,}375} \Big/ \ln$$

$$\frac{6\ \text{s}}{\tau} = \ln \frac{1}{0{,}375} = 0{,}98$$

$$\tau = \frac{6\ \text{s}}{0{,}98} = \underline{\underline{6{,}12\ \text{s}}}$$

$$\tau = R \cdot C = 6{,}12\ \text{s}$$

$$C = \frac{6{,}12\ \text{s}}{100\ \Omega} = \underline{\underline{61{,}2\ \text{nF}}}$$

Lösung der Lernaufgabe 6

Reihenschaltung C_2 und C_3:

$$C_{2,3} = \frac{C_2 \cdot C_3}{C_2 + C_3}$$

$$C_{2,3} = \frac{1{,}2\ \text{nF} \cdot 0{,}5\ \text{nF}}{1{,}2\ \text{nF} + 0{,}5\ \text{nF}}$$

$$C_{2,3} = \underline{\underline{0{,}353\ \text{nF}}}$$

$$C_{34} = C_{2,3} + C_4$$

$$C_{34} = 0{,}353\ \text{nF} + 0{,}22\ \text{nF}$$

$$C_{34} = \underline{\underline{0{,}573\ \text{nF}}}$$

Reihenschaltung C_{34} und C_5:

$$C_{342} = \frac{C_{34} \cdot C_5}{C_{34} + C_5}$$

$$C_{342} = \frac{0{,}573\ \text{nF} \cdot 1\ \text{nF}}{0{,}573\ \text{nF} + 1\ \text{nF}}$$

$$C_{342} = \underline{\underline{0{,}364\ \text{nF}}}$$

$$C_{32} = C_{342} + C_6$$

$$C_{32} = 0{,}364\ \text{nF} + 0{,}3\ \text{nF}$$

$$C_{32} = \underline{\underline{0{,}664\ \text{nF}}}$$

Reihenschaltung C_1 und C_{32}:

$$C_{12} = \frac{C_1 \cdot C_{32}}{C_1 + C_{32}}$$

$$C_{12} = \frac{0{,}1\ \text{nF} \cdot 0{,}664\ \text{nF}}{0{,}1\ \text{nF} + 0{,}664\ \text{nF}}$$

$$C_{12} = \underline{\underline{0{,}087\ \text{nF}}}$$

Lösung der Lernaufgabe 7

Die induzierte Spannung ist definiert durch die Gleichung:

$$U_0 = -L \cdot \frac{\Delta I}{\Delta t}$$

Berechnung der Induktivität L:

$$L = \mu_0 \cdot u_V \cdot N^2 \cdot \frac{A_{Fe}}{l_{Fe}}$$

$$L = 4 \cdot \pi \cdot 10^{-7}\ \frac{\text{V} \cdot \text{s}}{\text{A} \cdot \text{m}} \cdot 100 \cdot 60^2 \cdot \frac{225\ \text{mm}^2}{200\ \text{mm}}$$

$$L = \underline{\underline{508{,}9\ \mu\text{H}}}$$

U_0 während des Zeitabschnittes 0...1 s

$$U_{01} = -508{,}9\ \mu\text{H} \cdot \frac{0{,}1\ \text{A}}{1\ \text{s}} = \underline{\underline{-50\ \mu\text{V}}}$$

U_0 während des Zeitabschnittes 1...2 s

Da $\dfrac{\Delta I}{\Delta t} = 0 \Rightarrow U_{02} = 0$

U_0 während des Zeitabschnittes 2...3 s

$$U_{03} = -508{,}9\ \mu\text{H} \cdot \frac{0{,}2\ \text{A}}{1\ \text{s}} = \underline{\underline{-101{,}8\ \mu\text{V}}}$$

U_0 während des Zeitabschnittes 3...5 s

$$U_{04} = -508{,}9\ \mu\text{H} \cdot \left(-\frac{0{,}3\ \text{A}}{2\ \text{s}}\right)$$

$$U_{04} = \underline{\underline{76{,}3\ \mu\text{V}}}$$

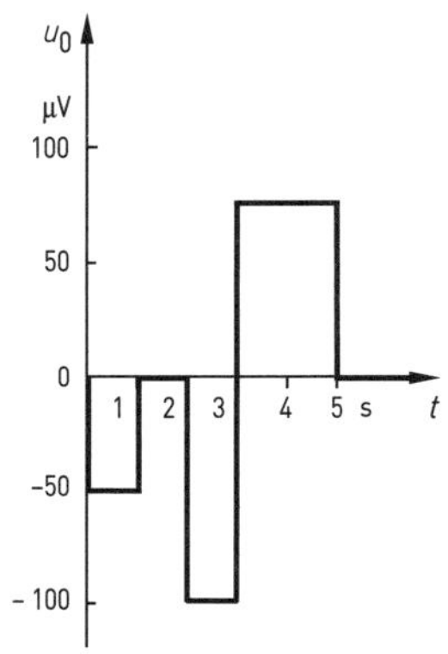

Lösung der Lernaufgabe 8

Die Magnetkraft an einem Magnetpol wird berechnet:

$$F_{\text{mag}} = \frac{B_L^2 \cdot A_L}{\mu_0 \cdot 2}$$

Für die Gewichtskraft gilt:

$$F_G = m \cdot a$$

Es muss sein:

$$F_{\text{mag}} = F_G \Rightarrow m = \frac{B_L^2 \cdot A_L}{a \cdot \mu_0 \cdot 2}$$

$$m = \frac{\left(1\ \frac{\text{V}\cdot\text{s}}{\text{m}^2}\right)^2 \cdot 500 \cdot 10^{-4}\ \text{m}^2}{9{,}81\ \frac{\text{m}}{\text{s}^2} \cdot 4 \cdot \pi \cdot 10^{-7}\ \frac{\text{V}\cdot\text{s}}{\text{A}\cdot\text{m}} \cdot 2} = \underline{\underline{2027{,}9\ \text{kg}}}$$

Berechnung der notwendigen Stromstärke I:

$$H = \frac{N \cdot I}{l_{\text{Fe}}} = \frac{B_L}{\mu_0}$$

$$I = \frac{B_L \cdot l_{\text{Fe}}}{\mu_0 \cdot N} = \frac{1\ \text{T} \cdot 400\ \text{mm}}{4 \cdot \pi \cdot 10^{-7}\ \frac{\text{V}\cdot\text{s}}{\text{A}\cdot\text{m}} \cdot 500}$$

$$I = \underline{\underline{636{,}6\ \text{A}}}$$

Die Lösungen zu den **Lernaufgaben 9 und 10** befinden sich bei diesen.

Lösung der Lernaufgabe 11

$$\frac{I'}{I} = \frac{R}{Z_E}$$

$$Z_E = R\frac{I}{I'} = 80\ \Omega \frac{1\ \text{A}}{1{,}2\ \text{A}} = \underline{\underline{66{,}666\ \Omega}}$$

$$Z_E = \frac{R \cdot X_C}{\sqrt{R^2 + X_C^2}}$$

$$Z_E\left(\sqrt{R^2 + X_C^2}\right) = R \cdot X_C$$

$$Z_E^2(R^2 + X_C^2) = R^2 \cdot X_C^2$$

$$Z_E^2 \cdot R^2 + Z_E^2 \cdot X_C^2 = R^2 \cdot X_C^2$$

$$X_C^2(R^2 - Z_E^2) = Z_E^2 \cdot R^2$$

$$X_C^2 = \frac{Z_E^2 \cdot R^2}{R^2 - Z_E^2}$$

$$X_C = \sqrt{\frac{Z_E^2 \cdot R^2}{R^2 - Z_E^2}} = \frac{Z_E \cdot R}{\sqrt{R^2 - Z_E^2}}$$

$$X_C = \frac{66{,}666\ \Omega \cdot 80\ \Omega}{\sqrt{(80\ \Omega)^2 - (66{,}666\ \Omega)^2}}$$

$$X_C = \underline{\underline{120{,}6\ \Omega}}$$

$$X_C = \frac{1}{2 \cdot \pi \cdot f \cdot C}$$

$$C = \frac{1}{2 \cdot \pi \cdot 50\ \text{Hz} \cdot 120{,}6\ \Omega}$$

$$C = \underline{\underline{26{,}4\ \mu\text{F}}}$$

Lösung der Lernaufgabe 12

$\underline{Z}_E = 0{,}8\ \Omega + \text{j}\ 8\ \Omega$

↑

(positiver Phasenwinkel
bedeutet Induktivität

$$\underline{Z}_E = \frac{R \cdot \text{j}\, X_L}{R + \text{j}\, X_L} = \frac{R \cdot \text{j}\, X_L (R - \text{j}\, X_L)}{R^2 + X_L^2}$$

$$\underline{Z}_E = \frac{R^2 \cdot \text{j}\, X_L - R \cdot \text{j}^2\, X_L^2}{R^2 + X_L^2} = \frac{R^2 \cdot \text{j}\, X_L + R \cdot X_L^2}{R^2 + X_L^2}$$

$$\underline{Z}_E = \underbrace{\frac{R \cdot X_L^2}{R^2 + X_L^2}}_{\text{Realteil}} + \text{j}\underbrace{\frac{R^2 \cdot X_L}{R^2 + X_L^2}}_{\text{Imaginärteil}}$$

$\underline{Z}_E = 0{,}8\ \Omega + \text{j}\ 8\ \Omega$

$$0{,}8\ \Omega = \frac{R \cdot X_L^2}{R^2 + X_L^2} = \frac{20\ \Omega \cdot X_L^2}{(20\ \Omega)^2 + X_L^2}$$

$0{,}8\ \Omega \cdot ((20\ \Omega)^2 + X_L^2) = 20\ \Omega \cdot X_L^2$

$0{,}8\ \Omega \cdot (20\ \Omega)^2 + 0{,}8\ \Omega \cdot X_L^2 = 20\ \Omega \cdot X_L^2$

$320\ \Omega^3 + 0{,}8\ \Omega \cdot X_L^2 = 20\ \Omega \cdot X_L^2$

$20\ \Omega \cdot X_L^2 - 0{,}8\ \Omega \cdot X_L^2 = 320\ \Omega^3$

$X_L^2 \cdot (20\ \Omega - 0{,}8\ \Omega) = 320\ \Omega^3$

$$X_L^2 = \frac{320\ \Omega^3}{19{,}2\ \Omega}$$

$X_L^2 = 16{,}6\ \Omega^2$

$X_L = \underline{\underline{4{,}082\ \Omega}}$

$X_L = 2 \cdot \pi \cdot f \cdot L$

$$L = \frac{X_L}{2 \cdot \pi \cdot f} = \frac{4{,}082\ \Omega}{2 \cdot \pi \cdot 100\ \text{Hz}} = \underline{\underline{6{,}497\ \text{mH}}}$$

Lösung der Lernaufgabe 13

$$P_{1M1} = \frac{P_2}{\eta} = \frac{2{,}5\ \text{kW}}{0{,}8} = \underline{\underline{3{,}125\ \text{kW}}}$$

$$P_{1M2} = \frac{P_2}{\eta} = \frac{2\ \text{kW}}{0{,}8} = \underline{\underline{2{,}5\ \text{kW}}}$$

$P_{ges} = P_H + P_{1M1} + P_{1M2}$

$\quad = 3\ \text{kW} + 3{,}125\ \text{kW} + 2{,}5\ \text{kW} = \underline{\underline{8{,}625\ \text{kW}}}$

$\varphi = \arccos 0{,}85$

$\varphi = \underline{\underline{31{,}7^\circ}}$

$Q_{L1} = P_{1M1} \cdot \tan\varphi$

$Q_{L1} = 3{,}125\ \text{kW} \cdot \tan 317^\circ$

$Q_{L1} = \underline{\underline{1{,}936\ \text{kvar}}}$

$\varphi = \arccos 0{,}9$

$\varphi = \underline{\underline{25{,}84^\circ}}$

$Q_{L2} = P_{1M2} \cdot \tan\varphi$

$Q_{L2} = 2{,}5\ \text{kW} \cdot \tan 25{,}84^\circ$

$Q_{L2} = \underline{\underline{1{,}21\ \text{kvar}}}$

$Q_{L\,ges} = Q_{L1} + Q_{L2} = 1{,}936\ \text{kvar} + 1{,}21\ \text{kvar}$

$Q_{L\,ges} = \underline{\underline{3{,}146\ \text{kvar}}}$

$$S = \sqrt{(P_{ges})^2 + (Q_{L\,ges})^2}$$

$$\quad = \sqrt{(8{,}625\ \text{kW})^2 + (3{,}146\ \text{kvar})^2}$$

$S = \underline{\underline{9{,}181\ \text{kVA}}}$

$S = U \cdot I$

$$I = \frac{S}{U} = \frac{9{,}181\ \text{kVA}}{230\ \text{V}}$$

$I = \underline{\underline{39{,}917\ \text{A}}}$

$$\tan\varphi = \frac{Q_{L\,ges}}{P_{ges}}$$

$\tan\varphi = 0{,}364$

$\varphi = \arctan 0{,}364$

$\varphi = \underline{\underline{20{,}03^\circ}}$

$\cos 20{,}03^\circ = 0{,}93$

$W = U \cdot I \cdot t \cdot \cos\varphi$

$W = 230\ \text{V} \cdot 39{,}917\ \text{A} \cdot 8\ \text{h} \cdot 0{,}93$

$W = \underline{\underline{68{,}305\ \text{kWh}}}$

$W_B = U \cdot I \cdot t \cdot \sin\varphi$

$W_B = 230\ \text{V} \cdot 39{,}917\ \text{A} \cdot 8\ \text{h} \cdot 0{,}34$

$W_B = \underline{\underline{25{,}156\ \text{kvarh}}}$

Lösung der Lernaufgabe 14

$\varphi = \arccos 0{,}7$

$\varphi = \underline{\underline{45{,}5^\circ}}$

$Q_L = P \cdot \tan\varphi$

$Q_L = 4\ \text{kW} \cdot \tan 45{,}5^\circ$

$Q_L = \underline{\underline{4{,}08\ \text{kvar}}}$

$\varphi' = \arccos 0{,}95$

$\varphi' = \underline{\underline{18{,}19^\circ}}$

$Q_{L\,\text{rest}} = P \cdot \tan\varphi'$

$Q_{L\,\text{rest}} = 4\ \text{kW} \cdot \tan 18{,}19^\circ$

$Q_{L\,\text{rest}} = \underline{\underline{1{,}314\ \text{kvar}}}$

$Q_C = Q_L - Q_{L\,\text{rest}} = 4{,}08\ \text{kvar} - 1{,}314\ \text{kvar}$

$Q_C = \underline{\underline{2{,}765\ \text{kvar}}}$

$$Q_C = U \cdot I = U \frac{U}{X_C}$$

$$Q_C = \frac{U^2}{X_C}$$

$$X_C = \frac{U^2}{Q_C} = \frac{(230\ \text{V})^2}{2{,}765\ \text{kvar}}$$

$X_C = \underline{\underline{19{,}132\ \Omega}}$

$$X_C = \frac{1}{2 \cdot \pi \cdot f \cdot C_{\text{komp}}}$$

$$C_{\text{komp}} = \frac{1}{2 \cdot \pi \cdot 50\ \text{Hz} \cdot 19{,}132\ \Omega}$$

$C_{\text{komp}} = \underline{\underline{166{,}38\ \mu\text{F}}}$

Lösung der Lernaufgabe 15

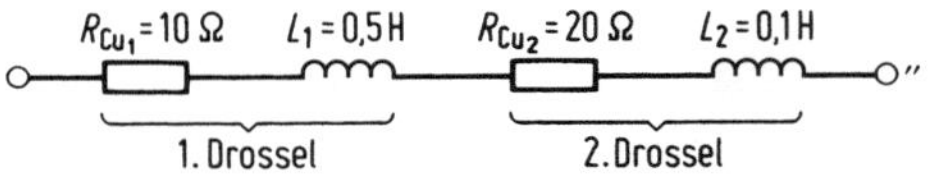

$$X_{L1} = 2 \cdot \pi \cdot f \cdot L_1 = 2 \cdot \pi \cdot 50\ \text{Hz} \cdot 0{,}5\ \text{H} = \underline{\underline{157\ \Omega}}$$

$$X_{L2} = 2 \cdot \pi \cdot f \cdot L_2 = 2 \cdot \pi \cdot 50\ \text{Hz} \cdot 0{,}1\ \text{H} = \underline{\underline{31{,}4\ \Omega}}$$

$$\varphi_{\text{DR1}} = \arctan \frac{X_{L1}}{R_{\text{Cu1}}} = \arctan \frac{157\ \Omega}{10\ \Omega} = \arctan 15{,}7 = \underline{\underline{86{,}35^\circ}}$$

$$\varphi_{\text{DR1+DR2}} = \arctan \frac{X_{L1} + X_{L2}}{R_{\text{Cu1}} + R_{\text{Cu2}}} = \arctan \frac{157\ \Omega + 31{,}4\ \Omega}{10\ \Omega + 20\ \Omega} = \arctan 6{,}28 = \underline{\underline{80{,}95^\circ}}$$

Der Phasenwinkel ändert sich von 86,35° auf 80,95°, wird also um 5,4° kleiner.

Lösung der Lernaufgabe 16

$X_L = 2 \cdot \pi \cdot f \cdot L = 2 \cdot \pi \cdot 8 \cdot 10^3\,\text{Hz} \cdot 1 \cdot 10^{-3}\,\text{H}$

$X_L = \underline{\underline{50{,}26\ \Omega}}$

$$X_C = \frac{1}{2 \cdot \pi \cdot f \cdot C} = \frac{1}{2 \cdot \pi \cdot 8 \cdot 10^3\,\text{Hz} \cdot 1 \cdot 10^{-6}\,\text{F}}$$

$X_C = \underline{\underline{19{,}89\ \Omega}}$

$\underline{Z}_{13} = R_1 + \underline{Z}_{23}$

$$\underline{Z}_{23} = \frac{(R_2 + \text{j}\,(X_L - X_C)) \cdot R_3}{R_2 + R_3 + \text{j}\,(X_L - X_C)} = \frac{R_2 \cdot R_3 + \text{j}\,R_3(X_L - X_C)}{R_2 + R_3 + \text{j}\,(X_L - X_C)}$$

$$= \frac{60\ \Omega \cdot 100\ \Omega + \text{j}\ 100\ \Omega(50{,}25\ \Omega - 19{,}89\ \Omega)}{60\ \Omega + 100\ \Omega + \text{j}\ (50{,}26\ \Omega - 19{,}89\ \Omega)}$$

$$\underline{Z}_{23} = \frac{6000\ \Omega^2 + \text{j}\ 3037\ \Omega^2}{160\ \Omega + \text{j}\ 30{,}37\ \Omega} = \frac{(6000\ \Omega^2 + \text{j}\ 3037\ \Omega^2)(160\ \Omega - \text{j}\ 30{,}37\ \Omega)}{(160\ \Omega + \text{j}\ 30{,}37\ \Omega)(160\ \Omega - \text{j}\ 30{,}37\ \Omega)}$$

$$\underline{Z}_{23} = \frac{6000\ \Omega^2 \cdot 160\ \Omega - \text{j}\ 6000\ \Omega^2 \cdot 30{,}37\ \Omega + \text{j}\ 3037\ \Omega^2 \cdot 160\ \Omega - \text{j}^2\ 3037\ \Omega^2 \cdot 30{,}37\ \Omega}{(160\ \Omega)^2 + (30{,}37\ \Omega)^2}$$

$$= \frac{960\,000\,\Omega^3 - \text{j}\ 182\,220\,\Omega^3 + \text{j}\ 485\,920\,\Omega^3 + 92\,233{,}6\,\Omega^3}{25\,600\ \Omega^2 + 922{,}33\ \Omega^2} = \frac{1\,052\,233{,}6\ \Omega^3 + \text{j}\ 303\,700\ \Omega^3}{26\,522{,}33\ \Omega^2}$$

$$\underline{Z}_{23} = \frac{1\,052\,233{,}6\ \Omega^3}{26\,522{,}33\ \Omega^2} + \text{j}\frac{303\,700\ \Omega^3}{26\,522{,}33\ \Omega^2}$$

$\underline{Z}_{13} = \underline{\underline{39{,}673\ \Omega + \text{j}\ 11{,}45\ \Omega}}$

$\underline{Z}_{13} = R_1 + \underline{Z}_{23} = 50\,\Omega + 39{,}673\,\Omega + \text{j}\,11{,}45\,\Omega$

$\underline{Z}_{13} = \underline{\underline{89{,}673\ \Omega + \text{j}\ 11{,}45\ \Omega}}$

Lösung der Lernaufgabe 17

$$i = \frac{u}{R} = \frac{\hat{u}}{R}\sin(\omega t + \varphi) = \frac{\hat{u}}{R}\sin(2 \cdot \pi \cdot f \cdot t + \varphi)$$

$$i = \frac{10\ \text{V}}{10\ \Omega}\sin(2 \cdot \pi \cdot 100\ \text{kHz} \cdot t + 40°)$$

$i = 1\ \text{A} \cdot \sin(2 \cdot \pi \cdot 10^5\ \text{Hz} \cdot t + 40°)$

$$T = \frac{1}{f} = \frac{1}{10^5\ \text{Hz}} = 1 \cdot 10^{-5}\ \text{s}$$

$= \underline{\underline{0{,}01\ \text{ms}}} \Rightarrow T = 0{,}01\ \text{ms} \mathrel{\widehat{=}} 360°$

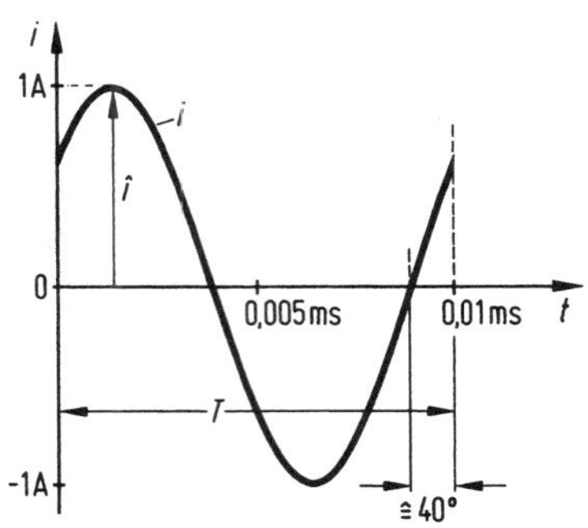

folglich

$$40° = \frac{360°}{9} \mathrel{\widehat{=}} \frac{T}{9} = \frac{0{,}01\ \text{ms}}{9} = \underline{\underline{0{,}0011\ \text{ms}}}$$

Lösung der Lernaufgabe 18

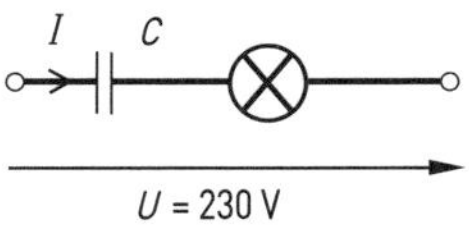

$$R_{\text{La}} = \frac{U^2}{P} = \frac{(230\ \text{V})^2}{40\ \text{W}} = \underline{\underline{1322{,}5\ \Omega}}$$

$$I = \frac{U}{R_{\text{La}}} = \frac{230\ \text{V}}{1322{,}5\ \Omega} = \underline{\underline{173{,}9\ \text{mA}}}$$

$$I' = \frac{2}{3} \cdot I = \underline{\underline{0{,}116\ \text{A}}}$$

$$Z = \frac{U}{I'} = \frac{230\ \text{V}}{0{,}116\ \text{A}} = \underline{\underline{1982{,}75\ \Omega}}$$

$$Z = \sqrt{(R_{\text{La}})^2 + (X_C)^2}$$

$$X_C = \sqrt{Z^2 - (R_{\text{La}})^2}$$

$$= \sqrt{(1982{,}75\ \Omega)^2 - (1322{,}5\ \Omega)^2}$$

$$X_C = \underline{\underline{1477{,}25\ \Omega}}$$

$$X_C = \frac{1}{2 \cdot \pi \cdot f \cdot C}$$

$$C = \frac{1}{2 \cdot \pi \cdot f \cdot X_C} = \frac{1}{2 \cdot \pi \cdot 50\ \text{Hz} \cdot 1477{,}25\ \Omega}$$

$$C = \underline{\underline{2{,}154\ \mu\text{F}}}$$

Lösung der Lernaufgabe 19

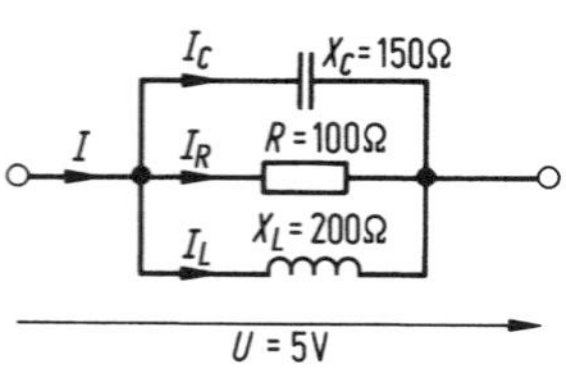

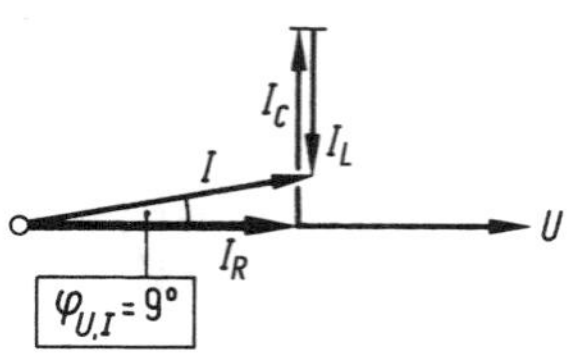

$$I_R = \frac{U}{R}$$

$$I_R = \frac{5\ \text{V}}{100\ \Omega} = \underline{\underline{0{,}05\ \text{A}}}$$

$$I_C = \frac{U}{X_C}$$

$$I_C = \frac{5\ \text{V}}{150\ \Omega} = \underline{\underline{0{,}033\ \text{A}}}$$

$$I_L = \frac{U}{X_L}$$

$$I_L = \frac{5\ \text{V}}{200\ \Omega} = \underline{\underline{0{,}025\ \text{A}}}$$

$$I = \sqrt{(I_R)^2 + (I_L - I_C)^2}$$

$$= \sqrt{(0{,}05\ \text{A})^2 + (0{,}025\ \text{A} - 0{,}033\ \text{A})^2}$$

$$I = \underline{\underline{0{,}05\ \text{A}}}$$

$$\varphi_{U,I} = \arctan \frac{I_C - I_L}{I_R}$$

$$= \frac{0{,}033\ \text{A} - 0{,}025\ \text{A}}{0{,}05\ \text{A}} = \arctan 0{,}16$$

$$\varphi_{U,I} = \underline{\underline{9^\circ}}$$

Lösung der Lernaufgabe 20

Aufgenommene Motorleistung:

$$P_{3\sim 1} = \frac{5\ \text{kW}}{0{,}85} = \underline{\underline{5882{,}35\ \text{W}}}$$

$$P_{3\sim 1} = U \cdot I \cdot \cos\varphi$$

$$P_{3\sim 1} = S \cdot \cos\varphi$$

$$S = \frac{P_{3\sim 1}}{\cos\varphi} = \frac{5882{,}35\ \text{W}}{0{,}8} = \underline{\underline{7352{,}937\ \text{VA}}}$$

$$Q_{3\sim} = S \cdot \sin\varphi$$

$$\varphi = \arccos\varphi = 36{,}87^\circ \Rightarrow \sin\varphi = \underline{\underline{0{,}6}}$$

$$Q_{3\sim} = 7352{,}937\ \text{VA} \cdot 0{,}6 = \underline{\underline{4411{,}762\ \text{var}}}$$

$$Q_{\text{Str}} = \frac{Q_{3\sim}}{3} = \underline{\underline{1470{,}587\ \text{var}}}$$

S' = kompensierte Restscheinleistung:

$$S' = \frac{P_{3\sim 1}}{\cos\varphi'} = \frac{5882{,}35\ \text{W}}{0{,}95} = \underline{\underline{6191{,}947\ \text{VA}}}$$

Kompensierte Restblindleistung:

$$Q'_{3\sim} = S' \cdot \sin\varphi'$$

$$\varphi' = \arccos\varphi' = 18{,}19^\circ \Rightarrow \sin\varphi' = \underline{\underline{0{,}31}}$$

$Q'_{3\sim} = 6191{,}947\ \text{VA} \cdot 0{,}31$

$Q'_{3\sim} = 1919{,}5\ \text{var}$

$$Q'_{\text{Str}} = \frac{Q'_{3\sim}}{3} = \underline{\underline{639{,}834\ \text{var}}}$$

Q_C = zu kompensierende Blindleistung

$Q_C = Q_{\text{Str}} - Q'_{\text{Str}} = \underline{\underline{830{,}753\ \text{var}}}$

$$Q_C = \frac{U_C^2}{X_C} = U^2 \cdot 2 \cdot \pi \cdot f \cdot C$$

$$C = \frac{Q_C}{U^2 \cdot 2 \cdot \pi \cdot f} = \frac{830{,}753\ \text{var}}{(400\ \text{V})^2 \cdot 2 \cdot \pi \cdot 50\ \frac{1}{\text{s}}}$$

$C = \underline{\underline{16{,}527\ \mu\text{F}}} = C_1 = C_2 = C_3$

Nennspannung der Kondensatoren

$U_N = 400\ \text{V}$

Lösung der Lernaufgabe 21

Motor 1:

$$P_{3\sim 1} = \frac{P_{3\sim}}{\eta} = \frac{5000\ \text{W}}{0{,}85}$$

$P_{3\sim 1} = \underline{\underline{5882{,}35\ \text{W}}}$

$Q_{3\sim 1} = P_{3\sim 1} \cdot \tan\varphi_1$

$\varphi_1 = \arccos\varphi_1 = 25{,}84° \Rightarrow \tan\varphi_1 = \underline{\underline{0{,}484}}$

$Q_{3\sim 1} = 5882{,}35\ \text{W} \cdot 0{,}484$

$Q_{3\sim 1} = \underline{\underline{2847{,}05\ \text{var}}}$

Motor 2:

$$P_{3\sim 1} = \frac{3500\ \text{W}}{0{,}86} = \underline{\underline{4069{,}76\ \text{W}}}$$

$\varphi_2 = \arccos\varphi_2 = 31{,}78° \Rightarrow \tan\varphi_2 = \underline{\underline{0{,}619}}$

$Q_{3\sim 1} = 4069{,}76\ \text{W} \cdot 0{,}619$

$Q_{3\sim 1} = \underline{\underline{2519{,}181\ \text{var}}}$

Gesamtwirkleistung:

$P_{3\sim\text{ges}} = 5882{,}35\ \text{W} + 4069{,}76\ \text{W} + 3000\ \text{W}$

$P_{3\sim\text{ges}} = \underline{\underline{12{,}951\ \text{kW}}}$

Gesamtblindleistung:

$Q_{3\sim\text{ges}} = 2847{,}05\ \text{var} + 2519{,}181\ \text{var}$

$Q_{3\sim\text{ges}} = \underline{\underline{5{,}366\ \text{kvar}}}$

$$\tan\varphi_{\text{ges}} = \frac{Q_{3\sim\text{ges}}}{P_{3\sim\text{ges}}} = 0{,}414 \Rightarrow \varphi_{\text{ges}} = \underline{\underline{22{,}48°}}$$

Der Gesamt-Kosinus φ ist:

$\cos\varphi_{\text{ges}} = \underline{\underline{0{,}923}}$

Die Ströme in den Außenleitern sind:

$P_{3\sim\text{ges}} = \sqrt{3} \cdot U \cdot I \cdot \cos\varphi_{\text{ges}}$

$$I = \frac{P_{3\sim\text{ges}}}{\sqrt{3} \cdot U \cdot \cos\varphi_{\text{ges}}}$$

$$I = \frac{12{,}951\ \text{kW}}{\sqrt{3} \cdot 400\ \text{V} \cdot 0{,}923}$$

$I = \underline{\underline{20{,}252\ \text{A}}}$

Das Netz wird symmetrisch belastet!

Lösung der Lernaufgabe 22

Die Normreihe E 12 hat den Toleranzbereich 10%.
Berechnung der Widerstände:

$R_{1\,\text{min}} = 0{,}9 \cdot 3{,}3\ \text{k}\Omega = 2{,}97\ \text{k}\Omega$

$R_{1\,\text{max}} = 1{,}1 \cdot 3{,}3\ \text{k}\Omega = 3{,}63\ \text{k}\Omega$

$R_{2\,\text{min}} = 7{,}38\ \text{k}\Omega$

$R_{2\,\text{max}} = 9{,}02\ \text{k}\Omega$

$R_{\text{L}\,\text{min}} = 13{,}5\ \text{k}\Omega$

$R_{\text{L}\,\text{max}} = 16{,}5\ \text{k}\Omega$

Für $U_{2\,\text{min}}$ gilt:

$R_{1\,\text{max}},\quad R_{2\,\text{min}},\quad R_{\text{L}\,\text{min}}$

$$U_{2\,\text{min}} = U_1 \cdot \frac{R_{2\,\text{min}} \parallel R_{\text{L}\,\text{min}}}{R_{2\,\text{min}} \parallel R_{2\,\text{min}} + R_{1\,\text{max}}}$$

$$R_{2\,\text{min}} \parallel R_{\text{L}\,\text{min}} = \frac{7{,}38\ \text{k}\Omega \cdot 13{,}5\ \text{k}\Omega}{7{,}38\ \text{k}\Omega + 13{,}5\ \text{k}\Omega}$$

$R_{2\,\text{min}} \parallel R_{\text{L}\,\text{min}} = 4{,}771\ \text{k}\Omega$

$$U_{2\,\text{min}} = 18\ \text{V} \cdot \frac{4{,}771\ \text{k}\Omega}{4{,}771 + 3{,}63\ \text{k}\Omega}$$

$U_{2\,\text{min}} = \underline{\underline{10{,}225\ \text{V}}}$

Für $U_{2\,max}$ gilt:

$R_{1\,min}$; $R_{2\,max}$, $R_{L\,max}$

$$U_{2\,max} = U_1 \cdot \frac{R_{2\,max} \parallel R_{2\,max}}{R_{2\,max} \parallel R_{L\,max} + R_{1\,min}}$$

$$R_{2\,max} \parallel R_{L\,max} = \frac{9{,}02\ \text{k}\Omega \cdot 16{,}5\ \text{k}\Omega}{9{,}02\ \text{k}\Omega + 16{,}5\ \text{k}\Omega}$$

$$R_{2\,max} \parallel R_{L\,max} = \underline{\underline{5{,}83\ \text{k}\Omega}}$$

$$U_{2\,max} = 18\ \text{V} \cdot \frac{5{,}83\ \text{k}\Omega}{5{,}83\ \text{k}\Omega + 2{,}97\ \text{k}\Omega}$$

$$U_{2\,max} = \underline{\underline{11{,}925\ \text{V}}}$$

Lösung der Lernaufgabe 23

Kombiniert man 3 Widerstände in Reihen- bzw. Parallelschaltung usw., so sind 8 Kombinationen möglich und somit auch 8 verschiedene Widerstandswerte.

1.
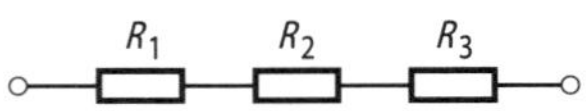

$$R_{ges} = R_1 + R_2 + R_3 = \underline{\underline{10{,}4\ \text{k}\Omega}}$$

2.
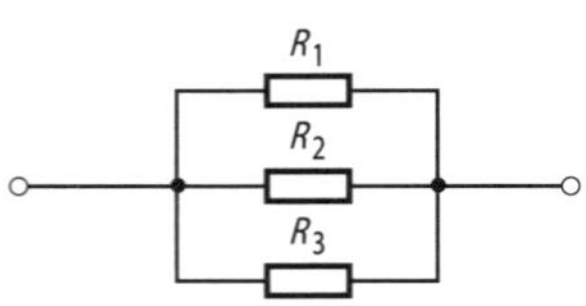

$$R_{ges} = \frac{1}{\frac{1}{R_1} + \frac{1}{R_2} + \frac{1}{R_3}} = \underline{\underline{0{,}976\ \text{k}\Omega}}$$

3.
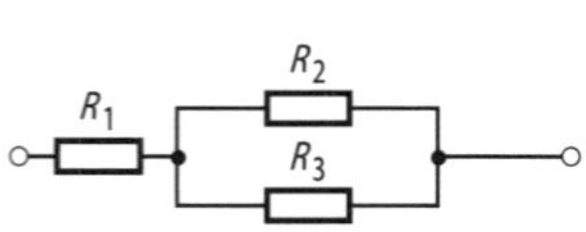

$$R_{ges} = R_1 + \frac{R_2 \cdot R_3}{R_2 + R_3} = \underline{\underline{3{,}931\ \text{k}\Omega}}$$

4.
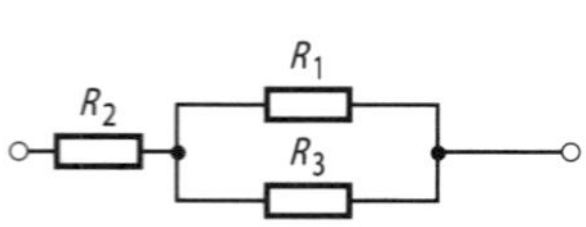

$$R_{ges} = R_2 + \frac{R_1 \cdot R_3}{R_1 + R_3} = \underline{\underline{5{,}202\ \text{k}\Omega}}$$

5.
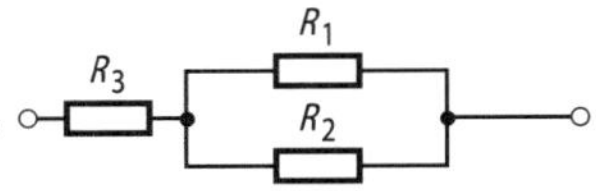

$$R_{ges} = R_3 + \frac{R_1 \cdot R_2}{R_1 + R_2} = \underline{\underline{5{,}932\ \text{k}\Omega}}$$

6.
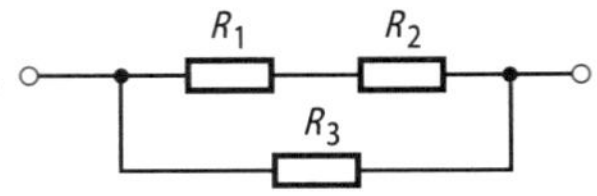

$$R_{ges} = \frac{R_3 \cdot (R_1 + R_2)}{R_3 + R_1 + R_2} = \underline{\underline{2{,}576\ \text{k}\Omega}}$$

7.
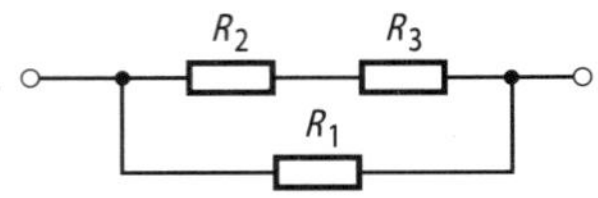

$$R_{ges} = \frac{R_1 \cdot (R_2 + R_3)}{R_1 + R_2 + R_3} = \underline{\underline{1{,}488\ \text{k}\Omega}}$$

8.
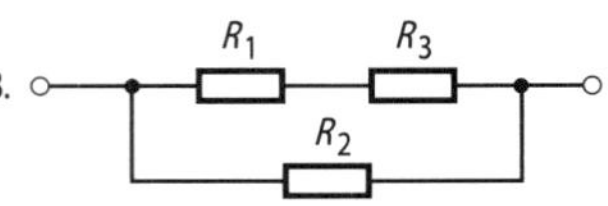

$$R_{ges} = \frac{R_2 \cdot (R_1 + R_3)}{R_1 + R_2 + R_3} = \underline{\underline{2{,}438\ \text{k}\Omega}}$$

Literaturhinweise:

I. Fachschule für Technik

II. Fachhochschule

Literaturverzeichnis

Teil I: Fachschulen für Technik

Beuth, Klaus/Huber, Eugen: Grundkenntnisse Elektrotechnik. Grundband für Industrie und Handwerk. (Lernmaterialien). – Verlag Handwerk und Technik, Hamburg, 2000

Bieneck, Wolfgang: Elektro T, Grundlagen der Elektrotechnik: Lehrbuch. – Verlag Holland Frielingsdorf, Herbert/Lintermann, Franz J.: Elektrotechnik. – Verlag Stam, Köln, 2001

Lindner, Helmut/u. a.: Taschenbuch der Elektrotechnik und Elektronik. – Fachbuchverlag Leipzig im Carl Hanser Verlag, München, 2008

Reth, Johann/Kruschwitz, Hellmut/Müllenborn, Dieter: Grundlagen der Elektrotechnik. (Lernmaterialien). – Verlag Vieweg, Wiesbaden, 1989

Rohlfing, Horst/Schmidt, Harry [Bearb.]: Friedrich Tabellenbuch, : Elektrotechnik, Elektronik. – Verlag Dümmler, Bonn, 2005

Tkotz, Klaus [Lektorat]: Elektrotechnik, Elektronik, Grundbildung. – Verlag Europa-Lehrmittel, Haan-Gruiten, 2006

Tkotz, Klaus [Lektorat]: Formeln für Elektrotechniker. – Verlag Europa-Lehrmittel, Haan-Gruiten, 2005

Zastrow, Dieter: Elektrotechnik. – Verlag Vieweg, Wiesbaden, 2006

Teil II: Fachhochschule, Technische Hochschule, Technische Universitäten

Altmann, Siegfried/Schlayer, Detlef: Lehr- u. Übungsbuch Elektrotechnik. – Fachbuchverlag Leipzig im Carl Hanser Verlag, München, 2003

Busch, Rudolf: Elektrotechnik und Elektronik. – Verlag Teubner, Stuttgart, 2003

Clausert, Horst/Wiesemann, Gunther: Grundgebiete der Elektrotechnik. 2 Bände. – Verlag Oldenbourg, München, 2004

Führer, Arnold/Heidemann, Klaus/Nerreter, Wolfgang: Grundgebiete d. Elektrotechnik. Band 1: Stat. Vorgänge u. Band 2: Zeitabh. Vorgänge. – Carl Hanser Verlag, München, 2006

Hagmann, Gert: Grundlagen der Elektrotechnik. – Aula-Verlag, Wiebelsheim, 2006

Haase, Helmut/Garbe, Heyno: Elektrotechnik. – Springer Verlag, Berlin, 1998

Hering, Ekbert/Gutekunst, Jürgen/Martin, Rolf: Elektrotechnik für Maschinenbauer. – Springer Verlag, Berlin, 2007

Hugel, Jörg: Elektrotechnik. – Verlag Teubner, Stuttgart, 1998

Krämer, Horst: Elektrotechnik im Maschinenbau. – Verlag Vieweg, Wiesbaden, 1991

Küpfmüller, Karl/Kohn, Gerhard: Theoretische Elektrotechnik. – Springer-Verlag, Heidelberg, 2005

Linse, Hermann/Fischer, Rolf: Elektrotechnik für Maschinenbauer. – Verlag Teubner, Stuttgart, 2005

Lunze, Klaus: Einführung in die Elektrotechnik, Lehrbuch. – Verlag Technik, Berlin, 1991

Lunze, Klaus/Wagner, Eberhart: Einführung in die Elektrotechnik, Arbeitsbuch. – Verlag Technik, Berlin, 1991

Moeller, Franz/Frohne, Heinrich/Löcherer, Heinz/Müller, Hans: Grundlagen der Elektrotechnik. – Verlag Teubner, Stuttgart, 2005

Müller, Roderich/Piotrowski, Anton: Einführung in die Elektrotechnik und Elektronik. 2 Teile. – Verlag Oldenbourg, München, Teil 1: 1995, Teil 2: 1996

Ose, Rainer: Elektrotechnik für Ingenieure. Grundlagen – Fachbuchverlag Leipzig im Carl Hanser Verlag, München, 2008

Philippow, Eugen: Grundlagen der Elektrotechnik. – Verlag Technik, Berlin, 2000

Prechtl, Adalbert: Vorlesungen über die Grundlagen der Elektrotechnik. 2 Bd. – Springer-Verlag, Wien, Band 1: 1994, Band 2: 1995

Pregla, Reinhold: Grundlagen der Elektrotechnik. – Hüthig Verlag, Heidelberg, 2004

Seidel, Heinz-Ulrich/Wagner, Edwin: Allgemeine Elektrotechnik. 2 Bände. – Carl Hanser Verlag, München, Band 1: 2003, Band 2: 2006

Unbehauen, Rolf: Grundlagen d. Elektrotechnik. Bd. 1: Grundlagen, Lineare Netzwerke, Stationäres Verhalten. Bd. 2: Einschwingvorg., Nichtlin. Netzwerke Theorie. – Springer-Verlag, Berlin, Band 1: 1999, Band 2: 2000

Weißgerber, Wilfried: Elektrotechnik für Ingenieure. Bd. 1: Gleichstromtechnik, Elektromagn. Feld. Bd. 2: Wechselstromtechnik, Ortskurven. Trafo, Mehrphasensysteme. Bd. 3: Ausgleichsvorgänge, Fourieranalyse, Vierpol. – Verlag Vieweg, Wiesbaden, Band 1: 2007, Band 2: 2007, Band 3: 1999

Sachwortverzeichnis